研究生教学用书

教育部学位管理与研究生教育司推荐

清华大学土木工程系列教材

Advanced Soil Mechanics
(second Edition)

高等土力学
（第2版）

李广信 主编

Li Guangxin

清华大学出版社

北京

内容简介

本书是研究生教材《高等土力学》的第2版。它力图在本科土力学的基础上，以更开阔的视角介绍、展示本学科的发展和基本研究成果，特别注意介绍我国学者在相关领域的贡献，从而引导研究生迈进土力学科研的门槛，使他们了解土力学科研的历程、主要成果、研究途径和方法。

本书内容基本上是本科土力学的延伸。全书共分6章：土工试验及测试、土的本构关系、土的强度、土中水及其渗流、土的压缩与固结和土坡稳定分析。各章附有例题、习题和思考题。

本书被评为北京市精品教材，可作为与岩土工程有关专业研究生和教师的教材与参考书；也可作为对土力学有兴趣的本科生、科研人员与工程技术人员的参考书和进修读物。

图书在版编目(CIP)数据

高等土力学/李广信主编．—2版．—北京：清华大学出版社，2016(2025.1重印)
(清华大学土木工程系列教材)
ISBN 978-7-302-43957-8

Ⅰ．①高…　Ⅱ．①李…　Ⅲ．①土力学—高等学校—教材　Ⅳ．①TU43

中国版本图书馆CIP数据核字(2016)第113479号

责任编辑：秦　娜
封面设计：傅瑞学
责任校对：王淑云
责任印制：杨　艳

出版发行：清华大学出版社
网　　址：https://www.tup.com.cn，https://www.wqxuetang.com
地　　址：北京清华大学学研大厦A座　　**邮　　编**：100084
社 总 机：010-83470000　　**邮　　购**：010-62786544
投稿与读者服务：010-62776969，c-service@tup.tsinghua.edu.cn
质 量 反 馈：010-62772015，zhiliang@tup.tsinghua.edu.cn
印 装 者：三河市铭诚印务有限公司
经　　销：全国新华书店
开　　本：185mm×260mm　　**印　　张**：28.5　　**字　　数**：694千字
版　　次：2004年7月第1版　　2016年10月第2版　　**印　　次**：2025年1月第10次印刷
定　　价：79.80元

产品编号：066907-04

第2版前言

《高等土力学》教材出版已经十多年了，这期间重印十余次，已发行两万余册。本书为普及土力学的基础理论知识和介绍土力学的学科发展有所贡献，也在培养岩土工程的专业人才中起了很大的作用。本书的深度与广度适中，附有思考题与习题，对土力学的基础研究成果做了清楚的介绍与讲述。如果说本科土力学学习的重点是培养工程师，让学生掌握土力学的基本概念与原理，便于他们今后从事岩土工程的实践，那么高等土力学就是将学生引进科研的门槛，使他们了解土力学研究的历程、成果和方法。本书也适用于从事岩土工程实践多年的工程师和专家，他们对土工问题积累了深厚的实践经验，本书有利于他们进一步提高和充实理论知识，从而实现理论与实践的结合。

十多年来，土力学的理论、实践以及认识都有了很大的进展。本书已不能反映土力学的学科和教学的发展，需要改进与提高，以适当地反映学科的进步和发展。

十年来，笔者每年都讲授《高等土力学》课程，前些年还参与博士研究生入学考试和综合考试的命题工作，同时还参与了注册岩土工程师考试的命题工作，在这些考试中投入了很多的时间和精力，积累了大量的考题。把这些命题经验和成果用于此次改版中，使新教材更加充实，新版书中习题与思考题的题量大大增加了，并在书后附上习题的答案；每一章都附有例题。这就扩展了此书的内容，丰富了课程的环节，有利于读者掌握和巩固所介绍的知识。

在第2版中，对各章内容都做了一些增改，删去了第7章。之前不少读者反映第1版的第6章内容偏难偏深，阳春白雪，和者盖寡，一般都舍去不讲。第2版修订过程中，认真采纳了读者的反馈，考虑到本书属于一本科研入门级水平的教材，并不是土力学各领域前沿的综述，是在本科土力学的基础上介绍学科的发展和基础研究成果的研究生教材，所以重写了第6章。第4章增加或修订了非饱和土与渗流计算的内容。

其中第6章主要由介玉新编写与修订，李广信做了校对及补充；张丙印编写了第4章的部分内容，使此章的总体水平有很大的提升；在校对例题、习题、思考题以及相关内容方面，于玉贞、张丙印和林鸿州都做了很大的贡献。在这里特别感谢本书的原参编者濮家骝、王正宏、王钊、陈祖煜和陈立宏，也感谢十余年来选课的那些研究生们，他们的质疑和意见为本书的改进和提高提供了宝贵的意见。

第2版的内容变化较大，思考题、习题与例题也有较大难度。希望能与同行切磋探讨，谬误之处敬请批评指正。

李广信

2016年5月

第 1 版前言

与相对成熟和系统的土力学本科教材相比，多年来国内一直缺少比较系统的、适用于岩土工程专业研究生的高等土力学教材。我国在 20 世纪 70 年代末开始恢复研究生制度，随后实行学位制，当时岩土工程的研究生数量很少，都是直接由老教授们面授，有时是“一生多师”，使学生们有幸亲聆老一代专家们讲授本学科的发展和前沿知识。80 年代初，黄文熙先生预见到大量培养研究生的形势即将来临，同时他感到由于十年浩劫，国内的岩土工程专业人员对于国外的土力学发展相当生疏，亟须补课，于是，黄文熙先生带领他的弟子们遍读在此期间国外书刊发表的重要文献，针对学科中的几个主要课题，编写了《土的工程性质》一书。随后先生在北京举办过几期岩土工程讲座。在这个基础上，北京有关院所的一些岩土工程专家开始联合讲授高等土力学这门课，组织北京地区的岩土工程专业的研究生集中听讲。这种联合授课的形式持续了十多年，地点几经变动，内容也未完全成型，有时也是因人设题。就这样，这门课培养了许多岩土工程技术人员和专家。但逝者如斯，岁月无痕，十余年后，最初授课的专家们大多年事已高，有的已经离开了我们。这门课后来就固定在清华大学进行教授，主要是由清华大学的教授们授课。多年来，学生们一直希望有一本系统的、与讲课配套的教材，因此，本书就应运而生了，这本教材是在大家多年讲课内容的基础上编写的。其内容并不是本学科最新和前沿的发展，只是包含了比本科教材内容更深入一步的知识，适当地介绍了新的发展和成果，使研究生们对于土力学学科能有比较深入和全面的了解，为他们的选题打下一定的基础。由于本书各章编者都是相应领域的专家，在编写过程中，也收入了他们个人的研究成果，同时也特别注意介绍我国学者的代表性研究成果。另外，在各章后边附有一定数量的思考题、习题或计算程序。

全书共分 7 章，内容及其作者如下：第 1 章　土工试验及测试（李广信，清华大学，北京，100084）；第 2 章　土的本构关系（李广信，清华大学；濮家骝，清华大学）；第 3 章　土的强度（李广信）；第 4 章　土中水与土中的渗流及其计算（王钊，武汉大学，武汉，430072，清华大学双聘教授；李广信）；第 5 章　土的压缩与固结（王正宏，华北水利学院北京研究生部，北京，100044）；第 6 章　土工数值计算（一）：土体稳定的极限平衡和极限分析法（陈祖煜，中国水利科学研究院，北京，100044，清华大学兼职教授）；第 7 章　土工数值计算（二）：渗流、应力应变和固结的有限元方法（陈祖煜；陈立宏、李新强和王成华等也参加部分内容的编写）。其中第 1 章和第 3 章由濮家骝校阅；第 5 章由清华大学周景星和李广信校阅；第 6 章由李广信校阅;第7章由宋二祥校阅。另外,沈珠江和杨光华也校阅了部分章节。

笔者感谢参加本书编写和校阅的各位教授在繁忙的工作之余,以他们渊博的学识和严谨的作风为莘莘学子提供了这本宝贵的教材。另外也感谢参加本书校阅、补充、打印和整理的我的学生们,他们是周晓杰、张其光、王成华、葛锦宏、余斌、刘早云、童朝霞、王海燕、高波等。

由于编者的水平所限,书中的谬误和不当之处在所难免,敬请读者不吝赐教。

李广信

2002年10月

目　　录

符 号 表

A——面积;塑性硬化模量;土的非线性强度;孔压系数

Å——埃(10^{-7} mm)

A_c——土颗粒间的接触面积

A_D——截面上因损伤断裂产生的孔隙面积

A_{ef}——截面上有效受力面积

a——加速度;基础尺寸;三维孔压系数;初始模量的倒数;断裂试验中的预留裂缝尺度

a_v——压缩系数

B——体积变形模量;孔压系数

BST——钻孔剪切试验

b——毕肖甫(Bishop)参数;三维孔压系数;基础的宽度;极限应力的倒数;土的非线性强度指数

C——体积压缩系数;总黏聚力;土的组成

$\boldsymbol{C}$——单元渗透矩阵

C_a,C^a——土中气相的压缩系数

C^{aw}——空气和水混合体的压缩性

C_c——压缩指数

C_e——再压缩指数,竖向应力下土骨架的水平变形系数

C_f——孔隙流体体积压缩系数

C_{ijkl}——本构模型中的材料性质张量

CD——固结排水

CGC——控制孔压梯度固结试验

CRT——恒应变速率固结试验

CTC——常规三轴压缩试验

CTE——常规三轴伸长(挤长)试验

CSL——临界状态线

C_s——土骨架的体积压缩系数;孔隙通道形状系数

C_u——土的不均匀系数

CU——固结不排水三轴试验

C_v——固结系数

C_{v1},C_{v2},C_{v3}——单向、二向和三向固结系数

C_{vz}——竖向固结系数

C_{vr}——径向固结系数

C_a——非饱和土中与气相有关的相互作用常数

C_w——非饱和土中与液相有关的相互作用常数

$\overline{C}_v$——土层的平均固结系数

C_α——次压缩系数

C^w,C_w——水的压缩系数

c——黏聚力;三维孔压系数;空气浓度

c_{cu}——固结不排水试验的黏聚力

c_e——真黏聚力;除以安全系数后的黏聚力

c_u——不排水试验的黏聚力;饱和土不排水抗剪强度

c''——非饱和土的表观黏聚力

D——损伤因子;德赛的扰动因子;剪胀参数,内能耗散;邓肯-张模型中的常数

D,d——直径

D_a——空气传导系数

$\boldsymbol{D}_e$——弹性模量矩阵

$\boldsymbol{D}_{ep}$——弹塑性模量矩阵

D_r——砂土相对密度

d——基础埋深;土颗粒粒径

d_{10}——土的有效粒径

d_e——砂井的等效直径

$\mathrm{d}E$——变形能增量

$\mathrm{d}W^e$——弹性变形能增量

$\mathrm{d}W^p$——塑性变形能增量

E——变形模量;弹性模量;变形能;电荷的静电单位

E_i——初始变形模量,土条间水平法向力

E_s——(侧限)压缩模量

E_t——切线变形模量

E_u——不排水时的弹性模量

E'——有效应力下弹性模量

E_{ur}——卸载-再加载的弹性模量

E_p——旁压模量

ESP——有效应力路径

E_{sec}——割线模量
e——孔隙比
e_{ij}——偏应变张量
e_0——初始孔隙比
e_{cr}——临界孔隙比

F——邓肯-张模型中的常数
F_s——安全系数
F_z——渗透力的反作用力
f——屈服函数;初始剪应力比
$f(\sigma_{ij},k_l)$——破坏准则
$F(n)$——砂井中井径的函数

G——剪切模量;井阻因子;条间力的合力;邓肯-张模型的常数
G'——有效应力下剪切模量(排水条件下)
G_{i-1},——第 $i-1$ 土条的剩余下滑力
G_s—土粒比重
G_t——切线剪切模量
g——重力加速度
$g(\sigma_{ij})$——塑性势函数

H——厚度;高度;Hvorslov 面斜率;应力历史
H,h——硬化参数
HC——各向等压三轴试验
h——测管水头;亨利溶解系数
h_c——毛细管水上升高度
h_s——土中毛细饱和区高度
h_t——水平地震力作用点与条底中点的距离
h_w——孔隙水压力水头
$I(h)$ ——渗流方程泛函
I——载荷试验确定变形模量的系数
I_1、I_2、I_3——第一、二、三应力不变量
$\bar{I}_1$、$\bar{I}_2$、$\bar{I}_3$——第一、二、三应力不变量的另一种表达式
$I_{\varepsilon 1}$、$I_{\varepsilon 2}$、$I_{\varepsilon 3}$——第一、二、三应变不变量
I_L——液性指数
I_P——塑性指数
I_z——应变影响因数
i——水力坡降
i_{cr}——临界水力坡降
i_s——毛细管内的水力坡降
J——总渗透力
J_1,J_2,J_3——第一、第二、第三偏应力不变量
J_a——通过单位面积土的空气质量流量
j——渗透力

K——体变模量;变形模量数
K_b——体变模量数
K_0——静止土压力系数
K_f——$\bar{\sigma},\bar{\tau}$ 坐标破坏主应力线
K_I——应力强度因子
K_{IC}——张开型(I型)断裂韧度
K_a——主动土压力系数
K_p——被动土压力系数
K_{ur}——卸载—再加载模量数
k——常数;渗透系数;玻耳兹曼常数;强度参数
k_a——土中空气的渗透系数
k_f——强度参数
k_w——砂井的渗透系数(考虑井阻)
$\boldsymbol{k}$ ——渗透系数矩阵
L, l——长度,渗径
LDT——局部变形传感器
L_m——模型尺寸
L_p——原型尺寸
M——弯矩;以 q/p' 表示的临界状态线斜率(强度应力比)
M_a——气体的摩尔质量
M_c——三轴压缩的强度应力比
M_R——抗滑力矩
M_S——滑动力矩
M_t——扭矩弯矩,三轴伸长的强度应力比
m——质量;体积变化系数;体变模量指数
m_{1k}^s,m_{1k}^w——K_0 条件下净法向应力变化 $d(\sigma-u_a)$ 时土骨架体积和水体积变化系数
m_2^s,m_2^w——K_0 条件下基质吸力变化 $d(u_a-u_w)$ 时土骨架体积和水体积变化系数
m_s——土中固体颗粒的质量
m_v——土的体积压缩系数
m_w——土中水的质量
N——法向压力;标准贯入击数;v-$\ln p'$ 固结曲线在 v 轴上的截距
N_i——滑动面上法向力;形函数
N. C——正常固结
NCL——正常固结线
$N_{63.5}$——重型动力触探贯入击数

$\boldsymbol{N}$——单元形函数矩阵

n——孔隙率；模型比尺；初始变形模量的指数；离子浓度

n_j——s 面法线的方向导数

OCR——超固结比

O. C——超固结

P——力；总压力；条间力合力

P_T——转移概率

PL——三轴等比试验

P_i——条间合力

p——平均主应力

p'——平均有效主应力

p_0——基底附加压力；各向等压的固结应力；旁压试验初始压力

p_a——大气压；主动土压力

p_c——土的先期固结压力

p_{cr}——临界荷载(承载力)

p_{eq}——拟似超固结黏土的等效固结压力

p_f——旁压试验屈服压力

p_L——旁压试验极限压力

p_p——被动土压力

p_s——单桥静力触探的总比贯入阻力；土层目前的上覆固结压力

pF——吸力指数

p_u——极限荷载(承载力)

p_w——水压力

Q——非饱和土体的压缩模量；流量

QOCR——拟似超固结土

ΔQ——水平地震力

Q_p，Q_s——双桥静力触探的锥尖、侧壁总贯入阻力

q——广义剪应力；单位宽度上表面垂直荷重；单位面积流量

q_p，q_s——双桥静力触探的锥尖、侧壁比贯入阻力

q_{ult}，q_u——地基极限承载力

R——通用(摩尔)气体常数；颗粒间接触面性质；抗滑力；半径；土沉降速率的常数

R，r——半径

R_o——空心圆柱外径

R_i——空心圆柱内径；抗滑阻力

R_f，r_f——破坏比

R_h——水力半径

Re——雷诺数

RPT——标准贯入试验

RTC——减围压的三轴压缩试验

RTE——减轴向应力的三轴伸长试验

r_w——砂井半径

S——地基沉降量；应力水平；土的结构

S_c——固结沉降量

S_i——瞬时沉降量；评分

SC——罗斯柯线

SL——回弹线

SPC——螺旋板压缩试验

SPT——标准贯入试验

S_s——次压缩沉降量；单位体积土固体的表面积，储水率

S_R——瞬时沉降比

S_{re}——有效饱和度

S_{rr}——残余饱和度

S_T——用弹性理论计算的地基总沉降量

S_R——瞬时沉降的沉降比

S_r——土的饱和度

s——非饱和土中基质吸力；沉降

s_r——残余基质吸力

s_u——黏土的不排水试验强度

s_{ij}——偏应力张量

T——剪切力；扭矩；温度；绝对温度；表面张力；曲折系数

T_i——作用于表面上的边界力，滑动面上的切向力

T_{sl}——收缩膜中的固-液相间的力

T_{lg}——收缩膜中的气-液相间的力

T_{ls}——收缩膜中的液-固相间的力

TC——p 为常数的三轴压缩试验

TE——p 为常数的三轴伸长试验

TS——伏斯列夫线

T_v——无因次时间因数

t——时间；温度

t^0——摄氏温度，℃

t_p——主固结完成的时间

U——固结度；总孔隙水压力

U_z——竖向固结度
U_r——径向水平固结度
UU——(不固结)不排水
u——孔隙压力
u_w——孔隙水压力;x方向的位移
u_0——初始孔隙水压力
u_a——孔隙气压力
u_b——试样底部孔隙水压力
u_r——残余孔隙水压力
u^s——土骨架在x方向位移
$(u_a-u_w)_b$——吸力的进气值
$(u_a-u_w)_r$——残余吸力
V——土体的体积
V,v——速度
$\mathbf{V}$——水在土孔隙中的流速矢量
V_a——土中的气体的体积
V_s——土中固体颗粒的体积
V_w——土中水的体积
V_v——土中孔隙部分体积
VST——十字板剪切试验
v——比体积;流速;y方向的位移;电荷的离子价
v_s——水在毛细管内流速
v^s——土骨架在y方向位移

W——重量;重力;轴向力,变形能密度
W_c——塌陷塑性功
W^e——弹性变形能
W^p——塑性变形能
W_P——塑性功
W_s——土粒重量
w——土的含水量;损伤比
w_L——液限含水量
w_P——塑限含水量
w^s——土骨架在z方向位移

X_i——土条间的切向作用力
x——x方向坐标距离;水平距离

y——y方向坐标距离

$\mathbf{Z}$——滑动面,向量
z——z方向坐标距离;竖直向距离
z_0——张拉缝的深度

α——角度;平均孔隙压力$\bar{u}$与u_b的比值;强度参数;π平面上屈服面的形状参数
α_c——颗粒的接触面积比
$\alpha(\theta)$——屈服面在π平面上的形状参数
α_T——温度冷却阻尼系数
β——角度;双剪应力强度理论中的参数
χ——非饱和土强度准则中的参数,与饱和度有关

Γ——CSL v-$\ln p'$固结曲线在v轴的截距;边界
γ——重度;剪应变;角度
γ'——浮重度
γ_m——天然重度
γ_s——土颗粒重度
γ_{sat}——饱和土的重度
γ_w——水的重度

Δ^2——拉普拉斯算子
ΔQ_i——土条上的水平力
ΔW_i——土条上的重力
Δx——土条宽度
δ——位移;很小的增量;固体平面接触面积比
δ_{ij}——克罗纳克尔δ(Kronecker delta)
$\Delta\delta$——试样垂直变形增量

ε——正应变
$\bar{\varepsilon}$——广义剪应变
$\dot{\varepsilon}$——应变率
$\varepsilon_1,\varepsilon_2,\varepsilon_3$——大,中,小主应变
ε^e——弹性正应变
ε^p——塑性正应变
ε_{ij}——应变张量
ε_v——体应变
$\bar{\varepsilon}$——广义剪应变
$\varepsilon_x,\varepsilon_y,\varepsilon_z$——$x,y,z$方向的正应变

η——水的动力黏滞系数;水平地震力系数;最优化方法的目标函数;应力比q'/p'
η_1——强度参数
η_t——加载系数
Θ——三个正应力之和
θ——角度,应力洛德角,温度
θ'——在$\sigma_x,\sigma_y,\sigma_z$坐标系的应力洛德角

θ_w——土的体积含水率

θ_ε——应变洛德角

κ——正常固结黏土 v-ln$p$ 曲线卸载—再加载斜率

λ——扩散层介质的介电常数；正常固结黏土 v-ln$p$ 曲线初始斜率；胡克定律中的拉梅常数；条间力斜角的正切值；比例常数

dλ——流动规则中的比例参数

μ——摩擦系数，给水度；剪切模量

μ_0——考虑基础埋深 d 的瞬时沉降修正系数

μ_i——考虑地基压缩层 H 的瞬时沉降修正系数

μ_c——沉降修正系数

μ_σ——应力洛德参数

Ω——余能密度函数，塑性区

ν——泊松比；电荷的离子价

ν^p——塑限应变增量比

ν_t——切线泊松比

π——圆周率

π——p 为常数的平面

ρ——密度；电荷密度

ρ_a——空气密度

ρ_d——土的干密度

ρ_{sat}——土的饱和密度

ρ_w——水的密度

σ——应力，总应力

$\bar{\sigma}$——应力莫尔圆圆心坐标$(\sigma_1+\sigma_3)/2$

σ_{3cr}——临界围压

σ_a——轴向应力

σ_b——闭合应力

σ_c——单轴抗压强度；围压；室压

σ_d——动三轴试验中的动应力

σ_m——球应力张量；平均主应力

σ_n——法向应力

σ_{oct}——八面体正应力

σ'——有效应力

σ_i——主应力

σ_{ij}——应力张量

σ'_p——土的先期固结应力

σ_s——土颗粒断面上的应力

σ_t——抗拉强度；表面张力

$\sigma_x,\sigma_y,\sigma_z$——$x,y,z$ 方向的正应力

$\sigma_{12},\sigma_{23},\sigma_{13}$——双剪应力理论中的主正应力

σ_r——径向应力

σ_θ——切向应力

$(\sigma_1-\sigma_3)_{ult}$——三轴试验中的极限偏差应力

τ——剪应力

$\bar{\tau}$——应力莫尔圆半径$(\sigma_1-\sigma_3)/2$

τ_b——闭合应力

τ_f——破坏剪应力

τ_{oct}——八面体剪应力

$\tau_{12},\tau_{23},\tau_{13}$——双剪应力理论中的主剪应力

Φ——势函数

φ——内摩擦角

φ'——有效应力内摩擦角

φ''——非饱和土基质吸力的内摩擦角

φ_{cu}——固结不排水试验内摩擦角

φ_e——真强度理论的内摩擦角；除用安全系数折减后的内摩擦角

φ_k——塑性势函数

φ_p——平面应变试验的内摩擦角

φ_r——残余强度内摩擦角

φ_t——三轴压缩试验内摩擦角

φ_μ——滑动摩擦角

Ψ——流函数；扩散层中离土粒表面 x 处的电位

$\boldsymbol{\Psi}_0$——溶质势

$\boldsymbol{\Psi}_g$——重力势

$\boldsymbol{\Psi}_m$——基质势

$\boldsymbol{\Psi}_p$——压力势

$\boldsymbol{\Psi}_s$——沉降计算经验系数

$\boldsymbol{\Psi}$——连续性因子

$\boldsymbol{\psi}_i$——传递系数

Ω——余能密度函数

ω_a——气体的分子质量，kg/kmol

χ——非饱和土的有效应力系数；修正系数

第1章　土工试验及测试

土工试验是土力学中的基本内容，实验土力学成为土力学的一个重要分支。另一方面，由于现场原状土的结构性及土工问题的诸多影响因素使现场原位测试和工程原型监测也成为工程实践中不可缺少的一部分。

土工试验的不可替代的作用表现在以下几个方面。

(1) 只有通过试验才能揭示土作为一种碎散多相地质材料的一般和特有的力学性质。

(2) 只有对具体土样的试验，才能揭示不同类型、不同产地、不同状态土的不同力学性质，特别是对于非饱和土、区域性土、人工复合土等。

(3) 试验是确定各种理论和工程设计参数的基本手段。

(4) 试验是验证各种理论和数值计算的正确性及实用性的主要手段。

(5) 足尺试验、模型试验可以验证土力学理论与数值计算结果的合理性，也是认识和解决实际工程问题的重要手段。

(6) 原位测试、原型监测直接为土木工程服务，同时是数值计算的参数反算和实现信息化施工的依据。

所以，土力学的研究和土工实践从来不能脱离土工试验工作，它是人们深入认识土的性状和发展完善理论和计算方法的正确途径。

广义的土工试验包括室内试验、原型测试、模型试验和原型监测等，从内容上可分为物理性质试验、力学性质试验和水力学性质试验等；也可以从宏观和微观不同尺度进行试验和测试。本章侧重于土的力学性质试验。

1.1　室内试验

1.1.1　直剪试验、单剪试验和环剪试验

早期的土力学研究及解决与土有关的工程问题都是将土的强度问题和变形问题分开考虑的，相应的试验仪器是直剪仪和侧限压缩仪。

直剪仪是土力学中最古老的仪器之一，200多年前，法国军事工程师库仑(Charles Augustin Coulomb，1736—1806)就用它进行土的强度试验，建立了土的抗剪强度的库仑公式。直剪仪的试验设备和原理十分简单(见图1-1(a))：试样放在剪切盒中，它在一水平面上被分为上、下盒，一半固定，另一半或推或拉以产生水平位移。上部通过刚性加载帽施加正的竖向力 P。试验过程中竖向力一般不变，可量测水平向剪切力、水平位移和试样垂直位

移。根据剪切面的面积,可计算出剪切面上的正应力 σ_v 和剪应力 τ。从破坏时的 σ_v 与 τ_f 间关系可确定土的强度包线。直剪仪直观、简便、经济,尤其对于砂土和渗透系数 $k<10^{-7}$cm/s 的黏性土能很快得到试验结果。

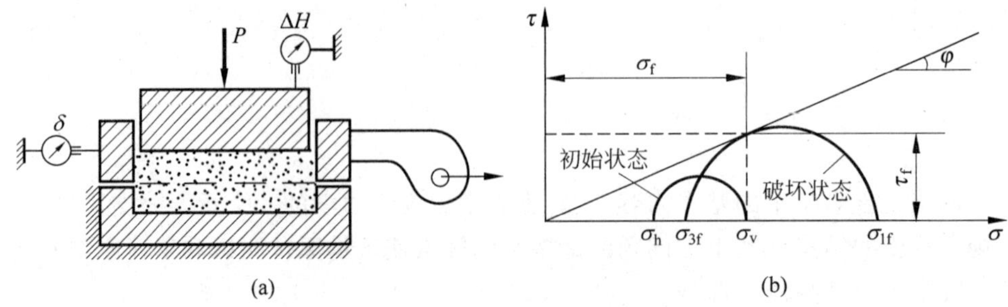

图 1-1 直剪试验

(a)仪器简图;(b)剪切面处土应力状态变化

但这种试验的破坏面(即剪切面)是人为确定的,试样中的应力和应变不均匀且分布相当复杂,试样内各点应力状态及应力路径不同。在剪切面附近土单元上的主应力大小是变化的,方向是旋转的。在初始状态,剪切面土单元与试样中其他单元一样是 K_0 应力状态,即 $\sigma_3=K_0\sigma_v=K_0\sigma_1$。在剪切破坏时,剪切面附近土单元主应力大小和方向取决于强度包线,其应力状态见图 1-1(b)。由初始应力莫尔圆变化到破坏时与强度包线相切的莫尔圆,如不计剪切面面积因位移而减少,破坏面上正应力 σ_v 一直不变。

针对其应力应变不均匀,边界上存在应力集中等问题,人们对直剪仪进行了一些改进。单剪仪(simple shear apparatus)就是一种代表性仪器,见图 1-2。它四周用一系列环形圈代替刚性盒,因而没有明显的应力应变不均匀,试样内剪切过程中所加的应力被认为是纯剪。在图 1-2(b)中,加载过程中竖直应力 σ_v 和水平应力 σ_h 保持常数,τ_{vh}(τ_{hv})不断增加。应力莫尔圆圆心不变,其直径逐渐扩大,直至与强度包线相切。值得注意的是其水平面(σ_v,τ_{vh})和竖直面(σ_h,τ_{hv})都不一定是破坏面,图中 f' 和 f'' 代表破坏面的应力大小和方向。这种仪器可以做动静剪切试验。

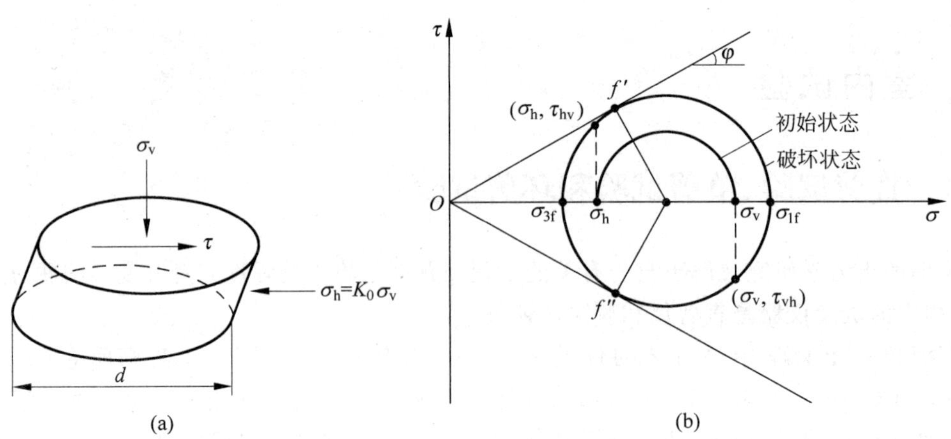

图 1-2 单剪试验

(a) 单剪试样;(b) 应力状态

另一种室内剪切仪器是环剪仪(torsional or ring shear apparatus),由于试样是环状的,沿着圆周方向旋转剪切,所以剪切面的总面积不变,它特别适用于量测大应变后土的残余强度或终极强度,在这种情况下,可以用一个试样完成几种正应力下的剪切试验。仪器简图见图 1-3。1934 年,伦杜立克(Rendulic)用这种仪器测定了土的抗剪强度。

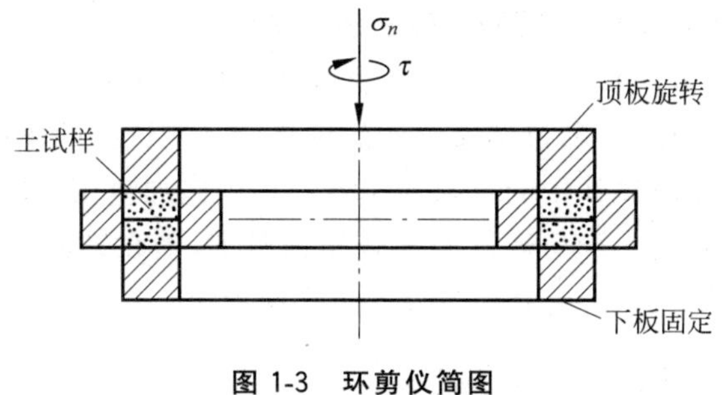

图 1-3 环剪仪简图

这一类剪切试验也常被用来研究不同材料间接触面的剪切特性,用以确定有关强度和变形参数,比如用于研究土与混凝土或钢材,土与土工合成材料及不同土料之间接触面特性。

1.1.2 侧限压缩试验

侧限压缩试验也称单向压缩试验,仪器简图见图 1-4。它所确定的土的应力应变关系曲线一般表示为曲线 e-p,e 为孔隙比,p 为施加的竖向压力(kPa)。由于试样应力状态总是 $\sigma_3/\sigma_1=K_0$,所以不会发生破坏。这种试验的结果通常只需用一个参数(压缩模量 E_s 或压缩系数 a_v)就可表示,所以它主要用于地基沉降计算的分层总和法中,也可进行固结试验,确定压缩量与时间的关系,用以确定黏性土的固结系数 C_v。侧限压缩试验不能用以揭示土的应力-应变-强度关系的全过程及土体一般的受力变形的特性。但它仍然是土力学中最基本的试验之一。固结试验的详细介绍见 5.8 节。

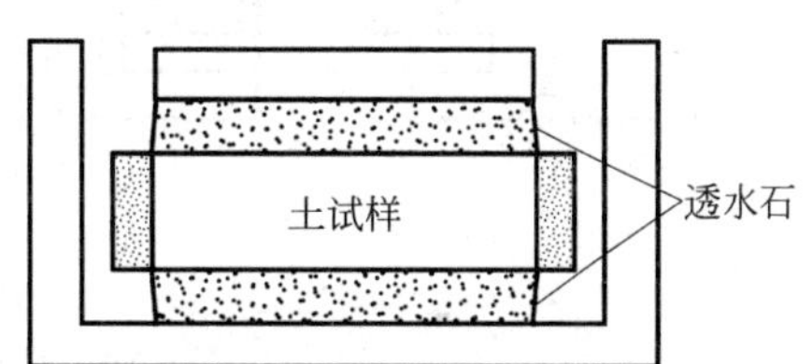

图 1-4 侧限压缩试验

1.1.3 三轴试验

20 世纪 30 年代,美国哈佛大学卡萨格兰德(A. Casagrande)用应力边界条件的圆柱形试样进行土的强度试验,以代替直剪试验来确定土的强度指标,以后经许多土力学专家的研究与完善,发展成目前广泛应用的三轴试验。三轴试验可以完整地反映试样受力变形直到破坏的全过程。因而既可用作强度试验,也可用作应力应变关系试验。它可以模拟不同工况,进行一些不同应力路径的试验;也可很好地控制排水条件,不排水条件下还可量测试样的超静孔隙水压力。三轴试验中试样应力状态明确,应变量测简单可靠,可较容易地判断试样的破坏,操作比较简单。这样,三轴仪成为土力学实验室中不可缺少的仪器。

此后,又陆续出现了进行土的动力试验的动三轴仪、进行高室压的高压三轴仪、对粗颗粒土进行试验的大型三轴仪以及进行非饱和土试验的非饱和土三轴仪等仪器。另外,随着传感器精度的提高，各种数据的自动采集的实现以及计算机技术的发展，应力路径和应变路径的自动控制和对软岩和硬土试验的微应变量测等各种试验技术及设备也在不断发展。

1. 三轴仪及几种不同应力路径的三轴试验

图1-5是三轴仪及其试样的应力状态。试样用橡皮膜包裹，放在压力室的压力水中，对于饱和试样，在排水试验中，可通过接通试样的排水管量测试样的体积变化。在不排水试验中，可通过孔压传感器量测试样中的孔隙水压力。首先施加室压(围压)σ_c，试样为各向等压应力状态，即$\sigma_1=\sigma_2=\sigma_3=\sigma_c$；随后通过活塞施加轴压$P$，则在轴向产生偏差应力$\sigma_1-\sigma_3$，设$\sigma_1=\sigma_a$，$\sigma_a$为总轴向应力，$\sigma_1$、$\sigma_2$、$\sigma_3$分别为大、中、小主应力。

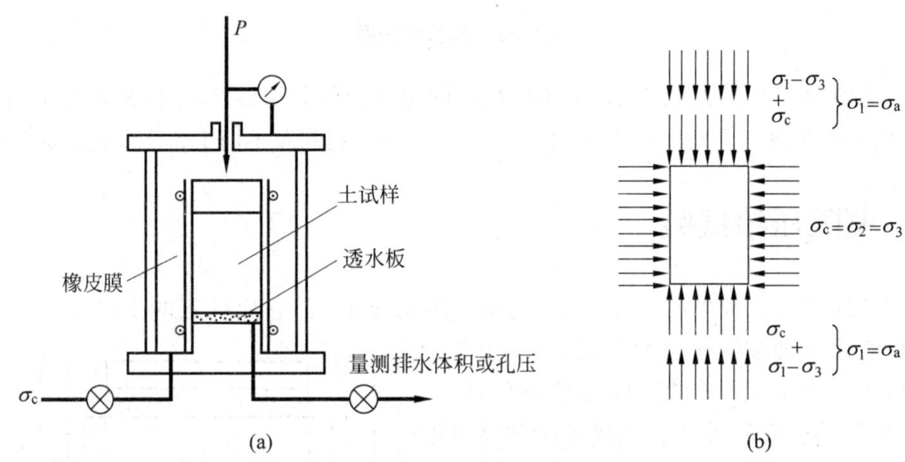

图1-5　三轴试验

(a) 三轴仪简图；(b) 常规三轴压缩试验中试样应力状态

当轴向加载活塞与试样帽之间有拉挂装置时，轴向应力也可为小主应力，即$\sigma_a=\sigma_3$，$\sigma_c=\sigma_1$。按一定规律变化室压σ_c和轴向应力σ_a，用三轴仪可以完成不同应力路径的试验。通常有如图1-6所示的几种应力路径，当然也有其他应力路径或上述各应力路径的组合，此外还有控制不同应变路径的三轴试验。对于所有的三轴试验，试样受到的三个主应力总有两个是相等的。用平均主应力p和广义剪应力q表示时，在图1-6中，

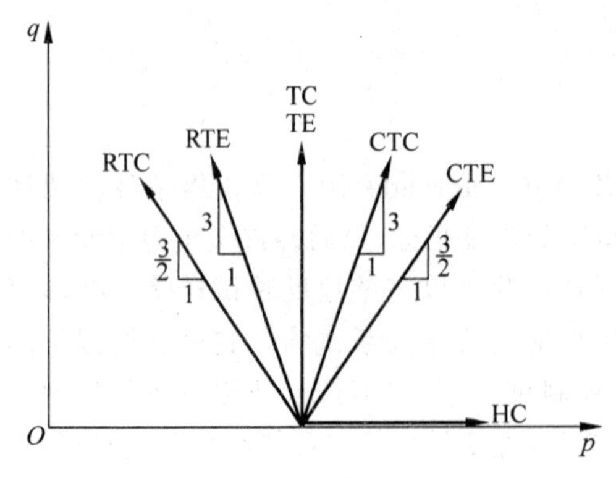

图1-6　几种三轴试验的应力路径

$$p=\frac{\sigma_a+2\sigma_c}{3}\tag{1-1}$$

$$q=\sigma_a-\sigma_c\tag{1-2}$$

在一般应力状态下，常用另外两个参数表示试样中主应力的大小，即毕肖甫参数b和应力洛德角θ。

$$b=\frac{\sigma_2-\sigma_3}{\sigma_1-\sigma_3}\tag{1-3}$$

$$\tan\theta = \frac{2\sigma_2 - \sigma_1 - \sigma_3}{\sqrt{3}(\sigma_1 - \sigma_3)} = \frac{2b-1}{\sqrt{3}} \tag{1-4}$$

1) 静水压缩(各向等压)(hydrostatic compression, HC)试验

在这种试验中,在三轴压力室中用静水压力通过橡皮膜向试样施加围压 σ_c,这时试样应力状态为 $\sigma_1=\sigma_2=\sigma_3=\sigma_c$。不断增加围压,同时量测试样的体积变化。在中密承德砂上进行的静水压缩试验结果见图 1-7。

可见在这种试验中随着围压 $\sigma_c(=p)$ 的增加,相同应力增量引起的体应变增量越来越小,这是由于土逐渐被压密的结果,土的这种性质常被称为土的压硬性。在卸载时试样发生回弹,再加载的曲线并不完全与卸载曲线重合,产生滞回圈。当进行不排水试验时,可量测试样孔压,试样孔压与施加室压之比 $\Delta u/\Delta\sigma_c$ 就是孔压系数 B,B 的大小反映了试验土的饱和程度。

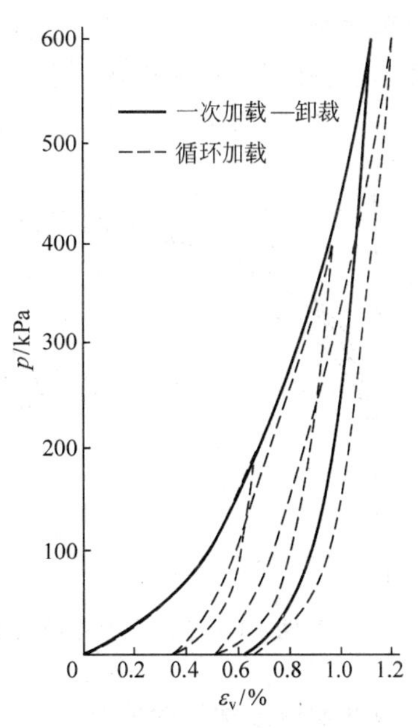

图 1-7 中密承德砂在各向等压下 p-ε_v 关系曲线

2) 常规三轴压缩(conventional triaxial compression, CTC)试验

常规三轴压缩试验有时也简称为三轴试验,是土工中应用最广泛的试验方法。在这种试验中,一般在一定围压 σ_c 下对试样先进行各向等压固结(HC),然后保持 σ_c 不变,增加轴向应力直至破坏,试验中,$b=0$ 或 $\theta=-30°$。

3) 常规三轴伸长(conventional triaxial extension, CTE)试验

在这种试验中,一般试样在初始围压 σ_{c0} 下首先进行各向等压固结,然后保持轴向应力 $\sigma_a=\sigma_{c0}$ 不变,逐渐增加围压使 $\sigma_c=\sigma_1=\sigma_2$,$\sigma_a=\sigma_3$,试样被挤长,所以有时也称为“挤长试验”。这种试验中,轴向加载活塞与试样帽之间要有一定连接,以施加拉力。尽管试样帽上部通过活塞杆施加的是拉力,但试样帽下部试样土仍受压,σ_a 仍然是正值,只是 $\varepsilon_a<0$,即伸长变形。试验中,$b=1.0$ 或 $\theta=30°$。

4) 平均主应力 p 为常数的三轴压缩(triaxial compression, TC)和三轴伸长(triaxial extension, TE)试验

由于保持平均主应力 $p=$常数,在 TC 试验中轴向应力为大主应力,即 $\sigma_a=\sigma_1$,在 σ_a 增加的同时,围压 σ_c 减小,$\Delta\sigma_c=-\Delta\sigma_a/2$,从而使 p 保持不变(见式(1-1))。最后试样被压缩而破坏。在这种试验中 $\theta=-30°$ 或 $b=0$。

在 TE 试验中,轴向应力 $\sigma_a=\sigma_3$,为小主应力,在减小轴向应力的同时,增加围压 σ_c,使 $\Delta\sigma_a=-2\Delta\sigma_c$,$p$ 保持不变。试样被挤长,最后伸长破坏。试验中 $\theta=30°$ 或 $b=1.0$。

5) 减围压三轴压缩(reduced triaxial compression, RTC)试验

试样首先在一定应力状态下(一般为各向等压 σ_{c0} 应力状态下)被固结。试验中轴向应力为大主应力,即 $\sigma_a=\sigma_1=\sigma_{c0}$,并保持不变,围压 σ_c 逐渐减小,即 $\Delta\sigma_2=\Delta\sigma_3=\Delta\sigma_c<0$。由于围压减小,试样被轴向压缩,对于黏土,当初始应力 σ_{c0} 足够大时,试样可被压缩破坏。砂土的破坏则与初始应力大小无关,最终都会因减压压缩而破坏。试验中 $\theta=-30°$ 或 $b=0$。

6）轴向减载三轴伸长(reduced triaxial extension,RTE)试验

试样首先在 σ_c 下各向等压固结,然后保持围压 σ_c 不变,轴向应力 σ_a 减小,即 $\Delta\sigma_3=\Delta\sigma_a<0$,$\Delta\sigma_1=\Delta\sigma_2=\Delta\sigma_c=0$,试样被轴向伸长,可达到破坏。由于围压不变,试样伸长,所以这种试验也被称为三轴伸长试验,这时 $\theta=30°$ 或 $b=1.0$。当 $\sigma_3<0$ 时,试样中实际上存在拉应力,也可能引起拉伸破坏。

7）三轴等比(proportional loading,PL)试验

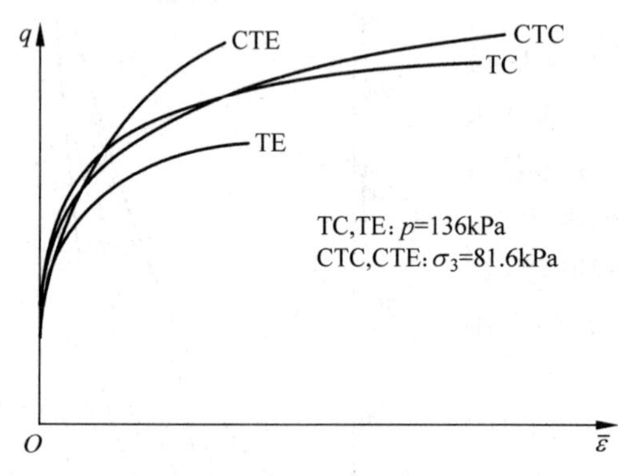

图 1-8　不同应力路径三轴试验

用三轴仪可进行等比加载试验。一般情况下,$\sigma_a/\sigma_c=\Delta\sigma_a/\Delta\sigma_c=K$,其中 K 一般为不小于1.0的常数。等比加载试验中最普遍的是静水压缩试验(HC,$K=1.0$)和 K_0 固结试验($K=1/K_0$)。在这类试验中,试样总是处于加载压缩($\Delta\varepsilon_v>0$)或卸载回弹($\Delta\varepsilon_v<0$)两种状态。

一些三轴试验的应力应变关系曲线见图1-8,各应力状态特性见表1-1。这些应力路径的三轴试验,一般初始应力状态为各向等压。但也有些初始应力状态为 K_0 固结状态或其他应力状态的情况。

表 1-1　不同应力路径的三轴试验应力特点(加载时)

特性＼试验	静水压缩(各向等压,HC)	常规三轴压缩(CTC)	常规三轴伸长(挤长,CTE)	三轴压缩(p 为常数,TC)	三轴伸长(p 为常数,TE)	减围压三轴压缩(RTC)	轴向减载三轴伸长(RTE)	三轴等比试验(PL)
主要应力特点	三个主应力相等	围压不变	轴向应力不变	平均主应力不变	平均主应力不变	轴向应力不变	围压不变	常应力比 $\sigma_a/\sigma_c=K$
σ_1	$=\sigma_c$	$=\sigma_a$	$=\sigma_c$	$=\sigma_a$	$=\sigma_c$	$=\sigma_a$	$=\sigma_c$	$=\sigma_a$
σ_2	$=\sigma_c$	$=\sigma_c$	$=\sigma_c$	$=\sigma_c$	$=\sigma_c$	$=\sigma_c$	$=\sigma_c$	$\sigma_c=\sigma_1/K$
σ_3	$=\sigma_c$	$=\sigma_c$	$=\sigma_a$	$=\sigma_c$	$=\sigma_a$	$=\sigma_c$	$=\sigma_a$	$\sigma_c=\sigma_1/K$
$\Delta\sigma_1$	>0	>0	>0	>0	>0	$=0$	$=0$	>0
$\Delta\sigma_2$	>0	$=0$	>0	$=-\Delta\sigma_1/2$	>0	<0	$=0$	$\Delta\sigma_1/K$
$\Delta\sigma_3$	>0	$=0$	$=0$	$=-\Delta\sigma_1/2$	$-2\Delta\sigma_1$	<0	<0	$\Delta\sigma_1/K$
Δp	>0	>0	>0	$=0$	$=0$	<0	<0	>0
$b(\theta)$	—	0(−30°)	1(30°)	0(−30°)	1(30°)	0(−30°)	1(30°)	0(−30°)

【例题 1-1】 对一种砂土试样进行围压 $\sigma_c=\sigma_3$ 为100kPa的常规三轴压缩试验,在 $\sigma_1-\sigma_3=320$kPa时试样破坏。根据莫尔-库仑强度准则,预测该砂土试样在初始各向等压应力 $\sigma_{c0}=200$kPa下固结,然后进行常规三轴伸(挤)长试验、平均主应力 p 为常数的三轴压缩试验与三轴伸长试验、减围压的三轴压缩试验以及轴向减载的三轴伸长试验,问不同试验时砂土试样破坏的大小主应力各为多少?

【解】

(1) 常规三轴压缩试验

根据莫尔-库仑强度准则，首先根据常规三轴压缩试验计算砂土的内摩擦角。

$$\sin\varphi = \frac{\sigma_{1f} - \sigma_{3f}}{\sigma_{1f} + \sigma_{3f}} = \frac{320}{520} \approx 0.6154$$

解得

$$\varphi = 38°$$

(2) 各向等压 $\sigma_{c0} = 200\text{kPa}$ 下固结的常规三轴伸(挤)长试验

由破坏时竖向应力 $\sigma_a = \sigma_{3f} = \sigma_{c0} = 200\text{kPa}$，计算求得横向应力 σ_{1f}。

$$\sin\varphi = \frac{\sigma_{1f} - \sigma_{3f}}{\sigma_{1f} + \sigma_{3f}} = \frac{\sigma_{1f} - 200}{\sigma_{1f} + 200} = 0.6154$$

解得

$$\sigma_{1f} = 840\text{kPa}, \quad \sigma_{3f} = 200\text{kPa}$$

(3) 各向等压 $\sigma_{c0} = 200\text{kPa}$ 下固结的平均主应力 p 为常数的三轴压缩试验

由 $p = (\sigma_1 + 2\sigma_3)/3 = \sigma_{c0} = 200\text{kPa}$ 得破坏时 $\sigma_{1f} = 600 - 2\sigma_{3f}$。

$$\sin\varphi = \frac{\sigma_{1f} - \sigma_{3f}}{\sigma_{1f} + \sigma_{3f}} = \frac{600 - 3\sigma_{3f}}{600 - \sigma_{3f}} = 0.6154$$

解得

$$\sigma_{3f} = 96.8\text{kPa}, \quad \sigma_{1f} = 406.4\text{kPa}$$

(4) 各向等压 $\sigma_{c0} = 200\text{kPa}$ 下固结的平均主应力 p 为常数的三轴伸长试验

由 $p = (2\sigma_1 + \sigma_3)/3 = \sigma_{c0} = 200\text{kPa}$ 得破坏时 $\sigma_{1f} = 300 - \frac{\sigma_{3f}}{2}$。

$$\sin\varphi = \frac{\sigma_{1f} - \sigma_{3f}}{\sigma_{1f} + \sigma_{3f}} = \frac{300 - 3\sigma_{3f}/2}{300 + \sigma_{3f}/2} = 0.6154$$

解得

$$\sigma_{3f} = 63.8\text{kPa}, \quad \sigma_{1f} = 268.1\text{kPa}$$

(5) 各向等压 $\sigma_{c0} = 200\text{kPa}$ 下固结的减围压的三轴压缩试验

由破坏时竖向应力 $\sigma_a = \sigma_{1f} = \sigma_c = 200\text{kPa}$，计算求得横向应力 $\sigma_{3f} = \sigma_{2f}$。

$$\sin\varphi = \frac{\sigma_{1f} - \sigma_{3f}}{\sigma_{1f} + \sigma_{3f}} = \frac{200 - \sigma_{3f}}{200 + \sigma_{3f}} = 0.6154$$

解得

$$\sigma_{3f} = \sigma_{2f} = 47.6\text{kPa}, \quad \sigma_{1f} = 200\text{kPa}$$

(6) 各向等压 $\sigma_{c0} = 200\text{kPa}$ 下固结的轴向减载的三轴伸长试验

破坏时横向应力 $\sigma_{1f} = \sigma_{2f} = \sigma_c = 200\text{kPa}$，计算求得竖向应力 $\sigma_a = \sigma_{3f}$。

$$\sin\varphi = \frac{\sigma_{1f} - \sigma_{3f}}{\sigma_{1f} + \sigma_{3f}} = \frac{200 - \sigma_{3f}}{200 + \sigma_{3f}} = 0.6154$$

解得

$$\sigma_{3f} = 47.6\text{kPa}, \quad \sigma_{1f} = \sigma_{2f} = 200\text{kPa}$$

各种应力路径下破坏时的应力状态见表 1-2。

表 1-2 不同应力路径破坏三轴试验应力状态计算结果表

试验	CTC	CTE	TC	TE	RTC	RTE
σ_{3f}/kPa	100	200	96.8	63.8	47.6	47.6
σ_{1f}/kPa	420	840	406.4	268.1	200	200
σ_{2f}/kPa	100	840	96.8	268.1	47.6	200
$(\sigma_{1f}-\sigma_{3f})$/kPa	320	640	309.6	204.3	152.4	152.4
φ/(°)	38	38	38	38	38	38

2. 三轴试验的一些问题

尽管三轴试验应力状态比较简单,边界影响也不是很严重,但仍存在一些问题。

1) 边界条件的影响

由于顶帽和底座与试样间的摩擦力,使试样两端存在剪应力,从而形成对试样的附加约束,这样,在压缩试验中,试样破坏时呈鼓形,而在拉伸试验时,试样呈中部收缩状(颈缩)。这使试样中的应力、应变不均匀,同时使围压 σ_c 也在变化。有人对此进行了专门研究,采用滚珠、润滑来消除端部约束,改变顶帽和底座形状,以消除不均匀变形。另一个约束来自于橡皮膜对试样的约束,它也相当于增加了围压 σ_c。另外,当进行围压很小的三轴试验时,试样与顶帽的自重、压力室静水压力、加压活塞的自重及它与活塞轴套间摩擦等因素的影响也都应予以考虑。此外制样时如过度拉伸橡皮膜,也可产生对试样的附加轴向应力,砂土制样时施加真空也增加了有效围压。

2) 体变及孔压量测

对于饱和土试样的排水试验,可通过与试样连通的量水管量测试样体积变化。而对于非饱和土,可以通过量测压力室的体积变化(扣除加压活塞移动引起的体积变化)推算试样体变。这时,为了消除压力室体积变化的影响,压力室可分为内外两室,充满相同压力的水,量测内室中水的体积的变化可推算试样体积的变化。

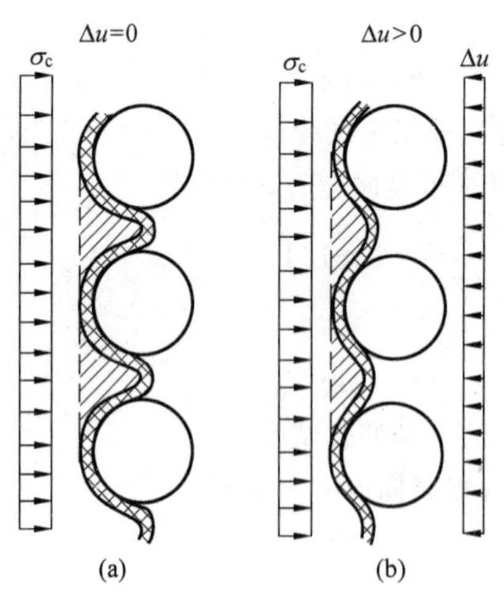

图 1-9 在 CU 试验中膜嵌入对孔压量测影响的示意图

(a) 固结时的膜嵌入;(b) 由于 Δu 使膜嵌入深度减小

对于粗粒土,压力室的压力水会使橡皮膜嵌入试样表面,形成麻面,产生膜嵌入(membrane penetration)的影响。对于均匀的粗粒土,在围压变化情况下,膜嵌入对试验的体变量测影响很大,使量测的试样体积压缩量偏大。这一影响不仅与试样的密度、颗粒尺寸和形状及土的级配有关,而且与膜厚度及其模量有关,还与围压 σ_c 的变化有关。对于常规三轴压缩排水试验,由于围压 $\sigma_c=\sigma_3$ 是不变的,所以膜嵌入对剪切过程中试验体积量测影响不大。但对于三轴不排水试验，因为其有效围压随孔压变化而变化，膜嵌入对量测的孔压有较大影响。

图1-9(a)表示试样在固结之后的情况，其中阴影部分表示的是膜嵌入造成的附加的体积压缩。由于膜嵌入，使量测的体变比实际体变大。图1-9(b)则表示在固结不排水试验中膜嵌入对孔压量测的影响，施加偏差应力 $\sigma_1-\sigma_3$ 之后，试样内如果产生正孔压 Δu，作用在膜上的有效围压为 $\sigma_3'=\sigma_c-\Delta u$，与图1.9(a)相比，则膜嵌入深度减少了(即膜向后回弹)。由于不排水，饱和试样的总体积不变，但膜嵌入量减小，部分骨架中水被排出，对于土骨架则变成部分排水，从而使量测的孔压 Δu 变小。反之，对于剪胀性的土，量测的负孔压的绝对值偏小。这是由于在试样有剪胀趋势的情况下，产生负孔压，膜被进一步吸入，由于总体积不变，这等于向土骨架中注入一些水，从而使骨架发生部分体积增加，使负压的绝对值变小。

为减小三轴试验的误差，人们采用了各种措施来消除膜嵌入的影响，也用一些方法率定和校正这一影响。

3) 试样的饱和度

试样的饱和度对于不固结不排水三轴试验和固结不排水三轴试验的结果影响很大。为了使试样达到完全饱和或者较高的饱和度，可以采用抽气饱和、毛细管饱和、反压饱和及二氧化碳饱和等措施。其中反压饱和是使试样达到高饱和度常用的方法。

反压饱和的原理是在试样橡皮膜内外同时施加较高的压力，使试样中的气体体积被压缩或溶入孔隙水中，从而提高了试样的饱和度。具体做法是膜内外分级同时施加反压增量 Δu_0 和围压增量 $\Delta\sigma_c$，并使 u_0 总是比围压 σ_c 小2～5kPa。如果试样的初始饱和度为 S_{r0}，要求达到的饱和度为 S_r，则需要施加的反压可参考图1-10。

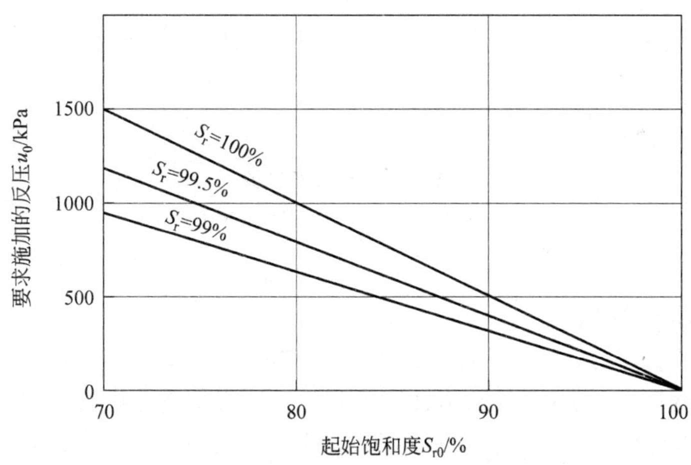

图1-10　S_{r0}-u_0-S_r 的关系

4) 极低围压下的三轴试验

农业、军工、航天等领域可能涉及表层土的变形和强度问题。由于围压极低($\sigma_3\leqslant$ 10kPa)，用通常的试验方法进行三轴试验，其结果会有很大的误差。

对于砂土，由于黏聚力 $c=0$，如果试验的围压 σ_3 为0，则其抗剪强度 τ_f 为0，这时的砂土是不成形的。可是在三轴试验加载之前，必须制样，为了保证试样不会倒塌或液化，主要采用两种方法：(1)橡皮膜的约束，它产生的附加约束 $\Delta\sigma_3$ 与膜的松紧、薄厚有关；(2)对于饱和试样，可使与试样连通的量水管内的水面比充水压力室中点低20～60cm，这实际上已经给试样施加了 2～6kPa 的围压。

在随后的剪切试验过程中，试样两端的摩阻力会在试样上产生附加的围压；试样的自重会产生附加的竖向(轴向)应力；试样帽的自重和加载杆的自重也会产生附加的竖向应力。在制样时，为了把橡皮膜绑扎在试样帽上，通常要拉紧橡皮膜，绑扎后就会残留膜的竖向拉力。这些因素在较高的围压下($\sigma_3 \geqslant 100$kPa)造成的误差是可忽略的，但会使极低围压下的试验结果反常。所以要降低试验误差，一方面要靠对上述因素的精确的率定；另一方面要求试验十分精细和谨慎。

3. 动三轴试验

为了模拟循环加载情况下土的动力特性，人们在常规静三轴仪基础上，在轴向增加激振系统。激振动力可采用电磁力、气(液)压力、惯性力等。后来发展成可以在轴压和室压两向分别激振。动三轴试样的应力状态和典型试验曲线见图 1-11。这种试验可确定土的动模量、阻尼比、动强度和饱和土的抗液化剪切应力等。

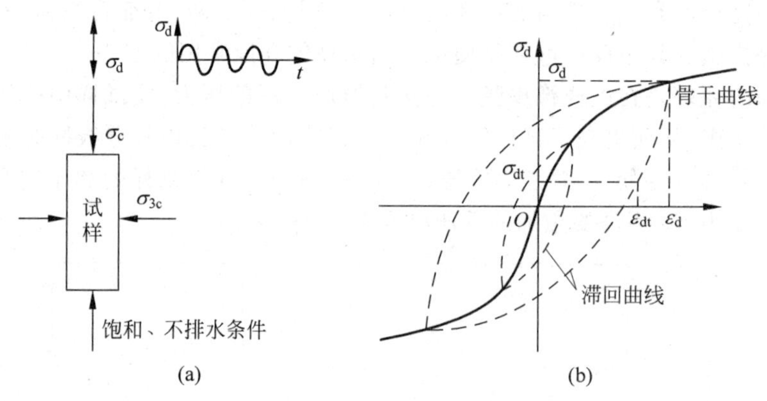

图 1-11 动三轴试验

(a) 试样应力状态；(b) 典型试验曲线

4. 大型高压三轴仪

近年来修建在深厚覆盖层上的高土石坝发展很快，尤其是大型混凝土面板堆石坝。这种坝型对于坝体的变形十分敏感，其数值计算需要用三轴试验确定堆石料的变形与强度参数。这种坝料最大粒径可达 1m 以上，由于最大坝高可达 200m～300m 或更高，因而需要大型高压的三轴仪。据研究，三轴试样的直径应大于土料最大粒径的 4～6 倍，即 $d_{max}=(1/4\sim1/6)D$，D 为试样直径。这样就需要试样直径达几米的三轴仪。目前建造这么大的三轴仪是不现实的。我国大型三轴仪可采用的试样直径有 300mm、600mm、700mm 和 1000mm，最大围压 σ_3 能达到几十兆帕。另外，一些尾矿料、垃圾土等也常常需要大尺寸的三轴试验。

这种三轴试验的关键问题是如何模拟原型料，通常采用的方法有以下几种。

(1) 相似法　它是将原型料的每一粒组按固定的比例缩小，与原型料保持几何相似，使最大粒径为试样直径的 1/5 左右。其缺点是常会将堆石料变成砂砾料，甚至将粗粒土变成细粒土。

(2) 剔除法　它是将大于 d_{max} 部分的超大粒径土料剔除掉，把剩余的部分作为试验材料。一般只有超过 d_{max} 的粒径所占比例很小时(如小于 10%)才可以使用此法。

(3) 替代法　亦称等量替代法。它是用粒径小于 d_{max} 的一定范围的粒组按比例等量替代粒径超过 d_{max} 的部分,这一方法保持了细粒土的含量不变。

(4) 混合法　即将以上各方法混合使用。

图 1-12 是对某种原型料用三种方法进行模拟得到的级配曲线。用不同方法模拟的土料一般较难达到堆石坝的现场密度,常用相对密度作为控制参数来模拟。

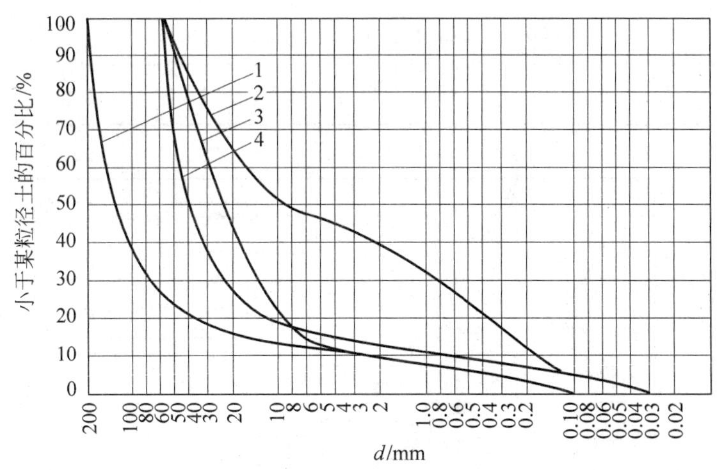

图 1-12　4 种模拟方法的级配曲线

1—原型料；2—剔除法；3—替代法；4—相似法

【例题 1-2】　某堆石坝使用的花岗岩堆石料如表 1-3 所示,如果采用试样直径为 1000mm 的大三轴仪进行试验,确定有关参数,试计算采用相似法、剔除法和替代法(用 200～100mm替代超大粒径)模拟时的颗粒级配表和级配曲线。

表 1-3　原型花岗岩堆石料颗粒级配表

粒组/mm 级配	800～400	400～200	200～100	100～60	60～40	40～20	20～10	10～5	5～2	2～1	<1
自然含量/%	29	18.5	14.5	9	6	9	4	3	3	3	1
小于该粒径的百分比/%	100	71	52.5	38	29	23	14	10	7	4	1

【解】　由于三轴试验试样的直径为 1000mm,则模拟料的最大粒径应不大于 200mm。相似法是将颗粒按比例缩小;而剔除法是将剩余的土料的百分比按比例扩大;替代法是用 200～100mm 替代超大粒径。各模拟法颗粒级配计算表见表 1-4,级配曲线见图 1-13。

5. 量测、采集与控制

随着电子技术的发展,各种精确的量测元件、数据传送和采集与控制软件在三轴试验中得到广泛应用,这使得量测的精度大大提高,数据采集实现了自动化,并且可以按设定的应力路径或应变路径实现试验的自动化。

表 1-4 模拟花岗岩堆石料颗粒级配计算表

级配 \ 粒径/mm	800	400	200	100	60	40	20	10	5	2	<1
原料/%	100.0	71.0	52.5	38.0	29.0	23.0	14.0	10.0	7.0	4.0	1.0
相似法/%	—	—	100.0	71.0	56.0	46.0	34.0	23.0	14.0	9.0	7.0
剔除法/%	—	—	100.0	72.4	55.2	43.8	26.7	19.0	13.3	7.6	1.9
替代法/%	—	—	100.0	38.0	29.0	23.0	14.0	10.0	7.0	4.0	1.0

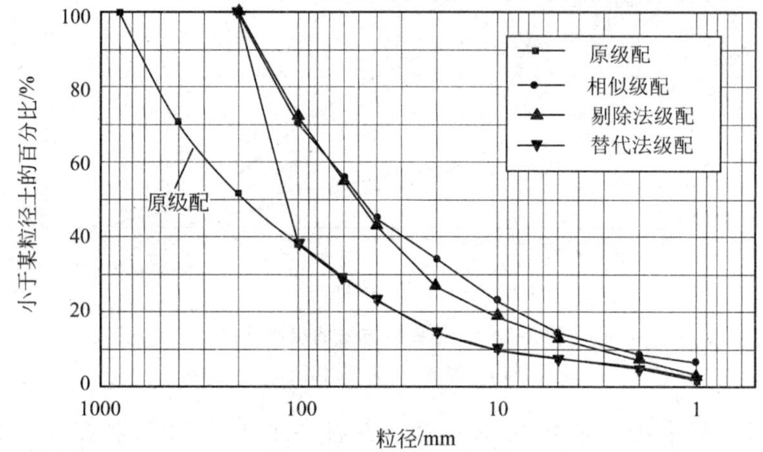

图 1-13 各种模拟料的级配曲线

日本东京大学的龙冈文夫(F. Tatsuoka)在进行软岩和硬土试样的三轴试验过程中采用在压力室内量测试样变形的方法,如图 1-14 所示。由于在这类试验中试样变形很小,尤其是在应力循环时,要求能量测出 0.005%(5×10^{-5})这样的微应变。他们在压力室内量测轴向荷载,用一对局部变形传感器(local deformation transducers,LDT)在试样侧面直接量测轴向应变。这样就消除了试样端部的影响。图 1-15 表示的是在软泥岩试样的三轴固结不排水试验中,用 LDT 和在压力室外量测轴向变形的不同结果,图 1-15(a)、(b)分别表示不同应变范围。在传统三轴试验中,由于透水石和试样端部间的相互作用,试样端部变形占很大比例且表现为卸载时的塑性变形。而用 LDT 量测在小应变时加载—卸载—再加载时几乎是完全弹性的。

1.1.4 真三轴试验

在上述的三轴试验中,其根本的不足是其中有两个主应力总是相等的。从三轴仪面世以来,人们就力图实现"真正"的三个主应力可以独立变化的试验,亦即真三轴试验。早在1936 年,瑞典皇家地质学院的克捷曼(Kjellman)就设计过六块刚性板在三个方向独立施加主应力的仪器,但仪器本身的复杂性及各方向的相互干扰使其没有得到广泛的应用。早期

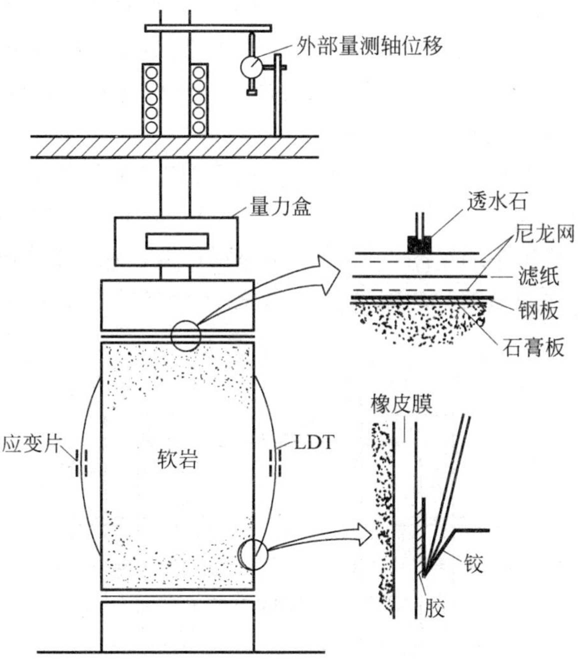

图 1-14　三轴压缩试验的量测方法

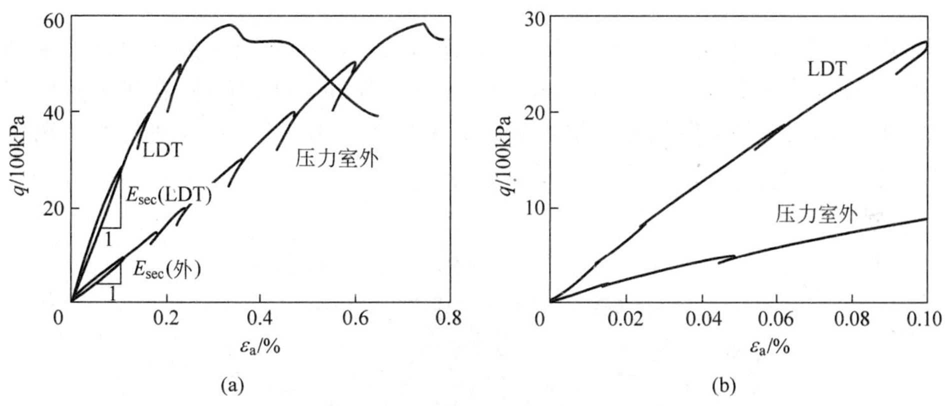

图 1-15　软岩上固结不排水三轴试验中不同量测方法的应力应变关系

(a) ε_a:0～0.8%；(b) ε_a:0～0.1%

的真三轴试验主要是用于研究中主应力 σ_2 对土的强度的影响，尤其是侧重于研究平面应变条件下土的变形和强度特性，所以相对来讲边界干扰并不是十分关键的问题。随着土的本构关系理论的发展，人们更加迫切要求实现更复杂的应力路径，以更加系统、全面、深入地揭示土的应力应变强度关系，另外人们也希望借助于复杂应力路径来验证本构模型，以检验它们的普遍适用性，这些需求大大推动更精细的真三轴仪的研制和高水平的试验技术的发展。目前，真三轴仪可以分为两大系列：改造的真三轴仪与盒式的真三轴仪。

早期人们为了变化中主应力 σ_2，很自然地想到在原三轴压力室中将试样改成长方体，并安装一对侧向压力板，以施加 σ_2。其特点是试样有一对面是暴露在压力室中的柔性表面，优点是避免了这个方向上与其他两方向边界间的干扰，同时也比较容易形成和观察到剪切面等破坏形式。缺点是三个方向并不能完全“独立”地施加大、中、小主应力。一般而言，暴露在压力室中的面作用的是小主应力，即使在轴向可以施加拉力，压力室中暴露的面上也不能独立作用大主应力。这样很难进行应力路径在π平面的六个角域中自由变化的真三轴试验(见图1-19)，使试验应力路径受到限制。

图1-16表示的是澳大利亚新南威尔士大学的劳(Lo)等人设计的真三轴仪，它是在压力室中加入一对复合水平加压板。试样尺寸为140mm×80mm×80mm。侧向加压板是一对柔性囊，内部有一尺寸稍小的紧贴在试样表面的刚性金属板。这样既避免了与上下边界间相互干扰，又使得试样变形较为均匀，在这一对侧面没有暴露在压力室内的间隙。

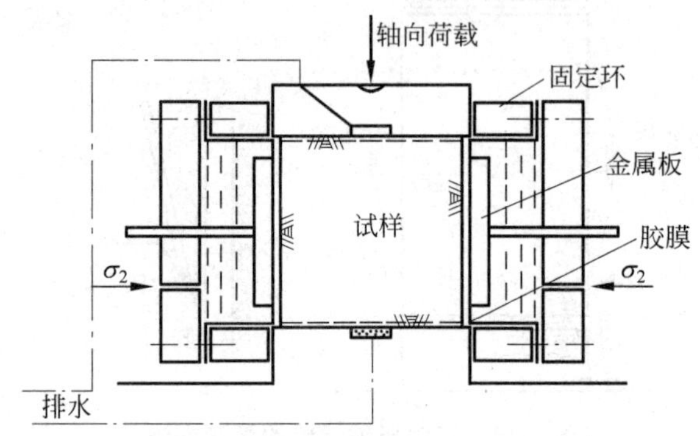

图1-16 劳等人设计的真三轴仪

美国加州大学伯克利分校的莱特(Lade)和邓肯(Duncan)所研制的真三轴仪也是这种系列的真三轴仪，见图1-17。试样为76mm×76mm×76mm的立方体，在压力室中有一对侧压力板，它是由软木和不锈钢片互层组成。其中软木是易于压缩的，并且泊松比接近于

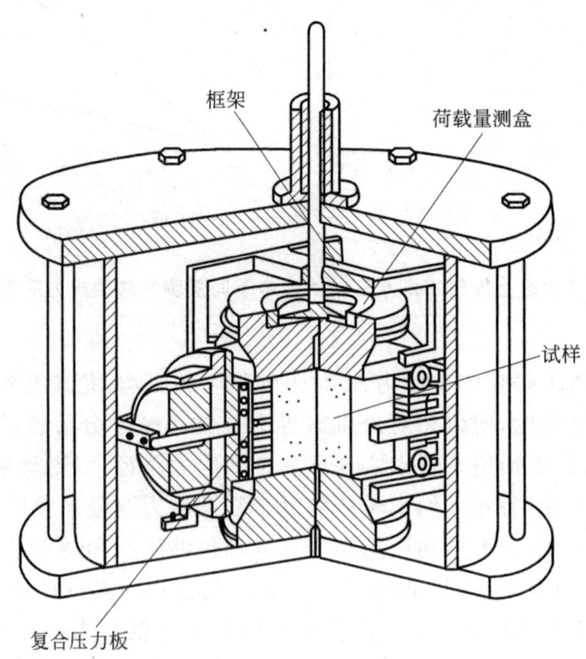

图1-17 莱特和邓肯设计的真三轴仪简图

零。这对侧向水平加压板通过滚轮安装在刚性框架上，框架分两部分，上部分固定在竖向加压杆上，下部分与底座固定。这样在竖向加压时，加载杆通过刚架对侧向板与试样上下同步加压，尽可能减少了板与试样间摩擦和加载装置间的干扰。同时半刚性的侧向加压板也减少了试样的应力分布不均匀。

盒式真三轴仪是在立方体（或长方体）试样的三个方向上设置三个独立的加载系统，从而形成一个立方体的“盒”。其加载系统的边界可以是刚性的，也可以是柔性的，还可以是混合的。其中最具代表性的是 20 世纪 60 年代英国剑桥大学的亨勃雷（Hambly）和皮阿斯（Pearce）设计和发展的剑桥式真三轴仪。它历经修改、完善，现已成为进行土的复杂应力路径试验的著名仪器（见图 1-18）。试样初始形状为一个 100mm×100mm×100mm 的立方体，它被放在一套刚性板之中。试验中试样的六个面都被刚性板覆盖。加压刚性板由三对互相垂直的加压杆驱动，可以是应力控制，也可以是应变控制。允许每对板的间距在 60～130mm 间变化。由于采用了有效的润滑，大大减少了板与试样间摩擦力，使试样上的剪应力合力只为正应力合力的 2%左右，基本上可认为其边界上作用的是主应力，所以它也可用于砂土试验。

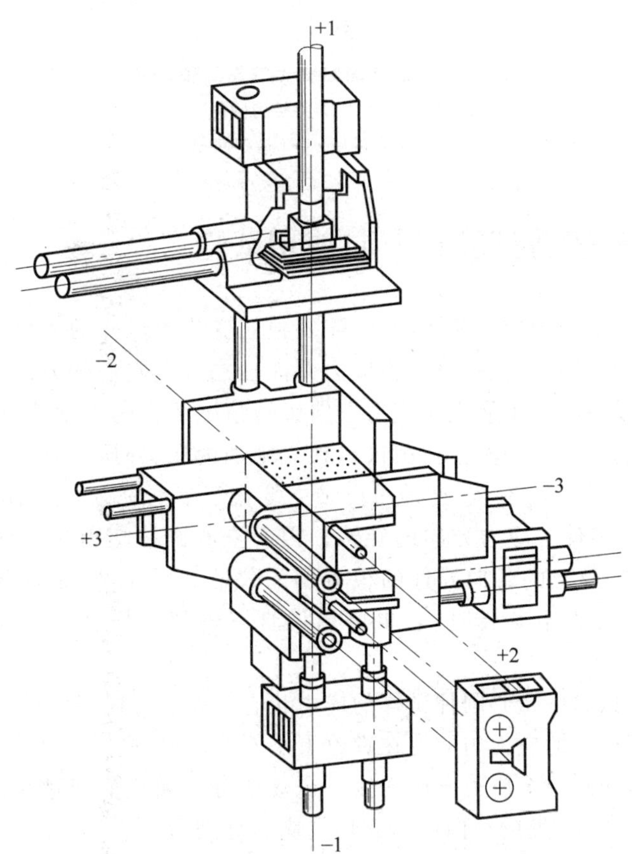

图 1-18　剑桥大学的盒式真三轴仪的加载和导向系统图

这种仪器的优点是很显著的。在三个方向上独立施加主应力，并且大、中、小主应力可以在三个方向自由转换，能做到大约 30%的均匀应变而不会使边界互相干扰，并且已基本实现控制和数据采集自动化。但它的刚性边界容易造成应力分布不均匀，刚性加压板对于破坏时试样剪切带的形成和观察都会有干扰和影响。

真三轴仪常被用来进行在 π 平面上不同应力路径的试验。比如 p 为常数,同时 $b(\theta)$ 为常数的试验,平面应变试验,在不同方向制样以研究土的各向异性的试验,在 π 平面上应力路径急剧转折的试验等。其中以在 π 平面使半径 τ_{oct} 不变,应力路径为圆周的试验最有代表性。图 1-19 表示的是正常固结黏土圆周应力路径和相应应变路径。可见应力路径与应变路径形状并不相同,当应力回归到原来出发点时,应变并未回归到原点。目前用真三轴试验进行原状土试验尚有困难。

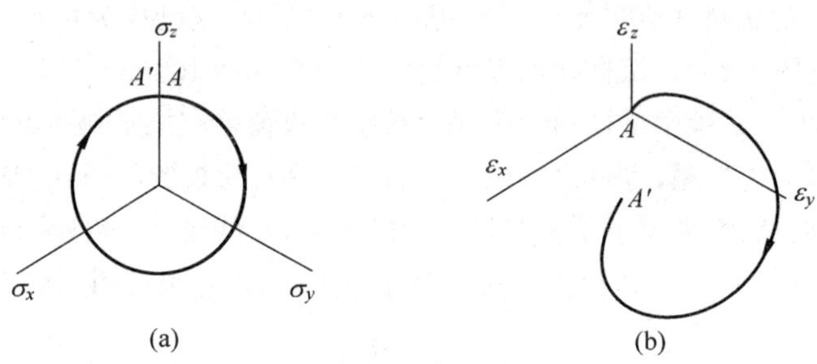

图 1-19 正常固结黏土的真三轴试验

(π 平面上应力路径为圆周)

(a) 应力路径;(b) 应变路径

1.1.5 空心圆柱扭剪试验和方向剪切试验

为了全面揭示土的应力应变关系特性,需要独立变化土试样的六个应力分量并量测相应的六个应变分量,或者独立变化三个主应力并能任意改变它们的方向。可惜目前还没有这样"完美"的试验设备。为了研究主应力方向旋转情况下土的力学特点,研制出了空心圆柱扭剪仪和方向扭剪仪。空心圆柱扭剪仪在独立施加内压、外压、轴向荷载及扭矩时,可以变化 σ_r,σ_θ,σ_z 和 $\tau_{z\theta}$ 四个应力变量,亦即可以独立变化三个主应力的大小和在一个方向上变化主应力方向,从而实现主应力方向的旋转。因而空心圆柱扭剪仪是研究主应力旋转对土应力应变关系影响及土的各向异性的很有用的仪器。图 1-20 是这种仪器的简图和试样受力的状态,在主应力不旋转时,它也可以像真三轴仪一样进行不同应力路径的真三轴试验。

图 1-21 表示了试验中空心圆柱试样的应力状态。如上所述,与一般的土工试验中的试样不同,空心圆柱试样上的应力与应变在理论上是不均匀的,亦即试样不是一个代表一定应力与应变的土单元,而是一个应力与应变按一定规律分布的边值问题。按着弹性力学的厚壁筒解,在 $R(R_o>R>R_i)$ 处的径向应力和切向应力分别为

$$
\begin{aligned}
\sigma_r &= \frac{R_o^2 p_o - R_i^2 p_i}{R_o^2 - R_i^2} + \frac{R_o^2 R_i^2 (p_i - p_o)}{R_o^2 - R_i^2}\frac{1}{R^2} \\
\sigma_\theta &= \frac{R_o^2 p_o - R_i^2 p_i}{R_o^2 - R_i^2} - \frac{R_o^2 R_i^2 (p_i - p_o)}{R_o^2 - R_i^2}\frac{1}{R^2}
\end{aligned}
\tag{1-5}
$$

其中,R_o,R_i 分别为空心圆柱的外半径与内半径;p_o,p_i 分别为试样的外压力与内压力。

同样,剪应力 $\tau_{z\theta}$ 也是半径 R 的函数。只有当试样非常薄时,才可以近似认为其平均应

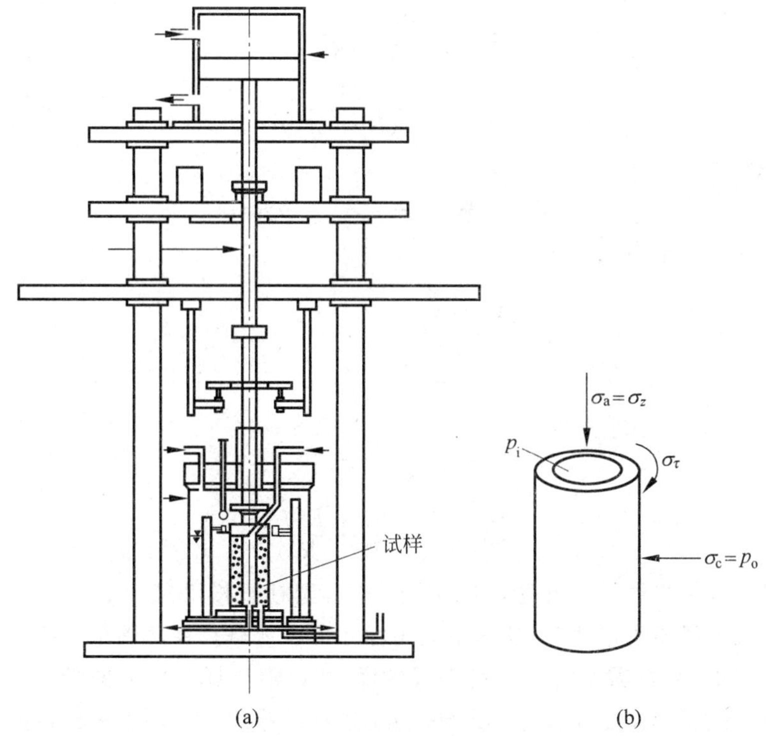

图 1-20　空心圆柱扭剪仪试验

(a) 仪器简图；(b) 试样应力状态

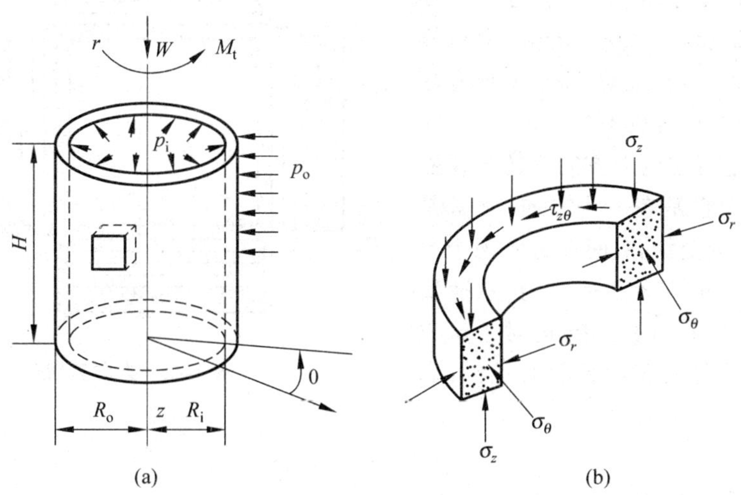

图 1-21　空心圆柱扭剪试样的应力状态

力、应变为常数，应力计算式为

$$\sigma_z = \frac{W'}{\pi(R_o^2 - R_i^2)} \tag{1-6a}$$

$$\sigma_r = \frac{p_o R_o + p_i R_i}{R_o + R_i} \tag{1-6b}$$

$$\sigma_\theta = \frac{p_o R_o - p_i R_i}{R_o - R_i} \tag{1-6c}$$

$$\tau_{z\theta} = \frac{3M_t}{2\pi(R_o^3 - R_i^3)} \tag{1-6d}$$

其中,W'为净轴力,

$$W' = W + \pi(p_o R_o^2 - p_i R_i^2) \tag{1-7}$$

应变也可近似确定为

$$\varepsilon_z = \frac{W}{H} \tag{1-8a}$$

$$\varepsilon_r = -\frac{u_o - u_i}{R_o + R_i} \tag{1-8b}$$

$$\varepsilon_\theta = -\frac{u_o + u_i}{R_o - R_i} \tag{1-8c}$$

$$\varepsilon_{z\theta} = \frac{2\theta(R_o^3 - R_i^3)}{3H(R_o^2 - R_i^2)} \tag{1-8d}$$

这种仪器也有一些缺点。首先,如上所述,空心圆柱试样沿径向的应力是不均匀的,只有试样的厚度与直径相比很薄时,这种不均匀性才可以忽略。在两端施加扭矩时,为了不使试样帽与试样间滑动,常需要有一些齿嵌入试样,所以沿试样长度方向的剪应力$\tau_{z\theta}$也不易均匀分布。因而试样的长度要合适。另外,由于这种试样的内外表面都覆盖橡皮膜,膜嵌入对试样体变的量测有很大影响。为了使比表面积不小于三轴试样,其试样的尺寸一般比较大。常用的试样尺寸为:内径200mm,外径250mm,高250mm。但这样的试样重量很大,不易搬动,而且制样程序比较复杂,量测的精度也不易保证。

另一种可进行主应力方向旋转的仪器是方向剪切仪。它是在一个方向(常常是竖向)保持平面应变状态,而在另外两个方向上可同时施加正应力和剪应力,从而实现主应力在水平面上的旋转,这对于研究土的应力引起的各向异性是很有用的,其原理见图1-22。

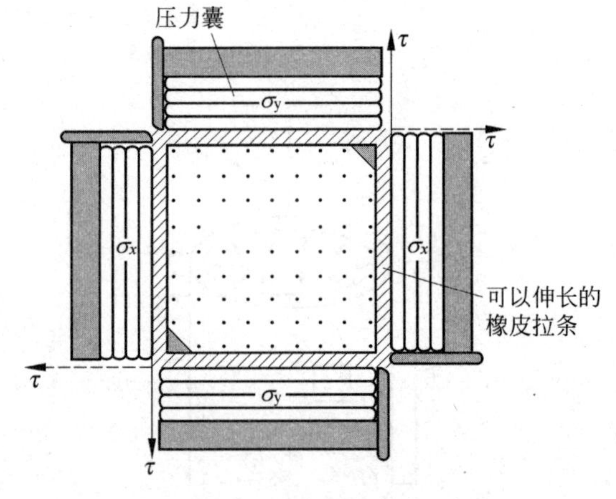

图1-22　方向剪切仪

1.1.6　共振柱试验

研究土的动力特性除了上述的动单剪试验、动三轴试验以外,共振柱试验也是一个重要手段。共振柱试验的原理是通过激振系统,使试样发生振动,通过调节激振频率,使试样发生共振,从而确定弹性波在试样中传播的速度,计算出试样的弹性模量、剪切模量和阻尼比。

共振柱试验的试样可以是圆柱形的,也可以是空心圆柱形的。试样可以是一端固定,一端自由;也可以一端固定,另一端用弹簧和阻尼器支承。试样在压力室中可以是各向等压应力状态；也可以是轴向与侧向压力不等的应力状态，如图 1-23 所示。

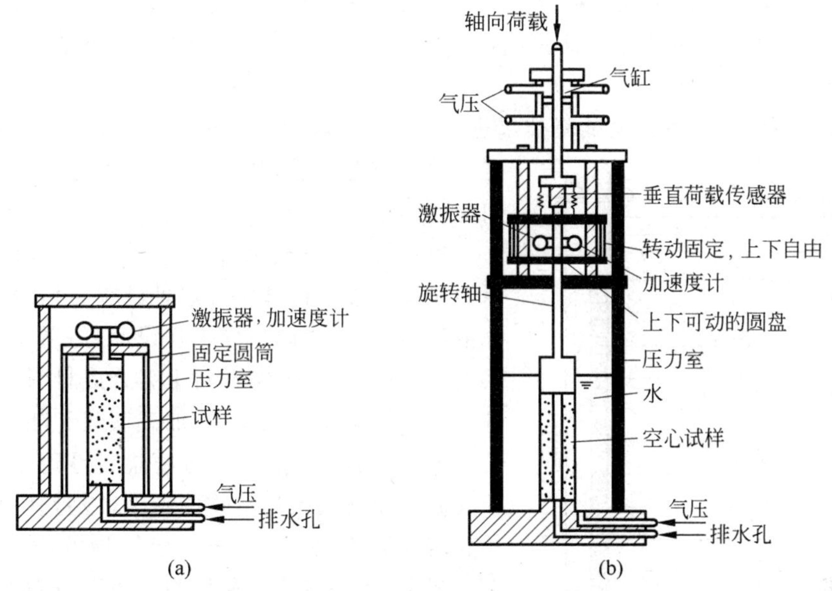

图 1-23　共振柱试验装置

(a) 各向等压共振柱；(b) 轴向与侧向不等压共振柱

激振可以是轴向激振，也可以是扭剪激振。在确定阻尼比时，可用自由振动和稳态激振达到试样共振频率后，切断激振器电源使试样发生自由衰减振动，从其振幅和振次关系曲线确定对数递减率和阻尼比。

1.2　模型试验

模型试验一直是岩土工程中一种重要的研究手段，它既可用来检验各种理论分析和数值计算的结果，也可用来直接指导实际工程的设计和施工。近年来陆续兴建了许多重大的岩土工程项目，人们对岩土工程问题的认识逐渐深入。各种模型试验也受到越来越多的重视，得到了很大的发展。

1.2.1　1g 下的模型试验

在通常的重力场中，在一定的边界条件下对土工建筑物或地基进行模拟，量测有关应力变形数据，通过一定的理论计算或数据计算来检验理论计算结果，也是土的应力应变关系研究的一种手段。这种试验分为小比尺试验和足尺试验。

小比尺试验是将土工建筑物或地基及基础缩小 n 倍，自重和荷载及应力水平同样也缩小 n 倍。由于土并不是线弹性材料，所以在 1g(g 为重力加速度)下小尺寸模型中土的应力水平很低。而在很低的围压下，土的应力、应变、强度性状与常规围压下又有很大不同。比如很多土在很低围压下表现出强烈的剪胀和应变软化特性，尤以粗粒土为甚，而在一般围压下则应力应变性质明显不同。在很低围压下土的强度是非线性的，即土的强度指标(如内摩擦角 φ)有明显的提高。黏性土的摩擦强度与围压大体上有线性关系，而其黏聚强度则不受围压影响，因而小比尺的模型无法正确地按比例缩小黏聚强度，所以 $1g$ 下的小比尺试验一般意义不大。

如果对这种 $1g$ 下小比尺试验结果进行数值分析，则需要进行很低围压下的试验以确定参数。如上所述，这种试验难度很大，并不容易得到准确结果。

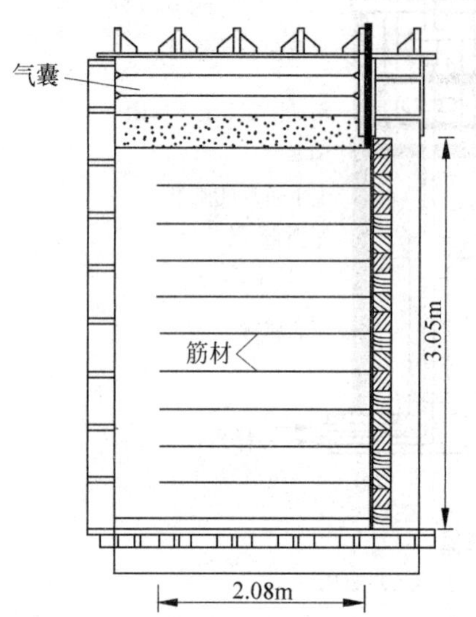

图 1-24 加筋挡土墙的足尺试验

另一种 $1g$ 下模型试验是足尺试验，即基本上按原型尺度模拟进行试验。这种试验可信度高，资料十分宝贵，可直接用以指导工程设计，但造价昂贵，投资巨大。比如美国、日本都对土工合成材料加筋构造物进行过足尺试验。在施工、加载期间和随后运行的很长一段时间内，工作人员通过监测得到很多数据，对于人们认识加筋土构造物的特性，检验有关本构模型和数值计算方法，对加筋土建筑物的设计有重大意义。图 1-24 是在美国科罗拉多(Colorado)大学进行的足尺加筋土挡土墙(也称为丹佛墙，Denver Wall)的试验情况。该墙高 3.05m，宽 1.22m，长 2.08m。在一个大型模型槽内进行试验，筋材为 12 层长 1.68m 的热黏无纺织物，墙顶用气囊加压。分别对黏性土和砂土填料进行了试验。

德国的柏林大学对浅基础进行了大量系统的足尺试验研究。单桩的足尺试验也比较普遍。近年来，日本和美国都在酝酿建立长宽各为十几米到二十几米的大型足尺的振动台，模拟岩土工程及结构工程的地震反应，拟投资上亿美元。另外，海洋钻井平台基础的足尺试验及大尺寸试验也不少见。这种不惜巨资投入进行足尺试验及原型观测表明了人们对于岩土工程中的理论分析及数值计算的信任还很不足。

1.2.2 ng 下的模型试验

所谓 ng 模型试验就是将土工建筑物或地基与基础尺寸缩小到 $1/n$，同时加速度增大为 ng。这种试验一般采用原型土材料做模型，土的密度相同。目前这种试验有土工离心机试验和渗水力模型试验两种，其中土工离心机模型试验应用最为广泛。

1. 土工离心机模型试验

法国人菲利普斯(E. Phillips)早在 1869 年就提出使用离心机做模型试验的设想，并推导了有关的相似关系。真正用离心机研究岩土工程问题则始于 20 世纪 30 年代初。60 年代以后，英国、美国和日本等国家采用先进的技术建造了专门用于土工模型试验的离心机。到了 80 年代，世界上许多国家先后发展了大型土工离心机，建立离心模型实验室，使数据采集及控制系统更加先进。我国 80 年代以来也先后建成多个土工离心机实验室，其中南京水科院土工离心机容量为 400g-t，北京水科院的容量达 450g-t，最近正筹建 1000g-t 和最大离心力速度为 1000g 的两套土工离心机。所谓 g-t，是试样（包括模型箱、吊篮）的总质量（t，吨）与模型加速度（ng）之积，它反映了离心机的功率。

离心机模拟法是利用离心力场提高模型的体积力，形成人工重力。当原型尺寸与模型尺寸之比为 n 时（$n>1$），离心机加速度 a_m 为

$$a_m = \frac{L_p}{L_m}g = ng \tag{1-9}$$

式中，L_p 为原型尺寸；L_m 为模型尺寸；g 为重力加速度。

这样在保证原型与模型几何相似的前提下，可保持它们的力学特性相似，应力应变相同，破坏机理相同，变形相似。这对于以重力为主要荷载的岩土工程问题是十分适用的。

图 1-25 为土工离心机模型试验的示意图。试验时将模型箱放在吊篮中，通过水平旋转产生离心力。试验中量测元件信号通过滑环输出，由数据采集系统接收，然后输入计算机进行数据处理，也可通过计算机系统控制试验过程。同时还可以通过闭路电视系统进行观察。

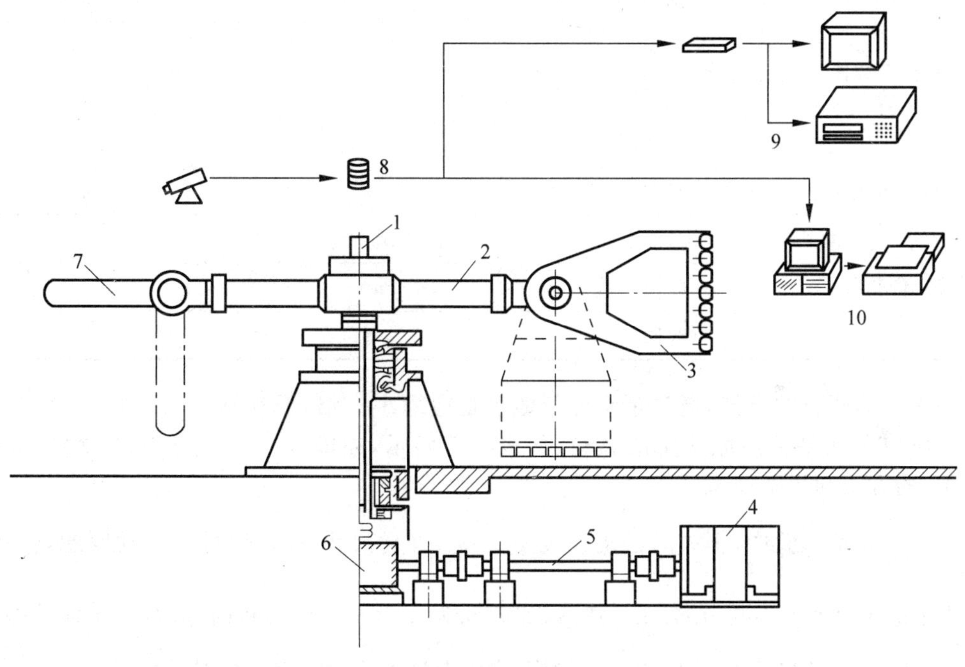

图 1-25 土工离心机

1—转轴；2—转臂；3—吊篮；4—电动机及整流系统；5—转动轴；6—变速箱；7—平衡重；8—滑环；9—闭路电视；10—计算机数据采集系统

土工离心机已在岩土工程中得到广泛的应用，用以研究挡土墙与土或者土与结构物间相互作用、岩土高边坡、堤坝路基等填方工程、地下结构和基坑开挖、浅基础、桩基础和深基础等问题。目前已经可以在离心机运行中模拟施工过程，比如在运行中打桩施工，让密度接近于土的液体逐渐从模型基坑中流出模拟基坑开挖过程，或者用机器人开挖。最近，利用土工离心机模拟地震、爆破等动力问题得到很大重视和发展。许多离心机上都装置了振动台用以研究岩土工程的地震反应。另一个发展较快的领域是环境方面的课题研究，包括介质扩散、热传播、污染、寒区冻土问题等。另一方面，土工离心机模型试验也广泛用于渗流固结、应力应变关系、

边坡稳定分析等岩土理论方面的研究，成为岩土工程中最为重要的模型试验手段。

确定相似比尺的方法有两种，依据控制方程进行量纲分析和按力学相似规律分析。基于这两种方法结合一些试验的验证，人们总结出常用的相似比尺关系，具体见表1-5。

表1-5 离心机试验常用比尺

试验参数		单位	相似比尺(模型/原型)
基本	加速度	m/s^2	n
	线性尺寸	m	$1/n$
	应力	kPa	1
	应变	—	1
土体	密度	kg/m^3	1
	颗粒	—	1
结构与构件	轴力	N	$1/n^2$
	弯矩	N·m	$1/n^3$
	轴向刚度	N	$1/n^2$
	抗弯刚度	N·m^2	$1/n^4$
固结问题	时间	s	$1/n^2$
渗流问题	渗透系数	m/s	n
	黏滞系数	Pa·s	1
	时间	s	$1/n^2$

关于土的颗粒的模拟，通过量纲分析似乎是应缩小 n 倍，但这样就可能把砂、粉粒变成黏粒。所以一般是采用原状土的颗粒，如表1-5所示，亦即 $n=1$。对于超大颗粒，可按照图1-12的方法和规则模拟。

在动力模拟试验中，土体的运动速度 $v_m=v_p$，即比尺为1，亦即对于振动问题，$t_m=\frac{t_p}{n}$。这与土中的渗流速度不同，在表1-5中，渗流时间为 $t_m=\frac{t_p}{n^2}$。所以在时间方面，土体的振动比尺与水的渗流比尺有矛盾，为解决这一问题，常将模型试验中的流体黏滞系数增大 n 倍。对于非饱和土，一般毛细上升高度与线性比尺一致，即 $h_m=\frac{h_p}{n}$。而基质吸力的比尺为1，即 $s_m=s_p$。

在爆破模拟试验中，模型的总能量只为原型的 $1/n^3$，所以在离心加速度为 $1000g$ 的离心机爆破试验中，15g 的 TNT 炸药等于广岛原子弹的威力(15000t TNT)。

但土工离心机模型试验也有其局限性。首先是试验材料的模拟问题。一般是原型和模型使用相同材料，土料也是如此。另外，在制样中如何保证土料要求的密度和均匀性也是很难的技术，而且土料的密度对其性质影响很大。岩石材料一般就无法用天然岩石，而用石膏与胶凝等材料配置，来模拟天然岩石的节理裂隙等。另外，像土工合成材料、薄混凝土板材等，如将原型按比例减少，会很薄，无法制造，所以也常按一定刚度和强度要求用其他材料代替。

另外，就是模拟原型的误差。土料本身的模拟困难很大，除了土的密度和均匀性以外，天然原状土的结构性也很难在模型中反映。其他的误差则来自这种方法本身，如模型本身自重与模拟的重力场方向不同；模型各点半径不同而使模拟的各点重力不同；尺寸效应使土的强度发生变化；小尺寸模型的比表面积大，周边摩擦影响也大。

2. 渗水力模型试验

渗水力模型试验是另一种 ng 模型试验。它的原理是用水在土中向下的渗透力 $j(=\gamma_w i)$ 这一体积力模拟重力，从而达到模型尺寸缩小 n 倍而土中应力应变与原型一致的目的。图 1-26 是这种试验设备的简图，图 1-27 是其原理图。

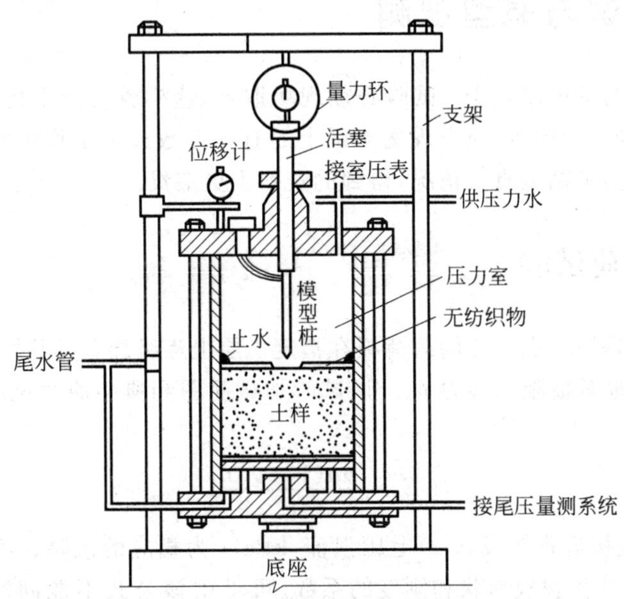

图 1-26　渗水力模型试验设备简图

由图 1-27 可见，在向下的渗透力作用下，模型土体向下单位体积的重力为

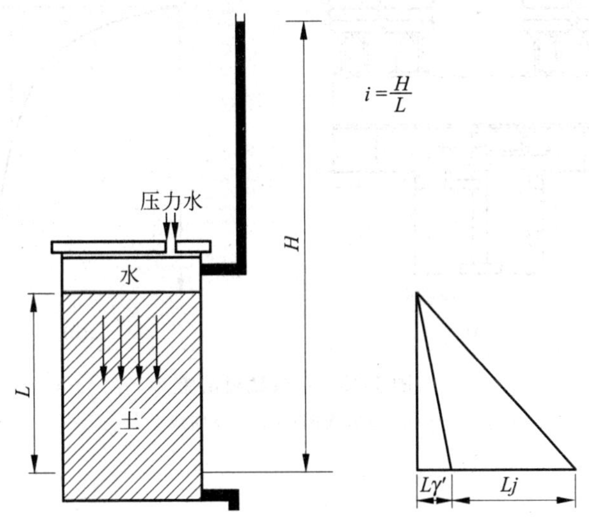

图 1-27　渗水力模型试验原理图

$$n\gamma' = i\gamma_w + \gamma' \tag{1-10}$$

如果 $\gamma' \approx \gamma_w$，则模型比为 $n=i+1$，其中 i 为向下的水力坡降。

渗水力模型试验已经用于天然地基的浅基础、桩基础等问题的研究，也可用于动力问题的模拟。其突出优点是它的设备是静态的，所在 ng 条件下沉桩等比较方便。但它也有很明显的局限性，只能做饱和土体试验；地面要求是水平的；土的渗透系数过大或过小都会影响试验精度，并造成操作困难。

1.3　现场测试与原型观测

原状土室内试验的困难在于：试验必须现场取样，这样就会产生扰动，并且有的土(如砂土)取得原状土样十分困难，所以现场测试土的有关参数成了工程中常用的方法。同样，原型观测比模型试验更贴近真实情况，得到的资料也更宝贵。

1.3.1　平板载荷试验

平板载荷试验是用一定尺寸的载荷板在指定土层上逐级加载，同时量测相应沉降，以得到的 p-s 曲线确定地基极限承载力 p_u。该试验加载简图和典型曲线见图1-28。变形模量可通过下式计算：

$$E = \frac{pb(1-\nu^2)}{s} I \tag{1-11}$$

式中，p 为 p-s 曲线接近直线段(Oa)上压强值，kPa；s 为相应的沉降；b 为荷载板宽度；ν 为土的泊松比；I 为反映荷载板形状和刚度的系数。可见由该公式不能同时确定 E 和 ν 两个参数。

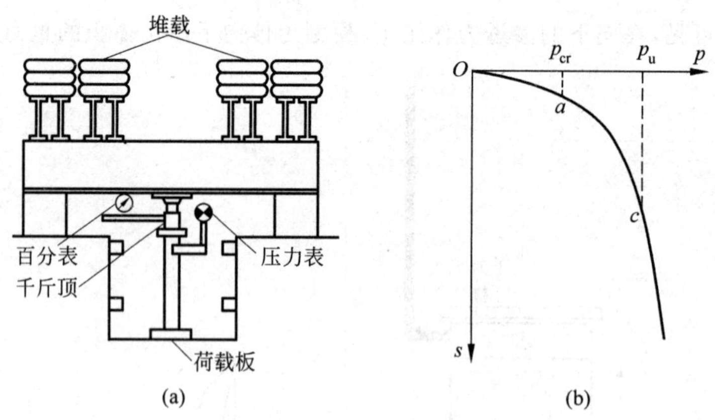

图1-28　平板载荷试验

(a) 试验简图；(b) p-s 曲线

1.3.2　静力触探

静力触探是将金属探头用静力压入土中，测定探头所受到的阻力。通过以往试验资料和理论分析，得到比贯入阻力与土的某些物理力学性质间的关系，定量地确定土的某些指标，如砂土的密实度、黏土的不排水强度、土的压缩模量、地基承载力及单桩的侧阻力和端阻力等。

静力触探形式很多，大型的探头必须在现场用机械操作。图 1-29 为在现场使用的单桥和双桥式探头，前者只量测贯入过程探头所受的总阻力 Q，若锥底面积为 A，则总比贯入阻力为

$$p_s = \frac{Q}{A} \tag{1-12}$$

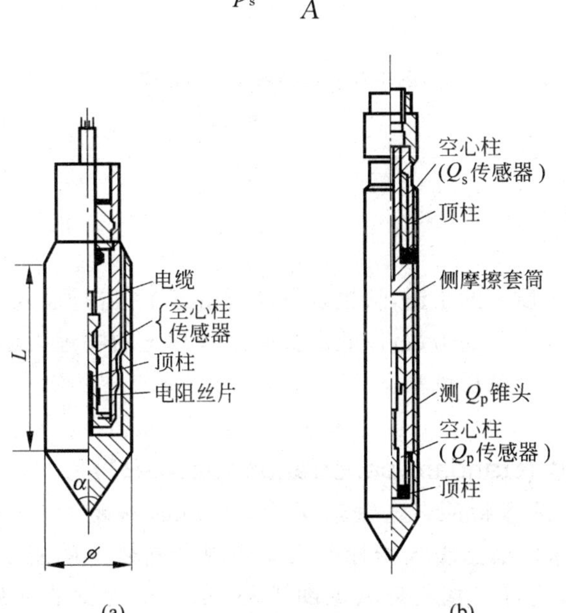

图 1-29　野外静力触探探头

(a) 单桥式；(b) 双桥式

双桥探头能分别测定锥底的总阻力 Q_p 和总侧壁摩阻力 Q_s，单位面积上锥头阻力和侧壁阻力分别为

$$q_p = \frac{Q_p}{A} \tag{1-13}$$

$$q_s = \frac{Q_s}{s} \tag{1-14}$$

式中，s 为探头侧壁摩擦筒表面积。常用探头为锥底面积 $A=15\text{cm}^2$，侧壁表面积 $s=300\text{cm}^2$ 的双桥探头。近年来，静力触探的探头有很大改进，比如装置了孔压传感器及数据自动采集等。

图 1-30 为两种袖珍静力触探仪，可在试样取样筒中直接测出饱和软黏土的不排水抗剪强度，也可以对室内试样进行量测。

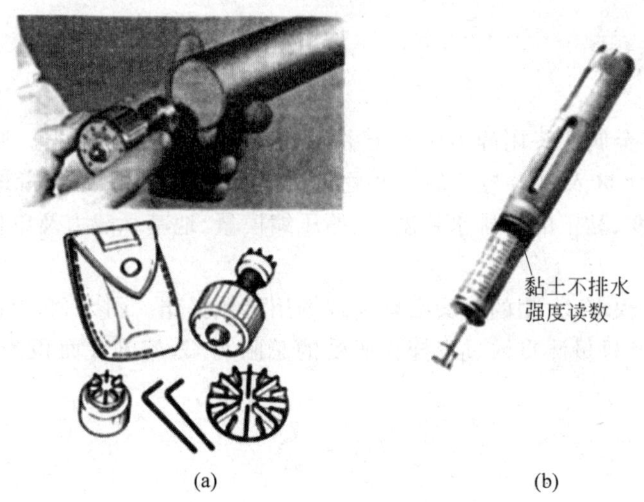

(a) (b)

图 1-30 两种袖珍触探设备

(a) 叶轮式；(b) 贯入式

1.3.3 动力触探

动力触探是用一定质量的击锤，从规定高度自由落下，击打插入土中的探头，测定使探头贯入土中一定深度所需要的击数，以此击数确定被测土的物理力学性质。按使用土层的不同可分为以下几种动力触探试验。

1. 标准贯入试验(standard penetration test，SPT)

这种设备的探头是管状的。击锤质量为63.5kg，落距为76cm，以探头贯入30cm的击数N为贯入指标。根据贯入指标的大小可以判断砂土的密实度、饱和砂土的液化可能性和地基的承载力等。探头形状见图1-31(a)。这种试验适用于一般黏性土和砂土地基。

2. 轻型触探试验

轻型触探试验用于确定一般黏性土、粉土和素填土地基的承载力和基坑验槽。探头为圆锥形，击锤质量为10kg，落距为50cm，贯入30cm时对应的击数为N_{10}，见图1-31(b)。

3. 重型触探试验

这种触探试验适用于碎石土和卵石土等地基土。探头为圆锥形，击锤质量为63.5kg，落距为76cm，以探头贯入10cm的击数记作$N_{63.5}$，见图1-31(d)。

此外还有超重型、中型等圆锥形探头的动力触探试验。还有一种直接用击锤人工击打的轻便式触探设备，主要探查地基密实度和填方的质量。

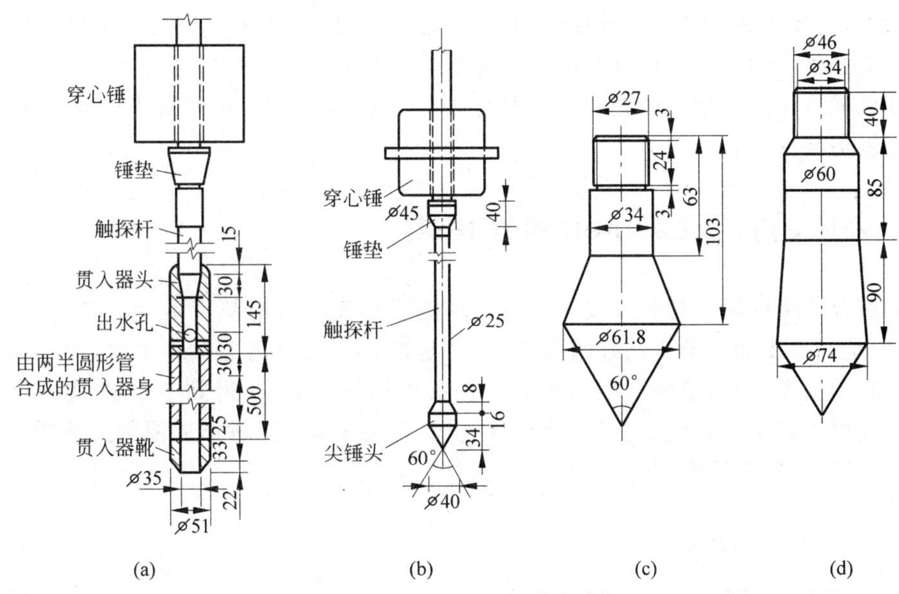

图 1-31　动力触探探头

(a) 标准贯入试验装置；(b) 轻型；(c) 中型；(d) 重型

1.3.4　十字板剪切试验(vane shear test，VST)

这种试验是将十字形钢板插入土中，施加扭矩达到最大值 $T_{\max}$时，十字板在土中被扭动，通过这个扭矩计算土的抗剪强度，见图 1-32。对于野外试验，板高与外直径之比一般为 $H/D=2$。对于各向同性的土，并设土的破坏圆柱两端面和侧面抗剪强度相等时，则

$$\tau_{\mathrm{f}} = \frac{6}{7}\frac{T_{\max}}{\pi D^3} \tag{1-15}$$

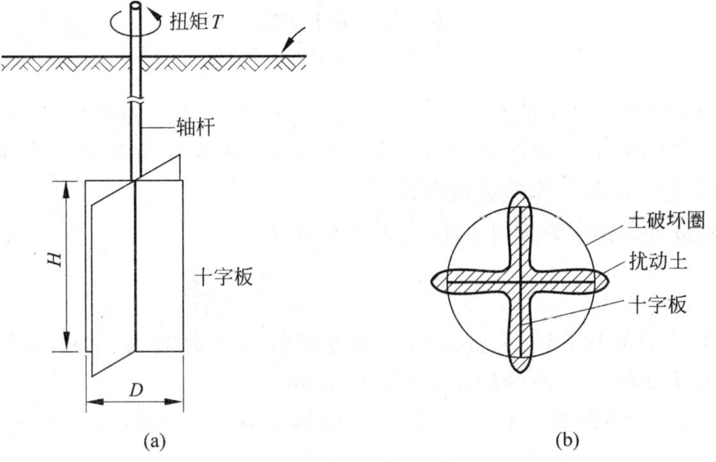

图 1-32　十字板剪切试验

(a) 仪器简图；(b) 断面图

实际上，现场土常常是各向异性的，对于正常固结黏土，水平面上抗剪强度一般大于垂直面的抗剪强度。用式(1-15)计算的 τ_f 一般偏大，常需修正后使用。

这种试验可用于软塑到硬塑状态的黏土，对于饱和软黏土，它测得的抗剪强度 τ_f 相当于不排水抗剪强度 c_u。

1.3.5 旁压试验(pressuremeter test)

这种试验使用的设备是旁压仪。将一个圆柱形探头插入地基土中，有预钻式和自钻式两种，前者是将探头插入预先钻好的孔中；后者是这种探头自己能钻入土中。在试验时，其探头的空腔中加压力水，量测所施加压力与探头体积间的关系，得到 p-V 曲线。合理地分析试验曲线可以确定地基土的变形和强度性质及相关参数。这种试验原则上适用于任何地基土，其设备和试验曲线如图 1-33 所示。

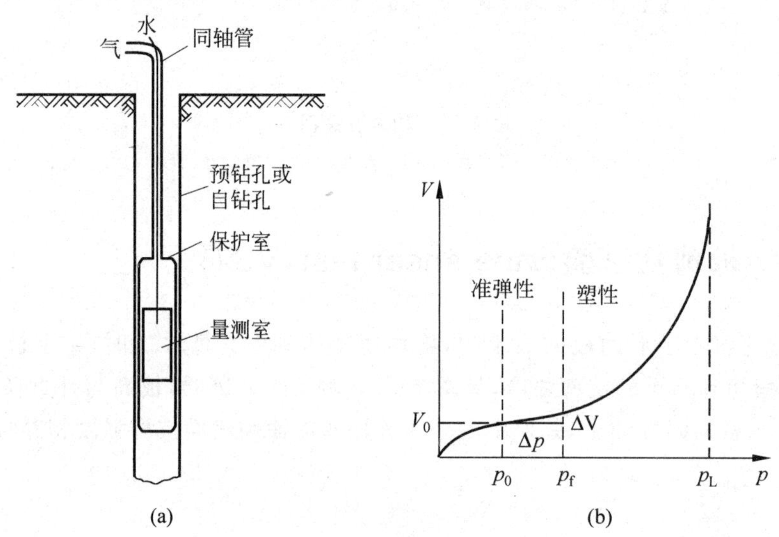

图 1-33 旁压试验

(a) 探头简图；(b) 旁压试验曲线

在图 1-33(b)的旁压试验曲线中，p_0 是起始压力，相当于土体的原位水平压力；p_f 为屈服压力，p_0 与 p_f 之间属于准弹性阶段；p_L 为极限压力，相应于旁压压力室无限扩张时的压力，p_f 与 p_L 之间属于周围土体的屈服阶段。

通过旁压试验可以推求地基土的侧向旁压模量 E_p：

$$E_p = 2(1+\nu)\left(V_0 + \frac{\Delta V}{2}\right)\frac{\Delta p}{\Delta V} \tag{1-16}$$

式中，ν 为地基土的泊松比；V_0 为试验曲线在准弹性段开始时($p=p_0$)旁压仪压力室的体积；$\Delta p/\Delta V$ 为旁压曲线直线段的斜率，见图 1-33(b)。

毕肖甫等在弹性-理想塑性理论的基础上推导了计算饱和软黏土不排水强度 c_u 的公式为

$$p_L = p_0 + c_u\left[1 + \ln\frac{E_p}{2(1+\nu)c_u}\right] \tag{1-17}$$

对于饱和黏性土，式(1-16)与式(1-17)中的泊松比 $\nu\approx0.5$。

1.3.6　螺旋板压缩试验(screw plate compressometer,SPC)和钻孔剪切试验(borehole shear test,BST)

这类试验是深层载荷试验和剪切试验，它是在现场一定深度压缩或在孔中剪切，如图 1-34 和图 1-35 所示。

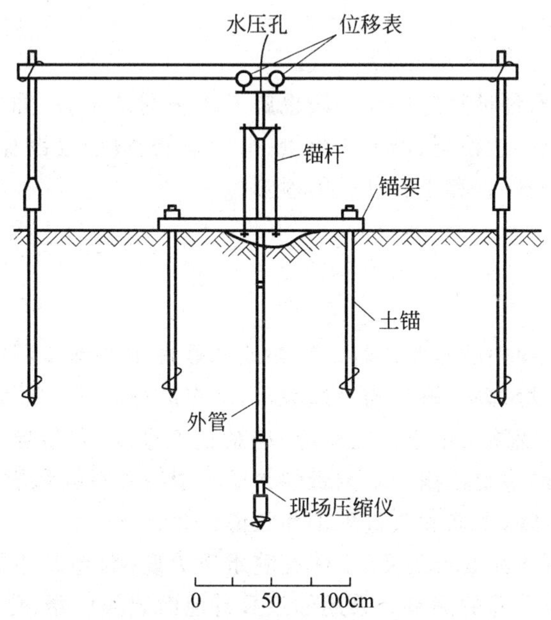

图 1-34　螺旋板压缩试验(SPC)

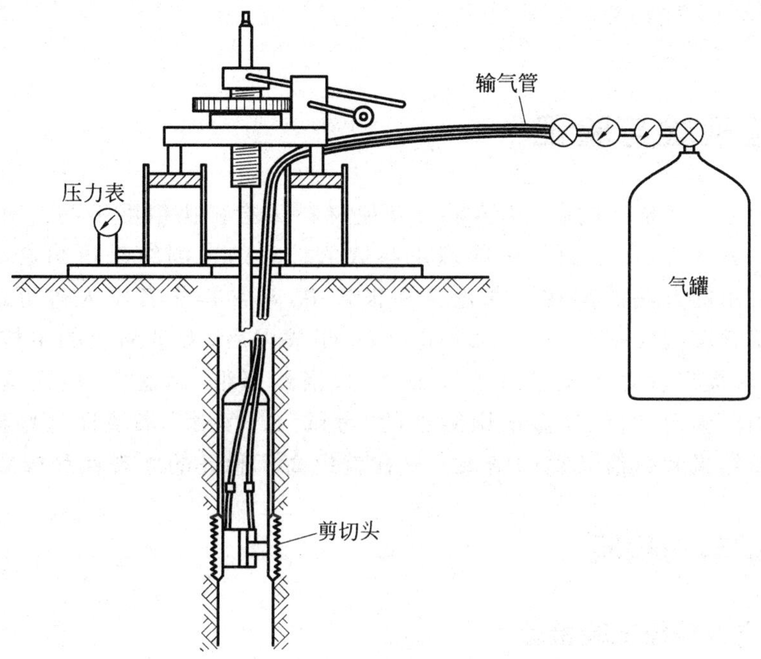

图 1-35　钻孔剪切试验(BST)

在螺旋板压缩试验中，首先将板旋入指定深度，用液压施加压力，量测压力与沉降关系，直至破坏。它适用于除了粒径很大的碎石土以外的任何土类，可求得土的抗剪强度。

在钻孔剪切试验中，剪切头被放入到钻孔中的指定深度，可张开的齿状剪切头被打开，施加法向压力使其压紧在孔壁上，法向应力为 σ_n。然后向上拉剪切头，根据最大拉力计算土的抗剪强度。这种试验比较适合于粉质土，但排水条件不十分明确。

1.3.7 物探检测

与地质勘探相结合，各种物理勘探手段也属于现场测试试验，如各种波速试验、声反射试验、声发射检测、探地雷达检测、电磁法检测、电法检测、放射性勘探等。这类试验主要用于土层勘察、地质缺陷的探查和土层性质的检测。

1.3.8 原型监测

原型监测是岩土工程中的重要内容。比如地基处理中的预压固结工程、深基坑开挖工程、地下工程、软土上路堤、高土石坝与高边坡等，均应进行监测。原型监测一般在施工期和运行期进行。它可以发现施工中土体的反应，控制施工进度，并指导工程措施的采用，实现信息化施工，也是反算的主要依据。更宝贵的是原型观测资料的积累可以提高人们的认识，进一步指导今后工程实践，发展和改进理论和数值计算。

原型监测的手段有地面变形观测，土体孔隙水压力监测，地基不同深度土的位移、土压力以及结构上应变和应力等的测量。采用的工具有地面观测仪器、孔压传感器、分层沉降仪和测斜仪(测地基深处土位移)、土压力盒及一些物理勘探设备等。近年来，光纤技术广泛应用于原型监测中。

1.4 试验检验与验证

土工试验受许多条件限制，其结果与其他材料试验相比精度不高。对试验本身也需进行检验。另一方面，土力学中的理论与数值计算的预测结果可信性亦需验证，试验验证是最常用的方法。但在一些论文和报告中，常常是作者本人进行这种验证，因而验证结果缺乏客观性和公正性。20世纪80年代以后，大量的土的本构关系模型纷纷被提出，同时提出者对模型进行了验证，结果当然都很“满意”。然而这种验证的可信性大打折扣。为此，组织过多次国际性的“考试”或“竞赛”来验证这些模型，同时也用来检验试验结果和数值计算的结果。这样就提高了验证的客观性和权威性。

1.4.1 对试验的检验

1. 复杂应力路径试验检验

1982年，法国的Grenoble大学和德国的Karlsrube大学用剑桥盒式真三轴仪分别对同样的砂土和黏土进行了复杂应力路径和应变路径的试验。两组试验结果的差别主要是由人为操作和试验技术造成的。1987 年，美国的 Case Western Reserve 大学和法国的 Grenobe 大学分别使用空心圆柱扭剪仪和盒式真三轴仪对同样的砂土进行了应力路径的试验，试验内容相同，但结果有较大差别。图 1-36 表示的是两者对于 Hostun 砂的试验结果。试验要求试样干密度为 1.65g/cm^3，然后在 500kPa 围压下固结。为了防止膜嵌入对于空心圆柱试样的影响，两个试验中 σ_2（=500kPa）均为常数，变化 σ_z 并使 b 分别保持 0、0.28、0.66 和 1.00 不变，进行了几种应力路径试验。试验结果见图 1-36。其中图 1-36(a)为轴向应力增量-应变曲线；图 1-36(b)为体应变-轴向应变曲线。可见二者差别有时是很大的，在接近破坏时，空心圆柱试验有时发生颈缩，而真三轴试验则出现 V 形剪切带。

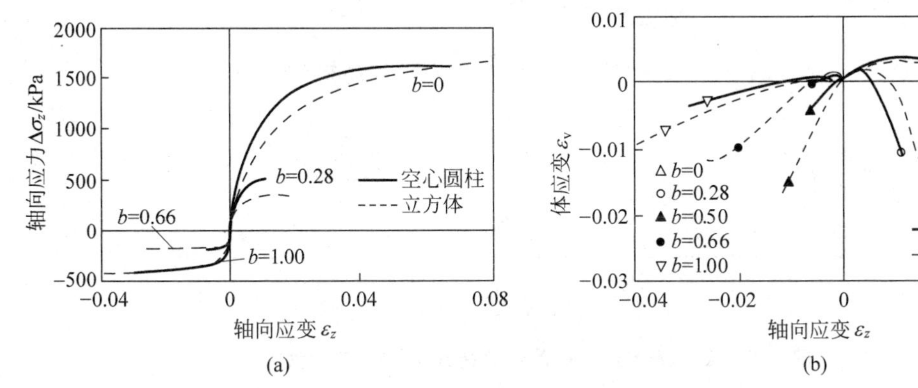

图 1-36　b 为常数的真三轴试验与空心圆柱扭剪仪试验结果的比较

(a) σ_z-ε_z 试验曲线；(b) ε_v-ε_z 试验曲线

2. 土工离心机试验检验

1986 年欧洲共同体资助发起“土工离心机的联合试验”。参赛者有三家：英国剑桥大学、法国道桥中心研究室和丹麦工程学院。试验的内容是模拟饱和砂土地基上圆形浅基础的承载力和荷载-沉降关系。试验土料统一为巴黎盆地天然沉积的一种均匀石英细砂。模型地基的孔隙比 e 规定为 0.66（相对密度 D_r=86%），圆形基础的模型直径 D 规定为 56.6mm，离心加速度为 28.2g，基底完全粗糙。

此前，由丹麦岩土研究所对于这种土进行了物性试验和三轴试验，其结果公布于众。要求载荷-沉降关系表示成无量纲变量 $q/\gamma' nb$-s/b 曲线。其中，q 为基础上施加的荷载，kPa；γ' 为土的浮重度，kN/m^3；n 为重力加速度水平，即模型比尺；b 为模型基础的尺寸，m；s 为基础的中心垂直沉降，m。同样也进行了相同条件下的现场荷载试验，以便与模型试验结果对比。

这三家参赛单位精心制样、安装、运转和量测，反复摸索，反复校验，校正各种参数和影响因素，给出了各自的试验结果。图 1-37 表示了其试验结果。

可见，这种世界上最先进的土工离心机模型试验的误差也很高。值得提出的是，这是一种条件非常简单明确的模型试验，而现场工程实际情况的条件和影响因素远比这复杂。在这个试验中，加载速率、模型地基砂的密度、制样方法和运行程序对试验结果都有影响。例如剑桥大学的试验表明，砂土的孔隙比变化 0.01（相当于相对密度变化 3%），则其承载力变化18%,如图1-38所示。而由于模型地基是先制样,后运转,保证地基内砂土各处均匀,孔隙比误差控制在0.01范围内是有较大难度的。

剑桥大学用圆锥触探仪对试样的孔隙比进行了率定,从所完成的11个试验中,推荐试验Ⅲ的结果(见图1-37)尽管模拟的原型尺寸是相同的,但其离心加速度为40g,模拟基础直径为40mm。

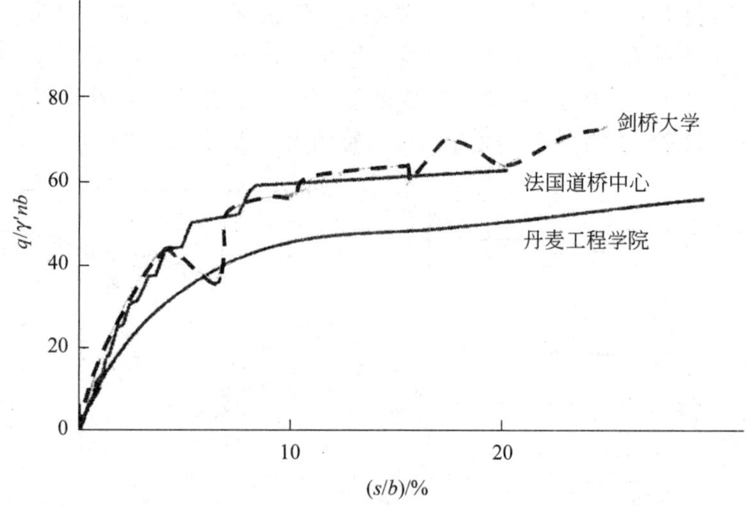

图1-37 圆形天然浅基础的试验荷载-沉降关系曲线

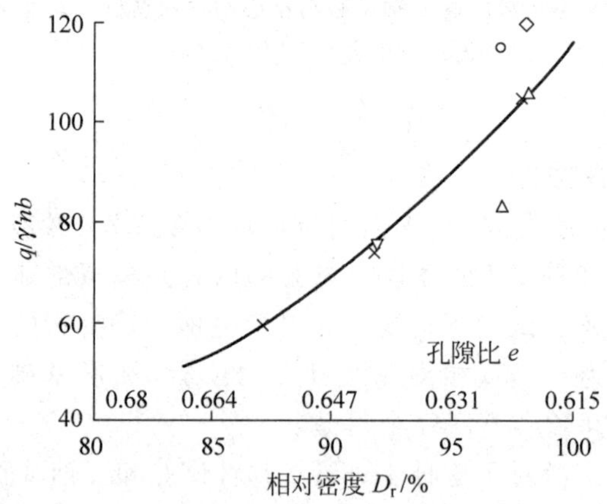

图1-38 地基承载力与模型地基孔隙比间关系(剑桥大学试验结果)

1.4.2 本构关系模型的验证

在土力学领域中,研究人员每年都会发表大量的论文和报告,提出并使用了各种土的理论模型,常常伴以试验或者实测数据的验证,其结果也总是"符合得很好"。但这些验证缺乏公正性、权威性和客观性。

某些论文的所谓验证,基本上如图1-39所示的模式,即通过常规三轴压缩试验建立模型和确定参数,再用这些参数和模型"预测"该试验的应力应变关系曲线,结果也总是"符合得很好”。为确定模型参数而进行的基本室内试验(一般为常规三轴压缩试验)本身是不能用于模型验证的,这是一个无效的循环,因为它只反映曲线拟合以及参数确定的质量,不能反映模型的应力路径的实用性和普适性。

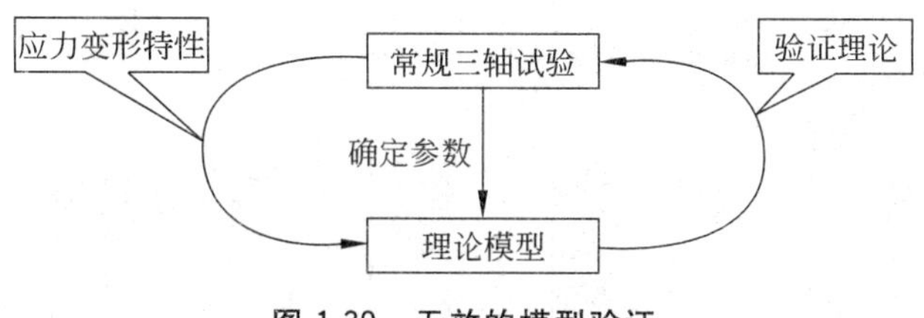

图 1-39　无效的模型验证

20 世纪 80 年代以来,相关科研机构对土的本构关系进行了多次“考试”。1980 年,美国和加拿大召开了岩土工程中极限平衡、塑性理论和普遍的应力应变关系北美研讨会。会前用两种天然土完成了平均主应力 p 为常数的三轴试验,b 为常数的真三轴试验,砂土在 π 平面上应力路径为圆周的真三轴试验。研讨会组织者事先公开土的物性参数和基本试验的结果,然后在国际范围征求参赛者。有来自不同国家的 17 个本构模型参加预测。从给出的结果看,轴向应力应变关系$(\sigma_1-\sigma_3)$-ε_1 预测的精度一般尚可;体应变预测的精度较差。对于应力路径在 π 平面上为圆周的情况,许多模型则无能为力。由于原状土的各向异性,对于其循环加载和超固结性状很难预测,只有少数模型参加了预测。结果表明,没有一个模型能够合理地预测所有的试验情况。正如会议主席 Finn 所说:“无法给任何一个本构模型戴上王冠。”这也符合当前土力学理论发展的现状。

1982 年,土的本构关系国际研讨会在法国召开,人们用不同的理论模型对砂土和黏土的复杂应力路径的试验结果进行了预测。

1987 年,非黏性土的本构关系国际研讨会在美国克里夫兰召开。会议征求对真三轴试验和空心扭剪试验结果进行理论模型的预测。共有来自世界各国的 32 个土的本构模型参赛。其中包括 3 个次弹性模型(hypoelastic)、3 个增量非线性性弹性模型(incremental)、1 个内时模型(endochronic)、9 个具有一个屈服面的弹塑性模型(EP1)、10 个具有两个屈服面的弹塑性模型(EP2)、6 个其他形式的弹塑性模型(EP: elastoplastic)。会议将预测结果与试验结果进行比较,按四个单项评分。评分的标准见图 1-40,该标准规定了上下限,按统计方法打分。图 1-41 与图 1-42 表示出 b 为常数的砂土真三轴试验的预测得分情况。可见其轴向应力应变关系预测结果还差强人意;而体应变的预测则基本是不及格的。

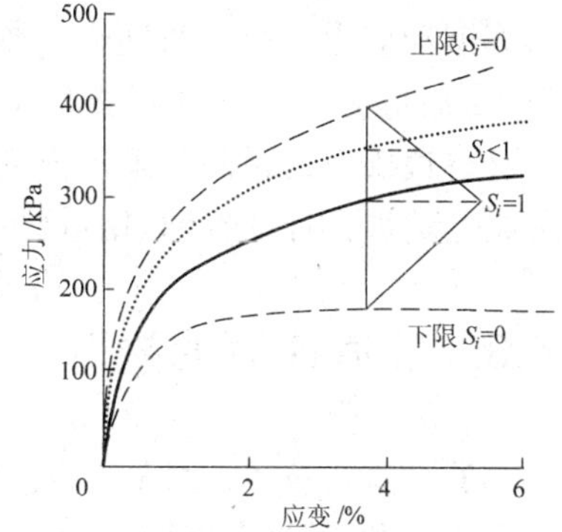

图 1-40　本构模型预测的评分标准

这些“考试”基本上反映了人们认识和描述土的应力应变关系的能力和水平。它表明,即使是实验室制作的重塑土试样,其应力应变关系也是相当复杂的。现有的关于土的本构关系的数学模型的描述能力在精度和条件方面都是有限的。有的模型使用了二十多个甚至四十多个常数,结果仍不能令人十分满意。

难度较大的模型检验试验是平面应变试验和不排水试验。这两种试验的特点是应力-

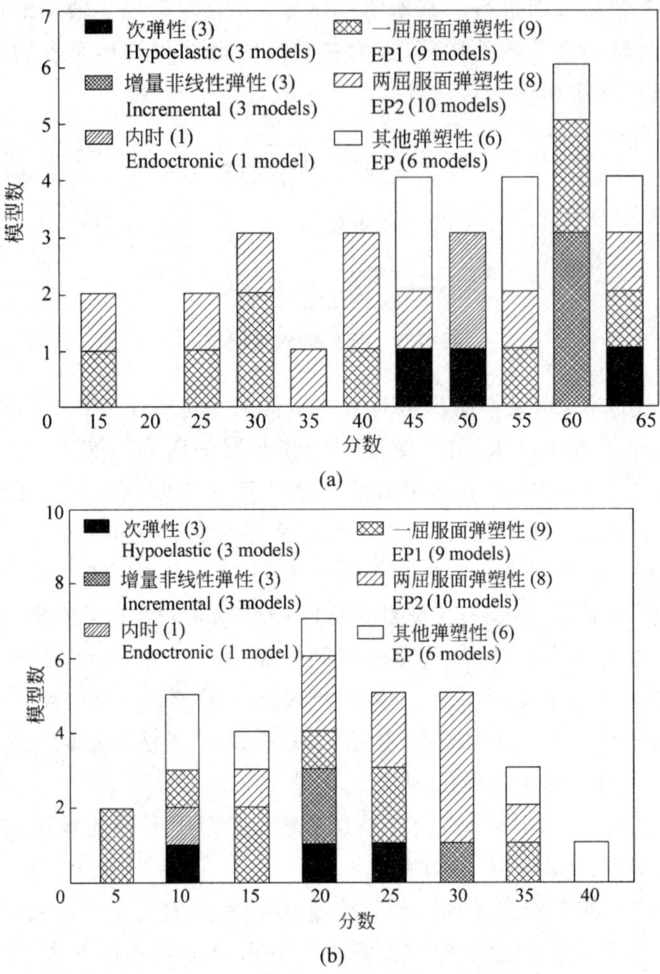

图 1-41 *b* 为常数的砂土真三轴试验的预测

(a) 轴向应力-应变关系的预测评分;(b) 体应变-轴向应变关系的预测评分

变形模型和应力路径间的耦合。亦即它的应力路径不是已知的、确定的,而是需要通过模型预测的,而应力路径的预测质量又不可避免地影响随后的应力应变关系曲线的预测质量。另一种有说服力的预测是采用模型试验,但如前所述,土工离心机试验本身的误差较大,加上复杂的边界条件的影响,用以验证本构模型也有较大的难度和不确定性。

1.4.3 数值计算的检验

随着计算机技术的发展,土工数值计算大大提高了我们解决复杂岩土工程问题的能力。但这种快捷和"精确"的计算也往往引起人们对数值计算的盲目相信。国外曾进行过多次数值计算与分析的检验活动。

加筋土的计算是岩土数值计算中很有代表性的课题。它涉及土的本构模型,筋材的应力应变关系模型和筋土间的界面模型及这些模型涉及的众多参数。对于此课题,目前世界各国已经开发了较多的计算程序,并积累了不少经验。1991 年,美国的科罗拉多大学在美国联邦公路局资助下，在足尺试验的基础上进行了加筋土计算的竞赛。

目标试验为如图 1-24 所示的加筋挡土墙。墙顶采用气囊加压，气囊下铺设 5cm 厚的砂垫层。试验用的土料有两种：一种是均匀的砂土，$D_{50}=0.42$mm；另一种为黏土，塑限 $w_P=19\%$，液限 $w_L=37\%$。事先公布了砂土的三轴试验、黏土的不同排水条件下的三轴试验、土工布的拉伸试验和筋土间的界面直剪试验等试验的结果。征求世界各国同行们进行数值计算，预算试验观测结果。预测项目有：

(1) 两种加筋挡土墙在顶部加载 103.5kPa 以后的墙顶最大位移，不同位置的墙面位移及筋的应变；

(2) 在加载 100h 后的以上各项位移和应变。

共有 15 个国家的大学或研究单位参赛，包括美国的科罗拉多大学等 8 家，英国的格拉斯哥大学等 2 家，日本的东京大学等 3 家，中国和加拿大各 1 家。其中 14 家参加了荷载-变形和应变关系的预测。部分计算的结果见图 1-42 和图 1-43。它们分别表示了砂土和黏土在上述荷载作用下的墙顶最大位移的预测。可见只有少数计算的误差在 30%以内。

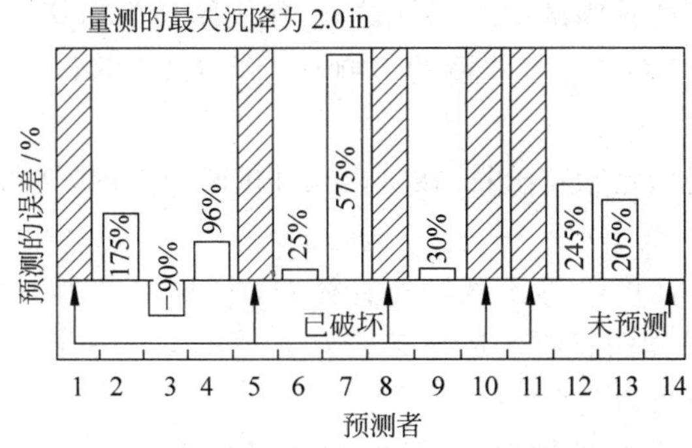

图 1-42　砂土加筋挡土墙的墙顶最大位移计算的误差

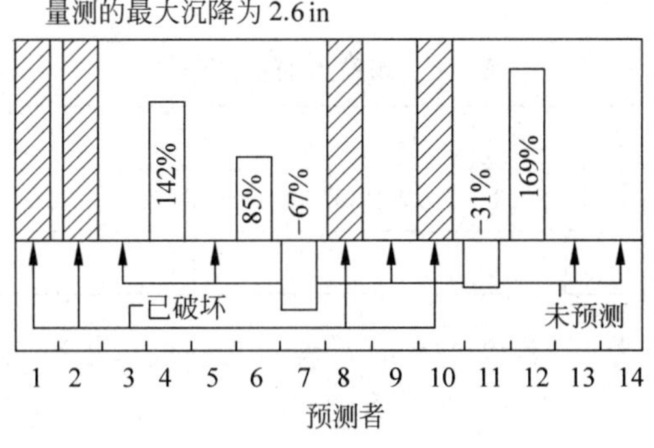

图 1-43　黏土加筋挡土墙的墙顶最大位移计算的误差

砂土加筋挡土墙试验的破坏荷载是 207kPa，预测破坏值则从 10～517kPa 不等。黏土加筋挡土墙在荷载加到 230kPa 时由于气囊爆破而未能继续试验。计算的破坏荷载为 21～207kPa。

1989—1994 年，美国自然科学基金会(NSF)组织了土工离心的地震反应模型试验，对 9 种工程模型进行了试验。各家动力反应分析结果表明，定性地反映总的趋势比较可行，但定量的预测误差很大。

习题与思考题

1. 在直剪、单剪和环剪试验中,试样的应力和应变各有什么特点?

2. 画出直剪试验中,剪切面处的土单元剪切前和剪切破坏时的莫尔圆。

3. 在饱和土三轴试验中,孔压系数 A 和 B 反映土的什么性质?如何提高土的饱和度与孔压系数 B?

4. 说明围压 σ_c,土的平均粒径 d_{50},土的级配与橡皮膜的厚度对于三轴试验的膜嵌入效应各有什么影响?

5. 对于砂土,在固结不排水常规三轴压缩试验中,围压 σ_3 为常数,其膜嵌入效应对于试验量侧的孔隙水压力和强度有没有影响,为什么?在固结排水常规三轴压缩试验的剪切过程中,膜嵌入对于体应变量测有无影响?

6. 对于砂土的以下各种固结排水三轴试验,在固结后的剪切过程中,哪些试验在量测试样体变时应考虑膜嵌入对体应变量测的影响?CTC、CTE、RTC、RTE 以及平均主应力为常数的 TC 与 TE 试验。

7. 对于含有超粒径的粗颗粒土料,在室内三轴试验中常用哪些方法模拟?各有什么优缺点?

8. 对砂土进行试样高度 h 等于试样外直径 D,试样厚度为 $D/10$ 的空心圆柱扭剪试验,问为了使单位体积试样的膜嵌入量与直径为 40mm,高度 80mm 的三轴试样相等,则空心圆柱试样外直径 D 应当为多少?

9. 拟对一种粗粒土进行三轴试验,其级配情况见表 1-6。三轴仪对应的试样直径为 30cm,要求最大粒径不超过其直径的 1/5。如果采用剔除法模拟,在表 1-5 中填上模拟料的级配情况。

表 1-6　粗粒土的粒径分布　　　%

粒径/mm		100	80	60	40	20	10	5	2	1	0.5	0.25	0.1
小于该粒径的百分数	原状料	100	90.3	80.4	70.2	50.5	41.0	37.2	27.0	19.8	8.8	2.3	0.5
	模拟料												

10. 砂土的内摩擦角为 φ',若以 $M=q/p'$ 表示其强度。根据莫尔-库仑强度理论,试推导用 φ' 表示的三轴伸长($\sigma_1=\sigma_2>\sigma_3$)与三轴压缩($\sigma_2=\sigma_3<\sigma_1$)的强度比之比 M_t/M_c。

11. 已知一种砂土的三轴伸长试验与三轴压缩试验强度比之比:$M_e/M_c=0.714$,如果它符合莫尔-库仑强度准则,试求这种砂土的内摩擦角 φ。

12. 如果采用减围压的三轴压缩试验(RTC)对于正常固结饱和黏土进行固结不排水试验,得到的有效应力指标和总强度指标与常规三轴压缩试验的固结不排水强度指标会比较有何不同?

13. 对一种黏土试样进行排水的三轴常规压缩试验。围压 $\sigma_3=100\text{kPa}$,在 $\sigma_1-\sigma_3=250\text{kPa}$ 时试样破坏;围压 $\sigma_3=300\text{kPa}$,在 $\sigma_1-\sigma_3=450\text{kPa}$ 时试样破坏。根据莫尔-库仑强

度准则，预测该黏土试样在初始各向等压 $\sigma_3=200\text{kPa}$ 下固结，然后进行平均主应力 p 为常数的三轴压缩试验，破坏时的大小主应力为多少？

14. 对一种砂土试样进行围压 $\sigma_3=100\text{kPa}$ 的排水的三轴常规压缩试验，在 $\sigma_1-\sigma_3=320\text{kPa}$ 时试样破坏。该砂土试样在初始各向等压为 $\sigma_c=200\text{kPa}$ 下固结，然后进行平均主应力 p 为常数的三轴压缩与三轴伸长试验，根据莫尔-库仑强度准则，预测破坏时的大小主应力各为多少？

15. 有一种黏土的有效应力抗剪强度指标为 $c'=30\text{kPa}$，$\varphi'=20°$，如果在初始围压为 $\sigma_c=200\text{kPa}$ 下固结，然后进行减围压的排水三轴压缩试验，问围压 $\sigma_c=\sigma_3$ 减少到多少时，试样破坏？

16. 有一种黏性土，已知 $c'=30\text{kPa}$，$\varphi'=27°$，问在减围压排水三轴压缩试验中，压力室中施加的初始固结压力 σ_c 小于什么值时，该试样将无法达到破坏？

17. 正常固结黏土的孔压系数 $B=1.0$，$A=1/3$。下面四个试验中哪两个三轴试验中的总应力与有效应力的内摩擦角是相等的。

(A) 固结排水常规三轴压缩试验

(B) 固结不排水减围压三轴压缩试验

(C) 固结不排水 p 为常数三轴压缩的试验

(D) 固结不排水的常规三轴压缩试验

18. 已知砂土的 $\varphi'=30°$，孔压系数 $B=1.0$，$A=0.5$。当三轴试验的固结压力为 100kPa 时，进行 p 为常数的固结不排水三轴压缩试验，在破坏时的大小主应力 σ_1 与 σ_3 分别等于多少？

19. 在 p，q 坐标、$\bar{\sigma}$，$\bar{\tau}$ 坐标和 π 平面坐标下画出下面几种三轴试验的应力路径(并标出应力路径的斜率)。

(1) CTC(常规三轴压缩试验)；

(2) p 为常数，$b=0.5$，真三轴试验；

(3) RTE(轴向减压的三轴伸长试验)。

20. 一正常固结黏土试样，首先在 K_0 状态固结到一定应力值，然后进行减围压的三轴压缩试验，直到破坏(近似于基坑支挡结构后的土体应力路径)。请在 p，q 平面和 π 平面上绘出其应力路径。

21. 一正常固结黏土试样，首先在 K_0 状态固结到一定值，然后进行轴向减压的三轴伸(挤)长试验，直到破坏。请在 p，q 平面和 π 平面上绘出其应力路径。

22. 真三轴试验仪器有什么问题影响试验结果？用改制的真三轴试验仪进行试验，其应力和应力路径范围有何限制？

23. 土的动三轴试验用于测量土的哪些动力学指标？

24. 在固结压力比 $\sigma_1/\sigma_3=1/K_0=2.0$ 不变的条件下进行饱和砂土的动三轴试验，$\varphi'=30°$，$K_0=1-\sin\varphi'=0.5$，$\sigma_1/\sigma_3=200/100=2$，施加动荷载后超静孔隙水压力增加，问超静孔压达到多少时试样会破坏？试样是否会发生液化？

25. 在与上题同样饱和砂土天然地基中，初始应力状态也是 $\sigma_1/\sigma_3=200/100=2$，为什么在地震作用下地基会发生液化？

26. 空心圆柱扭剪试验简图如图 1-44 所示，试样的内腔半径为 R_i，压力为 p_i，外腔半径

为 R_o,压力为 p_o,通过压力室的活塞施加的轴向力为 W,扭矩为 M_t,由于试样很薄,可以近似认为应力均匀分布,推算试样的平均轴向应力 $\bar{\sigma}_z$、平均切向应力 $\bar{\sigma}_\theta$、平均径向应力 $\bar{\sigma}_r$ 和平均剪应力 $\bar{\sigma}_{z\theta}$。

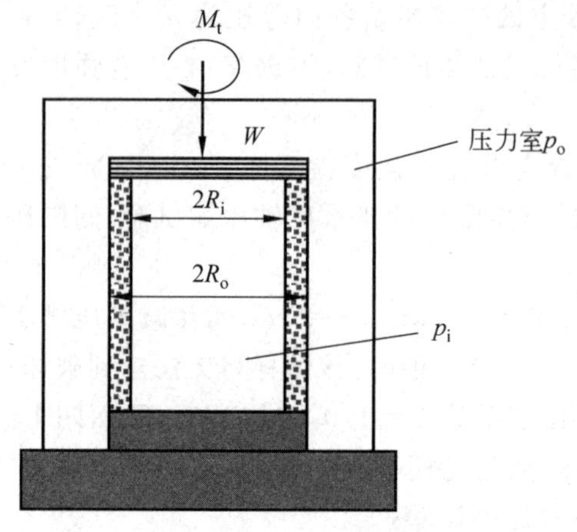

图 1-44　习题 27 图

27. 对于空心圆柱扭剪试验,试样内壁半径 R_i,外径为 R_o;作用于试样上的力和力矩有:轴向力 W,圆柱内壁水压力 p_i,外壁压力 p_o,扭矩 M_t。可以变化这些力来控制应力路径(见图 1-44)。

(1) 在用空心圆柱扭剪试验进行常规三轴压缩试验时,如何控制轴向力 W,圆柱内壁水压力 p_i,外壁压力 p_o,扭矩 M_t。

(2) 在用空心圆柱扭剪试验进行轴向减压的三轴伸长试验时,如何控制轴向力 W,圆柱内壁水压力 p_i,外壁压力 p_o,扭矩 M_t。

(3) 在用空心圆柱扭剪试验进行 $p=C$(常数),$b=0.5$ 的真三轴试验时,如何控制轴向力 W,圆柱内壁水压力 p_i,外壁压力 p_o,扭矩 M_t。

28. 在空心圆柱的扭剪试验中,筒内压力为 p_i,筒外压力为 p_o,如果外压减少 Δp_o,内压增加 Δp_i,并且 $\Delta p_o=\Delta p_i$,对于砂土试样的排水试验,膜嵌入对体变的量测是否就没有影响? 为什么?

29. 简述土工离心模型试验的基本原理。如果原型土层固结度达到 94%($U=94\%$)所需要的时间是 12 个月,问当模型比为 50($n=50$)时,达到同样固结度需要多少时间?

30. 在离心机土工模型试验中,指出下面比尺等于几何比尺 n 的物理量。

(A) 土中应力;

(B) 固结时间 t;

(C) 蠕变时间 t;

(D) 位移 s。

31. 已知某场地软黏土地基一维预压 567d 固结度可达到 94%,问进行 $n=100$ 的土工离心机模型试验时,上述地基的固结度达到 99%时,需要多少时间?

32. 在进行加筋挡土墙的土工离心模型试验时,模型比尺为 60($n=60$),原筋材为 1.2mm 厚的高密度聚乙烯无纺织物,强度为 120kN/m,模量为 600kN/m。由于无法将其用同样材料做成厚度为 0.02mm 的模型筋材,问如何按照要求的模量和强度模拟这种筋材?

33. 举出三种土工原位测试的方法,说明其工作原理、得到的指标和工程应用。

部分习题答案

8. $D\approx 20\text{cm}$

9.

模拟料/%	0	0	100	87.3	62.8	51.0	46.3	33.6	24.6	10.9	2.9	0.6

10. $\dfrac{M_t}{M_c}=\dfrac{3-\sin\varphi}{3+\sin\varphi}$。

11. $\varphi=30°$

12. 由于可产生负的孔压，RTC 试验的固结不排水强度指标(φ_{cu})会更大。

13. $\sigma_1=375\text{kPa}$，$\sigma_3=112.5\text{kPa}$

14. TC：$\sigma_1=406.4\text{kPa}$，$\sigma_3=96.8\text{kPa}$

    TE：$\sigma_1=268.1\text{kPa}$，$\sigma_3=63.8\text{kPa}$

15. $\sigma_a=\sigma_3=56\text{kPa}$

16. $\sigma_c<97.9\text{kPa}$

17. A 和 C

18. $\sigma_1=116.6\text{kPa}$，$\sigma_3=66.7\text{kPa}$

19.

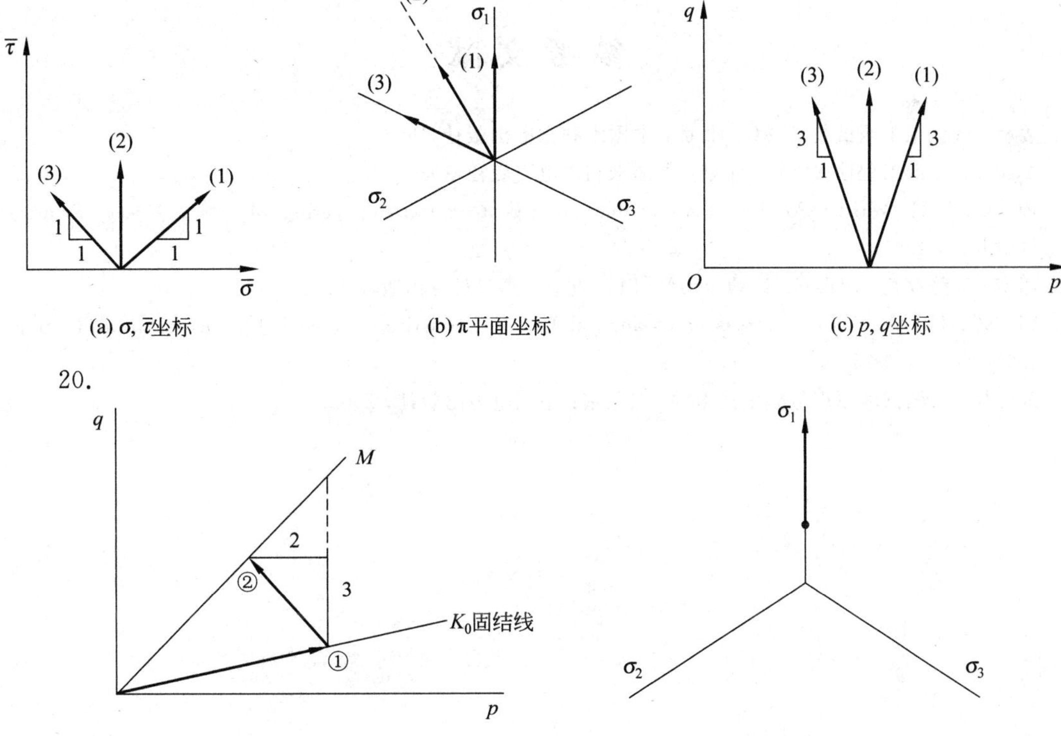

(a) σ, τ̄坐标　(b) π平面坐标　(c) p, q坐标

20.

(a) p, q坐标　(b) π平面坐标

21.

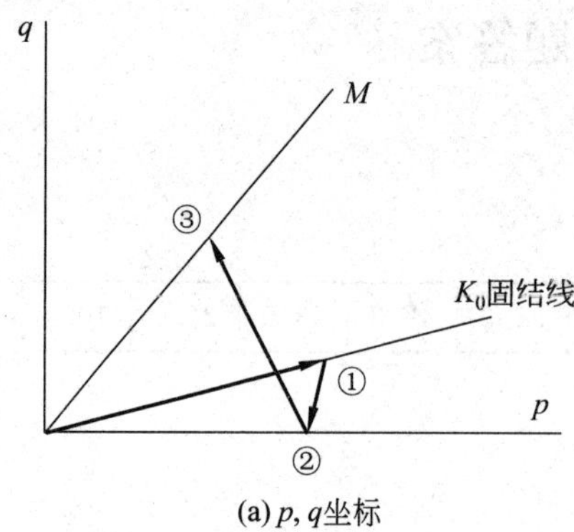

(a) p, q坐标

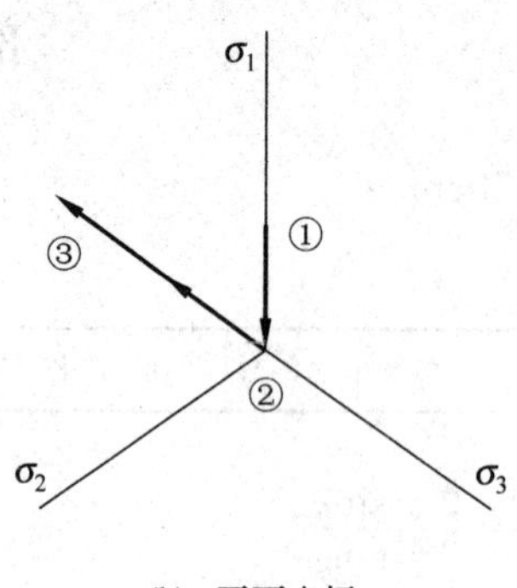

(b) π平面坐标

22. $\tan\theta'=\dfrac{\sqrt{3}(\sigma_y-\sigma_x)}{2\sigma_z-\sigma_x-\sigma_y}\leqslant\sqrt{3}$,$\theta'=0°\sim60°$

24. $u=50\text{kPa}$,不会发生液化。

27. (1) $p_i=p_o=$常数,$M_t=0$,增加 W_t

(2) $p_i=p_o=$常数,$M_t=0$,减少 W_t

(3) p_o 不变,增加 p_i,令 $\sigma_z=(\sigma_r+\sigma_\theta)/2$

29. 3.5h

30. D

31. 2.3h

32. 强度 120kN/m→2kN/m;模量 600kN/m→10kN/m 的相似筋材;厚度则不限

参考文献

1. 姜朴. 现代土工测试技术[M]. 北京:中国水利水电出版社,1997.

2. 黄文熙. 土的工程性质[M]. 北京:中国水利水电出版社,1983.

3. ROBET D H, WILLIAM D K. An introduction of geotechnical engineering[M]. New Jersey: Printice-Hall Inc., 1981.

4. 谢定义,陈存礼,胡再强. 试验土力学[M]. 北京:高等教育出版社,2011.

5. BIANCHINI G. Complex stress paths and validation of constitutive model[J]. Geotechnical Testing, 1991, 14(1):13-25.

6. 朱思哲. 三轴试验原理与应用技术[M]. 北京:中国电力出版社,2003.

第 2 章　土的本构关系

2.1　概述

材料的本构关系(constitutive relationship)是反映材料的力学性状的数学表达式，表示形式一般为应力-应变-强度-时间的关系，也称为本构定律(constitutive law)、本构方程(constitutive equation)，还可称为本构关系数学模型(mathematical model，简称为本构模型)。为简化和突出材料某些变形强度特性，人们常使用弹簧、黏壶、滑片和胶结杆等元件及其组合的元件组成物理模型来模拟材料的应力变形特性。

土的应力应变关系十分复杂，除了受时间影响外，还受温度、湿度等因素影响。其中时间是一个重要影响因素，与时间有关的土的本构关系主要是指反映土流变性的理论。而在很多情况下，可以不考虑时间对土的应力-应变和强度(主要是抗剪强度)的影响，本章介绍的主要是与时间无关的土的本构关系。土的强度是土受力变形发展的一个阶段，即在微小的应力增量作用下，土单元会发生无限大(或不可控制)的应变增量，它实际上是土的本构关系的一个组成部分，即土的受力变形的最后阶段。但在长期的岩土工程实践中，在解决某些土力学问题时，人们常常只关心土体受荷的最终状态，亦即破坏状态，因而土的强度成为土力学中一个独立的领域，本书第 3 章将对土的强度进行单独讨论。

一般认为土力学这门学科诞生于 1925 年，即太沙基(K. Terzaghi)出版其第一本土力学专著以后。在此前后，人们在长期的实践中积累了许多工程经验，人们也经过多年的研究，逐步形成了土力学的基本理论，如土的莫尔-库仑(Mohr-Coulomb)强度理论、有效应力原理和饱和黏土的一维固结理论等。但长期以来，人们总是将土工建筑物和地基问题分为变形问题和稳定问题两大类。处理变形问题时，人们主要是基于弹性理论计算土体中的应力，用简单的试验测定土的变形参数，在弹性应力应变理论的框架中计算变形，同时在计算设计中经常需要采用一定的经验方法和经验公式。由于当时建筑物并不是十分高重，使用中对变形的要求也不是很高，所以这些计算一般能满足设计要求。

大量的土工和地基问题是稳定问题，在解决这类问题时，人们通常采用极限平衡分析方法对土体进行分析，分析时采用根据经验值得出的特定的安全系数。人们一般用莫尔-库仑破坏准则对不同工程问题中的土体进行极限平衡分析。这种分析不考虑土体破坏前的变形过程及变形量，只关心土体处于最后整体滑动时的状态及条件。所使用的实际上是刚塑性或理想塑性的理论。这种在变形计算中主要使用弹性理论，在解决强度问题时使用完全塑性理论的方法成为解决土工问题的经典方法，目前仍然是解决许多工程问题的主要分析方法。

20 世纪 50 年代末到 60 年代初，是土的本构关系研究初期，在这一时期，由于高重土工建筑物、高层建筑和许多工程领域的大型建筑物的兴建,使土体变形成为主要的矛盾,给土体的非线性应力变形计算提出了必要性;另一方面计算机及计算技术手段的迅速发展推动了非线性力学理论、数值计算方法和土工试验日新月异的发展,为在岩土工程中进行非线性、非弹性数值分析提供了可能性,这给土的本构关系的研究以极大的推动。70 年代到 80 年代是土的本构关系迅速发展的时期,上百种土的本构模型成为土力学园地中最绚烂的花朵。在随后的土力学实践中,一些本构模型逐渐为人们所接受,出现在大学本科的教材中,也在一些商业软件中被广泛使用。这些被人们普遍接受和使用的模型都具有以下特点:形式比较简单;参数不多且有明确的物理意义,易于用简单试验确定;能反映土变形的主要特性。同时人们也针对某些工程领域的特殊条件建立了有特殊性的土的本构模型,例如土的动本构模型、流变模型及损伤模型等。

几十年来科学家们对于土的本构关系的研究使人们对土的应力应变特性的认识达到了前所未有的深度,促使人们对土从宏观研究到微观、细观的研究,同时还为解决如高土石坝、深基坑、大型地下工程、桩基础、复合地基、近海工程和高层建筑中地基、基础和上层建筑共同作用等工程问题提供了理论指导。此外,本构关系的研究也推动了岩土数值计算的发展。岩土数值计算的方法主要有两类,一类方法是将土视为连续介质,随后又将其离散化,如有限单元法、有限差分法、边界单元法、有限元法、无单元法以及各种方法的耦合。另一类计算方法是考虑岩土材料本身的不连续性,如裂缝及不同材料间界面的界面模型和界面单元的使用,离散元法(DEM),不连续变形分析(DDA),流形元法(MEM),颗粒流(PFC)等数值计算方法迅速发展。数值计算可采用不同的本构模型,有时也用以验证本构模型;有时用来从微观探讨土变形特性的机理;有时则从微观颗粒(节理)的研究入手建立岩土本构关系。

如第 1 章所述,土的本构关系研究也推动了土工试验的发展。这时期为了揭示土的变形特性、验证本构模型,各种真三轴试验仪、空心圆柱扭剪仪以及各种模型试验设备被开发、改进和广泛应用。

2.2 应力和应变

2.2.1 应力

1. 应力分量与应力张量

土体中一点 $M(x,y,z)$ 的应力状态可以用通过该点的微小立方体上的应力分量表示。这个立方体的 6 个面上作用着 9 个应力分量,即

$$\boldsymbol{\sigma}=\begin{bmatrix}\sigma_x & \tau_{xy} & \tau_{xz}\\ \tau_{yx} & \sigma_y & \tau_{yz}\\ \tau_{zx} & \tau_{zy} & \sigma_z\end{bmatrix}=\begin{bmatrix}\sigma_{11} & \sigma_{12} & \sigma_{13}\\ \sigma_{21} & \sigma_{22} & \sigma_{23}\\ \sigma_{31} & \sigma_{32} & \sigma_{33}\end{bmatrix} \tag{2-1}$$

式(2-1)表示的是一个二阶对称张量,在矩阵的 9 个分量中,由于剪应力成对,故只有 6 个分量是独立的,所以也可用这 6 个应力分量的列矩阵(或一个六维向量)表示一点的应力状态。

$$\boldsymbol{\sigma}=\begin{bmatrix}\sigma_x\\\sigma_y\\\sigma_z\\\tau_{xy}\\\tau_{yz}\\\tau_{zx}\end{bmatrix} \tag{2-2}$$

或者

$$\boldsymbol{\sigma}^{\mathrm{T}}=(\sigma_x,\sigma_y,\sigma_z,\tau_{xy},\tau_{yz},\tau_{zx}) \tag{2-3}$$

土力学中的正应力规定以压为正。对于剪应力，在正面(外法向与坐标轴方向一致的面)，剪应力与坐标轴方向相反为正；在负面(外法向与坐标轴方向相反)，剪应力与坐标方向一致为正，见图 2-1(a)，此时 $\tau_{zx}=\tau_{xz}$。

相应于二维应力状态，当用莫尔圆表示时，土力学中正应力以压为正，对于剪应力，从该面外法线逆时针旋转的剪应力为正，见图 2-1(b)，这样 $\tau_{zx}=-\tau_{xz}$。

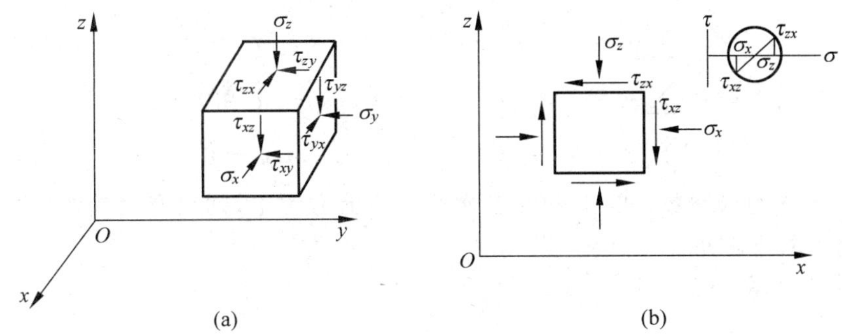

图 2-1　一点的应力分量及正方向

(a) 一般应力状态；(b) 二维应力状态与莫尔圆

2. 应力张量的坐标变换

上述的二阶张量 σ_{ij} 在任一新的坐标系下的分量 $\sigma_{i'j'}$ 应满足

$$\sigma_{i'j'}=a_{i'k}a_{j'l}\sigma_{kl} \tag{2-4}$$

其中，$a_{i'k}$ 与 $a_{j'l}$ 为新坐标系轴与老坐标系轴夹角的余弦，见图 2-2，其中 $a_{1'1}=\cos\alpha$，$a_{1'2}=\cos\beta$，$a_{1'3}=\cos\gamma$。

3. 应力张量的主应力和应力不变量

在过一点的斜截面上，如果只有法向应力而无剪应力时，这个斜截面就是主应力面。设图 2-3 中 ABC 平面为主应力面，此面上法向应力为 σ。

ABC 面的外法线与 x、y、z 坐标轴夹角的余弦分别为 l、m、n，其中：

$$\left.\begin{aligned}l&=\cos\alpha\\m&=\cos\beta\\n&=\cos\gamma\end{aligned}\right\} \tag{2-5}$$

在 BOC、COA 和 AOB 面上作用有 9 个应力分量：$\sigma_x,\tau_{xy},\tau_{xz}$；$\sigma_y,\tau_{yx},\tau_{yz}$；$\sigma_z,\tau_{zx},\tau_{zy}$。

根据力的平衡条件,该四面体在三个方向的合力为零,即

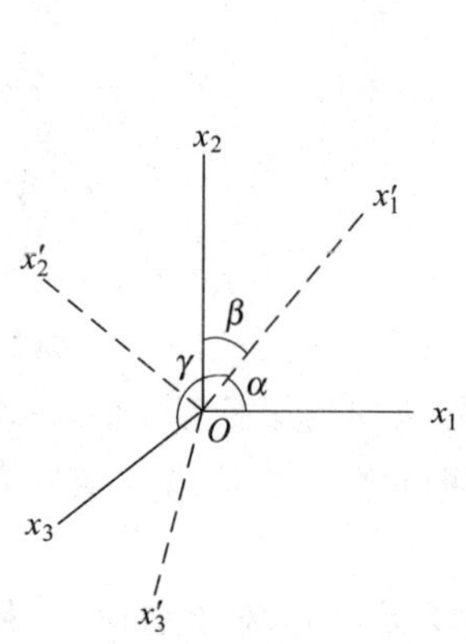

图 2-2　张量的坐标变换

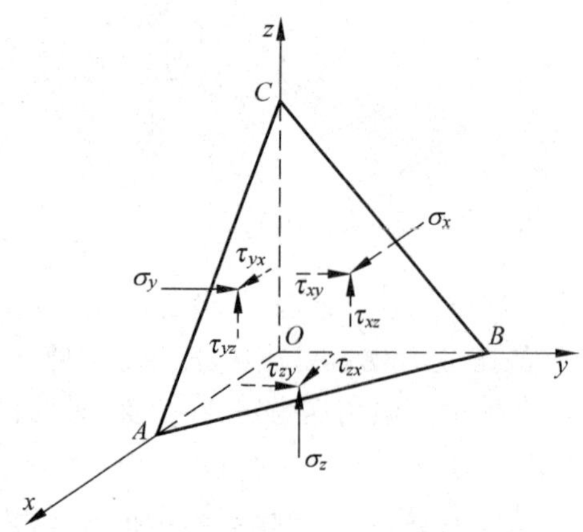

图 2-3　作用在主应力面与 OABC 斜四面体上的应力

$$\left.\begin{aligned}\sum x=0\quad(\sigma_x-\sigma)l+\tau_{yx}m+\tau_{zx}n=0\\ \sum y=0\quad\tau_{xy}l+(\sigma_y-\sigma)m+\tau_{zy}n=0\\ \sum z=0\quad\tau_{xz}l+\tau_{yz}m+(\sigma_z-\sigma)n=0\end{aligned}\right\}\tag{2-6}$$

若以 l、m、n 为未知数,式(2-6)为齐次线性三元方程组,则只有当其系数行列式为零时,l、m、n 才存在非零解。

$$\begin{aligned}\Delta=&\begin{vmatrix}\sigma_x-\sigma & \tau_{yx} & \tau_{zx}\\ \tau_{xy} & \sigma_y-\sigma & \tau_{zy}\\ \tau_{xz} & \tau_{yz} & \sigma_z-\sigma\end{vmatrix}\\ =&\sigma^3-(\sigma_x+\sigma_y+\sigma_z)\sigma^2+(\sigma_x\sigma_y+\sigma_y\sigma_z+\sigma_z\sigma_x-\tau_{xy}^2-\tau_{yz}^2-\tau_{zx}^2)\sigma\\ &-(\sigma_x\sigma_y\sigma_z+2\tau_{xy}\tau_{yz}\tau_{zx}-\sigma_x\tau_{yz}^2-\sigma_y\tau_{zx}^2-\sigma_z\tau_{xy}^2)=0\end{aligned}\tag{2-7}$$

也可写成

$$\sigma^3-I_1\sigma^2+I_2\sigma-I_3=0\tag{2-8}$$

此三次方程的三个根,即 σ_1、σ_2、σ_3,是三个主应力,亦即像 ABC 这样的斜截面共有三个,它们两两正交,其面上只有法向应力,没有剪应力,这三个法向应力就是三个主应力。由于三个主应力大小与初始坐标系 x、y、z 的选择无关,因此 I_1、I_2、I_3 是三个标量,亦称应力不变量(stress invariant),即不随坐标的选择而变化的量。三个应力不变量的表达形式如下:

第一应力不变量

$$I_1=\sigma_x+\sigma_y+\sigma_z=\sigma_{kk}\tag{2-9}$$

第二应力不变量

$$I_2=\sigma_x\sigma_y+\sigma_y\sigma_z+\sigma_z\sigma_x-\tau_{xy}^2-\tau_{yz}^2-\tau_{zx}^2\tag{2-10}$$

第三应力不变量

$$I_3=\sigma_x\sigma_y\sigma_z+2\tau_{xy}\tau_{yz}\tau_{zx}-\sigma_x\tau_{yz}^2-\sigma_y\tau_{zx}^2-\sigma_z\tau_{xy}^2\tag{2-11}$$

如果坐标系的选择正好使微立方体三对面上作用主应力,剪应力都为零,则

$$I_1=\sigma_1+\sigma_2+\sigma_3\tag{2-9$'$}$$

$$I_2 = \sigma_1\sigma_2 + \sigma_2\sigma_3 + \sigma_3\sigma_1 \tag{2-10'}$$

$$I_3 = \sigma_1\sigma_2\sigma_3 \tag{2-11'}$$

4. 球应力张量与偏应力张量

应力张量$\boldsymbol{\sigma}$可以分解为一个各方向应力相等的球应力张量和一个偏应力张量，即

$$\boldsymbol{\sigma} = \begin{bmatrix} \sigma_{11} & \sigma_{12} & \sigma_{13} \\ \sigma_{21} & \sigma_{22} & \sigma_{23} \\ \sigma_{31} & \sigma_{32} & \sigma_{33} \end{bmatrix} = \begin{bmatrix} \sigma_m & 0 & 0 \\ 0 & \sigma_m & 0 \\ 0 & 0 & \sigma_m \end{bmatrix} + \begin{bmatrix} \sigma_{11}-\sigma_m & \sigma_{12} & \sigma_{13} \\ \sigma_{21} & \sigma_{22}-\sigma_m & \sigma_{23} \\ \sigma_{31} & \sigma_{32} & \sigma_{33}-\sigma_m \end{bmatrix} \tag{2-12}$$

其中球应力张量为

$$\sigma_m = \frac{1}{3}\sigma_{kk} = \frac{1}{3}(\sigma_{11}+\sigma_{22}+\sigma_{33}) = \frac{1}{3}(\sigma_1+\sigma_2+\sigma_3) \tag{2-13}$$

偏应力张量为

$$s_{ij} = \sigma_{ij} - \frac{1}{3}\sigma_{kk}\delta_{ij} \tag{2-14}$$

其中，$\delta_{ij} = \begin{cases} 0 & i \neq j \\ 1 & i = j \end{cases}$，称为克罗内克 δ(Kronecker delta)。

当 x、y、z 方向与主应力方向重合时，即六面体的 6 个面为主应力面时，则有

$$\left.\begin{aligned} s_1 &= \sigma_1 - \sigma_m \\ s_2 &= \sigma_2 - \sigma_m \\ s_3 &= \sigma_3 - \sigma_m \end{aligned}\right\} \tag{2-15}$$

可以推导出偏应力张量的三个不变量与主应力间的关系如下：

第一偏应力不变量

$$J_1 = s_{kk} \equiv 0 \tag{2-16}$$

第二偏应力不变量

$$J_2 = \frac{1}{2}s_{ij}s_{ji} = \frac{1}{6}[(\sigma_1-\sigma_2)^2 + (\sigma_2-\sigma_3)^2 + (\sigma_3-\sigma_1)^2] \tag{2-17}$$

第三偏应力不变量

$$\begin{aligned} J_3 &= \frac{1}{3}s_{ij}s_{jk}s_{ki} \\ &= \frac{1}{27}(2\sigma_1-\sigma_2-\sigma_3)(2\sigma_2-\sigma_1-\sigma_3)(2\sigma_3-\sigma_1-\sigma_2) \end{aligned} \tag{2-18}$$

5. 八面体应力

在 $Oxyz$ 坐标系中，如果取 $OA=OB=OC$，则斜截面 ABC 外法向与三个坐标轴夹角的余弦 $l=m=n=\frac{1}{\sqrt{3}}$。如果图 2-4 中平面 AOB、BOC 和 COA 为主应力面，分别作用 σ_1、σ_2、σ_3，则 ABC 为八面体上的一个面，在八个象限中分别绘出与 ABC 同样的斜截面围成的一

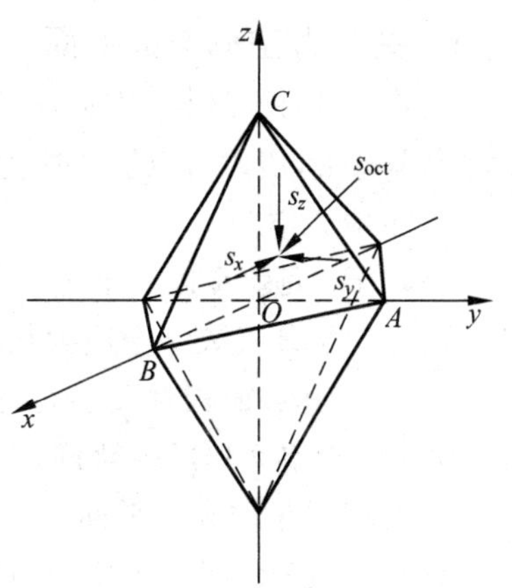

图 2-4　八面体及其应力

个八面体。

取 ABC 为单位面积,作用在 ABC 平面上的总应力(它不一定与该面法线重合)为 s_{oct},它在三个方向的分量为 s_x、s_y、s_z。根据平衡条件:

$$\left.\begin{aligned} s_x &= \sigma_1 l = \frac{1}{\sqrt{3}}\sigma_1 \\ s_y &= \sigma_2 m = \frac{1}{\sqrt{3}}\sigma_2 \\ s_z &= \sigma_3 n = \frac{1}{\sqrt{3}}\sigma_3 \end{aligned}\right\} \tag{2-19}$$

则

$$s_{oct}^2 = s_x^2 + s_y^2 + s_z^2 = \frac{1}{3}(\sigma_1^2 + \sigma_2^2 + \sigma_3^2) \tag{2-20}$$

将 s_{oct} 分解为八面体上的正应力和剪应力,则八面体正应力为

$$\sigma_{oct} = s_x l + s_y m + s_z n = \frac{1}{3}(\sigma_1 + \sigma_2 + \sigma_3) = \sigma_m = \frac{I_1}{3} \tag{2-21}$$

八面体剪应力为

$$\tau_{oct} = \sqrt{s_{oct}^2 - \sigma_{oct}^2} = \frac{1}{3}[(\sigma_1 - \sigma_2)^2 + (\sigma_2 - \sigma_3)^2 + (\sigma_3 - \sigma_1)^2]^{\frac{1}{2}} = \sqrt{\frac{2}{3}} J_2^{\frac{1}{2}} \tag{2-22}$$

可见 σ_{oct} 和 τ_{oct} 与应力不变量及偏应力不变量有一定关系,在土力学中常用另外两个应力不变量 p 与 q 来表示这种关系。

$$p = \sigma_{oct} = \frac{1}{3}(\sigma_{11} + \sigma_{22} + \sigma_{33}) = \frac{1}{3}(\sigma_1 + \sigma_2 + \sigma_3) \tag{2-23}$$

$$q = \frac{1}{\sqrt{2}}[(\sigma_1 - \sigma_2)^2 + (\sigma_2 - \sigma_3)^2 + (\sigma_3 - \sigma_1)^2]^{\frac{1}{2}} = \frac{3}{\sqrt{2}}\tau_{oct} = \sqrt{3J_2} \tag{2-24}$$

式中,p 为平均主应力;q 为广义剪应力(或等效剪应力)。

有时也将 p、q 分别称为八面体正应力和八面体剪应力。实际上 q 并不是某一具体平面上的剪应力,它只是为了在土力学中表达方便而引入的一个表达式。因为在无侧限单轴压缩与三轴压缩的情况下,$q=\sigma$ 与 $q=\sigma_1-\sigma_3$,可以简化公式表述和推导。

6. 主应力空间与π平面

对于各向同性材料,其应力应变关系与具体的坐标系方向无关,只与三个主应力 σ_1、σ_2、σ_3 的大小有关,所以可以用主应力空间及其应力变量来描述。

1) 主应力空间

主应力空间就是以三个主应力为坐标轴,用应力为度量尺度形成的一个空间。在此空间中的一个点 P 代表一个应力状态(σ_1,σ_2,σ_3)(压应力为正),这里的 σ_1,σ_2,σ_3 只是表示三个主应力,与其数值相对大小无关。此空间中的一条线表示了一条应力路径,即应力状态连续变化在应力空间形成的轨迹,应力路径可以在不同应力空间或应力平面中表示。

2) 空间对角线和 π 平面

图 2-5(a)表示了一个主应力空间,其中射线 OS 与 σ_1、σ_2、σ_3 轴夹角相等,即

$$\alpha = \beta = \gamma = 54°44' \tag{2-25}$$

或者

$$l = m = n = \frac{1}{\sqrt{3}} \tag{2-26}$$

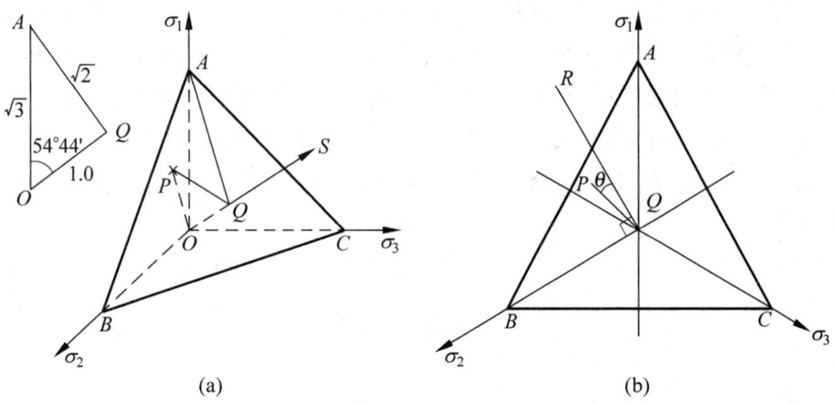

图 2-5　主应力空间与 π 平面

(a) 主应力空间；(b) π 平面

OS 线为空间对角线(space diagonal)。与空间对角线垂直的平面称为 π 平面(偏应力平面)。π 平面有无限多,其中过已知应力点 P 的 π 平面与空间对角线 OS 相交于 Q,连接 QP,由于在 π 平面上各点的平均主应力 p 都相等,所以 QP 表示偏应力的大小。

3) π 平面与应力参数

(1) 平均主应力 p

在 π 平面上所有点的主应力之和$(\sigma_1+\sigma_2+\sigma_3)$(或平均主应力 p)是常数。在 π 平面上任一点 $P(\sigma_1,\sigma_2,\sigma_3)$向 OS 投影都是 Q 点,$\overline{OP}$向 OS 投影的长度都是$\overline{OQ}$。

$$\overline{OQ} = \sigma_1 l + \sigma_2 m + \sigma_3 n \tag{2-27}$$

由于 $l=m=n=\dfrac{1}{\sqrt{3}}$,所以

$$\overline{OQ} = \frac{1}{\sqrt{3}}(\sigma_1+\sigma_2+\sigma_3) = \frac{1}{\sqrt{3}}I_1 = \sqrt{3}\sigma_{oct} = \sqrt{3}p \tag{2-28}$$

可见$\overline{OQ}$与主应力之和,或应力第一不变量 I_1,或平均主应力 p(八面体主应力 σ_{oct})有关,亦即 π 平面上各点主应力之和都是相等的。

(2) 偏应力 q

π 平面上长度 PQ 与偏应力大小有关。在图 2-5(a)、(b)中,

$$\overline{OP}^2 = \sigma_1^2+\sigma_2^2+\sigma_3^2$$

$$\overline{OQ}^2 = \frac{1}{3}(\sigma_1+\sigma_2+\sigma_3)^2$$

$$\overline{PQ} = \sqrt{\overline{OP}^2-\overline{OQ}^2} = \frac{1}{\sqrt{3}}\left[(\sigma_1-\sigma_2)^2+(\sigma_2-\sigma_3)^2+(\sigma_3-\sigma_1)^2\right]^{\frac{1}{2}}$$

$$= \sqrt{3}\tau_{oct} = \sqrt{2J_2} = \sqrt{\frac{2}{3}}q \tag{2-29}$$

可见,$\overline{PQ}$长度实际是与八面体剪应力或偏应力第二不变量的大小有关。

(3) 应力洛德角 θ

为了表示三个主应力 σ_1、σ_2、σ_3，在柱坐标下描述一个应力点 P，除了$\overline{OQ}$和$\overline{PQ}$两线段长度之外，还需要有另一个变量。例如图 2-5(b)中以 Q 为圆心，$\overline{PQ}$为半径，还可以有无限多应力点，因而为了描述点 P 在 π 平面上的位置还应引入另外一个参数，亦即$\overline{PQ}$与某一固定方向的夹角，这个夹角就是应力洛德(Lode)角。应力洛德角在 π 平面的定义如图 2-5(b)所示。首先确定在 σ_2 轴与 σ_1 轴之间与 σ_2 轴正方向夹角为 90°的方向 QR，则 PQ 与 QR 之间的夹角定义为洛德角 θ_σ，或者简写为 θ，以 QR 起逆时针方向为正。已知洛德参数及毕肖甫(Bishop)参数为

$$\mu_\sigma = \frac{2\sigma_2 - \sigma_1 - \sigma_3}{\sigma_1 - \sigma_3} \tag{2-30}$$

$$b = \frac{\sigma_2 - \sigma_3}{\sigma_1 - \sigma_3} \tag{2-31}$$

可以推导出

$$\tan\theta = \frac{2\sigma_2 - \sigma_1 - \sigma_3}{\sqrt{3}(\sigma_1 - \sigma_3)} = \frac{\mu_\sigma}{\sqrt{3}} = \frac{2b-1}{\sqrt{3}} \tag{2-32}$$

洛德角与偏应力不变量 J_2 和 J_3 间的关系为

$$\sin 3\theta = -\frac{3\sqrt{3}}{2}\frac{J_3}{J_2^{3/2}} \tag{2-33}$$

应力洛德角是一个表征应力状态的参数，可表示中主应力和其他两个主应力间的相对比例。如果定义 $\sigma_1 \geqslant \sigma_2 \geqslant \sigma_3$，则洛德角 θ 在 $+30° \sim -30°$之间变化。对于三轴压缩试验，$\sigma_1 > \sigma_2 = \sigma_3$，则 $\theta = -30°$；对于三轴伸长试验，$\sigma_1 = \sigma_2 > \sigma_3$($\sigma_3$ 为轴向应力)，则 $\theta = 30°$。

可见三个独立的应力参数 p、q 和 θ 可以确定应力点 P 在主应力空间中的位置，即主应力大小，它们与 σ_1、σ_2、σ_3 或 I_1、I_2、I_3 或 J_1、J_2、J_3 一样可以表示一点的主应力状态。

很多土的本构模型是以土体的应力不变量或者主应力表示，这就隐含着土是各向同性的假设。即认为土的变形与强度只与主应力的大小有关，而与其方向无关。上述的应力洛德角就是以主应力为坐标的空间定义的。为了反映土的各向异性，就必须明确应力的空间方向，为此，可以对应力洛德角做另一种定义。

$$\tan\theta' = \frac{\sqrt{3}(\sigma_y - \sigma_x)}{2\sigma_z - \sigma_x - \sigma_y} \tag{2-34}$$

式中，σ_x，σ_y，σ_z 为对应于 x，y，z 三个有空间方向坐标的主应力。

在图 2-6 中，在以 σ_x，σ_y，σ_z 为坐标的 π 平面上定义了洛德角 θ'。可见它不但可表示三个主应力的相对大小，也表示了它们在几何空间的方向。

【例题 2-1】 通过砂雨法(即将干砂通过几层不同网眼的筛子均匀撒下，将砂土撒满在一个大槽子中)制样，z 方向为竖向。进行真三轴试验，以研究土的各向异性。每个试验均为平均主应力 $p=100$kPa，广义剪应力 $q=70$kPa，但是应力洛德角不同。按式(2-34)计算，当 θ'分别为 0°、30°、120°时，计算 σ_x、σ_y、σ_z 分别为多少?

【解】 由式(2-23)知，

$$p = \frac{1}{3}(\sigma_x + \sigma_y + \sigma_z) = 100$$

推得

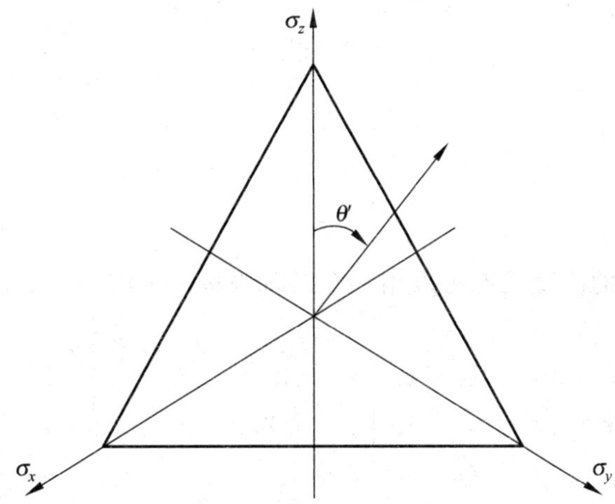

图 2-6　π 平面上的洛德角 θ' 的定义

$$\sigma_x + \sigma_y + \sigma_z = 300 \tag{1}$$

由式(2-24)知

$$q = \frac{1}{\sqrt{2}}[(\sigma_z - \sigma_x)^2 + (\sigma_x - \sigma_y)^2 + (\sigma_y - \sigma_z)^2]^{\frac{1}{2}} = 70$$

推得

$$(\sigma_z - \sigma_x)^2 + (\sigma_x - \sigma_y)^2 + (\sigma_y - \sigma_z)^2 = 9800 \tag{2}$$

(1) 当 $\theta'=0°$时，由式(2-34)知

$$\sigma_y = \sigma_x \tag{3}$$

式(3)与式(1)、式(2)联立可得

$$\left.\begin{aligned}\sigma_z - \sigma_x &= 70\\ \sigma_z + 2\sigma_x &= 300\end{aligned}\right\}$$

故 $\sigma_x=\sigma_y=76.67$kPa，$\sigma_z=146.66$kPa。

(2) 当 $\theta'=30°$时，由式(2-34)知

$$\frac{1}{\sqrt{3}} = \frac{\sqrt{3}(\sigma_y - \sigma_x)}{2\sigma_z - \sigma_x - \sigma_y}$$

推得

$$2\sigma_y = \sigma_z + \sigma_x \tag{3$'$}$$

式(3)′与式(1)、式(2)联立可得

$$\left.\begin{aligned}\sigma_y &= 100\\ 6(\sigma_z - 100)^2 &= 9800\end{aligned}\right\}$$

故 $\sigma_z=140.4$kPa，$\sigma_x=59.6$kPa，$\sigma_y=100$kPa。

(3) 当 $\theta'=120°$时，由式(2-34)知

$$-\sqrt{3} = \frac{\sqrt{3}(\sigma_y - \sigma_x)}{2\sigma_z - \sigma_x - \sigma_y}$$

推得

$$\sigma_z = \sigma_x \tag{3$''$}$$

式(3)″与式(1)、式(2)联立可得

$$\sigma_x = \sigma_z = 76.67\text{kPa},$$
$$\sigma_y = 146.66\text{kPa}$$

2.2.2 应变

1. 应变张量

与应力一样,一点的应变状态可以用一个二阶张量——应变张量表示为

$$\boldsymbol{\varepsilon} = \begin{bmatrix} \varepsilon_{11} & \varepsilon_{12} & \varepsilon_{13} \\ \varepsilon_{21} & \varepsilon_{22} & \varepsilon_{23} \\ \varepsilon_{31} & \varepsilon_{32} & \varepsilon_{33} \end{bmatrix} = \begin{bmatrix} \varepsilon_x & \frac{1}{2}\gamma_{xy} & \frac{1}{2}\gamma_{xz} \\ \frac{1}{2}\gamma_{yx} & \varepsilon_y & \frac{1}{2}\gamma_{yz} \\ \frac{1}{2}\gamma_{zx} & \frac{1}{2}\gamma_{zy} & \varepsilon_z \end{bmatrix} \tag{2-35}$$

由于其对称性,它有6个独立分量,可以用列矩阵或一个六维的向量表示为

$$\boldsymbol{\varepsilon} = \begin{bmatrix} \varepsilon_x \\ \varepsilon_y \\ \varepsilon_z \\ \gamma_{xy} \\ \gamma_{yz} \\ \gamma_{zx} \end{bmatrix} \tag{2-36}$$

或者

$$\boldsymbol{\varepsilon}^{\mathrm{T}} = (\varepsilon_x \quad \varepsilon_y \quad \varepsilon_z \quad \gamma_{xy} \quad \gamma_{yz} \quad \gamma_{zx}) \tag{2-37}$$

在式(2-36)中,由于应变张量与位移间关系为

$$\varepsilon_{ij} = \frac{1}{2}\left(\frac{\partial u_i}{\partial x_j} + \frac{\partial u_j}{\partial x_i}\right) \tag{2-38}$$

所以工程剪应变与张量应变差$\frac{1}{2}$系数,亦即$\varepsilon_{xy} = \frac{1}{2}\gamma_{xy}$,$\varepsilon_{yz} = \frac{1}{2}\gamma_{yz}$,$\varepsilon_{zx} = \frac{1}{2}\gamma_{zx}$。

2. 球应变张量和偏应变张量

应变张量同样可分为球应变张量和偏应变张量:

$$\boldsymbol{\varepsilon} = \begin{bmatrix} \varepsilon_{11} & \varepsilon_{12} & \varepsilon_{13} \\ \varepsilon_{21} & \varepsilon_{22} & \varepsilon_{23} \\ \varepsilon_{31} & \varepsilon_{32} & \varepsilon_{33} \end{bmatrix} = \begin{bmatrix} \frac{\varepsilon_v}{3} & 0 & 0 \\ 0 & \frac{\varepsilon_v}{3} & 0 \\ 0 & 0 & \frac{\varepsilon_v}{3} \end{bmatrix} + \begin{bmatrix} \varepsilon_{11} - \frac{\varepsilon_v}{3} & \varepsilon_{12} & \varepsilon_{13} \\ \varepsilon_{21} & \varepsilon_{22} - \frac{\varepsilon_v}{3} & \varepsilon_{23} \\ \varepsilon_{31} & \varepsilon_{32} & \varepsilon_{33} - \frac{\varepsilon_v}{3} \end{bmatrix} \tag{2-39}$$

或者表示为

$$\varepsilon_{ij} = \frac{1}{3}\varepsilon_{kk}\delta_{ij} + e_{ij}$$

其中e_{ij}为式(2-39)中右侧后一项,称为偏应变张量。当x、y、z方向与主应变方向重合时,则只有三个主应变ε_1、ε_2和ε_3,对应有三个偏主应变:$e_1 = \varepsilon_1 - \frac{\varepsilon_v}{3}$,$e_2 = \varepsilon_2 - \frac{\varepsilon_v}{3}$,$e_3 = \varepsilon_3 - \frac{\varepsilon_v}{3}$。

3. 应变不变量与偏应变不变量

应变张量和偏应变张量分别有三个不变量：

$$I_{1\varepsilon}=\varepsilon_x+\varepsilon_y+\varepsilon_z=\varepsilon_1+\varepsilon_2+\varepsilon_3=\varepsilon_{kk} \tag{2-40}$$

$$I_{2\varepsilon}=\varepsilon_x\varepsilon_y+\varepsilon_y\varepsilon_z+\varepsilon_z\varepsilon_x-\frac{1}{4}(\gamma_{xy}^2+\gamma_{yz}^2+\gamma_{zx}^2)=\varepsilon_1\varepsilon_2+\varepsilon_2\varepsilon_3+\varepsilon_3\varepsilon_1 \tag{2-41}$$

$$I_{3\varepsilon}=\varepsilon_x\varepsilon_y\varepsilon_z+\frac{1}{4}[\gamma_{xy}\gamma_{yz}\gamma_{zx}-(\varepsilon_x\gamma_{yz}^2+\varepsilon_y\gamma_{zx}^2+\varepsilon_z\gamma_{xy}^2)]=\varepsilon_1\varepsilon_2\varepsilon_3 \tag{2-42}$$

$$J_{1\varepsilon}=0 \tag{2-43}$$

$$\begin{aligned}J_{2\varepsilon}&=\frac{1}{2}e_{ij}e_{ji}=\frac{1}{6}[(\varepsilon_x-\varepsilon_y)^2+(\varepsilon_y-\varepsilon_z)^2+(\varepsilon_z-\varepsilon_x)^2+\frac{3}{2}(\gamma_{xy}^2+\gamma_{yz}^2+\gamma_{zx}^2)]\\&=\frac{1}{6}[(\varepsilon_1-\varepsilon_2)^2+(\varepsilon_2-\varepsilon_3)^2+(\varepsilon_3-\varepsilon_1)^2]=\frac{1}{2}(e_1^2+e_2^2+e_3^2)\end{aligned} \tag{2-44}$$

$$\begin{aligned}J_{3\varepsilon}&=\frac{1}{3}e_{ij}e_{jk}e_{ki}=\frac{1}{3}(e_1^3+e_2^3+e_3^3)\\&=\frac{1}{27}(2\varepsilon_1-\varepsilon_2-\varepsilon_3)(2\varepsilon_2-\varepsilon_1-\varepsilon_3)(2\varepsilon_3-\varepsilon_1-\varepsilon_2)\end{aligned} \tag{2-45}$$

4. 八面体应变及应变π平面

在土力学中，人们习惯于用如下三个应变参数表示八面体应变及π平面上的参数：

体应变

$$\varepsilon_v=\varepsilon_{kk}=\varepsilon_1+\varepsilon_2+\varepsilon_3=I_{1\varepsilon} \tag{2-46}$$

广义剪应变

$$\begin{aligned}\bar{\varepsilon}&=\left(\frac{2}{3}e_{ij}e_{ji}\right)^{\frac{1}{2}}=\left(\frac{4}{3}J_{2\varepsilon}\right)^{\frac{1}{2}}\\&=\frac{\sqrt{2}}{3}[(\varepsilon_1-\varepsilon_2)^2+(\varepsilon_2-\varepsilon_3)^2+(\varepsilon_3-\varepsilon_1)^2]^{\frac{1}{2}}\end{aligned} \tag{2-47}$$

应变洛德角

$$\tan\theta_\varepsilon=\frac{2\varepsilon_2-\varepsilon_1-\varepsilon_3}{\sqrt{3}(\varepsilon_1-\varepsilon_3)} \tag{2-48}$$

应变增量张量同样也采用上述各参数。在塑性力学中，人们通常认为σ_{ij}、$d\varepsilon_{ij}^p$同轴，常用塑性应变的增量形式。

2.3　土的应力应变特性

土是岩石风化而成的碎散矿物颗粒的集合体，它一般含有固、液、气三相。在土形成的漫长地质过程中，由于受风化、搬运、沉积、固结和地壳运动的影响，其应力应变关系十分复杂，并且与诸多因素有关。土的主要应力应变特性是非线性、弹塑性和剪胀(缩)性，主要的影响因素是应力水平(stress level)、应力路径(stress path)和应力历史(stress history)，亦称 3S 影响。

2.3.1 土应力应变关系的非线性

由于土骨架由碎散的固体颗粒组成,土的宏观变形主要不是由于土颗粒本身变形,而是由于颗粒间位置的变化。这样在不同应力水平下由相同应力增量而引起的应变增量就不会相同,亦即表现出非线性。图2-7表示土的常规三轴压缩试验的一般结果,其中实线表示密实砂土或超固结黏土,虚线表示松砂或正常固结黏土。从图2-7(a)可以看出,正常固结黏土和松砂的应力随应变增加而增加,但增加速率越来越慢,最后趋于稳定;而在密砂和超固结黏土的试验曲线中,应力一般是开始时随应变增加而增加,达到一个峰值之后,应力随应变增加而下降,最后也趋于稳定。在塑性理论中,前者称为应变硬化(或加工硬化),后者称为应变软化(或加工软化)。应变软化过程实际上是一种不稳定过程,常伴随着应变的局部化——剪切带的出现,其应力应变曲线对一些影响因素比较敏感。其应力应变间不呈单值函数关系,所以反映土的应变软化的数学模型一般形式比较复杂,也难以准确反映这种应力应变特点;此外反映应变软化的数值计算方法也有较大难度。

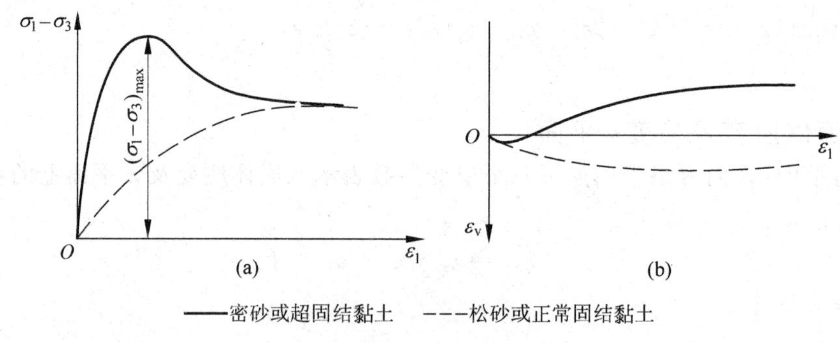

图2-7 土的三轴试验典型曲线

(a) $(\sigma_1-\sigma_3)$-ε_1;(b) ε_v-ε_1

2.3.2 土的剪胀性

由于土骨架是碎散的颗粒集合,在各向等压或等比压缩时,孔隙总是减少的,从而可发生较大的体积压缩,这种体积压缩大部分是不可恢复的,如图2-8所示。

在图2-7(b)中,可以发现,在三轴试验中,对于密砂或强超固结黏土,偏差应力 $\sigma_1-\sigma_3$ 引起了轴应变 ε_1 的增加,但除开始时试样有少量体积压缩(正体应变)外,随后还发生明显的体胀(负体应变)。由于在常规三轴压缩试验中,平均主应力增量 Δp $\left(=\frac{1}{3}(\sigma_1-\sigma_3)\right)$ 在加载过程中总是正的,所以 ε_v 不可能是平均主应力减少而引起的体积弹性回弹,因而只能是由剪应力引起的,这种由剪应力引起的体积变化称为剪胀性(dilatancy)。广义的剪胀性指剪切引起的体积变化,既包括体胀,也包括体缩(负剪胀)。后者也常被称为“剪缩”。土的剪胀性实质上是由于剪应力

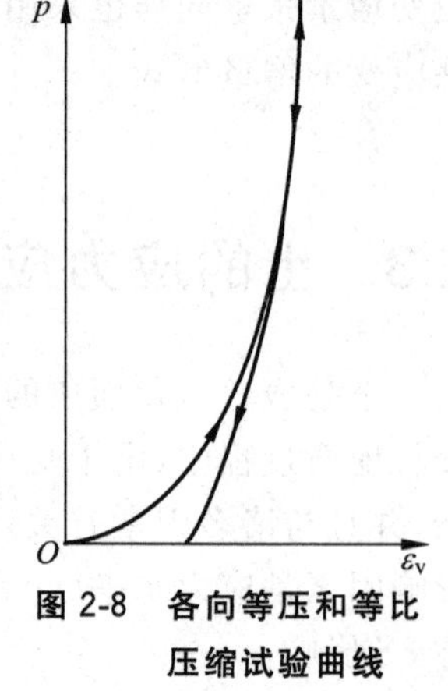

图2-8 各向等压和等比压缩试验曲线

引起土颗粒间相互位置的变化，使其排列发生变化，加大（或减小）颗粒间的孔隙，从而发生了体积变化。

2.3.3　土体变形的弹塑性

在加载后卸载到原应力状态时，土一般不会恢复到原来的应变状态，其中有部分应变是可恢复的，部分应变是不可恢复的塑性应变，并且后者往往占很大比例。可以表示为

$$\varepsilon = \varepsilon^e + \varepsilon^p$$

其中，ε^e 表示弹性应变；ε^p 表示塑性应变。图 2-9 表示的是承德中密砂（一种天然均匀细砂）在 $\sigma_3 = 100$kPa 下的三轴试验结果，其中虚线表示单调加载试验曲线；实线表示循环加载试验曲线。可见每一次应力循环都有可恢复的弹性应变和不可恢复的塑性应变，后者亦即永久变形。

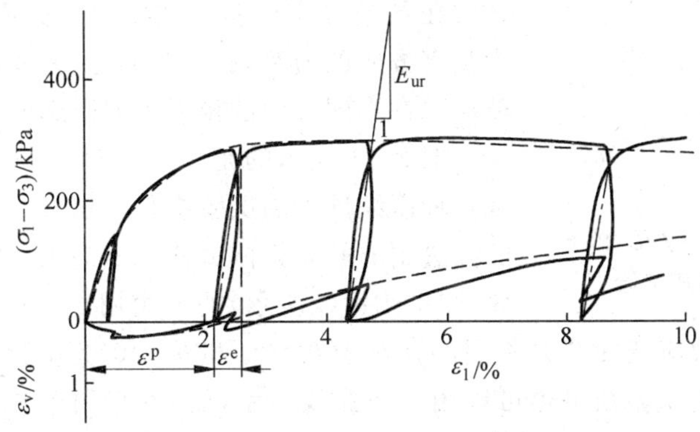

图 2-9　单调加载与循环加载的三轴试验曲线

对于结构性很强的原状土，如很硬的黏土，可能在一定的应力范围内，它的变形几乎是“弹性”的，只有到一定的应力水平时，才会产生塑性变形。一般土在加载过程中弹性和塑性变形几乎是同时发生的，没有明显的屈服点，所以亦称为弹塑性材料。

土在应力循环过程中另一个特性是存在滞回圈，在图 2-9 中，卸载初期应力应变曲线陡降，当减少到一定偏差应力时，卸载曲线变缓，再加载，曲线开始陡而随后变缓，这就形成一滞回圈，越接近破坏应力时，这一现象越明显。在图 2-9 中另一个值得注意的现象是卸载时试样发生体缩。由于卸载时平均主应力 p 是减少的，这种卸载体缩显然无法用弹性理论解释。人们认为这主要由土的剪胀变形的可恢复性和加卸载引起土结构的变化造成的。总之，即使是在同一应力路径上的卸载—再加载过程中，土的变形也并非是完全弹性的，但一般情况下，可近似认为是弹性的。

2.3.4　土应力应变的各向异性和土的结构性

所谓各向异性是指材料在不同方向上的物理力学性质不同。由于土在沉积过程中，长宽比大于 1 的针、片、棒状颗粒在重力作用下倾向于长边沿水平方向排列而处于稳定的状态；另外，在随后的固结过程中，上覆土体重力产生的竖向应力与水平土压力大小是不等的，这种不等向固结也会产生土的各向异性。土的各向异性主要表现为横向各向同性（亦即在

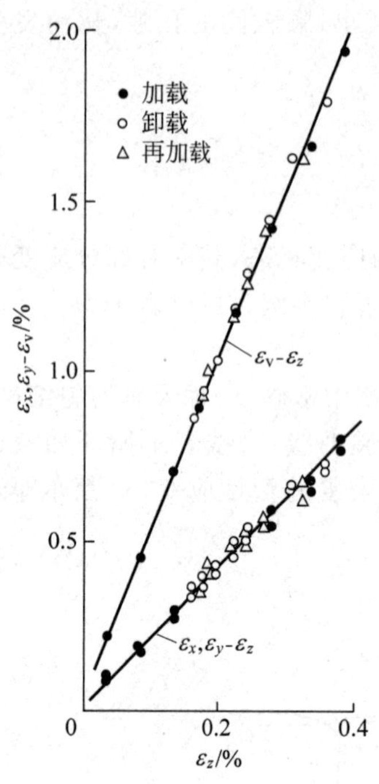

图 2-10　由玻璃珠模拟立方体"砂土"试样的各向等压试验

水平面各个方向的性质大体上是相同的，而竖向与横向性质不同。土的各向异性可分为初始各向异性(inherent anisotropy)和诱发各向异性(induced anisotropy)，由天然沉积和固结造成的各向异性可归入初始各向异性之列。在室内重力场中，制样过程的不同也会使土试样具有不同程度的初始各向异性。

检验初始各向异性的最简单试验是各向等压试验。在对土样进行各向等压试验时，经常发现轴向应变小于$\frac{1}{3}$体应变，即$\varepsilon_z=(0.17\sim0.22)\varepsilon_v$，这表明竖直方向比水平方向的压缩性小。

图 2-10 是用自由下落的小玻璃珠制成的模拟"土"试样在各向等压试验中的结果。其中$\varepsilon_x=\varepsilon_y=2.2\varepsilon_z$，$\varepsilon_z$为竖直方向的应变，$\varepsilon_v=5.4\varepsilon_z$。这种各向异性是由于小玻璃珠在不同方向的排列不同引起的。

图 2-11 表示的是用立方体真三轴仪对砂土进行常规三轴压缩试验的试验结果。试样是在空气中用撒砂雨的方法制成的立方体试样。竖向大主应力与砂土的沉积面(图中阴影线所示)的夹角用θ表示。从图中可以看出不同方向试验的应力应变曲线是不同的。对于$\theta=90°$和$\theta=40°$的试验可以用一条曲线表示，$\theta=30°$和$\theta=20°$的试验结果也可以用一条曲线表示，而$\theta=0°$用单独一条曲线表示。最上部曲线是用常规制样($\theta=90°$)和常规三轴仪进行的常规三轴试验结果。在$\theta=20°$和$\theta=40°$的试验中，实测的两个横向应变ε_2与ε_3是不等的。

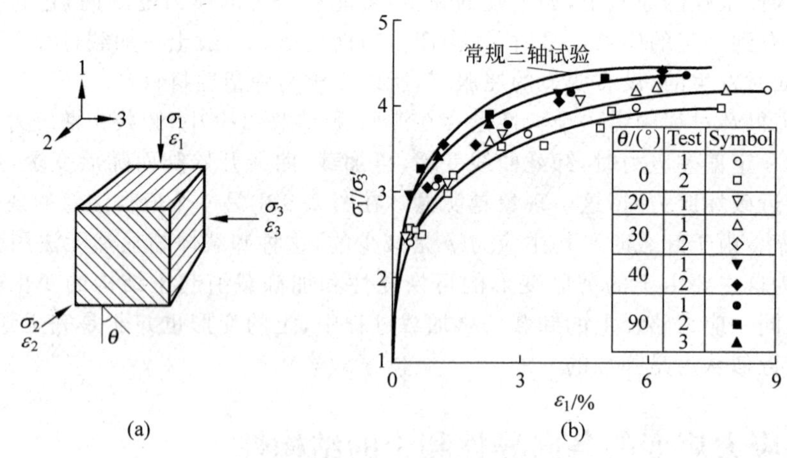

θ/(°)	Test	Symbol
0	1 2	○ □
20	1	▽
30	1 2	△ ◇
40	1 2	▼ ◆
90	1 2 3	● ■ ▲

图 2-11　砂土的各向异性

(a) 方向角θ；(b) 不同θ的应力应变关系曲线

所谓诱发各向异性是指土颗粒受到一定的应力发生应变后，其空间位置将发生变化，从而造成土的空间结构的改变。这种结构的变化将影响土进一步加载的应力应变关系，并且使之不同于初始加载时的应力应变关系。

图 2-12 表示的是正常固结黏土的一种三轴试验。首先试样被等比固结到 $\bar{\tau}=(\sigma_1-\sigma_3)/2=14.2\text{kPa}$和 $\bar{\sigma}=(\sigma_1+\sigma_3)/2=90\text{kPa}$，然后在 5 个方向上施加相同的应力增量，量测出相应的应变增量。试验结果表明不同方向上的应力增量引起的应变增量的方向和大小都不同，初始不等向固结引起的各向异性是造成这种情况的主要原因。例如，沿原应力路径④加载产生的应变路径与原固结的应力路径及应力增量方向一致，而其他应力路径则不然。

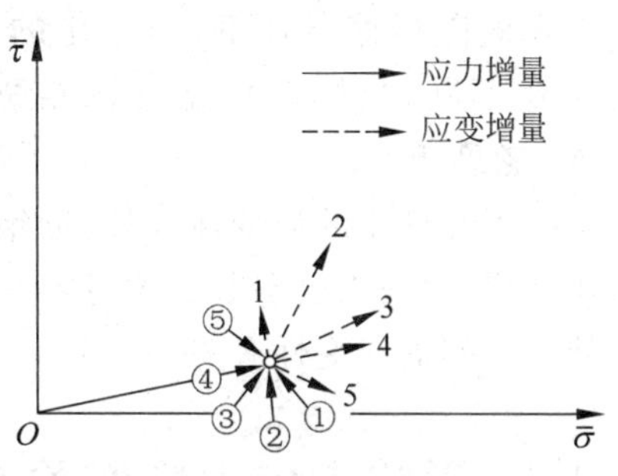

图 2-12　正常固结黏土不同应力增量方向的试验

上述例子都是室内制样的情况，原状天然土的各向异性往往更明显，也比较复杂。原状土的各向异性常常是其结构性的表现。土的结构性是由于土颗粒的空间排列集合及土中各相和颗粒间的作用力造成的。结构性可以明显提高土的强度和刚度，对于黏性土尤其如此。取样和其他扰动会破坏原状土的结构。原状黏土与重塑土的无侧限抗压强度之比称为灵敏度，它是黏性土结构性的一个指标。有关土的结构性将在 2.8 节中进一步讨论。

2.3.5　土的流变性

对于黏性土，其应力应变强度关系与时间有关，这包括两个方面：一是土体的固结，二是其流变性。与土的流变性有关的现象是土的蠕变与应力松弛。所谓蠕变是指在应力状态不变的条件下，应变随时间逐渐增长的现象；应力松弛是指维持应变不变，材料内的应力随时间逐渐减小的现象。图 2-13 表示的是土的蠕变和应力松弛的现象。在图 2-13(a)中，在某一常应力作用下，土的应变随时间不断增加，当这个应力值较小时，如图中$(\sigma_1-\sigma_3)_1$ 和 $(\sigma_1-\sigma_3)_2$，试样变形逐渐趋于稳定；当这个常应力较大时，则应变量会在相对稳定之后又突然快速增加，最后达到蠕变破坏，这种蠕变强度低于常规试验的强度，有时只有后者的 50%左右。黏性土的蠕变性随着其塑性、活动性和含水量的增加而加剧。

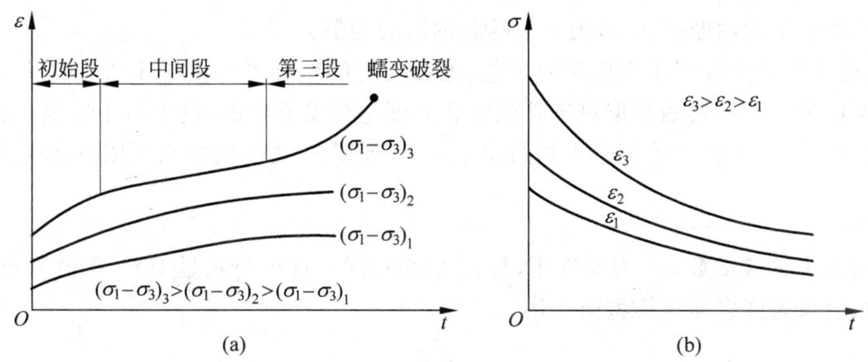

图 2-13　黏土的蠕变与应力松弛

(a) 蠕变；(b) 应力松弛

在侧限压缩条件下，由于土的流变性而发生的压缩称为次固结，长期的次固结可以使土体不断加密，而使正常固结黏土呈现出超固结黏土的特性，被称为拟似超固结黏土或“老黏土”。

除了黏性土的流变性以外，近年来也发现一些高面板堆石坝的堆石体也随着时间不断发生变形，这一点已引起有关专家的密切关注，根据目前的研究，这种现象可能与岩石及堆石块体之间的流变性有关。

2.3.6 影响土应力应变关系的应力条件

1. 应力水平

所谓应力水平一般有两层含义：一是指围压绝对值的大小；二是指应力(常为剪应力)与破坏值之比，即 $S=q/q_f$。本节应力水平主要是指围压。

图 2-14 表示了承德中密砂在不同围压下的三轴试验曲线。可见随着 σ_3 增加，砂土的强度和刚度都明显提高，应力应变关系曲线形状也有变化。在很高围压下，即使很密实的土，其应力应变关系曲线也与松砂的相似(见图 2-7)，没有剪胀性和应变软化现象。

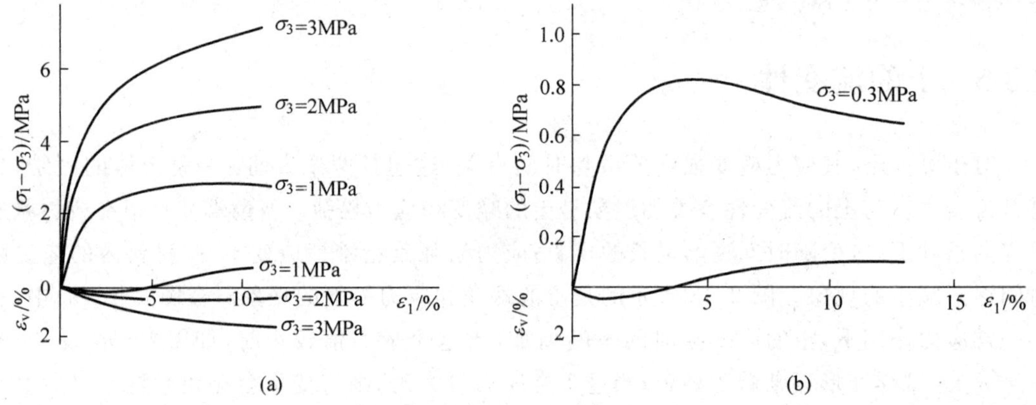

图 2-14 承德中密砂在不同围压下的三轴试验曲线

应当指出，土的抗剪强度 τ_f 或 q_f 将随着正应力 σ_n 或围压 σ_3 的增加而升高，但破坏时的应力比，或者砂土的内摩擦角 φ，则常常随着围压的增加而降低。

土的变形模量随着围压而提高的现象，也称为土的压硬性。由于土骨架是由碎散的颗粒组成，所以围压所提供的约束对于其强度和刚度是至关重要的，这也是土区别于其他材料的重要特性之一。土在三轴试验中初始模量 E_i 与围压 σ_3 之间的关系可用下式表示：

$$E_i = Kp_a\left(\frac{\sigma_3}{p_a}\right)^n \tag{2-49}$$

其中，K 与 n 为试验常数，p_a 为大气压，与 σ_3 量纲相同。这个公式是 1963 年由简布(Janbu)提出来的，后来为许多本构模型所应用。

2. 应力路径

图 2-15 表示的是蒙特雷(Montery)松砂的两种应力路径的三轴试验。它们的起点 A 和终点 B 都相同，但路径 1 是 A—1—B；路径 2 是 A—2—B。从图 2-15(a)可见路径 1 发

生了较大的轴向应变。这是由于点 1 的应力比高于点 B 的，更接近于破坏线，因而就产生了较大的轴向应变。

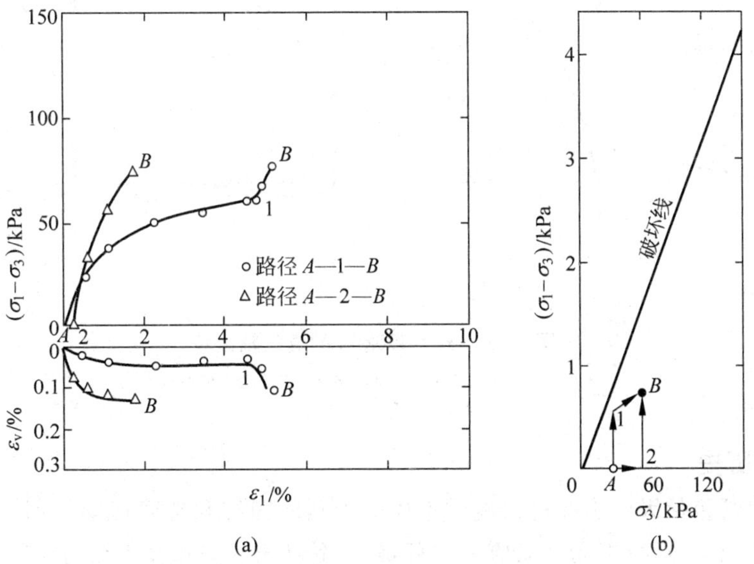

图 2-15　松砂在不同应力路径下应力应变关系

(a) 应力应变关系曲线；(b) 应力路径

英国剑桥大学的伍德(D. M. Wood)在盒式真三轴仪上对重塑的饱和黏土先各向等压固结后，再沿图 2-16 中 OK 方向进行剪切试验，然后从 K 点出发沿 KM、KN 和 KL 继续试验，得到了图 2-16(b)所示的应变路径。可见沿 OK 原来方向加载，应变路径与应力路径方向一致，都为直线。但当应力路径发生转折时，黏性土对于刚刚经过的路径似乎有"记忆"，或者应变路径沿 OK 方向有"惯性"，只有在新应力路径上走很长距离后，应变路径的方向才逐渐靠向应力路径方向。

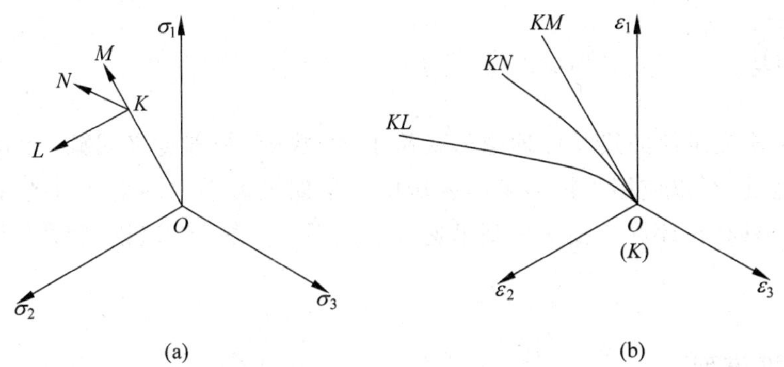

图 2-16　正常固结黏土在 π 平面上不同应力路径的真三轴试验

(a) 应力路径；(b) 应变路径

图 2-17 为承德中密砂的真三轴试验。试验中 σ_3 (＝300kPa)保持不变，中主应力不同(每个试验的 b 为常数)，四个试验表明，随着中主应力(或 b)的增加，曲线初始模量将提高，

强度也有所提高,体胀减少,应变软化加剧。

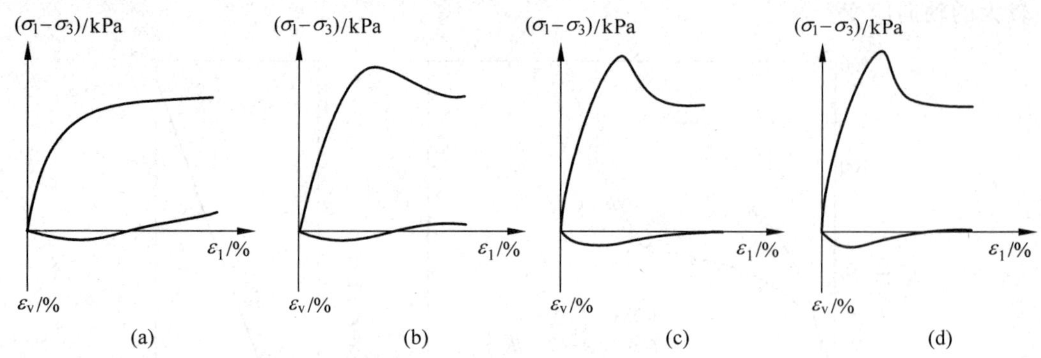

图 2-17 $\sigma_3=300$kPa 的真三轴试验

(a) $b=0$;(b) $b=0.5$;(c) $b=0.75$;(d) $b=1.0$

3. 应力历史

应力历史既包括天然土在过去地质年代中受到的固结和地壳运动作用,也包括土在实验室或在工程施工、运行中受到的应力过程,对于黏性土一般指其固结历史。如果黏性土在其历史上受到过的最大先期固结压力(指有效应力)大于目前受到的固结压力,那么它就是超固结黏土。如果目前的固结压力就是其历史上最大有效固结压力,那么它就是正常固结黏土。超固结黏土与正常固结黏土的应力应变曲线区别见图 2-7。如上所述,对于黏性土,尽管固结应力不变,但在长期荷载作用下,由于土的流变性而发生的次固结,使正常固结黏土表现出超固结的性状。这也是一种应力历史的影响。

2.4 土的弹性模型

2.4.1 概述

基于广义胡克定律的线弹性理论形式简单,参数少,物理意义明确,而且在工程界有广泛深厚的基础,得以应用于许多工程领域中。早期土力学中的变形计算主要是基于线弹性理论的。只有在计算机技术得到迅速发展之后,非线弹性理论模型才得到较普遍的应用。

1. 线弹性模型

在线弹性模型中,只需两个材料常数即可描述其应力应变关系,即 E 和 ν 或 K 和 G 或 λ 和 μ。其中 E 为杨氏模量或弹性模量;ν 为泊松比;λ 为拉梅常数;μ 与 G 为剪切模量。由于土变形实际上并非弹性,所以人们也常把 E 称为变形模量。其应力应变关系可表示为

$$
\left.\begin{aligned}
\varepsilon_x &= \frac{1}{E}[\sigma_x - \nu(\sigma_y + \sigma_z)] \\
\varepsilon_y &= \frac{1}{E}[\sigma_y - \nu(\sigma_z + \sigma_x)] \\
\varepsilon_z &= \frac{1}{E}[\sigma_z - \nu(\sigma_x + \sigma_y)] \\
\gamma_{xy} &= \frac{2(1+\nu)}{E}\tau_{xy} \\
\gamma_{yz} &= \frac{2(1+\nu)}{E}\tau_{yz} \\
\gamma_{zx} &= \frac{2(1+\nu)}{E}\tau_{zx}
\end{aligned}\right\} \tag{2-50}
$$

也可表示为

$$
\left.\begin{aligned}
p &= K\varepsilon_{\mathrm{v}} \\
q &= 3G\bar{\varepsilon}
\end{aligned}\right\} \tag{2-51}
$$

其中，$K=\dfrac{E}{3(1-2\nu)}$；$G=\dfrac{E}{2(1+\nu)}$。

这种关系也可用张量表示为

$$
\varepsilon_{ij} = \frac{1+\nu}{E}\sigma_{ij} - \frac{\nu}{E}\sigma_{kk}\delta_{ij} \tag{2-52}
$$

$$
\sigma_{ij} = \frac{E}{1+\nu}\varepsilon_{ij} + \frac{\nu E}{(1+\nu)(1-2\nu)}\varepsilon_{kk}\delta_{ij} \tag{2-53}
$$

或者

$$
\boldsymbol{\sigma} = \boldsymbol{D}\boldsymbol{\varepsilon} \tag{2-54}
$$

其中，$\boldsymbol{D}$ 为刚度矩阵。

$$
\boldsymbol{D} = \frac{E(1-\nu)}{(1+\nu)(1-2\nu)}
\begin{bmatrix}
1 & & & & & \\
\frac{\nu}{1-\nu} & 1 & & \text{对} & & \\
\frac{\nu}{1-\nu} & \frac{\nu}{1-\nu} & 1 & & \text{称} & \\
0 & 0 & 0 & \frac{1-2\nu}{2(1-\nu)} & & \\
0 & 0 & 0 & 0 & \frac{1-2\nu}{2(1-\nu)} & \\
0 & 0 & 0 & 0 & 0 & \frac{1-2\nu}{2(1-\nu)}
\end{bmatrix} \tag{2-55}
$$

在线弹性理论中，只有两个独立的参数，但在实用中可能采用不同的参数体系，表 2-1 列出了各种参数体系间的换算关系。

在土力学的地基附加应力计算中，目前基本上还是用线弹性理论的布辛尼斯克(J. Boussinesq)解或者明德林(Mindlin)解。地基沉降计算也主要是在经典弹性理论的基础上进行的。

表 2-1　线弹性模型参数间的换算关系表

参数体系	E,ν	K,G	λ,μ	K,ν	K,λ	K,E	G,ν	E,G	λ,ν	E_s,G
杨氏模量 E	E	$\frac{9KG}{3K+G}$	$\frac{3\lambda+2\mu}{\lambda+\mu}\mu$	$3K(1-2\nu)$	$\frac{9K(K-\lambda)}{3K-\lambda}$	E	$2G(1+\nu)$	E	$\frac{\lambda(1+\nu)(1-2\nu)}{\nu}$	$\frac{3E_s-4G}{E_s-G}G$
泊松比 ν	ν	$\frac{3K-2G}{2(3K+G)}$	$\frac{\lambda}{2(\lambda+\mu)}$	ν	$\frac{\lambda}{3K-\lambda}$	$\frac{3K-E}{6K}$	ν	$\frac{E}{2G}-1$	ν	$\frac{K_s-2G}{2(E_s-G)}$
剪切模量 $G=\mu$	$\frac{E}{2(1+\nu)}$	G	μ	$\frac{3K(1-2\nu)}{2(1+\nu)}$	$\frac{3}{2}(K-\lambda)$	$\frac{3KE}{9K-E}$	G	G	$\frac{\lambda(1-2\nu)}{2\nu}$	G
体积模量 $K(B)$	$\frac{E}{3(1-2\nu)}$	K	$\lambda+\frac{2}{3}\mu$	K	K	K	$\frac{2G(1+\nu)}{3(1-2\nu)}$	$\frac{GE}{3(3G-E)}$	$\frac{\lambda(1+\nu)}{3\nu}$	$E_s-\frac{4}{3}G$
拉梅常数 λ	$\frac{E\nu}{(1+\nu)(1-2\nu)}$	$K-\frac{2}{3}G$	λ	$\frac{3K\nu}{1+\nu}$	λ	$\frac{3K(3K-E)}{9K-E}$	$\frac{2G\nu}{1-2\nu}$	$\frac{G(E-2G)}{3G-E}$	λ	E_s-2G
压缩模量 E_s	$\frac{E(1-\nu)}{(1+\nu)(1-2\nu)}$	$K+\frac{4}{3}G$	$\lambda+2\mu$	$\frac{3K(1-\nu)}{1+\nu}$	$3K-2\lambda$	$\frac{3K(3K+E)}{9K-E}$	$\frac{2G(1-\nu)}{1-2\nu}$	$\frac{4G-E}{3G-E}G$	$\frac{1-\nu}{\nu}\lambda$	E_s

首先对土样进行侧限压缩试验，得到压力 p 与土的孔隙比 e 的关系曲线(见图 2-18)。尽管这种关系曲线不是直线，但可在一定的应力范围内线性化为

$$a_v = \frac{e_1 - e_2}{p_2 - p_1} \tag{2-56}$$

其中，a_v 为压缩系数。从 a_v 推导出侧限压缩模量 E_s 为

$$E_s = \frac{\Delta p}{\Delta \varepsilon_z} = \frac{1 + e_1}{a_v} \tag{2-57}$$

根据弹性理论可得到

$$E_s = \frac{1 - \nu}{1 - \nu - 2\nu^2} E \tag{2-58}$$

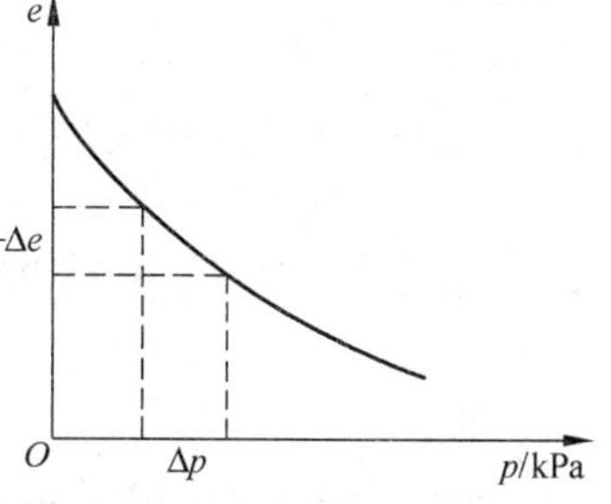

图 2-18　土的压缩曲线

对于土的应力应变关系，线弹性理论是过于简化了，但当应力水平不高且在一定的边界条件情况下，它还是比较实用的，如用于计算土中应力，配合一定的经验计算地基变形时，能为工程问题提供有用的解答。

土的各向异性在大多数情况下表现为横观各向同性，亦即是层状结构，它在 x、y 组成的水平面内是各向同性的。用线弹性理论表述则只需 5 个独立的材料常数：E、E'、ν、ν'、G'。

$$\left.\begin{aligned}
\varepsilon_x &= \frac{1}{E}(\sigma_x - \nu\sigma_y) - \frac{\nu'}{E'}\sigma_z \\
\varepsilon_y &= \frac{1}{E}(\sigma_y - \nu\sigma_x) - \frac{\nu'}{E'}\sigma_z \\
\varepsilon_z &= \frac{1}{E'}\sigma_z - \frac{\nu'}{E'}(\sigma_x + \sigma_y) \\
\gamma_{xy} &= \frac{2(1+\nu)}{E}\tau_{xy} \\
\gamma_{yz} &= \frac{1}{G'}\tau_{yz} \\
\gamma_{zx} &= \frac{1}{G'}\tau_{zx}
\end{aligned}\right\} \tag{2-59}$$

2. 非线性弹性模型

应力应变关系的非线性是土的基本变形特性之一。为了反映这种非线性，在弹性理论范畴内有两种模型：割线模型和切线模型。

割线模型是计算材料应力应变全量关系的模型。在这种模型中，弹性参数 E_s 和 ν_s(或者 K_s 和 G_s)是应变或应力的函数，而不再是常数。这样割线模型可以反映土变形的非线性及应力水平的影响，另一个明显的优点在于它也可用于应变软化阶段。计算时可用迭代法计算。但这是一种理论上不够严密的模型，不一定能保证解的稳定性和唯一性。

切线模型是建立在增量应力应变关系基础上的弹性模型，实际上是采用分段线性化的广义胡克定律的形式。模型参数 E_t、ν_t(或者 K_t、G_t)是应力(或应变)的函数，但在每一级增量情况下假设为不变的。切线模型可以较好地描述土受力变形的过程，因而得到广泛的应

用。具体计算时可用基本增量法、中点增量法和迭代增量法等。模型的表达形式为增量的广义胡克定律。

$$\mathrm{d}\boldsymbol{\sigma} = \boldsymbol{D}_{\mathrm{t}}\mathrm{d}\boldsymbol{\varepsilon} \tag{2-60}$$

其中,$\boldsymbol{D}_{\mathrm{t}}$ 为增量形式的刚度矩阵。

2.4.2 邓肯-张双曲线模型

1. 前言

1963年,康纳(Kondner)根据大量土的三轴试验的应力应变关系曲线,提出可以用双曲线拟合出一般土的三轴试验$(\sigma_1-\sigma_3)$-ε_{a}曲线,即

$$\sigma_1 - \sigma_3 = \frac{\varepsilon_{\mathrm{a}}}{a + b\varepsilon_{\mathrm{a}}} \tag{2-61a}$$

其中,a、b 为试验常数。对于常规三轴压缩试验,$\varepsilon_{\mathrm{a}}=\varepsilon_1$。邓肯等人根据这一双曲线应力应变关系提出了一种目前被广泛应用的增量弹性模型,一般被称为邓肯-张(Duncan-Chang)模型。

2. 切线变形模量 E_{t}

在常规三轴压缩试验中,式(2-61a)也可以写成

$$\frac{\varepsilon_1}{\sigma_1 - \sigma_3} = a + b\varepsilon_1 \tag{2-61b}$$

将常规三轴压缩试验的结果按$\frac{\varepsilon_1}{\sigma_1-\sigma_3}$-$\varepsilon_1$的关系进行整理,则二者近似呈线性关系。其中,$a$ 为直线的截距;b 为直线的斜率,如图2-19(b)所示。

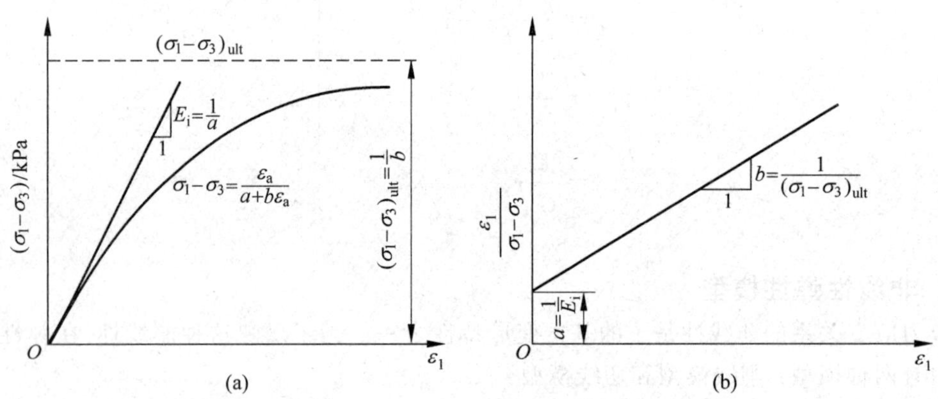

图2-19 土的应力应变的双曲线关系

(a) $(\sigma_1-\sigma_2)$-ε_{a}双曲线;(b) $\varepsilon_1/(\sigma_1-\sigma_3)$-$\varepsilon_1$关系

在常规三轴压缩试验中,由于 $\mathrm{d}\sigma_2=\mathrm{d}\sigma_3=0$,所以切线模量为

$$E_{\mathrm{t}} = \frac{\mathrm{d}(\sigma_1 - \sigma_3)}{\mathrm{d}\varepsilon_1} = \frac{a}{(a + b\varepsilon_1)^2} \tag{2-62}$$

在试验的起始点,$\varepsilon_1=0$,$E_{\mathrm{t}}=E_{\mathrm{i}}$,则

$$E_i = \frac{1}{a} \tag{2-63}$$

这表明 a 代表的是在这个试验中的初始变形模量 E_i 的倒数。在式(2-61a)中，如果 $\varepsilon_1 \to \infty$，则

$$(\sigma_1 - \sigma_3)_{ult} = \frac{1}{b} \tag{2-64}$$

或者

$$b = \frac{1}{(\sigma_1 - \sigma_3)_{ult}} \tag{2-65}$$

由此可看出，b 代表的是双曲线的渐近线所对应的极限偏差应力 $(\sigma_1 - \sigma_3)_{ult}$ 的倒数。

在土的试样中，如果应力应变曲线近似于双曲线关系，则往往是根据一定应变值(如 $\varepsilon_1 = 15\%$)来确定土的强度 $(\sigma_1 - \sigma_3)_f$，而不可能在试验中使 ε_1 无限大，求取 $(\sigma_1 - \sigma_3)_{ult}$；对于有峰值点的情况，取 $(\sigma_1 - \sigma_3)_f = (\sigma_1 - \sigma_3)_{峰}$，这样 $(\sigma_1 - \sigma_3)_f < (\sigma_1 - \sigma_3)_{ult}$。定义破坏比 R_f 为

$$R_f = \frac{(\sigma_1 - \sigma_3)_f}{(\sigma_1 - \sigma_3)_{ult}} \tag{2-66}$$

$$b = \frac{1}{(\sigma_1 - \sigma_3)_{ult}} = \frac{R_f}{(\sigma_1 - \sigma_3)_f} \tag{2-67}$$

将式(2-67)、式(2-63)代入式(2-62)中，得

$$E_t = \frac{1}{E_i}\left(\frac{1}{\dfrac{1}{E_i} + \dfrac{R_f}{(\sigma_1 - \sigma_3)_f}\varepsilon_1}\right)^2 \tag{2-68}$$

式(2-68)中 E_t 表示为应变 ε_1 的函数，使用时不够方便，可将 E_t 表示为应力的函数形式。从式(2-61b)可以得到

$$\varepsilon_1 = \frac{a(\sigma_1 - \sigma_3)}{1 - b(\sigma_1 - \sigma_3)} \tag{2-69}$$

将式(2-69)代入式(2-62)，得

$$E_t = \frac{a}{\left[a + \dfrac{ab(\sigma_1 - \sigma_3)}{1 - b(\sigma_1 - \sigma_3)}\right]^2} = \frac{1}{a\left[1 + \dfrac{b(\sigma_1 - \sigma_3)}{1 - b(\sigma_1 - \sigma_3)}\right]^2} = \frac{1}{a\left[\dfrac{1}{1 - b(\sigma_1 - \sigma_3)}\right]^2} \tag{2-70}$$

将式(2-67)、式(2-63)代入式(2-70)，得

$$E_t = E_i\left[1 - R_f\frac{\sigma_1 - \sigma_3}{(\sigma_1 - \sigma_3)_f}\right]^2 \tag{2-71}$$

根据莫尔-库仑强度准则，有

$$(\sigma_1 - \sigma_3)_f = \frac{2c\cos\varphi + 2\sigma_3\sin\varphi}{1 - \sin\varphi} \tag{2-72}$$

如果绘出 $\lg(E_i/p_a)$ 与 $\lg(\sigma_3/p_a)$ 的关系图，则可以发现二者近似呈直线关系，见图 2-20。所以可得式(2-49)：

$$E_i = Kp_a\left(\frac{\sigma_3}{p_a}\right)^n$$

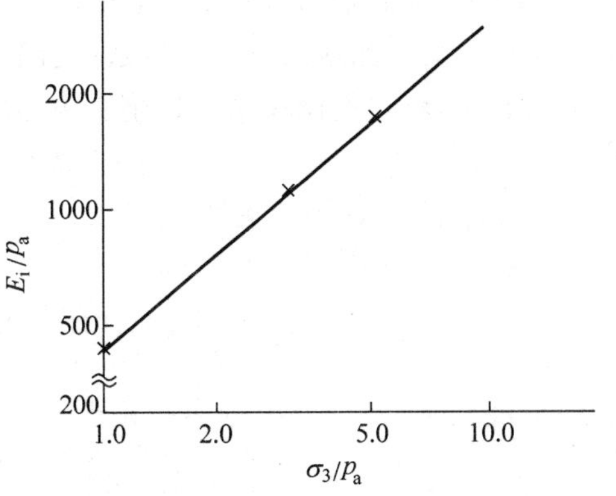

图 2-20　一种中密砂的 E_i/p_a 与 σ_3/p_a 的试验双对数坐标关系曲线

其中，p_a 为大气压，$p_a = 101.4$kPa 或近似等于

100kPa,量纲与 σ_3 相同;K、n 为试验常数,分别代表 $\lg(E_i/p_a)$ 与 $\lg(\sigma_3/p_a)$ 直线的截距和斜率。将式(2-72)和式(2-49)代入式(2-71)则得到:

$$E_t = Kp_a\left(\frac{\sigma_3}{p_a}\right)^n\left[1-\frac{R_f(\sigma_1-\sigma_3)(1-\sin\varphi)}{2c\cos\varphi+2\sigma_3\sin\varphi}\right]^2 \tag{2-73}$$

可见切线变形模量的公式中共包括5个材料常数 K、n、φ、c、R_f。

3. 切线泊松比

邓肯等人根据一些试验资料,假定在常规三轴压缩试验中轴向应变 ε_1 与侧向应变 $-\varepsilon_3$ 之间也存在双曲线关系(见图2-21)。

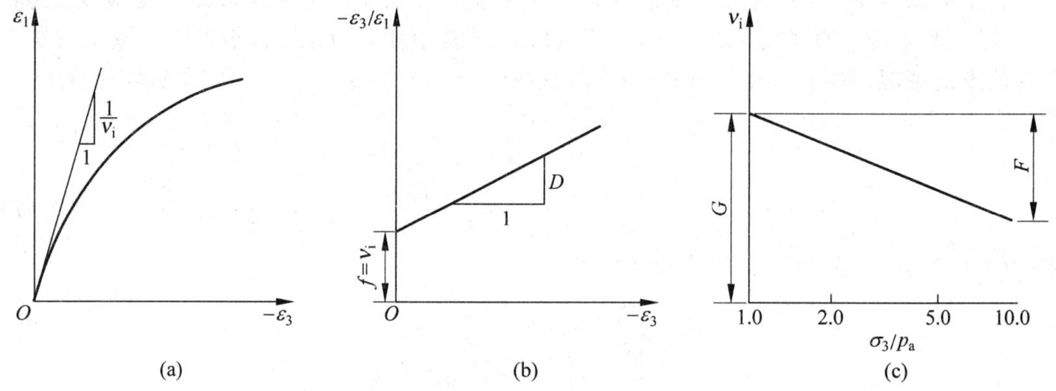

图2-21 切线泊松比有关参数

(a) ε_1-$-\varepsilon_3$ 双曲线;(b) $-\varepsilon_3/\varepsilon_1$-$-\varepsilon_3$ 线性关系;(c) ν_i-σ_3/p_a 单对数坐标关系

$$\varepsilon_1 = \frac{-\varepsilon_3}{f+D(-\varepsilon_3)} \tag{2-74}$$

或者

$$\frac{-\varepsilon_3}{\varepsilon_1} = f+D(-\varepsilon_3) = f-D\varepsilon_3 \tag{2-75}$$

从式(2-75)可以看出,试验得到的 $-\varepsilon_3/\varepsilon_1$ 与 $-\varepsilon_3$ 的关系近似为直线关系,从而可确定截距 f 与斜率 D。从式(2-75)可见,当 $-\varepsilon_3\to 0$ 时,$(-\varepsilon_3/\varepsilon_1)_{-\varepsilon_3\to 0}=f=\nu_i$,$\nu_i$ 即为初始泊松比,D 为 ε_1 与 $-\varepsilon_3$ 关系曲线渐近线的倒数(见图2-21(a))。试验表明土的初始泊松比 ν_i 与试验的围压 σ_3 有关,将它们画在单对数坐标中,可假设是一条直线,见图2-21(c),这样,

$$\nu_i = f = G-F\lg(\sigma_3/p_a) \tag{2-76}$$

G、F 为试验常数,其确定见图2-21(c)。

将式(2-74)微分,得

$$\nu_t = \frac{-d\varepsilon_3}{d\varepsilon_1} = \frac{(1-D\varepsilon_1)f+D\varepsilon_1 f}{(1-D\varepsilon_1)^2} = \frac{\nu_i}{(1-D\varepsilon_1)^2} \tag{2-77}$$

将式(2-63)、式(2-67)、式(2-69)和式(2-76)代入式(2-77),得

$$\nu_t = \frac{G-F\lg(\sigma_3/p_a)}{\left\{1-\dfrac{D(\sigma_1-\sigma_3)}{Kp_a\left(\dfrac{\sigma_3}{p_a}\right)^n\left[1-\dfrac{R_f(\sigma_1-\sigma_3)(1-\sin\varphi)}{2c\cos\varphi+2\sigma_3\sin\varphi}\right]}\right\}^2} \tag{2-78}$$

这样在切线泊松比 ν_t 的计算公式中又引入了 G、F、D 3 个材料常数，加上 E_t 中的 5 个常数，共有 8 个常数。其中 D 可取若干不同围压的三轴试验平均值。根据弹性理论，$0\leqslant\nu_t\leqslant0.5$。

4. 卸载-再加载模量

为了反映土变形的可恢复部分与不可恢复部分，邓肯-张模型在弹性理论的范围内，采用了卸载-再加载模量不同于加载模量的方法。

通过常规三轴压缩试验的卸载-再加载曲线确定其卸载模量。由于这个过程中应力应变表现为一个滞回圈，所以用一个平均斜率代替，表示为 E_{ur}。从图 2-9 可见，在不同应力水平下卸载-再加载循环中，这个平均斜率都接近相等，所以可认为它在同样围压 σ_3 下是一个常数，但它随围压 σ_3 增加而增加，试验表明在双对数坐标中二者关系可近似为一条直线，即

$$E_{ur} = K_{ur} p_a \left(\frac{\sigma_3}{p_a}\right)^n \tag{2-79}$$

其中，K_{ur} 为 $\lg(E_{ur}/p_a)$-$\lg(\sigma_3/p_a)$ 直线的截距；n 为其斜率。这里的 n 可与式(2-49)中的 n 相等。其实 E_{ur} 与 E_i 和 (σ_3/p_a) 之间的指数不会完全相等，但二者一般相差不大，取为相等后可用截距 K 或 K_{ur} 来调整误差，这样可减少一个材料常数。一般 $K_{ur}>K$。

应当指出，尽管邓肯-张模型在加卸载时使用了不同的变形模量，从而可反映土变形的不可恢复部分。但它毕竟还不是弹塑性模型，它没有离开弹性理论框架及理论基础，因而在复杂应力路径中如何判断加卸载就成为一个问题。最初，根据三轴试验，邓肯等人用 $\sigma_1-\sigma_3$ 或 q 判断加卸载。而没考虑 σ_3 的变化，显然不完全合理。以后人们提出了一些不同加、卸载准则，1984 年邓肯等人提出加载函数为

$$S_s = S\sqrt[4]{\sigma_3/p_a} \tag{2-80}$$

$$S = \frac{\sigma_1-\sigma_3}{(\sigma_1-\sigma_3)_f} \tag{2-81}$$

其中，S 为应力水平。

如果在加载历史中加载函数的最大值为 S_{sm}，则临界应力水平为

$$S_m = \frac{S_{sm}}{\sqrt[4]{\sigma_3/p_a}} \tag{2-82}$$

如果 $S>S_m$，则为加载；如果 $S<\frac{3}{4}S_m$，则为卸载或再加载，使用 E_{ur}；如果 $\frac{3}{4}S_m<S<S_m$，则用 E_t 与 E_{ur} 内插。显然这是一种经验的方法。也有人根据不同工程问题采用其他准则。

5. 邓肯等人的 E-B 模型

试验表明，在上述模型中，ε_1 与 $-\varepsilon_3$ 间的双曲线假设与实际情况相差较多；同时使用切线泊松比 ν_t 在计算中也有一些不便之处。1980 年邓肯等人提出了 E-B 模型，其中 E_t 的确定与式(2-73)相同，另外引入体变模量 B 代替切线泊松比 ν_t，即

$$B = \frac{E_t}{3(1-2\nu_t)} \tag{2-83}$$

通过三轴试验并用式(2-84)确定 B。

$$B = \frac{(\sigma_1-\sigma_3)_{70\%}}{3(\varepsilon_v)_{70\%}} \tag{2-84}$$

其中,$(\sigma_1-\sigma_3)_{70\%}$与$\varepsilon_{v70\%}$为$\sigma_1-\sigma_3$达到$70\%(\sigma_1-\sigma_3)_f$时的偏差应力和相应的体应变的试验值。这样对于每一个σ_3为常数的三轴压缩试验,B就是一个常数。试验表明,B与σ_3有关,二者关系在双对数坐标中可近似为一直线,由此得

$$B=K_b p_a\left(\frac{\sigma_3}{p_a}\right)^m \tag{2-85}$$

其中,K_b和m是材料常数,分别为$\lg(B/p_a)$与$\lg(\sigma_3/p_a)$直线关系的截距和斜率。从式(2-83)可知,$E_t/3\leqslant B$。当$B\approx17E_t$时,$\nu_t=0.49$,这时它可用于饱和土体的总应力分析。关于E-ν模型与E-B模型哪一个更适用,存在不同意见。在中国土石坝数值计算中,通常人们认为E-ν模型计算结果更好一些。

6. 邓肯-张模型参数的确定

在确定参数a、b时,用式(2-61b)及图2-19(b)求取$\frac{\varepsilon_1}{\sigma_1-\sigma_3}$与$\varepsilon_1$之间的直线关系,常常发生低应力水平和高应力水平的试验点偏离直线的情况。因而对于同一组试验,不同的人可能取不同的a、b值。同样,切线泊松比ν_t中的参数确定的任意性更大。尤其是对于有剪胀性的土,在高应力水平,ν_t的确定实际意义不大。为此邓肯等人在总结许多试验资料的基础上建议采用如下方法计算有关参数。

参数b的确定:

$$b=\frac{1}{(\sigma_1-\sigma_3)_{\text{ult}}}=\frac{\left(\frac{\varepsilon_1}{\sigma_1-\sigma_3}\right)_{95\%}-\left(\frac{\varepsilon_1}{\sigma_1-\sigma_3}\right)_{70\%}}{(\varepsilon_1)_{95\%}-(\varepsilon_1)_{70\%}} \tag{2-86}$$

参数a的确定:

$$\frac{1}{ap_a}=\frac{E_i}{p_a}=\frac{1}{p_a}\frac{2}{\left(\frac{\varepsilon_1}{\sigma_1-\sigma_3}\right)_{95\%}+\left(\frac{\varepsilon_1}{\sigma_1-\sigma_3}\right)_{70\%}-\left(\frac{1}{\sigma_1-\sigma_3}\right)_{\text{ult}}\left[(\varepsilon_1)_{95\%}+(\varepsilon_1)_{70\%}\right]} \tag{2-87}$$

参数B的确定:

$$B=\frac{\Delta p}{\Delta\varepsilon_v}=\frac{(\sigma_1-\sigma_3)_{70\%}}{3(\varepsilon_v)_{70\%}} \tag{2-88}$$

其中,下标95%、70%分别代表$\sigma_1-\sigma_3$等于$(\sigma_1-\sigma_3)_f$的95%及70%时有关的试验数据。列表对不同σ_3的结果进行计算,再加上不同σ_3的常规三轴压缩试验的卸载—再加载试验结果,然后在双对数坐标中确定E_i、E_{ur}及B的截距的斜率,从而可以确定出有关的材料常数。这样计算的结果一般离散性较小,也不会因人而异。

7. 关于邓肯-张模型的讨论

由于邓肯等人的双曲线模型可以反映土变形的非线性,并在一定程度上反映土变形的弹塑性;同时由于它建立在广义胡克定律的弹性理论的基础上,很容易为工程界接受;加之所用参数及材料常数不多,物理意义明确,只需用常规三轴压缩试验即可确定这些参数及材料常数,适用的土类比较广,所以该模型为岩土工程界所熟知,并得到了广泛应用,成为土的最为普及的本构模型之一。

但是该模型是建立在增量广义胡克定律基础上的变模量的弹性模型,由于其理论基础

的限制，它有许多固有的、不可逾越的缺陷。而有时人们不了解这一点，强迫它承担本身无法完成的任务，如企图让它反映不同应力路径的影响，反映土的剪胀性等，其结果常常会犯基本理论的错误。

一般只能使用 σ_3 为常数（即 $d\sigma_3=0$）的常规三轴压缩试验确定模型的参数。因为只有在这种特定的试验中，在增量广义胡克定律中，

$$d\varepsilon_1 = \frac{d\sigma_1}{E_t} - \frac{\nu_t}{E_t}(d\sigma_2 + d\sigma_3) \tag{2-89}$$

由于 $d\sigma_2=d\sigma_3=0$，则

$$E_t = \frac{d(\sigma_1 - \sigma_3)}{d\varepsilon_1} \tag{2-90}$$

亦即 $\sigma_1-\sigma_3$ 与 ε_1 的关系曲线的斜率就是其切线变形模量。同样 $-\varepsilon_3$ 与 ε_1 关系曲线的斜率为切线泊松比 ν_t。

除了常规三轴压缩试验以外，其他的一些应力路径的试验中的 $\sigma_1-\sigma_3$ 与 ε_1 之间的曲线也可用双曲线来描述，但其斜率却不一定就是切线变形模量 E_t。表 2-2 表示了不同应力路径试验的应力-应变曲线的斜率与弹性参数间的关系。可见只有固结排水的常规三轴压缩试验的曲线斜率 $d(\sigma_1-\sigma_3)/d\varepsilon_1$ 才等于切线模量 E_t。尽管其他试验的应力-应变曲线往往也近似于双曲线，但其斜率却不是切线模量 E_t。

表 2-2　一些不同应力路径试验曲线的斜率

试验类型	应力路径特点	曲线斜率 $d(\sigma_1-\sigma_3)/d\varepsilon_1$ 表达式
固结排水常规三轴压缩试验	$d\sigma_3'=0$	E_t
固结不排水常规三轴压缩试验	$d\sigma_3=d\sigma_3'+u=0$	$E_t/[1-A(1-2\nu_t)]$
固结排水三轴减围压的压缩试验	$d\sigma_1=0;d\sigma_2=d\sigma_3<0$	$E_t/(2\nu_t)$
固结排水轴向减载的三轴伸长试验	$d\sigma_1=d\sigma_2=0;d\sigma_3<0$	E_t/ν_t
固结排水 σ_3＝常数的平面应变试验	$d\sigma_3=0;d\sigma_2=\nu_t d\sigma_1$	$E_t/(1-\nu_t^2)$
固结排水 σ_3＝常数，b＝常数的真三轴试验	$d\sigma_3=0;\sigma_2-\sigma_3=b(\sigma_1-\sigma_3)$	$E_t/(1-b\nu_t)$

有人建议让 $\nu>0.5$ 以反映土的剪胀性。如果这样，在施加等向压力增量 dp 时，将会产生体胀，外力做负功，这违反了能量守恒定律。

【例题 2-2】 基坑支挡结构后面的饱和土体在基坑开挖过程中，竖向应力 $\sigma_z=\gamma_{sai}z$ 不变，随着基坑开挖，侧向应力减少。其应力路径接近于三轴减围压的压缩试验（RTC）。有人在墙后取土试样进行一组固结不排水的 RTC 试验，得到的 $\sigma_1-\sigma_3$ 与 ε_1 间呈近似的双曲线关系。是否可以用这些双曲线试验结果确定土的邓肯-张双曲线模型切线模量 E_t 的参数？推导这种试验的试验曲线斜率的表达式。

【解】 根据增量的广义胡克定律：

$$d\varepsilon_1 = \frac{1}{E_t}[d\sigma_1' - \nu_t(d\sigma_2' + d\sigma_3')]$$

上述 RTC 试验中，$d\sigma_1=0$，$d\sigma_2=d\sigma_3<0$，$d(\sigma_1-\sigma_3)=-d\sigma_3$

$$du = B[d\sigma_3 + Ad(\sigma_1-\sigma_3)],\quad B=1.0,\ du=(1-A)d\sigma_3$$

$$d\sigma_1' = d\sigma_1 - du = (A-1)d\sigma_3,\quad d\sigma_2' = d\sigma_3' = d\sigma_3 - du = Ad\sigma_3$$

$$d\varepsilon_1 = \frac{1}{E_t}(d\sigma_1' - 2\nu_t d\sigma_3') = \frac{d\sigma_3}{E_t}[(A-1) - 2\nu_t A] = \frac{d(\sigma_1 - \sigma_3)}{E_t}(1 - A + 2\nu_t A)$$

$$\frac{d(\sigma_1 - \sigma_3)}{d\varepsilon_1} = \frac{E_t}{1 - A(1 - 2\nu_t)}$$

从例题2-2可见,不能用固结不排水的RTC试验确定Duncan-Cang模型的试验常数。通常土的本构模型都是基于有效应力建立的,不排水试验对于应力路径的依赖性很强。即使是使用排水的常规三轴试验确立该模型的常数,对于 $\Delta\sigma_3 < 0$ 的基础工况也存在较大的差别,计算误差会很大。

尽管该模型存在一些不足,人们还是在可能的条件下对其进行了一些改造和改进,从而使其更能适应于实际工程问题。这些改造包括:

(1) 对于某些大粒径土,内摩擦角 φ 随围压而减小,表示成为

$$\varphi = \varphi_0 - \Delta\varphi \lg(\sigma_3 / p_a) \tag{2-91}$$

(2) 为了反映平面应变下中主应力对应力-应变及强度的影响,可让邓肯-张模型参数中的 φ 为平面应变试验的内摩擦角。

(3) 为了反映中主应力的影响,将此模型中 σ_3 作了修正,比如用 σ_2 与 σ_3 的平均值。

类似的修正还有许多,但要十分注意不应违背有关的物理力学原理,不能顾此失彼。

在使用邓肯-张模型进行数值计算时,常常会遇到平面应变问题。这时零应变方向的主应力 σ_y 是通过模型计算得到的。平面应变问题有一个很重要的特点,就是当两个主动应力 σ_z 与 σ_x 增加时,σ_y 随之增加较快,亦即泊松比 ν 值较大;而两个主动应力 σ_z 与 σ_x 减小时,σ_y 随之减小较慢,亦即泊松比 ν 值较小。这样,在计算中,应随时判断小主应力。图2-22是用承德中密砂进行的平面应变等比试验,y 方向为零应变方向,两个主动应力 σ_z 与 σ_x 之比为 $k = \sigma_z/\sigma_x = 1.17$。

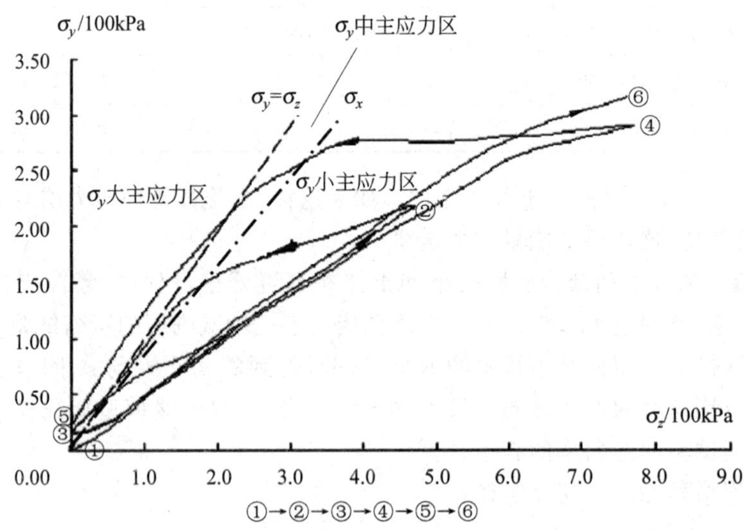

图2-22　承德中密砂 $k=1.17$ 平面应变试验上加载—减载应力路径

这个平面应变等应力比试验的应力路径是非常奇特的,第一次加载与卸载的起始段,σ_y 为小主应力,但卸载的后半段,σ_y 逐渐变为中主应力;到第二次卸载的最后(从④～⑤),σ_y 接近甚至成为大主应力。这种应力变形特性,是很多本构模型都是难以准确描述的。

【例题 2-3】 砂土的邓肯-张模型的参数 $\varphi=35°$，$K=400$，$K_{ur}=600$，$n=0.8$。用该砂土试样进行平面应变试验。y 方向保持零应变，$\sigma_x=100\text{kPa}$ 不变，σ_z 从 100kPa 逐步增加，直至试样达到极限平衡状态，然后再减少 σ_z。已知砂土加载时的泊松比 $\nu_i=1/3$，减载时的泊松比 $\nu_u=0.2$，均设为常数。问(1)在初始状态 $\sigma_{x0}=\sigma_{z0}=100\text{kPa}$ 时；(2)σ_y 为 100kPa 时；(3)σ_z 增加到极限状态后，又从极限状态减少到 50kPa 时，其模量 E_i 或 E_{ur} 分别为多少？

【解】

(1) 初始状态，这时 σ_y 为小主应力，$\sigma_x=100\text{kPa}$。

$$\sigma_{x0}=\sigma_{z0}=100\text{kPa},\quad \sigma_{y0}=\nu_i(\sigma_{x0}+\sigma_{z0})=66.7\text{kPa},$$

$$E_i=Kp_a\left(\frac{\sigma_3}{p_a}\right)^n=29\text{MPa}$$

(2) 设加载到 $\sigma_z=\sigma_{z1}$ 时，$\sigma_y=\sigma_x=100\text{kPa}$，变为中主应力，也等于小主应力。

$$\sigma_{y1}=\nu_i(100+\sigma_{z1})=100,\quad \sigma_{z1}=300-100=200(\text{kPa}),$$

$$E_i=Kp_a\left(\frac{\sigma_3}{p_a}\right)^n=40\text{MPa}$$

(3) 加载到极限平衡状态。

$\sigma_x=100\text{kPa}$，设极限状态时 σ_z 和 σ_y 分别为 σ_{zf} 和 σ_{yf}，$\sigma_{zf}=\sigma_x\tan^2(45°+35°/2)=369(\text{kPa})$，$E_i=40\text{MPa}$，

$$\sigma_{yf}=\nu_i(100+369)=156(\text{kPa})$$

设从 σ_{zf} 减少 $\Delta\sigma_z$ 时，$\sigma_y=\sigma_z$ 成为大主应力，即

$$\sigma_y=156-\nu_u\Delta\sigma_z=369-\Delta\sigma_z,$$

$$0.8\Delta\sigma_z=213,\quad \Delta\sigma_z=266,\quad \sigma_y=103\text{kPa},$$

$$\sigma_z=369-266=103(\text{kPa})$$

σ_z 继续减少到 50kPa 时，即 $\Delta\sigma_z=319\text{kPa}$，则

$$\sigma_y=156-\nu_u\Delta\sigma_z=156-0.2\times319=92.2(\text{kPa})$$

这时，$\sigma_z=50\text{kPa}$ 为小主应力，$\sigma_y=92.2\text{kPa}$ 为中主应力，$\sigma_x=100\text{kPa}$ 为大主应力。

$$E_{ur}=K_{ur}p_a\left(\frac{\sigma_3}{p_a}\right)^n=34.5\text{MPa}$$

2.4.3　K-G 模型

这一类模型是将应力和应变分解为球张量和偏张量两部分，分别建立平均应力 $p(\sigma_m)$ 与 ε_v、广义剪应力 q 与 $\bar{\varepsilon}$ 间的增量关系，即

$$\left.\begin{aligned}\mathrm{d}p&=K\mathrm{d}\varepsilon_v\\ \mathrm{d}q&=3G\mathrm{d}\bar{\varepsilon}\end{aligned}\right\}\tag{2-92}$$

一般通过各向等压试验确定体变模量 K，通过 p 为常数的三轴试验确定剪切模量 G。但人们有时为了反映土的剪胀性，也建立了一些这两个张量交叉影响的模型。

1. 多马舒克-维利亚潘(Domaschuk-Valliappan)模型

在他们的 K-G 模型中，他们假设在各向等压试验中 p-ε_v 之间关系可近似用幂函数表

示,在 p 为常数的三轴压缩试验中,q 与 $\bar{\varepsilon}$ 之间关系可近似用双曲线表示。

那么,切线体积模量为

$$K_t = \frac{dp}{d\varepsilon_v} = K_i\left[1 + n\left(\frac{\varepsilon_v}{\varepsilon_{vc}}\right)^{n-1}\right] \tag{2-93}$$

切线剪切模量为

$$G_t = \frac{dq}{3d\bar{\varepsilon}} = G_i\left[1 - R_f\frac{q/3}{10^{\alpha}\left(\frac{p}{p_c e_{ic}}\right)^{\beta}}\right]^2 \tag{2-94}$$

式中,n、α、β 为试验常数;e_{ic}为起始孔隙比;R_f 为破坏比。

$$K_i = \frac{p_c}{\varepsilon_{vc}} \tag{2-95}$$

式中,p_c 与 ε_{vc}为初始的各向等压应力及相应的体应变的特征值;G_i 为 q-$3\bar{\varepsilon}$ 曲线的初始斜率。

2. 内勒(Naylor)模型

这个模型建议 K、G 表示为

$$K_t = K_i + \alpha_K p \tag{2-96}$$

$$G_t = G_i + \alpha_G p + \beta_G q \tag{2-97}$$

式中,K_i、α_K、G_i、α_G 和 β_G 为试验常数,一般 $\alpha_K>0$,$\alpha_G>0$,$\beta_G<0$,即 K_t 随 p 增加而增加,G_t 随着 p 增加而增加,随 q 增加而减少。K_i 和 α_K 可用各向等压试验确定,G_i、α_G 和 β_G 用 p 为常数的三轴压缩试验确定。

3. 伊鲁米-维鲁伊特(Izumi-Verruijt)的耦合模型

这个模型考虑了剪应力增量 dq 对于土的体应变增量 $d\varepsilon_v$ 的影响,所以也称为三参数模型。这样增量形式的应力应变关系可表示为

$$\left.\begin{aligned} d\varepsilon_v &= \frac{1}{K_t}dp + \frac{1}{H_t}dq \\ d\bar{\varepsilon} &= \frac{1}{3G_t}dq \end{aligned}\right\} \tag{2-98}$$

式中,H_t 为切线剪胀模量;K_t 为切线体积模量;G_t 为切线剪切模量。它们都是应力 p 与 q 的函数,可通过试验确定。一般增量的应力应变关系表达式为

$$d\boldsymbol{\varepsilon} = \boldsymbol{D}_t d\boldsymbol{\sigma} \tag{2-99}$$

其中,

$$\boldsymbol{D}_t = \boldsymbol{A} + \boldsymbol{B}$$

式中,矩阵 $\boldsymbol{A}$ 是对称的;矩阵 $\boldsymbol{B}$ 是不对称的。

4. 沈珠江模型

沈珠江用下面两函数表示土的应力应变全量关系:

$$\left.\begin{aligned} \varepsilon_v &= f_1(p,q) \\ \bar{\varepsilon} &= f_2(p,q) \end{aligned}\right\} \tag{2-100}$$

用增量的形式可表示为

$$\left.\begin{aligned} d\varepsilon_v &= \frac{\partial f_1}{\partial p}dp + \frac{\partial f_1}{\partial q}dq = Adp + Bdq \\ d\bar{\varepsilon} &= \frac{\partial f_2}{\partial p}dp + \frac{\partial f_2}{\partial q}dq = Cdp + Ddq \end{aligned}\right\} \tag{2-101}$$

因而函数 f_1 与 f_2 的确定是关键问题。其中 f_1 是用各向等压试验和 $q/p=\eta$ 不同的等比加载试验来确定，在 e-$\ln p$ 曲线上得到一组近似互相平行的直线，则得到 f_1 的函数形式为

$$\varepsilon_v = f_{1(p,q)} = \psi(\eta) - \frac{\lambda}{1+e_0}\ln p \tag{2-102}$$

f_2 用 p 为常数不同的三轴压缩试验来确定。

$$\eta = q/p = \frac{\bar{\varepsilon}}{a+b\bar{\varepsilon}}$$

则

$$\bar{\varepsilon} = f_{2(p,q)} = \frac{a\eta}{1-b\eta} \tag{2-103}$$

其中，a、b 是 p 的函数。

5. 讨论

K-G 模型将球张量与偏张量分开考虑，如再考虑二者耦合，还可以反映土的剪胀性。因而这类模型有一定的合理性和适用性，但这类模型常要求做 p 为常数这种非常规的三轴试验，一般实验室不易实现，并且受特定应力路径限制。

由于土的强度受中主应力的影响，如果用 $M=q/p$ 作为破坏准则，而不考虑洛德角的影响，则用常规三轴压缩试验（$\sigma_2=\sigma_3$）得到的 M 是最大的，而针对其他应力状态，这一破坏准则高估了土的强度。

在考虑球张量与偏张量耦合的情况下，刚度矩阵不对称，这对于一般数值计算不太方便。但各种 K-G 模型在解决一些工程问题时还是经常被采用，并且有许多特定形式。

2.4.4　高阶的非线弹性理论模型

高阶的非线弹性理论模型可表示为全量应力应变关系，也可以表示为增量应力应变关系，可以存在变形能函数，也可以不存在变形能函数，按照不同的建模条件而出现不同的理论模型。

1. 柯西(Cauchy)弹性理论

柯西弹性理论假设应力与应变有一一对应的关系，则其一般的张量函数关系为

$$\sigma_{ij} = F_{ij}(\varepsilon_{kl}) \tag{2-104}$$

对于各向同性材料，F_{ij} 可表示为 ε_{kl} 的多项式函数，则式(2-104)可表示为 ε_{kl} 的不高于二次幂的函数，即简化为

$$\sigma_{ij} = A_0\delta_{ij} + A_1\varepsilon_{ij} + A_2\varepsilon_{ik}\varepsilon_{kj} \tag{2-105}$$

或者

$$\varepsilon_{ij} = B_0\delta_{ij} + B_1\sigma_{ij} + B_2\sigma_{ik}\sigma_{kj} \tag{2-106}$$

其中，A_0、A_1、A_2 为应变张量不变量的函数；B_0、B_1、B_2 为应力张量不变量的函数。在

式(2-105)和式(2-106)中,如果 $A_2=0$(或者 $B_2=0$),$A_1(B_1)$为常量。$A_0(B_0)$取适当值,则它们退化为线弹性模型的广义胡克定律形式。一些割线弹性模型可归于柯西弹性理论范畴。

对式(2-105)微分,可得到其增量的形式为

$$\begin{aligned}\mathrm{d}\sigma_{ij}=\Big[&\Big(K-\frac{2}{3}G\Big)\delta_{kl}\delta_{ij}+2a_2I_{1\varepsilon}\delta_{kl}\delta_{ij}+a_3(I_{1\varepsilon}\delta_{kl}-\varepsilon_{kl})\delta_{ij}\\&+(2G+a_5I_{1\varepsilon})\delta_{ik}\delta_{jl}+a_5\varepsilon_{ij}\delta_{kl}+a_6(\varepsilon_{lj}\delta_{ik}+\varepsilon_{ik}\delta_{jl})\Big]\mathrm{d}\varepsilon_{kl}\end{aligned} \tag{2-107}$$

或写成矩阵形式:

$$\mathrm{d}\boldsymbol{\sigma}=\boldsymbol{D}_{\mathrm{t}}\mathrm{d}\boldsymbol{\varepsilon} \tag{2-108}$$

式中,$\boldsymbol{D}_{\mathrm{t}}$ 一般为非对称的切线刚度矩阵,由应变状态 ε_{ij},第一应变不变量 $I_{1\varepsilon}$,材料常数 K、G、a_2、a_3、a_5 和 a_6 确定。

这种模型的应变是可恢复的,且与应力路径无关,即应力仅由当前的应变状态决定(式(2-105)),或者应变仅由当前的应力状态决定(式(2-106))。但是柯西弹性模型不保证存在唯一的应变能,所以对于一定的加载—卸载循环,柯西弹性理论模型可能会产生能量,亦即该模型可能会违反热力学定律,并且无法保证解的唯一性和材料的稳定性。

2. 格林(Green)弹性理论——超弹性理论(hyperelastic theory)

格林弹性理论或超弹性理论是假设物体变形后所存储的能量密度可用应变能密度函数 $W(\varepsilon_{ij})$表示。这样,外力所对应的应力状态 σ_{ij} 下弹性体产生的应变增量为 $\mathrm{d}\varepsilon_{ij}$,则外力所做的功为

$$\mathrm{d}W=\sigma_{ij}\mathrm{d}\varepsilon_{ij} \tag{2-109}$$

物体内部由于外力做功而产生的应变能增量为

$$\mathrm{d}W=\frac{\partial W}{\partial\varepsilon_{ij}}\mathrm{d}\varepsilon_{ij} \tag{2-110}$$

式(2-109)与式(2-110)相等,得

$$\sigma_{ij}=\frac{\partial W}{\partial\varepsilon_{ij}} \tag{2-111}$$

反之如果设余能密度函数为 $\Omega(\sigma_{ij})$,则有

$$\varepsilon_{ij}=\frac{\partial\Omega}{\partial\sigma_{ij}} \tag{2-112}$$

当 W 与 Ω 存在二阶导数时,则增量形式的应力应变关系为

$$\mathrm{d}\sigma_{ij}=\frac{\partial^2W}{\partial\varepsilon_{ij}\partial\varepsilon_{kl}}\mathrm{d}\varepsilon_{kl}=H_{ijkl}\mathrm{d}\varepsilon_{kl} \tag{2-113}$$

或者

$$\mathrm{d}\varepsilon_{ij}=\frac{\partial^2\Omega}{\partial\sigma_{ij}\partial\sigma_{kl}}\mathrm{d}\sigma_{kl}=H'_{ijkl}\mathrm{d}\sigma_{kl} \tag{2-114}$$

切线刚度张量 H_{ijkl} 和切线柔度张量 H'_{ijkl} 是对称的四阶张量。在建立模型时,Ω 可选为应力不变量的函数,W 可选为应变不变量的函数,一般采用 2～4 次多项式函数,亦即 1～3 阶超弹性模型。例如,三阶超弹性模型的余能密度函数 Ω 为

$$\Omega(\bar{I}_1,\bar{I}_2,\bar{I}_3)=A_0+A_1\bar{I}_1+\frac{1}{2}B_1\bar{I}_1^2+\frac{1}{3}B_2\bar{I}_1^3+B_3\bar{I}_1\bar{I}_2+B_4\bar{I}_2+B_5\bar{I}_3$$

$$+\frac{1}{4}B_6\bar{I}_1^4+B_7\bar{I}_1^2\bar{I}_2+\frac{1}{2}B_8\bar{I}_2^2+B_9\bar{I}_1\bar{I}_3 \tag{2-115}$$

其中，$A_0,A_1,B_1,\cdots,B_9$ 为试验常数；$\bar{I}_1$、$\bar{I}_2$、$\bar{I}_3$ 为用式(2-116)表示的三个应力不变量，可表示为

$$\bar{I}_1=\sigma_{kk},\quad \bar{I}_2=\frac{1}{2}\sigma_{km}\sigma_{km},\quad \bar{I}_3=\frac{1}{3}\sigma_{km}\sigma_{kn}\sigma_{nm} \tag{2-116}$$

通常初始应力为零时，应变也为零，则一般的超弹性模型的应力应变关系为

$$\varepsilon_{ij}=\frac{\partial\Omega}{\partial\sigma_{ij}}=\varphi_1\delta_{ij}+\varphi_2\sigma_{ij}+\varphi_3\sigma_{im}\sigma_{mj} \tag{2-117}$$

对于三阶超弹性模型，则

$$\left.\begin{aligned}\varphi_1&=B_1\bar{I}_1+B_2\bar{I}_1^2+B_3\bar{I}_2+B_6\bar{I}_1^3+2B_7\bar{I}_1\bar{I}_2+B_9\bar{I}_3\\\varphi_2&=B_3\bar{I}_1+B_4+B_7\bar{I}_1^2+B_8\bar{I}_2\\\varphi_3&=B_5+B_9\bar{I}_1\end{aligned}\right\} \tag{2-118}$$

在式(2-117)及式(2-118)中使用一般的应力不变量 I_1、I_2、I_3 或偏应力不变量 J_2、J_3 也可以，但 φ_i 的表达形式就不如式(2-118)简洁，因而三阶模型共有 $B_1,\cdots,B_9$ 共9个试验常数，它们可以通过各向等压试验(HC)、常规三轴压缩试验(CTC)、单剪试验(SS)、平均主应力为常数的压缩试验(TC)和伸长试验(TE)以及等比加载试验来确定。

将式(2-117)微分，该模型还可以写成增量的形式：

$$\mathrm{d}\varepsilon_{ij}=\frac{\partial^2\Omega}{\partial\sigma_{ij}\partial\sigma_{kl}}\mathrm{d}\sigma_{kl}=H_{ijkl}\mathrm{d}\sigma_{kl} \tag{2-119}$$

H_{ijkl} 为对称的四阶张量，它也是正定的，因而可保证解的唯一性和稳定性。式(2-119)也可表示为

$$\begin{aligned}\mathrm{d}\varepsilon_{ij}&=\left[\frac{\partial\varphi_1}{\partial\sigma_{kl}}\delta_{ij}+\varphi_2\frac{\partial\sigma_{ij}}{\partial\sigma_{kl}}+\sigma_{ij}\frac{\partial\varphi_2}{\partial\sigma_{kl}}+\varphi_3\frac{\partial(\sigma_{im}\sigma_{mj})}{\partial\sigma_{kl}}+\sigma_{im}\sigma_{mj}\frac{\partial\varphi_3}{\partial\sigma_{kl}}\right]\mathrm{d}\sigma_{kl}\\&=H_{ijkl}\mathrm{d}\sigma_{kl}\end{aligned} \tag{2-120}$$

由式(2-120)可见，上述的超弹性模型可以反映土的非线性。由于在该模型中应力与应变增量主轴不一定重合，亦即存在偏张量与球张量的交互影响，因而它可反映土变形的剪胀性、诱发各向异性等，另外也可反映中主应力 σ_2(或者应力洛德角 θ 或第三应力不变量 $\bar{I}_3$)对应力应变关系的影响。

然而，作为一种全量的弹性理论，用超弹性理论所建立的模型也存在不可避免的缺陷。首先，它无法反映应力路径的影响，因而确定参数的试验与需要解决的问题的应力路径应尽可能一致。其次，由于它的应力与应变状态是一一对应的，因而当卸载到原点，应变也回到原点，无法反映土的不可恢复的塑性变形。因此，对于有较大应力反复变化情况常常是假定一定的加卸载准则，另外假设或用试验确定卸载模量。最后，高阶的超弹性模型使用的参数偏多，且物理意义不清楚，为了确定这些参数，有些室内试验是非常规的，这就限制了它们在工程中广泛使用。

与柯西弹性理论一样，从式(2-117)可见，一阶超弹性理论模型在各向同性及初始应力应变都为零的情况下就变成线弹性模型，可表示成广义胡克定律的形式。

3. 次弹性模型(hypoelastic model)

次弹性模型是一种在增量意义上的弹性模型，亦即只有应力增量张量和应变增量张量

间存在一一对应弹性关系,所以这种模型也被称为最小弹性(minimum elastic)模型。一般函数关系为

$$d\sigma_{ij} = F_{ij}(\sigma_{mn}, d\varepsilon_{kl}) \tag{2-121}$$

或

$$d\varepsilon_{ij} = Q_{ij}(\varepsilon_{mn}, d\sigma_{kl}) \tag{2-122}$$

这类模型最简单的形式是应变增量 $d\varepsilon_{ij}$ 与应力增量 $d\sigma_{ij}$ 之间是线性关系,但是其模量是当前应力状态 σ_{ij} 或者应变状态 ε_{ij} 的函数。这类增量线性模型可表示为如下四种形式:

$$\begin{aligned} d\sigma_{ij} &= C_{ijkl}(\sigma_{mn})d\varepsilon_{kl}, \quad d\sigma_{ij} = C_{ijkl}(\varepsilon_{mn})d\varepsilon_{kl} \\ d\varepsilon_{ij} &= D_{ijkl}(\varepsilon_{mn})d\sigma_{kl}, \quad d\varepsilon_{ij} = D_{ijkl}(\sigma_{mn})d\sigma_{kl} \end{aligned} \tag{2-123}$$

对于上式中的第一个式子,如果材料是各向同性的,则材料性质张量 $C_{ijkl}(\sigma_{mn})$ 必须满足各向同性的条件,这时 $C_{ijkl}(\sigma_{mn})$ 的一般形式为

$$\begin{aligned} C_{ijkl} =& A_1\delta_{ij}\delta_{kl} + A_2(\delta_{ik}\delta_{jl} + \delta_{jk}\delta_{il}) + A_3\sigma_{ij}\delta_{kl} + A_4\delta_{ij}\sigma_{kl} \\ &+ A_5(\delta_{ik}\sigma_{jl} + \delta_{il}\sigma_{jk} + \delta_{jk}\sigma_{il} + \delta_{jl}\sigma_{ik}) + A_6\delta_{ij}\sigma_{km}\sigma_{ml} + A_7\delta_{kl}\sigma_{im}\sigma_{mj} \\ &+ A_8(\delta_{ik}\sigma_{jm}\sigma_{ml} + \delta_{il}\sigma_{jm}\sigma_{mk} + \delta_{jk}\sigma_{im}\sigma_{ml} + \delta_{jl}\sigma_{im}\sigma_{mk}) + A_9\sigma_{ij}\sigma_{kl} \\ &+ A_{10}\sigma_{ij}\sigma_{km}\sigma_{ml} + A_{11}\sigma_{im}\sigma_{mj}\sigma_{kl} + A_{12}\sigma_{im}\sigma_{mj}\sigma_{kn}\sigma_{nl} \end{aligned} \tag{2-124}$$

这里有 $A_1, \cdots, A_{12}$ 共12个材料参数,它们只与应力张量 σ_{ij} 的不变量有关。$C_{ijkl}(\sigma_{mn})$ 通常被称为材料的切线刚度张量。

上述一般形式的张量 C_{ijkl} 形式太复杂,在实际应用上往往可在 C_{ijkl} 中的应力张量取较低阶的形式。一阶的次弹性模型是假设在张量 C_{ijkl} 中只存在着一次方的应力张量,其一般形式为

$$\begin{aligned} C_{ijkl} =& (a_{01} + a_{11}\sigma_{rr})\delta_{ij}\delta_{kl} + \frac{1}{2}(a_{02} + a_{12}\sigma_{rr})(\delta_{ik}\delta_{jl} + \delta_{jk}\delta_{il}) + a_{13}\sigma_{ij}\delta_{kl} \\ &+ \frac{1}{2}a_{14}(\sigma_{jk}\delta_{li} + \sigma_{jl}\delta_{ki} + \sigma_{ik}\delta_{lj} + \sigma_{il}\delta_{kj}) + a_{15}\sigma_{kl}\delta_{ij} \end{aligned} \tag{2-125}$$

其中,$a_{01}, a_{02}, a_{11}, a_{12}, a_{13}, a_{14}, a_{15}$ 共7个材料常数。如果将式(2-125)代入式(2-123)的第一个式子中,则可以得到一阶次弹性增量的应力应变关系的表达式为

$$\begin{aligned} d\sigma_{ij} =& a_{01}d\varepsilon_{kk}\delta_{ij} + a_{02}d\varepsilon_{ij} + a_{11}\sigma_{rr}d\varepsilon_{kk}\delta_{ij} + a_{12}\sigma_{rr}d\varepsilon_{ij} + a_{13}\sigma_{ij}d\varepsilon_{kk} \\ &+ a_{14}(\sigma_{jk}d\varepsilon_{ik} + \sigma_{ik}d\varepsilon_{jk}) + a_{15}\sigma_{kl}d\varepsilon_{kl}\delta_{ij} \end{aligned} \tag{2-126}$$

这个模型是在初始各向同性假设中得到的,但是由于其应力增量张量和应变增量张量一般并不同轴,所以它可反映土变形的应力引起的各向异性。由于这种微分形式是否可积分需要满足一定条件,所以它一般与应力路径有关。另外,它也反映了应力应变增量的偏张量与球张量间的相互影响,所以它可以反映土的剪胀性。

一阶次弹性模型中包含有7个材料常数,可以用不同的室内试验来推求,因而它们不是唯一的,最好是结合具体的工程问题,分析其应力路径,然后采用与之相近的应力路径的室内试验来确定材料常数。

在零阶的次弹性模型中,张量 C_{ijkl} 中不含有应力张量项,则增量的应力应变关系为

$$d\sigma_{ij} = a_{01}d\varepsilon_{kk}\delta_{ij} + a_{02}d\varepsilon_{ij} \tag{2-127}$$

若令 $a_{01}=\lambda, a_{02}=2G$,其中

$$\lambda = \frac{E\nu}{(1+\nu)(1-2\nu)}, \quad G = \frac{E}{2(1+\nu)} \tag{2-128}$$

则式(2-127)可表示为增量广义胡克定律的形式:

$$d\sigma_{ij} = \lambda d\varepsilon_{kk}\delta_{ij} + 2Gd\varepsilon_{ij} \tag{2-129}$$

可见上述的邓肯-张模型和一些 K-G 增量弹性模型也是次弹性模型的特例。

与超弹性模型一样，次弹性模型中的材料参数一般比较多，且物理意义不明确，不易唯一且方便地确定。另外其模量矩阵一般是不对称的，因而常常不能保证解的唯一性和稳定性。但采用合适的形式，这类模型可以反映土的非线性、应力路径的依赖性、剪胀性和应变软化等特性。

2.5 土的弹塑性模型的一般原理

2.5.1 塑性理论在土力学中的应用

在经典土力学中，亦即在太沙基创建土力学学科之前，塑性理论就在土力学中得到应用。但这些塑性理论基本上是刚塑性理论和弹性-理想塑性理论。前者在达到屈服条件之前不计土体的变形，一旦应力状态达到屈服条件，土体的应变就趋于无限大或者只能根据边界条件确定；后者是认为，土体应力达到屈服之前是线弹性应力应变关系，一旦发生屈服，则呈理想塑性，亦即应变趋于无限大或者根据边界条件确定，所以这两种塑性理论中的屈服与破坏具有相同的意义。它们在简单应力状态下的应力应变关系如图 2-23(a)、(b)所示。其屈服准则可能是莫尔-库仑(Mohr-Coulomb)准则、米泽斯(Mises)准则或者特雷斯卡(Tresca)准则及它们的广义形式。这些经典塑性理论模型长期以来用于分析和解决与土的与稳定有关的工程问题，如地基承载力问题、土压力问题和边坡稳定问题等。它们的共同特点是只考虑处于极限平衡条件下或土体处于破坏时的终极条件下的情况，而不计土体的变形和应力变形过程。

随着土的本构关系模型的发展，增量弹塑性理论模型在现代土力学中得到广泛的应用。在这类模型中，土的弹性阶段和塑性阶段不能截然分开；而土体的破坏只是这种应力变形的最后阶段。

这类模型假定土的总应变及其增量分为可恢复的弹性变形和不可恢复的塑性变形两部分，即

$$\varepsilon_{ij} = \varepsilon_{ij}^{e} + \varepsilon_{ij}^{p} \tag{2-130}$$

$$d\varepsilon_{ij} = d\varepsilon_{ij}^{e} + d\varepsilon_{ij}^{p} \tag{2-131}$$

其中，ε_{ij}^{e} 或 $d\varepsilon_{ij}^{e}$ 可用 2.4 节介绍的不同的弹性理论中比较简单的形式来确定。而塑性应变增量 $d\varepsilon_{ij}^{p}$ 则需要用下面介绍的塑性应变增量理论来推求。

2.5.2 屈服准则及屈服面

1. 屈服准则

屈服准则可用以判断弹塑性材料被施加一应力增量后是加载还是卸载，或是中性变载，亦即是判断是否发生塑性变形的准则，加载时 $d\varepsilon^{e}$ 和 $d\varepsilon^{p}$ 都会产生；卸载时仅产生 $d\varepsilon^{e}$。在

图2-23(c)中,对于A点,加载时$\mathrm{d}q>0$,同时产生$\mathrm{d}\varepsilon^{e}$和$\mathrm{d}\varepsilon^{p}$;卸载时$\mathrm{d}q<0$,仅产生$\mathrm{d}\varepsilon^{e}<0$。对于$A'$点,无论荷载$q$增加或减少,都不会产生$\mathrm{d}\varepsilon^{p}$,仅产生$\mathrm{d}\varepsilon^{e}$。

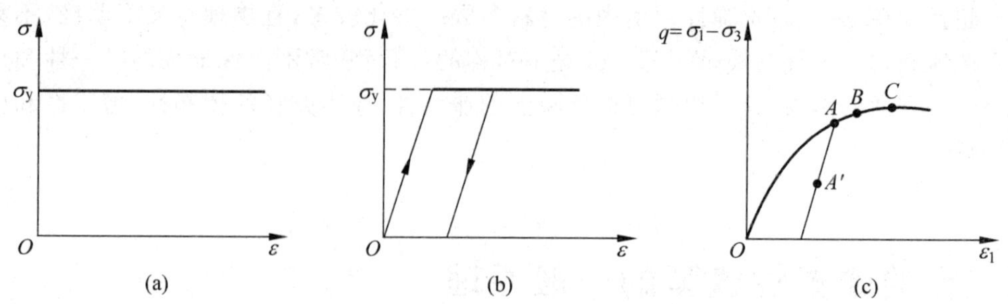

图2-23 不同塑性模型的应力应变关系曲线

(a) 刚塑性模型;(b) 弹性-理想塑性模型;(c) 弹塑性模型

在图2-23(c)中,土被从O点逐渐加载以A点,则A点为屈服点,随着应变增加,B、C都成为新的屈服点。可见应力状态在屈服点上,即意味着加载时有塑性变形$\mathrm{d}\varepsilon^{p}$产生,卸载时只有弹性变形$\mathrm{d}\varepsilon^{e}$。应力状态减小到屈服点以内时,正负应力增量只引起弹性变形,总塑性应变ε_A^p一直不变,所以屈服点与塑性应变相关。塑性应变成为屈服准则的一个内变量,在这种简单的应力状态下屈服准则可表示为

$$f = q - q_y(\varepsilon^p) = 0 \tag{2-132}$$

2. 屈服函数

式(2-132)是一种最简单应力状态下的屈服函数。在一般应力状态下,屈服准则可用应力张量的函数来表示,即

$$f(\sigma_{ij}, H) = 0 \tag{2-133}$$

其中,f为屈服函数;σ_{ij}为应力张量;H为反映材料塑性性质的参数,一般为塑性应变的函数,称为硬化参数。

对于应变硬化的情况,用屈服函数判断加卸载的方法如下:

(1) $f=0$表示应力状态在屈服面上,$\dfrac{\partial f}{\partial \sigma_{ij}}\mathrm{d}\sigma_{ij}>0$为加载,$\mathrm{d}\varepsilon^{p}$和$\mathrm{d}\varepsilon^{e}$同时发生;$\dfrac{\partial f}{\partial \sigma_{ij}}\mathrm{d}\sigma_{ij}=0$为中性变载,只发生弹性变形$\mathrm{d}\varepsilon^{e}$;$\dfrac{\partial f}{\partial \sigma_{ij}}\mathrm{d}\sigma_{ij}<0$为卸载,只发生弹性变形$\mathrm{d}\varepsilon^{e}$。

(2) $f<0$则表示应力状态在现有屈服面之内,微小的应力变化只产生弹性应变。

对于各向同性的材料,屈服函数的一般形式(式(2-133))也可以表示为

$$f(\sigma_1, \sigma_2, \sigma_3, H) = 0 \tag{2-133a}$$

$$f(I_1, I_2, I_3, H) = 0 \tag{2-133b}$$

$$f(p, q, \theta, H) = 0 \tag{2-133c}$$

在土的弹塑性模型的屈服函数中通常只包括两个应力不变量。对于应变软化情况,可用应变空间的屈服条件判断加卸载。

3. 屈服面与屈服轨迹

屈服准则用几何方法来表示即为屈服面和屈服轨迹。由于许多模型都假设土是各向同性

的，则式(2-133a)、式(2-133b)和式(2-133c)可分别在不同的三维应力空间中表示成为曲面，称为屈服面。这一屈服面与任一个二维应力坐标平面的交线就是屈服轨迹。图 2-24(a)为一种最简单的圆锥形屈服面；图 2-24(b)和图 2-24(c)分别表示它在 p-q 平面和 π 平面上的轨迹。

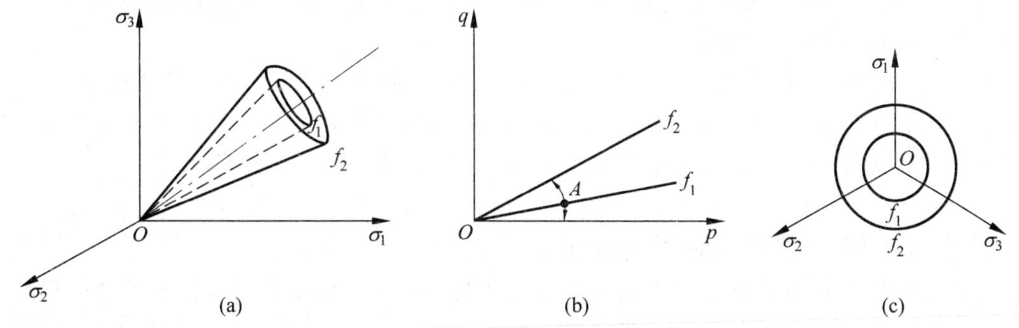

图 2-24 圆锥形屈服面及其屈服轨迹

(a) 三维主应力空间的屈服面；(b) p-q 平面上的屈服轨迹；(c) π 平面上的屈服轨迹

由于在增量的弹塑性模型中，超越目前屈服面的应力变化都将引起新的屈服，并产生新的屈服面，所以屈服面和屈服轨迹是一系列曲面族或曲线族。如果应力状态 A 点位于某一屈服面 f_1(见图 2-24(b))，在应力增量 $d\sigma$ 下超载了当前的屈服面 f_1，使屈服面变化到 f_2，是加载过程，将发生弹性和塑性应变增量 $d\varepsilon^e$ 和 $d\varepsilon^p$；如果应力增量使应力状态 A 点向当前屈服面 f_1 内运动，则是卸载过程，将只发生弹性变形 $d\varepsilon^e$。

4. 土的屈服面和屈服轨迹的形状

经典的塑性理论是在金属受力变形和加工的基础上建立的，以剪应力作为简单的加卸载准则是最通常的形式，在 p-q 空间它表示为一平行于 p 轴的直线，见图 2-25(a)直线①。从微观的角度看，土的不可恢复的塑性应变主要是由于土颗粒间相互位置的变化(错动或挤密)及颗粒本身的破碎。尤其是当颗粒受到外力后从一个高势能状态进入相对低势能的较稳定状态时，其位移是不可恢复的。对于土这种摩擦材料，在等应力比作用下，从理论上讲颗粒间几乎不发生相对滑动，所以许多本构模型选择 p-q 平面上过原点的射线为土的屈服轨迹(空间为各种锥面)，可以反映土作为一种摩擦力为主的材料的变形与强度特性，如图 2-25(a)中直线②所示。

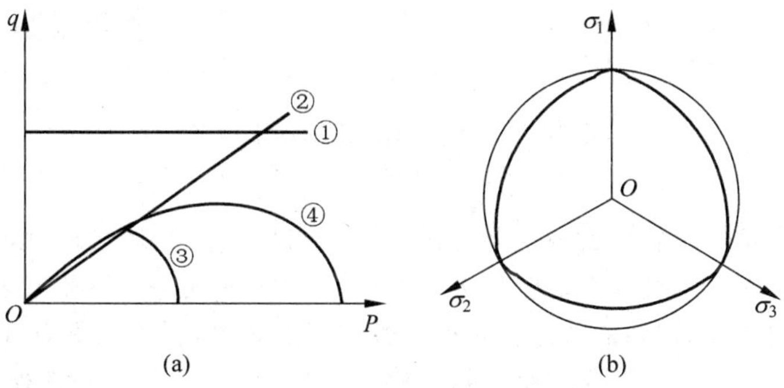

图 2-25 几种土的屈服轨迹

(a) p-q 平面上；(b) π 平面上

与其他材料不同,在各向等压或平均主应力增加的等比应力条件下,土体颗粒相互靠近,也会导致结构破坏、颗粒破碎、孔隙减少,同时发生塑性体应变。因而各种与 p 轴相交的"帽子"屈服面也是土的本构模型常用的形式,见图 2-25(a)中曲线③。有些土的本构模型具有上述两组屈服面,即锥面与帽子屈服面。后来有人将二者结合起来,采用图 2-25(a)中曲线④所示的这种统一形式。

如果采用米泽斯屈服准则或广义米泽斯屈服准则,则在 π 平面上的屈服轨迹为圆形,实际上在 π 平面上土的屈服更接近莫尔-库仑准则,所以用各种在 π 平面没有角点的平滑梨形的封闭曲线作为屈服轨迹就更符合实际情况,也更常见,如图 2-25(b)所示。

5. 土的屈服轨迹及屈服面的确定

土的屈服准则很难严格准确地确定。这主要是由于土实际上常常并没有十分严格的加载卸载或弹性塑性变形的分界,许多试验在卸载—再加载过程中也有塑性应变发生。另外,由于应力路径的影响,某一应力状态下的应变不唯一,加卸载也难以唯一确定。所以屈服准则一般是基于经验及假设而建立的。

最基本的方法是基于上述对于土的摩擦特性和压缩特性的认识,假设一定的屈服面(锥面、帽子等),然后再设定适当的硬化参数 H,使计算应力应变关系符合试验结果。实际上许多土的本构模型都采用此法。

另一种方法是根据屈服准则的定义直接通过试验来确定土在一定应力平面上的屈服轨迹。具体的方法是利用三轴试验在 p-q 应力平面上不断变化应力路径,通过相应的应力应变曲线判断加卸载,然后得到小段屈服轨迹,再用曲线拟合得到屈服函数。这种方法的不足之处是不同应力路径得到的结果可能不同,另外应力应变曲线上的屈服点有时不易清晰界定,因而整理出一套完整的屈服轨迹和屈服面比较困难。

图 2-26 表示的是一系列三轴试验的应力路径,试样首先加载到点 A,随后沿着三段直线变化应力到 A'。从应力应变曲线上大体可判断 A' 与 A 处于同一屈服轨迹上。因而可用 AA' 一段屈服轨迹表示。

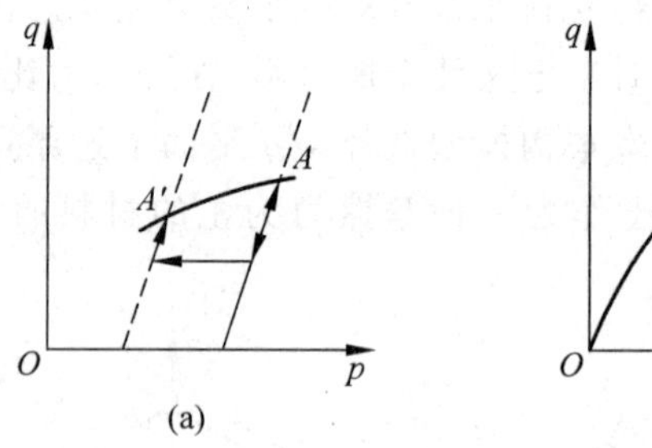

图 2-26　从试验确定土的屈服轨迹

(a) 屈服轨迹;(b) 对应的应力应变关系

另一种间接确定屈服轨迹的方法是在假设应力与应变及其增量同轴的前提下,在应力空间中直接从试验确定塑性应变增量的方向,然后根据正交原理,像画流网一样绘制与这些增量方向正交的曲线族,这些曲线族就是等塑性势线的轨迹,根据德鲁克(Drucker)假说,塑性势函数与屈服函数是一致的,从而可间接确定屈服轨迹,清华弹塑性模型就是这样建立的。图 2-27 表示的是通过常规三轴压缩试验在 p-q 平面和通过真三轴试验与平面应变试

验在 π 平面上确定的屈服轨迹。

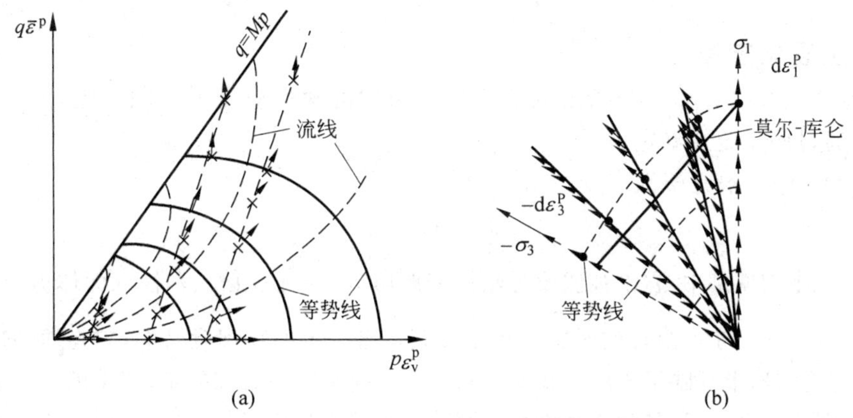

图 2-27　从塑性应变增量方向确定等势线

(a) p-q 平面上；(b) π 平面上

2.5.3　流动规则(正交定律)与硬化定律

1. 流动规则

在塑性理论中，流动规则用以确定塑性应变增量的方向或塑性应变增量张量的各个分量间的比例关系。塑性理论规定塑性应变增量的方向是由应力空间的等塑性势面 g 决定：在应力空间中，各应力状态点的塑性应变增量方向必须与通过该点的等塑性势面相垂直。所以流动规则也称为正交定律。这一规则实质上是假设在应力空间中一点的塑性应变增量的方向是唯一的，即只与该点的应力状态有关，与施加的应力增量的方向无关，亦即

$$d\varepsilon_{ij}^{p} = d\lambda \frac{\partial g}{\partial \sigma_{ij}} \tag{2-134}$$

与屈服函数一样，塑性势函数也是应力状态的函数，可表示为

$$g(\sigma_{ij}, H) = 0 \tag{2-135}$$

或者

$$g(\sigma_1, \sigma_2, \sigma_3, H) = 0 \tag{2-135a}$$

$$g(I_1, I_2, I_3, H) = 0 \tag{2-135b}$$

$$g(p, q, \theta, H) = 0 \tag{2-135c}$$

根据德鲁克假说，对于稳定材料有

$$d\sigma_{ij} d\varepsilon_{ij}^{p} \geqslant 0 \tag{2-136}$$

因而 $d\varepsilon_{ij}^p$ 必须正交于屈服面才能满足式(2-136)，同时屈服面也必须是外凸的，这就是说塑性势面 g 与屈服面 f 必须是重合的，亦即

$$f = g \tag{2-137}$$

这被称为相适应的流动规则，或相关联流动规则，它满足经典塑性理论要求的材料稳定性，能保证解的唯一性，其刚度矩阵 $\boldsymbol{D}_{ep}$ 是对称的。

如果令 $f \neq g$，即为不相适应流动规则，它不能保证解的唯一性，$\boldsymbol{D}_{ep}$ 一般也不对称。在不同土的本构模型中，塑性势函数有时采用假设的方法给定，有时通过试验的塑性应变增量

来确定。

2. 加工硬化定律

加工硬化定律是计算一个给定的应力增量引起的塑性应变大小的准则,即式(2-134)中的 $\mathrm{d}\lambda$ 可通过硬化定律确定。

硬化参数 H 一般是塑性应变的函数,即

$$H = H(\varepsilon_{ij}^{\mathrm{p}}) \tag{2-138}$$

在不同的本构模型中,它常被假设为塑性变形功 $W_{\mathrm{p}} = \int \sigma_{ij}\,\mathrm{d}\varepsilon_{ij}^{\mathrm{p}}$ 、塑性八面体剪应变 $\bar{\varepsilon}^{\mathrm{p}}$、塑性体应变 $\varepsilon_{\mathrm{v}}^{\mathrm{p}}$ 或者 $\bar{\varepsilon}^{\mathrm{p}}$ 与 $\varepsilon_{\mathrm{v}}^{\mathrm{p}}$ 组合的函数。硬化参数是有一定的物理意义的,它是塑性应变的函数,而塑性应变实质上反映了土中颗粒间相对位置变化和颗粒破碎的量,即土的状态和组构发生变化的情况。土受力后,其状态和组构不再与初始状态相同,其变形特性也发生变化。因而硬化参数 $H(\varepsilon_{ij}^{\mathrm{p}})$实际是一种土的状态与组构变化的内在尺度,从宏观上影响土的应力应变关系。一般情况下的增量弹塑性模型中的 $\mathrm{d}\lambda$ 可根据屈服准则、流动规则和硬化定律来推导。

根据式(2-133),$f(\sigma_{ij},H)=0$,$\dfrac{\partial f}{\partial \sigma_{ij}}\mathrm{d}\sigma_{ij}>0$ 表明是加载情况,则将式(2-133)微分得

$$\mathrm{d}f = \left(\frac{\partial \boldsymbol{f}}{\partial \boldsymbol{\sigma}}\right)^{\mathrm{T}}\mathrm{d}\boldsymbol{\sigma} + \frac{\partial f}{\partial H}\mathrm{d}H = 0 \tag{2-139}$$

由式(2-138)得

$$\left(\frac{\partial \boldsymbol{f}}{\partial \boldsymbol{\sigma}}\right)^{\mathrm{T}}\mathrm{d}\boldsymbol{\sigma} + \frac{\partial f}{\partial H}\left(\frac{\partial \boldsymbol{H}}{\partial \boldsymbol{\varepsilon}^{\mathrm{p}}}\right)^{\mathrm{T}}\mathrm{d}\boldsymbol{\varepsilon}^{\mathrm{p}} = 0$$

由式(2-134)得

$$\left(\frac{\partial \boldsymbol{f}}{\partial \boldsymbol{\sigma}}\right)^{\mathrm{T}}\mathrm{d}\boldsymbol{\sigma} + \frac{\partial f}{\partial H}\left(\frac{\partial \boldsymbol{H}}{\partial \boldsymbol{\varepsilon}^{\mathrm{p}}}\right)^{\mathrm{T}}\mathrm{d}\lambda\left(\frac{\partial \boldsymbol{g}}{\partial \boldsymbol{\sigma}}\right) = 0$$

或者

$$\left(\frac{\partial \boldsymbol{f}}{\partial \boldsymbol{\sigma}}\right)^{\mathrm{T}}\mathrm{d}\boldsymbol{\sigma} + \frac{\partial f}{\partial H}\left(\frac{\partial \mathbf{H}}{\partial \boldsymbol{\varepsilon}^{\mathrm{p}}}\right)^{\mathrm{T}}\left(\frac{\partial \boldsymbol{g}}{\partial \boldsymbol{\sigma}}\right)\mathrm{d}\lambda = 0$$

则可得到

$$\mathrm{d}\lambda = -\frac{\left(\dfrac{\partial \boldsymbol{f}}{\partial \boldsymbol{\sigma}}\right)^{\mathrm{T}}\mathrm{d}\boldsymbol{\sigma}}{\dfrac{\partial f}{\partial H}\left(\dfrac{\partial \boldsymbol{H}}{\partial \boldsymbol{\varepsilon}^{\mathrm{p}}}\right)^{\mathrm{T}}\dfrac{\partial \boldsymbol{g}}{\partial \boldsymbol{\sigma}}} \tag{2-140}$$

设

$$A = -\frac{\partial f}{\partial H}\left(\frac{\partial \boldsymbol{H}}{\partial \boldsymbol{\varepsilon}^{\mathrm{p}}}\right)^{\mathrm{T}}\frac{\partial \boldsymbol{g}}{\partial \boldsymbol{\sigma}} \tag{2-141}$$

则

$$\mathrm{d}\lambda = \frac{\left(\dfrac{\partial \boldsymbol{f}}{\partial \boldsymbol{\sigma}}\right)^{\mathrm{T}}\mathrm{d}\boldsymbol{\sigma}}{A} \tag{2-140a}$$

A 也称为塑性硬化模量,是硬化参数的函数。

在 p-q 应力空间中,设各函数与另一应力不变量——洛德角 θ 无关,则得

$$\mathrm{d}\lambda = \frac{\dfrac{\partial f}{\partial p}\mathrm{d}p + \dfrac{\partial f}{\partial q}\mathrm{d}q}{A} \tag{2-140b}$$

其中

$$A=-\frac{\partial f}{\partial H}\left(\frac{\partial H}{\partial \varepsilon_{v}^{p}}\frac{\partial g}{\partial p}+\frac{\partial H}{\partial \bar{\varepsilon}^{p}}\frac{\partial g}{\partial q}\right) \tag{2-141a}$$

式(2-134)可写成

$$\left.\begin{aligned} d\varepsilon_{v}^{p}&=d\lambda\frac{\partial g}{\partial p}\\ d\bar{\varepsilon}^{p}&=d\lambda\frac{\partial g}{\partial q}\end{aligned}\right\} \tag{2-135a}$$

2.5.4　弹塑性本构模型的弹塑性模量矩阵的一般表达式

根据弹塑性应变的定义，由式(2-131)得到

$$d\boldsymbol{\varepsilon}=d\boldsymbol{\varepsilon}^{e}+d\boldsymbol{\varepsilon}^{p} \tag{2-142}$$

两边乘以弹性模量矩阵 $\boldsymbol{D}$ 得

$$\boldsymbol{D}d\boldsymbol{\varepsilon}=\boldsymbol{D}d\boldsymbol{\varepsilon}^{e}+\boldsymbol{D}d\boldsymbol{\varepsilon}^{p} \tag{2-143}$$

其中，$\boldsymbol{D}d\boldsymbol{\varepsilon}^{e}=d\boldsymbol{\sigma}$，$d\boldsymbol{\varepsilon}^{p}=d\lambda\frac{\partial \boldsymbol{g}}{\partial \boldsymbol{\sigma}}$。

将它们代入式(2-143)得到

$$\boldsymbol{D}d\boldsymbol{\varepsilon}=d\boldsymbol{\sigma}+\boldsymbol{D}d\boldsymbol{\lambda}\frac{\partial \boldsymbol{g}}{\partial \boldsymbol{\sigma}}$$

或者

$$d\boldsymbol{\sigma}=\boldsymbol{D}d\boldsymbol{\varepsilon}-\boldsymbol{D}d\boldsymbol{\lambda}\frac{\partial \boldsymbol{g}}{\partial \boldsymbol{\sigma}} \tag{2-144}$$

为了推导 $d\boldsymbol{\sigma}$ 与 $d\boldsymbol{\varepsilon}$ 之间的关系式，可将 $d\boldsymbol{\lambda}$ 表示成 $d\boldsymbol{\varepsilon}$ 的函数。

将式(2-144)两边乘以$\frac{1}{A}\left(\frac{\partial \boldsymbol{f}}{\partial \boldsymbol{\sigma}}\right)^{T}$则

$$\frac{1}{A}\left(\frac{\partial \boldsymbol{f}}{\partial \boldsymbol{\sigma}}\right)^{T}d\boldsymbol{\sigma}=\frac{1}{A}\left(\frac{\partial \boldsymbol{f}}{\partial \boldsymbol{\sigma}}\right)^{T}\left(\boldsymbol{D}d\boldsymbol{\varepsilon}-\boldsymbol{D}d\boldsymbol{\lambda}\frac{\partial \boldsymbol{g}}{\partial \boldsymbol{\sigma}}\right) \tag{2-145}$$

将$\frac{1}{A}\left(\frac{\partial \boldsymbol{f}}{\partial \boldsymbol{\sigma}}\right)^{T}d\boldsymbol{\sigma}=d\boldsymbol{\lambda}$（式(2-140a)）代入式(2-145)，得到

$$d\boldsymbol{\lambda}=\frac{1}{A}\left(\frac{\partial \boldsymbol{f}}{\partial \boldsymbol{\sigma}}\right)^{T}\left(\boldsymbol{D}d\boldsymbol{\varepsilon}-\boldsymbol{D}d\boldsymbol{\lambda}\frac{\partial \boldsymbol{g}}{\partial \boldsymbol{\sigma}}\right)$$

或者

$$d\boldsymbol{\lambda}\left(1+\frac{1}{A}\left(\frac{\partial \boldsymbol{f}}{\partial \boldsymbol{\sigma}}\right)^{T}\boldsymbol{D}\frac{\partial \boldsymbol{g}}{\partial \boldsymbol{\sigma}}\right)=\frac{1}{A}\left(\frac{\partial \boldsymbol{f}}{\partial \boldsymbol{\sigma}}\right)^{T}\boldsymbol{D}d\boldsymbol{\varepsilon}$$

则

$$d\lambda=\frac{\left(\frac{\partial \boldsymbol{f}}{\partial \boldsymbol{\sigma}}\right)^{T}\boldsymbol{D}}{A+\left(\frac{\partial \boldsymbol{f}}{\partial \boldsymbol{\sigma}}\right)^{T}\boldsymbol{D}\frac{\partial \boldsymbol{g}}{\partial \boldsymbol{\sigma}}}d\boldsymbol{\varepsilon} \tag{2-146}$$

在式(2-146)中，$d\boldsymbol{\lambda}$ 用 $d\boldsymbol{\varepsilon}$ 来表示，将式(2-146)代入式(2-144)，则可得到 $d\boldsymbol{\sigma}$ 与 $d\boldsymbol{\varepsilon}$ 的关系式为

$$d\boldsymbol{\sigma}=\boldsymbol{D}d\boldsymbol{\varepsilon}-\frac{\boldsymbol{D}\frac{\partial \boldsymbol{g}}{\partial \boldsymbol{\sigma}}\left(\frac{\partial \boldsymbol{f}}{\partial \boldsymbol{\sigma}}\right)^{T}\boldsymbol{D}}{A+\left(\frac{\partial \boldsymbol{f}}{\partial \boldsymbol{\sigma}}\right)^{T}\boldsymbol{D}\frac{\partial \boldsymbol{g}}{\partial \boldsymbol{\sigma}}}d\boldsymbol{\varepsilon}$$

$$= \left[\boldsymbol{D} - \frac{\boldsymbol{D} \dfrac{\partial \boldsymbol{g}}{\partial \boldsymbol{\sigma}} \left(\dfrac{\partial \boldsymbol{f}}{\partial \boldsymbol{\sigma}} \right)^{\mathrm{T}} \boldsymbol{D}}{A + \left(\dfrac{\partial \boldsymbol{f}}{\partial \boldsymbol{\sigma}} \right)^{\mathrm{T}} \boldsymbol{D} \dfrac{\partial \boldsymbol{g}}{\partial \boldsymbol{\sigma}}} \right] \mathrm{d}\boldsymbol{\varepsilon}$$

$$= \boldsymbol{D}_{\mathrm{ep}} \mathrm{d}\boldsymbol{\varepsilon} \tag{2-147}$$

其中，$\boldsymbol{D}_{\mathrm{ep}}$为弹塑性模量矩阵，一般表达式为

$$\boldsymbol{D}_{\mathrm{ep}} = \boldsymbol{D} - \frac{\boldsymbol{D} \dfrac{\partial \boldsymbol{g}}{\partial \boldsymbol{\sigma}} \left(\dfrac{\partial \boldsymbol{f}}{\partial \boldsymbol{\sigma}} \right)^{\mathrm{T}} \boldsymbol{D}}{A + \left(\dfrac{\partial \boldsymbol{f}}{\partial \boldsymbol{\sigma}} \right)^{\mathrm{T}} \boldsymbol{D} \dfrac{\partial \boldsymbol{g}}{\partial \boldsymbol{\sigma}}} \tag{2-148}$$

对于相适应流动规则 $g=f$，则

$$\boldsymbol{D}_{\mathrm{ep}} = \boldsymbol{D} - \frac{\boldsymbol{D} \dfrac{\partial \boldsymbol{f}}{\partial \boldsymbol{\sigma}} \left(\dfrac{\partial \boldsymbol{f}}{\partial \boldsymbol{\sigma}} \right)^{\mathrm{T}} \boldsymbol{D}}{A + \left(\dfrac{\partial \boldsymbol{f}}{\partial \boldsymbol{\sigma}} \right)^{\mathrm{T}} \boldsymbol{D} \dfrac{\partial \boldsymbol{f}}{\partial \boldsymbol{\sigma}}} \tag{2-148a}$$

可见它是一个对称矩阵。

2.6 剑桥模型(Cam-Clay)

剑桥模型是由英国剑桥大学罗斯柯(Roscoe)等人建立的一个有代表性的土的弹塑性模型。它主要是在正常固结和轻超固结黏土的试验基础上建立起来的，后来也推广到强超固结黏土及其他土类。这个模型采用了帽子屈服面和相适应的流动规则，并以塑性体应变为硬化参数，它在国际上被广泛地接受和应用。作为剑桥模型理论基础的"临界状态土力学"已成为土力学领域中的一个重要分支。一些国外大学本科土力学教材介绍了该模型，国内外许多岩土工程的专业和商业程序也介绍和应用这一模型。

2.6.1 正常固结黏土的物态边界面

在饱和重塑正常固结黏土中，应力状态与土的体积状态(或饱和土的含水量、孔隙比)之间存在着唯一性关系，这早已为许多试验资料所证实。

如果将6个相同的正常固结重塑饱和黏土试样分成三组，每组试样分别在 p_{01}、p_{02} 和 p_{03} 的静水压力下固结，然后各组试样分别进行排水和固结不排水的常规三轴压缩试验，最后都达到破坏。试验的有效应力路径、试样的比体积 v 与有效平均应力 p' 的关系曲线见图2-28(a)和(b)。在三轴应力状态下，其中：

广义剪应力 $q'=\sigma_1'-\sigma_3'$

平均主应力 $p'=\dfrac{1}{3}(\sigma_1'+2\sigma_3')$

比体积 $v=1+e$

e 为土的孔隙比。如将图2-28(b)中的 v-p' 关系表示在 v-$\ln p'$ 坐标系中，其关系可近似用直线表示，见图2-28(c)。

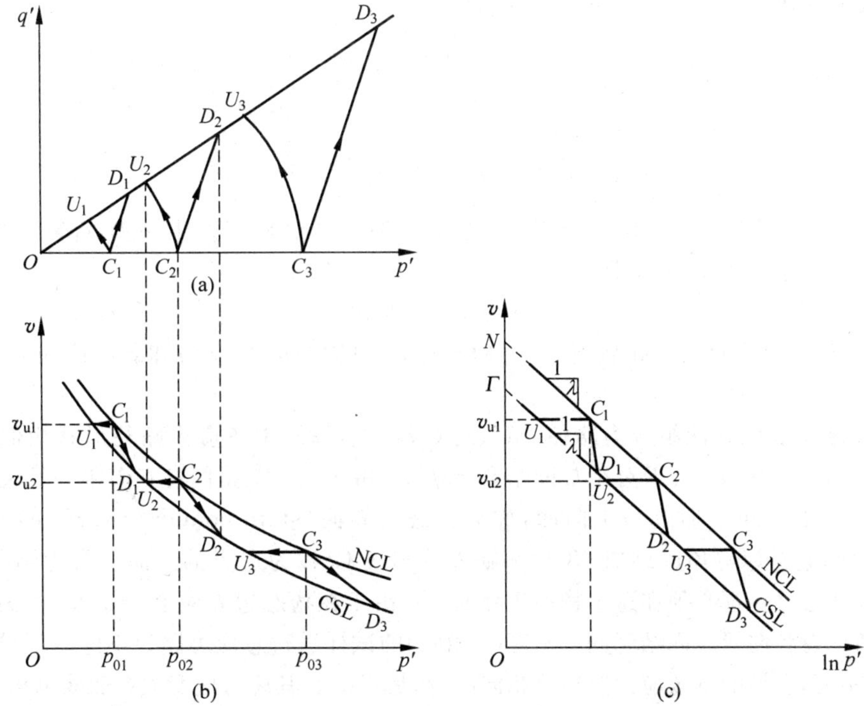

图 2-28　正常固结黏土的三轴试验结果：固结曲线与临界状态线

(a) p'-q'关系曲线；(b) v-p'关系曲线；(c) v-$\ln p'$关系曲线

在图 2-28(a)中，三组试样的固结过程的应力路径分别为 OC_1、OC_2 和 OC_3；3 个三轴不排水试验的有效应力路径分别是 C_1U_1、C_2U_2 和 C_3U_3；3 个三轴排水试验的应力路径分别是 C_1D_1、C_2D_2 和 C_3D_3。这些试验的结果表明，6 个试验的有效应力路径终点都位于同一条直线上——破坏线 $q'=Mp'$上。图 2-28(b)表明，排水试验中会发生体积压缩；不排水试验中无体积变化。在各向等压固结中，体积沿着正常固结曲线(normal consolidation line，NCL)变化，而在试样破坏时它们分别达到 U_1、D_1、U_2、D_2、U_3 和 D_3 各点，在图 2-28(b)中，通过这些点的曲线表示的是在破坏或临界状态下的有效平均主应力 p' 与比体积 v 的关系，它对应于图 2-28(a)中 p'-q'坐标系下的 $q'=Mp'$破坏线。这两条线实际上是在三维坐标系 q'-v-p'中同一条空间曲线——临界状态线(critical state line，CSL)在不同平面上的投影。临界状态线 CSL 在这个三维空间中的情况如图 2-29 所示。

它在 p'-q'平面上表示为

$$q' = Mp' \tag{2-149}$$

在 v-$\ln p'$平面上表示为(见图 2-28(c))

$$v = \Gamma - \lambda \ln p' \tag{2-150}$$

其中，Γ 为 CSL 线在 $p'=1\text{kPa}(\ln p'=0)$时对应的比体积；λ 为 CSL 线在 v-$\ln p'$平面中的斜率。

在图 2-28(c)中，正常固结线 NCL 可表示为

$$v = N - \lambda \ln p' \tag{2-151}$$

其中，N 为 NCL 线在 $p'=1\text{kPa}$ 下对应的比体积；λ 为 NCL 线在 v-$\ln p'$平面中的斜率。

试验结果表明，在 v-$\ln p'$平面中，NCL 与 CSL 是平行的。

从式(2-149)和式(2-150)可以推导出

$$p' = \exp\frac{\Gamma - v}{\lambda} \tag{2-152}$$

和

$$q' = Mp' = M\exp\frac{\Gamma - v}{\lambda} \tag{2-153}$$

对于正常固结黏土的各向等压固结试验，当卸载时，试样将发生回弹，卸载时的体积变化与 p'之间关系可表示为(见图 2-30)

$$v = v_\kappa - \kappa\ln p' \tag{2-154}$$

其中，v_κ 为某一卸载曲线在卸载到 $p'=1\text{kPa}$ 时对应的比体积；κ 为卸载曲线在 $v\text{-}\ln p'$平面上的斜率。

图 2-28 也表明在两组应力路径 C_iU_i 与 C_iD_i 中，每组中各应力路径形状相似，亦即相互平行。在图 2-29 中，由于对正常固结黏土 p'、q'和 v 三个变量间存在着唯一性关系，所以在 p'-q'-v 三维空间中形成一个曲面，称为物态边界面(state boundary surface)或罗斯柯(Roscoe)面，它是以等压固结成 NCL 和临界状态线 CSL 为边界的。而正常固结黏土的各 CU 和 CD 状态路径都必须在这个物态边界面上。由于在物态边界面上，$p'q'$及 v 三者有唯一性关系，所以对各向等压固结到同一密度(v 相同)的试样进行总应力路径不同的不排水试验，由于体积不变，它们的有效应力路径是相同的，都是 C_iU_i。其应力应变关系曲线也相同。

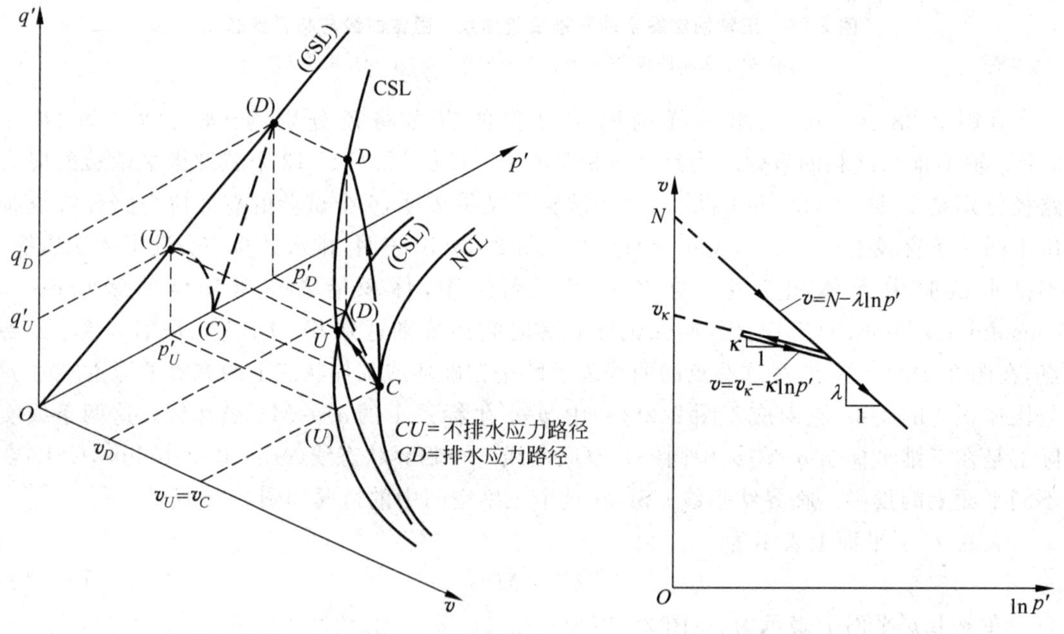

图 2-29　三维坐标下的临界状态线 CSL 及其投影　　　　图 2-30　固结压缩与回弹

饱和软黏土的物态边界面是建立剑桥模型的物理基础，也是一个很有用的概念，已被大量的试验所验证。物态边界面是在 p'、$q(=q')$和 v 三维空间建立的，其基础是认为饱和软黏土的有效应力(p',q')与土的密度 ρ(或者重度 γ、含水量 w、孔隙比 e、比体积 v)三者间呈唯一性关系。以图 2-31 为例，将两个饱和软黏土试样都在 p'作用下固结到点 C，它们的比体积 v 相同。然后分别做不排水的常规三轴压缩试验(CTC)和减围压的三轴压围缩试验

(RTC)，当偏差应力都达到 q_1 时，在各自的总应力路径上分别为 C_1 与 R_1，二者的状态参数均为 q_1 和 $\nu_1=\nu$，由于它们都位于物态边界面上，所以有效应力路径的另一个状态参数 p'_1 也必须相等；同样偏差应力达到 q_2 时也同样都为 p'_2。可见它们的有效应力路径是一样的，对于其他任意应力路径也是如此，所以对于不同应力路径的饱和软黏土的固结不排水试验，其有效应力路径是唯一的，只是其超静孔隙水压力不同。

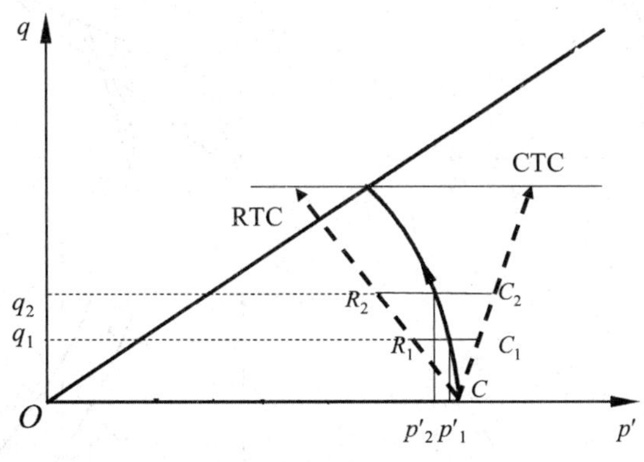

图 2-31　不排水试验有效应力路径的唯一性

2.6.2　超固结黏土和完全的物态边界面

土层在其地质历史中曾经受过的最大竖向有效固结压力可表示为 p_c，称为先期固结压力，或称先期固结应力。土层目前受到的上覆固结压力可表示为 p_s。如果 $p_s=p_c$，这种土称为正常固结黏土。如果土层目前的上覆固结压力 p_s 小于先期固结压力 p_c，亦即 $p_c>p_s$，这种土称为超固结黏土，p_c 与 p_s 之比称为超固结比，表示为 OCR，可见对于超固结黏土 OCR>1.0。

所谓土层的"固结压力"是指随着时间可转化为土体有效应力的总应力。地下水下的土体上覆固结压力 $p_s=\gamma' z$。正常固结黏土和超固结黏土其上覆固结应力都已转化为土体的有效应力。

新近沉积的某些土层，例如黄河入海口处新近沉积的泥浆，土体在目前的上覆固结压力 $p_s(=\gamma' z)$ 下尚没完成固结，p_s 尚未转化为有效应力，p_s 大于土体上的有效固结压力 p_c，这种土称为欠固结黏土，可见对于欠固结黏土 OCR<1.0。

在实验室内，试样在各向等压应力 p'_m 下固结，为先期固结压力。轻超固结黏土是在一定固结应力 p'_m 下卸载回弹形成的，在图 2-32(b)中它可用 L 点表示。L 点位于正常固结线 NCL 和临界状态线 CSL 之间，亦即它回弹后的体积比在同固结应力 p'_0 下对应的临界状态下的体积更大一些，或者其含水量状态更"湿"。它在不排水加载试验中路径将从 L 到 U；而在排水加载试验中，其路径为 L 到 D。U 和 D 都在上述的正常固结黏土的临界状态线 CSL 上。

强超固结黏土的形成是首先将试样各向等压固结到较高的应力 p'_m（见图 2-33(b)），然后卸载回弹到应力较低的 H 点，而 H 点是在正常固结黏土的临界状态线之外。在不排水加载试验中，它从 H 达到 UH，体积不变。其中点 UH 位于 CSL 线以上（见图 2-33(a)）。当不排水试验加载破坏或屈服之后，其有效应力路径将沿着直线 TS 继续运动，试样发生更大变形，同时产生负超静孔压，最后在 CSL 线上达到点 S。这时只有发生滑裂面以后土才可能达到临界状态线CSL。超固结程度越大,土达到临界状态所需应变也越大。

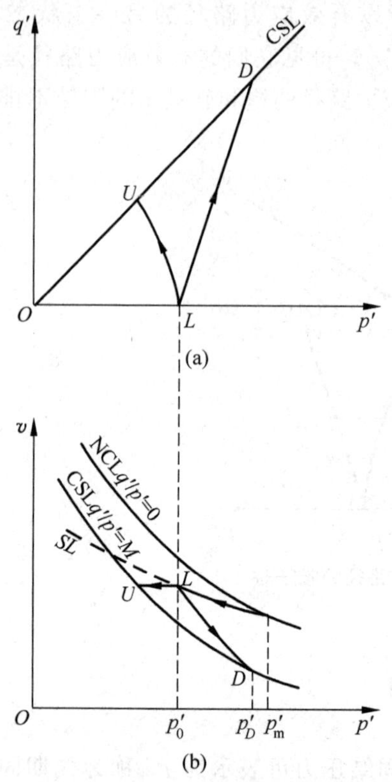

图 2-32 轻超固结黏土的临界状态图

(a) 有效应力路径;(b) 在 v-p'平面上的状态路径

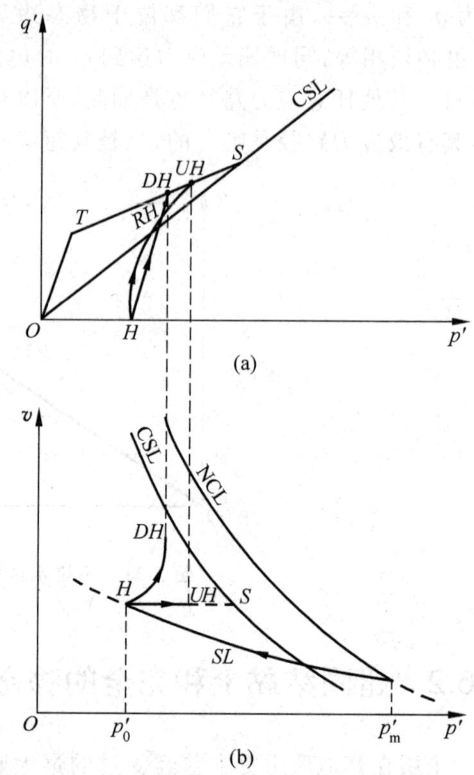

图 2-33 强超固结黏土的临界状态图

(a) 有效应力路径;(b) 在 v-p'平面上的状态路径

在排水加载试验中,强超固结黏土将发生体胀(剪胀),在土达到屈服后体积不断增加。其应力路径为 H-DH,其中 DH 也是在 TS 线上的破坏点。在试样达到峰值强度之后,由于体积增加而引起应力下降到残余应力 RH 点。RH 可能在 CSL 线上,也可能在 CSL 线以上。由于出现了滑动面试样会弱化或软化。图 2-33(a)中的直线 TS 代表了物态边界面的一部分,它控制了重超固结黏土的破坏或屈服,被称为伏斯列夫(Hvorslev)线。物态边界面的第三部分是从原点 O 到点 T 之间部分。这一部分可以用零拉应力,即$\sigma_3'=0$ 条件表示,亦即单轴压缩排水试验的应力路径,如图 2-34(a)所示。这样就在 p'-q'平面上形成一个完全的物态边界面的截面,由 OT、TS 和 SC 三部分组成。其中对于正常固结和轻超固结黏土,由罗斯柯面(SC)控制,对于重超固结黏土,它由伏斯列夫面(TS)及零拉应力面(OT)控制。黏土的各种状态均不能超出这三部分组成的物态边界面。

其中 OT 段表示零拉应力线:

$$q' = 3p' \tag{2-155}$$

TS 是伏斯列夫面的投影:

$$q' = Hp' + (M - H)\exp\frac{\Gamma - v}{\lambda} \tag{2-156}$$

式中,v 为 S 点对应的比体积。

SC 是 v 为常数的罗斯柯面的投影:

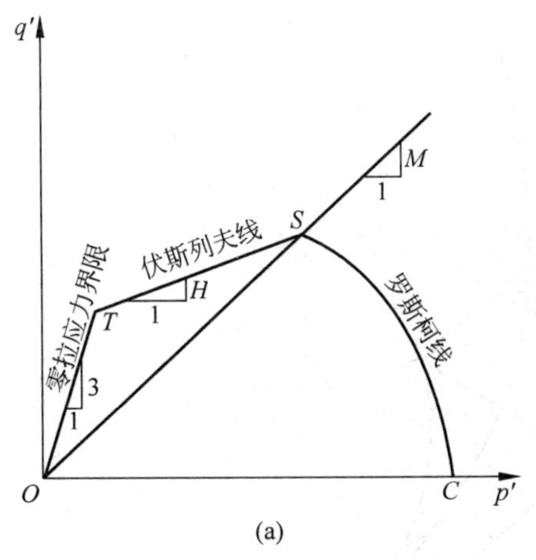

(a)

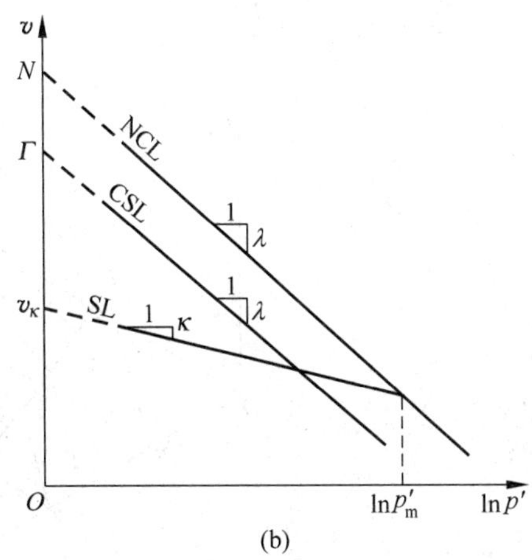

(b)

图 2-34　完全的临界物态边界面

$$q' = Mp'\,\frac{N - v - \lambda \ln p'}{\lambda - \kappa} = Mp'\left(1 + \frac{\Gamma - v - \lambda \ln p'}{\lambda - \kappa}\right) \tag{2-157}$$

其中式(2-157)需在屈服轨迹基础上推出。

在图 2-34(b)中，NCL 为正常固结线：

$$v = N - \lambda \ln p'$$

CSL 为临界状态线：

$$v = \Gamma - \lambda \ln p'$$

SL 为回弹线：

$$v = v_\kappa - \kappa \ln p'$$

对于在 p'-q'-v 三维空间中的完全的物态边界面见图 2-35。其中 SS 是临界状态线；NN 是正常固结线；$vvTT$ 是零拉应力边界面；$TTSS$ 是伏斯列夫面；$SSNN$ 是罗斯柯面。

正常固结黏土和超固结黏土的性状是不相同的。正常固结黏土状态路径总是位于罗斯柯面上；而超固结黏土的状态路径则在此面之外，并且随着超固结程度的提高而逐渐远离这个面。在重超固结黏土情况下，在临界状态线(CSL)之前先达到峰值应力状态，超固结比对于其应力状态有很大影响。为了更简单地表示应力历史的影响，可将试验结果规一化。

在图 2-36(a)中，点 A 位于回弹线 SL 上，它对应于 v_0 和 $\lg p'_0$，而 v_0 在 NCL 线上对应于 $\lg p'_c$，p'_c为点 A 的等效应力。在 SL 线上，不同的点对应于不同的 v_0，p'_0和 p'_c，也表示了不同的超固结比。在图 2-36(b)中表示了 n 种不同超固结比土样的三轴固结不排水试验的被用 p'_c规一化的有效应力路径。对于正常固结黏土，其有效应力路径 CS 是沿罗斯柯面运动一直到 CSL 线，与 CSL 线相交于 S 点，对于 $p'_0 < p'_c$情况属于超固结黏土，如果应力路径的起始点 L 在 E 与 C 之间，它属于轻超固结黏土，其应力路径为 LS，从下面达到 CSL 线。对于强超固结黏土，其初始的试样比临界状态密实和更“干”，其不排水有效应力路径的起始点 H 在原点 O 和 E 之间，其应力路径向上稍弯曲，并从反向达到伏斯列夫线(TS 线)，然后随着应变的增加而沿着伏斯列夫线变化。

在强超固结黏土的排水三轴试验中，当其状态路径达到伏斯列夫面时，剪应力达到峰

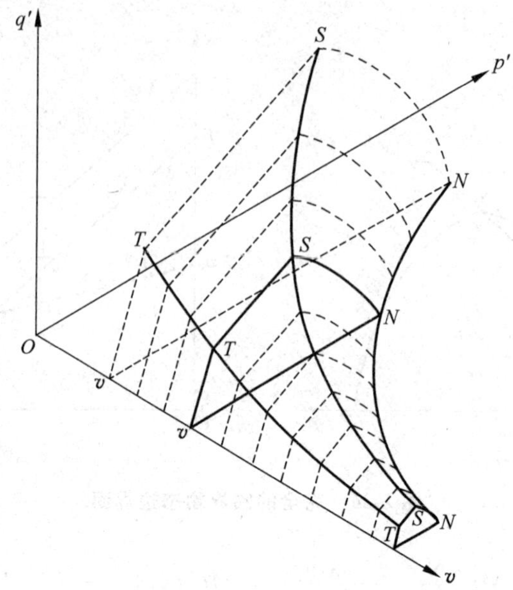

图 2-35 包括超固结黏土的完全的物态边界面

值,并伴随着试样剪胀,然后将发生应变软化,最后在经过了很大应变以后,伴随着剪切面产生的应力达到残余应力,状态路径接近于 CSL 线。

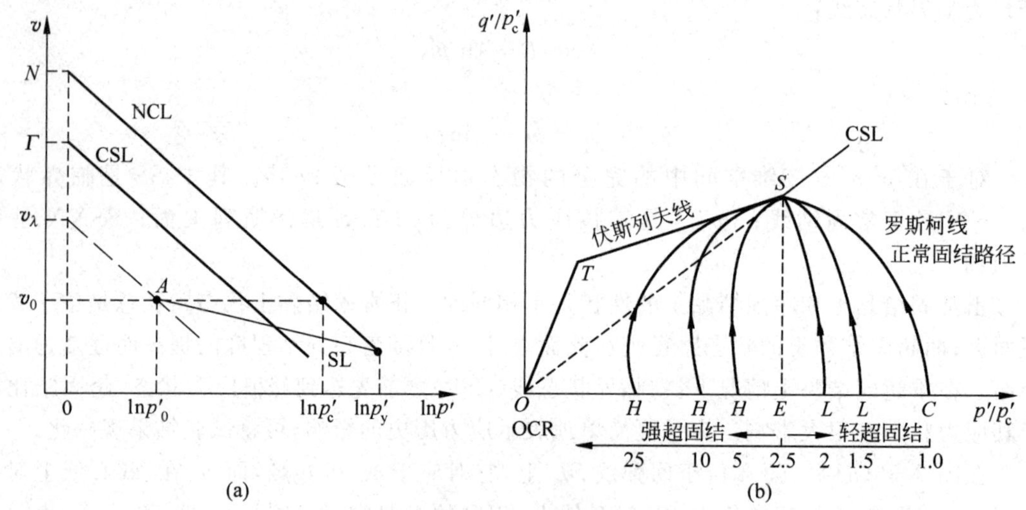

图 2-36 正常固结黏土与超固结黏土的应力路径

(a) 各向等压加载与卸载试验;(b) 规一化的超固结比对不排水有效应力路径的影响

2.6.3 弹性墙与屈服轨迹

1. 弹性墙

正常固结黏土和轻超固结黏土也被称为湿(wet)黏土,这类土在卸载时会发生可恢复的体应变(见图 2-30)。图 2-37 表示的是 p'-q'-v 三维空间中的物态边界面。CA 为正常固结黏土的各向等压固结曲线(NCL)，AR 为卸载回弹曲线，从曲线 AR 各点作垂线形成一竖直的曲面，称为弹性墙，它与物态边界面相交于 AF。在 AR 上，应力变化时的比体积如式(2-154)所示。

$$v = v_\kappa - \kappa \ln p'$$

在 AR 线上，荷载变化时，无塑性体积变化，亦即在弹性墙上，塑性体应变 ε_v^p 保持为常数。如果选塑性体应变为硬化参数，那么等塑性体应变面就是屈服面，等塑性体应变线 AF 就是屈服轨迹。AF 在 p'-q' 平面上的投影 $A'F'$ 为屈服面在 p'-q' 平面上的屈服轨迹。图 2-38(b)表示的是弹性墙 ARF 在 p'-v 平面上的投影，可见其回弹曲线是唯一的，且回弹曲线与 v 轴截距代表其塑性比体积 v_0^p，在同一弹性墙上，或者同一屈服轨迹上，弹性墙的塑性比体积 $v^p = v_0^p$，是个常数，或者说其塑性体应变 ε_v^p 是常数。

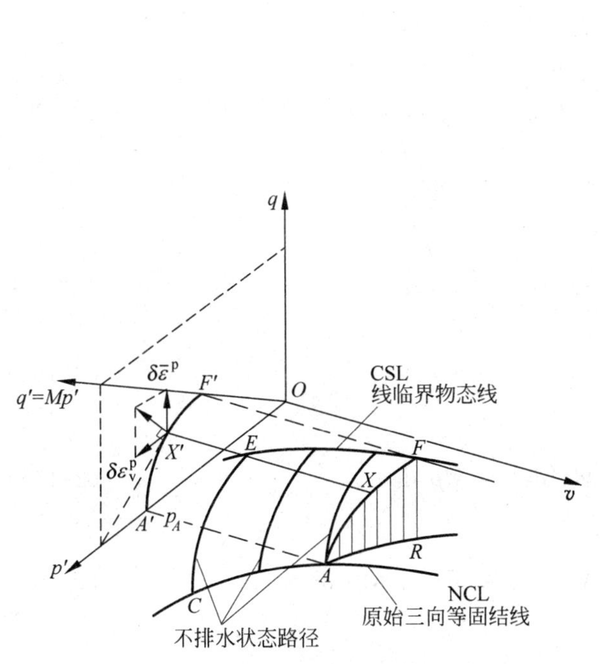

图 2-37　正常固结黏土的物态边界面

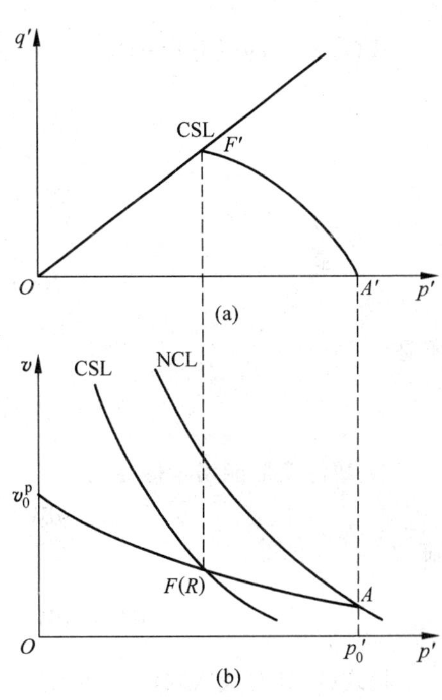

图 2-38　弹性墙上塑性比体积 v^p 唯一性和剑桥模型的屈服面

应指出的是，固结不排水三轴试验的有效应力路径(如图 2-37 中 CE)并不是其屈服轨迹。因为在这一路径上 $d\varepsilon_v = 0$，而在屈服轨迹上(如图 2-37 中的 $A'F'$)，$d\varepsilon_v^p = 0$。

2. 能量方程

在图 2-37 中，$A'F'$ 为剑桥模型在 p'-q' 上的屈服轨迹，但是只能根据物理意义作几何上的表示，尚无法用数学表达式表示。为了得到屈服函数，尚需引进一些假设。其中能量方程实质上是一种假设，用它来计算试验的应力应变关系，如与实测不符，则可修改能量方程，直至二者较为一致。

单位体积土在八面体应力 p' 和 q' 状态下，加载时有应力增量 dp' 和 dq'，产生变形增量 $d\varepsilon_v$ 和 $d\bar{\varepsilon}$，则其变形能增量为

$$dE = p'd\varepsilon_v + q'd\bar{\varepsilon} \tag{2-158}$$

而变形能增量又可分为可恢复的弹性变形能增量 dW^e 和不可恢复的塑性变形能增量 dW^p，亦即

$$dE = dW^e + dW^p \tag{2-159}$$

其中

$$\begin{aligned} dW^e &= p'd\varepsilon_v^e + q'd\bar{\varepsilon}^e \\ dW^p &= p'd\varepsilon_v^p + q'd\bar{\varepsilon}^p \end{aligned} \tag{2-160}$$

关于弹塑性变形能，罗斯柯作了如下假设：

1) 假定一切剪应变都是不可恢复的，亦即

$$d\bar{\varepsilon}^e = 0 \tag{2-161}$$

式(2-154)的微分形式为

$$dv^e = -\kappa\frac{dp'}{p'}$$

$$d\varepsilon_v^e = -\frac{dv^e}{1+e} = \frac{\kappa}{1+e}\frac{dp'}{p'} \tag{2-162}$$

$$d\varepsilon_v^p = d\varepsilon_v - \frac{1}{1+e}\frac{\kappa}{p'}dp' \tag{2-163}$$

于是

$$dW^e = \frac{\kappa}{1+e}dp' \tag{2-164}$$

2) 塑性变形能增量假定为

$$dW^p = Mp'd\bar{\varepsilon}^p = Mp'd\bar{\varepsilon} \tag{2-165}$$

则

$$dE = dW^e + dW^p = \frac{\kappa}{1+e}dp' + Mp'd\bar{\varepsilon} \tag{2-166}$$

将式(2-158)代入式(2-166)得

$$p'\left(d\varepsilon_v - \frac{\kappa}{1+e}\frac{dp'}{p'}\right) = (Mp' - q')d\bar{\varepsilon}$$

将式(2-163)代入上式，得

$$p'd\varepsilon_v^p = (Mp' - q')d\bar{\varepsilon}$$

由于 $d\bar{\varepsilon} = d\bar{\varepsilon}^p$，则

$$\frac{d\varepsilon_v^p}{d\bar{\varepsilon}^p} = M - \frac{q'}{p'} = M - \eta \tag{2-167}$$

其中 $\eta = \frac{q'}{p'}$。

式(2-167)实际上就表示了流动规则。因为 $d\varepsilon_v^p/d\bar{\varepsilon}^p$ 实际上表示了塑性应变增量在 p'-q' 平面上的方向，与这一方向正交的轨迹就是在这个平面上土的屈服轨迹(相适应流动法则)，如图 2-37 所示。

3. 剑桥模型的屈服面在 p'-q' 平面上的屈服轨迹表达式

根据式(2-167)，当应力比 $\eta=M$ 时，则 $\mathrm{d}\varepsilon_v^p/\mathrm{d}\bar{\varepsilon}^p=0$，表明这时塑性应变增量 $\mathrm{d}\varepsilon^p$ 是竖直的，即 $\mathrm{d}\varepsilon_v^p=0$；而 $\eta=0$，亦即各向等压时，$\mathrm{d}\varepsilon_v^p/\mathrm{d}\bar{\varepsilon}^p=M$，$\mathrm{d}\varepsilon^p$ 并不是水平方向。这不符合各向同性土各向等压加载时的实际情况($\mathrm{d}\bar{\varepsilon}^p=0$)。从以上分析可见，在 p'-q' 平面上剑桥模型的屈服轨迹是“子弹头”式的(见图 2-38(a))。

设其屈服轨迹为

$$f(p',q',H)=0 \tag{2-168}$$

则

$$\mathrm{d}f=\frac{\partial f}{\partial p'}\mathrm{d}p'+\frac{\partial f}{\partial q'}\mathrm{d}q'+\frac{\partial f}{\partial H}\mathrm{d}H=0$$

因为在同一屈服面上硬化参数为常数，所以 $\mathrm{d}H=0$，则

$$\mathrm{d}f=\frac{\partial f}{\partial p'}\mathrm{d}p'+\frac{\partial f}{\partial q'}\mathrm{d}q'=0 \tag{2-169}$$

根据相适应流动规则，得

$$\mathrm{d}\varepsilon_v^p=\mathrm{d}\lambda\,\frac{\partial f}{\partial p'} \tag{2-170}$$

$$\mathrm{d}\bar{\varepsilon}^p=\mathrm{d}\lambda\,\frac{\partial f}{\partial q'} \tag{2-171}$$

将式(2-170)和式(2-171)代入式(2-169)，得

$$\mathrm{d}p'\mathrm{d}\varepsilon_v^p+\mathrm{d}q'\mathrm{d}\bar{\varepsilon}^p=0 \tag{2-172}$$

将式(2-167)代入式(2-172)，得

$$\frac{\mathrm{d}q'}{\mathrm{d}p'}-\frac{q'}{p'}+M=0 \tag{2-173}$$

将此微分方程变换可得到

$$\frac{-Mq'\mathrm{d}p'+Mp'\mathrm{d}q'}{(Mp')^2}+\frac{\mathrm{d}p'}{p'}=0$$

积分得到

$$\frac{q'}{Mp'}+\ln p'=\ln c \tag{2-174}$$

其中，$\ln c$ 是一个积分常数，可通过边界条件确定。在图 2-38(b)中，点 A 是各向等压的试验点，对应是 $p'=p'_0$、$q=0$ 和 $v^p=v_0^p$，将这一条件代入式(2-174)，得

$$c=p'_0 \tag{2-175}$$

将式(2-175)代入式(2-174)，则得到 p'-q' 平面上“湿黏土”的屈服轨迹方程为

$$f=\frac{q'}{p'}-M\ln\frac{p'_0}{p'}=0 \tag{2-176}$$

它在 p'-q' 平面上的形状如图 2-37 和图 2-38(a)所示，像一个“帽子”，是子弹头形状，以 p'_0 为硬化参数。

在图 2-38 中，NCL 线上每一个 p'_0 都对应于一个 v_0^p(或 ε_v^p)，所以实际上这一模型是以塑性体应变为硬化参数。

4. 物态边界面的方程

在图 2-37 中,屈服轨迹 AF 沿着各向等压初始固结曲线 NCL 移动就形成空间曲面——状态边界面,它实质上是在三维空间 p'-q'-v 中的屈服面。由 NCL 的表达式(式(2-151))可见

$$v = N - \lambda \ln p'$$

将各向等压情况表示为 $p' = p'_0$,$v = v_0$。所以上式也可表示为

$$v_0 = N - \lambda \ln p'_0 \tag{2-177}$$

NCL 上任一点 $A(p'_0, v_0)$(见图 2-37)同时也位于回弹曲线的起点上,所以它又可用回弹曲线的方程即式(2-154)表示。

从上两式可得到

$$v_\kappa = N - (\lambda - \kappa) \ln p_0 \tag{2-178}$$

在屈服轨迹 AF 上,存在着如下关系:

$$v = v_\kappa - \kappa \ln p'$$

或者

$$v = N - (\lambda - \kappa) \ln p'_0 - \kappa \ln p' \tag{2-179}$$

从式(2-176)得到屈服轨迹的方程为

$$\frac{q'}{p'} - M \ln \frac{p'_0}{p} = 0$$

$$\ln p'_0 = \frac{q'}{Mp'} + \ln p' \tag{2-180}$$

将式(2-180)代入式(2-179),得

$$\eta = \frac{q'}{p'} = \frac{M}{\lambda - \kappa}(N - v - \lambda \ln p') \tag{2-181}$$

这个方程是屈服轨迹沿着 NCL 线移动形成的,是一个包含三个变量 p'、q' 和 v 的三维曲面方程,亦即物态边界面方程,这也是式(2-157)的由来。

5. "湿黏土"的增量应力应变关系

将式(2-181)微分,可得

$$\mathrm{d}v = -\left[\frac{\lambda - \kappa}{Mp'}(\mathrm{d}q' - \eta \mathrm{d}p') + \frac{\lambda}{p'}\mathrm{d}p'\right]$$

或者

$$\mathrm{d}\varepsilon_v = \frac{\lambda}{1+e}\left[\frac{1 - \kappa/\lambda}{Mp'}(\mathrm{d}q' - \eta \mathrm{d}p') + \frac{\mathrm{d}p'}{p'}\right] \tag{2-182}$$

亦即

$$\mathrm{d}\varepsilon_v = \frac{1}{1+e}\left(\frac{\lambda - \kappa}{M}\mathrm{d}\eta + \lambda \frac{\mathrm{d}p'}{p'}\right) \tag{2-183}$$

从能量方程式(2-166),可得

$$\mathrm{d}E = \frac{\kappa}{1+e}\mathrm{d}p' + Mp'\mathrm{d}\bar{\varepsilon} = p'\mathrm{d}\varepsilon_v + q'\mathrm{d}\bar{\varepsilon}$$

将式(2-183)代入上式得

$$d\bar{\varepsilon} = \frac{\lambda-\kappa}{(1+e)Mp'}\left(\frac{dq'}{M-\eta}+dp'\right)=\frac{\lambda-\kappa}{1+e}\cdot\frac{p'd\eta+Mdp'}{Mp'(M-\eta)} \tag{2-184}$$

由式(2-183)和式(2-184)就可以从已知的应力增量 dp'和 dq'求取相应的应变增量 $d\varepsilon_v$ 和 $d\bar{\varepsilon}$。

可见在确定剑桥模型的屈服面和应力应变关系时只需三个试验常数：各向等压固结试验参数 λ、回弹参数 κ 和破坏常数 M。其中 λ 和 κ 均可用各向等压试验确定，M 可用排水常规三轴压缩试验确定。

6. 修正的剑桥模型

上述的剑桥模型假设一种能量方程表达形式(式(2-165)) $dW^p=Mp'd\bar{\varepsilon}$，确定的屈服轨迹在 p'-q'平面上是子弹头形的。首先这种屈服面在各向等压试验施加应力增量 $dp'>0$ 及 $dq'=0$ 时，会产生塑性剪应变增量及总剪应变增量，$d\bar{\varepsilon}^p=d\bar{\varepsilon}=d\varepsilon_v^p/M$，这显然是不合理的。另外，许多试验结果也表明，用剑桥模型计算的三轴试验的应力应变关系与试验结果相差较大。在试验前段计算的应变 ε_1 偏大。

为此 1965 年，英国剑桥大学的勃兰德(Burland)采用了一种新的能量方程形式，得到了修正剑桥模型。他建议用式(2-185)代替式(2-165)。

$$dW^p = p'\sqrt{(d\varepsilon_v^p)^2+M^2(d\bar{\varepsilon}^p)^2} \tag{2-185}$$

这样得到

$$\frac{d\varepsilon_v^p}{d\bar{\varepsilon}^p}=\frac{M^2-\eta^2}{2\eta} \tag{2-186}$$

当 $\eta=0$ 时，$d\bar{\varepsilon}^p=0$，这符合一般的试验结果。

将式(2-186)代入式(2-172)，得

$$\frac{dq'}{dp'}+\frac{M^2-\eta^2}{2\eta}=0 \tag{2-187}$$

在 p'-q'平面上的屈服轨迹方程为

$$\frac{p'}{p_0'}=\frac{M^2}{M^2+\eta^2} \tag{2-188}$$

从式(2-188)可推导出

$$\left(p'-\frac{p_0'}{2}\right)^2+\left(\frac{q'}{M}\right)^2=\left(\frac{p_0'}{2}\right)^2 \tag{2-189}$$

这在 p'-q'平面上是一个椭圆，其顶点在 $q'=Mp'$线上，以 $p_0'(\varepsilon_v^p)$为硬化参数，见图 2-39。其增量的应力应变关系为

$$d\varepsilon_v=\frac{1}{1+e}\left[(\lambda-\kappa)\frac{2\eta d\eta}{M^2+\eta^2}+\lambda\frac{dp'}{p'}\right] \tag{2-190}$$

$$d\bar{\varepsilon}=\frac{\lambda-\kappa}{1+e}\cdot\frac{2\eta}{M^2-\eta^2}\left(\frac{2\eta d\eta}{M^2+\eta^2}+\frac{dp'}{p'}\right) \tag{2-191}$$

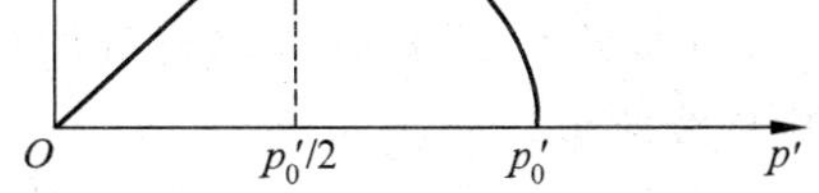

图 2-39　修正剑桥模型的屈服面

【例题 2-4】　在正常固结饱和软黏土地基的某一深度土单元应力状态(点 A)如图 2-40

所示。AC 为在 K_0 原位应力状态下进行固结不排水三轴试验的有效应力路径。画出并说明将该处(A)原状土样取出时的有效应力路径;再画出并说明对该原状土样进行不排水常规三轴试验的有效应力路径。

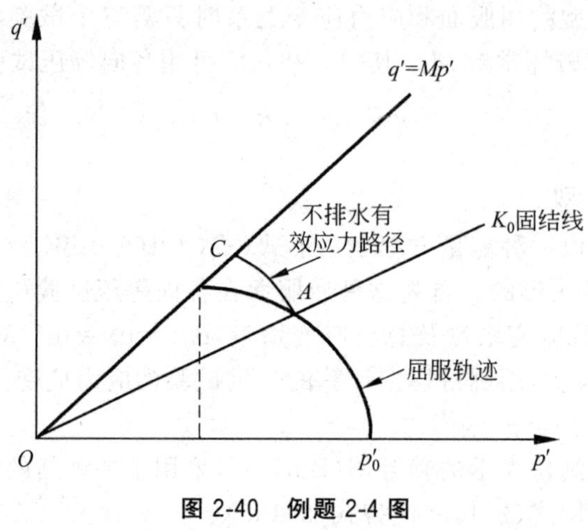

图 2-40 例题 2-4 图

【解】

(1) 例题 2-4 的解答图见图 2-41。取样过程应力路径为 AB: 首先由于 AB 是在现有的屈服轨迹之内,从 A 到 B 的塑性体应变增量 $d\varepsilon_v^p=0$;另外由于 AB 垂直于 p'轴,从 A 到 B 的 $dp=0$,因而弹性体应变增量 $d\varepsilon_v^e=0$。由此知 A 到 B 的试样体积不变,因此是原状土样。

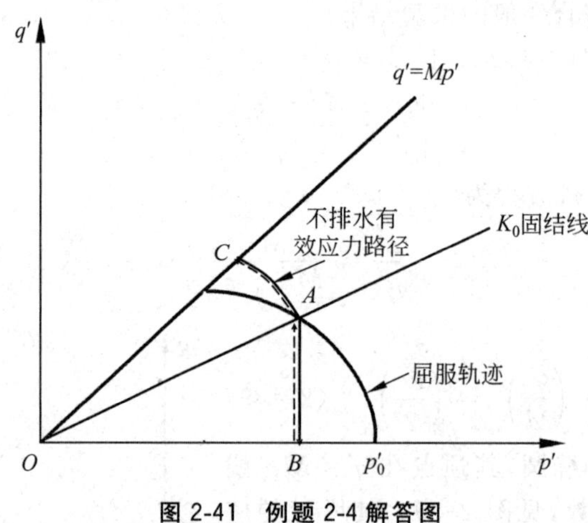

图 2-41 例题 2-4 解答图

(2) 从 B 点开始进行不排水常规三轴试验,在对饱和土样不排水试验过程中,体积是不变的,如上所述,从 B 到 A 试样的体积是不变的,达到 A 点后沿着不排水应力路径 AC。如图中虚线所示。

【例题 2-5】 表 2-3 给出正常固结黏土的两个试样 A、B 的 CTC 排水试验结果。要求:

(1) 试决定剑桥(Cam-Clay)模型的临界状态参数 M 与各试样破坏时的比体积 v,并在 $\ln p'$-v 图上绘出 NCL 与 CSL 线;若剑桥模型以莫尔-库仑强度准则作为破坏条件,试求该土的 c',φ'。

(2) 若取与试样 A 相同的黏土进行 $\sigma_3=200\text{kPa}$ 的三轴固结不排水试验(剪切前的孔隙

比 e 为 1.0)，试问该试样破坏时的应力状态(p'，q')与孔隙水压力 u。

表 2-3　两个试样 CTC 排水试验结果

试样 A，固结应力 $\sigma_3=200$kPa，剪切前 $e_0=1.0$			试样 B，固结应力 $\sigma_3=400$kPa，剪切前 $e_0=0.9$		
轴向应变 ε_a /%	偏差应力 $q'=(\sigma_1-\sigma_3)$/kPa	体应变 ε_v /%	轴向应变 ε_a /%	偏差应力 $q'=(\sigma_1-\sigma_3)$/kPa	体应变 ε_v /%
20	220	6.5	20	440	6.9

【解】

(1) 根据试验确定有关参数计算试样 A、B 的强度参数 M(试样破坏时，正常固结黏土 $c'=0$kPa)。

A 试样：$q'=220\text{kPa}, p'=200+\dfrac{220}{3}=273.3(\text{kPa}), M_A=\dfrac{q'}{p'}=0.805$

B 试样：$q'=440\text{kPa}, p'=400+\dfrac{440}{3}=546.7(\text{kPa}), M_B=\dfrac{q'}{p'}=0.805$

$$\sin\varphi=\frac{\sigma_1-\sigma_3}{\sigma_1+\sigma_3}=\frac{220}{400+220}=0.355$$

得 $\varphi=20.78°$

确定 NCL 与 CSL 线及参数 λ，见图 2-42。

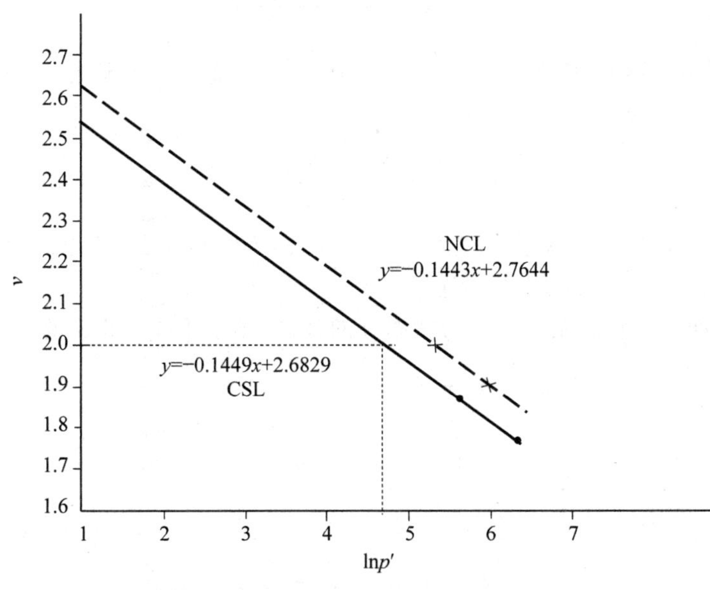

图 2-42　NCL 与 CSL 线

试样 A

固结后：$p'=200\text{kPa}, v=2.0$

破坏时：$p'=273.3\text{kPa}, \varepsilon_v=\dfrac{e_0-e_1}{1+e_0}=\dfrac{1-e_1}{2}=\dfrac{6.5}{100}, e_1=0.87,\ v_A=1.87$

试样 B

固结后：$p'=400\text{kPa}, v=1.9$

破坏时：$p'=546.7\text{kPa}$，$\varepsilon_v=\frac{e_0-e_1}{1+e_0}=\frac{0.9-e_1}{1.9}=\frac{6.9}{100}$，$e_1=0.77$，$v_A=1.77$

$y=v$，$x=-\ln p'$，则两条曲线的方程为

$$y=0.1443x+2.7644$$

$$y=0.1449x+2.6829$$

参数 $\lambda=0.1446$。

(2) 若进行 $\sigma_3=200\text{kPa}$ 的 CTC 三轴固结不排水试验，则 $v=2.0$ 到破坏时也是不变的，从图 2-42 可见，破坏时 $\ln p'=4.71$，$p'=111\text{kPa}$，$q'=0.805p'=89.4\text{kPa}$。

$$\sigma_1'=170.6\text{kPa},\quad \sigma_3'=81.2\text{kPa},\quad u=\sigma_3-\sigma_3'=118.8\text{kPa}。$$

7. 关于剑桥模型的几个说明

(1) 用修正的剑桥模型计算的三轴试验应力应变关系要比用初始模型计算的结果更接近于实测结果。但在 η 较低时，计算的应变 ε_1 偏小。为了改善对剪应变值的模拟误差，模型的提出者作了修正，增加了一个新的屈服面，即在 p'-q' 平面中平行于 p' 轴的附加剪切屈服面。目前人们所说的剑桥模型，通常就是修正的剑桥模型。

(2) 剑桥模型的屈服面在三维应力状态中是一个椭球，亦即在 π 平面上屈服轨迹为圆周。三轴常规压缩确定的破坏条件为

$$q'=M_c p'=\frac{6\sin\varphi}{3-\sin\varphi}p' \tag{2-192}$$

而实际土的破坏更符合莫尔-库仑准则，这样，在各种三轴伸长试验中($p'=(2\sigma_1'+\sigma_3')/3$，$q'=\sigma_1'-\sigma_3'$)，试样破坏时应力比 M_t 为

$$M_t=\frac{3-\sin\varphi}{3+\sin\varphi}M_c \tag{2-193}$$

所以该模型在应用时并不是以 $q'=M_c p'$ 为破坏条件，而是以莫尔-库仑强度准则为破坏条件。这样常会造成应力应变曲线的不连续。

(3) 对于平面应变状态及三维应力状态土的计算，则采用如下普遍的应力状态：

$$p'=\frac{1}{3}(\sigma_1'+\sigma_2'+\sigma_3')$$

$$q'=\frac{1}{\sqrt{2}}[(\sigma_1-\sigma_2)^2+(\sigma_2-\sigma_3)^2+(\sigma_3-\sigma_1)^2]^{1/2}$$

$$\varepsilon_v=\varepsilon_1+\varepsilon_2+\varepsilon_3$$

$$\bar{\varepsilon}=\frac{\sqrt{2}}{3}[(\varepsilon_1-\varepsilon_2)^2+(\varepsilon_2-\varepsilon_3)^2+(\varepsilon_3-\varepsilon_1)^2]^{1/2}$$

2.7 莱特-邓肯模型和清华模型

土的弹塑性本构模型种类繁多，它们可能采用相适应流动规则，也可能采用不相适应的流动规则；可能采用单一屈服面，也可能采用双重、多重屈服面；可能采用等向硬化规律，也

可能采用运动硬化规律。另一方面，为了反映土的剪胀性、应变软化、循环加载下的滞回圈及土变形的各向异性，人们采用了各种形式的弹塑性模型，改变有关参数，使用不同的室内试验手段，使土的弹塑性模型成为土的本构模型园地中最繁茂的花圃。

清华弹塑性模型和莱特-邓肯模型是两个很有代表性的土的弹塑性模型，也是 20 世纪 70—80 年代土的本构关系研究中杰出的成果。

2.7.1 莱特-邓肯模型

这个模型是莱特(Lade)和邓肯(Duncan)在砂土的试验基础上建立起来的。它采用不相适应的流动规则，以塑性功 W_p 为硬化参数，较好地反映了砂土的强度和砂土的剪胀性，成为适用于砂土应力变形分析的代表性弹塑性模型。

1. 弹性应变

与其他弹塑性模型一样，它将土的变形分为弹性变形和塑性变形两部分，即

$$\varepsilon_{ij} = \varepsilon_{ij}^{e} + \varepsilon_{ij}^{p}$$

$$d\varepsilon_{ij} = d\varepsilon_{ij}^{e} + d\varepsilon_{ij}^{p}$$

其中，$d\varepsilon_{ij}^{e}$ 用广义胡克定律确定，弹性模量表示形式与邓肯-张模型中式(2-79)一样。

$$E_{ur} = K_{ur} p_a \left(\frac{\sigma_3}{p_a}\right)^n$$

对于弹性变形部分，有时也用常规三轴压缩试验曲线的初始模量 E_i 代替上式中的 E_{ur}，可以假设泊松比 ν 为常数。

2. 塑性理论的主要函数

莱特-邓肯模型的破坏准则不同于其他强度准则，其形式为

$$f_1 = I_1^3 / I_3 = k_f \tag{2-194}$$

模型的屈服面函数为

$$f = I_1^3 / I_3 = k, \quad k < k_f \tag{2-195}$$

塑性势函数

$$g = I_1^3 - k_2 I_3 = 0 \tag{2-196}$$

在式(2-195)中，$f = k > 27$。可见这种模型的破坏、屈服和塑性势的函数表达形式都相似，因而它们在应力空间的形状相似。只是破坏面为屈服面及塑性势面的外限。这三种曲面及其轨迹在不同应力空间中的形状如图 2-43 所示。它们在主应力空间为锥体，顶点在应力轴原点。当连续加载时，屈服面和塑性势面将以空间对角线为中心膨胀，锥体径向加大，以破坏面为极限，它们在 π 平面上形状类似于梨形。k 与 k_2 不相等，因而可看出该模型采用的是不相适应的流动规则。

3. 硬化参数与应力应变关系

莱特-邓肯模型以塑性功 W_p 为硬化参数。

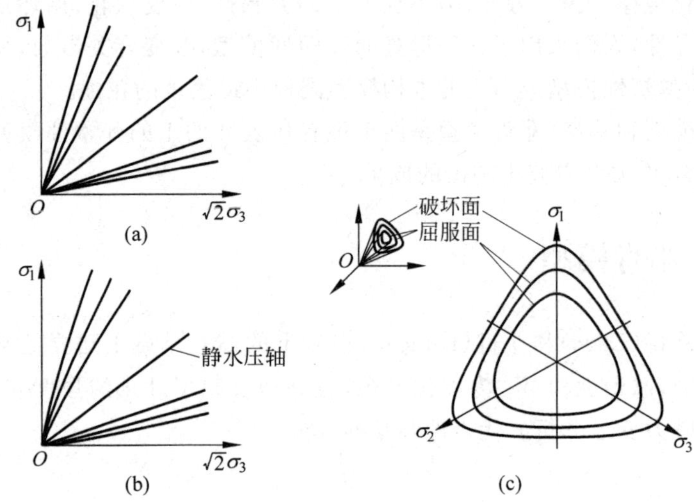

图 2-43　莱特-邓肯模型的屈服面及其轨迹

(a) 莱特-邓肯模型在三轴平面上的屈服与破坏轨迹；(b) 修正的莱特-邓肯模型；(c) 在 π 平面上的屈服与破坏轨迹

$$W_{\mathrm{p}} = \int \sigma_{ij} \, \mathrm{d}\varepsilon_{ij}^{\mathrm{p}} \tag{2-197}$$

将式(2-197)两侧微分得

$$\mathrm{d}W_{\mathrm{p}} = \mathrm{d}\varepsilon_{ij}^{\mathrm{p}} \sigma_{ij} = \mathrm{d}\lambda \frac{\partial g}{\partial \sigma_{ij}} \sigma_{ij}$$

因为 g 为 σ_{ij} 的三阶齐次方程，则

$$\frac{\partial g}{\partial \sigma_{ij}} \sigma_{ij} = 3g \tag{2-198}$$

$$\mathrm{d}\lambda = \frac{\mathrm{d}W_{\mathrm{p}}}{3g} \tag{2-199}$$

4. 莱特-邓肯模型的参数确定

1) 强度参数 k_{f}

该模型可以用不同围压的常规三轴压缩试验结果计算确定试样破坏时的 k_{f}，$k_{\mathrm{f}} = I_1^3/I_3$，如果其强度包线为直线，则不同围压得到的 k_{f} 是相同的，如果几个试验得到的 k_{f} 不同，可以取其平均值。

2) 弹性常数 K_{ur}、n 和 ν

这三个参数的确定方法与邓肯-张模型所用的方法一样，可以从常规三轴压缩试验的卸载—再加载曲线确定，有时也从其加载曲线的初始段确定，一般设泊松比 ν 为常数。

3) 塑性势函数中的 k_2

模型的提出者认为 k_2 与屈服函数 f 间的关系可表示为

$$k_2 = Af + 27(1-A) \tag{2-200}$$

k_2 可通过不同围压下的三轴试验中的塑性应变增量比 ν^{p} 确定。

$$-\nu^{\mathrm{p}} = \frac{\mathrm{d}\varepsilon_3^{\mathrm{p}}}{\mathrm{d}\varepsilon_1^{\mathrm{p}}} = \frac{\partial g/\partial \sigma_3}{\partial g/\partial \sigma_1} = \frac{3I_1^2 - k_2\sigma_1\sigma_3}{3I_1^2 - k_2\sigma_3^2}$$

则

$$k_2=\frac{3I_1^2(1+\nu^p)}{\sigma_3(\sigma_1+\nu^p\sigma_3)} \tag{2-201}$$

从不同试验点的 f 和 k_2 的关系，绘制成 f-k_2 的关系曲线，式(2-200)表示它为直线，确定常数 A。

4) 硬化参数 W_p 确定

试验结果表明，W_p 与 $(f-f_t)$ 间的关系可表示成双曲线。

$$(f-f_t)=\frac{W_p}{a+dW_p} \tag{2-202}$$

其中，

$$a=Mp_a\left(\frac{\sigma_3}{p_a}\right)^l \tag{2-203}$$

$$d=\frac{1}{(f-f_t)_{ult}} \tag{2-204}$$

$$(f-f_t)_{ult}=\frac{k_f-f_t}{r_f}$$

式中，M、l 为试验常数；r_f 为破坏比；r_f 与 f_t 也是材料常数。f_t 为初始屈服函数值，可见 $f_t \geqslant 27$。它们都可通过不同围压三轴试验确定。当 $f<f_t$ 时，认为变形为弹性变形，因而，该模型共有 9 个常数。

2.7.2　修正的莱特-邓肯模型

上述的莱特-邓肯模型的屈服面和塑性势面是开口的锥形，所以只会产生塑性体胀，即剪胀；只有弹性体变是正的，亦即加载有弹性体缩。在该模型中，土在各向等压的应力下不会发生屈服，不会产生塑性应变，这显然不符合土的变形特性。另外，在该模型中，土的破坏面、屈服面和塑性势面的子午线都是直线，这不能反映围压 σ_3 或者平均主应力 p 对土的破坏面和屈服面形状的影响。为此莱特和邓肯对原模型进行了修正。

1. 弹性变形和两种塑性变形

为了反映土在各向等压情况下的屈服，模型被增加了一组帽子屈服面，这样应变增量分为三部分，即

$$d\varepsilon_{ij}=d\varepsilon_{ij}^e+d\varepsilon_{ij}^c+d\varepsilon_{ij}^p \tag{2-205}$$

其中，$d\varepsilon_{ij}^e$ 为弹性部分，用广义胡克定律确定；$d\varepsilon_{ij}^p$ 为塑性剪胀应变增量；$d\varepsilon_{ij}^c$ 为塑性塌陷应变增量。其中弹性部分仍用上述的 E、ν 参数计算。

2. 塑性塌陷变形 $d\varepsilon_{ij}^c$

为了反映在 p 作用下土体的塑性体积压缩，即在压力下土体的“塌陷”，模型增加了一组帽子屈服面，表示为

$$f_c=I_1^2+2I_2 \tag{2-206}$$

它以塌陷塑性功 W_c 为硬化参数，并采用相适应的流动准则，则

$$W_c = \int \sigma_{ij} \mathrm{d}\varepsilon_{ij}^c \tag{2-207}$$

$$\mathrm{d}\varepsilon_{ij}^c = \mathrm{d}\lambda_c \frac{\partial f_c}{\partial \sigma_{ij}} \tag{2-208}$$

将式(2-207)微分,得

$$\mathrm{d}\lambda_c = \frac{\mathrm{d}W_c}{2f_c} \tag{2-209}$$

3. 塑性剪胀变形

在这部分塑性变形中,塑性体应变永远是负的,亦即是塑性剪胀。屈服面、塑性势面和破坏面均在上述的直子午线锥面基础上进行了改进,变成微弯的形式。

1) 破坏面方程

$$\eta_1 = \left(\frac{I_1^3}{I_3} - 27\right)\left(\frac{I_1}{p_a}\right)^m \tag{2-210}$$

式中,η_1 为常数。

2) 屈服面方程

$$f_p = \left(\frac{I_1^3}{I_3} - 27\right)\left(\frac{I_1}{p_a}\right)^m \quad f_p < \eta_1 \tag{2-211}$$

式中,f_p 为变量,随加载过程面增加。

3) 塑性势面方程

$$g_p = I_1^3 - \left[27 + \eta_2\left(\frac{p_a}{I_1}\right)^m\right] I_3 \tag{2-212}$$

式(2-212)也可写成另一种形式:

$$g_p' = \left(\frac{I_1^3}{I_3} - 27\right)\left(\frac{I_1}{p_a}\right)^m - \eta_2 \tag{2-213}$$

有关图形见图 2-44。

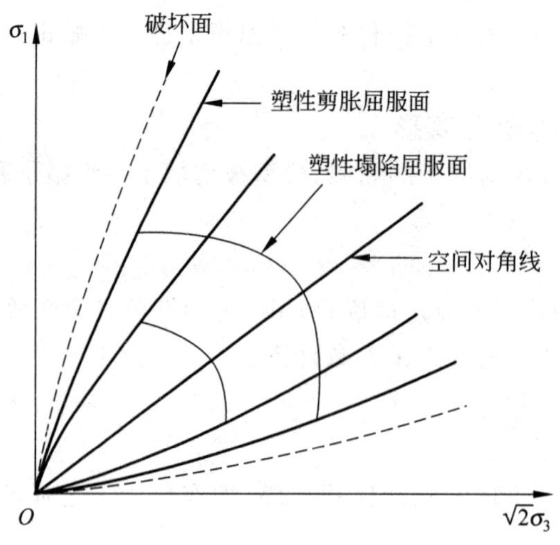

图 2-44 修正的莱特-邓肯模型

4. 有关参数确定

1）弹性参数 E、ν

在这个模型中，需要从卸载应力应变关系确定 E、ν 及其他有关常数，一般不能从初始加载段确定，这是由于初始加载段的应变包括 $\mathrm{d}\varepsilon_{ij}^{e}$ 与 $\mathrm{d}\varepsilon_{ij}^{c}$ 两部分。

2）塌陷塑性功 W_c

模型的提出者认为塌陷塑性功 W_c 与屈服函数 f_c 间存在如下关系：

$$W_c = cp_a\left(\frac{f_c}{p_a^2}\right)^p \tag{2-214}$$

其中，c、p 为试验常数。

可从各向等压试验结果计算每一应力状态下的 W_c 及 f_c，在对数坐标下各试验点可近似连成为直线，然后据此可确定参数 c 和 p。

3）塑性剪胀部分的参数

(1) 强度常数 η_1 与 m

进行不同围压的常规三轴压缩试验，可得到各个围压 σ_3 下的破坏应力状态$(\sigma_1-\sigma_3)_f$ 与 σ_3，根据式(2-210)，分别计算在破坏时的 I_1 及 I_1^3/I_3，在双对数坐标系下，破坏时的 p_a/I_1 与 (I_1^3/I_3-27)呈直线关系，其在 $p_a/I_1=1.0$ 处的截距为 η_1，直线的斜率为 m。

(2) 塑性势函数中的 η_2

模型的提出者建议 η_2 与应力状态及屈服函数间关系为

$$\eta_2 = Sf_p + R\sqrt{\sigma_3/p_a} + t \tag{2-215}$$

式中，S、R、t 为试验常数。

式(2-215)可写为

$$\eta_2 = Sf_p + \eta_{20} \tag{2-216}$$

可以从几种围压下三轴试验确定在各应力状态下的 ν^p。

$$-\nu^p = \frac{\mathrm{d}\varepsilon_3^p}{\mathrm{d}\varepsilon_1^p} = \frac{\partial g_p/\partial\sigma_3}{\partial g_p/\partial\sigma_1} \tag{2-217}$$

将式(2-212)或式(2-213)微分后代入式(2-217)就可得到 $\eta_2=f(\nu^p, f_p)$的函数关系。从各试验点的 ν^p 及对应的 f_p 计算出 η_2，从而得到 η_2 与 f_p 之间近似的直线关系，据此可确定常数 S 和 η_{20}。试验表明，S 与 σ_3 无关，η_{20} 是 $\sqrt{\sigma_3/p_a}$ 的线性函数，从 $\eta_{20}-\sqrt{\sigma_3/p_a}$ 的直线关系可确定常数 R 和 t。

4）硬化参数——剪胀的塑性功 W_p

剪胀塑性功与屈服函数 f_p 的关系可表示为

$$f_p = a\mathrm{e}^{-bW_p}\left(\frac{W_p}{p_a}\right)^{\frac{1}{q}} \tag{2-218}$$

这是一个双值函数，所以该模型可以反映应变软化。f_p 与 W_p 间的试验关系见图 2-45。在式(2-218)中，

$$a = \eta_1\left(\frac{ep_a}{W_{p峰}}\right)^{\frac{1}{q}} \tag{2-219}$$

$$b = \frac{1}{qW_{p峰}} \tag{2-220}$$

$$W_{p峰} = Pp_a\left(\frac{\sigma_3}{p_a}\right)^l \tag{2-221}$$

$$q = \alpha + \beta\sigma_3/p_a \tag{2-222}$$

从图 2-45 可见,$W_{p峰}$ 可直接确定;然后从式(2-218)可得到不同 σ_3 下的参数 q。最后从 $W_{p峰}$ 与 q 与 σ_3 的关系可得到试验常数 P、l、α、β。

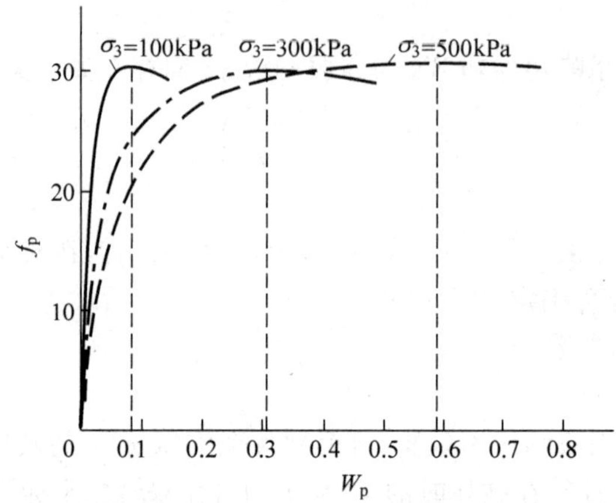

图 2-45　常规三轴试验中修正莱特-邓肯模型的 W_p 与 f_p 关系

这样,修正的莱特-邓肯模型共有 12 个参数:弹性常数 K_{ur}、n、ν,塑性塌陷常数 c、p,塑性剪胀常数 R、S、t、α、β、P、l。它们可分别通过各向等压试验、常规三轴压缩试验(加载与卸载)确定。

应当看到,莱特-邓肯的原始模型具有简单,能反映砂土剪胀的优点,尤其是其破坏准则能较好地符合试验结果。修正后虽然可反映塑性体缩和应变软化及围压或平均主应力的影响,但趋于复杂,参数增加,并且其软化计算也不很成功。

随后该模型的提出者又对它进行了一些发展,结合等向硬化与运动硬化,以适应较大应力反复的应力条件下应力应变关系计算。

在此模型中,硬化参数 W_p 中含有应力变量,对于流动规则来讲,数学上不够严密。

2.7.3　清华弹塑性模型

清华弹塑性模型是以黄文熙教授为首的清华大学科研组提出来的。其特点在于不是首先假设屈服面函数和塑性势函数,而是根据试验确定的各应力状态下的塑性应变增量的方向,然后按照相适应流动规则确定其屈服面,再从试验结果确定其硬化参数。因而这是一个假设最少的弹塑性模型。

1. 弹性应变

弹性应变部分采用 K-G 模型计算。其中体变模量 K 从各向等压试验的卸载曲线确定;剪切模量 G 从常规三轴压缩试验确定。其一般形式为

$$K = K_0 p \tag{2-223}$$

$$G = G_0 p_a\left(\frac{\sigma_3}{p_a}\right)^n \tag{2-224}$$

2. 屈服面的确定

在三轴试验的结果中，计算各应力状态下的塑性应变为

$$\varepsilon_v^p = \varepsilon_v - \varepsilon_v^e$$

$$\bar{\varepsilon}^p = \bar{\varepsilon} - \bar{\varepsilon}^e$$

其中，ε_v^e 和 $\bar{\varepsilon}^e$ 用式(2-223)和式(2-224)确定的参数计算，绘制不同围压下三轴试验的 ε_v^p-$\bar{\varepsilon}^p$ 关系曲线；然后在 p-q 平面上对应的应力点处绘制其塑性应变增量方向，用图 2-27(a)的小箭头表示。它实际就是 ε_v^p-$\bar{\varepsilon}^p$ 曲线对应于该应力点的切线方向。

将该图中的小箭头方向连线就如同"流线"；与其对应的正交的"等势线"即为塑性势轨迹。按照德鲁克(Drucker)假说，即相适应的流动规则，$f=g$，则塑性势轨迹即为在 p-q 平面上的屈服轨迹。用适当的函数表示，则为屈服函数。

许多土的三轴试验结果表明，这个屈服轨迹大体上是一组比例椭圆，可以用下式表示：

$$f = g = \left(\frac{p-h}{kh}\right)^2 + \left(\frac{q}{krh}\right)^2 - 1 = 0 \tag{2-225}$$

它包含有两个试验常数 r 和 k，它们与椭圆的长短轴大小有关。从式(2-225)可以得到硬化参数 h。

$$h = \frac{\sqrt{k^2 p^2 + \dfrac{k^2-1}{r^2} q^2} - p}{k^2 - 1} \tag{2-226}$$

根据正交规则，将式(2-225)微分，并将式(2-226)代入，得

$$-\frac{\mathrm{d}\varepsilon_v^p}{\mathrm{d}\bar{\varepsilon}^p} = \frac{\mathrm{d}q}{\mathrm{d}p} = -r^2 x + \frac{r^2}{k^2-1}\left(-x + \sqrt{x^2 k^2 + \frac{k^2-1}{r^2}}\right) \tag{2-227}$$

其中，$x=p/q=1/\eta$。

式(2-227)是满足于正交于椭圆屈服面的塑性应变增量方向的方程式。只要将所有试验点都点绘在 z-η 坐标系中，即可得到图 2-46 的结果，其中，$z=\arctan\left(-\dfrac{\mathrm{d}\varepsilon_v^p}{\mathrm{d}\bar{\varepsilon}^p}\right)$。然后用式(2-227)去拟合试验点，从而可确定试验常数 r、k。

3. 硬化参数的确定

在式(2-226)中对于各向等压的应力状态 $p=p_0$，$q=0$，该式可表示为

$$h = \frac{p_0}{1+k} \tag{2-228}$$

由于在各向等压试验中 p_0 与塑性体应变 ε_{v0}^p 有一一对应关系，所以式(2-228)又可表示为 ε_{v0}^p 的函数。根据各向等压试验的卸载应力应变关系一般可以将 p_0 与 ε_{v0}^p 之间的关系表示为

$$p_0 = p_a \frac{1}{m_4}(\varepsilon_{v0}^p + m_6)^{m_5} \tag{2-229}$$

当然，p_0 与 ε_{v0}^p 之间关系也可根据试验结果表示成其他的函数形式。

从式(2-228)和式(2-229)可得到

$$h = \frac{p_a}{1+k}\frac{1}{m_4}(\varepsilon_{v0}^p + m_6)^{m_5} \tag{2-230}$$

在任一个屈服面上，硬化参数 h 是相等的，亦即在一个屈服面上，根据式(2-226)与

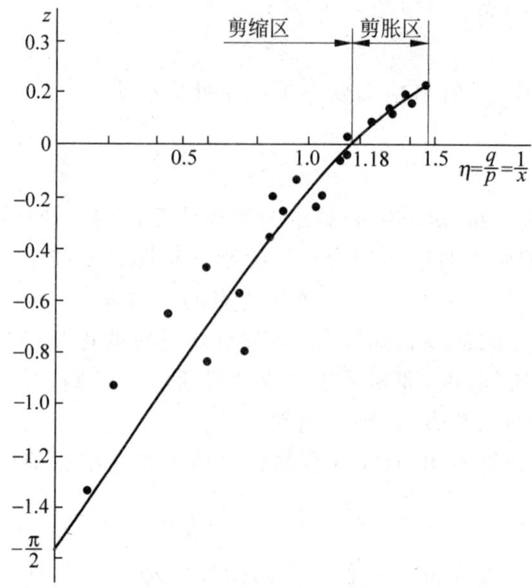

图 2-46 z-η 平面上三轴试验结果

式(2-228),各向等压应力点(p_0,$q=0$)与其他应力点之间关系满足式(2-231)。

$$p_0 = \frac{\sqrt{k^2 p^2 + \frac{k^2-1}{r^2}q^2} - p}{k-1} \tag{2-231}$$

而在一个屈服面上,各向等压的塑性体应变 ε_{v0}^{p} 与其他应力状态的塑性体应变(ε_v^p,$\bar{\varepsilon}^p$)之间也应满足一定关系,以使该屈服面各点的硬化参数为常数。

将所有同一屈服面上的 ε_{v0}^{p} 与(ε_v^p,$\bar{\varepsilon}^p$)之间关系绘制在同一 ε_v^p 与 $\bar{\varepsilon}^p$ 坐标系中,就得到一条曲线,采用不同的 ε_{v0}^{p} 可得到一组曲线 $L_1,L_2,\cdots,L_n$,由此可看出同一屈服面上 ε_v^p、$\bar{\varepsilon}^p$ 之间存在如下的关系:

$$\varepsilon_{v0}^{p} = f(\varepsilon_v^p, \bar{\varepsilon}^p)$$

这种关系的最简单形式是线性关系,

$$\varepsilon_{v0}^{p} = \varepsilon_v^p + m_3 \bar{\varepsilon}^p \tag{2-232}$$

两侧除以 ε_{v0}^{p},得

$$E_1 = 1 - m_3 E_2 \tag{2-233}$$

其中,$E_1=\varepsilon_v^p/\varepsilon_{v0}^p$,$E_2=\bar{\varepsilon}^p/\varepsilon_{v0}^p$。

如图 2-47 所示,二者关系也可用二次函数关系表示,可能会更准确一些,但形式会更复杂。

将式(2-229)和式(2-232)代入式(2-228)就得到硬化参数的表达式:

$$h = \frac{p_a}{1+k} \cdot \frac{1}{m_4}(m_6 + \varepsilon_v^p + m_3 \bar{\varepsilon}^p)^{m_5} \tag{2-234}$$

值得注意的是,某些函数形式可根据试验资料适当确定,以较准确和简便为标准。在如上的函数形式中,共有 9 个试验常数:弹性材料常数 K_0、G_0 和 n,屈服函数中常数 k、r,硬化参数中的常数 m_3、m_4、m_5 和 m_6。它们可通过各向等压试验和常规三轴试验及它们的卸载试验确定。

4. 模型的三维形式

上述模型是在 p-q 应力平面上建立起来的，与应力洛德角 θ 无关，这意味着其破坏轨迹、屈服轨迹在 π 平面上是圆周。这显然不符合土的实际情况。为了建立三维的弹塑性模型形式，最主要的是确定屈服面在 π 平面上的轨迹的形状及函数表达式。

图 2-27(b)是从承德中密砂的真三轴试验和平面应变试验得到的 π 平面上的塑性应变增量方向。

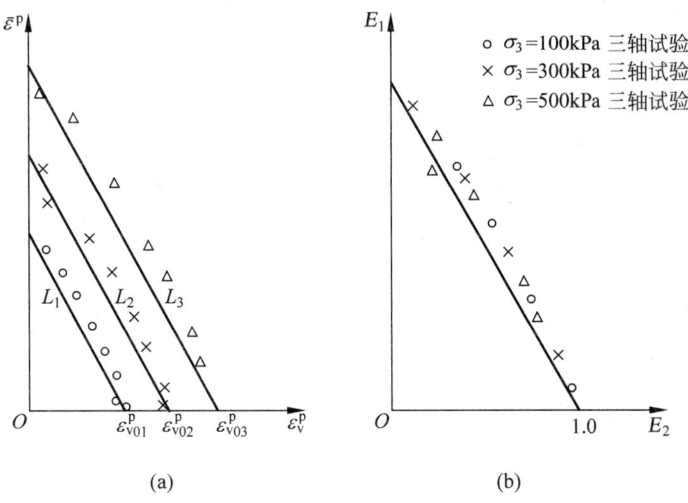

图 2-47　同一屈服面上 ε_v^p 与 $\bar{\varepsilon}^p$ 间关系

(a) ε_v^p-$\bar{\varepsilon}^p$；(b) E_1-E_2

采用前面所述的原理和方法，可以得到 π 平面上的屈服轨迹。这种屈服轨迹可以用平面上的两段相切的圆弧组成。试验与理论都证明了，在 π 平面上，屈服轨迹与破坏轨迹形状是相同的。所以其破坏轨迹与屈服轨迹可用图 2-48 的双圆弧表示。这两段圆弧的圆心，一个在 σ_3 轴上，一个在 σ_1 轴上，在 $\theta=\theta_0$ 处相切。按照圆心与半径的不同，这两段双圆弧的组合可以有许多种。其中图 2-48 所示形状较为符合试验结果。

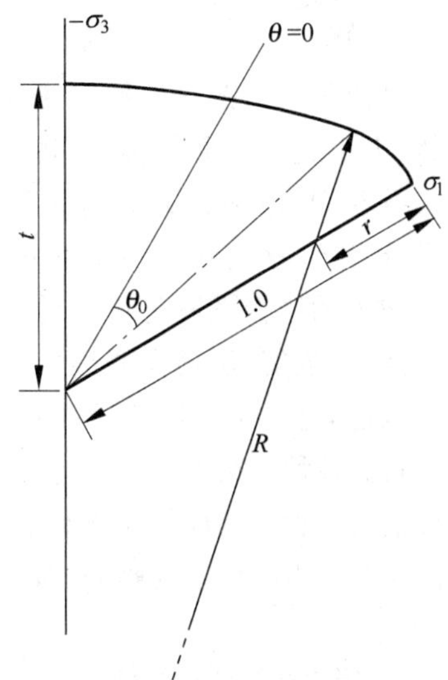

图 2-48　双圆弧屈服轨迹

在三维形式的屈服方程中，需要引入一个形状参数 $\alpha(\theta)$，它表示了 π 平面上屈服轨迹的形状。试验表明它也表示了破坏面在 π 平面上的轨迹的形状。

$$f=\left(\frac{p-h}{kh}\right)^2+\left[\frac{q}{\alpha(\theta)krh}\right]^2-1=0 \tag{2-235}$$

破坏方程为

$$\frac{q}{p}=M_c\alpha(\theta) \tag{2-236}$$

其中，M_c 为常规三轴压缩试验得到的破坏应力比，$M_c=q_c/p$。

$\alpha(\theta)$可表示为如下形式：

当 $\theta>\theta_0$ 时，

$$\alpha_1=\frac{1}{t(2t-1)}\Big[\sqrt{(1-t)^2(2t^2+1)^2\cos^2(30°-\theta)+t^2(2t-1)(2-2t+3t^2-2t^3)}\\-(1-t)(2t^2+1)\cos(30°-\theta)\Big] \tag{2-237}$$

当 $\theta<\theta_0$ 时，

$$\alpha_2=\frac{1}{1+2t-2t^2}\Big[\sqrt{(1-t)^2(2t^2+t+2)^2\cos^2(30°+\theta)+(1+2t-2t^2)(4t^3-4t^2+4t-3)}\\+(1-t)(2t^2+t+2)\cos(30°+\theta)\Big] \tag{2-238}$$

$$\theta_0=\arctan\frac{4t^3-4t^2+t-3}{\sqrt{3}(4t^3+3t+1)} \tag{2-239}$$

其中，t 为三轴伸长($\theta=30°$)与三轴压缩($\theta=-30°$)试验得到的强度比之比，即

$$t=\frac{M_t}{M_c} \tag{2-240}$$

其中，M_t 为三轴伸长试验中破坏应力比，$M_t=q_t/p$。

清华弹塑性模型可反映土的剪胀性，也可用于三维的应力状态，适用于砂土和黏土。剑桥模型是其对于正常固结黏土的特殊形式。它已被用于土石坝、地基、桩基础等一些工程问题的计算分析中。

2.8 土的结构性及土的损伤模型

2.8.1 概述

土骨架是由分散的颗粒组成的。土的强度、渗透性和应力应变关系特性是由这些颗粒的矿物、大小、级配、形状、颗粒间的排列和粒间的作用力决定的。所谓土的组构(fabric)通常是指颗粒、粒组和孔隙空间的几何排列方式；而土的结构(structer)则通常用来表示土的组成成分、空间排列和粒间作用力的综合特性。

所谓土的结构性就是指这种结构而造成的力学特性。结构性的强弱表示土的结构对于其力学性质(强度、渗透及变形性质)影响的强烈程度。一般而言，原状土比重塑土表现出更强的结构性，这是由于原状土在漫长的沉积过程及随后的各种地质作用过程中，土粒间排列和颗粒间的各种作用力具有特有的形式。以往土力学研究中的理论和模型基本上是在对重塑土进行室内试验的基础上建立起来的。而自然界存在和工程实践中遇到的大量是原状土。土的结构性对土力学性质的影响有很大意义，土的损伤模型就是在此基础上建立起来的。

2.8.2 粗粒土的结构

粗粒土一般是单粒的结构。由于粗粒土中颗粒的大小可以相差很大，小的颗粒填补了大颗粒所形成的孔隙，级配良好的粗粒土比级配均匀的粗粒土的干密度更高。另一方面，形

状不规则的颗粒可以使密度降低、孔隙更大。即使是由均匀圆球组成的“土”，它们在空间的排列方式不同，也会造成不同的松密状态和不同力学性质。图 2-49 表示了几种不同颗粒的空间排列方式。不同排列方式会使粗粒土在密度、渗透性、强度、压缩性、各向异性等方面表现出很大的差异。

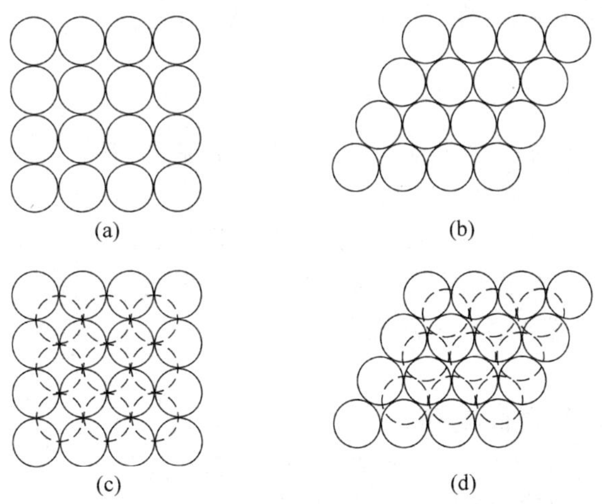

图 2-49　均匀圆球在空间的几种排列方式

(a) 立方体排列，$e=0.91$；(b) 三角形＋正方形排列，$e=0.65$；(c) 金字塔式排列，$e=0.34$；(d) 四面体排列 $e=0.34$

尽管除了云母等矿物之外，大多数非黏土矿物的颗粒都呈粒状。但它们又不是各方向尺度都相等的，多少呈椭球形、扁平形，甚至针、片状。粗颗粒的长宽比 L/W 的频率分布是表示其颗粒分布的一个重要指标。以蒙特雷(Monterey)0 号砂为例，这是一种分选很好的河砂，主要由石英和少量的长石组成。即使如此，它仍有 50%以上的颗粒的轴长比(即长轴与短轴之比)大于 1.39。这对于大多数砂土和粉土是有代表性的。在重力场中，土颗粒，特别是粗粒土，在沉积过程中的定向作用是很突出的。可以用颗粒的长轴与空间某一方向(如水平方向)的夹角表示这种空间定向作用。如图 2-50(a)表示颗粒的长轴与水平方向夹角为 θ，图 2-50(b)表示的是一种平均轴长比为 1.64 的均匀细砂的 θ 角分布频率柱状图。试样是

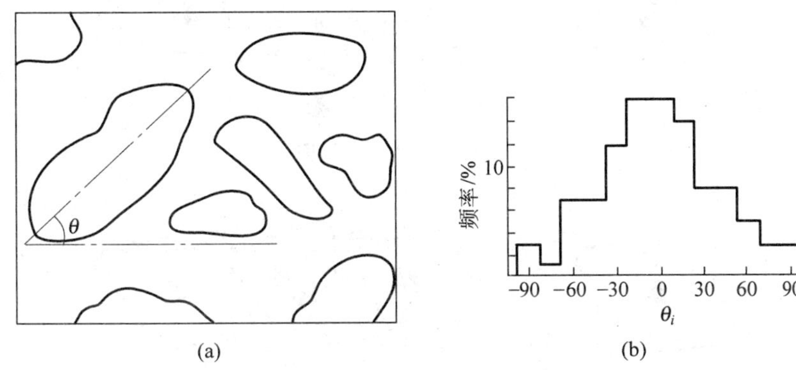

图 2-50　粗粒土颗粒的空间定向作用

(a) 在竖直面上颗粒的方向特性；(b) 在竖直面上 θ 的分布频率

轻轻敲击圆筒形刚性制样模而成的。这个图反映出土颗粒具有强烈的空间定向作用,亦即颗粒的长轴更倾向于水平方向排列。用砂雨法制成的试样会表现更强的空间定向作用。当粗粒土中含有一定比例的黏土或其胶结物质时,粗粒土还会被黏结而形成不同的集合形式。

2.8.3 黏土颗粒与水的相互作用——双电层

1. 水的分子结构

水分子由两个氢原子和一个氧原子组成,总电荷是平衡的。但它们在空间呈V形排列,H—O—H夹角是105°,如图2-51所示。这种正电荷(H)集中于一角、负电荷(O)集中于另一角的情况使水分子形成偶极子,它与其他水分子、水中离子和土的颗粒表面间形成相互作用力,这种作用力在黏土表面表现更突出。

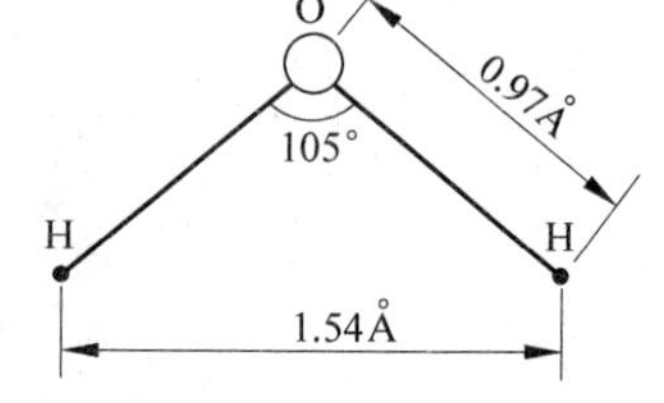

图2-51 水的分子结构

2. 黏土矿物成分及表面电荷

黏土主要由黏粒(粒径小于5μm)组成,它的主要成分是黏土矿物,也称次生矿物,即高岭石、伊利石和蒙脱石。

高岭石产于酸性环境中,是花岗石风化后的产物,通常来源于长石的水解,其分子式为$(OH)_8Si_4Al_4O_{10}$。蒙脱石常由火山灰、玄武岩等转变而来,一般在碱性、排水不良的环境里风化形成,其分子式为$(OH)_4Si_8Al_4O_{20}\cdot nH_2O$。伊利石为云母类黏土矿物,形成的条件需一定的钾离子,分子式为$(K,H_2O)_2Si_8(Al,Mg,Fe)_{4,6}\cdot O_{20}(OH)_4$。三种黏土矿物的比表面积相差很大,高岭石为7～30m^2/g,蒙脱石可达到810m^2/g,伊利石介于其中间,为67～100m^2/g。

黏土矿物的晶体结构大多由两种基本单元构成,即二氧化硅薄片组成的四面体和氢氧化铝薄片组成的八面体单元,并成层排列,参见图2-52和图2-53。每个四面体中,4个氧原子之间夹1个硅原子,而八面体单元的上部和下部各有3个氢氧根,中心为铝原子。

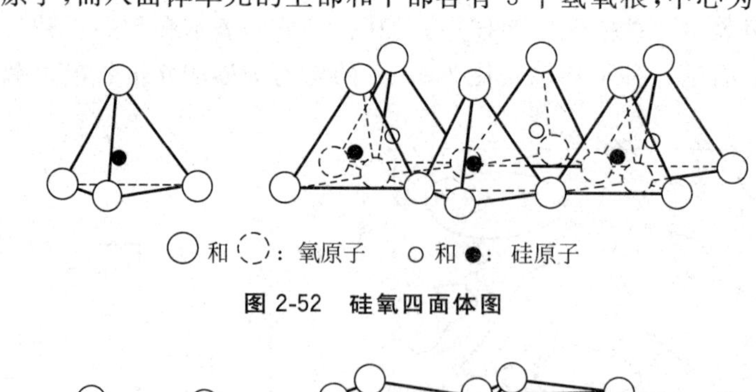

图2-52 硅氧四面体图

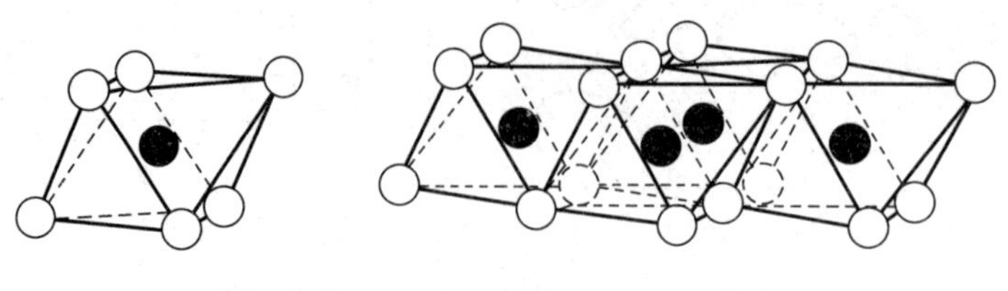

图2-53 铝氢氧八面体图

电泳试验表明，黏土矿物颗粒表面带负电荷，其原因较为复杂，可以解释如下：

(1) 在正常晶体中，总的正负电荷是平衡的，但在薄片边缘或表面，结构连续性遭受破坏，形成不平衡电荷，这些被破坏了的键常使黏土颗粒带负电荷，但在破坏了的边缘局部，也发现了正电荷集中现象。

(2) 四面体中心的硅或八面体中心的铝被别的较低价的阳离子置换，例如，镁离子或铁离子等，结果使晶体表面出现不平衡的负电荷，这种置换作用称为同晶转换。

(3) 当黏土存在于某种碱性溶液中时，土粒表面的氢氧基产生氢的离解，从而带负电。

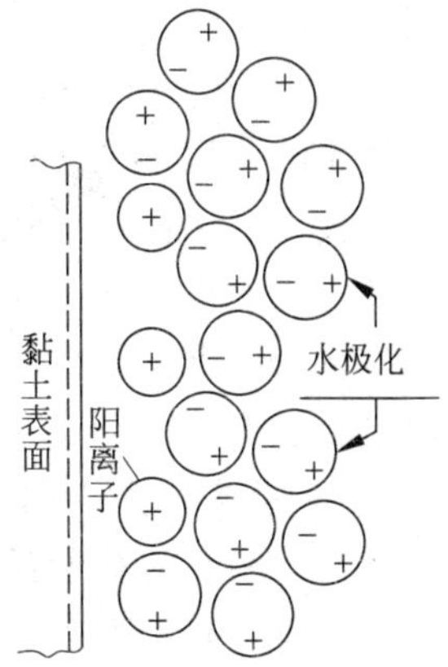

图 2-54　阳离子水化作用

3. 黏土颗粒与水的相互作用力及双电层

黏土颗粒细小，并且呈片状，比表面积很大。当它与土中水充分接触时，由于黏土颗粒与水分子均存在不平衡的电荷分布，加之土中水一般存在大量的离子，这就使黏土颗粒表面与水之间作用力影响十分显著，往往与重力处于相同量级。这些相互作用的力可能是水土间的静电引力，土颗粒表面通过阳离子与极化的水分子间形成的引力，由于离子浓度不同产生的渗析引力，或由于极化分子间产生的范德华力(van der Waals forces)等，见图 2-54～图 2-56。

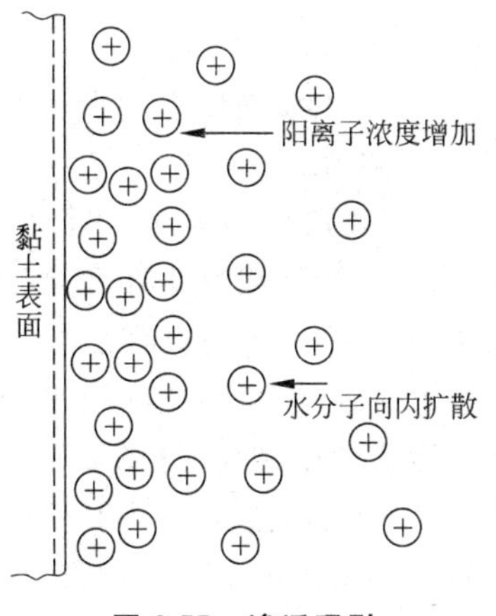

图 2-55　渗透吸引

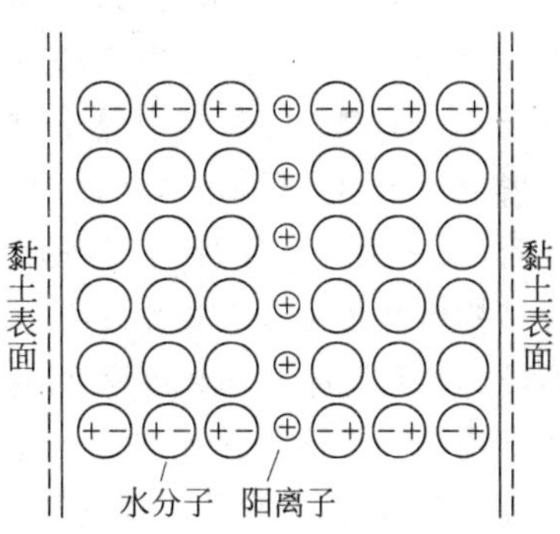

图 2-56　偶极子吸引

总之，带负电的黏土片状颗粒的周围会形成电场，周围水分子偶极子、阳离子(如 Na^{+}、Ca^{2+} 等)因静电引力而被吸附在黏土颗粒表面，离表面越近，吸附力越大，吸附越紧。带有负电荷的黏土片状颗粒和周围的水分子、阳离子云等组成的扩散层被称为扩散双电层，简称双电层。扩散双电层之外的孔隙水被视为自由水。而在双电层之内的水称为结合水或薄膜水，它具有许多与一般水不同的性质。

2.8.4　黏土颗粒间作用力及黏土的结构

黏土颗粒间存在着复杂的相互作用力，有引力，也有斥力。当总的引力大于斥力时，就表现为净引力,反之表现出净斥力,这使黏土形成不同的结构。黏土颗粒间的作用力主要有如下几种。

1) 静电力

静电力也称为库仑力。如上所述,黏土颗粒带负电荷。它们主要分布在其平面部分,而两端则带正电荷。根据库仑定律,同性电荷相排斥,异性电荷相吸引,作用力大小与电荷距离的平方成反比。

2) 分子力(也称范德华力(van der Waals forces))

物质的极性分子与相邻的另一极性分子间通过偶极吸引;极性分子也可使相邻的非极性分子发生极化,通过偶极吸引;在非极性分子中,分子中转动的电子可产生瞬时极性而相互吸引。这些作用称为分子键,分子间的键力与距离的6次方成反比,两个黏土颗粒中的吸引力为它们各个分子吸力之和。因而只有颗粒很小($<1\mu m$)时,并且相距很近时这种吸引力才起明显作用。

3) 通过离子起作用的静电力

当两个相邻的黏土颗粒靠近时,双电层重叠,即形成公共结合水膜时,阳离子与黏土粒表面负电荷共同吸引产生静电力,当两个双电层相距2.5nm(2.5×10^{-9}m)时,这个静电力明显起作用。

4) 颗粒间的结晶和胶结

这是一种化学键,它将原子、离子按一定规律通过化学键结合起来,其影响范围很小,但键能很高,可形成很高的黏聚力。

5) 渗透斥力

溶有离子的水与纯净水之间由于存在着渗透压力差而会产生渗透斥力。当两个黏土颗粒之间的水离子浓度高时,会出现渗透斥力,从而使两个土粒互相排斥。

在黏土沉积过程中,悬液中黏土颗粒一面沉降,一面作不规则布朗运动,它们可能会相互吸引而形成粒组,也可能进一步由单粒和粒组间引力而形成絮凝。当黏土在高含盐量的海水中沉积时,由于引力大于斥力,容易形成絮凝结构。而在淡水中沉积则更容易形成分散结构。絮凝结构可能是由于在盐水中黏土颗粒间表现为净引力所致;也可能是在淡水中带正电的黏土颗粒的边角与带负电的平面间的静电吸引而形成板房式片架结构(见图2-57(a))。黏土颗粒的结构可因环境变化而变化。比如受到干扰时片架结构可能被破坏。当高价阳离子代换低价阳离子时,会由于离子—静电引力而形成絮凝结构,反之用低价阳离子代换,双电层会变厚,引力将减小,而使黏土形成分散结构。图2-57表示了几种不同黏土的结构形式。

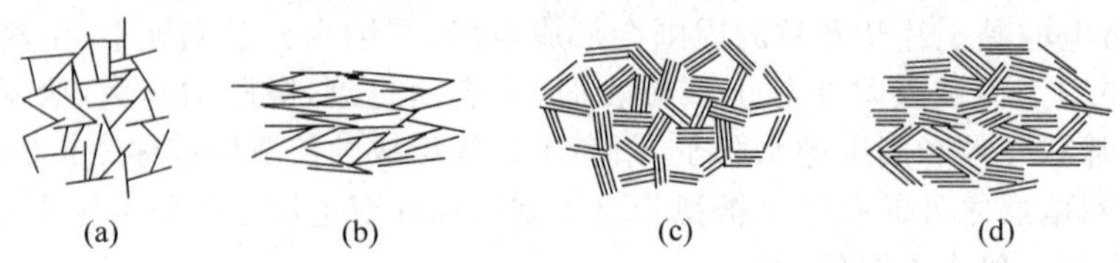

图2-57 黏土的几种结构形式

(a) 黏土单片的絮凝结构;(b) 黏土单片的分散结构;(c) 黏土片组的絮凝结构;(d) 黏土片组的分散结构

实际上黏土的结构形式更复杂,可能存在多级组构,亦即先由颗粒组成粒组、团粒,再由团粒组成宏观上类似于粗粒土性质的土。另外沉积、固结和历史变故可形成许多特殊土,如湿陷性黄土、膨胀土、红土、盐渍土、分散性土等，它们有不同的结构，表现出特殊的物理力学性质。

2.8.5　土的结构性

土中颗粒的组成、土颗粒的排列与组合、颗粒间的作用力导致了土形成不同的结构。这种结构对土的强度、渗透性和应力-应变关系特性有极大影响。土的结构对土的力学性质影响的强烈程度，可称为土的结构性的强弱。在黏性土中，敏感性指标是反映黏土结构性的重要指标。由于实验室的土样和野外土都不可避免地处于地球的重力场中，故排列不可能完全随机，且颗粒间也不可能完全独立无联系，因而不管是原状土还是室内重塑土总是表现出一定的结构性。室内制样的方法、程序和环境，在天然情况下土的生成、搬运、沉积、固结及在千万年地质历史中所受到的各种变故都会使土形成不同的或特有的结构性。由于原状土是长期地质历史的产物，因而比室内重塑土具有更强的结构性。在同样的密度及含水量情况下，原状土与重塑土性质有很大差别。图 2-58 为在侧限压缩试验中，正常固结的原状土与重塑土在单对数坐标系中的试验结果，可见在一定的压力范围内二者有明显的差别，超过一定的压力以后，两曲线趋于平行。在图 2-59 中表示了在比最优含水量更湿的情况下，用静压法和揉搓法制成压实土样的无侧限压缩试验结果。由于静压法制样形成更强的凝絮结构，而揉搓法则破坏了颗粒间的联系及结构性，二者的应力应变及强度相差很大。

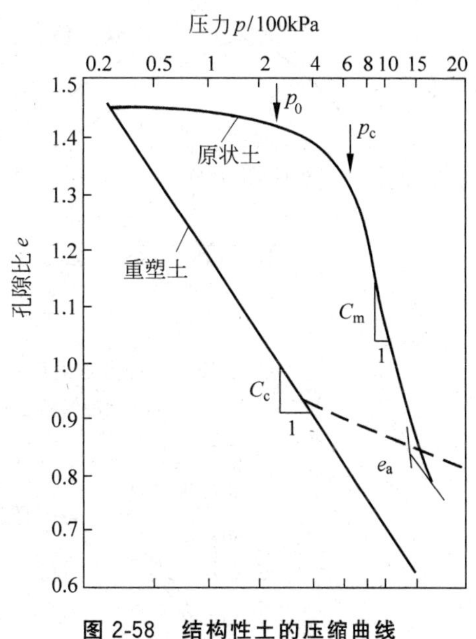

图 2-58　结构性土的压缩曲线

图 2-60 表示的是一种旧金山海滨淤泥土的原状土与扰动土的不排水试验结果。试验过程如下：首先将原状土样从地层中取出，放在三轴压力室中，施加 80kPa 的围压 p(不固结)，以平衡原位应力。接着进行不排水试验直到破坏。然后拆开三轴压力室，取出试样，在橡皮膜中就地进行重塑，再重装压力室，仍然施加 80kPa 的围压(不固结)，再加轴向荷载，得到的应力应变曲线和孔压关系见图 2-60(a)和(b)。试验分别进行了两组。从图中可见两种试样的应力应变关系相差极大。对两组试样，由不排水强度计算的敏感度分别为 4.5 和 3.1。这种差别主要是由于二者的有效应力不同。由于重塑后的扰动土的结构被破坏，试样内超静孔压大大增加，使得有效应力降低，见图 2-60(b)。二者的有效应力路径见图 2-60(c)，AB 为原状土的有效应力路径，CD 为重塑土的有效应力路径。

以往土力学研究中的理论及模型基本是建立在对重塑土试验的基础上，因而对于土的结构性的考虑是不够的。自然界和工程实践中大量存在和涉及的是原状土，因而考虑土的结构性对土的力学性质的影响是一个重要的课题。所谓的特殊土或区域性土往往具有更强烈或特殊的结构性。土的结构性对土的应力应变强度的影响以及土的结构性破坏后应力应变强度性质的变化是土力学理论和实践中一个重要研究领域。

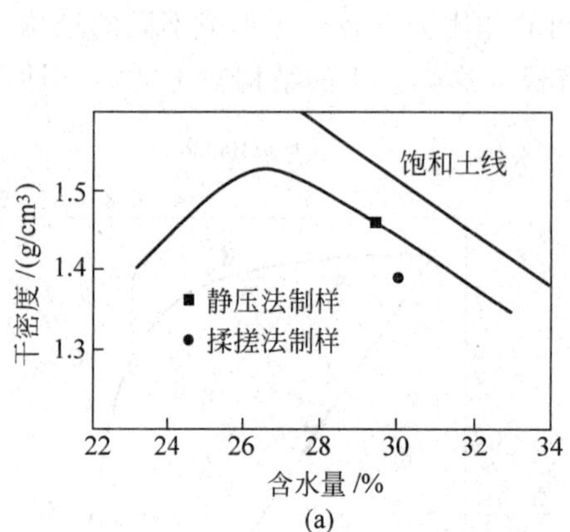

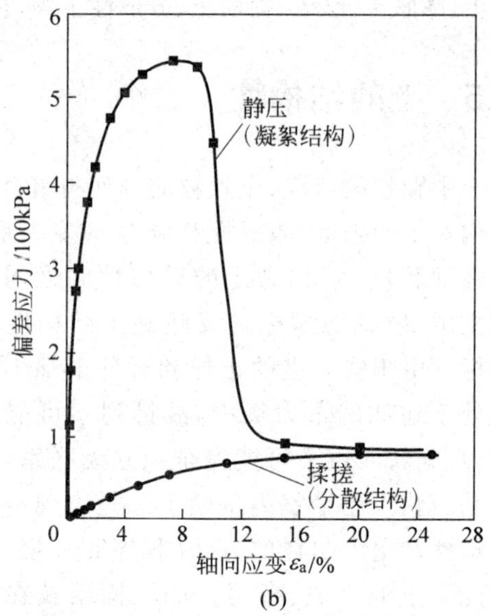

图 2-59 制样方法对压实黏土的无侧限压缩试验强度的影响

(a) 两种制样方法;(b) 无侧限单轴压缩试验

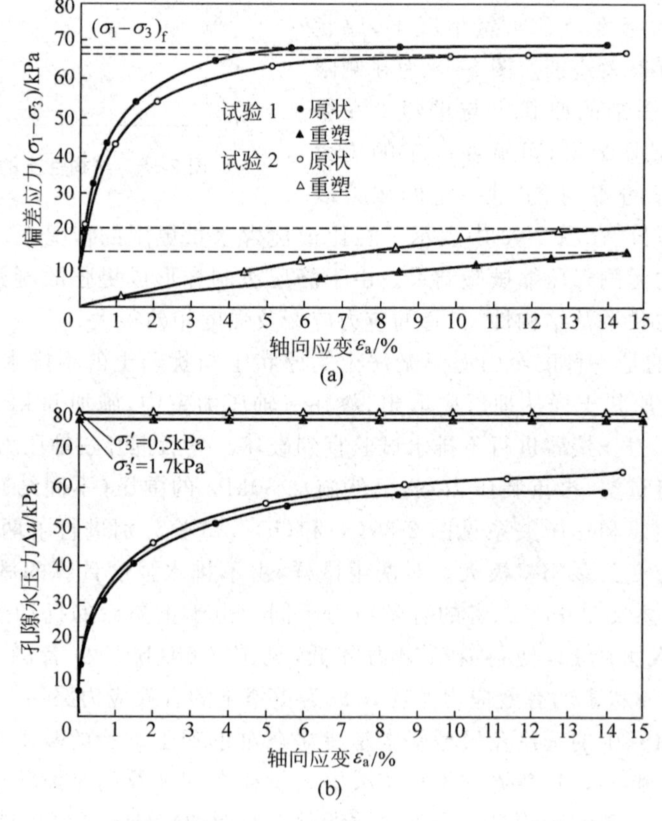

图 2-60 重塑与原状土的不排水试验

(a) 应力应变关系曲线;(b) 试验中孔压变化;(c) 总应力路径和有效应力路径

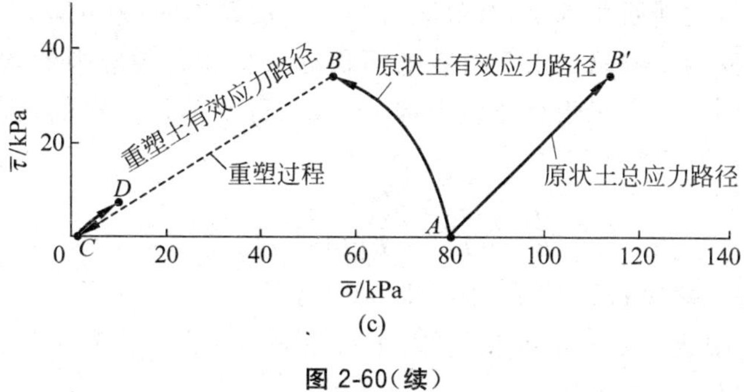

图 2-60（续）

2.8.6 损伤理论及其在岩土材料中的应用

连续损伤力学是由苏联的卡恰诺夫(Kachanov)1958年在研究一维蠕变断裂问题时提出的，他引入了连续性因子和有效应力的概念来表示材料损伤后的应力应变关系。此后损伤力学(damage mechanics)被推广应用来模拟金属的疲劳、蠕变及延展塑性变形的损伤，也被用于研究岩石和混凝土等脆性材料的损伤问题。近年来还被广泛应用于土力学相关研究中。

对于连续性材料，单轴拉伸试样受到拉力 P 作用，其表观(总)截面面积为 A，由于产生损伤(断裂)，截面实际受力面积为 A_{ef}，因断裂而产生的孔隙面积为 A_D，则

$$A = A_{ef} + A_D \tag{2-241}$$

两侧除以总面积 A，得

$$1 = \frac{A_D}{A} + \frac{A_{ef}}{A} = D + \psi \tag{2-242}$$

其中，$D=\dfrac{A_D}{A}$，称为损伤因子或损伤变量；$\psi=\dfrac{A_{ef}}{A}$，称为连续性因子。

截面上的表观应力为

$$\sigma = \frac{P}{A} \tag{2-243}$$

在截面孔隙(断裂)部分应力为零。

$$\sigma_D = 0 \tag{2-244}$$

在截面上连续部分上实际应力为 σ_{ef}，则

$$P=\sigma A=\sigma_D A_D+\sigma_{ef} A_{ef}=\sigma_{ef} A_{ef} \tag{2-245}$$

亦即

$$\sigma_{ef}=\frac{P}{A_{ef}} \tag{2-246}$$

其中 σ_{ef} 称为连续部分的有效应力，可见

$$\sigma_{ef} = \frac{\sigma}{\psi} = \frac{\sigma}{1-D} \tag{2-247}$$

或者

$$\sigma=(1-D)\sigma_{ef} \tag{2-248}$$

由于损伤造成有效断面积减小,有效应力增加。最简单的损伤模型是线弹性损伤模型,如果假设损伤对应变的影响只是由于有效断面积的减少和有效应力的增加,只需将无损伤或损伤前材料的本构关系应用于有效应力部分,就可得到损伤材料的表观的本构关系。以一维损伤为例,表观的应变为

$$\varepsilon=\frac{\sigma}{E}=\frac{\sigma_{\mathrm{ef}}}{E_0}=\frac{\sigma}{E_0(1-D)}=\frac{\sigma}{E_0\psi} \tag{2-249}$$

式中,E 为表观的弹性模量;E_0 为材料的实际弹性模量。

如能确定 $D(\sigma,\varepsilon)$ 或 $\psi(\sigma,\varepsilon)$ 的变化规律,上式就表示一种最简单的损伤本构模型。可见建立损伤模型需做以下三项工作:

(1) 选择或确定一个或一组合适的损伤变量 D。

(2) 确定有效应力与损伤变量间关系,即考虑损伤变量的本构关系。

(3) 确定损伤变量的函数表达式 $D=D(\sigma,\varepsilon)$,亦即确定随应力应变增加材料的损伤发展规律。损伤变量是有明确物理意义的物理量。$D=0$ 表示材料无损伤或初始状态;$D=1.0$ 表示材料达到完全损伤状态。根据材料受力变形和强度的微观机理定义损伤变量,是建立合理有效的损伤模型的关键。

除了上述的损伤模型之外,还有弹塑性损伤模型、黏弹塑性损伤模型等本构模型。图 2-61 就是一种弹塑性材料的损伤变形的分解图。

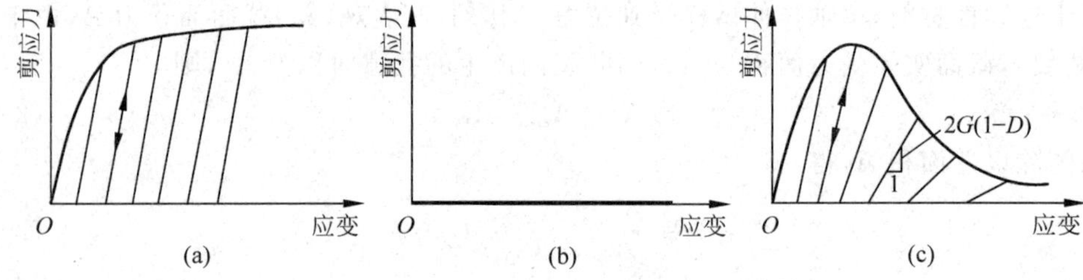

图 2-61 弹塑性材料损伤变形特性分析图

(a) 初始材料的弹塑性应力应变关系;(b) 完全损伤材料的应力应变关系;(c) 损伤材料的平均应力应变关系

在图 2-61 中,材料在变形过程中,一般有两部分。一部分保持其初始的应力应变特性,即弹塑性应力应变关系;另一部分为损伤部分,这是零应力下屈服的刚塑性应力应变关系。损伤部分的体积为 V_D,令 $D=V_D/V$,$D=0$ 表示材料无损伤,应力应变关系服从图 2-61(a)所示曲线;$D=1$ 则表示完全损伤,变成以零应力为屈服应力的刚塑性应力应变关系(见图 2-61(b));当 D 在 0~1 之间变化时,部分原状材料,部分损伤材料的平均效应反映在图 2-61(c)中,随着损伤部分的增加最后残余强度趋于零。

为了反映材料损伤,沈珠江院士提出了胶结杆物理模型以反映材料的脆性,它的屈服应力 σ_f 为 q,但一旦破裂,屈服应力则变为零,亦即

$$\left.\begin{array}{ll}\sigma\leqslant q, & \varepsilon=0\\ \sigma=0, & \varepsilon>0\end{array}\right\} \tag{2-250}$$

胶结杆与其他物理模型组合而成为各种多元模型,形成各种不同应力应变关系,见图 2-62。当然还能以更多组合以描述材料的弹性、塑性、黏性及脆性的应力应变关系。

经典的损伤力学是针对金属材料发展起来的,当用于土时就不完全适用。由于土主要

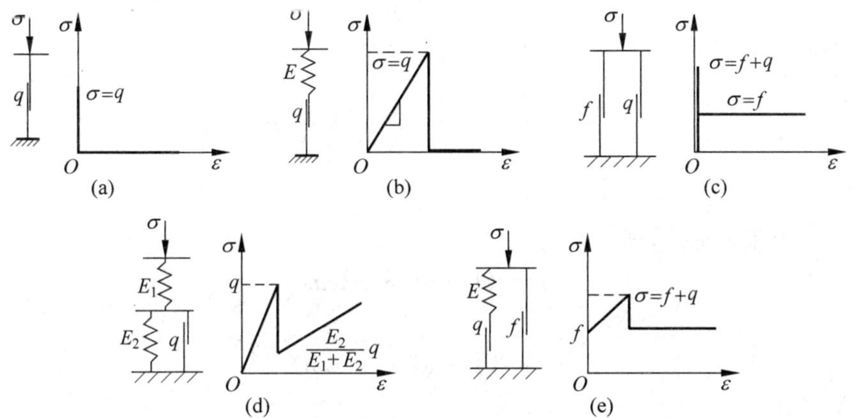

图 2-62　由胶结杆组成的各种损伤模型

(a) 胶结杆模型；(b) 弹性完全损伤模型；(c) 塑性损伤模型；
(d) 弹性损伤模型；(e) 弹塑性损伤模型

是在压应力状态下工作，土体在损伤之后仍可承担压应力，在一定应力条件下仍具有抗剪强度。损伤部分不是不能承担任何荷载了。如上节所述，土的结构性包括土体组成、排列变化和粒间胶结等因素。土的塑性变形主要是源于土粒间相互位置的移动和土粒的破碎，因而土的塑性理论模型主要是土颗粒排列关系的描述，以塑性应变为函数的硬化参数实际上是土中颗粒相互位置及排列的积累的一个尺度。从这个意义上讲，土的塑性理论模型也能反映土的结构性及其变化。但是当颗粒间存在以粒间作用力为主的相互联系时，损伤可反映这种作用的破坏过程，这种相互作用的破坏可能由于拉应力、剪应力，也可能在各向等压应力状态下发生。与塑性应变一样，损伤及其引起的应变也是不可恢复的，可以在不可逆热力学理论框架内建立损伤本构模型。因而在一个过程中损伤变量是递增函数。

在建立土的损伤模型时，最常用的方法是将原状土在初始状态作为一种初始无损伤材料，而将完全破坏（重塑）的土体作为损伤后的材料，在加载（或其他扰动）变形过程中土体可认为是原状土与损伤土两种材料的复合体。把损伤土部分所占的比例 w 称为损伤比，则土体力学特性可表示为二者的加权平均值。

$$S=(1-w)S_i+wS_d \tag{2-251}$$

其中，S 为土的某一种力学指标，S_i 与 S_d 分别为原状土及重塑土的同一力学指标。w 为损伤比，亦即损伤土所占的比例，它可以是面积比、体积比、重量比或者其他物理量之比。以单向压缩为例说明式(2-251)。在图 2-63 中，土试样总截面面积为 A，损伤后的重塑面积为 A_d，未损伤部分的原状土面积为 A_i，总荷载为 F。原状土与重塑土承担荷载分别为

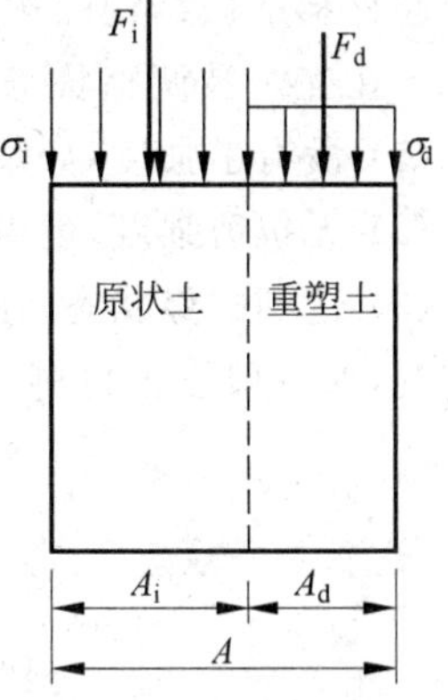

图 2-63　单向压缩土体的损伤的示意图

$$F_i=\sigma_i A_i \tag{2-252}$$

$$F_d=\sigma_d A_d \tag{2-253}$$

如果损伤比 w 定义为

$$w=\frac{A_{\mathrm{d}}}{A} \tag{2-254}$$

则表观应力 σ 为

$$\sigma=\frac{F}{A}=\frac{F_{\mathrm{i}}}{A}+\frac{F_{\mathrm{d}}}{A}=\frac{F_{\mathrm{i}}}{A_{\mathrm{i}}}\cdot\frac{A_{\mathrm{i}}}{A}+\frac{F_{\mathrm{d}}}{A_{\mathrm{d}}}\cdot\frac{A_{\mathrm{d}}}{A} \tag{2-255}$$

$$\sigma=(1-w)\sigma_{\mathrm{i}}+w\sigma_{\mathrm{d}} \tag{2-256}$$

如果推广为张量形式,即

$$\boldsymbol{\sigma}=(1-w)\boldsymbol{\sigma}_{\mathrm{i}}+w\boldsymbol{\sigma}_{\mathrm{d}} \tag{2-256a}$$

或者

$$\sigma_{ij}=(1-w)\sigma_{ij}^{\mathrm{i}}+w\sigma_{ij}^{\mathrm{d}} \tag{2-256b}$$

其增量形式为

$$\Delta\boldsymbol{\sigma}=(1-w)\Delta\boldsymbol{\sigma}_{\mathrm{i}}+w\Delta\boldsymbol{\sigma}_{\mathrm{d}}-(\boldsymbol{\sigma}_{\mathrm{i}}-\boldsymbol{\sigma}_{\mathrm{d}})\Delta w \tag{2-257}$$

如果表示为增量应力应变关系,则为

$$\Delta\boldsymbol{\sigma}=(1-w)\boldsymbol{D}_{\mathrm{i}}\Delta\boldsymbol{\varepsilon}+w\boldsymbol{D}_{\mathrm{d}}\Delta\boldsymbol{\varepsilon}-(\boldsymbol{\sigma}_{\mathrm{i}}-\boldsymbol{\sigma}_{\mathrm{d}})\left(\frac{\partial \boldsymbol{w}}{\partial\boldsymbol{\varepsilon}}\right)^{\mathrm{T}}\Delta\boldsymbol{\varepsilon} \tag{2-258}$$

其中,$\boldsymbol{D}_{\mathrm{i}}$ 与 $\boldsymbol{D}_{\mathrm{d}}$ 分别为原状土与重塑土的切线刚度矩阵,设 w 是应变的函数,式(2-258)也可以写成

$$\Delta\boldsymbol{\sigma}=\boldsymbol{D}_{\mathrm{d}}\Delta\boldsymbol{\varepsilon} \tag{2-259}$$

其中

$$\boldsymbol{D}_{\mathrm{d}}=(1-w)\boldsymbol{D}_{\mathrm{i}}+w\boldsymbol{D}_{\mathrm{d}}-(\boldsymbol{\sigma}_{\mathrm{i}}-\boldsymbol{\sigma}_{\mathrm{d}})\left(\frac{\partial \boldsymbol{w}}{\partial\boldsymbol{\varepsilon}}\right)^{\mathrm{T}} \tag{2-260}$$

$\boldsymbol{D}_{\mathrm{d}}$ 可以称为切线的损伤模量矩阵。

与其他材料相比,岩土材料的损伤有更多的引发的因素。钱德拉·德赛(Chandra S. Desai)提出扰动状态概念(disturbed state concept,DSC),即他认为力学、热、环境等因素均可引起材料的微结构的扰动,原状材料由于扰动而发生微结构的调整,最后达到完全被调整状态。在完全被调整状态,不同材料可以表现出如下不同的性状。

(1) 没有了强度,如某些损伤模型所做的假设;

(2) 无抗剪强度,但可承受静水压力,如同受限制的液体;

(3) 达到临界状态,在一定 p、q 作用下,表现出一定抗剪强度,发生剪应变,但不再发生体应变,如一般岩土材料。其平均应力应变可表示为

$$\sigma_{ij}^{\mathrm{a}}=(1-D)\sigma_{ij}^{\mathrm{i}}+D\sigma_{ij}^{\mathrm{c}} \tag{2-261}$$

即

$$\mathrm{d}\sigma_{ij}^{\mathrm{a}}=\mathrm{d}\sigma_{ij}^{\mathrm{i}}+\mathrm{d}D\sigma_{ij}^{\mathrm{r}}+D\cdot\mathrm{d}\sigma_{ij}^{\mathrm{r}} \tag{2-262}$$

$$\sigma_{ij}^{\mathrm{r}}=\sigma_{ij}^{\mathrm{c}}-\sigma_{ij}^{\mathrm{i}}$$

其中,上标 a 表示平均、表观的意思(average);i 表示初始(initial);c 表示临界状态(critical state);D 表示一个扰动状态因素,相当于损伤因子(disturbance function)。

德赛的扰动因子 D 所包含的因素更广泛,一般可表示为

$$D=D(\zeta,\rho_0,p_0,R,\theta,t)$$

其中,ζ 为应力应变历史参数,可用塑性应变或塑性功的轨迹表示;ρ_0 为初始密度;p_0 为初始压力;R 为颗粒间接触面性质;θ 为温度;t 为时间。

应当看到，引起损伤(或扰动)的因素可以是多方面的，不同土有其主要影响因素，例如对于一般原状土，主要是由于颗粒间移动造成粒间联结与原组织的破坏，损伤表现为塑性应变的函数。而对于冻土，则温度、压力均可引起冻土的融化，宏观上表现出损伤性质。如果围压大到一定水平，冻土的强度包线将随围压增加而下降。对于湿陷性黄土，损伤则主要是由土中含水量增加引起的。另外反复加载引起的疲劳、长期加载下的蠕变、腐蚀、老化，其损伤主要是时间的函数。广义的损伤可以表现为多种引发因素及来源于土的多种微观结构的变化。因而广义的土的损伤模型可能是反映土的结构性及应力应变特点的有力工具。

2.8.7　沈珠江结构性黏土的弹塑性损伤模型

沈珠江对于结构性黏土提出了一个弹塑性损伤模型。他认为未被扰动的土为原状土，结构性完全丧失的土为完全损伤土或重塑土。在侧限压缩试验中，重塑土与结构性土的应力应变关系如图2-58所示。原状黏性土的受力损伤变形可以看作是原状土向重塑土的演变过程。沈珠江认为原状黏土变形性状近似为弹性，只有当达到初始屈服面时，材料才会发生塑性变形。原状黏土也表现出很高的渗透系数和固结系数，有明显的应变软化和压缩性，孔压系数 A 可能大于1.0。而完全损伤土或重塑土变形性状为弹塑性，具有一组单屈服面 f_d。同时沈珠江假设损伤比 w 为土的应变的函数。

1. 完全损伤土的应力应变关系

这样在式(2-259)中，完全损伤土的模量矩阵可表示为

$$\boldsymbol{D}_d=(\boldsymbol{D}_d)_{ep}=(\boldsymbol{D}_d)_e-\frac{(\boldsymbol{D}_d)_e\dfrac{\partial \boldsymbol{f}}{\partial \boldsymbol{\sigma}}\left(\dfrac{\partial \boldsymbol{f}}{\partial \boldsymbol{\sigma}}\right)^{\mathrm{T}}(\boldsymbol{D}_d)_e}{A_d+\dfrac{\partial \boldsymbol{f}}{\partial \boldsymbol{\sigma}}(\boldsymbol{D}_d)_e\dfrac{\partial \boldsymbol{f}}{\partial \boldsymbol{\sigma}}} \tag{2-263}$$

其中，$(\boldsymbol{D}_d)_{ep}$ 与 $(\boldsymbol{D}_d)_e$ 分别为损伤土的弹塑性与弹性模量矩阵；A_d 为塑性硬化模量。

对于损伤土的弹性部分，可以取泊松比 ν_d 为常数，杨氏模量可以通过侧限压缩试验的回弹曲线确定。

$$E_d=\frac{(1+\nu_d)(1-2\nu_d)}{1-\nu_d}\frac{1+e_0}{0.434}\frac{\sigma_1}{c_e} \tag{2-264}$$

式中，c_e 为侧限压缩试验中 $e\text{-}\lg\sigma_1$ 曲线的回弹段的斜率。

损伤土的塑性变形可用塑性理论确定。损伤土的屈服函数可表示为

$$f_d=\frac{p}{1-(\eta/\eta_m)^n} \tag{2-265}$$

$$\eta=\frac{1}{\sqrt{2}}\left[\left(\frac{\sigma_1-\sigma_2}{\sigma_1+\sigma_2}\right)^2+\left(\frac{\sigma_2-\sigma_3}{\sigma_2+\sigma_3}\right)^2+\left(\frac{\sigma_3-\sigma_1}{\sigma_3+\sigma_1}\right)^2\right]^{\frac{1}{2}} \tag{2-266}$$

其中，n 和 η_m 为材料参数，$\eta_m=\sqrt[n]{1+n}\eta_d$，$\eta_d$ 为土开始发生剪胀时的 η 值，对于无明显剪胀的土 $\eta_d=\eta_f$。η_f 为土破坏时的 η 值。式(2-266)中，$\eta=\eta_f$ 时，有

$$\eta_f=\frac{1}{\sqrt{2}}(\sin^2\varphi_{13}+\sin^2\varphi_{12}+\sin^2\varphi_{23})^{\frac{1}{2}}=\sin\varphi \tag{2-267}$$

其中，φ_{12}、φ_{23}、φ_{13} 的意义见图2-64。

当参数 $n=1.2$ 时,式(2-265)表示的屈服轨迹如图 2-65 所示。

对重塑土(损伤土)进行侧限压缩试验,c_c 和 c_e 分别为 $e\text{-}\lg\sigma_1$ 直线的初始压缩指数和回弹指数。

$$c_c=\frac{\sigma_1(-\Delta e)}{0.434\Delta\sigma_1} \tag{2-268}$$

$$c_e=\frac{\sigma_1(-\Delta e^e)}{0.434\Delta\sigma_1} \tag{2-269}$$

$$\Delta\varepsilon_1=\frac{-\Delta e}{1+e_0} \tag{2-270}$$

$$\eta_0=\frac{1-K_0}{1+K_0} \tag{2-271}$$

$$p=\frac{1}{3}(1+2K_0)\sigma_1 \tag{2-272}$$

$$\frac{\partial\eta}{\partial\sigma_1}=\frac{2K_0}{(1+K_0)^2\sigma_1} \tag{2-273}$$

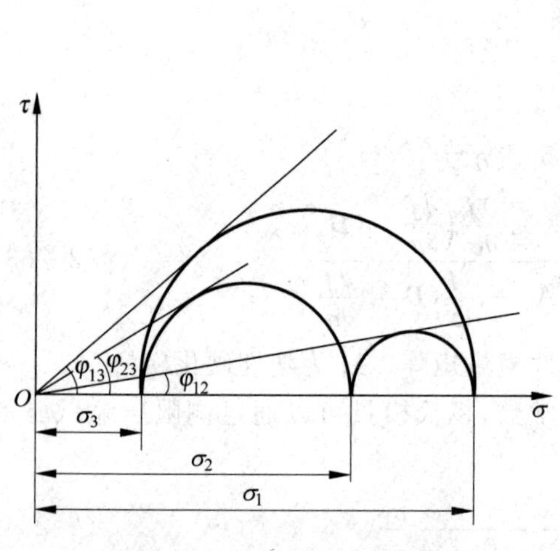

图 2-64 φ12、φ23、φ13 的意义

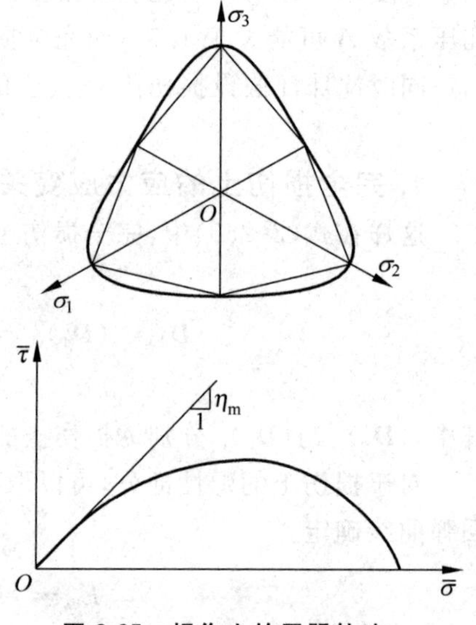

图 2-65 损伤土的屈服轨迹

则

$$\frac{\partial f_d}{\partial\sigma_1}=\frac{A}{1-\left(\dfrac{\eta_0}{\eta_m}\right)^n} \tag{2-274}$$

其中,K_0 为静止土压力系数,且 $K_0\approx1-\sin\phi$。

$$A=\frac{1}{3}+\frac{1}{\eta_0}\frac{n\left(\dfrac{\eta_0}{\eta_m}\right)^n}{1-\left(\dfrac{\eta_0}{\eta_m}\right)^n}\frac{2K_0(1+2K_0)}{3(1+K_0)^2} \tag{2-275}$$

由于

$$d\varepsilon_1^p = d\varepsilon_1 - d\varepsilon_1^e = 0.434\frac{c_c - c_e}{1+e_0}\frac{d\upsilon_1}{\sigma_1} \tag{2-276}$$

$$df_d = \frac{\frac{1}{3}(1+2K_0)d\sigma_1}{1-\left(\frac{\eta_0}{\eta_m}\right)^n} \tag{2-277}$$

则

$$d\varepsilon_1^p = \frac{1}{A_d}df_d\frac{\partial f_d}{\partial\sigma_1} = \frac{1}{A_d}\frac{\frac{1}{3}(1+2K_0)d\sigma_1}{1-\left(\frac{\eta_0}{\eta_m}\right)^n}\frac{A}{1-\left(\frac{\eta_0}{\eta_m}\right)^n} = \frac{1}{A_d}\frac{A(1+2K_0)d\sigma_1}{3\left[1-\left(\frac{\eta_0}{\eta_m}\right)^n\right]^2}$$

故

$$\frac{1}{A_d} = 0.434\frac{c_c - c_e}{1+e_0}\frac{3\left[1+\left(\frac{\eta_0}{\eta_m}\right)^n\right]^2}{A(1+2K_0)\sigma_1} \tag{2-278}$$

可见，完全损伤土的变形特性由土的三个参数 c_c、c_e 和 $\sin\varphi$ 完全确定。

2. 损伤的演化规律

上述损伤模型中的损伤变量 ω 可以设为土的应变的函数。

$$\omega = 1 - e^{-(a\varepsilon_v + b\varepsilon_s)} \tag{2-279}$$

$$\varepsilon_s = \frac{1}{\sqrt{2}}\left[(\varepsilon_1-\varepsilon_2)^2 + (\varepsilon_2-\varepsilon_3)^2 + (\varepsilon_3-\varepsilon_1)^2\right]^{\frac{1}{2}}$$

其中，参数 a、b 可以通过侧限压缩试验和无侧限压缩试验确定。在图 2-58 中，在侧限压缩试验中，当原状土压缩曲线与重塑土压缩曲线大体上平行时转折处的孔隙比为 e_a，设对应的损伤变量 $\omega=0.95$，则从式(2-279)可得

$$a = \frac{\ln 20}{(e_0 - e_a)/(1+e_0)} - b \tag{2-280}$$

再设无侧限压缩试验的应力应变曲线下降段后期转折点 ε_b 处的 $\omega=0.95$，见图 2-66。

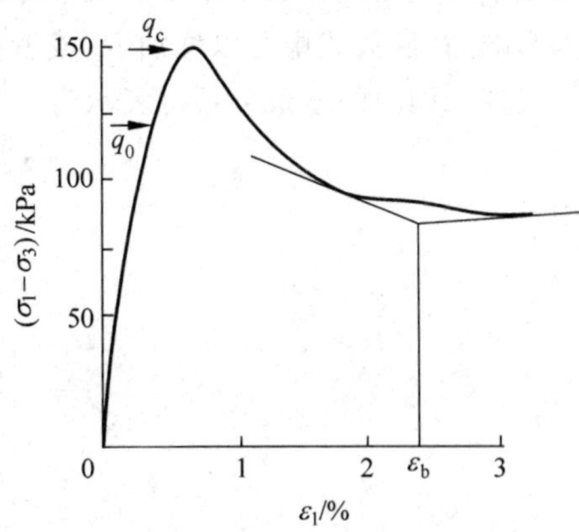

图 2-66　无侧限压缩试验曲线

设对应的 $\varepsilon_v=0$，得

$$b = \frac{\ln 20}{1.5\varepsilon_b} \tag{2-281}$$

则式(2-279)的增量形式可写成

$$d\omega = (1-\omega)(a\,d\varepsilon_v + b\,d\varepsilon_s) \tag{2-282}$$

原状土压缩曲线 e-$\lg\sigma_1$ 的斜率定义为

$$c_t = \frac{1+e_0}{0.434}\frac{d\varepsilon_1}{d\sigma_1}\sigma_1$$

设 c_m 为 c_t 最大值，则

$$c_t = (c_m - c_c)\sin\pi\omega + c_c \tag{2-283}$$

则有 e_a、ε_b 和 c_m 3 个参数，加上上述参数 c_c、c_e 和 $\sin\varphi$，以及 ν_d、原状土的模量 E_i、υ_i 和初始屈服参数 p_0、q_0，模型共有 11 个参数。

2.9 土的本构关系模型的数学实质及广义位势理论

土的本构模型式样繁多,其假设和功能各不相同。它们可能以全量形式表示,也可能以增量形式表示;有的是应力应变间存在唯一性关系的弹性模型,也有的是反映土不可恢复变形的弹塑性模型;在塑性理论中,有的采用相适应(相关联)的流动准则,也有的采用不相适应(非关联)的流动准则。表面纷繁的形式使人很难看到它们的联系及假设条件,而实际上,它们虽然采用了具有不同的物理或数学简化和假设,但是它们在数学上有一定的相互联系,可以在共同的数学基础上建立土的统一的本构模型理论体系。

2.9.1 土的一般应力应变关系及广义位势理论

从室内试验可得到在应力应变主空间中的一般的应力应变关系:

$$\left.\begin{aligned}\sigma_1 &= f_1(\varepsilon_1,\varepsilon_2,\varepsilon_3)\\ \sigma_2 &= f_2(\varepsilon_1,\varepsilon_2,\varepsilon_3)\\ \sigma_3 &= f_3(\varepsilon_1,\varepsilon_2,\varepsilon_3)\end{aligned}\right\} \tag{2-284a}$$

或者

$$\left.\begin{aligned}\varepsilon_1 &= F_1(\sigma_1,\sigma_2,\sigma_3)\\ \varepsilon_2 &= F_2(\sigma_1,\sigma_2,\sigma_3)\\ \varepsilon_3 &= F_3(\sigma_1,\sigma_2,\sigma_3)\end{aligned}\right\} \tag{2-284b}$$

用主应力表示其应力应变关系是建立在材料是各向同性的假设基础上的。同时上式是在假定应力应变间存在全量唯一关系时得到的,即未考虑应力路径的影响。若考虑应力路径的影响,在函数式中可以增加 R_σ 或者 R_ε 作为影响系数。

式(2-284a)的增量关系可表示为

$$\mathrm{d}\boldsymbol{\sigma}_{3\times1} = \boldsymbol{f}_{3\times3}\mathrm{d}\boldsymbol{\varepsilon}_{3\times1} \tag{2-285a}$$

其中

$$\boldsymbol{f} = \begin{bmatrix}\dfrac{\partial f_1}{\partial\varepsilon_1} & \dfrac{\partial f_1}{\partial\varepsilon_2} & \dfrac{\partial f_1}{\partial\varepsilon_3}\\ \dfrac{\partial f_2}{\partial\varepsilon_1} & \dfrac{\partial f_2}{\partial\varepsilon_2} & \dfrac{\partial f_2}{\partial\varepsilon_3}\\ \dfrac{\partial f_3}{\partial\varepsilon_1} & \dfrac{\partial f_3}{\partial\varepsilon_2} & \dfrac{\partial f_3}{\partial\varepsilon_3}\end{bmatrix} \tag{2-286}$$

式(2-285a)是可积的,即与应力路径无关。对于更普遍的关系,增量关系可写成

$$\mathrm{d}\boldsymbol{\varepsilon}_{3\times1} = \boldsymbol{A}_{3\times3}\mathrm{d}\boldsymbol{\sigma}_{3\times1} \tag{2-285b}$$

这就定义了在一定应力增量下,有一定的应变增量发生。矩阵 $\boldsymbol{A}$ 中各项是应力(或应变)的函数,因而式(2-285b)有更普遍的意义。

对应于某一具体的坐标系 x、y、z,通过坐标变换,可将式(2-284a)转换成一般应力应变空间(六维)的表达式:

$$\sigma_{ij} = F_{ij}(\sigma_{kl}, \varepsilon_{mn}) \tag{2-287}$$

如果应力与应变的三个主方向相同，即

$$\boldsymbol{T}_{\sigma 3\times6} = \boldsymbol{T}_{\varepsilon 3\times6} \tag{2-288}$$

$\boldsymbol{T}_{\sigma 3\times6}$和$\boldsymbol{T}_{\varepsilon 3\times6}$为应力与应变的坐标转换矩阵，则式(2-287)可表示为

$$\sigma_{ij} = F_{ij}(\varepsilon_{kl}) \tag{2-289}$$

式(2-285a)可表示为

$$\mathrm{d}\boldsymbol{\sigma}_{6\times1} = \boldsymbol{T}_{\mathrm{d}\sigma 6\times3}\boldsymbol{f}_{3\times3}\boldsymbol{T}_{\mathrm{d}\varepsilon 3\times6}\mathrm{d}\boldsymbol{\varepsilon}_{6\times1} \tag{2-290}$$

若应力、应变的全量及增量的主方向都相同，即

$$\boldsymbol{T}_{\sigma} = \boldsymbol{T}_{\varepsilon} = \boldsymbol{T}_{\mathrm{d}\sigma} = \boldsymbol{T}_{\mathrm{d}\varepsilon} \tag{2-291}$$

则式(2-290)可表示为

$$\mathrm{d}\boldsymbol{\sigma}_{6\times1} = \boldsymbol{D}_{6\times6}\mathrm{d}\boldsymbol{\varepsilon}_{6\times1} \tag{2-292}$$

$\boldsymbol{D}$ 为主应变的函数，可在应力空间内建立类似的关系。

所谓的广义位势理论是在主空间内确定一个或几个势函数，使应力应变或其增量与这些势函数建立一定关系。在式(2-284a)和式(2-284b)中，如果三维的主空间是一个有势场，矢量$\boldsymbol{\sigma}_i$($\mathrm{d}\boldsymbol{\sigma}_i$)或$\boldsymbol{\varepsilon}_i$($\mathrm{d}\boldsymbol{\varepsilon}_i$)方向与某一势函数的梯度矢量方向一致，则可建立一个单一势面的理论公式。如果不存在这样一个势函数，则三维空间的任一矢量总可以用与其梯度矢量线性无关的三个势函数 φ_1、φ_2、φ_3 的梯度矢量表示。

$$\boldsymbol{\varepsilon}_i = \sum_{k=1}^{3}\lambda_k\frac{\partial\varphi_k}{\partial\sigma_i} \tag{2-293}$$

当应力与应变的主方向一致时，

$$\varepsilon_{ij} = \sum_{k=1}^{3}\lambda_k\frac{\partial\varphi_k}{\partial\sigma_{ij}} \tag{2-294}$$

应力与应变的增量的关系也同样可表达成与式(2-293)或式(2-294)类似的形式。如果应变增量只包括塑性应变增量 $\mathrm{d}\varepsilon_{ij}^{\mathrm{p}}$，广义位势理论就成为广义的塑性位势理论。

2.9.2 超弹性模型或格林弹性模型

在式(2-284a)和式(2-284b)中，若矢量$\boldsymbol{\sigma}_i$或$\boldsymbol{\varepsilon}_i$的旋度为零，即满足：

$$\frac{\partial\sigma_i}{\partial\varepsilon_j} = \frac{\partial\sigma_j}{\partial\varepsilon_i} \tag{2-295a}$$

或者

$$\frac{\partial\varepsilon_i}{\partial\sigma_j} = \frac{\partial\varepsilon_j}{\partial\sigma_i} \tag{2-295b}$$

则 σ_i 或 ε_i 为有势场的矢量，存在着一个势函数 W 或 Ω(变形能或余能)，使

$$\sigma_i = \frac{\partial W}{\partial\varepsilon_i} \tag{2-296a}$$

或者

$$\varepsilon_i = \frac{\partial\Omega}{\partial\sigma_i} \tag{2-296b}$$

当应力与应变三个主方向相同时，式(2-296a)和式(2-296b)可写成

$$\sigma_{ij} = \frac{\partial W}{\partial \varepsilon_{ij}} \tag{2-297a}$$

或者

$$\varepsilon_{ij} = \frac{\partial \Omega}{\partial \sigma_{ij}} \tag{2-297b}$$

这就是超弹性模型(格林模型)的一般表达式。该模型除了假定应力应变的主方向一致外,还假定 σ_i 或 ε_i 为有势场的矢量。选择合适的参数,一阶超弹性模型可表示为广义胡克定律的形式。

2.9.3 柯西弹性模型

式(2-289)是柯西模型的最一般表达式。它无须假设三维主空间存在唯一势函数使其矢量方向与 σ_i 或 ε_i 矢量方向一致。但是如果在主应变空间将主应力用三个矢量线性无关的势函数 φ_1、φ_2、φ_3 表示,总是可以的,再假设应力应变主方向一致,则可表示为

$$\sigma_{ij} = \sum_{k=1}^{3} A_k \frac{\partial \varphi_k}{\partial \varepsilon_{ij}} \tag{2-298}$$

其中势函数 φ_k 可表示为三个应变不变量的函数,因为

$$\left.\begin{aligned} \frac{\partial \bar{I}_{1\varepsilon}}{\partial \varepsilon_{ij}} &= \delta_{ij} \\ \frac{\partial \bar{I}_{2\varepsilon}}{\partial \varepsilon_{ij}} &= \varepsilon_{ij} \\ \frac{\partial \bar{I}_{3\varepsilon}}{\partial \varepsilon_{ij}} &= \varepsilon_{im}\varepsilon_{mj} \end{aligned}\right\} \tag{2-299}$$

其中

$$\bar{I}_{1\varepsilon} = \varepsilon_{kk}$$

$$\bar{I}_{2\varepsilon} = \frac{1}{2}\varepsilon_{km}\varepsilon_{kn}$$

$$\bar{I}_{3\varepsilon} = \frac{1}{3}\varepsilon_{km}\varepsilon_{kn}\varepsilon_{nm}$$

则式(2-298)又可表示为

$$\sigma_{ij} = \alpha_1\delta_{ij} + \alpha_2\varepsilon_{ij} + \alpha_3\varepsilon_{im}\varepsilon_{mj} \tag{2-300}$$

对于二阶柯西模型,其增量形式可表示为

$$\mathrm{d}\boldsymbol{\sigma} = \boldsymbol{D}_{\mathrm{t}}\mathrm{d}\boldsymbol{\varepsilon} \tag{2-301}$$

其中,$\boldsymbol{D}_{\mathrm{t}}$ 为一非对称的切线刚度矩阵。可见柯西模型只作了应力应变主方向一致的假设,因而格林模型是柯西模型的特例。选择合适的参数,柯西模型也可简化为线弹性模型的广义胡克定律的形式。柯西模型并不能满足解的唯一性与稳定性。但对于土的研究,这可能不是必要条件。

2.9.4 次弹性模型

全量的弹性模型(柯西模型和格林模型)是假设应力状态与应变状态一一对应的。次弹

性模型是在增量关系上建立的模型，它具有更普遍的意义，式(2-285a)经坐标变换可以得到

$$d\sigma_{ij} = F_{ij}(\sigma_{mn}, d\varepsilon_{kl}) \tag{2-302}$$

对于各向同性、变形与时间无关的情况，式(2-302)可写成

$$d\sigma_{ij} = D_{ijkl}(\sigma_{mn})d\varepsilon_{kl} \tag{2-303}$$

次弹性具有更宽松的条件，它是在增量意义上为弹性的。当它可积分时，它就可简化为柯西弹性模型，因而次弹性模型一般可反映应力路径影响和应力引起的各向异性。但因它一般使用的参数较多，并且不易通过试验确定，所以参数的物理意义不够明确。

2.9.5 弹塑性模型的塑性位势理论

在弹塑性模型中，弹性应力应变关系一般都用线弹性和简单的非线弹性模型描述，关键部分是它的塑性应变增量的计算。

类似于式(2-285b)，塑性主应变增量与主应力增量的关系可表示为

$$d\boldsymbol{\varepsilon}^{p}_{3\times1} = \boldsymbol{A}_{3\times3}\, d\boldsymbol{\sigma}_{3\times1} \tag{2-304}$$

如果矩阵 $\boldsymbol{A}$ 的秩为 1，并且 $d\boldsymbol{\varepsilon}^{p}_{i}$ 矢量为一个有势场的矢量，就可得出

$$d\varepsilon^{p}_{i} = d\lambda \frac{\partial g}{\partial \sigma_i} \tag{2-305}$$

如果再假设 $d\varepsilon^{p}_{i}$ 与 σ_i 的三个主方向相同，通过坐标变换可得到

$$d\varepsilon^{p}_{ij} = d\lambda \frac{\partial g}{\partial \sigma_{ij}} \tag{2-306}$$

可见这种经典的单一塑性势面塑性理论的假设包括：

(1) 式(2-304)中矩阵 $\boldsymbol{A}$ 的秩为 1；

(2) 在三维应力空间中，$d\varepsilon^{p}_{i}$ 为一有势场的矢量；

(3) $d\varepsilon^{p}_{i}$ 与 σ_i 的三个主方向一致。

2.9.6 相适应与不相适应的流动规则

设在主空间中塑性应变满足如下的塑性方程：

$$f(\varepsilon^{p}_{i}, \sigma_i) = 0 \tag{2-307}$$

它实际上就是以 ε^{p}_{i} 为硬化参数的屈服函数。对式(2-307)微分，得

$$\left(\frac{\partial \boldsymbol{f}}{\partial \boldsymbol{\varepsilon}_{p}}\right)^{T}_{1\times3}(d\boldsymbol{\varepsilon})_{3\times1} + \left(\frac{\partial \boldsymbol{f}}{\partial \boldsymbol{\sigma}}\right)^{T}_{1\times3}(d\boldsymbol{\sigma})_{3\times1} = 0 \tag{2-308}$$

从式(2-308)和式(2-305)可得到

$$(d\boldsymbol{\varepsilon}^{p})_{3\times1} = \left(\frac{\partial \boldsymbol{g}}{\partial \boldsymbol{\sigma}}\right)_{3\times1} \frac{1}{A}\left(\frac{\partial \boldsymbol{f}}{\partial \boldsymbol{\sigma}_i}\right)^{T}_{1\times3}(d\boldsymbol{\sigma})_{3\times1} \tag{2-309}$$

其中

$$A = -\left(\frac{\partial \boldsymbol{f}}{\partial \boldsymbol{\varepsilon}^{p}}\right)^{T}\frac{\partial \boldsymbol{g}}{\partial \boldsymbol{\sigma}} \tag{2-310}$$

可见在式(2-304)中

$$\boldsymbol{A}_{3\times3} = \frac{\partial \boldsymbol{g}}{\partial \boldsymbol{\sigma}}\frac{1}{A}\left(\frac{\partial \boldsymbol{f}}{\partial \boldsymbol{\sigma}}\right)^{T} \tag{2-311}$$

当 $g=f$ 时,矩阵 $\boldsymbol{A}$ 是对称的,亦即就是所谓的相适应的流动规则;当 $g\neq f$ 时,矩阵 $\boldsymbol{A}$ 是不对称的,这就是不相适应的流动规则。而矩阵 $\boldsymbol{A}$ 是否对称应由材料的性质决定,这需要通过土的具体试验来决定,不是人为事先规定的。

尽管对于不相适应的流动规则($g\neq f$),其矩阵 $\boldsymbol{A}$ 是不对称的,但其矩阵中各元素之间应满足如下关系:

$$a_{11} : a_{21} : a_{31} = \frac{\partial g}{\partial \sigma_1} : \frac{\partial g}{\partial \sigma_2} : \frac{\partial g}{\partial \sigma_3} \tag{2-312}$$

$$a_{11} : a_{12} : a_{13} = \frac{\partial f}{\partial \sigma_1} : \frac{\partial f}{\partial \sigma_2} : \frac{\partial f}{\partial \sigma_3} \tag{2-313}$$

至于矩阵 $\boldsymbol{A}$ 是否满足上两式的关系,完全由材料性质决定,因而单一塑性势面模型是有其局限性的。

2.9.7 多重势面的广义塑性理论

如上所述,在式(2-304)中,$\mathrm{d}\boldsymbol{\varepsilon}_i^{\mathrm{p}}$ 是主应力空间中一个三维矢量,当它为有势的矢量场时,可以用唯一的势函数描述;否则,则用其三个梯度矢量线性无关的势函数表示和拟合。

$$\mathrm{d}\varepsilon_{ij}^{\mathrm{p}} = \sum_{k=1}^{3} \mathrm{d}\lambda_k \frac{\partial \varphi_k}{\partial \sigma_i} \tag{2-314}$$

假设 $\mathrm{d}\varepsilon_i^{\mathrm{p}}$ 与 σ_i 三个主方向相同,经坐标变换,式(2-314)可变换为

$$\mathrm{d}\varepsilon_{ij}^{\mathrm{p}} = \sum_{k=1}^{3} \mathrm{d}\lambda_k \frac{\partial \varphi_k}{\partial \sigma_{ij}} \tag{2-315}$$

其中 $\mathrm{d}\lambda_k$ 可用式(2-304)中三个方程确定。

这就是广义的多重势面塑性理论。φ_k 可以取任意三个梯度矢量线性无关的函数。例如,可选为三个主应力、三个应力不变量或三个应力不变量的函数。因而这种模型更适应反映土的复杂变形特性,在一定的简化后,可得到更简化与实用的模型。

综上所述,可见各种弹性、弹塑性本构模型实际上是在不同的数学物理假设基础上建立的,其数学本质是相通的。广义的变形位势理论可以清楚地说明各种本构模型,便于从更高的视野建立土的简便实用的本构模型。但土的应力变形性质毕竟是十分复杂的,人们在实际应用中往往从试验数据拟合,使用半经验的方法得到更实用的模型,有时与各种经典理论不一致。但突破传统理论模型的约束往往是实际应用的需要。

习题与思考题

1. 用一种砂土在立方体真三轴仪上进行平均主应力 p 为常数、广义剪应力 q 为常数、仅改变 θ 的真三轴试验。当 $\theta=0°$, $30°$ 和 $-30°$ 时,给出用 p、q 表示的 σ_1、σ_2、σ_3 的表达式。

2. 在真三轴仪上进行一个在 π 平面上应力路径为圆周的排水试验,其中 $p=100\mathrm{kPa}$,$q=50\mathrm{kPa}$,σ_x,σ_y,σ_z 分别代表坐标的三个方向上的主应力,按式(2-34)计算完成表 2-4。

表 2-4　习题 2 计算结果表

θ'	0°	30°	60°	90°	120°	150°	180°	210°	240°	270°	300°	330°	360°
$\tan\theta'$													
σ_z													
σ_x													
σ_y													

注：定义 $\theta'=0°$时，为 CTC 试验（即 $\sigma_z>\sigma_x=\sigma_y$）。

3. 在下列的三种应力状态下，三个主应力 σ_1、σ_2、σ_3 各为多少？

（1）$p=100\text{kPa}$，$q=120\text{kPa}$，$\theta=0°$；

（2）$p=100\text{kPa}$，$q=73\text{kPa}$，$\theta=15°$；

（3）$p=123\text{kPa}$，$q=78\text{kPa}$，$\theta=-10°$。

4. 在真三轴仪中进行 π 平面上应力路径为圆周的排水试验，其中 $p=100\text{kPa}$，$q=50\text{kPa}$，σ_1，σ_2，σ_3 分别代表三个方向上的主应力（下标不代表主应力大小次序），计算在下列不同洛德角 θ 下的各主应力值，完成表 2-5。

表 2-5　习题 4 计算结果表

θ	0°	15°	−15°	30°	−30°	60°	−60°	90°	−90°	120°	−120°	150°	−150°	±180°
σ_1														
σ_2														
σ_3														

5. 推导偏差应力张量$\left(s_{ij}=\sigma_{ij}-\frac{1}{3}\sigma_{kk}\delta_{ij}\right)$的第一、第二和第三不变量的一般表达形式与用主应力表达的公式。

6. 什么是八面体正（法向）应力和八面体剪（切向）应力，八面体法向应变和八面体剪切向应变？为什么在土力学中常用 p、q、ε_v、$\bar{\varepsilon}$ 表示它们？

7. 证明在 σ_1、σ_2、σ_3 分别为大、中、小主应力时，应力洛德角$-\frac{\pi}{6}\leqslant\theta\leqslant\frac{\pi}{6}$角域。

8. 已知砂土试样的 $\sigma_1=800\text{kPa}$，$\sigma_2=500\text{kPa}$，$\sigma_3=200\text{kPa}$，试计算：

（1）I_1、I_2、I_3、J_2、J_3、p、q、b 和 θ 值；

（2）如果 $\sigma_1=800\text{kPa}$，$\sigma_2=\sigma_3=200\text{kPa}$，上述各值为多少？

9. 在土的应力应变关系中，何谓应变软化现象？哪些土在常规三轴压缩试验中会发生应变软化？

10. 什么叫土的本构关系？在土的本构关系中，土的强度和应力-应变有什么联系？

11. 什么是加工（应变）硬化？什么是加工（应变）软化？绘出它们典型的应力应变关系曲线。

12. 什么是土的压硬性？什么是土的剪胀性？解释它们的微观机理。

13. 简述土的应力应变关系的特性及其影响因素。

14. 定性画出在很高围压(σ_3>30MPa)和较低围压(σ_3=100kPa)下密砂的排水常规三轴压缩试验的$(\sigma_1-\sigma_3)$-ε_1-ε_v应力应变关系曲线形状。

15. 说明在极低的围压(σ_3<10kPa)影响下，砂土三轴试验结果的边界条件和因素。

16. 土的初始各向异性是由什么原因造成的？哪些因素会诱发土各向异性？

17. 邓肯-张的双曲线非线性弹性模型与康纳(Kondner)提出的三轴试验的双曲线应力应变关系有何关系与区别？

18. 在邓肯-张的非线弹性双曲线模型中，参数a，b，E_i，$(\sigma_1-\sigma_3)_{ult}$以及$R_f$各代表什么含义？

19. 邓肯-张模型有EB形式和$E\nu$形式。其中的参数B、E_t与ν_t之间，常数K_b、K与G之间应当有什么关系？

20. 在邓肯-张模型中，一般同一种土的试验常数K与K_{ur}哪个大一些？K与K_b哪个大一些？

21. 假定某两种土的邓肯-张模型参数的破坏比R_f分别为0.58和0.98，在某围压σ_3时，二者的抗剪强度相等。请定性画出两种土排水的常规三轴试验的应力应变关系曲线示意图。

22. 下面是承德中密砂在三种围压下的常规三轴压缩试验结果。用这些数据计算邓肯双曲线E，ν和E，B模型的参数，见表2-6a～表2-6c。

表2-6a 承德中密砂常规三轴试验数据表(围压σ_3=100kPa)

应力差	轴向应变	体应变	备注	应力差	轴向应变	体应变	备注
$(\sigma_1-\sigma_3)$/100kPa	ε_1	ε_v		$(\sigma_1-\sigma_3)$/100kPa	ε_1	ε_v	
0.508	0.002 25	0.000 74		2.812	0.026 95	0.000 03	
1.002	0.004 49	0.001 30		2.845	0.030 32	−0.000 12	
1.463	0.006 74	0.001 76		2.878	0.033 69	−0.001 95	
1.849	0.008 98	0.002 23		2.889	0.037 06	−0.002 88	
2.149	0.011 23	0.002 23		2.894	0.040 43	−0.003 81	
2.331	0.013 48	0.002 14		2.889	0.044 92	−0.004 74	
2.477	0.015 72	0.001 76		2.879	0.049 41	−0.005 67	
2.587	0.017 97	0.001 58		2.869	0.053 90	−0.006 50	
2.665	0.020 21	0.001 11		2.853	0.058 39	−0.007 52	
2.730	0.022 46	0.000 56		2.836	0.062 89	−0.008 27	
2.777	0.024 71	0.000 09		2.809	0.067 38	−0.008 91	

表 2-6b　承德中密砂常规三轴试验数据表（围压 $\sigma_3=300$kPa）

应力差	轴向应变	体应变	备注	应力差	轴向应变	体应变	备注
$(\sigma_1-\sigma_3)$ /100kPa	ε_1	ε_v		$(\sigma_1-\sigma_3)$ /100kPa	ε_1	ε_v	
0.909	0.00125	0.000 75		7.515	0.02939	0.00160	
2.286	0.0035	0.001 51		7.714	0.03276	0.00094	
3.533	0.005 75	0.002 36		7.846	0.03614	0.00028	
4.341	0.008 00	0.003 02		7.939	0.03952	−0.00047	
5.203	0.010 25	0.003 29		8.016	0.04402	−0.00123	
5.781	0.012 51	0.003 29		8.043	0.04852	−0.00207	
6.202	0.014 76	0.003 29		8.058	0.05302	−0.00292	
6.529	0.017 01	0.003 29		8.047	0.05753	−0.00377	
6.789	0.019 26	0.003 02		8.026	0.06203	−0.00452	
7.065	0.021 51	0.002 83		7.992	0.06653	−0.00537	
7.233	0.023 76	0.002 36		7.932	0.07216	−0.00613	
7.390	0.026 01	0.001 89		7.859	0.07778	−0.00707	

表 2-6c　承德中密砂常规三轴试验数据表（围压 $\sigma_3=500$kPa）

应力差	轴向应变	体应变	备注	应力差	轴向应变	体应变	备注
$(\sigma_1-\sigma_3)$ /100kPa	ε_1	ε_v		$(\sigma_1-\sigma_3)$ /100kPa	ε_1	ε_v	
0.756	0.000 25	0.000 57		12.164	0.028 40	0.00246	
2.454	0.0025	0.001 14		12.439	0.031 78	0.001 99	
4.587	0.004 76	0.001 99		12.652	0.035 16	0.001 52	
6.349	0.007 01	0.002 75		12.808	0.038 54	0.001 04	
7.689	0.009 26	0.003 03		12.953	0.043 04	0.000 09	
8.751	0.011 51	0.003 41		13.069	0.047 54	−0.000 66	
9.573	0.013 76	0.003 51		13.148	0.052 05	−0.001 71	
10.224	0.016 02	0.003 60		13.210	0.056 55	−0.002 46	
10.759	0.018 27	0.003 60		13.239	0.061 06	−0.003 22	
11.197	0.020 52	0.003 41		13.234	0.065 56	−0.004 08	
11.551	0.022 77	0.003 13		13.211	0.0719	−0.004 23	
11.837	0.025 02	0.002 94		13.117	0.076 82	−0.005 69	

23. 有人认为平面应变条件下，$\varepsilon_y=0$ 方向上的应力 σ_y 总是中主应力。试用线弹性理论分析在 $\sigma_z/\sigma_x=k>1.0$ 的平面应变加载情况下，当泊松比为 $\nu=0.33$ 时，在什么条件下

σ_y 为中主应力，什么条件下 σ_y 为小主应力？

24. 已知一种砂土的邓肯-张模型的参数如表2-7所示。现对该砂土试样进行平面应变等应力比试验：$\sigma_z=200\text{kPa}$，$\sigma_x=\sigma_z/1.2$，$\varepsilon_y=0$，在加载过程中，设平均的泊松比为常数，$\nu=0.35$。计算该试样在上述应力状态下的初始模量 E_i 和体积模量 B。

表2-7　砂土模型参数表

c	φ	R_f	K	K_b	n	m
0	35.6°	0.81	410	290	0.88	0.75

25. 为什么不宜通过固结不排水三轴试验建立用总应力表示的各种本构模型？

26. 有一正常固结黏土的土单元，长、宽、高均为1.0m，处于平面应变状态。y 方向为零应变方向，已知其开始时应力状态是两个主动应力一直相等施加到 $\sigma_x=\sigma_z=100\text{kPa}$。该土的邓肯-张模型的参数见表2-8。如果随后 σ_x 不变，σ_z 从100kPa增加到150kPa时，试计算：

(1) 在 z 方向的竖向压缩量为多少？

(2) 如果其他常数不变，只是常数 G 变成0.30，沉降变化多少？

表2-8　土模型参数表

土的邓肯-张 E_ν 模型的模型常数							
K	R_f	n	φ	c	G	F	D
41	0.81	0.88	26°	0	0.38	0.05	0

提示：用 $\sigma_x=\sigma_z=100\text{kPa}$ 时计算得到的弹性参数 E_t 与 ν_t 计算 σ_y；σ_z 加载时可以分别按 $\Delta\sigma_z=50\text{kPa}$ 的增量计算。

27. 为了确定邓肯-张模型的参数，对一种砂土进行了一组常规三轴压缩试验。$\sigma_3=100\text{kPa}$ 时，得到双曲线参数 $a=1/408\,000\text{kPa}^{-1}$；$\sigma_3=300\text{kPa}$ 时，得到 $a=1/108\,700\text{kPa}^{-1}$；$\sigma_3=500\text{kPa}$ 时，得到 $a=1/171\,000\text{kPa}^{-1}$；试确定该模型的模量数 K 和模量指数 n(计算中取大气压 $p_a=100\text{kPa}$)。

28. 平面应变状态的试样，y 方向为零应变方向，初始应力状态为 $\sigma_z=100\text{kPa}$，$\sigma_x=50\text{kPa}$，$\sigma_y=55\text{kPa}$；加载过程中的邓肯-张模型中的泊松比参数见表2-9。卸载时泊松比为常数，$\nu=0.20$。如果按 $\Delta\sigma_z/\Delta\sigma_x=2$ 比例加载到 $\sigma_z=400\text{kPa}$，然后又按相同比例减载，问 σ_z 分别在什么范围时，σ_y 为小主应力、中主应力和大主应力？

表2-9　参数表

G	F	D
0.30	0.05	0

提示：加载时可以分别按 $\Delta\sigma_z=50\text{kPa}$ 的增量计算。

29. 对于一种土样进行了一组排水三轴减围压的压缩试验(RTC)，直至试样剪切破坏。得到的一组$(\sigma_1-\sigma_3)$-ε_1 间的曲线很接近双曲线(见图2-67)。

(1) 推导$\dfrac{d(\sigma_1-\sigma_3)}{d\varepsilon_1}$的弹性参数表达式？

(2) 体积模量 $B=\dfrac{\Delta p}{\Delta\varepsilon_v}$，如仍用 70%强度的数值计算，$B$ 将如何表示？并分析它是否合理。

30. 用邓肯-张模型解释对于密实砂土的固结不排水试验，$\sigma_1-\sigma_3$-ε_1 关系会出现如图 2-68 所示 S 形曲线的原因。

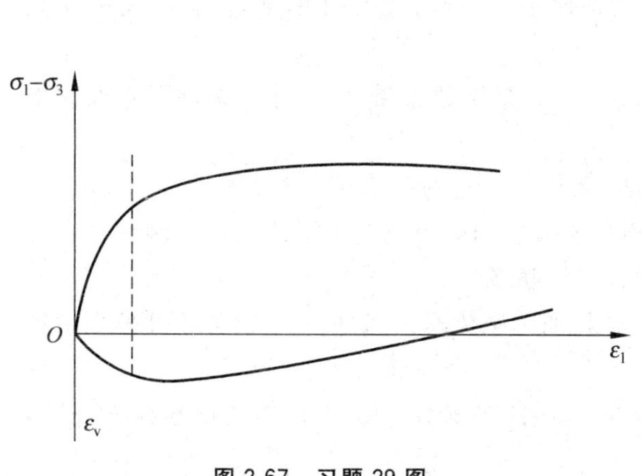

图 2-67　习题 29 图

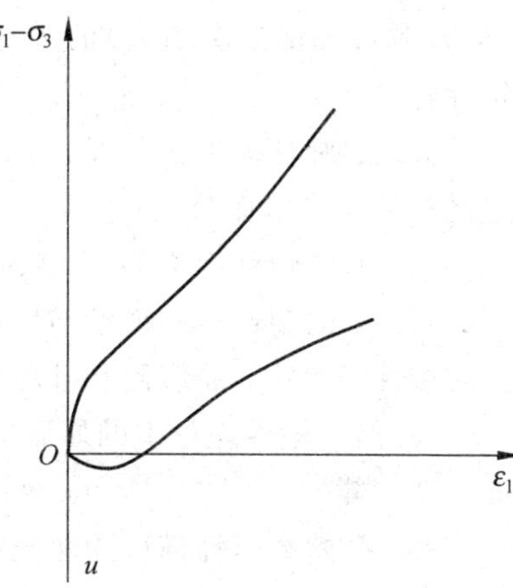

图 2-68　习题 30 图

31. 初始应力状态为各向等压固结，$\sigma_x=\sigma_y=\sigma_z=100$kPa。然后进行一个砂土的平面应变试验：保持 $\sigma_x=100$kPa 不变，增加 σ_z 直至试样破坏。试验中 y 方向为零应变方向。已知该土样的邓肯-张模型常数见表 2-10，用增量法分步计算(每级不大于 50kPa)，直到破坏。根据莫尔-库仑强度理论，计算该试样破坏时三个主应力各为多少？

表　2-10

常数	模数	指数	内摩擦角	破坏比	泊松比常数		
符号	K	n	φ	R_f	G	F	D
数值	410	0.88	36°	0.87	0.3	0.05	6

32. 对正常固结黏土试样进行平面应变等比试验，y 方向为零应变方向，应力状态始终为 $\sigma_x/\sigma_z=0.6$。加载和卸载过程中的邓肯-张模型中的切线泊松比参数见表 2-11。如果已知初始状态为 $\sigma_z=50$kPa，$\sigma_x=\sigma_y=30$kPa，然后按 $\sigma_x/\sigma_z=0.6$ 比例加载到 $\sigma_z=200$kPa，又按相同比例减载到 $\sigma_z=50$kPa，用初始增量法(即在加载和减载时分别用上一级的荷载确定参数，计算下一级的增量)计算 σ_z、σ_x、σ_y，并绘出该过程在 p-q 平面上的应力路径。

表 2-11　参数表

参数	G	F	D
加载	0.35	0.05	0
减载	0.22	0.05	0

提示：可以分别按 $\Delta\sigma_z=50\text{kPa}$ 的增量加、减载进行计算。

33. 土的平均主应力为常数的三轴压缩试验(TC：σ_1 增加的同时，σ_3 相应减少，保持平均主应力 p 不变)，三轴伸长试验(CTE：围压 σ_1 保持不变，轴向应力 σ_3 不断减少)的应力应变关系曲线都接近双曲线，是否可以用这些曲线的切线斜率 $\mathrm{d}(\sigma_1-\sigma_3)/\mathrm{d}\varepsilon_1$ 直接确定切线模量 E_t? 用广义胡克定律推导这些试验的 $\mathrm{d}(\sigma_1-\sigma_3)/\mathrm{d}\varepsilon_1$ 的表达式。

34. 从超弹性模型的一般表达式 $\varepsilon_{ij}=\dfrac{\partial\Omega}{\partial\sigma_{ij}}$，其中 $\Omega=f(I_1,I_2,I_3)$，推导一阶超弹性模型(即 Ω 是应力的二次函数)的表达式，在什么条件下，它成为线弹性模型，符合广义的胡克定律?

35. 次弹性模型 $\sigma_{ij}=d_{ijkl}\varepsilon_{kl}$ 的0阶形式(即 d_{ijkl} 是常数张量)。在什么条件下它成为增量的广义胡克定律公式?

36. 非线性弹性 K-G 模型的体积模量 K 和 G 一般通过什么试验确定?

37. 土的塑性本构模型与增量弹塑性模型所表现的应力应变关系曲线有何区别? 在土的弹塑性模型中，屈服面和破坏面有何不同，有何联系?

38. 何谓塑性理论中的屈服准则、流动准则、加工硬化理论，它们在土的弹塑性模型中各有什么功能?

39. 已知弹塑性模型的屈服函数 $f(\sigma_{ij},H)$，塑性势函数 $g(\sigma_{ij},H)$ 和硬化参数 $H(\varepsilon_{ij})$，推导弹塑性模量矩阵 $\boldsymbol{D}_{\mathrm{ep}}$。

$$\boldsymbol{D}_{\mathrm{ep}}=\boldsymbol{D}-\frac{\boldsymbol{D}\dfrac{\partial \boldsymbol{g}}{\partial\boldsymbol{\sigma}}\left(\dfrac{\partial \boldsymbol{f}}{\partial\boldsymbol{\sigma}}\right)^{\mathrm{T}}\boldsymbol{D}}{A+\left(\dfrac{\partial \boldsymbol{f}}{\partial\boldsymbol{\sigma}}\right)^{\mathrm{T}}\boldsymbol{D}\dfrac{\partial \boldsymbol{g}}{\partial\boldsymbol{\sigma}}}$$

40. 在剑桥模型中，物态边界面上的不排水三轴试验的有效应力路径在 p'-q 平面的投影是不是其屈服轨迹? 为什么?

41. 剑桥模型是否可以反映土由于剪应力引起的体积膨胀(剪胀)，清华弹塑性模型是否可以反映土由于剪应力引起的体积膨胀?

42. 在剑桥模型中，什么是物态边界面(state boundary surface)? 什么是临界状态线(critical state line)? 画简图说明。

43. 说明什么是 Hvorslev 面，它适用于什么状态的黏性土?

44. 说明剑桥弹塑性模型的试验基础和基本假设。该模型的三个参数 M、λ、κ 分别表示什么意义? 如何确定?

45. 初始的剑桥模型和修正的剑桥模型在 p'-q' 平面上的屈服轨迹可以分别表示为

$$f=\frac{q'}{p'}-M\ln\frac{p'_0}{p'}=0 \quad 和 \quad f=\frac{p'}{p'_0}-\frac{M^2}{M^2+\eta^2}=0$$

绘制它们在 p'-q' 平面上的形状，并说明造成两种屈服轨迹不同的原因。

46. 根据剑桥模型的屈服面及硬化参数 p'_0，$\mathrm{d}\varepsilon_{\mathrm{v}}^{\mathrm{p}}=\mathrm{d}\lambda\dfrac{\partial f}{\partial p'}$，$\mathrm{d}\bar{\varepsilon}=\mathrm{d}\lambda\dfrac{\partial f}{\partial q'}$，推导 $\mathrm{d}\varepsilon_{\mathrm{v}}$ 及 $\mathrm{d}\bar{\varepsilon}$ 与 $\mathrm{d}p'$、$\mathrm{d}q'$ 的关系。

47. 两个相同的正常固结试样在相同 σ'_c 下固结后，进行固结不排水(CU)试验，A试样进行的是常规三轴压缩试验(CTC)；B试样是减围压的三轴压缩试验(RTC)。表2-12为试样 A 实测的数据，根据物态边界面的概念：

(1) 计算并绘制两个试验的总应力路径和有效应力路径；

(2) 绘出 RTC 试验的$(\sigma_1-\sigma_3)$-ε_1-Δu 曲线；

(3) 计算两个试样的有效应力和总应力摩擦角。

48. 两个相同的正常固结试样在相同 $\sigma_c=100\text{kPa}$ 下固结后，进行固结不排水(CU)试验，试样 A 进行的是常规三轴压缩试验(CTC)；试样 B 是一种大小主应力同时按比例增加的(CU)试验，加载过程中保持 $\Delta\sigma_3=0.2\Delta\sigma_1$，直至破坏。表 2-13 为试样 A 实测的数据，根据物态边界面的概念：

(1) 计算并绘制两个试样的总应力路径和有效应力路径；

(2) 绘出 RTC 试验的$(\sigma_1-\sigma_3)$-ε_1-Δu 曲线；

(3) 计算两个试样的有效应力和总应力摩擦角。

表 2-12　试样 A 的数据

$\varepsilon_1/\%$	$(\sigma_1-\sigma_3)/\sigma_c'$	$\Delta u/\sigma_c'$
0	0	0
1	0.35	0.19
2	0.45	0.29
4	0.52	0.41
6	0.54	0.47
8	0.56	0.51
10	0.57	0.53
12	0.58	0.55

表 2-13　试样 A 的数据

$\varepsilon_1/\%$	$(\sigma_1-\sigma_3)/\text{kPa}$	$\Delta u/\text{kPa}$
0	0	0
1	35	19
2	45	28
4	52	35
6	54	39
8	55	41
10	57	43
12	58	44

49. 在平面应变情况下，$\varepsilon_y=0$，$d\varepsilon_y=0$。有人假设 $\varepsilon_y^e=\varepsilon_y^p=d\varepsilon_y^e=d\varepsilon_y^p=0$，是否正确？

50. 清华弹塑性模型的屈服函数 $f=g=\left(\frac{p-h}{kh}\right)^2+\left(\frac{q}{krh}\right)^2-1=0$，在什么情况下就与修正的剑桥模型的屈服面方程 $\left(p'-\frac{p_0'}{2}\right)^2+\left(\frac{q'}{M}\right)^2=\left(\frac{p_0'}{2}\right)^2$ 一致？

51. 对某正常固结饱和软黏土层，试验测得其 $\gamma_{sat}=20\text{kN/m}^3$，$c'=0\text{kPa}$，$\varphi'=30°$；在 10m 深处取样测得孔隙比 $e=1.25$(亦即比体积 $v=2.25$)。已知该种土体的剑桥模型参数 $\lambda=0.2$，$\kappa=0.05$。试计算：

(1) 10m 深处，处于 K_0 状态下(对应图 2-69 中 A 点)土体的有效应力状态 q 与 p'(提示：可按照经验公式 $K_0=1-\sin\varphi'$ 进行计算)。

(2) 试按照剑桥模型物态边界面公式，计算土体单元对应同体积条件下的各向等压固结压力(对应图 2-69 中 B 点)。

(3) 试按照剑桥模型物态边界面公式，计算土体单元对应同体积条件下极限应力状态(对应图 2-69 中 C 点)的有效应力状态。

52. 在 p'-q' 平面上绘出莱特-邓肯原始模型的屈服面和塑性势面(轨迹)的示意图，这个模型使用什么流动规则？它是否可以反映土的剪缩性，是否可以反映土的剪胀性？适用于什么土？

53. 修正的莱特-邓肯有哪两种屈服面？各使用什么流动准则？它们反映的塑性应变

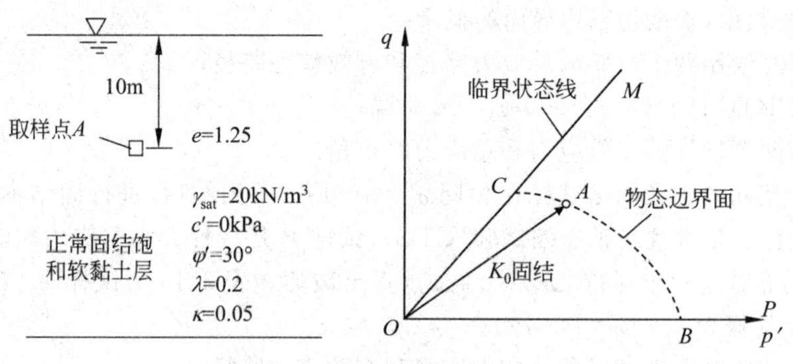

图 2-69　习题 51 图

有什么不同？在各向等压应力状态下发生哪一种屈服？

54. 清华弹塑性模型的主要特点是什么？如何在 p-q 平面上确定各应力点的塑性应变增量的方向？

55. 清华模型的硬化参数为 $H=H(\varepsilon_{ij}^{p})$，这表明在同一个屈服面上各点的塑性应变分量间存在什么关系？清华模型是如何用各向等压试验和三轴试验确定硬化参数的？

56. 下面哪些本构模型可以反映土的剪胀(缩)性？

(A) 邓肯-张模型；

(B) 剑桥模型；

(C) 莱特-邓肯模型；

(D) 零阶的次弹性模型。

57. 说明剑桥模型、清华弹塑性模型和莱特-邓肯模型使用的硬化参数分别是什么？

58. 在土的损伤模型中，损伤比 ω 表示什么意义？土的损伤可能是由于什么原因产生的？

59. 土的结构性是由什么原因造成的？它对土的力学性质有什么影响？

60. 土的最基本的损伤模型可以表示为：$\boldsymbol{\sigma}=(1-\omega)\boldsymbol{\sigma}_{\mathrm{i}}+\omega\boldsymbol{\sigma}_{\mathrm{d}}$。其中 σ_{i} 为没有损伤部分的应力，σ_{d} 为已经损伤部分的应力，ω 为与应力及应变有关的损伤比。试写出该式的增量形式，即 $\Delta\boldsymbol{\sigma}$ 的表示式。说明式中各项的物理意义。

61. 说明弹塑性模型中的硬化参数与损伤模型中的损伤变量的物理意义有何共同点？

62. 孔隙水压力系数 B、A 是用于三轴试验应力状态的。Henkel 提出更普遍的孔压公式和孔压系数：$\mathrm{d}u=B(\mathrm{d}p+a\mathrm{d}q)$。用土的弹塑性模型推导饱和土在不排水条件下的孔压系数 B 和 a。

63. 根据广义位势理论，说明各种本构模型的基本假设和数学特点。

64. 参考图 1-41(a)、(b)，说明为什么用本构模型预测的轴向应力-应变关系相对误差较小；而预测的体应变-轴向应变的关系误差会大得多？预测不排水试验的孔隙水压力的情况会怎样？

部分习题答案

1. (1) $\theta=0°$, $\sigma_3=p-q/\sqrt{3}$, $\sigma_2=p$, $\sigma_1=p+q/\sqrt{3}$

   (2) $\theta=30°$, $\sigma_3=p-2q/3$, $\sigma_1=\sigma_2=p+q/3$

   (3) $\theta=-30°$, $\sigma_3=\sigma_2=p-q/3$, $\sigma_1=p+2q/3$

2.

θ'	0°	30°	60°	90°	120°	150°	180°	210°	240°	270°	300°	330°	360°
$\tan\theta'$	0	$1/\sqrt{3}$	$\sqrt{3}$	∞	$-\sqrt{3}$	$-1/\sqrt{3}$	0	$1/\sqrt{3}$	$\sqrt{3}$	∞	$-\infty$	$-1/\infty$	0
σ_z	133.3	128.9	116.7	100.0	83.3	71.1	66.7	71.1	83.3	100.0	116.7	128.9	133.3
σ_x	83.3	71.1	66.7	71.1	83.3	100.0	116.7	128.9	133.3	128.9	116.7	100.0	83.3
σ_y	83.3	100.0	116.7	128.9	133.3	128.9	116.7	100.0	83.3	71.1	66.7	71.1	83.3

注：如果未定义 θ'在 σ_x、σ_y、σ_z 的位置，会有几种不同的解，若定义 $\theta'=0°$为 CTC 试验（$\sigma_z>\sigma_x=\sigma_y$），则为上述这组解答。

3. (1) $\theta=0°$：$\sigma_3=30.7\text{kPa}$，$\sigma_2=p=100\text{kPa}$，$\sigma_1=169.3\text{kPa}$

   (2) $\theta=15°$：$\sigma_3=53$，$\sigma_2=112.2$，$\sigma_1=134.3$

   (3) $\theta=-10°$：$\sigma_3=83.2\text{kPa}$，$\sigma_2=114.1\text{kPa}$，$\sigma_1=171.7\text{kPa}$

4.

θ	0°	15°	−15°	30°	−30°	60°	−60°	90°	−90°	120°	−120°	150°	−150°	±180°
σ_1	128.9	123.6	132.2	116.7	133.3	100.0	128.9	83.3	116.7	71.1	100.0	66.7	83.3	71.1
σ_2	100.0	108.3	91.4	116.7	83.3	128.9	71.1	133.3	66.7	128.9	71.1	116.7	83.3	100.0
σ_3	71.1	67.8	76.4	66.7	83.3	71.1	100.0	83.3	116.7	100.0	128.9	116.7	133.3	128.9

8. (1) $I_1=1500, I_2=660\,000, I_3=80\,000\,000, J_2=90\,000, J_3=0, p=500, q=519.6, b=0.5, \theta=0°$

   (2) $I_1=1200, I_2=360\,000, I_3=32\,000\,000, J_2=120\,000, J_3=16\,000\,000, p=400, q=600, b=0, \theta=-30°$

19. $B=\dfrac{E_t}{3(1-2\nu_t)}$，$K_b=\dfrac{K}{3(1-2G)}$

20. 一般 $K_{ur}>K$，$K>K_b$

21.

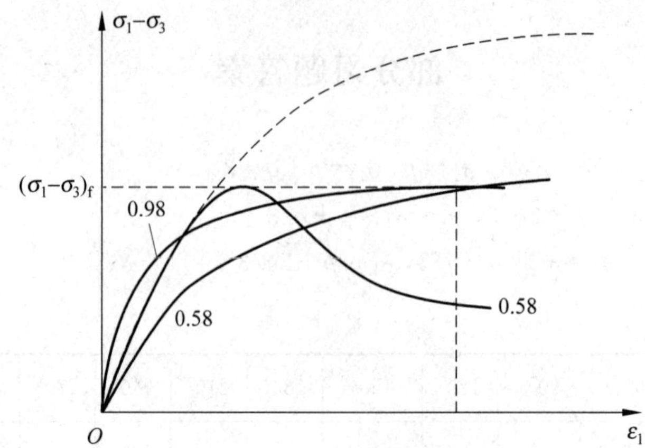

22. E-ν　K: 410;n: 0.88;c: 0;φ: 35.6°;R_f: 0.81;G: 0.25;F: 0.04;D: 5.5°(对于泊松比 ν 的试验常数,由于离散较大,可能结果不一致。)

E-B　K: 410; n:0.88; c:0;φ:35.6°;R_f: 0.81; K_b: 290;m:0.75

23. $k\leqslant 2$,σ_y 为小主应力;$k\geqslant 2$,σ_y 为中主应力。

24. $E_i=51$MPa, $B=34.9$MPa

26. (1) 18.3mm

(2) 36.2mm

27. $K=408$, $n=0.89$。

28. (1) 加载时: $\sigma_z<250$kPa,σ_y 为中主应力;$\sigma_z>250$kPa,σ_y 为小主应力

(2) 减载时: $\sigma_z>300$kPa;σ_y 为小主应力;$\sigma_z<300$kPa;σ_y 为中主应力;$\sigma_z<99$kPa, σ_y 为大主应力

29. (1) $\dfrac{d(\sigma_1-\sigma_3)}{d\varepsilon_1}=E_t/(2\nu_t)$

(2) 该试验无法确定参数 B

31. 试样破坏时: $\sigma_x=100$kPa, $\sigma_z=385$kPa, $\sigma_y=194.5$kPa

32.

序号	σ_z	σ_x	σ_3	ν_t	$\Delta\sigma_y$	σ_y	p	q
1	50	30	30	0.376		30.0	36.7	20.0
2	100	60	60	0.361	30.1	60.1	73.4	39.9
3	150	90	89	0.353	28.9	89.0	109.7	60.5
4	200	120	117	0.347	28.2	117.2	145.7	81.4
5	200	120	117	0.217		117.2	145.7	81.4
6	150	90	90	0.223	−17.3	99.8	113.3	55.7
7	100	60	60	0.231	−17.8	82.0	80.7	34.7
8	50	30	30	0.246	−18.5	63.5	47.8	29.3

33. (1) p=常数的压缩试验: $\dfrac{d(\sigma_1-\sigma_3)}{d\varepsilon_1}=\dfrac{3E_t}{2(1+\nu_t)}$

（2）三轴伸长试验：$\frac{d(\sigma_1-\sigma_3)}{d\varepsilon_1}=\frac{E_t}{\nu_t}$

34. $\varepsilon_{ij}=B_1\bar{I}_1+B_4\sigma_{ij}=\frac{1+\nu}{E}\sigma_{ij}-\frac{\nu}{E}\sigma_{kk}\delta_{ij}$

35. $a_{01}=\lambda$，$a_{02}=2G$

47.

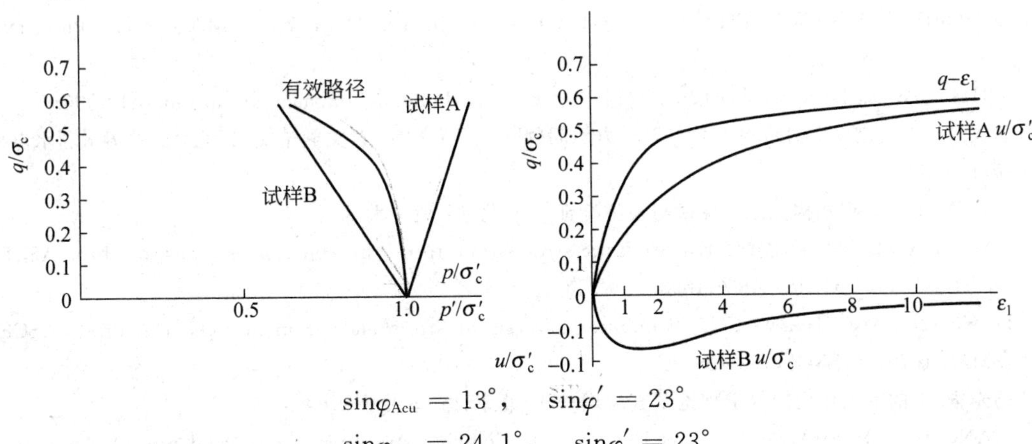

$\sin\varphi_{Acu}=13°$，　$\sin\varphi'=23°$

$\sin\varphi_{Bcu}=24.1°$，　$\sin\varphi'=23°$

48.

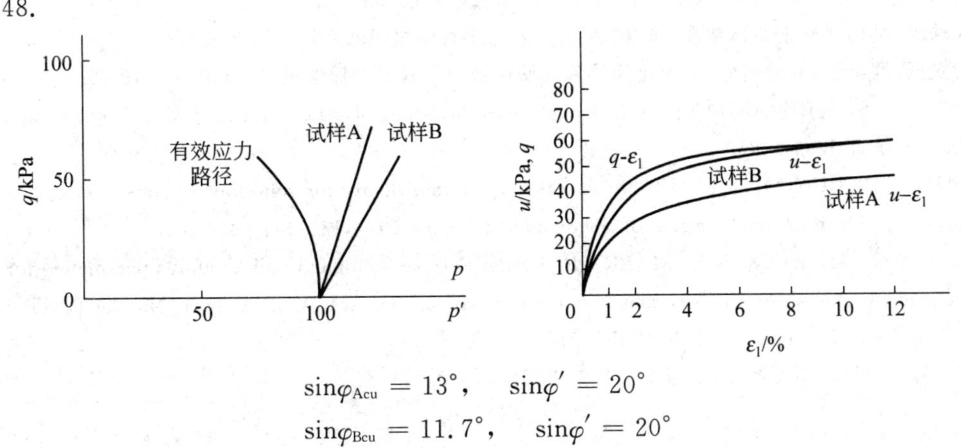

$\sin\varphi_{Acu}=13°$，　$\sin\varphi'=20°$

$\sin\varphi_{Bcu}=11.7°$，　$\sin\varphi'=20°$

50. $k=1$，$r=M$，$h=p_0/2$

51. （1）$q=50\text{kPa}, p'=66.67\text{kPa}, \eta=0.75$

（2）$p'_0=106.5\text{kPa}$

（3）$\eta=M, p'=50.4\text{kPa}$，$q=60.5\text{kPa}$ $(M=q/p'=1.2)$

参考文献

1. MITCHELL J K. Fundamentals of soil behavior[M]. 2nd Edition. New York：John Wiley & Sons Inc，1993.
2. CHEN W F，SALEEB A E. Constitutive equation for engineering materials，elasticity and modelling[M]. New York：Wiley-Inter-Science，1982.
3. 濮家骝，李广信. 土的本构关系及其验证与应用[J]. 岩土工程学报，1986，8(1)：47-82.

4. 黄文熙. 土的工程性质[M]. 北京：水利水电出版社，1983.
5. 钱家欢，殷宗泽. 土工原理与计算[M]. 2 版. 北京：中国水利水电出版社，1996.
6. 沈珠江. 理论土力学[M]. 北京：中国水利水电出版社，2000.
7. 屈智炯. 土的塑性力学[M]. 成都：成都科技大学出版社，1987.
8. 徐秉业，刘信声. 应用弹塑性力学[M]. 北京：清华大学出版社，1995.
9. 龚晓南. 土塑性力学[M]. 2 版. 杭州：浙江大学出版社，1999.
10. SCHOFILED A N，WROTH C P. Critical state soil mechanics[M]. London：McGraw-Hill Publishing Company Limited，1968.
11. WHITLOW R. Basic soil mechanics[M]. 3rd Edition. London：Longman Group Limited，1995.
12. 黄文熙. 水工建设中的结构力学与岩土力学问题[C]//黄文熙. 黄文熙论文集. 北京：中国水利水电出版社，1989.
13. 李广信. 土的三维本构关系的探讨与模型验证[D]. 北京：清华大学，1985.
14. LADE P V，DUNCAN J M. Elasto-plastic stress-strain theory for cohesionless soils[J]. Proc ASCE，JGTD，1975，101(GT10)：1037-1053.
15. DUNCAN J M，CHANG C Y. Nonlinear analysis of stress and strain in soils[J]. Proc. ASCE，JSMFD 1970，96(SM5)，1629-1633.
16. 杨光华. 土的本构模型的数学理论及其应用[D]. 北京：清华大学，1998.
17. BIANCHINI G，SEADA A，PUCCINI P，et al. Complex stress paths and validation of constitutive Models[J]. Geotechnical Testing Journal，1991，14(1)：13-25.
18. 沈珠江. 结构性粘土的弹塑性损伤模型[J]. 岩土工程学报，1993，15(3)：21-28.
19. 黄文熙，濮家骝，陈愈炯. 土的硬化规律和屈服函数[J]. 岩土工程学报，1981，3(3)：19-26.
20. DESAI C S，SIRIWARDANE H J. Constitutive laws engineering materials[M]. Englewood Cliffs：Prentice-Hall Inc.，1984.
21. LADE P V，DUNCAN J M. Elasto-plastic stress-strain theory for cohesionless soils with curved yield surface[J]. International Journal of Solids and Structure，1977，13(11)：1019-1035.
22. DUNCAN J M，WONG K S，MABRY P. Strength stress-strain and bulk modulus parameters for finite Element Analyses of stresses and movements in soil masses[C]. Report No. UCB/GT/78-02，University of California Berkeley Calif，1978.
23. 蒋彭年. 土的本构关系[M]. 北京：科学出版社，1982.

第3章 土的强度

3.1 概述

土与人类的关系十分密切。在人类文明发展进程的几千年历史中，挖沟筑堤，疏河开渠，奠基造房，首先涉及的都是土的强度问题。人们通过长期实践对土的强度的重要性有了深刻的理解。

土的强度理论研究甚至早于"土力学"学科的建立，亦即早于太沙基(Terzaghi)1925 年出版其著作 *Erdbaume chanik* 之前。1776 年，库仑在试验的基础上提出了著名的库仑公式，即

$$\tau_f = c + \sigma \tan\varphi \tag{3-1}$$

1900 年莫尔(O. Mohr)基于土单元的主应力状态判断其破坏与强度。在土的破坏面上的抗剪强度是作用在该面上的正应力的单值函数：

$$\tau_f = f(\sigma_n) \tag{3-2}$$

并指出一个土单元的应力莫尔圆中的任意一个面上的剪应力达到了式(3-2)，亦即莫尔圆与式(3-2)这样的包线相切，则该单元就达到了极限状态。这样，他揭示了土的强度的本质与机理，库仑公式(3-1)只是在一定应力水平下式(3-2)的线形特例。从而建立了著名的莫尔-库仑强度理论。

在随后的许多年中，人们针对莫尔-库仑强度理论中抗剪强度与中主应力无关的假设，进行了大量的中主应力对土抗剪强度影响的研究，并企图在土力学中引进广义米泽斯(Mises)和广义特雷斯卡(Tresca)强度理论，但它们与土的强度性质实在相差太大。只有到了 20 世纪 60 年代以后，随着计算机技术的发展及大型土木工程的兴建，广泛开展关于土的应力-应变-强度-时间关系，即本构关系的研究，人们才逐步认识到土的强度与土的应力-应变关系是密不可分的，土的破坏是土受力变形过程的最后阶段；并进一步认识到除剪切强度以外，还有拉伸强度、断裂及与孔隙水压力等有关的土的破坏问题。这样，人们相继提出了一些与土的本构模型相适应的土强度准则。同时人们也力图从微观机理上研究土的强度，并建立强度理论，以探索原状土、非饱和土、区域性土和老黏土等的强度问题。

由于土的碎散性、多相性是长期地质历史形成的，故土的强度呈现出一些特殊性。首先，由于土骨架是碎散颗粒的集合，土颗粒之间的相互联系是相对薄弱的，所以土的强度主要是由颗粒间的相互作用力决定，而不是由颗粒矿物的强度本身直接决定的。土的破坏主要是剪切破坏，其强度主要表现为颗粒间的黏聚力和摩擦力。其次，土由三相组成，固体颗粒与液、气相间的相互作用对于土的强度有很大影响，所以在研究时要考虑孔隙水压力、吸力等土力学所特有的影响土强度的因素。最后土的地质历史造成土强度突出的多变性、结

构性和各向异性。土强度的这些特性反映在它受内部和外部、微观和宏观众多因素的影响，成为一个十分复杂的课题。

不同的土试样(它一般是代表一个受力均匀的土单元)在不同条件下的加载试验，可得到不同的应力-应变关系，一般可表示为图3-1中的几种情况。对于不同的应力应变关系，确定土是否破坏的条件也是不同的。

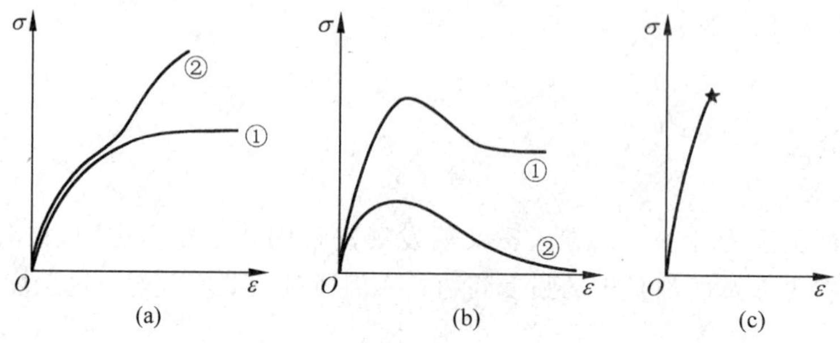

图3-1 几种土的应力应变关系曲线

(a) 应变硬化；(b) 应变软化；(c) 断裂破坏

图3-1(a)表示的是土试样应变硬化情况，亦即随着应变增加，其应力也不断增加，由于土变形的弹塑性特点，当用塑性理论描述土试样应变硬化情况时就是随着应变增加，应力空间中的屈服面不断扩大。图中曲线①表示松砂和正常固结黏土在固结排水试验中的曲线；曲线②一般表示饱和密砂和中密砂在不排水试验中的曲线。在这种情况下，通常以应变达到一定限度(例如15%)来定义试样的破坏。图3-1(b)表示的是应变软化。它一般表现为当应变达到一定值时，应力(或应力差)达到一个峰值点，随后应变再增加则应力减小，一般存在一个残余强度。在塑性理论中，在"软化"阶段，土试样在应力空间的屈服面是随应变而逐渐收缩的。其中曲线①表示密砂或超固结黏土在排水试验中的应力应变曲线；曲线②常表示松砂在固结不排水试验中的应力应变曲线。图3-1(c)表示的是断裂破坏，即在很小的应变下，试样突然断裂，比如对硬黏土的无侧限压缩试验、黏土的拉伸试验等。这时由断裂应力确定土的强度，破坏状态比较容易确定。

从上述情况可见，土试样在一定的应力状态及其他条件下，失去稳定或者发生过大的应变就是发生了破坏。所谓土的强度是指土在一定条件下破坏时的应力状态。有时，土的强度的定义与土表观的"破坏"表观上并不一致，如土的残余强度、松砂不排水情况下的流滑等。同时，土的破坏和强度的确定存在一定的人为因素。定义破坏的破坏准则一般用数学表达式表示。基于应力状态的复杂性，破坏准则常常是应力的组合。土的强度理论是揭示土破坏机理的理论，它也以一定的应力的组合来表示。这样，强度理论与破坏准则的表达式常常是一致的。

从第2章关于土的屈服的概念可以发现，土的破坏与屈服并非总是同一概念。对于图2-23(a)刚塑性应力应变关系和图2-23(b)弹性-完全塑性应力应变关系，土屈服即意味着破坏；对于图2-23(c)弹塑性应力应变关系，屈服与破坏是不同的概念，适用于不同的准则。

对于一个试样或土单元，其应力状态达到强度时，将发生很大变形(完全塑性与应变硬化情况)或者不能稳定(应变软化和断裂情况)，这时即意味着试样破坏。对于刚塑性及完全塑性模型，一个边值问题的土体(如地基)中部分土体达到其强度(或发生完全塑性理论中的屈服），只能说这部分土体达到了极限平衡条件（或称塑性区），整个土体或者与其相邻的结构不一定破坏。这时，塑性区土体的变形由与其相邻的弹性区边界条件决定。从变形的角度看，所谓土的强度就是处于某种应力状态，在这种应力状态下，微小的应力增量可引起很大的或不可确定的应变增量。这部分塑性区的土体，当应力增量增加时，产生的应变增量就无法用这部分土自身的变形特性确定。

图 3-2 表示的是用完全塑性理论分析地基承载力时，当地基中塑性区发展到一定深度时的情况。当塑性区最大深度 $z_{\max}$ 达到 $b/3$ 或者 $b/4$，其中 b 是基础的宽度，对应的荷载是设计所容许的，地基作为整体还远未失稳。这主要是由于达到强度（屈服）的部分土体被尚未达到强度的土体所包围，而变形主要由尚未屈服的土体所形成的边界条件决定。

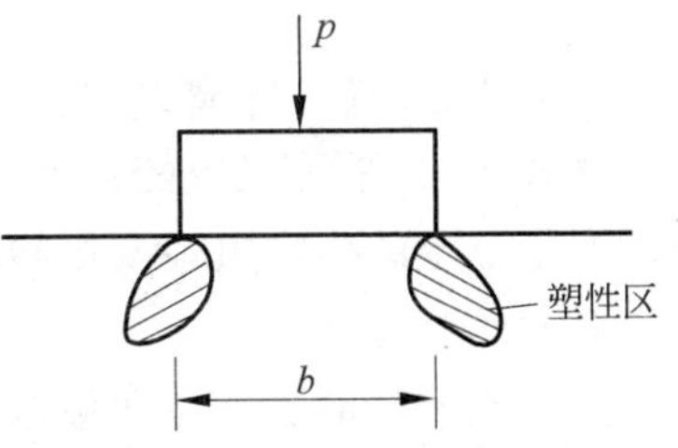

图 3-2　地基中塑性区的开展

图 3-3 表示一种厚壁筒内压扩张问题的计算分析。空心圆柱试样的内壁为一外包有橡皮膜的多孔钢管。试样首先在各向等压条件下固结，然后在竖向为平面应变条件下，外压 p_0 不变，逐渐增加内压 p_i。如果用弹性-完全塑性模型分析计算（见图 3-3(a)），则发现内半壁（r_1）的土单元 a 路径很快达到强度线，并且继续沿着强度线移动，“等待”外半径（r_2）土单元 b 路径也达到强度线，这时试样发生整体破坏。如果用应变硬化的弹塑性模型分析（见图 3-3(b)），则内壁土单元 a 应力路径逐渐靠近破坏线，最后内外径一起达到破坏线而发生整体破坏。

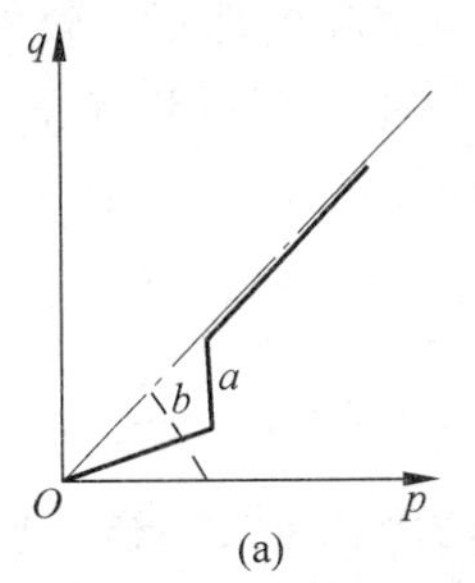

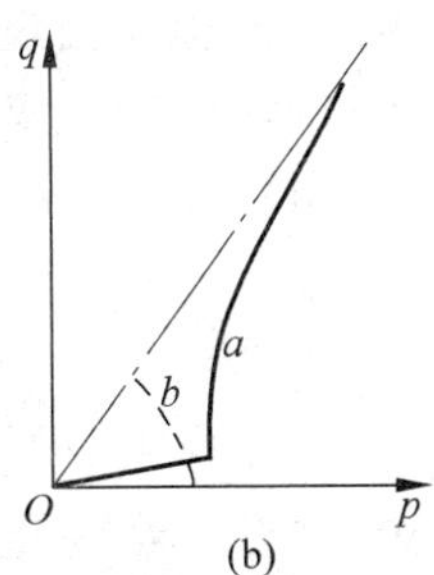

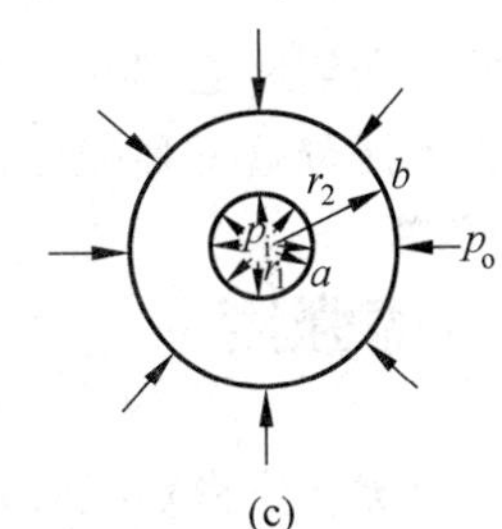

图 3-3　厚壁圆筒内压扩张问题

(a) 用弹性-理想塑性模型；(b) 用弹塑性模型；(c) 受力情况 $p_i > p_o$

对于由应变软化土组成的土体（见图 3-1(b)），如土体内应力不均匀，应力大的点首先超过峰值强度出现软化，软化后强度降低，原先承担的剪应力超过了其目前的抗剪强度。这些超值的剪应力就转嫁给相邻的未软化的土单元，引起一部分土体剪应力增大，最终超过其峰值强度，随之也发生软化。这一过程持续进行，将导致整个土体的破坏，这一现象就是**渐进破坏**。渐进破坏常常会造成突发性事故与灾害。

以上分析表明，土的屈服与强度（破坏）并不总是完全一致的概念，它与人们所选择的理论模型有关，土体破坏与边值问题的具体边界条件有关。

土的强度和强度指标可通过室内外试验直接或间接测定。第 1 章所介绍的直剪仪和三轴仪是最常用的仪器。野外的十字板试验、旁压试验、现场剪切试验等是在现场测定原状土强度的手段。一些其他试验可测定更复杂应力状态和边界条件的土的强度。由于试验中应力状态和应力路径的限制,所确定的土的强度理论或破坏准则不可能包含所有影响因素。

3.2 土的抗剪强度机理

如上所述,在一定应力范围内,莫尔-库仑强度理论见式(3-1)。

从式(3-1)中可见土的强度由两部分组成: c 和 $\sigma\tan\varphi$。前者为黏聚强度;后者为摩擦强度。实际上土的强度机理及影响因素十分复杂,其表现形式与实际机理往往不一致,不可能将二者截然分开。

无黏性土一般不存在严格意义上的黏聚力,但碎石、卵石在很密实的情况下,相互间紧密咬合,可在其中垂直开挖而不倒塌。对于干砂及静水下饱和砂土,只有坡度小于天然休止角 φ_r 时才能稳定。而对于稍潮湿及毛细饱和区砂土,同样可以垂直开挖一定深度而不坍塌,这是由于毛细吸力使砂土颗粒间产生正的压力,这种有效压应力在颗粒间产生摩擦强度,宏观上表现为"假黏聚力"。

饱和黏性土的不排水强度指标为 c_u,$\varphi_u=0$。实际上黏土颗粒间肯定存在摩擦强度,只是由于存在的超静孔隙水压力使所有破坏时的有效应力莫尔圆是唯一的,无法反映摩擦强度。正常固结黏土的有效应力强度包线过原点,似乎不存在黏聚力,而在一定围压下固结、具有一定密度的黏土也肯定具有黏聚力,只不过这部分黏聚力是固结应力的函数,即 $c=f(\sigma)$,宏观上被归入摩擦强度部分中。这种强度表观形式上与实际机理不一致的情况随处可见。所以我们将它们在形式上分为摩擦强度与黏聚强度只是基于分析和解决问题的方便。也有人不区分这两种强度,而直接使用抗剪强度 τ_f,那也是可行的。

3.2.1 摩擦强度

黏性土摩擦强度微观机理比较复杂,这里只着重分析砂土的摩擦强度。砂土间的摩擦强度可分为两个部分:滑动与咬合。而后者又会引起土的剪胀、颗粒破碎和颗粒重定向排列,它们对土的强度有不同影响。

1. 固体颗粒间的滑动摩擦

固体表面间的滑动摩擦是沿着固体平面表面滑动产生的真正意义上的摩擦,它一般是土摩擦强度的主要部分,可以表示为

$$\mu=\frac{T}{N}=\tan\varphi_\mu \tag{3-3}$$

其中,N 为正压力;T 为表面摩擦力;μ 为摩擦系数,是一个材料常数;φ_μ 为滑动摩擦角。可见摩擦力 T 正比于正压力 N,两物体间摩擦力与物体尺寸及接触面积无关。

固体颗粒间接触处的性质和影响因素十分复杂。即使是看起来"光滑的"固体表面也不真正是完全光滑的,其不平度在 10~100nm 之间($1\text{nm}=10^{-9}\text{m}$),不平处的坡度大多为 120°~175°(见图 3-4)。

看似光滑的石英矿物表面的凹凸不平可达到500nm，而一些松散矿物颗粒的表面不平度可超过这个尺度10倍以上。即使是片状云母，其表面也有“波”动。因而所谓滑动摩擦也存在不规则表面的咬合和“自锁”作用。由于土中颗粒间的实际接触面积是非常小的，故接触点的应力非常大。太沙基认为材料一般在凸起的接触点可达到材料屈服，这样实际接触面积由材料屈服强度 σ_y 和法向荷载 N 决定，即

$$A_c = \frac{N}{\sigma_y} \tag{3-4}$$

在屈服区接触面积 A_c 上，抗剪强度为 τ_m，则剪切荷载为

$$T = A_c \tau_m \tag{3-5}$$

摩擦系数为

$$\mu = \frac{\tau_m}{\sigma_y} \tag{3-6}$$

可见凸起处材料发生塑性屈服，产生塑性变形。滑动的切向力 T 取决于接触面积及接触处的抗剪强度。由于接触处颗粒间距离是单分子的尺度，所以此处会形成吸附引力，甚至会使局部矿物产生重结晶。这表明摩擦力又与土的黏聚力形成的机理相似。在这种情况下，静摩擦即起动时阻力，可能大于滑动以后的摩擦。

由于颗粒表面一般是不完全清洁的，固体表面总被一层吸附膜所覆盖(见图3-5)。而这种吸附膜起润滑作用，这时实际接触面积会大大减小，即

$$T = A_c[\delta \tau_m + (1-\delta)\tau_c] \tag{3-7}$$

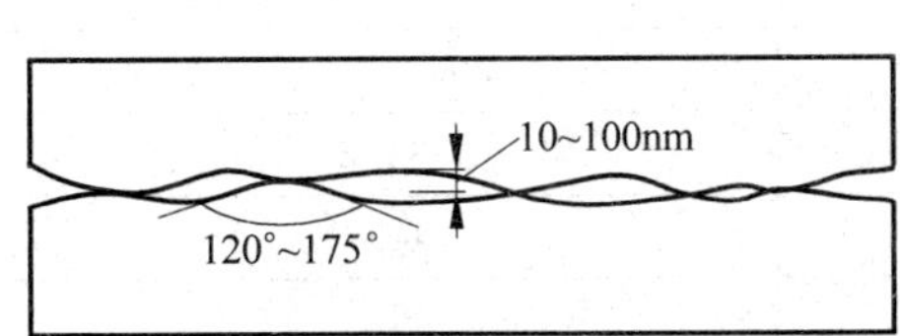

图3-4　两“光滑”表面间的接触

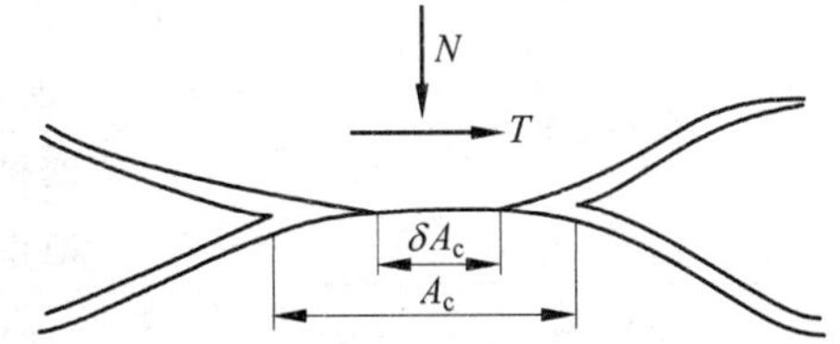

图3-5　不平表面吸附膜的影响

其中，δ 为实际接触面积与总接触面积 A_c 之比；τ_m 及 τ_c 为固体间及吸附膜间的抗剪强度。τ_c 要比 τ_m 小得多，所以小颗粒的黏性土的内摩擦角比粗颗粒小得多。对于非黏土矿物，其滑动摩擦角也受该吸附膜的影响。图3-6表示不同情况下石英表面的摩擦系数。表面没有经过化学清洁的非黏性矿物由于吸附膜的润滑作用，其摩擦角是很小的，在饱和情况下，由于水对吸附膜的破坏，大块的石英、长石和方解石等矿物的抛光表面的吸附膜将被溶解破坏，这样它们的滑动摩擦角有所提高，而对于片状矿物颗粒的土，水本身也可起润滑作用。化学清洁的、抛光的表面间的摩擦角是很大的。所以固体表面光不表示一定滑。在很粗糙的表面，表面清洁与否影响不大。表3-1是常见矿物的滑动摩擦角。

一般可以认为天然土中一般清洁的石英表面滑动摩擦系数 $\mu \approx 0.5$，摩擦角 $\varphi_\mu \approx 26°$。

2. 咬合摩擦

由于土颗粒间不可能是平面接触。颗粒间的交错排列，使剪切面处的颗粒会发生提升错动、转动、拔出，并伴随着土体积的变化、颗粒的重新定向排列及颗粒本身的损伤断裂，见图3-7。广义上讲，由于剪切引起的土体积变化称为剪胀，所以广义的剪胀包括剪胀和剪缩。但是一般讲剪胀是指剪切引起的土体积增加，剪胀的结果使颗粒从低势能状态变为高

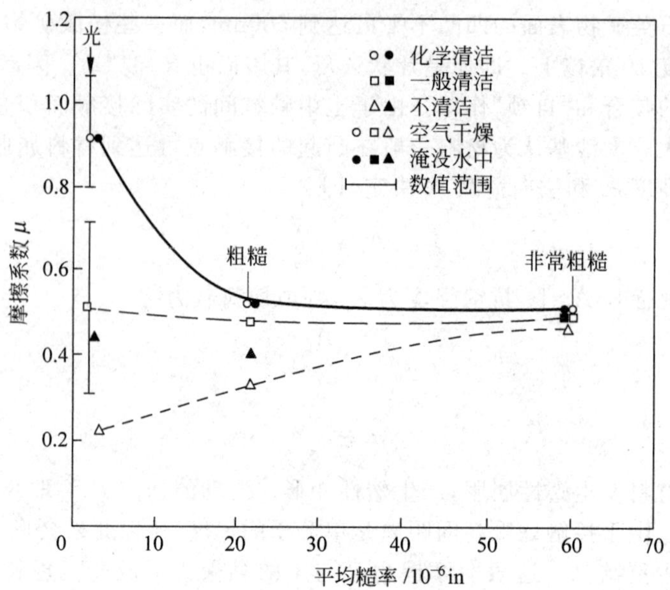

图 3-6 石英表面的摩擦系数

表 3-1 常见矿物的滑动摩擦角

矿物种类		滑动摩擦角
非黏土矿物	饱和石英	22°～24.5°
	饱和长石	28°～37.6°
	饱和方解石	34.2°
	饱和绿泥石	12.4°
黏土矿物	高岭石	12°
	伊利石	10.2°
	蒙脱石	4°～10°

势能状态，要消耗额外能量。因而剪胀后的状态常常是不稳定的，在卸载时可部分恢复。一般而言，土剪胀时颗粒起动后对应着峰值强度，而剪胀稳定时对应着土的残余强度。

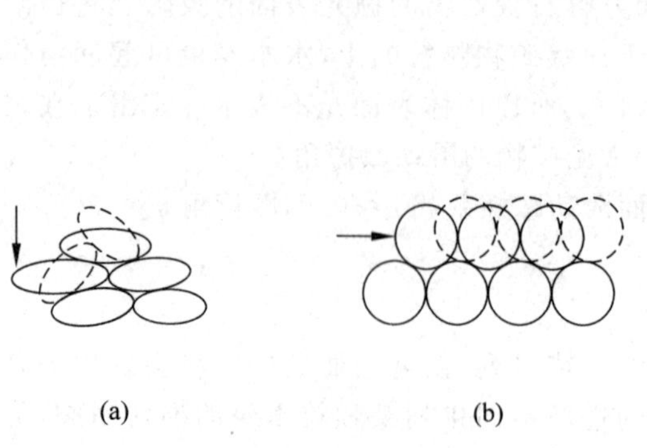

图 3-7 密实砂土的剪胀

(a) 扁状颗粒；(b) 球状颗粒

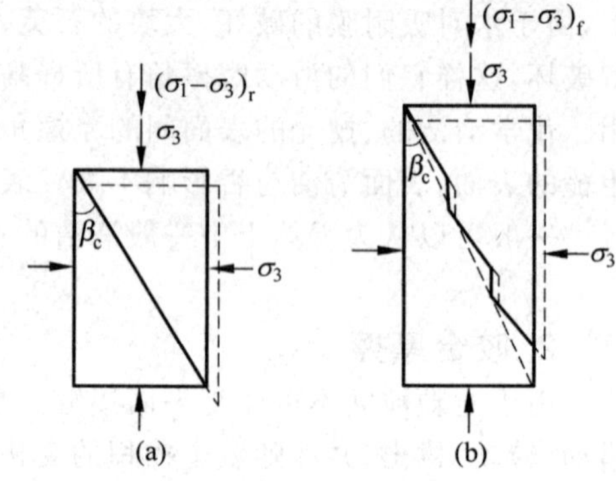

图 3-8 试样的剪胀模型

(a) 无剪胀，$D=1.0$；(b) 剪胀，$D>1.0$

图 3-8 表示了试样在有无剪胀时的破坏状态，图中

$$D = 1 - \frac{d\varepsilon_v}{d\varepsilon_1} \tag{3-8}$$

图 3-8(a)表示无剪切体变情况 $D=1.0$，这时外荷载在单位体积上所做的功 w_r 为

$$w_r = \Delta\varepsilon_1(\sigma_1 - \sigma_3)_r \tag{3-9}$$

在同样围压 σ_3 下，对于有剪胀情况，见图 3-8(b)，单位体积外力做功 w_f 除包括式(3-9)中 w_r 外，还需要克服 σ_3 对体变的阻力做功：

$$w_f = \Delta\varepsilon_1(\sigma_1 - \sigma_3)_f = w_r - \Delta\varepsilon_v\sigma_3 = \Delta\varepsilon_1(\sigma_1 - \sigma_3)_r - \Delta\varepsilon_v\sigma_3 \tag{3-10}$$

其中，$\Delta\varepsilon_v$ 是负值，即体胀。

由式(3-10)得

$$(\sigma_1 - \sigma_3)_f = (\sigma_1 - \sigma_3)_r - \frac{\Delta\varepsilon_v}{\Delta\varepsilon_1}\sigma_3 \tag{3-11}$$

由于两种情况下的 σ_3 相等，则

$$\left(\frac{\sigma_1}{\sigma_3}\right)_f = \left(\frac{\sigma_1}{\sigma_3}\right)_r - \frac{\Delta\varepsilon_v}{\Delta\varepsilon_1} \tag{3-12}$$

在破坏时

$$\tan^2\left(45° + \frac{\varphi_f}{2}\right) = \tan^2\left(45° + \frac{\varphi_r}{2}\right) - \frac{\Delta\varepsilon_v}{\Delta\varepsilon_1} \tag{3-13}$$

由于$\frac{\Delta\varepsilon_v}{\Delta\varepsilon_1}$是负值(剪胀)，所以在有剪胀情况下的内摩擦角 φ_f 比无剪胀时内摩擦角 φ_r 高。这是由于外力需克服 σ_3 对体胀的阻力，要额外做功。

土颗粒的重排列和颗粒破碎是由于土颗粒间咬合而发生的另两种现象。在较高围压下剪切时，粗粒土单位面积上接触点较少，接触点处局部应力集中，这样就可能产生颗粒接触点破碎屈服，棱角颗粒局部边角折断、剪断，这在高围压、大颗粒、弱矿物、针片状颗粒的情况下是很普遍的。这时试验前后的级配曲线表明，试验后的细颗粒含量明显提高。在一定围压下剪切发生的另一种现象是颗粒的重新定向和重新排列，尤以针片状颗粒在剪切带区内最为明显。这些颗粒破碎、颗粒重排列均需要外力额外做功，因而也提高了砂土的内摩擦角。从图 3-9 可见，滑动摩擦强度是线性的，剪胀提高了抗剪强度，剪缩(负剪胀)减少了抗剪强度。颗粒的破碎与重定向排列也增加了土的抗剪强度。但是应当看到，由于颗粒破坏，使断裂的颗粒残余部分更容易嵌入孔隙中，不易形成大孔隙，因而大大减少了土产生剪胀的可能性，甚至会发生剪缩。在高围压下，颗粒破碎量大，很少发生剪胀。颗粒的重排列往往会破坏土的原有结构，造成剪胀量减少。从这个角度来看，颗粒的破碎和重排列减少了土的剪胀，与不发生颗粒的破碎和重排列相比，实际上减少了土的剪胀性，也减小了土的摩擦强度。在图 3-9 中，①代表纯滑动摩擦强度包线；②表示纯粹由剪胀(+)与剪缩(−)引起的强度包线的变化；③表示包括颗粒滑动摩擦、剪胀(缩)、颗粒破碎与重排列的实际强度包线。

3.2.2　黏聚力

在有效应力情况下，将总抗剪强度扣除摩擦强度 $\sigma'\tan\varphi'$，即得到所谓的黏聚力。从另一个角度看，所谓黏聚力是破坏面没有任何正应力作用下的抗剪强度。由于大多数强度包

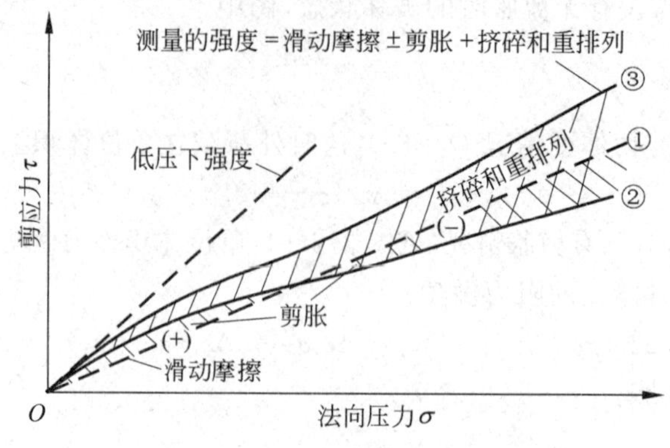

图 3-9 砂土的强度包线及影响因素

线都不是线性的,通过外延包线直线段找其截距确定黏聚力往往是不精确的。而在很多情况下,在很低围压甚至无围压(无正应力)的剪切试验很难准确地确定黏聚力。所以土的纯粹的黏聚力在数值上是难于精确测定的。

土的颗粒间存在着相互作用力,其中黏土颗粒-水-电系统间的相互作用是最普遍的。颗粒间的相互作用可能是吸引力,也可能是排斥力。土的黏聚力是由于土颗粒间的引力与斥力的综合作用。如在2.8.4节中所介绍,黏土中的引力主要包括以下几种。

1. 静电引力

静电引力包括库仑力和离子-静电力。由于黏土矿物颗粒是片状的,在平面部分带负电荷,而两端边角处带正电荷,边和面接触则会相互吸引。另外,由于黏土颗粒带负电,在水溶液中会吸附阳离子,两相邻颗粒靠近时,双电层重叠,形成公共结合水膜,通过阳离子将两颗粒相互吸引,见图2-56。

2. 范德华力(van der Waals force)

范德华力是分子间的引力。物质的极化分子与相邻的另一个极化分子间可通过相反的偶极吸引;当极化分子与非极化分子接近时,也可能诱发后者,而与其反号的偶极相吸引。

3. 颗粒间的胶结

黏土颗粒间可以被胶结物所黏结,它是一种化学键。颗粒间的胶结包括碳、硅、铝、铁的氧化物和有机混合物。这些胶结材料可能来源于土料本身,亦即在矿物的溶解和重析出过程中生成,也可能来源于土中水溶液。由胶结物形成的黏聚力可达到几百千帕,这种胶结不仅对于黏土,而且对于砂土也会产生一定的黏聚力,即使含量很小,也明显改变了土的应力应变关系及强度包线。

4. 颗粒间接触点的化合价键

当正常固结黏土在固结后再卸载而成为超固结黏土时,其抗剪强度并没有随有效正应力的减小而按比例减小,而是保留了很大部分的强度。这是由于在这个过程中孔隙比减小,颗粒间接触点形成了初始的化合键。这种化合键主要包括离子键、共价键和金属键，其键能很高。

5. 表观黏聚力

这种黏聚力并非来源于黏土颗粒间的胶结和各种化合键，实际上是摩擦强度表现为黏聚力。包括在非饱和土中毛细吸力引起的强度和粗粒土中咬合表观的强度。

在粗粒土中，由于颗粒的几何堆积，可以在无任何物理和化学引力的体系中引起表观黏聚力。粗糙表面的咬合可以说明这一点。在图 3-10 中，当不施加任何正应力时，由于咬合作用物体的重力也可产生抗剪的阻力。

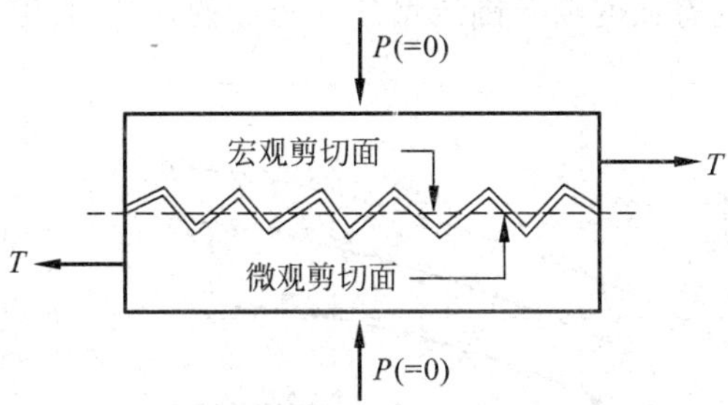

图 3-10　由于微观剪切面上咬合表现的似黏聚力

在上述各项中，除了胶结之外，黏聚力都来源于颗粒间由于各种内部吸引而产生的正应力。而抗剪强度则是由于这些吸引力而产生的粒间的摩擦。有人认为这种黏聚抗剪强度来源于“内部压力(intrinsic pressure)”。据测试分析表明，粒间吸引力引起的黏聚力较小，化学胶结力是黏聚力的主要部分。图 3-11 表示土中颗粒间作用力与颗粒尺寸间的关系。

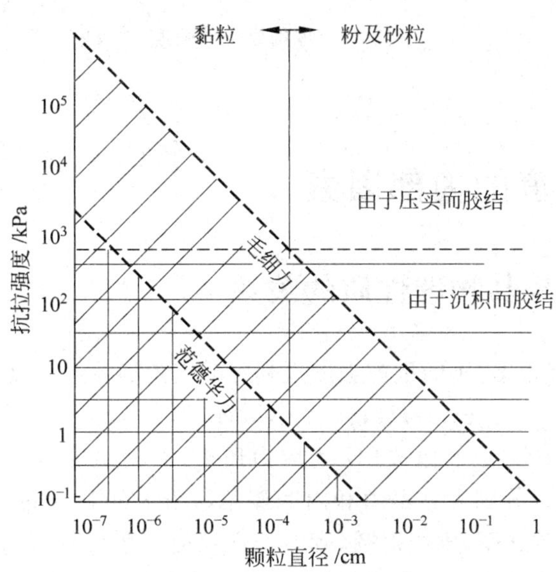

图 3-11　几种颗粒力对土强度的影响

值得注意的是土中水的冻结可以产生土的黏聚力。因而冻土(砂土、黏性土)具有抗拉强度、无侧限抗压强度和抗剪强度。对于冻土其抗剪强度可表示为

$$\tau_f = c(T) + \sigma \tan \varphi(T) \tag{3-14}$$

其中,$c(T)$为冻土的黏聚力,是温度的函数。以无侧限压缩试验为例,冻土的强度与土的性质、温度、加载速率和时间等因素有关。一般来讲,温度越低,强度越高;瞬时强度明显高于蠕变强度;干密度越大,强度越高。冻结砂土的强度高于冻结黏土,其中冻结细砂强度最高。另一个影响因素是围压。对于土,一般讲抗剪强度总是随围压(或破坏面上正应力)增大而增大。但是冻土抗剪强度一般与围压无直线关系,并且不是围压的单值函数。当围压达到某值后,冻土中的冰开始融化,这一围压叫冰融围压。当围压超过冰融围压时,冻土的三轴剪切强度不增加反而下降。可见严格讲莫尔-库仑强度理论不适用于冻土,亦即冻土抗剪强度与作用面上的正应力间不成单值函数关系。图3-12是冻结黏土的破坏线。可见冻结黏土不同程度地存在着抗剪强度随着围压增加而降低的现象,且温度越低,冰融围压越高。

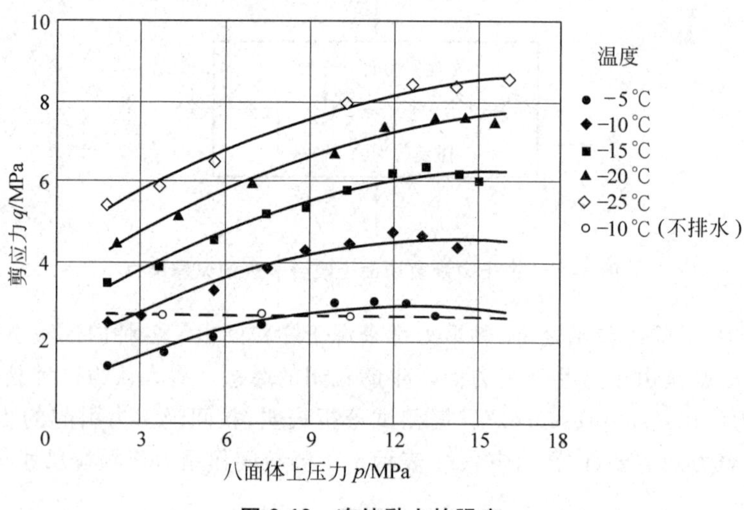

图3-12 冻结黏土的强度

3.3 影响土强度的内部因素

3.3.1 土的强度与其物理性质的关系

影响土强度的因素很多,土的抗剪强度及其影响因素的关系可以定性地表示为

$$\tau_f = f(e, \varphi, C, \sigma', c, H, T, \varepsilon, \dot{\varepsilon}, S) \tag{3-15}$$

其中,e为土的孔隙比;C为土的组成;H为应力历史;T为温度;ε和$\dot{\varepsilon}$分别为应变和应变率;S为土的结构;c和φ分别为黏聚力和内摩擦角,c和φ可以通过不同的试验确定,因而也包含了排水条件、加载速率、围压范围、应力条件及应力历史等因素。可见式(3-15)只是一个一般表达式,不可能写成具体的函数形式,同时其中各种因素并不独立,可能相互重叠。

纵观上式,能够发现各种影响因素可以分为两大类,一类是土本身的因素,主要是其物理性质;另一类是外界条件,主要是应力应变条件。前者可称为内因,后者可称为外因。

1. 内部因素

影响土强度的内部因素又分为土的组成(C)、状态(e)和结构(S)。其中土的组成是影响土强度的最基本因素，它又包括土颗粒的矿物成分、颗粒大小与级配、颗粒形状、含水量(饱和度)、黏性土的离子和胶结物种类等因素。土的状态是影响土强度的重要因素，比如砂土的相对密度大小是其咬合及因此产生的剪胀、颗粒破碎及重排列的主要影响因素；同样黏土的孔隙比和土颗粒的比表面积决定了黏土颗粒间的距离，这又影响了土中水的形态及颗粒间作用力，从而决定黏土黏聚力的大小。土的结构本身也受土的组成影响。原状土的结构性，特别是黏性土的絮凝结构使原状土强度远大于重塑土的强度。

2. 外部因素

除了温度以外，外部因素主要是指应力应变因素，它包括应力状态(围压、中主应力)、应力历史、主应力方向、加载速率及排水条件。这些外部因素主要是通过改变土的物理性质而影响土的强度。

这些因素对于土的强度的影响十分复杂，有些是目前仍需要进一步研究的课题。

3.3.2　影响土强度的一般物理性质

1. 颗粒矿物成分的影响

如上所述，不同矿物之间的滑动摩擦角是不同的。黏土矿物的滑动摩擦角，高岭石大于伊利石，伊利石大于蒙脱石。但黏土的实际抗剪强度还与结合水及双电层性质有关。黏土的总内摩擦角也是高岭石大于伊利石，伊利石大于蒙脱石。对于粗粒土、含有中性矿物的土，如云母、泥岩等，其滑动摩擦角明显变小。另外，由软弱矿物颗粒组成的土，在较密实状态及较高围压下，相互咬合的颗粒更容易折断和破碎，而不会被拔出和翻转引起剪胀，因而软弱矿物抑制了土的剪胀，从而降低了土的抗剪强度。比如由风化岩组成的碎石及堆石的强度包线明显成非线性，随着围压增加包线斜率变小，这是由于颗粒在较高围压下发生破碎引起的。不同黏土矿物的塑性指数与正常固结黏土的抗剪强度关系见图 3-13。

2. 粗粒土颗粒的几何性质

对于粗粒土，当孔隙比相同及级配相似时，颗粒尺寸的大小对土强度有两个方面的影响：一方面大尺寸颗粒具有较强的咬合能力，可能增加土的剪胀，从而提高强度；另一方面，在单位体积中大尺寸颗粒间接触点少，接触点上应力加大，颗粒更容易破碎，从而减少剪胀，降低了土的强度。对于砂土，如果均匀的细砂与粗砂具有相同的孔隙比，二者的内摩擦角 φ 基本相同。但由于细砂的 e_{min} 比粗砂的大，这时细砂的相对密度 D_r 比粗砂的高。所以，在相同的相对密度时，粗砂的 φ 比细砂的大一些。

对于堆石坝坝体材料，由于其颗粒尺寸很大，难以用三轴试验等直接确定其强度及应力应变关系，往往将颗粒尺寸缩小进行模拟，如 1.1.3 节所介绍。然而关于这种尺寸缩小对强度的影响还是一个尚待进一步研究解决的问题。

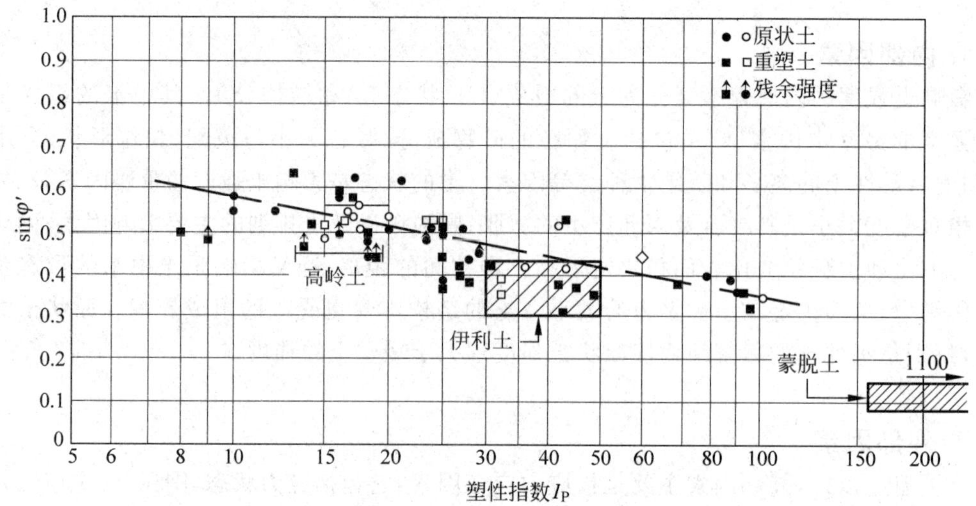

图 3-13 正常固结黏土抗剪强度与塑性指数及黏土矿物的关系

在其他条件相同时,颗粒表面糙度增加将会增加砂土的内摩擦角。

粗粒土的针、片状形状及棱角加强了颗粒间的咬合作用,从而可提高其内摩擦角;可是另一方面针片状颗粒更易于折断,棱角处也可能因局部接触应力过大而折损。当围压不是很高时,在同样的围压下,砂土由于单位体积接触点多,颗粒破碎一般不严重,其棱角可使抗剪强度增加,碎石土由于单位体积内接触点少,接触应力大,有棱角及针片状颗粒更易破碎,所以由于棱角而使其强度提高不明显。在同样矿物和密实状态下,大粒径卵石土有时比碎石土强度高。

3. 土的组成的其他因素

粗粒土的级配对于其抗剪强度有较大影响。两种相对密度相同的砂,级配较好的砂孔隙比 e 小,咬合作用也比较强;另一方面对于级配良好的土,单位体积中颗粒接触点多,接触应力小,颗粒破碎少,剪胀量加大,所以抗剪强度高。

在不考虑孔隙水压力情况下,干砂与饱和砂土的抗剪强度相差不大;在其他条件相同时,含有软弱矿物的干砂的内摩擦角可能比湿砂高 1°~2°,但一般认为二者是相同的。

4. 土的状态

砂土的孔隙比或者相对密度可能是影响其强度的最重要因素。孔隙比小或者相对密度大的砂土有较高的抗剪强度。由于正常固结黏土的强度包线过原点,所以孔隙比对黏土强度指标的影响通常表现为其应力历史即超固结比的影响。关于孔隙比与砂土及黏土强度的关系将在以下两节讨论。

5. 土的结构

我们在 2.8 节讨论了土的结构性。土的结构对于土的抗剪强度有很大影响,有时对于某些黏性土,如区域性土或特殊土,可以说是控制性因素。图 2-57 表示黏土的几种基本结构形式。一般而言，在相同密度下，絮凝结构的黏土有更高的强度，由于沉积过程中的地质环境，沉积以后的地质活动和应力历史，天然原状土的黏土矿物形成不同的结构形式。原状土的结构性使其强度高于重塑土或扰动土。室内试样的制样方法也影响土的组构形式，如图2-59和图2-60所示。

图3-14表示均匀砂土的三轴试验结果。土颗粒是圆滑的，粒径为0.85～1.19mm。颗粒的平均轴长比为1.45，试样孔隙比e=0.64。

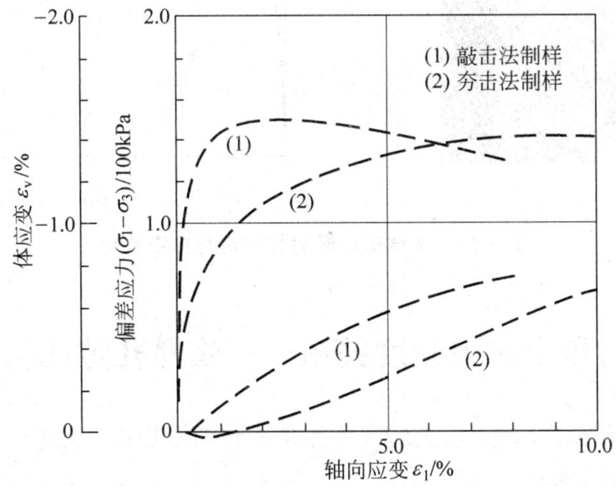

图3-14　不同制样方法制成的砂试样的三轴试验

用两种方法制样：一种是夯击的方法；另一种是在制样模外敲击的方法。对制成的试样切片观测表明，敲击法制样中颗粒的长轴一般更多平行于水平方向（见图2-50），其三轴试验的强度、应力应变关系曲线的模量与剪胀性均比夯击试样高。

综上所述，土的物理性质对其抗剪强度的影响见表3-2。

表3-2　影响砂土内摩擦角的物理性质

因　　素	对内摩擦角的影响
孔隙比 e	e↑　φ↓
棱角 A	A↑　φ↑（对碎石影响小）
颗粒表面粗糙度 R	R↑　φ↑
含水量 w	w↑　φ↓
颗粒尺寸 S	影响不大，并且不确定
级配	C_u↑　φ↑

6. 剪切带的存在对土强度的影响

在密砂、坚硬黏土及某些原状土的试验中，应变软化常常伴随着应变的局部化和剪切带的形成。剪切带处局部孔隙比很大，并且有强烈的颗粒定向作用。剪切带的生成会使土的强度降低，见图3-15。

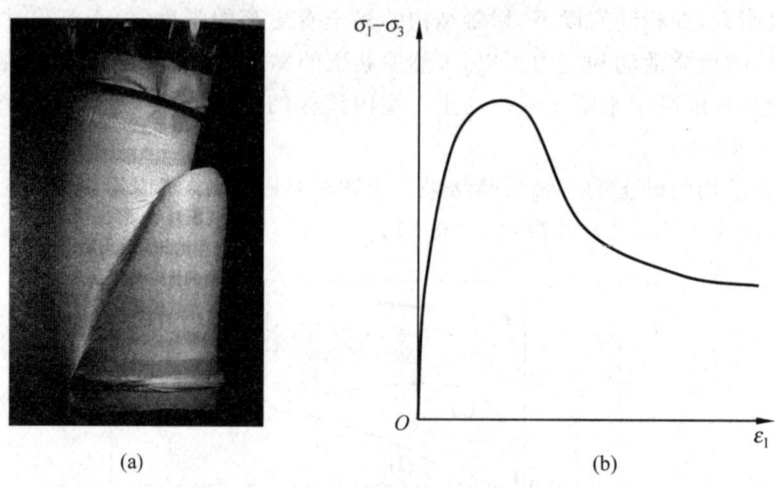

图 3-15 试样破坏时的剪切带与应变软化

3.3.3 孔隙比与砂土抗剪强度关系——临界孔隙比

如上所述,随着孔隙比减小,砂土的内摩擦角 φ 将明显提高。松砂与密砂在试验中的应力应变关系也有很大区别。

当我们通过一个漏斗向地面轻轻撒砂时,在地面上形成一个砂堆,这个砂堆与水平面夹角就是天然休止角,也是最松状态下砂的内摩擦角。图 3-16 是天然状态下的砂丘,其中 SD 是静止砂丘,MD 代表迁移性砂丘。静止砂丘的背风面坡度角接近于天然休止角,一般为 30°～35°。可见即使在"最松"状态下,其内摩擦角 φ_r 亦大于矿物滑动摩擦角 φ_μ,亦即颗粒间存在一定咬合。

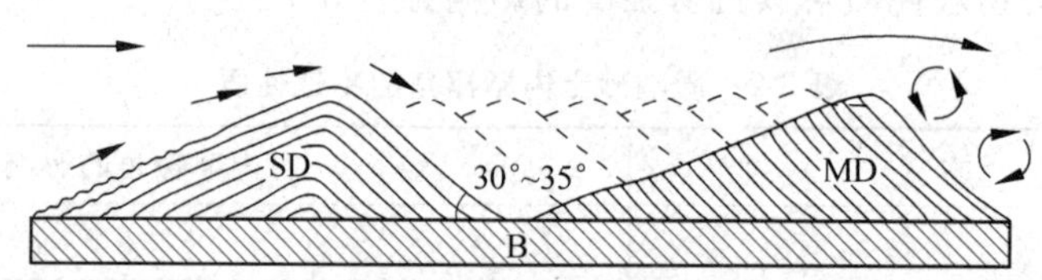

图 3-16 风积砂丘及天然休止角

SD—静止砂土; MD—移动砂土

在同一围压下对于松、密两个标准砂试样进行常规三轴压缩试验。结果表示在图 3-17 中,应力差 $\sigma_1-\sigma_3$ 与轴应变及体应变间关系曲线、相应的孔隙比 e 随 $\sigma_1-\sigma_3$ 变化曲线分别表示在图 3-17(a)、(b)中。可见松砂的应力应变曲线是应变硬化的,并且伴随着试样体积收缩(剪缩),即孔隙比减小;密砂的应力应变曲线是应变软化的,伴随着剪胀,即孔隙比增加。两个试样在加载到最后,其孔隙比接近相同,亦即都达到临界孔隙比 e_{cr}。所谓临界孔隙比是指在三轴试验加载过程中,轴向应力差几乎不变,轴向应变连续增加,最终试样体积几乎不变时的孔隙比。

临界孔隙比也可以叙述为,用某一孔隙比的砂试样在某一围压下进行排水三轴试验,偏差应力达到$(\sigma_1-\sigma_3)_{ult}$时,试样的体应变为零;或者在这一围压下进行固结不排水试验破坏

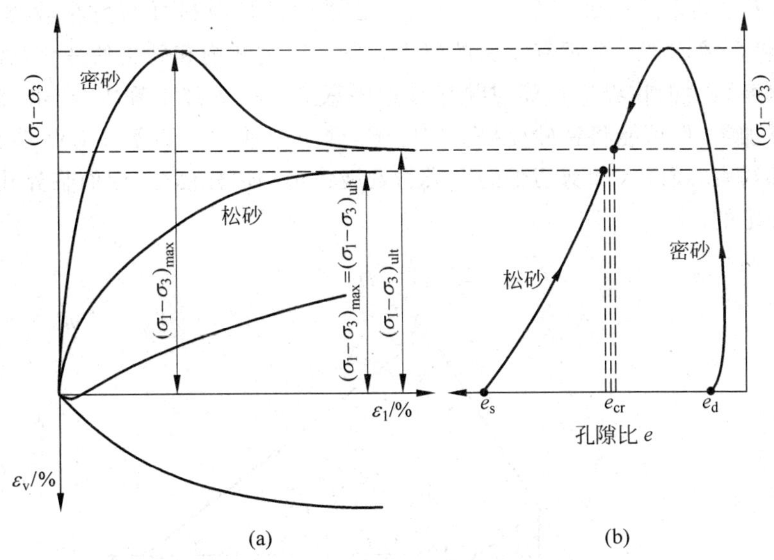

图 3-17　松砂和密砂的三轴试验结果

(a)偏差应力-轴应变-体应变的关系曲线；(b)偏差应力-孔隙比的关系曲线

时的超静孔隙水压力为零，这一孔隙比即为在这一围压下的临界孔隙比。

在不同的围压 σ_3 下进行上述试验，发现临界孔隙比是不同的。围压增加则临界孔隙比减小；围压减小则临界孔隙比增加。在很高围压下，即使是很密的砂土，三轴试验时也不发生剪胀而是体积收缩。对于 Sacramento 河砂，不同围压与临界孔隙比 e_{cr} 的关系如图 3-18 所示。

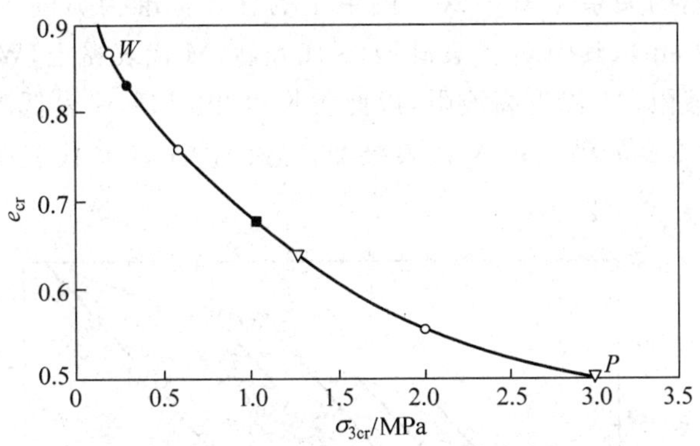

图 3-18　临界孔隙比 e_{cr} 与围压的关系

在某种围压 σ_3 下的三轴试验中，当一个砂土试样破坏时，如果体变为零，则此时的孔隙比为 σ_3 所对应的临界孔隙比。反之，这个围压 σ_3 可称为这种砂在这种孔隙比下的临界围压 σ_{3cr}。

图 3-19 表示了三轴排水试验中围压 σ_3、试样孔隙比 e 及试样破坏时体应变 ε_v 三者的关系，可用一平面 KWP 近似表示。其中平面上的 WP 线相当于图 3-18 中的 σ_{3cr} 和 e_{cr} 关系曲线。在图 3-19 中，如果砂试样固结后孔隙比为 e_c，则在临界围压 σ_{3cr} 下进行排水试验，破坏的体变为零(图中 H 点)，如果围压小于 σ_{3cr}(A 点)，三轴试验破坏时试样将发生剪胀(体

应变为图中 DR);如果围压大于 σ_{3cr}(C 点),三轴试验破坏时试样将发生收缩(图中 BS)。对于砂土,临界孔隙比是一个很有意义的概念。它对于判断饱和砂土的液化及流滑,对于解释砂土中桩侧摩阻力的临界桩长等问题都有重要意义。在基础工程中,夯击、振动、挤压可使地基中松砂加密,但可能将密砂变松。实际上,砂土三轴试验的条件对结果有很大影响,试样中的端部约束、膜嵌入和剪切带的形成与发展将影响试样体变,因而临界孔隙比并不是很容易准确确定的。

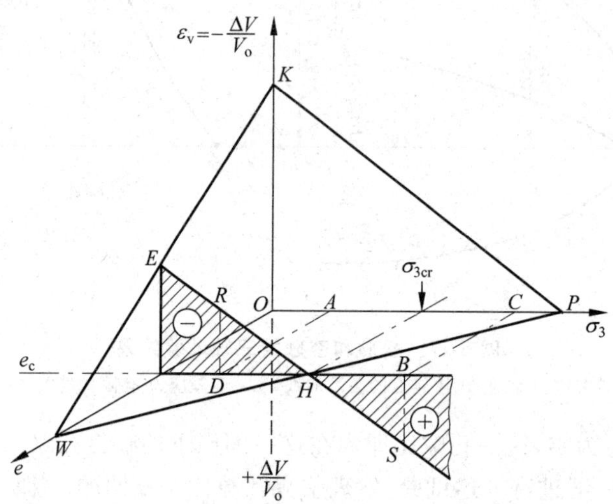

图 3-19 砂土三轴排水试验中体应变 ε_v、围压 σ_3 和试样孔隙比 e 间关系简图

砂土的孔隙比对其抗剪强度指标有重大影响,不同级配的无黏性土在不同的密度(孔隙比)下的有效内摩擦角的关系见图 3-20。图中土的分类标准为美国土的分类标准(unified soil classification system),其中 G 代表砾石,S 代表砂,M 代表粉土,W 代表级配好,P 代表级配不良,L 代表低液限,H 代表高液限,以此类推可知: ML 代表低液限粉土;SM 代表粉质砂土;SP 代表级配不良的砂土;SW 代表级配良好的砂土;GP 代表级配不良的砾石;GW 代表级配良好的砾石。

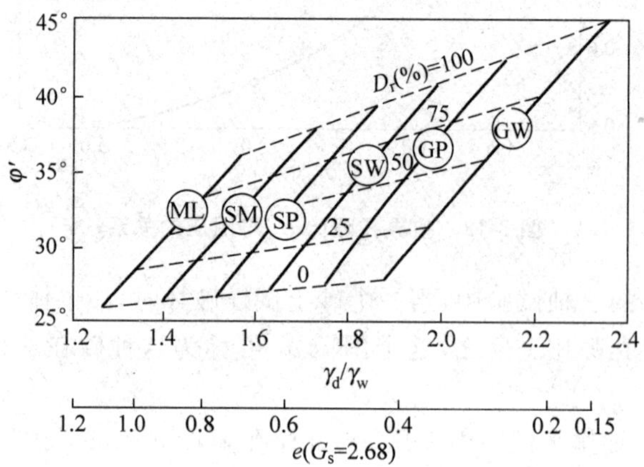

图 3-20 无黏性土的密度和级配对内摩擦角的影响

3.3.4　孔隙比与黏土抗剪强度——真强度理论

所谓正常固结黏土是指其在历史上承受的最大有效固结压力等于当前受到的固结压力的黏土。对于地基中的原状土,所谓的正常固结黏土即为其历史上的最大有效固结应力等于现在受到的上覆土固结应力的土。对于我们在室内制备的重塑土试样,所谓正常固结黏土就是其历史上的最大有效固结应力等于我们在试验中施加的围压 σ_c 的土。

图 3-21 表示的是室内黏土的压缩试验及相应的三轴试验结果。首先将调成泥浆状的黏土浆在不同围压 σ_c 下固结压缩得到图 3-21(a)中 e-σ_c 曲线。这时所谓正常固结黏土就是初始曲线 $ABCD$ 代表的土：而在卸载、加载曲线上的点是超固结黏土。对于 $\sigma_c=0$ 的正常固结黏土,实际上没施加过任何有效应力,亦即它处在泥浆状态,因而不具有任何强度,所以在图 3-21(b)中抗剪强度 $\tau_f=0$,亦即正常固结黏土的强度包线应当过原点。

$$\tau_f = \sigma\tan\varphi' \tag{3-16}$$

$$c' = 0 \tag{3-17}$$

尽管表观上黏聚力 $c'=0$,但在上述情况中,我们做的若干三轴试验中的试样 I、A、B、C、D 是在不同围压下固结而成的,在施加偏差应力$(\sigma_1-\sigma_3)$之前它们的密度或孔隙比是不同的。试样 I 是未经任何固结的泥浆,$\tau_f=0$,$c=0$;试样 A、B、C、D 是在一定围压下固结成形的黏土试样,它们的孔隙比、密度是不同的。随着围压的增加,土颗粒的距离变小,土将产生一定的黏聚力。但是这种黏聚力也随围压线性增加,被包括在式(3-16)中而未能单独表示。所以正常固结黏土的强度包线是通过若干个初始固结状态不同的试样试验所得到的,每个试样都存在着与其固结应力有关的黏聚力。

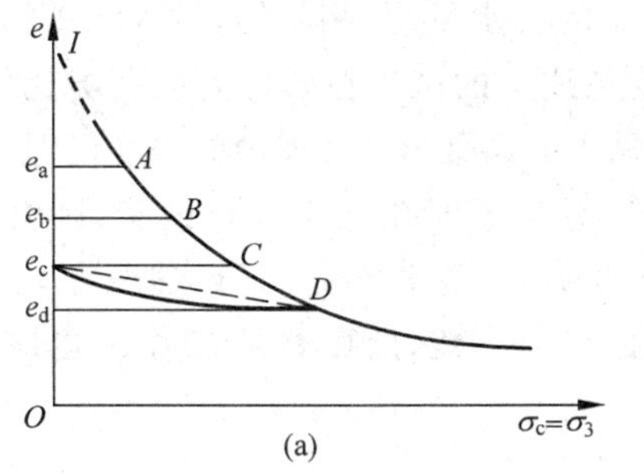

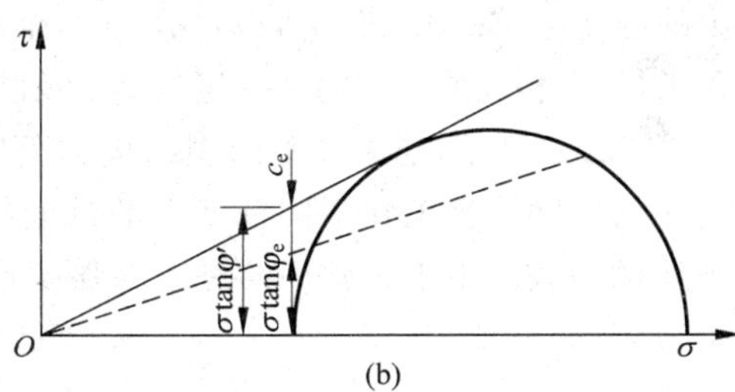

图 3-21　正常固结黏土的固结与强度包线曲线

(a) 固结曲线；(b) 强度包线

为了反映孔隙比对于黏土抗剪强度及其指标的影响,伏斯列夫(Hvorslev)把抗剪强度分为受孔隙比影响的黏聚分量 c_e 和不受孔隙比影响的摩擦分量 $\sigma\tan\varphi_e$,它们的角标 e 表示等孔隙比,即所谓的“真强度理论”与“真强度指标”。图 3-22(a)表示土样在侧限状态下固结、卸载与再加载,然后对不同应力固结历史的试样进行直剪试验确定其抗剪强度及试样在破坏时的孔隙比 e_f 之间的关系。

图 3-22 表示了在饱和重塑黏土的压缩试验和直剪试验中,有效垂直压力 σ'、剪切破坏面上的含水量 w_f(与剪切破坏面上土的孔隙比 e_f 对应)、抗剪强度 τ_f 的关系。图中曲线 DA 代表正常固结状态的情况;AE 代表卸载回弹状态下的情况;BF 代表再加载状态下的

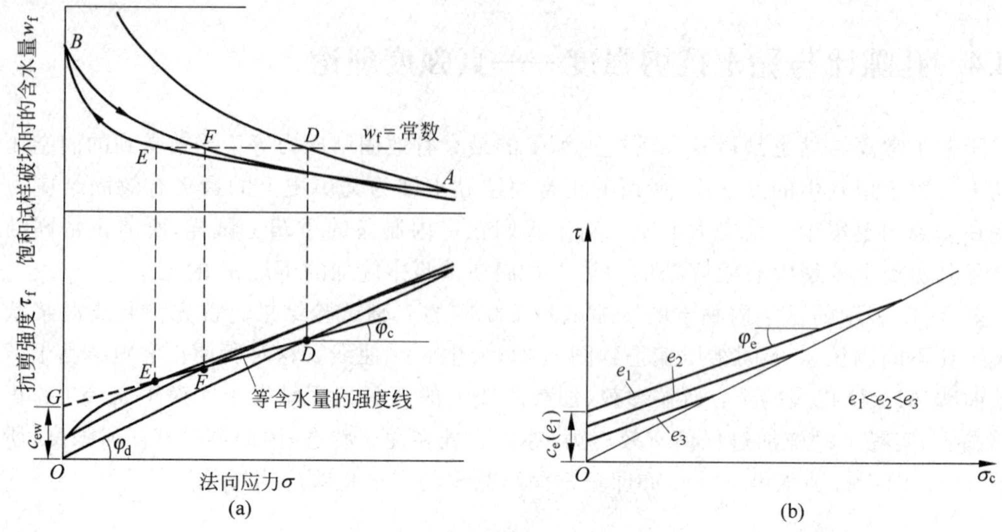

图 3-22 伏斯列夫的抗剪强度

(a) 慢剪试验确定真强度指标；(b) 不同密度的真强度包线

情况；D、E、F 是具有某一相同含水量 w_f(与剪切破坏面上土的孔隙比 e_f 对应)的 3 个点。在图 3-22(a)下图中，E、F、D 3 个点近似在同一条直线上。这表明，对于具有相同破坏时的含水量 w_f 的土试样，在不同的垂直应力 σ 下，具有不同的抗剪强度 τ_f。

其强度包线的截距为 c_e，斜率为 $\tan\varphi_e$。抗剪强度可表示为

$$\tau_f = c_e + \sigma \tan \varphi_e \tag{3-18}$$

式中，c_e 称为"真黏聚力"，φ_e 称为"真内摩擦角"。这个强度公式最突出的一点就是表示同一强度包线上各个试样破坏时的孔隙比(或饱和土的含水量)是相同的，与过原点的正常固结黏土的强度包线相比，式(3-18)表示，在每个强度包线上的试样在破坏时的孔隙比(或饱和土的含水量)是相同的。因而在一定程度上反映了黏土的黏聚力和摩擦力的强度机理。

由图 3-22(a)可见，如果在不同固结应力下卸载，对应不同孔隙比进行试验，则会得到不同强度包线。同一种土在不同密度下的试验结果表明 φ_e 基本不变，而真黏聚力 c_e 是破坏时孔隙比的函数。由于正常固结黏土的强度是过原点的直线，所以真黏聚力 c_e 也应当与固结应力成正比，亦即

$$c_e = \xi \sigma_c \tag{3-19}$$

其中 ξ 为比例常数。

尽管在真强度理论的包线上试样的破坏孔隙比都是相同的，但它们的应力历史毕竟不同，从而其微观结构也会不同，因而 c_e 与 $\sigma \tan \varphi_e$ 与"真正"微观意义上的黏聚力与摩擦强度还是有区别的。

3.4 影响土强度的外部因素

影响土强度的外部因素主要有应力、应变、时间、温度等，其中应力因素是最基本的，它又包括围压或小主应力、中主应力、应力历史、应力方向和加载速率等。试验表明，在无明显

卸载情况下，应力路径对土的强度及强度指标影响不大。

3.4.1 围压σ_3的影响

莫尔-库仑破坏准则为

$$\sigma_1-\sigma_3=\frac{2}{1-\sin\varphi}(c\cos\varphi+\sigma_3\sin\varphi) \tag{3-20}$$

上式表明在三轴试验中，破坏时的偏差应力$(\sigma_1-\sigma_3)_f$与围压σ_3之间为线性关系。但对于超固结黏土和许多粗颗粒土，强度包线实际上并不是直线，亦即φ不是常数。这主要由如3.3节所述的颗粒的咬合而发生的剪胀、颗粒破碎、重排列造成的。所以对于某些碎石和堆石，特别是对堆石坝进行稳定分析时，一般应考虑土强度包线的非线性，可以表示为

$$\varphi=\varphi_0-\Delta\varphi\lg\frac{\sigma_3}{p_a} \tag{3-21}$$

或者

$$\tau_f=A\sigma_n^b\quad(b<1.0) \tag{3-22}$$

其中，p_a是与围压σ_3量纲相同的大气压力；A、b、φ_0、$\Delta\varphi$是试验常数。对于大尺寸颗粒或由较软弱矿物或风化岩石组成的颗粒，这种非线性更加明显。

对于由坚硬岩石构成的密实堆石坝料，式(3-21)中的φ_0可达54°，$\Delta\varphi$达10°～12°；而软岩堆石料的$\Delta\varphi$则更大。根据大量的堆石坝材料试验，几种不同堆石材料在式(3-22)中的A,b值见表3-3。

表 3-3　几种压实堆石的 A、b 值

堆石的岩性	A	b
砂岩	6.8	0.67
板岩(质量高)	5.3	0.75
板岩(质量低)	3.0	0.77
玄武岩	4.4	0.81

围压σ_3不仅影响土的峰值强度，如第1章所述，也影响了土的应力应变关系及体变关系。图3-23(a)表示Sacramento河松砂在不同围压下三轴试验的σ_1/σ_3-ε_1及ε_v-ε_1的关系曲线。可见随着围压σ_c增加，破坏时的轴向应变加大，但$(\sigma_1/\sigma_3)_f$只有少量减少。随着围压增加，剪切过程中的体应变不断增加，在较低围压下，松砂也存在轻微的剪胀。可见对于这种$e_c=0.87$的松砂，其临界围压大约为200kPa。图3-23(b)表示的是这种砂在密实状态下的三轴试验结果，可见其峰值强度应力比随着围压增加有明显降低，相应的轴向应变加大，图中箭头表示峰值强度点。在高围压下应力应变曲线基本也是应变软化，并且体应变由剪胀变成体缩。围压从100kPa增加到3900kPa时，内摩擦角降低12°，这种固结后孔隙比e_c都是0.61的密砂，其临界围压为1.7MPa左右。通过试验得到的这种砂土的临界孔隙比与围压间关系见图3-18。

在很高围压下($\sigma_3=13.7$MPa)的三轴试验之后，Sacramento河松砂的孔隙比e只有0.37，远小于这种砂的最小孔隙比(e_{min})。这表明试验中必然有颗粒产生严重的破碎现象，造成土的级配发生了变化。

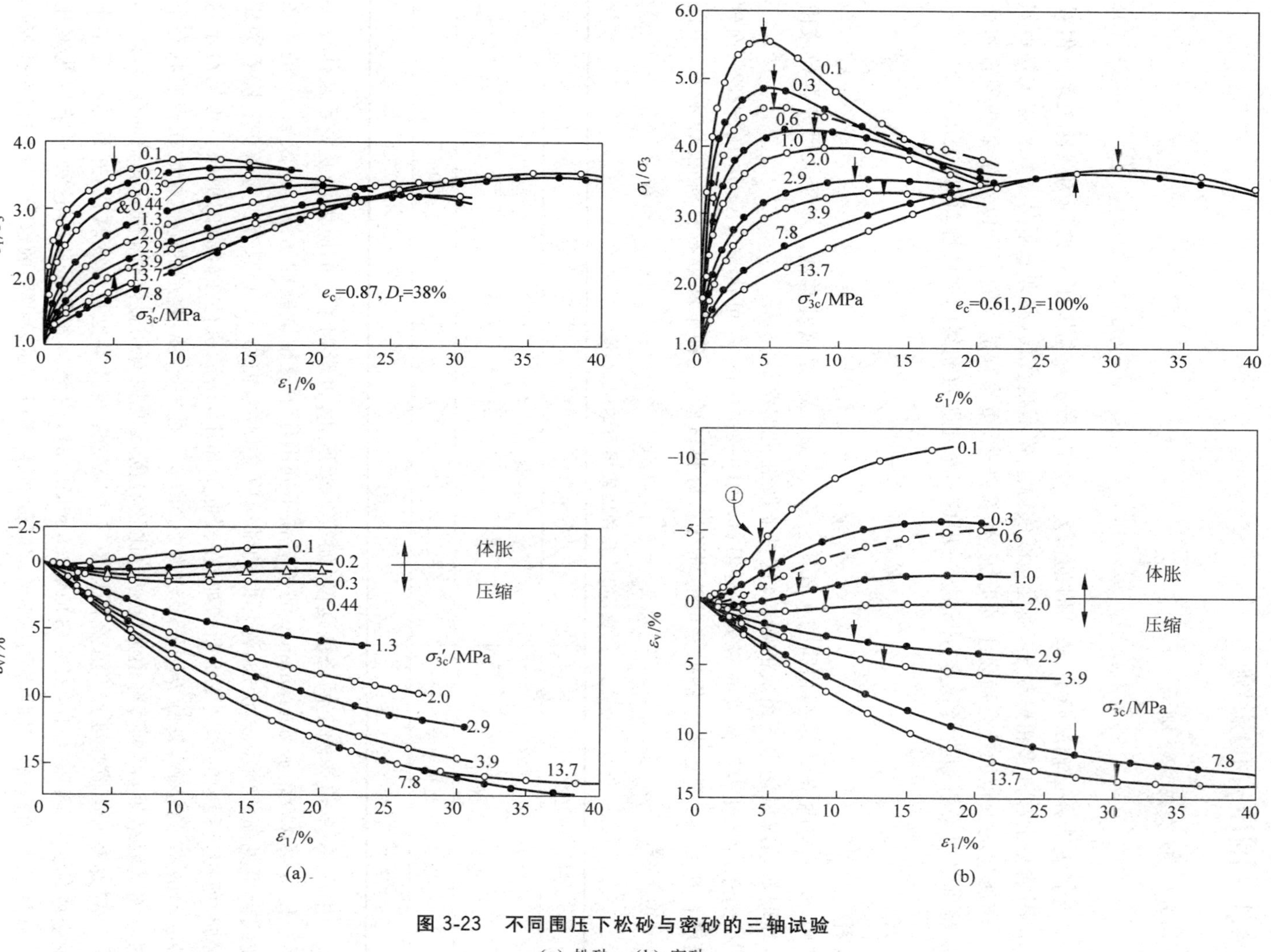

图 3-23 不同围压下松砂与密砂的三轴试验

(a) 松砂；(b) 密砂

在极低围压下($\sigma_3<10\text{kPa}$),砂土应力应变和强度特性对于农机、航天、军工、沙漠地区交通等问题有时是很有意义的。因为在很低围压下,即使是很松的砂土也会因颗粒间咬合而产生剪胀性,所以这时对应的内摩擦角有所提高。正如第 1 章所述,在极低围压下的三轴试验,误差较大。

围压对于黏性土的抗剪强度还受其超固结比的影响,这实际上反映了应力历史对抗剪强度的影响。图 3-24 表示的是黏土的三轴排水试验。其先期固结压力为 σ_p',当围压 $\sigma_3>\sigma_p'$,黏土是正常固结黏土,其强度包线的延长线过原点;当 $\sigma_3<\sigma_p'$时,土是超固结黏土,强度包线在正常固结黏土之上,并且与纵轴有一定截距。在无侧限试验中,即 $\sigma_3=0$ 的情况下的排水试验中,真正意义上的黏聚力主要是化学胶结力。由于在无侧限状态下的试验受许多边界条件和孔隙水压力、吸力等因素的影响,所以测得的黏聚力是不太准确的。通常是通过几个一定围压下的三轴试验确定强度包线,然后将包线外延与纵坐标相交,所得到的截距即为超固结黏土的黏聚力 c。

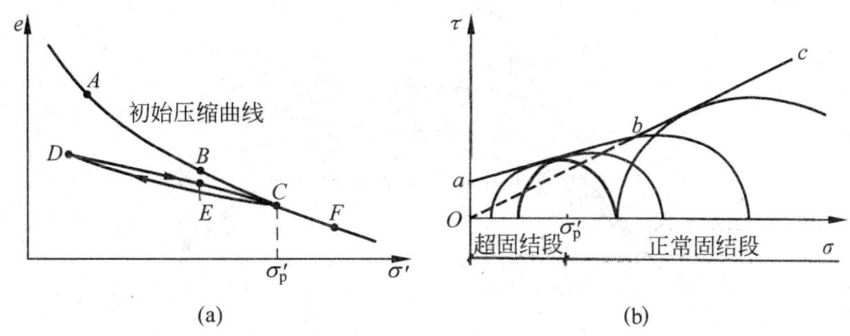

图 3-24　超固结对土的强度的影响

在高围压下,黏土将发生很大的体积压缩,当其孔隙比或饱和土的含水量减少到一定程度时,黏土颗粒将相互靠近,颗粒间相互作用力将加大。例如,黏土颗粒距离达到 100Å(10^{-10}m)时,土粒表面相互作用就很明显了。这对于饱和纯高岭土大约相当于含水量为 15%;对于纯蒙脱土,相应含水量为 800%。当黏土颗粒表面只有三层水分子(大约厚 10Å)时,水将强烈地被黏土颗粒表现吸引,当黏土颗粒相距 20Å 时,要想进一步压缩,所需外力将相当大。对于片状的黏土颗粒,如果想将最后几层水分子"挤"走,大约需要 400MPa 压力。因而在高围压下,黏土固结和剪切时体变很小,其应力应变曲线是硬化型的,排水试验的强度包线也有下弯的趋势。

3.4.2　中主应力σ_2 的影响

中主应力,尤其是平面应变状态下破坏时的中主应力,对土的抗剪强度及强度指标的影响一直是土力学研究的重要课题。尽管这种影响对于不同土及不同试验条件是不同的,但可以肯定的是随着中主应力的增加土的抗剪强度及强度指标 φ 也会增加。在常规三轴试验中 $\sigma_2=\sigma_3$,因而测得的内摩擦角一般是最小的。

表示中主应力与其他主应力关系主要用毕肖甫参数 b 和洛德角 θ 两个变量。

$$b=\frac{\sigma_2-\sigma_3}{\sigma_1-\sigma_3}$$

由此可见,b 可从 0 变化到 1.0。$b=0$ 对应的是常规三轴压缩试验;$b=1$ 对应的是三轴伸长试验。

$$\theta = \arctan \frac{2\sigma_2 - \sigma_1 - \sigma_3}{\sqrt{3}(\sigma_1 - \sigma_3)}$$

$\theta = -30°$时对应的是$b=0$的情况;$\theta = +30°$时对应的是$b=1$的情况。

图3-25表示了对Ham河砂的松、密状态用各种真三轴仪进行的真三轴试验结果总结,φ_{tc}表示三轴压缩试验($b=0$)确定的内摩擦角。尽管试验仪器、试验方法及真三轴试验的边界条件对试验都有一定影响,导致得到的结果离散较大,但大体的趋势还是可以看出的：当b从0增加到0.3(相当于平面应变破坏时的应力状态)时,松砂和密砂的内摩擦角φ有较明显提高,随后,随着b增加,φ增加缓慢或基本不变,也有可能稍有下降。

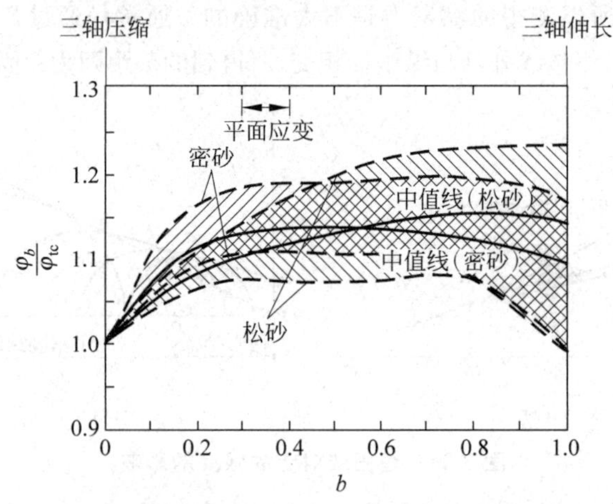

图3-25 Ham河砂土的真三轴试验结果

中主应力增加,平均主应力也随着增加,从而使土被压密;另一方面破坏时σ_2方向的应力较大,增加了对土颗粒的约束和咬合作用。莫尔-库仑强度理论完全不计中主应力的影响,用常规三轴压缩试验确定的内摩擦角是偏于保守的,但由于破坏及伴随的剪切带都发生在σ_1-σ_3平面上,σ_2的影响毕竟是次要的,忽略这种影响往往是可行的,也是偏于安全的。

平面应变状态下土的抗剪强度明显高于常规三轴压缩试验情况。如第2章所述,即$\varepsilon_y=0$方向的主应力σ_y不一定总是中主应力。只有在平面应变条件下土体发生破坏时,平面应变方向上的主应力才总是中主应力,并且$b=0.3\sim0.4$。对于正常固结黏土,平面应变与三轴压缩状态下的内摩擦角关系见图3-26,它总结了12种原状黏土试验的结果,可表示为

$$\bar{\varphi}_p = 1.1\bar{\varphi}_t \tag{3-23}$$

或

$$\bar{\varphi}_p = \frac{9}{8}\bar{\varphi}_t \tag{3-24}$$

其中,$\bar{\varphi}_p$为平面应变压缩的内摩擦角平均值;$\bar{\varphi}_t$为三轴压缩试验内摩擦角的平均值。

对于砂土,在一般工程范围内,平面应变状态下的内摩擦角比三轴压缩试验的高,密砂高4°~9°;松砂高2°~4°。但是随着围压的增加,二者的差别越来越小。当$\sigma_3 \geqslant 3$MPa以后,平面应变压缩与三轴压缩试验的内摩擦角差别就很小了。这是由于在高围压下砂土很难发生剪胀,因而σ_2的约束作用和压密作用就变得不明显了,如图3-27所示。对于砂土,拉马

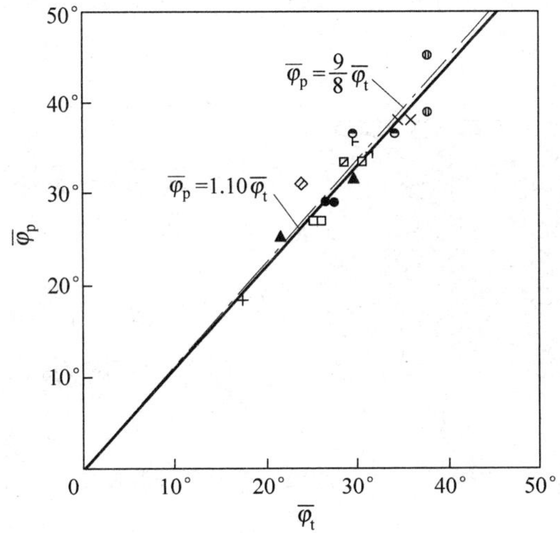

图 3-26　正常固结黏土的三轴压缩及平面应变试验的内摩擦角关系

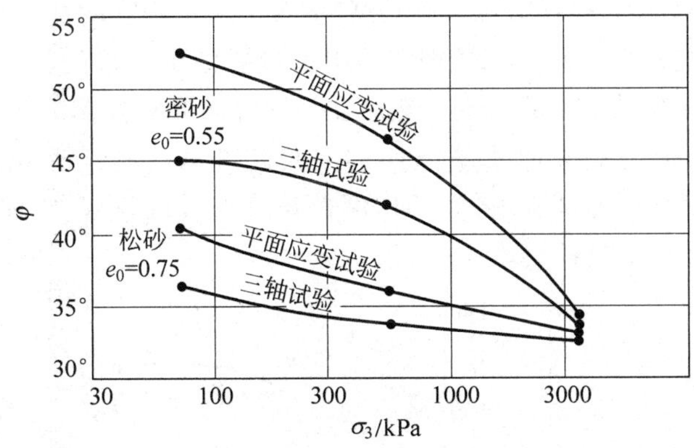

图 3-27　不同围压下平面应变试验和三轴压缩试验的砂土内摩擦角比较

穆茨(Ramamurthy)建议以如下的经验公式计算内摩擦角：

对于松砂：
$$\sin\varphi_p+3\left(\frac{1}{\sin\varphi_t}-\frac{1}{\sin\varphi_p}\right)=1 \tag{3-25}$$

对于密砂：
$$3\sin\varphi_p-\sin\varphi_t(\sin\varphi_p+\cos\varphi_p)=2\sin\varphi_t \tag{3-26}$$

3.4.3　主应力方向的影响——土强度的各向异性

土的结构性造成土强度的明显的各向异性，亦即在不同主应力方向下土的抗剪强度不同。在地球重力场中，天然土的风化、堆积、搬运、沉积和固结过程中不可避免地受重力影响。即使是主要由石英矿物组成的经过严格筛选的均匀砂土颗粒，其轴长比大于 1.39 的颗粒含量也超过一半。其他矿物的针片状颗粒的比例更高。这些颗粒的长轴由于重力而倾斜于平行地面方向沉积和排列。如 2.8 节中所介绍。这种排列会引起土的强度表现出各向异性。

在图 3-28 中沿 AB 面，颗粒长轴基本平行于该平面，在剪切力作用下，接触点合力的倾角较大，抗剪分量小，比较容易滑动破坏，抗剪强度低；对于 CD 平面，颗粒间交叉咬合，颗粒间接触应力的倾角较小,抗剪切的分量大,剪切必将引起颗粒的错动和重排列,所以较难产生滑动破坏,抗剪强度较高。

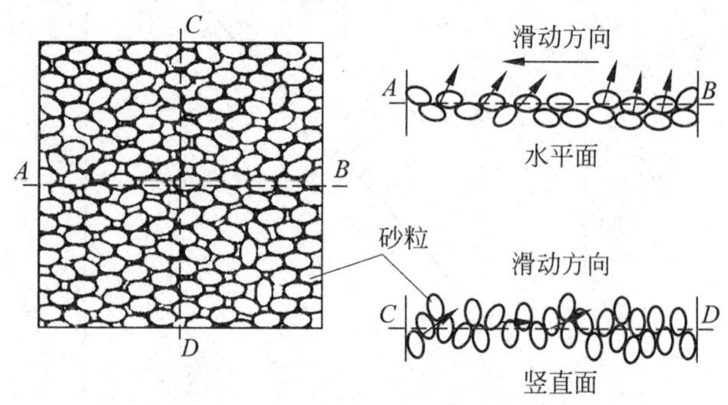

图 3-28 土中颗粒的排列与抗滑阻力

即使是完全圆球状的颗粒在重力场中沉积或制样也可形成各向异性的排列。图 2-49(a)表示颗粒的立方体排列,最疏松状态 $e=0.91$,处于不稳定状态,抗剪强度很低,水平和竖直方向的抗剪强度一样。图 2-49(b)和(c)中颗粒表现出一定程度的抗剪强度各向异性。

图 3-29 表示的是模拟天然沉积的密实砂土的试验结果。首先在一个大槽子中用砂雨法制样,制成孔隙比 e 为 0.515 的密砂。然后在不同方向取立方体试样进行三轴试验,其中 θ 表示大主应力 σ_1 方向与制样时水平方向的夹角。可见沿制样沉积面的垂直方向($\theta=90°$),即常规制样的三轴压缩试验,得到的内摩擦角最大;沿制样沉积面方向施加大主应力时($\theta=0°$),内摩擦角最小,两者相差 2°左右。

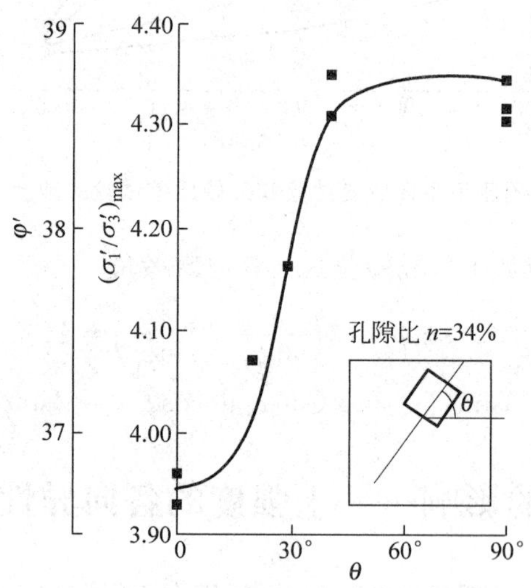

图 3-29 主应力方向对砂土强度的影响

图 3-30 表示的是模拟砂土的真三轴试验结果,模拟砂土用粒径为 0.125~0.42mm 的玻璃珠组成,相对比重 $G_s=2.476$,最大孔隙比 $e_{max}=0.731$,最小孔隙比 $e_{min}=0.491$。将模拟砂土均匀地用砂雨法撒入立方体制样盒中,制成孔隙比 $e=0.719$ 的松砂土试样,然后进行真三轴试验。其中以 z 为竖直方向,x、y 为两个水平方向。在第 2 章中,应力洛德角 θ' 定义如下:

$$\tan\theta' = \frac{\sqrt{3}(\sigma_y - \sigma_x)}{2\sigma_z - \sigma_x - \sigma_y}$$

其中,不同的 θ' 所代表的应力状态如图 3-30(b)所示。如果土是各向同性的,则在 0°～60°、60°～120°和 120°～180°各角域的强度线应当是相同的。但图 3-30 表明,在 $\theta'=0°\sim60°$ 时土的内摩擦角(或抗剪强度)最高,$\theta'=120°\sim180°$ 时最低,最大可差 10°左右。这个图中内摩擦角的变化主要由两个因素引起:大主应力方向与中主应力的大小。大主应力方向越接近竖直方向,中主应力越高,抗剪强度越高。综合两个因素可见,$\theta'=30°$ 左右时,土的内摩擦角 φ 最高,达到 35°。$\theta'=120°$ 时 φ 最低,只有 24°。所以试验点偏离莫尔-库仑与莱特-邓肯(Lade-Duncan)强度轨迹。

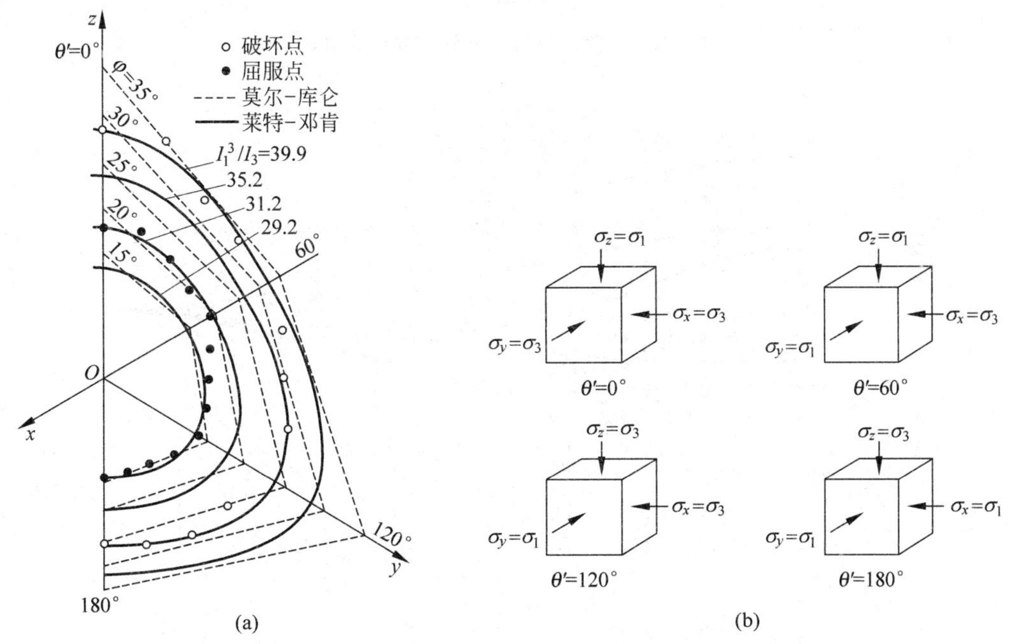

图 3-30　模拟砂土在 π 平面上的真三轴试验结果

(a) 砂土在 π 平面上的强度;(b) 不同 θ' 对应的应力状态

黏性土的抗剪强度同样受应力方向的影响,也是各向异性的。图 3-31 表示的是对一种天然沉积的正常固结黏土,沿不同方向切取试样进行直剪试验的结果,可见当剪切面与试样的沉积层面垂直时($\theta=90°$)抗剪强度最高。原状黏土的不排水强度也是和剪切方向有关的。例如对于正常固结土,在十字板剪切试验中沿水平方向的抗剪强度 τ_{fh} 常常比沿竖直方向抗剪强度 τ_{fv} 大,这主要由于在水平面上固结应力 σ_v 大。但对于强超固结黏土却正好相反,在其竖直面上的正应力可能更大,所以 $\tau_{fv}>\tau_{th}$。图 3-32 表示不同黏土三轴不排水强度与主应力方向的关系。其中 α 表示剪切破坏面与水平方向的夹角;β 表示试样轴向与水平方向夹角。在土 K_0 固结时的大主应力方向为竖直方向。图中纵坐标表示在不同角度时的不排水强度与 $\beta=90°$ 时的不排水强度之比,即 $\frac{1}{2}(\sigma_1-\sigma_3)_\beta \Big/ \frac{1}{2}(\sigma_1-\sigma_3)_{\beta=90°}$。可见黏土的不排水抗剪强度具有较强的各向异性,它与土质、埋深、超固结比等因素有关,研究表明,它们的有效应力强度指标 c'、φ' 受主应力方向的影响较小,以上的各向异性主要由不同加载方向产生不同孔隙水压力引起的。

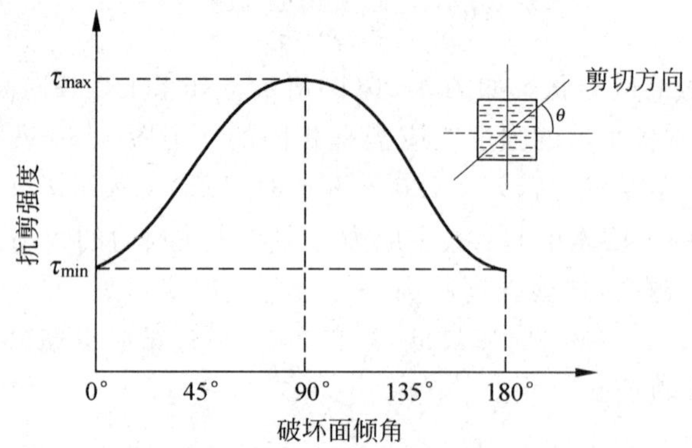

图 3-31 黏性土直剪试验中剪切方向对强度的影响

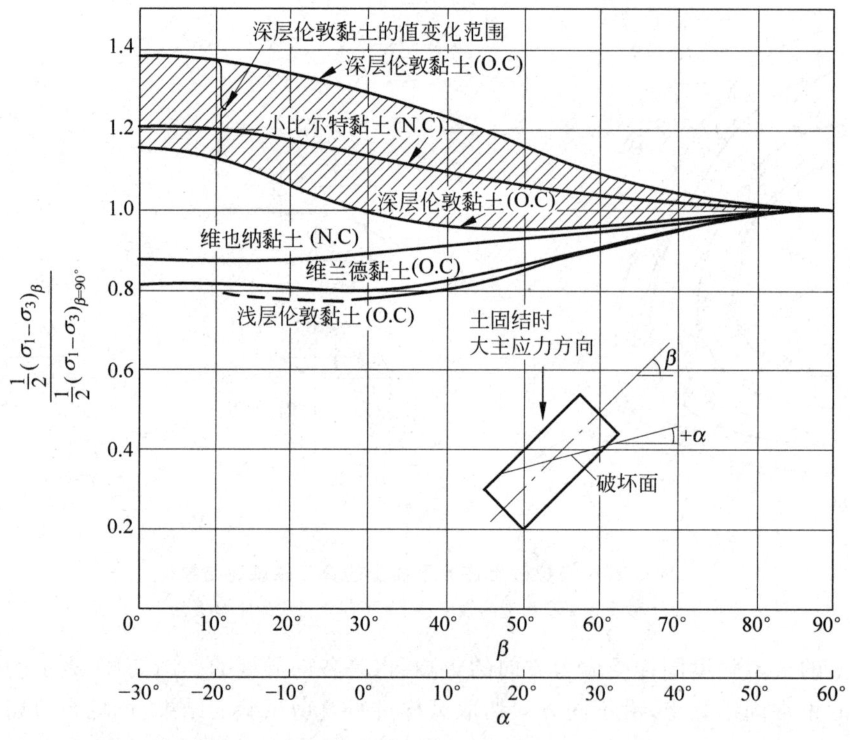

图 3-32 各种黏土不排水强度与主应力方向关系

实际工程一般不太考虑土的强度的各向异性，这是由于土工问题中的荷载主要是自重荷载，其方向是垂直的，与一般确定土强度指标的试验情况相近。但有些工程问题，比如用旁压仪试验确定土强度；计算被动土压力；用圆弧法计算抗滑稳定问题时，土强度的各向异性会有较大影响。

3.4.4 土的强度与加载速率的关系

这里所谓的速率分为三类，一类是很快的加载速率或极短的时间内加载，这表现为土的动力或瞬时强度问题；第二类是常规的加载速率，它主要涉及土的排水对强度的影响；第三类是很慢的加载速率或时间停顿，它涉及土的流变强度及土强度的时效性。

1. 瞬时加载下土的动强度

在冲击荷载下，土的强度一般有所提高。这可能与土的破坏需要一定能量有关。对于饱和土、控制土强度的往往是快速加载时产生的超静孔压。

对于干砂，冲击试验强度一般为静加载强度的 1.1～1.2 倍。图 3-33 表示不同加载速率下三轴试验$(\sigma_1/\sigma_3)_{max}$的变化情况。在冲击荷载下，饱和砂土来不及排水，相当于不排水情况。对于密砂，由于剪胀趋势而产生负孔压，从而大大提高了抗剪强度。对于很松的砂，由于产生正孔压力，冲击荷载下强度可能低于静力试验强度，甚至会引发液化，见图 3-34 所示，当围压 $\sigma_3=200$kPa、临界孔隙比 $e'_{cr}=0.78$ 时，静力加载下的排水强度、不排水强度及瞬时强度基本相同。

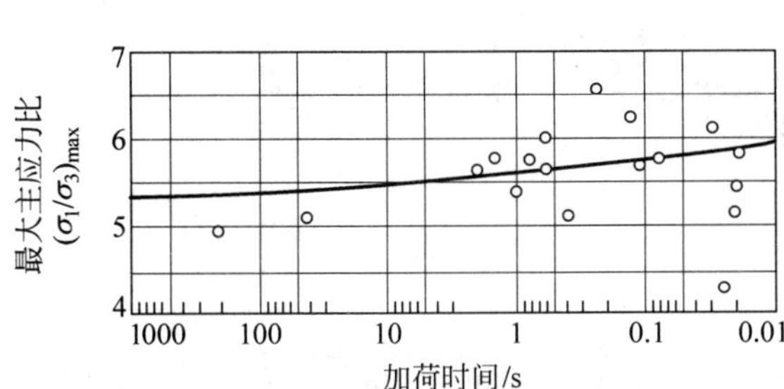

图 3-33　干砂强度与加载时间关系

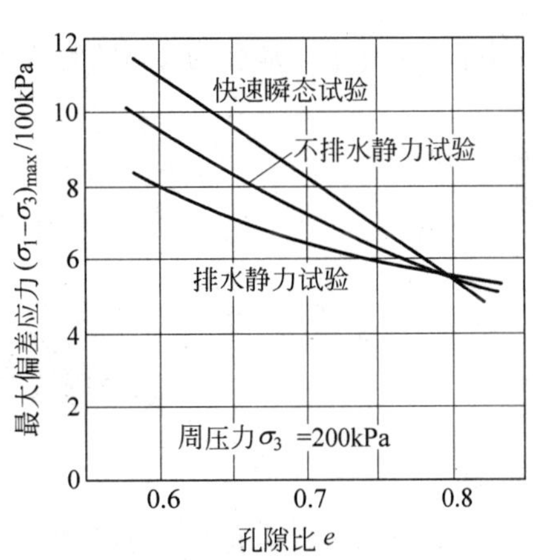

图 3-34　饱和砂土在不同加载条件下最大偏差应力与孔隙比关系

黏性土在不同加载速率下的三轴不排水试验结果见图 3-35。曲线表明，冲击荷载下黏土的动强度有很大提高。应变率提高一个数量级时，不排水强度提高 10%左右。

理查德(Richart F. E.)将土在冲击荷载下动强度用下式表示：

$$(\tau_{max})_d = K(\tau_{max})_s \tag{3-27}$$

其中，$(\tau_{max})_d$ 和$(\tau_{max})_s$ 分别为土的动、静抗剪强度；K 为应变速率系数。

(1) K 与土的性质有关

对于干砂，K 为 1.1～1.2；对于饱和黏土，K 为 1.5～3.0；对于部分饱和黏土，K 为 1.5～2.0。

(2) K 随着围压的增加而增加

例如，对于一种密砂，当围压小于 588kPa 时，K 为 1.07，高于 588kPa 时 K 可达到 1.2。

关于循环及振动加载情况下土的动强度的情况将在土动力学中介绍。一般认为，在循环加载时土的有效应力强度指标与静力试验的有效应力强度指标 c'、φ' 十分接近，循环及振动荷载引起的超静孔压是二者强度差别的主要原因。

2. 土的蠕变强度

室内的强度试验,即使是排水试验,一般均可在几十分钟或几小时、十几小时内完成。然而在极慢的加载速率下,某些土发生破坏时的应力远低于常规强度试验下的峰值强度,有时甚至只为后者的50%。这种情况被称为蠕变破坏。黏土的蠕变与应力松弛见图2-13。

与常规试验强度相比,饱和的敏感性高的软黏土在不排水条件下和强超固结黏土在排水条件下的蠕变强度下降最明显。

在不排水条件下蠕变,土中的孔隙水压力可能增加,可能减少,也可能基本不变。26种黏土的不排水强度与应变速率的关系见图3-35,图中不同图标代表不同地区的不同黏土。可见随着应变速率的减慢,或加载时间增长,土的长期强度降低,与应变速率的对数呈线性关系,可近似表示为

$$\frac{s_u}{s_{u1}} = 1 + 0.10\lg\dot{\varepsilon} \tag{3-28}$$

其中,s_{u1}为每小时应变为1%的常规不排水试验强度;s_u为不同应变速率下的不排水强度。

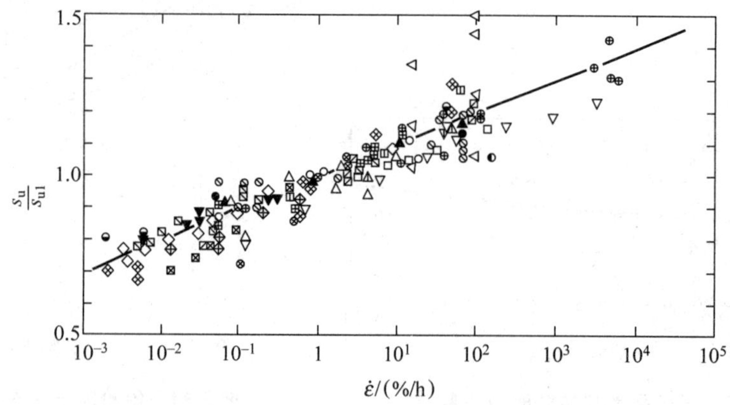

图3-35 应变率对不同黏土的不排水强度的影响

尽管土的强度随加载速率的减小而减小,但不会无限减小,存在一个极限值。图3-36是几种原状黏土和页岩在保持含水量不变情况下进行不同加载时间得到的无侧限抗压强度试验。图3-36所示曲线是在各试样上施加不同轴向荷重测得的破坏时间。其中从加载1min即破坏的强度q_1为基准,强度比$R=q/q_1$。可见强度与加载时间之间也是对数关系。

在许多情况下,土的蠕变强度对于土工问题有重要意义。例如土坡的稳定问题,破坏可能从土体的局部高应力水平区开始,向外逐步扩展,达到土体剪切破坏即发生滑坡。深层蠕变可经历很长时间,甚至几年,而剪切破坏则很快发生。许多天然滑坡就是这样发生的。挡土建筑物中的土压力也受蠕变的影响。如果墙相对于土向外移位,则墙上的土压力逐渐减少到主动土压力,但位移停止后由于土中应力松弛,需要挡土墙承担更大土压力,所以作用于墙上土压力会逐渐增加,或者说是由于土的长期强度降低而使主动土压力增加。例如在软黏土中开挖的基坑,如果基坑暴露时间过长,其支护结构可能会由于土的流变性产生的应力松弛而破坏。

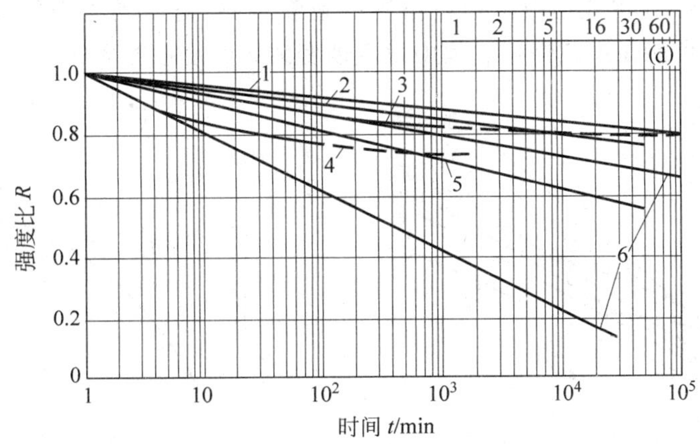

图 3-36　强度比与加载时间关系

1—墨西哥城黏土；2—剑桥黏土；3—比尔饱和黏土页岩

4—密西西比黏土；5—俄亥俄斑脱土；6—柯克勃卡黏土

3. 土的时效性——拟似超固结黏土

正常固结黏土在一定压力(如自重压力)下固结，当超静孔隙水压力完全消散时，主固结已经完成。但如果此压力长时间继续施加，由于土的流变性而发生的次固结会使它继续压缩变密，从而使黏土颗粒间进一步接近，使粒间力加强，胶结材料凝固。在成千上万年的有效应力作用下，次固结使这种正常固结的老黏土表现为类似超固结黏土的特性。图 3-37 表示地质历史对于正常固结黏土密度的影响。在实际自重应力 p_0 作用下，新近沉积的正常固结黏土的孔隙比为 e_0；固结了一万年的土的孔隙比为 e_0'，它相当于新近沉积正常固结黏土(或室内正常固结黏土)在 p_{cq} 下的孔隙比。在 NCL 上，$p_{cq}>p_0$，只有上覆应力大于 p_{cq} 时，该土才会发生变形。这种老正常固结黏土有与超固结黏土相似的特性，被称为"拟似超固结黏土"(quasi-over consolidation，QOC)或正常固结老黏土(normal consolidation aged clay)。其中 p_{cq}/p_0 称为拟似超固结比(QOCR)。

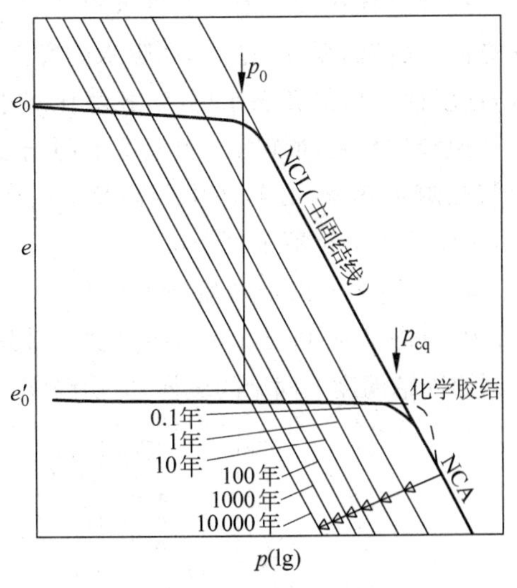

图 3-37　新老正常固结黏土的压缩特性

由于拟似超固结黏土具有超固结黏土的特性，所以其抗剪强度也明显高于正常固结黏土。其三轴试验的有效应力路径见图 3-38，图中 t_p 表示主固结完成时间。可见随着荷载施加时间的延续，静止土压力系数 K_0 有所提高，峰值不排水强度$(\sigma_1-\sigma_3)_{max}$也有所提高，但其残余强度比较接近于正常固结黏土。

不管砂土还是黏土，当在正常试验中保持应力状态不变而加载停顿或者在接近破坏时有一个应力循环时，再继续试验，其强度往往有所提高，应力应变曲线的斜率将增加，见

图 3-39。对于砂土,这可能是由于颗粒位置的重新调整,对于黏土则可能由于其触变性。当然,上述试验也可能在加载停顿过程中发生蠕变破坏而使强度降低。

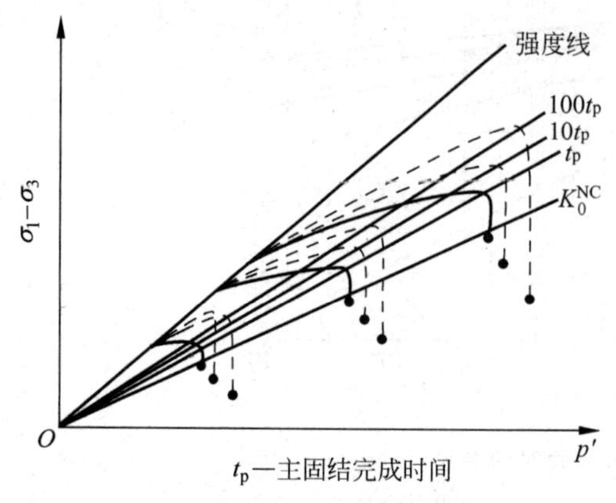

图 3-38 不同固结历时黏土不排水试验的有效应力路径

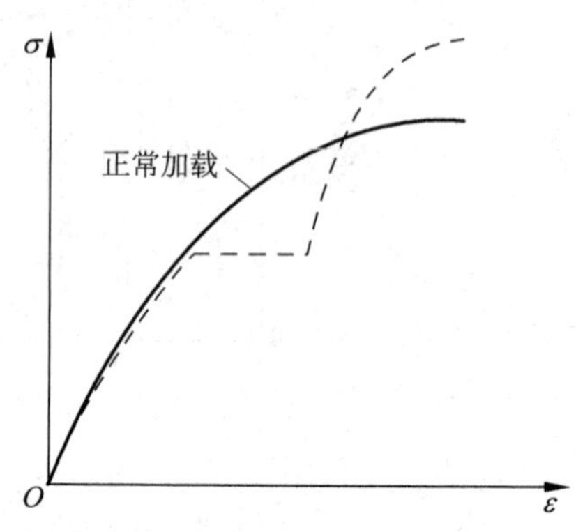

图 3-39 加载停顿对土应力应变和强度的影响

3.4.5 温度与土强度的关系

饱和试样在某一围压下排水固结,当温度提高时,孔隙水和土颗粒的矿物都会膨胀;另一方面,固结温度 T_c 越高,孔隙水的黏滞性降低,渗透系数增加,部分弱结合水转化为自由水,这就使排出的孔隙水更多,孔隙比减小,土的密度也越高,从而会使其强度提高。

饱和试样在同样围压和温度下固结以后,进行不排水下剪切时,剪切温度越高,土的颗粒与孔隙水热胀,必然产生较高超静孔隙水压力以维持样体积不变,因而土的有效应力减少,从而使土的抗剪强度下降。

图 3-40 表示的是高塑性的淤积黏土的固结不排水直剪试验结果。在竖直压力 p_c 为 408kPa 下固结时,可见随着固结温度 T_c 提高,在同样剪切温度下试验得到的土的强度也越高;在同样固结温度下固结的试样,剪切温度 T_s 越高,土的固结不排水剪切峰值强度也就越低。

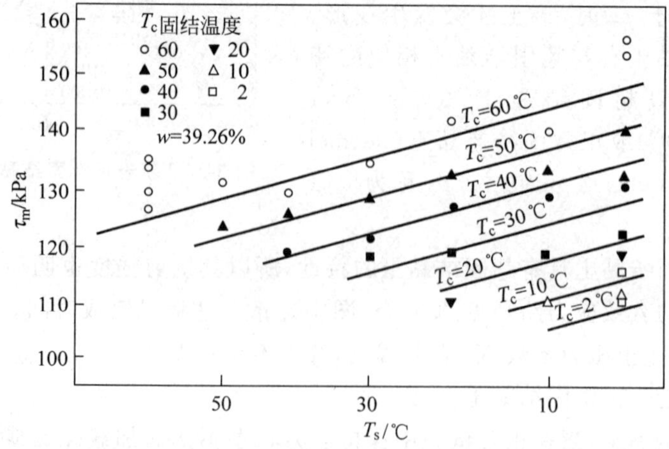

图 3-40 固结温度 T_c 和剪切温度 T_s 对黏土固结不排水抗剪强度的影响

3.5　土的排水与不排水强度

3.5.1　有效应力原理及孔压系数

1. 有效应力原理

太沙基在 20 世纪 20 年代就提出了饱和土体的有效应力原理。在土力学中，一个重要的概念是所谓的土骨架。土骨架是由相互接触的固体颗粒所形成的构架，它可以承担和传递(有效)应力，在其孔隙中充满了孔隙流体(水或空气)，土骨架具有相应土体的全部体积和全部截面积。

饱和土体是由土骨架和充满其间的孔隙水组成，当对土体施加外力后，一部分外力由土骨架承担，并通过颗粒间的接触面传递，形成有效应力；另一部分由孔隙水承担，水不能承担剪应力，但可以承担和传递各向等压的应力，称为孔隙水压力。饱和土体上的总应力由土骨架承担的有效应力和由孔隙水承担的孔隙水压力组成，土的强度及变形都是由土的有效应力决定的。这就是饱和土体的有效应力原理，可表示为

$$\sigma = \sigma' + u \tag{3-29}$$

在图 3-41 所示的饱和土体中，总面积为 A，土体上竖向总应力为 σ，则总荷载为 σA。取一个接近于平面的波浪形曲面 a—a，它通过土颗粒的各个接触点而不切割颗粒。则各个颗粒接触面上的接触力 P_{si} 方向与大小都是随机的。但都可以分解为竖向和水平向两个分量，设竖向分量为 P_{svi}。在 a—a 面，孔隙水部分作用的为孔隙水压力 u。考虑隔离体 $OOaa$ 的竖向静力平衡。

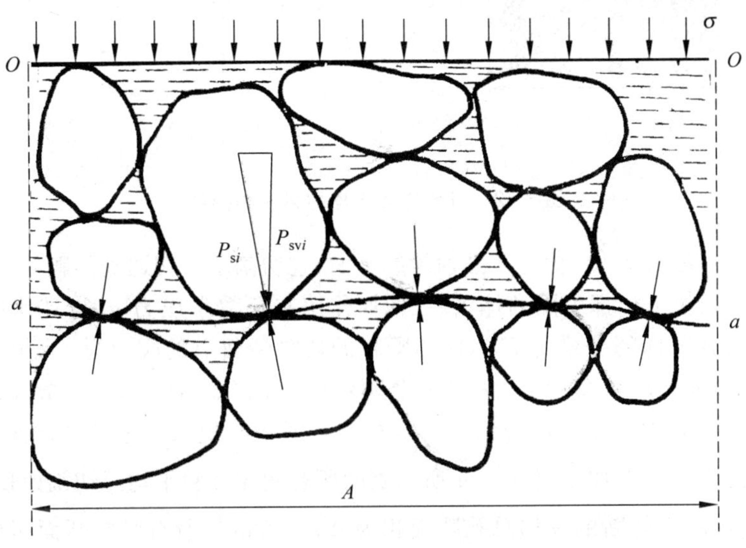

图 3-41　颗粒间的接触和有效应力原理示意图

$$\sigma A = \sum P_{svi} + (A - A_c)u$$

两侧均除以面积 A,则

$$\sigma = \frac{\sum P_{svi}}{A} + (1-\alpha_c)u \tag{3-30}$$

式中,P_{svi} 为第 i 个颗粒接触点接触力的竖向分量;A_c 为 a—a 线上所有颗粒接触面在水平面的投影面积之和;$\alpha_c = A_c/A$,由于土颗粒间的实际接触面很小,实际上可以简化为一个点,所以 $\alpha_c \to 0$;定义土骨架上的有效应力 $\sigma' = \sum P_{svi}/A$,则式(3-30)就可以表示为式(3-29)的形式。

可以看出,所谓有效应力 σ',是单位土体面积上的所有颗粒间接触力在垂直于作用平面方向的力的分量总和。所以有效应力并不是颗粒间的实际接触应力;也不是切割土颗粒后,颗粒截面上的应力。

在上述推导过程中,取一个波浪形曲面而不是平面这一做法常为一些人所非议或诟病,其实从微细观看,物质的质量都存在于颗粒(原子核与电子)中,其间的孔隙远多于实体,即使通过抛光的物体表面,也不是绝对的平面,可参见图 3-4。所谓物体间接触绝对的平面是数学的概念,实际上是不存在的。为了杜绝这种非议,也可以取一个几何平面而不惮于切割颗粒,见图 3-42。

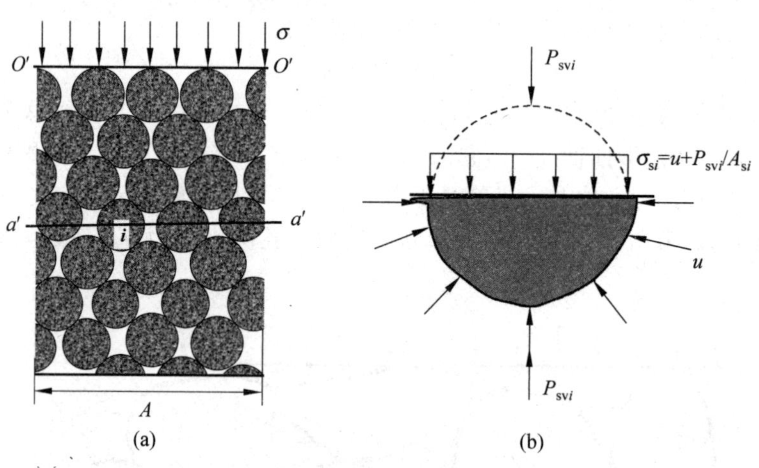

图 3-42 有效应力原理的另一种推导

在图 3-42 中,截面 a'—a' 为一个几何学的平面,它切割了一切遇到的颗粒。以图 3-42(b)所示切割的第 i 颗粒下半部为隔离体,颗粒四周作用有孔隙水压力 u,与其他所有颗粒间所有接触力的合力在竖向的分量为 P_{svi},固体颗粒的切割断面上的应力为 σ_{si},根据竖向静力平衡,则 $A_{si}\sigma_{si} = A_{si}u + P_{vsi}$,其中 A_{si} 为第 i 个颗粒的截面积。两侧除以 A_{vsi},即为 $\sigma_{si} = u + P_{vsi}/A_{si}$,注意由于孔隙水压力部分使用了颗粒的水平全面积 A_{si},这里也暗含有颗粒间接触面积等于 0 的假设。图 3-42(a)中 a'—a' 所切割的所有固体颗粒平均总切割面积为:$\sum A_{si} = A(1-n)$,a'—a' 断面切断的平均总孔隙面积为 An。切割的所有颗粒断面面积上总的竖向力为

$$P_1 = \sum \sigma_{si}A_{si} = \sum (P_{svi} + uA_{si}) = \sum P_{svi} + Au(1-n) \tag{3-31}$$

在切割的孔隙水的面积上总的竖向力为

$$P_2 = Aun \tag{3-32}$$

根据 a'—a'平面的总竖向力平衡：

$$P = P_1 + P_2 = \sum P_{svi} + Au(1-n) + Aum \tag{3-33}$$

两侧除以 a'—a'平面的面积 A，得

$$\frac{P}{A} = \frac{\sum P_{svi}}{A} + u$$

由于总应力 $\sigma = \dfrac{P}{A}$，有效应力 $\sigma' = \dfrac{\sum P_{svi}}{A}$，则

$$\sigma = \sigma' + u$$

这里的关键是认识到颗粒的切割面上的应力 σ_{si} 或者所有颗粒截面内的应力平均值 $\sigma_s = \sum(\sigma_{si}A_{si})/A$ 并不是有效应力。在万米以下的深海海床表面，土的有效应力 $\sigma'=0$，而每个砂颗粒内部的应力 σ_{si} 都约等于孔隙水压力 1000kPa。

2. 三轴试验应力条件下孔压系数 B 和 A

在附加应力作用下，土体中将产生多大的超静孔隙水压力，是涉及土体稳定的十分重要的问题。斯肯普顿(A. W. Skempton)于 1954 年结合三轴试验，提出了孔隙水压力系数(简称孔压系数)的概念。所谓孔压系数是指在不允许土中孔隙流体进出的情况下，由附加应力引起的超静孔隙水压力增量与总应力增量之比。斯肯普顿的孔隙水压力的公式为

$$\Delta u = \Delta u_1 + \Delta u_2 = B[\Delta\sigma_3 + A\Delta(\sigma_1 - \sigma_3)] \tag{3-34}$$

1) 各向等压应力 σ_3 与孔压系数 B

三轴试验应力状态可以分解为各向等压应力 σ_3(围压)与偏差应力 $\sigma_1-\sigma_3$ 两部分。在不排水条件下围压的增量 $\Delta\sigma_3$，会在土中产生有效应力增量 $\Delta\sigma_3'$ 和孔压增量 Δu_1。根据太沙基的有效压力原理：

$$\Delta\sigma_3 = \Delta\sigma_3' + \Delta u_1 \tag{3-35}$$

其中有效应力增量 $\Delta\sigma_3'$作用于土骨架上，Δu_1 作用于孔隙流体上。土骨架在 $\Delta\sigma_3'$作用下将被压缩，土骨架的压缩量 ΔV_s 为

$$\Delta V_s = C_s V_0 \Delta\sigma_3' = C_s V_0 (\Delta\sigma_3 - \Delta u_1) \tag{3-36}$$

式中，C_s 为土骨架的体积压缩系数；V_0 为试样的初始体积。

由于孔压增量 Δu_1，孔隙流体本身被压缩，在 Δu_1 作用下其压缩量 ΔV_v 为

$$\Delta V_v = V_v C_f \Delta u_1 = nV_0 C_f \Delta u_1 \tag{3-37}$$

式中，C_f 为孔隙流体的体积压缩系数；V_v 为试样孔隙的总体积；n 为土的孔隙率。

如果试样是完全饱和的，则孔隙流体就是水，$C_f=C_w$，C_w 就是水的体积压缩系数。

由于颗粒本身几乎不可压缩，土骨架的压缩就等于土体的压缩，土骨架或土体的压缩必将发生孔隙的减少，孔隙的减少可有两种原因：①孔隙流体被挤压流出；②孔隙流体本身被压缩。在不排水(气)条件下，孔隙流体不允许流出，只能是孔隙流体本身被压缩，亦即 $\Delta V_s=\Delta V_v$，式(3-36)与式(3-37)相等，得

$$C_s V_0(\Delta\sigma_3 - \Delta u_1) = nV_0 C_f \Delta u_1$$

则上式可写成

$$\Delta u_1 = B\Delta\sigma_3 \tag{3-38}$$

式中

$$B = \frac{1}{1 + n\dfrac{C_f}{C_s}} \tag{3-39}$$

其中 B 就是各向等压条件下的孔压系数，它表示的是单位各向等压应力增量 $\Delta\sigma_3$ 引起的超静孔隙水压力增量。由于土骨架的体积压缩系数 C_s 很大，而如果土是完全饱和的，则 $C_f = C_w$，纯净水的体积压缩系数极小($C_w = 0.49\times10^{-6}\,\text{kPa}^{-1}$)，因此我们常常假设水是不可压缩的，即 $C_f/C_s\approx0$，对于饱和土体，$B\approx1.0$。表 3-4 是用式(3-39)计算了几种不同完全饱和岩土材料的孔压系数 B，可见对于各种饱和土其孔压系数 B 都接近于 1.0；而由于岩石骨架的压缩系数 C_s 与水的压缩系数处于同一量级，所以 B 远小于 1.0。

表 3-4 孔隙压力系数 B 的计算值

块石或土	$C_s/(10^{-6}\,\text{kPa}^{-1})$	n/%	B
巴斯石灰岩	0.06	15	0.468
滑石	0.25	30	0.647
在高围压下的极密砂	1.50	29	0.913
密砂	15.00	40	0.988
硬黏土	80.00	42	0.997
软黏土	400.00	55	0.999

如上所述，如果土的饱和度 $S_r = 100\%$，则土的 $B\approx1.0$。对于干土，孔隙中的空气的体积压缩系数很大，$C_f/C_s\to\infty$，则 $B\approx0$。对于不同饱和度的土，B 为 0～1.0 之间。图 3-43 表示的是密实砂土和压实黏土在不同应力条件下试验的初始饱和度 S_r 与孔压系数 B 之间的关系曲线。

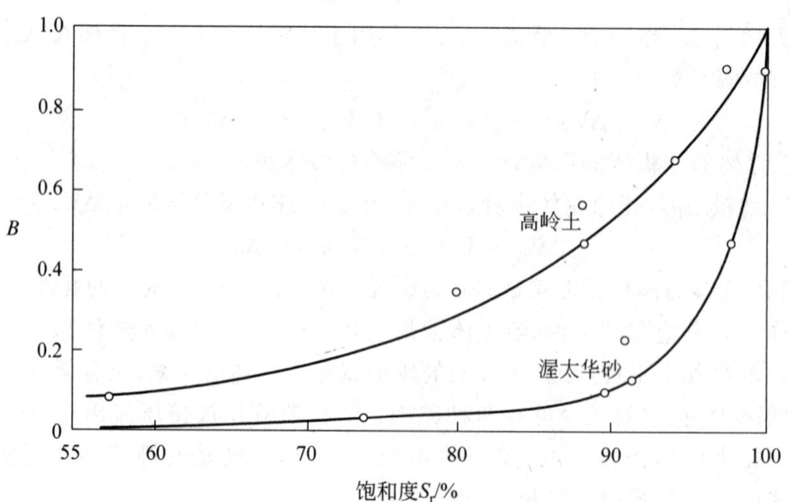

图 3-43 砂土和压实黏土孔压系数 B 与其饱和度 S_r 间的关系

如图 3-43 所示，B 与饱和度 S_r 间的关系首先与土骨架的压缩系数 C_s 有关，对坚硬密实的土，其孔压系数 B 随饱和度 S_r 的减小而急剧减小。如果假设土骨架为弹性体，则 $C_s=1/K$，K 为弹性理论中的体变模量，亦即邓肯-张模型中的体变模量 B，因而试样在高围压作用下，其 C_s 明显下降(式(2-85))，B-S_r 的关系曲线也会陡降。在试样中施加反压 u_0，会提高土的饱和度，如第 1 章所讲，与具有同样初始饱和度的试样比较，反压会明显提高孔压系数 B。

2) 偏差压力$(\sigma_1-\sigma_3)$与孔压系数 A

在式(3-34)中，σ_3 不变，只施加偏差应力增量 $\Delta(\sigma_1-\sigma_3)$，在不排水的条件下，将产生超静孔压增量 Δu_2，这需要另一个孔压系数来表述，亦即 $\Delta u_2=BA\Delta(\sigma_1-\sigma_3)$。在常规三轴压缩试验中，$\Delta\sigma_3=0$ 时，表示为 $\Delta(\sigma_1-\sigma_3)=\Delta\sigma_1$，根据有效应力原理，有

$$
\begin{aligned}
\Delta\sigma_1' &= \Delta\sigma_1-\Delta u_2 \\
\Delta\sigma_2' &= \Delta\sigma_3'=-\Delta u_2 \\
\Delta p' &= \frac{1}{3}[(\Delta\sigma_1-\Delta u_2)-2\Delta u_2]
\end{aligned}
\tag{3-40}
$$

土的孔隙体积变化(减少)为

$$\Delta V_v = nV_0C_f\Delta u_2 \tag{3-41}$$

由于施加的竖向有效应力为 $\Delta\sigma_1-\Delta u_2$，则土骨架的体积变化(减少)为

$$\Delta V_s = V_0\left[C_s\frac{1}{3}(\Delta\sigma_1-\Delta u_2)+2C_e(-\Delta u_2)\right] \tag{3-42}$$

式中，C_e 为土骨架在竖向应力增量 $\Delta\sigma_1$ 作用下，在水平向的变形系数，它与土的压缩性和剪胀性有关。对于弹性体 $\Delta V_s=V_0C_s\Delta p'=V_0C_s\left[\frac{1}{3}(\Delta\sigma-\Delta u_2)-\frac{2}{3}\Delta u_2\right]$，与式(3-42)对照，可知对于弹性体，$C_e=C_s/3$。

$\Delta V_s=\Delta V_v$，从式(3-42)可得，孔压系数 A 表示为

$$A=\frac{\Delta u_2}{B\Delta(\sigma_1-\sigma_3)}=\frac{C_s/3}{B(nC_f+C_s/3+2C_e)} \tag{3-43}$$

如上所述，假设土骨架为弹性体，则变形系数 $C_e=1/(3K)=C_s/3$，由于饱和土体的 C_f 很小，且 $B=1.0$，则从式(3-43)可以得到 $A=1/3$。土在剪应力作用下时会发生体胀(即具有剪胀性)，如密砂和超固结黏性土，具有强剪胀性，$A<1/3$，甚至 $A<0$；当土在剪应力作用下时会发生体缩(即具有剪缩性)，松砂和软黏土，$A>1/3$，甚至 $A>1$。由于土骨架变形的非线性，孔压系数 A 也与应力水平有关。在研究土的抗剪强度时，我们更关心土体破坏时的孔压系数 A_f，表 3-5 列出了各种土的孔压系数 A。

表 3-5 孔压系数 A 的参考值

土　　类	A(用于计算沉降)	土　　类	A_f(用于土体破坏)
很松的细砂	2.0～3.0	高灵敏度软黏土	>1.0
灵敏性黏土	1.5～2.5	正常固结黏土	0.5～1.0
正常固结黏土	0.7～1.3	轻超固结黏土	0.25～0.5
轻超固结黏土	0.3～0.7	重超固结黏土	−0.5～0.25
重超固结黏土	−0.5～0		

N. E. Simons 在 Weald 黏土的试验基础上，得到的黏性土孔压系数 A_f 与超固结比关系曲线见图 3-44。

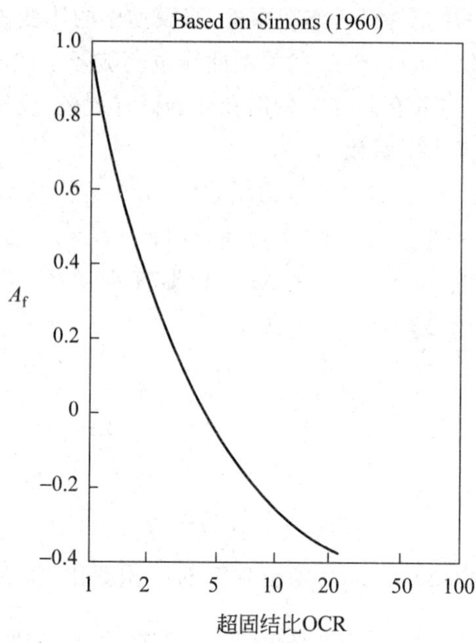

图 3-44　Weald 黏土的孔压系数 A_f 与超固结比 OCR 关系曲线

【例题 3-1】 对某种饱和正常固结黏质粉土，已知其有效应力强度指标和孔压系数分别为 $c'=0, \varphi'=30°, B=1.0, A_f=2/3$。

(1) 计算该土在常规三轴压缩试验(CTC)中的固结不排水强度指标。

(2) 计算该土在减围压三轴压缩试验(RTC)中的固结不排水强度指标。

【解】

(1) 在常规三轴压缩固结不排水试验中，$\sigma_1=\sigma_a$ 为轴向应力；$\sigma_3=\sigma_c$ 为固结压力(围压)。

试验应力路径：$\Delta\sigma_3=\Delta\sigma_c=0$，$\Delta(\sigma_1-\sigma_3)=\Delta\sigma_a>0$，$\sigma_1=\sigma_c+\Delta\sigma_a$

$$\Delta u = B[\Delta\sigma_3 + A_f\Delta(\sigma_1-\sigma_3)],\quad \Delta u = \frac{2}{3}\Delta\sigma_a$$

$$\sigma_3' = \sigma_c - \Delta u = \sigma_c - \frac{2}{3}\Delta\sigma_a,\quad \sigma_1' = \sigma_c + \Delta\sigma_a - \frac{2}{3}\Delta\sigma_a = \sigma_c + \frac{1}{3}\Delta\sigma_a$$

根据 $(\sigma_1'-\sigma_3')/(\sigma_1'+\sigma_3')=\sin 30°=0.5$，可以得到 CU 试验土样破坏时：

$$\Delta\sigma_{af} = \frac{6}{7}\sigma_c$$

试样破坏时的总应力：

$$\sigma_3 = \sigma_c,\quad \sigma_1 = \sigma_c + \Delta\sigma_{af} = \frac{13}{7}\sigma_c,\quad \sin\varphi_{cu} = \frac{\sigma_1-\sigma_3}{\sigma_1+\sigma_3} = \frac{6}{20},\quad \varphi_{cu} = 17.5°,\quad c_{cu} = 0$$

(2) 在减围压的三轴压缩 CU 试验中，应力路径：竖向应力 $\sigma_1=\sigma_c$ 常数，水平应力 $\sigma_3=\sigma_c+\Delta\sigma_c$，$\Delta\sigma_1=0$，$\Delta\sigma_3=\Delta\sigma_c<0$，$\Delta(\sigma_1-\sigma_3)=-\Delta\sigma_c>0$

$$\Delta u = B[\Delta\sigma_3 + A_f\Delta(\sigma_1-\sigma_3)],\quad \Delta u = \frac{1}{3}\Delta\sigma_3 = \frac{1}{3}\Delta\sigma_c$$

$$\sigma_3' = \sigma_c + \Delta\sigma_c - \Delta u = \sigma_c + \frac{2}{3}\Delta\sigma_c,\quad \sigma_1' = \sigma_c - \frac{1}{3}\Delta\sigma_c$$

根据$(\sigma_1'-\sigma_3')/(\sigma_1'+\sigma_3')=\sin30°=0.5$，可以得到试样破坏时 $\Delta\sigma_c=-\frac{6\sigma_c}{7}$

破坏时总应力：

$$\sigma_1 = \sigma_c,\quad \sigma_3 = \sigma_c + \Delta\sigma_{cf} = \frac{1}{7}\sigma_c,\quad \sin\varphi_{cu} = \frac{\sigma_1 - \sigma_3}{\sigma_1 + \sigma_3} = 6/8,\quad \varphi_{cu} = 48.6°,\quad c_{cu} = 0$$

3. 一般应力状态下的孔压系数

英国学者亨克尔(Henkel)考虑到中主应力对超静孔压生成的影响，提出了如下饱和土的孔压公式：

$$\Delta u = \frac{1}{3}(\Delta\sigma_1 + \Delta\sigma_2 + \Delta\sigma_3) + \frac{a_0}{3}\Delta[(\sigma_1 - \sigma_2)^2 + (\sigma_2 + \sigma_3)^2 + (\sigma_3 - \sigma_1)^2]^{\frac{1}{2}} \tag{3-44}$$

李广信教授认为除应力增量 Δp、Δq 对孔压影响外，还应考虑另一个应力增量 $q\Delta\theta$ 的影响并用增量的形式表示，他提出如下公式：

$$du = b(dp + a dq + c\, q d\theta) \tag{3-45}$$

其中，θ 为应力洛德角；孔压系数 b 主要反映了土的饱和度的影响；a 反映由剪应力引起的土的体变的性质，亦即土的剪胀(缩)性；c 反映的是土变形的各向异性。因而上述孔压系数与土的本构关系之间有密切联系，可以用不同的本构模型来计算。对于不能反映剪应力对土体积变化影响及不能反映土应力引起各向异性的各种线弹性、非线弹性模型，在饱和土情况下，有

$$\left.\begin{aligned} b &= 1.0 \\ a &= 0 \\ c &= 0 \end{aligned}\right\} \tag{3-46}$$

对于可反映土的剪胀(缩)性和应力引起的各向异性等变形特性的弹塑性模型，可以通过不排水条件推导上述各孔压系数。对于饱和土有

$$d\varepsilon_v = d\varepsilon_v^e + d\varepsilon_v^p = 0$$

其中

$$d\varepsilon_v^e = \frac{dp'}{K}$$

$$d\varepsilon_v^p = d\lambda \frac{\partial f}{\partial p'}$$

$$q = q'$$

$$p' = p - u$$

屈服函数 $f(p',q,\theta,H)=0$，在相适应流动准则条件下，$H=H(\varepsilon_v^p,\bar{\varepsilon}^p)$，则可得到如下公式：

$$\left.\begin{aligned} b &= 1.0 \\ a &= \frac{K\dfrac{\partial f}{\partial q}\dfrac{\partial f}{\partial p'}}{A + K\dfrac{\partial f}{\partial p'}\dfrac{\partial f}{\partial p'}} \\ c &= K\frac{1}{q}\frac{\partial f}{\partial \theta}\frac{\partial f}{\partial p'}\Big/\left(A + K\frac{\partial f}{\partial p'}\frac{\partial f}{\partial p'}\right) \end{aligned}\right\} \tag{3-47}$$

其中 A 见式(2-141a)：

$$A=-\frac{\partial f}{\partial H}\left(\frac{\partial f}{\partial p'}\frac{\partial H}{\partial \varepsilon_v^p}+\frac{\partial f}{\partial q}\frac{\partial H}{\partial \bar{\varepsilon}^p}\right)$$

根据只包含有 p'、q 两变量的修正剑桥模型，可以推导得到如下结果：

$$\left.\begin{aligned}b&=1.0\\ a&=\frac{2\eta(\lambda-\kappa)}{\lambda(m^2-\eta^2)-2\eta^2\kappa}\end{aligned}\right\}\tag{3-48}$$

可见孔压系数 A(或 a)及 c 在加载过程中都不是常数，而是随着土的加载与变形而变化的。

3.5.2 砂土的排水强度和不排水强度

砂土的渗透系数比较大，在一般实际工程中，荷载施加速度不是非常快，这样砂土中的水有充分时间排出或被吸入。但是当荷载作用时间很快(如地震)，或者在很快时间就发生很大变形(如滑坡)，或者地基中砂土被不透水边界所包围时，砂土中就会出现超静孔隙水压力，并且在土体破坏时仍存在超静孔压。这时进行砂土的不排水强度试验是必要的。

关于松砂和密砂在排水条件(或干砂条件)下的三轴试验应力应变和强度关系已在前面介绍了。图 2-7 表示松砂和密砂在一般围压范围下的常规三轴排水试验中的结果。对于松砂，其应力应变曲线基本是应变硬化型，试验过程中试样体积减小，孔隙比 e 也变小。对于密砂，其应力应变关系曲线是应变软化型，在达到峰值应力以后应力有很大下降，最后达到残余应力。其强度是由峰值应力或者是最大应力差 $(\sigma_1-\sigma_3)_{max}$ 来决定的。试样的体积在试验过程中有明显膨胀，即剪胀，孔隙比也随之增加。在相同围压下，松砂和密砂的极限应力差 $(\sigma_1-\sigma_3)_{ult}$ 相近，孔隙比 e 均接近于砂土在这个围压下的临界孔隙比 e_{cr}。

砂土的固结不排水试验是首先将饱和试样在围压 σ_3 下固结，然后关闭排水阀门，施加轴向应力差 $(\sigma_1-\sigma_3)$。不同密度下饱和砂土的固结不排水试验结果见图 3-45，其中 D 为松砂的排水试验。该图也表示了在初始围压为 400kPa 下固结后，不同密度饱和砂土的不排水试验结果。由于在不排水试验中饱和试样的体积是不变的，只有当试样处于临界孔隙比 e_{cr} 时，破坏土试样的体积才基本没有变化的趋势，因而不会产生明显的超静孔隙水压力。孔隙比大于该固结压力 σ_3 下的临界孔隙比 e_{cr} 时，试验破坏时产生正的超静孔压，$u>0$，可导致有效围压 σ_3' 减少。反之如果试样孔隙比小于该围压下的临界孔隙比 e_{cr}，试验破坏时将引起负超静孔压，$u<0$，可导致有效围压 σ_3' 增加。

对于图 3-45 中的松砂试样 A，与松砂的排水试验曲线相反，其应力应变关系是应变软化型的。大约在轴应变 $\varepsilon_1=1\%$ 时即达到了峰值应力：$(\sigma_1-\sigma_3)_{max}\approx 200$kPa。然后随着应变增加，其应力差 $(\sigma_1-\sigma_3)$ 骤减，在 0.2s 时间内很快降到约 30kPa，相应的轴应变为 5%左右。随后尽管应变增加，应力差不再变化，试验中的孔压也保持不变，相应的有效围压 σ_3' 仅为 15kPa。这种现象也可以看作是一种静态的液化：随着应变加大，超静孔压急剧上升，有效应力减少，砂土呈流动状态，也称为"流滑"。其残余强度也称为稳态强度(steady state strength)。如何通过固结不排水试验确定松砂的强度及强度指标是很重要的一个问题。当峰值应力差 $(\sigma_1-\sigma_3)_{max}=200$kPa 时，松砂的有效应力路径还远未达到有效应力破坏线，

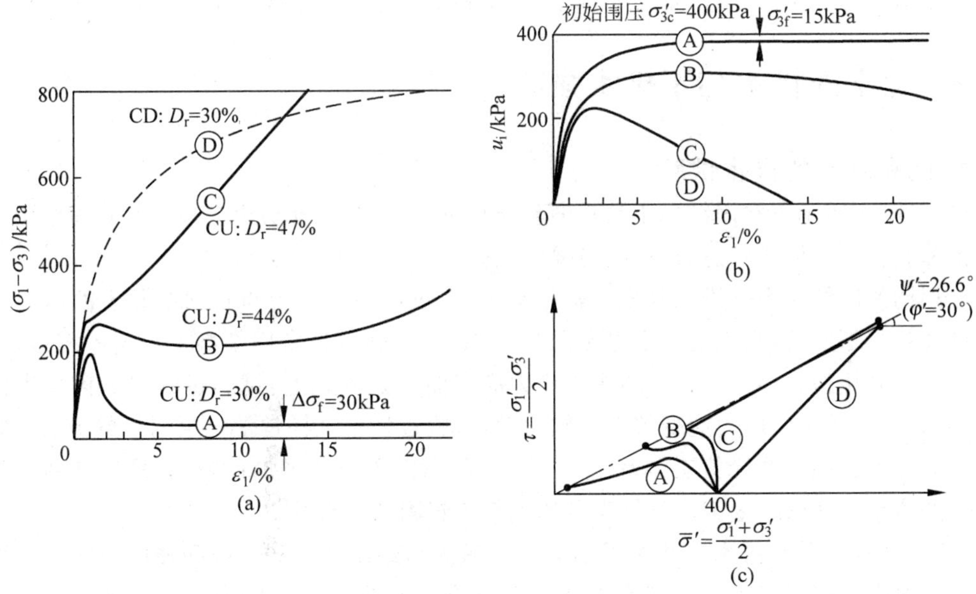

图 3-45 不同密度饱和砂土在固结不排水试验

(a) 应力-应变关系曲线；(b) 孔隙水压力；(c) 有效应力路径

见图 3-45(c)。砂土的有效应力状态并未达到其强度，但饱和砂土试样流动了。峰值时对应的固结不排水内摩擦角 φ_{cu} 为 11.5°；而当它达到稳定状态时，尽管偏差应力 $(\sigma_1-\sigma_3)_{ult}$ 仅为 30kPa，其有效应力路径达到了有效应力强度的破坏线，有效应力内摩擦角 $\varphi'\approx30°$，而对应的残余不排水内摩擦角 $\varphi_{cu}\approx2°\sim3°$，这时才达到该种砂土真正意义上的“破坏”。所以在这种试验中用最大应力差与最大应力比确定的有效应力指标是不同的，用最大应力比更合理。

图 3-46 表示了由松砂所组成的河岸发生流滑破坏的过程，河岸开始处于稳定状态，但由于波浪作用、坡角冲刷及地下水逸出等原因，阴影区处于极限平衡状态而很快滑动，随着坡内各点(如点 B)发生较大应变而产生较大超静孔压，同时超静压来不及消散，从而使很大范围土迅速液化，极限平衡区逐渐向坡内发展，最后在 3°～5°时达到平衡，这种流滑破坏现

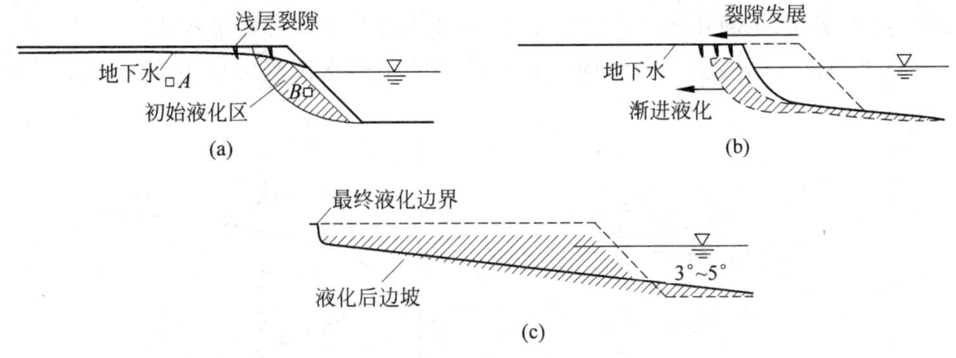

图 3-46 临水松砂中的液化与流滑

(a) 开始液化；(b) 液化流滑发展；(c) 破坏后的滑动区范围

(水平尺度为 2 倍竖向尺度)

象可在很短时间发生。松砂、水力充填土、尾矿料及敏感性粉土均可能发生这种流滑破坏。

3.5.3 黏土的排水与不排水强度

1. 饱和黏土的排水试验

如图 3-24 所示正常固结黏土的强度包线是过原点的,亦即历史上最大有效固结应力为零的饱和黏土应呈泥浆状态,没有抗剪强度。

在相同的固结压力下进行常规三轴排水试验,正常固结黏土与超固结黏土的应力应变和强度性状是不同的,它们的差别可参见图 2-7(a)和(b)。正常固结黏土与松砂相似,超固结黏土与密砂相似。亦即正常固结黏土应力应变曲线是硬化型,试验过程中试样发生体积收缩;而超固结黏土的应力应变关系是软化型,试验过程中试样常常发生明显的剪胀:应力在较小应变下达到一个峰值应力差$(\sigma_1-\sigma_3)_{\max}$,然后随着应变增加而减小,最后达到一个相对稳定的残余强度$(\sigma_1-\sigma_3)_r$。具体定量的关系与超固结比有关。

图 3-24 表示了在排水试验中固结黏土和超固结黏土的 e-σ' 曲线和强度包线。可见超固结黏土的强度包线(DEC)在正常固结黏土包线($ABCF$)之上,并且 c' 是大于 0 的。应当指出的是,这里所谓的正常固结黏土与天然土层的"正常固结黏土"的概念不同。例如,如果一饱和天然土层上覆固结应力 $\sigma'_{vo}=\gamma' z$,而它在地质历史上受到的最大有效固结应力也是 σ'_{vo},我们则称它为正常固结黏土。但从这个土层取样,充分回弹以后再受到的固结应力 σ' 等于或超过 σ'_{vo},即到 C 和 F 点,则它在这些试验中仍是正常固结黏土,其强度也在正常固结黏土包线上(过原点);如果试样在三轴试验中固结应力小于 σ'(如 D、E 点),则这种土在室内试验中将成为超固结黏土,它的强度将落在超固结黏土强度包线(DEC)上。图 3-24 中的 e-σ' 曲线和强度包线表明,一旦固结应力超过其历史最大有效应力,则试样就不再"记忆"以往的历史,只服从原始的曲线(强度包线过原点)。

2. 饱和黏土的三轴固结不排水试验(CU)(consolidated undrained test)

这种试验是将试样在一定的压力下(可能是等向应力 σ_3,也可能是不等向应力,例如 $\sigma_3/\sigma_1=K_0$)固结,待超静孔压完全消散以后,关闭与试样相通的排水阀门,增加 $\sigma_1-\sigma_3$,直到试样破坏,在此期间,超静孔压将产生和发展,一般通过孔压传感器量测孔压。

一种标准的正常固结黏土和超固结黏土的固结不排水试验的应力应变和孔压关系见图 3-47。

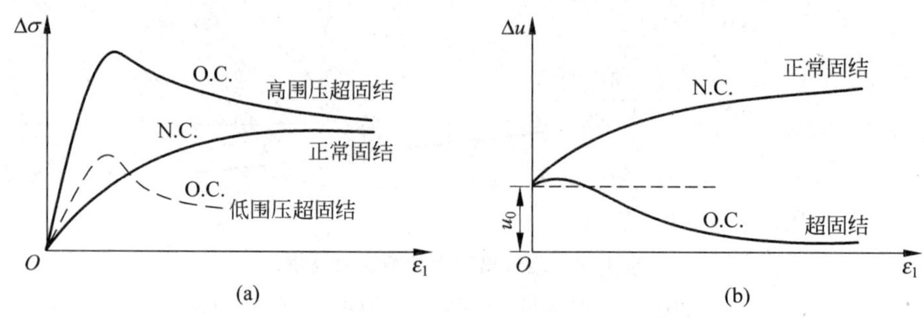

图 3-47 正常固结黏土与超固结黏土的三轴固结不排水试验

二者的应力应变关系曲线的形状与排水情况下相似。正常固结黏土的应力应变曲线仍是应变硬化型，剪切过程中产生正孔压。超固结黏土的应力应变曲线是应变软化型，其应力差($\sigma_1-\sigma_3$)在小应变下达峰值$(\sigma_1-\sigma_3)_{max}$，然后随着应变加大，($\sigma_1-\sigma_3$)有所下降，其孔压力开始有少许增加，然后很快减小，可能出现负孔压。图 3-47(b)中 u_0 是为增加试样饱和度而施加的反压，可以认为 u_0 为孔压 0 点。黏土与砂土在固结不排水试验中应力应变及强度特性不同，主要是由于砂土变形及强度受有效围压影响远比黏土敏感。由于黏土中实际上存在与围压无关的黏聚强度，所以正常固结黏土在固结不排水试验中，也不会像松砂一样在很低有效围压下迅速软化而发生流滑，亦即受孔压影响较小。

图 3-48 反映了正常固结和超固结黏土在固结不排水试验中的总应力路径和有效应力路径，及相应的有效应力强度指标和总应力强度指标。破坏主应力线 K_f 与 $\bar{\sigma}$ 夹角为$\psi(\psi')$，$\tan\psi=\sin\varphi$。总应力路径为 TSP，有效应力路径为 ESP。由于正常固结黏土剪切过程中产生正孔压，有效应力路径总在总应力路径的左边，所以 $\varphi'>\varphi_{cu}$。

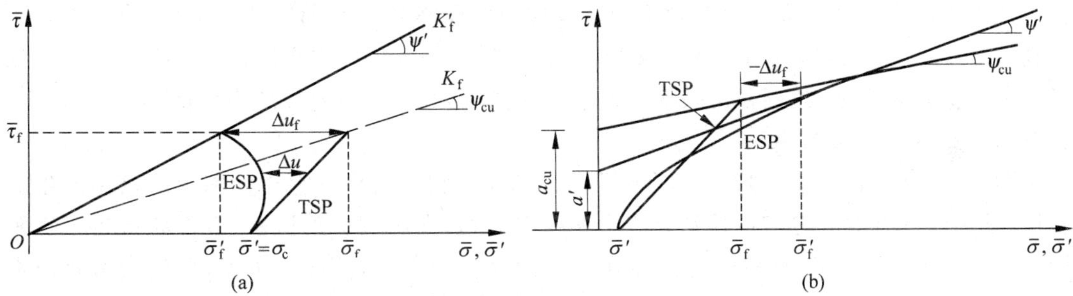

图 3-48　三轴固结不排水试验的应力路径

(a) 正常固结黏土；(b) 超固结黏土

对于图 3-48(b)中所表示的超固结黏土，总应力路径为 TSP；而有效应力路径 EPS 开始是稍靠 TSP 的左边，随后由于负孔压的形成，使有效应力路径 ESP 转到总应力路径的右边，直到达到有效应力破坏主应力线。

包括正常固结与超固结两段的强度包线情况见图 3-49。可见在先期固结压力 σ'_p附近的排水试验包线及固结不排水试验包线的斜率是不同的，在一定范围内两条包线有时也可各用一直线近似。

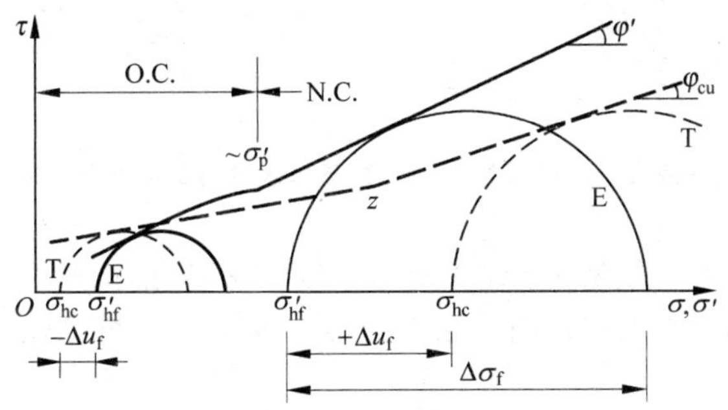

图 3-49　先期固结压力 σ'_p 前后的强度包线(T 为总应力，E 为有效应力)

3. 固结不排水试验(CU)确定的强度指标

如上所述，正常固结黏土的排水与固结不排水试验的强度包线都过原点，亦即黏聚力为0，并且$\varphi'>\varphi_{cu}$，一般φ_{cu}大约为φ'的一半，即$\varphi_{cu}=10°\sim15°$，c'与c_{cu}都非常接近等于0，见图3-48(a)。对于超固结黏土和击实黏土，φ_{cu}比φ'小，而c_{cu}一般比c'大，见图3-48(b)。当破坏包线跨越先期固结压力时，很难用单一的总应力指标来表示，见图3-49。

由于在固结不排水试验中可量测试样的孔隙水压力，所以可通过固结不排水试验得到饱和黏土试样的有效应力路径，从而确定其有效应力强度指标c'和φ'。一般认为这样得到的强度指标c'与φ'与排水试验得到的强度指标c_d和φ_d是一致的。但是这里有一个如何定义破坏应力状态的问题。在三轴试验中，我们通常将偏差应力达到极大值$(\sigma_1-\sigma_3)_{max}$时定义为试验破坏；但我们有时也将应力达到最大应力比$(\sigma_1/\sigma_3)_{max}$时定义为破坏。两种方法的结果有时是一致的，有时是不同的。如在上述的砂土固结不排水试验中(见图3-45中A试样)，用最大应力比和最大应力差确定的有效应力的摩擦角就不同。从图可见，当应力状态达到$(\sigma_1-\sigma_3)_{max}$时，试样的有效应力路径并未达到其有效应力(排水)破坏线K_f'。只有当试样过了峰值状态之后，达到稳态破坏状态，有效应力路径才接近有效应力(排水)破坏线K_f'，这时对应于$(\sigma_1/\sigma_3)_{max}$或者$(\bar{\tau}'/\bar{\sigma}')_{max}$。

图3-50是一种敏感性黏土的固结不排水三轴试验的结果。它在低围压下试验产生负孔压，破坏时其有效应力路径转到总应力路径的右边；在高围压下试验，其性状接近于正常固结黏土，产生正孔压，有效应力路径在总应力路径的左边，从此图可见，用最大偏差应力$(\sigma_1-\sigma_3)_{max}$确定的破坏线一般比用最大应力比$(\sigma_1'/\sigma_3')_{max}$或者$(\bar{\tau}'/\bar{\sigma}')_{max}$确定的破坏线低。一般用最大应力比$(\sigma_1'/\sigma_3')_{max}$确定的有效应力摩擦角$\varphi'$接近于从排水试验得到的$\varphi_d$，而用最大应力差得到的值则常偏小。但固结不排水的总应力指标c_{cu}和φ_{cu}总是由最大偏差应力确定的。

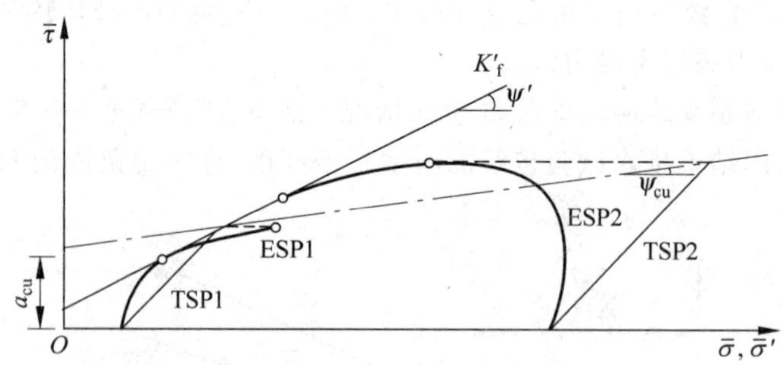

图3-50 一种敏感性黏土的三轴固结不排水试验的应力路径和强度指标

黏性土的强度指标，一般是用固结不排水三轴试验确定，试验中量测孔隙水压力，确定其有效应力强度指标，原状的正常固结黏土的φ'与黏土矿物组成和塑性指数有关，一般而言，$\varphi'=20°\sim35°$，见图3-13。

4. 黏土的不固结不排水试验(unconsolidated undrained test，UU)

不固结不排水三轴试验也简称不排水试验，是指在将试样安置在三轴压力室中后，排水阀门从一开始就关闭。这样对于完全饱和的试样，施加任何围压时，试样的有效应力没有变化，不发生固结，也没有体积和孔隙比（或含水量）的变化。随后，像在固结不排水试验中一样，试样被不排水剪切。一般于10～20min内加载到破坏。试验中量测总应力，一般不量测孔隙水压力，所以总是以总应力表示强度及强度指标。在现场采取的饱和黏土试样的不排水试验中，在试验的几个不同阶段，试样中的总应力、孔隙水压力和有效应力的条件如图3-51所示，各图中第一列为总应力状态，第二列为孔压状态，第三列为有效应力状态。

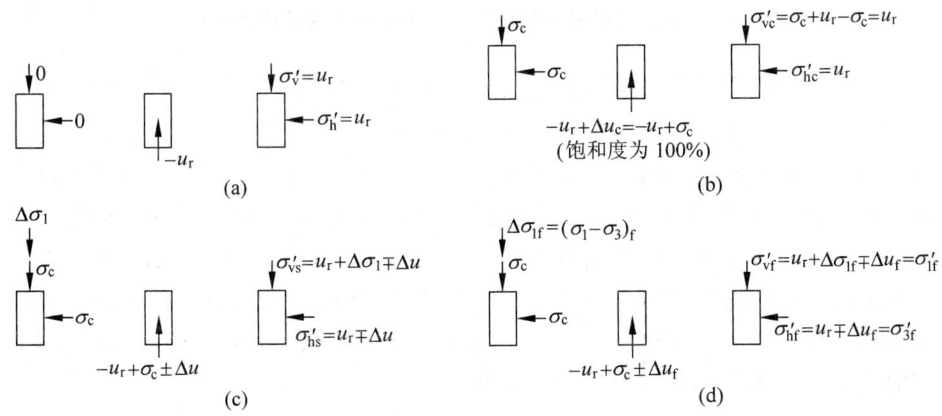

图3-51　饱和原状黏土在三轴不排水试验(UU)中各个阶段的应力条件

在这个试验中，假设从原位取样后保持不扰动和不回弹（无体变）。由于这时的总应力变为零（大气压），而又不容许发生体积回弹，所以其有效应力应当与原位应力等效，因而其内部孔压u必须是负的，它被称为“残余孔压”。设残余孔压的数值为u_r，即$u=-u_r$。这时其应力状态如图3-51(a)所示，总应力$\sigma_{v0}=\sigma_{h0}=0$，相应的有效应力为$\sigma'_{v0}=\sigma'_{h0}=u_r$。

在例题2-4中，图2-41表示的是在p',q应力平面上，原位K_0固结的地基土，不发生体积回弹时取样时的有效应力路径。图3-52为在$\bar{\sigma},\bar{\tau}$平面上相应的有效应力路径。这时由于它的上覆的主应力σ_{v0}被消除，而又不允许试样的体积回弹，则其应力状态从A变到B，对于A点，$\sigma'_{h0}=K_0\sigma'_{v0}$，$\bar{\sigma}=\dfrac{1+K_0}{2}\sigma'_{v0}$，$\bar{\tau}=\dfrac{1-K_0}{2}\sigma'_{v0}$。对于B点，$\sigma'_v=\sigma'_h=\sigma'_r$，$\bar{\sigma}=\sigma'_r$，$\bar{\tau}=0$。二者在试样体变方面是等效的，即从A到B，试样体积不变。这时试样内超静孔压是负值$=-u_r$，可见$\sigma'_v=\sigma'_h=\sigma'_r=u_r$。

在图3-51(b)中，在施加围压σ_c时，由于阀门是关闭的，试样内将产生超静孔隙水压力$\Delta u_c=\sigma_c$，试样内的孔压变为$u=-u_r+\Delta u_c=-u_r+\sigma_c$。有效应力为$\sigma'_{vc}=\sigma'_{hc}=u_r$未变。如果$\sigma_c=u_r$，则试样内超静孔压为零，其不排水三轴试验相当于固结应力为$\sigma_c=u_r$时的固结不排水试验。

在图3-51(c)中，施加轴荷载而发生剪切时，这时由于偏差应力$(\sigma_1-\sigma_3)$或$\Delta\sigma_1$又产生一个孔隙水压力增量$\pm\Delta u$。有效应力变成：$\sigma'_{vs}=u_r+\Delta\sigma_1\mp\Delta u$，$\sigma'_{hs}=u_r\mp\Delta u$。

图3-51(d)表示试样破坏时应力状态。这时的偏差应力达到极限值$(\sigma_1-\sigma_3)_f=\Delta\sigma_{1f}$，对应的孔压增量为$\pm\Delta u_f$。总孔隙水压力为$-u_r=\sigma_c\pm\Delta u_f$，有效应力状态成为

$$\sigma'_{vf}=u_r+\Delta\sigma_{1f}-(\pm\Delta u)=\sigma'_{1f},\quad \sigma'_{hf}=u_r-(\pm\Delta u_f)=\sigma'_{3f}。$$

由于试样的体积或孔隙比自始至终都没有变化，所以不管施加的围压σ_c是多少，试样上的

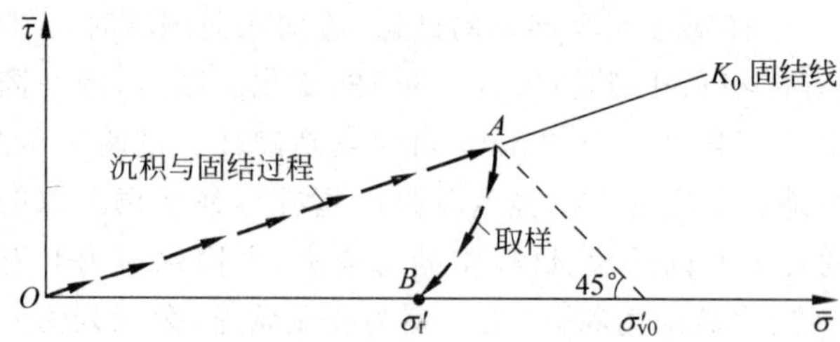

图 3-52 正常固结黏土沉积与取样过程中的有效应力路径

有效应力与 $\sigma_c = u_r$ 的固结不排水试验的是完全一致的。因而对于完全饱和的黏土，每一个不同 σ_c 的试验中的试样的孔隙比都是一样的，其有效应力路径和破坏时的有效应力状态也是唯一的。亦即其破坏时的有效应力莫尔圆只有一个，总应力莫尔圆的半径等于这个有效应力莫尔圆的半径。这样，所有不同的不固结不排水试验破坏时莫尔圆的包线是一条水平线，其斜率 $\varphi_{uu} = \varphi_u = 0$，在纵坐标上截距为 $c_u = \tau_f$，c_u 称为土的不排水强度，见图 3-53。由于完全饱和黏土发生破坏时的有效应力莫尔圆只有一个，所以无法通过不排水试验量测孔隙水压力来确定土的有效应力强度指标 c'、φ'。另外尽管其不排水内摩擦角 φ_u 为 0，但其试样中的剪切面倾角不会为 45°，而应当用 φ' 来确定。

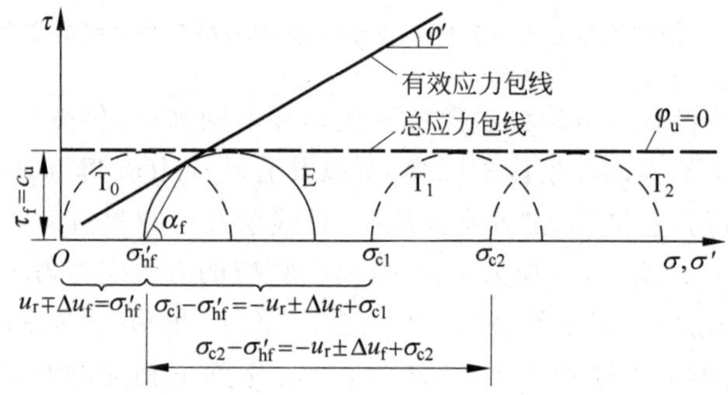

图 3-53 正常固结饱和黏土的三轴不排水试验有效应力破坏莫尔圆的唯一性

对于不完全饱和土，由于试样中会有空气，当围压 σ_c 增加时，空气体积会被压缩，也会溶解在孔隙水中。这样试样总的体积会被压缩，其中的有效应力也会改变，所以部分饱和土的不排水强度包线在初始段时是弯曲的，随着围压的增加，当空气被完全压缩或溶解后，饱和度接近 100%，强度包线就倾向水平线，见图 3-54。

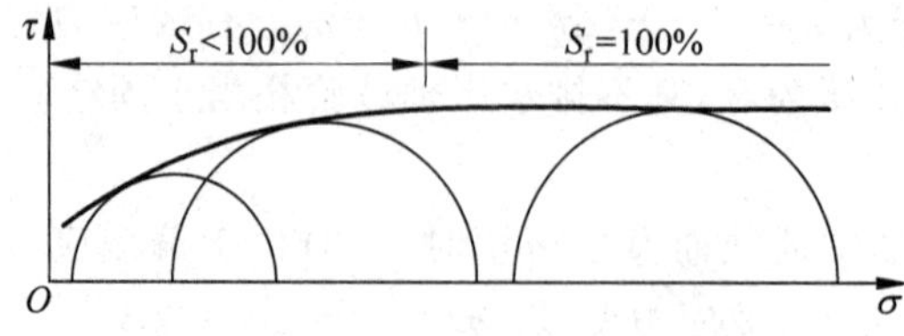

图 3-54 非饱和黏土的不排水强度包线

不同黏土的不排水强度值变化很大，c_u 可以从 0 到若干兆帕。原状土的不排水抗剪强度 c_u 可用竖向有效应力 σ_{v0}' 归一化，表示成 c_u/σ_{v0}'，反映黏土的性质和地质历史。但 c_u/σ_{v0}' 也受试验方法的影响，例如通过现场十字板剪切试验、不排水三轴试验和快剪试验得到的结果就不完全一致。

无侧限单轴压缩试验是不排水试验的一种特殊情况，亦即施加的围压为零。用这种试验同样可以得到不排水抗剪强度 c_u。但是条件如下：①试样为完全饱和的黏土；②试样必须是原状、均匀、无缺陷的；③没有回弹及进气；④取样后，试样必须快速地进行试验并达到破坏（5～15min），以免发生水分蒸发和表面干燥。

5. 排水和不排水强度指标的工程应用

三轴固结排水试验得到的是有效应力强度指标；固结不排水试验通过量测孔压也可以得到有效应力强度指标，并且解决了由于排水试验时间过长问题。

对于砂土，在一般的加载速率及条件下，是用有效应力强度指标进行稳定分析的。对于黏性土地基和土工建筑物，如果在计算时，超静孔压已经全部消散，或者土中的孔隙水压力可以准确地确定，则可以用有效应力强度指标进行稳定分析。例如用稳定渗流的流网可以较准确地确定正常使用时处于稳定渗流状态的土坝的孔压，长期稳定的天然土坡，在正常固结黏土地基上施工非常慢的填方和建筑物。

在上述一些工程问题中，如果其中土体在现有的应力体系中可平衡并完全充分地固结，然后，由于某种原因而很快施加荷载，增加剪应力，形成不排水情况，这时宜采用固结不排水强度指标进行分析，如图 3-55 中所示的几种工况。其中图 3-55(a)表示的是在较大面积的 1 层填方作用下填方及地基已经固结稳定，然后又很快施加 2 层填方的情况下土体的稳定分析，在排水预压固结后的地基上，快速修建建筑物也属于这种情况；图 3-55(b)表示土坝竣工后正常使用很长时间并蓄水后，库水位骤降时土坝上游边坡的稳定分析；图 3-55(c)表示在一个天然土坡上很快施工一个填方后的土体稳定分析情况。这些情况的稳定分析都宜采用固结不排水强度指标。

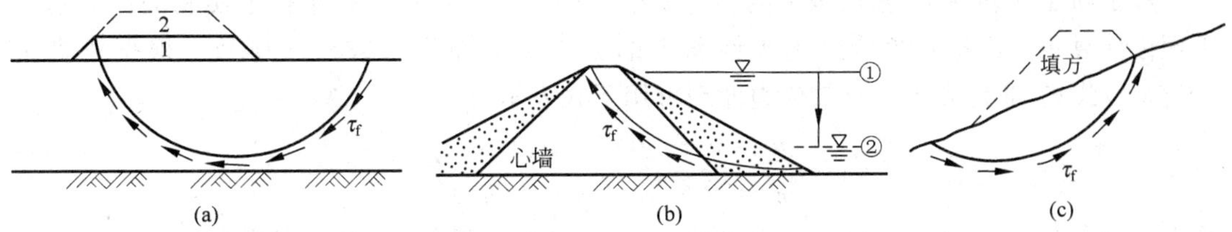

图 3-55　在黏土中使用固结不排水强度指标进行土体稳定分析的例子

(a) 在 1 层填土固结后施工 2 层填土；(b) 库水位从①骤降到②；(c) 在天然土坡上快速填方

如果在工程问题中，荷载是很快地被施加，从而被引起的超静孔隙水压力没有时间消散，土也没有时间固结。在这种情况下，我们假设施工中所施加的总应力变化不影响原状土的不排水强度。图 3-56 中所列的几种例子包括：①在正常固结软黏土地基上很快地填筑填方工程；②快速施工的土坝在竣工时；③在正常固结黏土地基上快速施工的基础及上部结构。这些工程的稳定分析中的控制条件是刚刚施加了荷载之后，随着时间的延续，孔压消散，土被固结，地基或边坡也变得安全了。

应当看到，实际工程情况是十分复杂的，强度指标的选择常需经认真调查研究并结合工程经验来确定。

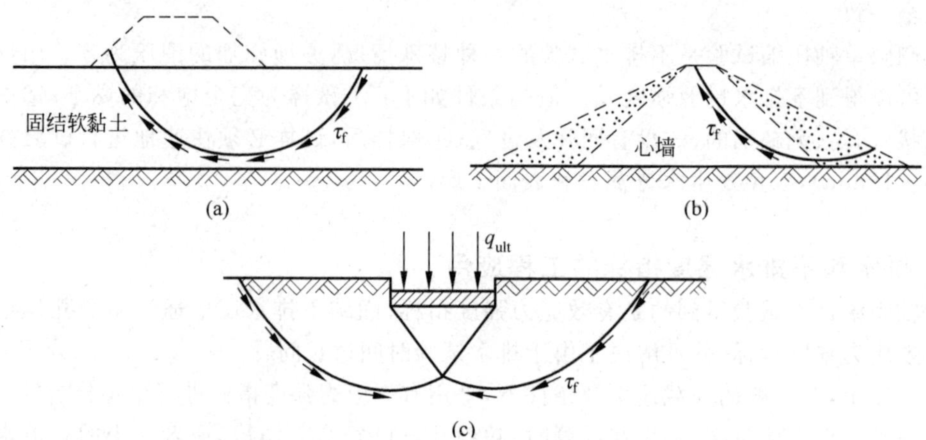

图 3-56 在黏土中使用不排水强度指标进行土体极限平衡分析的例子

(a) 在软黏土地基上快速施工的填方；(b) 快速施工的土坝，竣工后、心墙未固结时；(c) 在黏土地基上快速施工的建筑物

6. 非饱和土的排水强度

非饱和土中存在基质吸力(u_a-u_w)，它是反映土颗粒、水与气界面上的物理化学作用的力学参数，它主要源于毛细作用。由于其中水压力 u_w 是负值，而 u_a 一般为大气压力，可设为零。所以吸力(u_a-u_w)是作用于土骨架上的正的有效压应力。它对土的强度有很大的影响。

在稍湿和潮湿的砂土中，可以直立开挖一定高度而不倒塌，表明存在"黏聚力"，$c''=(u_a-u_w)\tan\varphi''$，它实质上是由摩擦力引起的，当砂土变干燥或浸水饱和时，它会迅速消失，所以有时也被称为"假黏聚力"。

对于粉土和黏性土，基质吸力的影响是很大的。许多基坑支护结构上实测的应力远小于理论计算值，很大可能是由于非饱和土的吸力贡献而没有被计入所致。根据毕肖甫(Bishop)公式，非饱和土的有效应力原理可用下式表示：

$$u=u_a-\chi(u_a-u_w) \tag{3-49}$$

$$\sigma'=\sigma-u_a+\chi(u_a-u_w) \tag{3-50}$$

其中，χ 为与土性质及饱和度有关的参数。这样就可以用莫尔-库仑理论表示非饱和土的强度。

$$\tau_f=c'+[\sigma-u_a+\chi(u_a-u_w)]\tan\varphi' \tag{3-51}$$

在实际应用中参数 χ 是不确定的，它随饱和度而变化，所以式(3-49)不太实用。

加拿大的弗雷德伦德(D. G. Fredlund)提出了非饱和土强度的另一表达式：

$$\tau_f=c'+(\sigma-u_a)\tan\varphi'+(u_a-u_w)\tan\varphi'' \tag{3-52}$$

其中各组成部分含义见图 3-57。这是一个三维的坐标系：($\tau,\sigma-u_a,u_a-u_w$)。在 τ、$\sigma-u_a$ 坐标平面上，强度包线的斜率为 $\tan\varphi'$；在 τ、u_a-u_w 坐标平面上，强度包线的斜率为 $\tan\varphi''$。可见在这种表示方法中吸力产生的强度可归纳入黏聚力中。

$$c''=c'+(u_a-u_w)\tan\varphi'' \tag{3-53}$$

式(3-53)对于人们认识和分析非饱和土的强度构成是有益的。但由于实际上 $\tan\varphi''=\chi\tan\varphi'$，式(3-52)与式(3-51)并无实质上的区别。实测表明 $\varphi''<\varphi'$，但与 χ 一样，φ''不会是

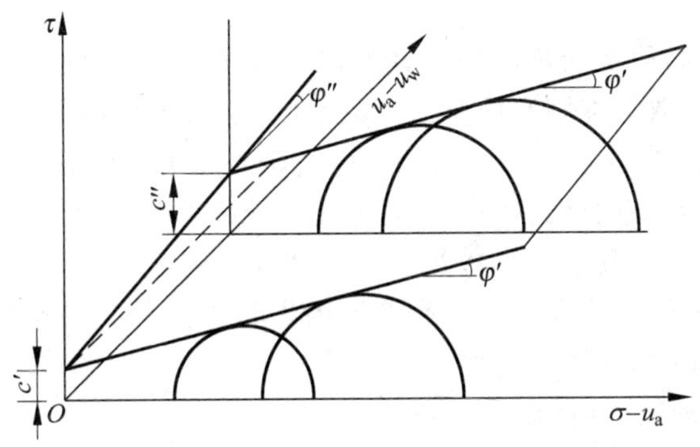

图 3-57　非饱和土的破坏面

个常数。所以在工程中如何准确应用非饱和土强度还是有待解决的问题。

式(3-52)表明了弗雷德伦德非饱和土理论的双应力体系。亦即($\sigma - u_a$)为净应力，($u_a - u_w$)为吸力，它们都对土的变形和抗剪强度有所贡献。

对于非饱和土，也可进行固结不排水试验、不固结不排水试验，并确定有关的指标。

3.6　土的强度理论

3.6.1　概述

材料的强度是指材料破坏时的应力状态。定义破坏的方法是破坏准则。基于应力状态的复杂性，破坏准则常常是应力状态的组合。强度理论是揭示土破坏机理的理论，它也以一定的应力状态的组合来表示。因而强度理论与破坏准则的表达式是一致的。这样，强度理论一般用如下公式表示：

$$f(\sigma_{ij}, k_l) = 0 \tag{3-54}$$

其中，σ_{ij} 为应力张量，它是二阶张量，有 6 个独立变量，严格地讲，它们对土的强度都有影响；k_l 为若干个强度参数。如果用主应力表示，强度除决定于三个主应力的大小以外，还与主应力方向有关。对于各向同性的材料，式(3-54)可以表示为

$$f(I_1, I_2, I_3, k_l) = 0 \tag{3-55}$$

或者

$$f(p, q, \theta, k_l) = 0 \tag{3-56}$$

与可以独立变化 6 个应力变量的室内土工仪器还没有被研制出来一样，如式(3-54)这样“完全”的强度理论也尚未被提出过。

在实际问题中，人们总是研究使材料破坏的主要因素，忽略次要的应力因素，建立实用的破坏准则，并根据材料在简单应力状态下的试验确定材料强度参数和指标。另一方面，人们往往从不同角度将强度理论进行分类。

正如我们所熟知的，四种古典的材料强度理论包括最大正(拉)应力理论(第一强度理论)、最大正(拉)应变理论(第二强度理论)、最大剪应力理论(第三强度理论)和能量理论(第四强度理论)。这些强度理论主要是针对如钢材等连续介质提出来的，对于碎散、多相的土

一般不适用。

对于岩土材料,人们从不同角度划分其强度理论公式。例如陈惠发(W. F. Chen)将土的破坏准则分为一个参数的准则和两个参数的准则,前者包括特雷斯卡(Tresca)准则、米泽斯(Mises)准则和莱特-邓肯(Lade-Duncan)直线破坏线准则;后者包括广义的特雷斯卡(extended Tresca criterion)准则、广义米泽斯(Drucker-Prager 准则是其特例)准则、莫尔-库仑准则(Mohr-Coulomb)及强度线弯曲的莱特(Lade)破坏准则等。

沈珠江按照剪应力的数目和压应力影响等因素将岩土的抗剪强度理论分为三个系列,每个系列中又分三个准则,具体分类如下:

I_a——单剪应力理论(特雷斯卡准则);

I_b——广义单剪应力理论(广义特雷斯卡准则);

I_c——单剪切角理论(莫尔-库仑准则),可表示为 $\sin\varphi_{13}=\dfrac{\sigma_1-\sigma_3}{\sigma_1+\sigma_3}=\sin\varphi(c=0\text{ 时})$;

II_a——双剪应力理论(俞茂鋐理论);

II_b——广义双剪应力理论,即在上述理论 II_a 中计入平均主应力的影响;

II_c——双剪切角理论,即考虑三维应力状态中,两个较大莫尔圆的剪切角的综合影响;

III_a——三剪切力理论(米泽斯准则);

III_b——广义三剪应力理论(广义米泽斯准则);

III_c——三剪切角理论(松岗元-中井照夫,沈珠江准则)。

其中沈珠江考虑三个应力莫尔圆的影响,将土的强度公式表示为

$$\frac{1}{\sqrt{2}}(\sin^2\varphi_{13}+\sin^2\varphi_{12}+\sin^2\varphi_{23})^{\frac{1}{2}}=\sin\varphi \tag{3-57}$$

其中,$\sin\varphi_{13}=\dfrac{\sigma_1-\sigma_3}{\sigma_1+\sigma_3}$,$\sin\varphi_{12}=\dfrac{\sigma_1-\sigma_2}{\sigma_1+\sigma_2}$,$\sin\varphi_{23}=\dfrac{\sigma_2-\sigma_3}{\sigma_2+\sigma_3}$。它与松岗元-中井照夫(Matsouka-Nakai)所提出的空间滑动面理论(SMP)相似。

早期的土力学将土的强度问题和变形问题截然分开,前者用于土体的稳定分析,采用极限平衡的方法;后者用于土的变形和地基沉降计算。这样土的强度只涉及其最终破坏时的应力状态,与应力变形过程无关。随着现代土力学的发展,人们逐渐认识到土的本构关系是应力-应变-时间-强度的统一的关系,土的强度实际上是变形过程发展的最后阶段。可认为破坏或强度是施加很小应力增量 $d\sigma_{ij}$ 即引起很大的或不可控制的应变增量 $d\varepsilon_{ij}$ 所对应的应力状态。这样,土的强度理论常常融合在土的本构关系之中。为此,这里将土的强度理论分为经典强度理论与现代的强度理论。

3.6.2 土的经典强度理论

1. 特雷斯卡(Tresca)准则与广义特雷斯卡(extended Tresca)准则

特雷斯卡强度准则实际上是古典强度理论中的最大剪应力理论。它是特雷斯卡于1864年针对金属材料所提出的一个屈服准则,可用如下的数学表达式表示:

$$\sigma_1-\sigma_3=2k_t \tag{3-58}$$

其中,k_t 为材料常数,是试验中试样破坏时的最大剪应力;σ_1 和 σ_3 分别为最大和最小主应力。如果用应力不变量形式表述,上式可写成

$$\sqrt{J_2}\cos\theta - k_t = 0 \tag{3-59}$$

$$q\cos\theta - \sqrt{3}k_t = 0 \tag{3-60}$$

其中，θ 为应力洛德角，计算参见式(2-32)；J_2 为第二偏应力不变量。

在土力学中，这一准则只有对于饱和黏土的不排水强度指标的计算才适用。这时

$$\sigma_1 - \sigma_3 = 2c_u$$

亦即 $k_t = c_u$。

这个准则在主应力空间 σ_1、σ_2、σ_3(σ_1、σ_2、σ_3 只代表三个主应力，而不代表大小次序)表示为一个正六边形的棱柱面。它在 π 平面的断面是一个正六边形，见图 3-58。

由于特雷斯卡准则没有反映平均主应力 p(或应力第一不变量 I_1)对抗剪强度的影响，所以它一般不适用于表示土的强度，对于岩土材料，人们将这个强度准则推广成为广义的特雷斯卡准则(extended Tresca criterion)，可表示成

$$(\sigma_1 - \sigma_3) = 2k_t + \alpha_t I_1 \tag{3-61}$$

或者

$$\sqrt{J_2}\cos\theta - k_t - \frac{1}{2}\alpha_t I_1 = 0 \tag{3-62}$$

其中，$\alpha_t I_1$ 反映应力第一不变量或平均主应力的影响。这个公式所定义的破坏面在主应力空间是一个正六棱锥体，见图 3-59。

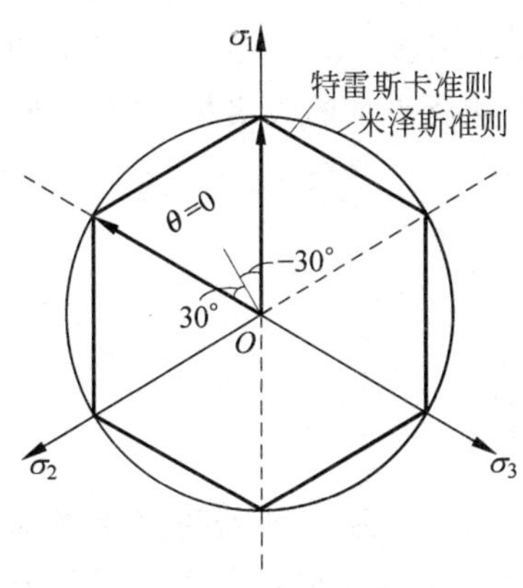

图 3-58　米泽斯和特雷斯卡强度准则在 π 平面的轨迹

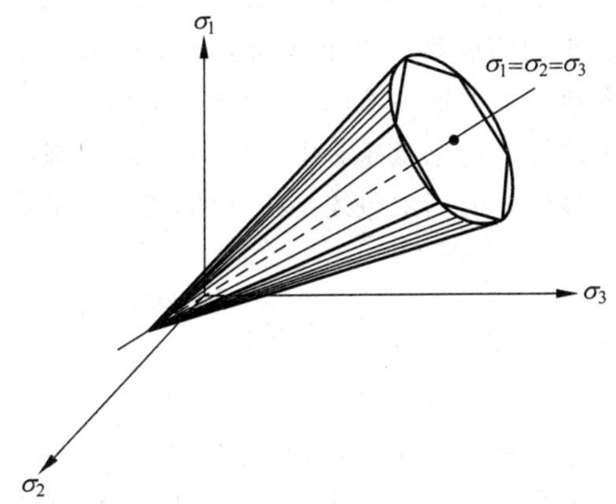

图 3-59　广义米泽斯和广义特雷斯卡破坏准则在主应力空间的破坏锥面

2. 米泽斯(Von Mises)和广义米泽斯(extended Von Mises)准则

这两个准则实际上是古典强度理论中形变能(畸变能)理论，实质上也是一种以八面体剪应力判断破坏的理论。它们用三个主应力可以表示为

$$(\sigma_1 - \sigma_2)^2 + (\sigma_2 - \sigma_3)^2 + (\sigma_3 - \sigma_1)^2 = 6k_m^2 \tag{3-63}$$

用应力不变量也可表示为

$$J_2 = k_m^2 \tag{3-64}$$

或者

$$\sqrt{J_2} = k_m \tag{3-65a}$$

$$q = \sqrt{3}k_m \tag{3-65b}$$

$$\tau_{oct} = \sqrt{\frac{2}{3}} k_m \tag{3-65c}$$

米泽斯准则在主应力空间为一个圆柱面,它在 π 平面上的轨迹是一个圆周(见图 3-58)。由于它不像特雷斯卡准则那样有一些角点,在理想塑性模型中用作屈服面时,米泽斯准则是光滑的,所以人们常常在数值计算中选它作为屈服准则。可是它没有反映平均主应力 p 对抗剪强度的影响,所以和特雷斯卡准则一样,只可以在饱和黏土的不排水强度近似计算中使用。

为了反映平均主应力 p(或者应力第一不变量 I_1)对土抗剪强度的影响,德鲁克(Drucker)和普拉格(Prager)于 1952 年发展了广义米泽斯准则(extended Von Mises criterion),提出德鲁克-普拉格(Durcker-Prager)准则,表达式为

$$\sqrt{J_2} - \alpha_m I_1 - k_m = 0 \tag{3-66}$$

或者

$$q - 3\sqrt{3}\alpha_m p - \sqrt{3} k_m = 0 \tag{3-67}$$

其中,k_m 与 α_m 为材料常数。广义米泽斯准则在主应力空间为一个正圆锥体的面(见图 3-59),在 π 平面轨迹仍是一个圆(见图 3-58)。

3. 莫尔-库仑强度准则

莫尔于 1900 年给出了如式(3-2)所示的强度公式:$\tau_f = f(\sigma)$。即一个平面上的抗剪强度 τ_f 取决于作用于这个平面上的正应力 σ 。其中破坏包线的函数 $f(\sigma)$ 是由试验确定的单值函数。根据这一准则,当材料应力状态的最大莫尔圆与上式所表示的包线相切时,材料就发生破坏。这也意味着中主应力 σ_2 对于强度无影响。

最简单的莫尔包线是线性的,可用下式表示:

$$\frac{\sigma_1 - \sigma_3}{\sigma_1 + \sigma_3 + 2c\cot\varphi} = \sin\varphi \tag{3-68}$$

或者表示为式(3-1):

$$\tau_f = c + \sigma\tan\varphi$$

这就是库仑(Coulomb)于 1776 年所提出的库仑公式。其中 c 和 φ 就是我们所熟知的黏聚力和内摩擦角。式(3-2)或式(3-1)亦即为莫尔-库仑强度准则,它被广泛应用于岩土材料的理论与实践中。它表明材料的抗剪强度与作用于该平面上正应力有关,引起材料破坏的不是最大剪应力,而是在某个平面上 τ-σ 的最危险组合。式(3-68)用应力不变量可表示为

$$\frac{I_1}{3}\sin\varphi - \sqrt{J_2}\left(\frac{1}{\sqrt{3}}\sin\theta\sin\varphi + \cos\theta\right) + c\cos\varphi = 0 \tag{3-69}$$

或者

$$p\sin\varphi - \frac{1}{\sqrt{3}}q\left(\frac{1}{\sqrt{3}}\sin\theta\sin\varphi + \cos\theta\right) + c\cos\varphi = 0 \tag{3-70}$$

莫尔-库仑强度准则在主应力空间为一个不规则六棱锥体表面,见图 3-60(a);它在 π 平面上的截面形状为一不规则的六边形,见图 3-60(b),而在三轴平面上表现为一开口的夹角,见图 3-60(c)。

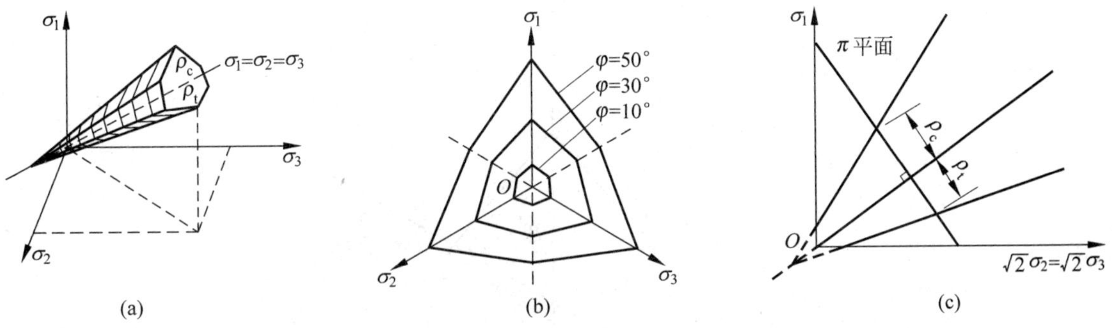

图 3-60　莫尔-库仑强度准则的破坏面与破坏轨迹

(a) 主应力空间；(b) π 平面；(c) 三轴平面

【例题 3-2】 对于莫尔-库仑强度准则，可用破坏应力比 $q/p=M$ 表示土的强度。如果砂土三轴压缩试验和三轴伸长试验的破坏应力比分别表示为 M_c 和 M_t，推导二者的比值 M_t/M_c；如果砂土的 $\varphi=35°$，其比值 M_t/M_c 为多少？

【解】

(1) 对于三轴压缩情况：$q=\sigma_1-\sigma_3$，$p=(\sigma_1+2\sigma_3)/3$

对于三轴伸长情况：$q=\sigma_1-\sigma_3$，$p=(2\sigma_1+\sigma_3)/3$

对于砂土，根据莫尔-库仑准则：$\sigma_1=\sigma_3(1+\sin\varphi)/(1-\sin\varphi)$

则三轴压缩：

$$M_c=\frac{q}{p}=\frac{\sigma_1-\sigma_3}{(\sigma_1+2\sigma_3)/3}=\frac{3\times\dfrac{1+\sin\varphi-1+\sin\varphi}{1-\sin\varphi}\sigma_3}{\dfrac{1+\sin\varphi+2-2\sin\varphi}{1-\sin\varphi}\sigma_3}=\frac{6\sin\varphi}{3-\sin\varphi}$$

三轴伸长：

$$M_t=\frac{q}{p}=\frac{\sigma_1-\sigma_3}{(2\sigma_1+\sigma_3)/3}=\frac{3\times\dfrac{1+\sin\varphi-1+\sin\varphi}{1-\sin\varphi}\sigma_3}{\dfrac{2+2\sin\varphi+1-\sin\varphi}{1-\sin\varphi}}=\frac{6\sin\varphi}{3+\sin\varphi}$$

则

$$\frac{M_t}{M_c}=\frac{3-\sin\varphi}{3+\sin\varphi}$$

(2) 当 $\varphi=35°$ 时，$\dfrac{M_t}{M_c}=\dfrac{3-\sin\varphi}{3+\sin\varphi}=\dfrac{2.426}{3.574}=0.68$

如果用式(3-70)计算，$\varphi=35°$，$\theta=-30°$ 时，$M_c=q/p=1.42$

$\varphi=35°$，$\theta=30°$ 时，$M_t=0.964$。

则 $\dfrac{M_t}{M_c}=\dfrac{0.964}{1.42}=0.68$，见图 3-61。

4. 特雷斯卡、米泽斯和莫尔-库仑三个强度准则的讨论

特雷斯卡准则和米泽斯准则都没有反映平均主应力 p 对土抗剪强度的影响，这就未能反映土作为摩擦材料的基本力学特性。尽管这两个准则的“广义”形式考虑了平均主应力

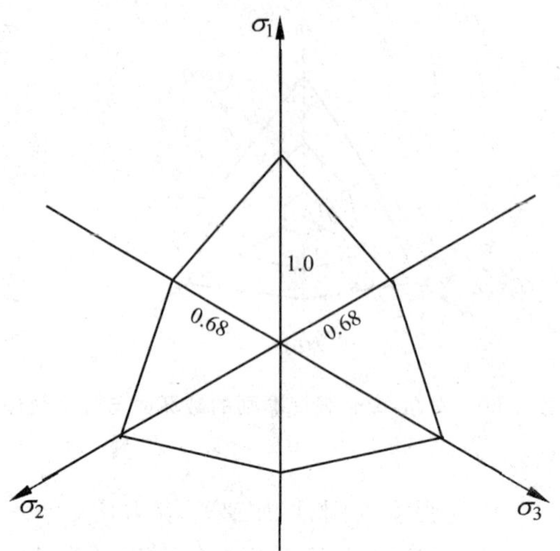

图 3-61 莫尔-库仑强度准则在 π 平面上的强度轨迹(例题 3-2)

p 对抗剪强度的影响,但这个影响并非是破坏面上正应力对该面上的抗剪强度的影响。特雷斯卡准则是最大剪应力准则;米泽斯准则是最大八面体剪应力准则,这两个强度准则与土的摩擦强度是不一致的。其中矛盾最为突出的在于:三轴压缩($\sigma_2=\sigma_3$)应力状态与三轴伸长的应力状态($\sigma_1=\sigma_2$),用这两个准则预测在同一 π 平面上($p=$常数)的土的抗剪强度$(\sigma_1-\sigma_3)_f$ 或者 q_f 都是相等的,这是不对的。

三个准则在 π 平面(I_1 或 p 为常数)上的轨迹如图 3-62(b)所示。在图 3-62(a)中,点 D_1、D_2、D_3 表示($p=$常数)π 平面与三个主应力坐标轴的交点。OD_1、OD_2、OD_3 在 π 平面上投影为 $O'D_1=O'D_2=O'D_3=\sqrt{\dfrac{2}{3}}I_1$。为了简化,设黏聚力 $c=0$,并且假设在常规三轴压缩情况($\theta=-30°$)三个准则的抗剪强度$(\sigma_1-\sigma_3)_f$ 都相等。三个破坏轨迹相交于图 3-62(b)中 A 点。

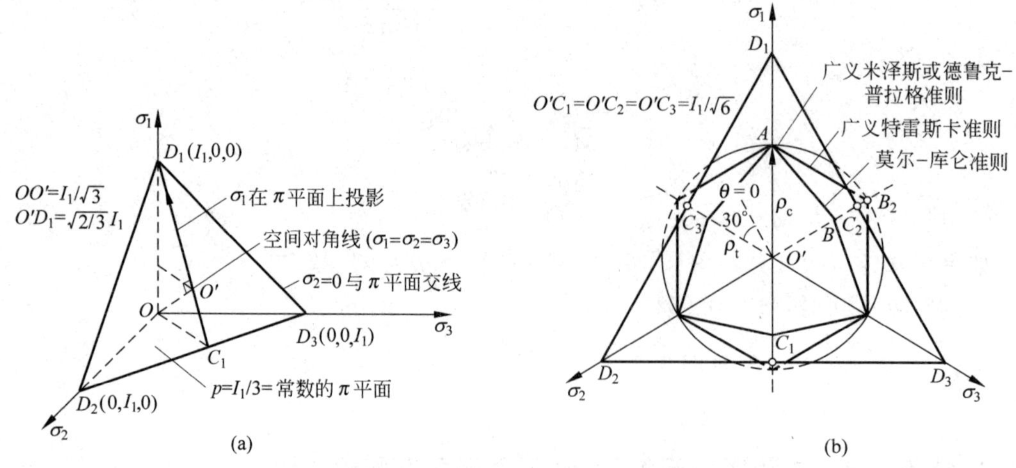

图 3-62 在 π 平面上的三种破坏准则的轨迹

当中主应力等于大主应力并且 p 不变，$\sigma_1=\sigma_2$，亦即 $\theta=30°$时（三轴伸长试验），由于广义特雷斯卡和广义米泽斯准则在 π 平面上的轨迹分别是正六边形和圆形，所以其抗剪强度 $(\sigma_1-\sigma_3)_f$ 与三轴压缩试验时是一样的，即图中 $O'B_2=O'A$。这样在 $\theta=30°$情况下，这两个准则的破坏轨迹就可能跑到 D_1D_2、D_2D_3、D_1D_3 线之外，亦即相应的应力状态有一个负的主应力，即土中出现拉应力，这对于黏聚力 $c=0$ 的土是不可能出现的。在常规三轴压缩试验中，如果得到砂土的 $\varphi'=36.9°$（φ'是莫尔-库仑准则的参数），这时我们用广义米泽斯和广义特雷斯卡准则预测三轴伸长应力状态（$\sigma_1=\sigma_2>\sigma_3$）的强度都会得出不合实际的结果（$\sigma_3=0$）。

莫尔-库仑强度准则描述了剪切滑动面上抗剪强度 τ_f 与该面上正应力 σ 间的关系，反映了土作为散体材料的摩擦强度的基本特点，是比较合理的，所以它在土力学得到广泛的应用。但它假设中主应力 σ_2 对土的抗剪强度没有影响，它的强度包线常常被假设是直线，即内摩擦角 φ 是常数，与围压无关，这些近似一般不会引起大的误差，但对平面应变状态和应力水平很大时，可能引起比较大的误差。当用莫尔-库仑准则作为塑性模型的屈服准则时，其屈服面及在 π 平面上轨迹有导数不连续的角点，这在数值计算中不够方便。

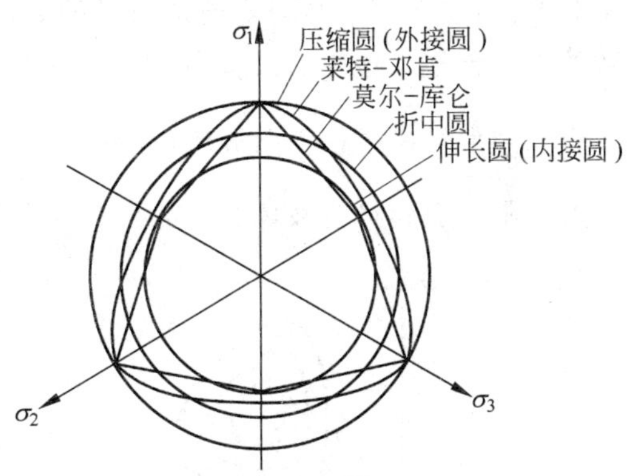

图 3-63　不同破坏准则在 π 平面上的轨迹

广义特雷斯卡和广义米泽斯准则在应力空间的子午面（过原点 O 的平面）上，抗剪强度 q 与平均应力 p 之间也是直线关系，同样未能反映在高围压下土的抗剪强度的非线性。相对广义特雷斯卡准则和莫尔-库仑准则，广义米泽斯准则在应力空间的曲面和在 π 平面上的轨迹都是光滑的，因而作为屈服准则进行数值计算是比较方便的。为了避免用常规三轴压缩试验得到的 π 平面上圆半径过大的问题（见图 3-62），广义米泽斯准则在 π 平面上的圆半径或式（3-66）中的 α_m 有时用三轴伸长试验确定，或采用上述两种试验的平均值，即折中圆，见图 3-63 中的三轴伸长圆和折中圆。

3.6.3　土的近代强度理论

20 世纪 60 年代以来，计算机技术推动了土的本构关系数学模型研究的发展，人们越来越清楚地认识到，土的破坏是其在应力应变关系发展的一个阶段，这时施加一个小的应力增量，就会引起很大或不确定的变形增量。这样，土的破坏准则或强度理论就成了土的本构关系模型的一个组成部分。伴随着本构关系模型的研究，人们提出了一些新的强度理论。当然也有相当多的本构模型仍采用上述的经典强度理论。

1. 莱特-邓肯破坏准则

如 2.7.1 节所述，莱特和邓肯在 1975 年针对无黏性土提出了一种适用于砂土的弹塑性模型，采用不相关联的流动准则，其中屈服面、塑性势面和破坏面在形状上是一致的。这样

他们就提出了一个如式(2-194)所示的破坏准则,可用应力不变量的形式表示:

$$f(I_1,I_3)=I_1^3-k_f I_3=0$$

或者如式(2-194)所示:

$$\frac{I_1^3}{I_3}=k_f$$

其中,k_f 是与砂土物理性质有关的材料常数。

用其他应力不变量也可表达上式:

$$f(I_1,J_2,\theta)=-\frac{2}{3\sqrt{3}}J_2^{\frac{3}{2}}\sin 3\theta-\frac{1}{3}I_1J_2+\left(\frac{1}{27}-\frac{1}{k_f}\right)I_1^3=0 \tag{3-71}$$

$$f(p,q,\theta)=-2q^3\sin 3\theta-9q^2p+27\left(1-\frac{27}{k_f}\right)p^3=0 \tag{3-72}$$

图 3-64 表明莱特-邓肯强度准则确定的破坏面在主应力空间是一个锥体的表面,顶点在坐标原点,它在 π 平面的轨迹是梨形的封闭曲线。对照图 2-43,可见它与屈服面形状是一致的。在常规三轴压缩试验中,当 $\varphi\to 0°$时,它趋近于一个圆或一个点;当 $\varphi=90°$时,它为一个正三角形。由于在各向等压($\sigma_1=\sigma_2=\sigma_3$)时,$\frac{I_1^3}{I_3}=27$,所以 $k_f>27$ 是必要条件,因为静水压力下不应引起材料破坏。

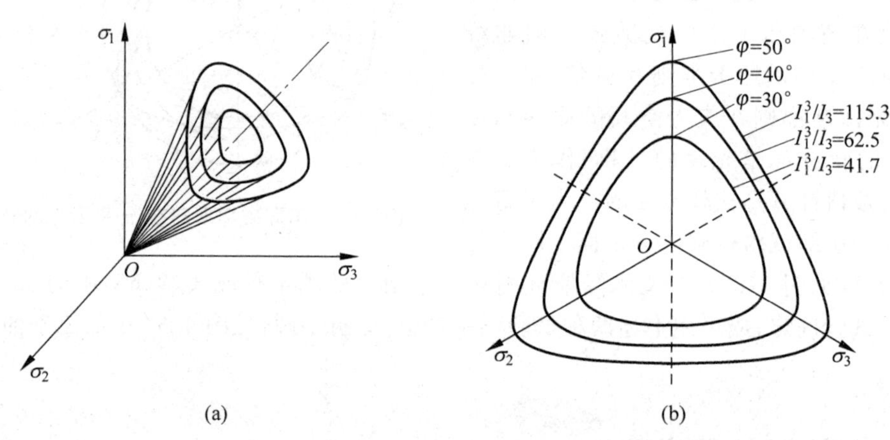

图 3-64 莱特-邓肯强度准则的破坏面与破坏轨迹

(a) 主应力空间;(b) π 平面

许多砂土的试验结果表明,莱特-邓肯破坏准则比较接近试验结果。图 3-65 是 Monterey 松密两种砂土的真三轴试验结果与这种破坏轨迹之间的比较,可见两者比较吻合。实际上试验的数据只分布在$\theta=-30°\sim+30°$的角域内,如果假设土是各向同性的,并且 σ_1、σ_2、σ_3 不代表其大小顺序条件,将试验数据及破坏轨迹按对称性分布在 360°内,从图中可看出,莱特-邓肯强度准则基本上合理地反映了中主应力 σ_2 对于土抗剪强度的影响。

如果假设当试样破坏时大小主应力之比 $\sigma_1/\sigma_3=\alpha$,则中主应力与小主应力之比为 $\sigma_2/\sigma_3=b(\alpha-1)+1$,这样从式(2-194)可得到:

$$\frac{[\alpha(1+b)+(2-b)]^3}{b\alpha^2+(1-b)\alpha}=k_f \tag{3-73}$$

这个式子表示了砂土在破坏时，k_f 是常数，应力比 α 是受中主应力参数 b 影响的，这与莫尔-库仑准则不同。

1977 年莱特修正了这一模型，他将塑性势面、屈服面和破坏面在 p-q 子午面上的轨迹都改成弯曲的，这就反映了围压对于土的强度参数的影响。其破坏准则如式(2-210)所示。

$$f(I_1, I_3) = \left(\frac{I_1^3}{I_3} - 27\right)\left(\frac{I_1}{p_a}\right)^m - \eta_1 = 0$$

其中，η_1 和 m 为材料常数；p_a 是大气压，与 I_1 是同量纲的($p_a = 100\text{kPa}$)。修正后的破坏面在 π 平面、三轴平面和 p-q 平面上的轨迹如图 3-66 所示，在主应力空间它是一个子午线微弯的棱锥体的表面。

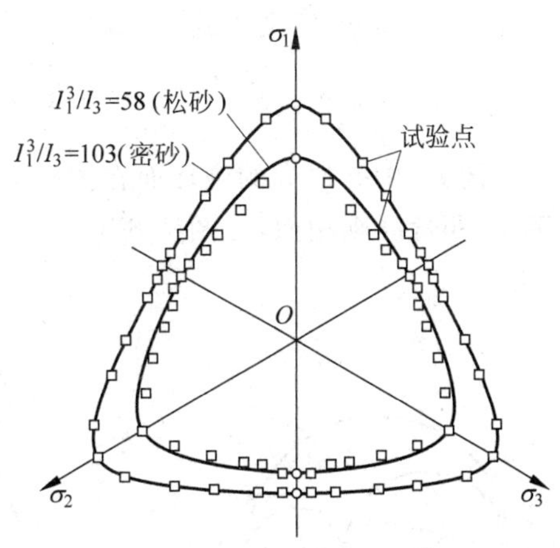

图 3-65　试验结果与莱特-邓肯破坏轨迹的比较

应当说对于砂土和正常固结黏土，上述的破坏准则是相当成功的，它的表达式简单，试验常数少，并且能较全面地反映复杂应力状态下土强度的主要影响因素。但他们没有进一步研究上述数学表达式所反映的强度机理，所以它只是一个强度准则而并非一个强度理论。

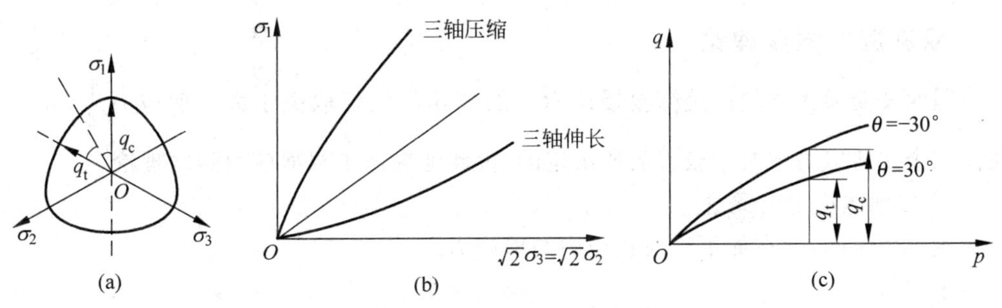

图 3-66　修正的莱特-邓肯破坏准则

(a) π 平面；(b) 三轴平面；(c) p-q 平面

2. 松冈元-中井照夫(Matsuoka-Nakai)破坏准则

基于空间滑动面(spatial mobilized plane，SMP)的概念，日本的松冈元(Matsuoka)等认为三维主应力状态中的三个莫尔圆对于土的强度都有影响，因而强度理论公式中应包含有这三个剪切角。当 $\sigma_2 = \sigma_3$ 时，空间滑动面的倾角为 $45° + \dfrac{\varphi'}{2}$，$\varphi_{mo23} = 0$，$\varphi_{mo12} = \varphi_{mo13} = \varphi'$，与莫尔-库仑准则一致。如图 3-67(a)所示。砂土的破坏准则可用下式表示：

$$\frac{I_1 I_2}{I_3} = k_f \tag{3-74}$$

或者

$$\frac{(\sigma_1 - \sigma_3)^2}{\sigma_1\sigma_3} + \frac{(\sigma_1 - \sigma_2)^2}{\sigma_1\sigma_2} + \frac{(\sigma_2 - \sigma_3)^2}{\sigma_2\sigma_3} = k_f - 9 \tag{3-75}$$

或者

$$\tan^2\varphi_{12} + \tan^2\varphi_{23} + \tan^2\varphi_{13} = \frac{1}{4}(k_f - 9) \tag{3-76}$$

其中，φ_{12}、φ_{23}和φ_{13}定义见式(3-57)，或者

$$\tan\varphi_{12}=\frac{\sigma_1-\sigma_2}{2\sqrt{\sigma_1\sigma_2}},\quad \tan\varphi_{23}=\frac{\sigma_2-\sigma_3}{2\sqrt{\sigma_2\sigma_3}},\quad \tan\varphi_{13}=\frac{\sigma_1-\sigma_3}{2\sqrt{\sigma_1\sigma_3}}$$

松冈元-中井照夫的破坏面在主应力空间也为一个圆锥体的表面，在π平面轨迹的形状与莱特-邓肯准则相似，见图3-67(c)。

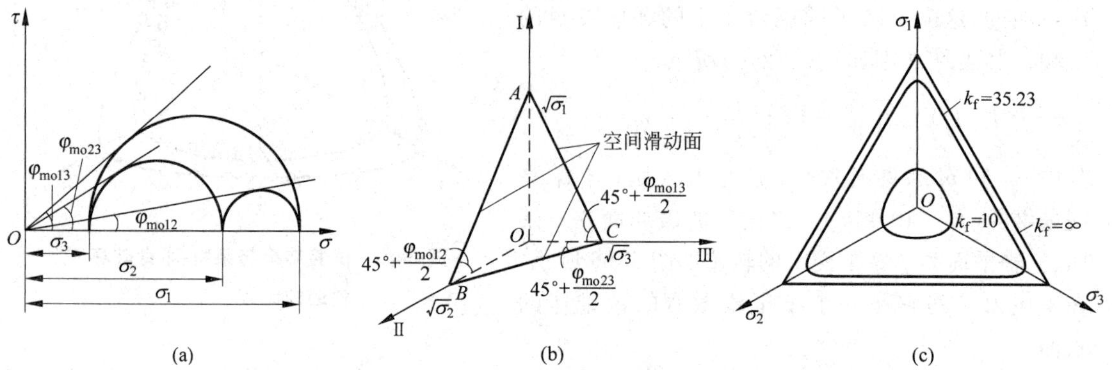

图3-67 松冈元-中井照夫屈服条件

(a) 主应力与莫尔圆；(b) 空间滑动面(SMP)；(c) π平面破坏轨迹

3. 双剪应力强度理论

中国西安交通大学的俞茂鋐教授认为土的破坏不仅仅取决于大主剪应力$\frac{1}{2}(\sigma_1-\sigma_3)$，而是由三个主剪应力中两个较大的所决定的，由此他提出了双剪应力强度理论。

1) 十二面体应力的概念

在主应力空间，存在如下三对正应力与剪应力。

主正应力

$$\left.\begin{aligned}\sigma_{13}&=\frac{1}{2}(\sigma_1+\sigma_3)\\ \sigma_{12}&=\frac{1}{2}(\sigma_1+\sigma_2)\\ \sigma_{23}&=\frac{1}{2}(\sigma_2+\sigma_3)\end{aligned}\right\}\tag{3-77}$$

主剪应力

$$\left.\begin{aligned}\tau_{13}&=\frac{1}{2}(\sigma_1-\sigma_3)\\ \tau_{12}&=\frac{1}{2}(\sigma_1-\sigma_2)\\ \tau_{23}&=\frac{1}{2}(\sigma_2-\sigma_3)\end{aligned}\right\}\tag{3-78}$$

它们在主应力空间中作用在一个十二面体上，见图3-68。

2) 广义双剪应力强度理论的原理及表达式

这个强度理论的原理是：当作用于某土单元上的两个占主导地位的主剪应力及相应的

主正应力的函数达到某一极限值时，土单元即发生破坏。其一般表达式如下：

$$\left.\begin{aligned} F = \tau_{13} + b\tau_{12} + \beta(\sigma_{13} + b\sigma_{12}) - c = 0, \quad \tau_{12} + \beta\sigma_{12} \geqslant \tau_{23} + \beta\sigma_{23} \\ F = \tau_{13} + b\tau_{23} + \beta(\sigma_{13} + b\sigma_{23}) - c = 0, \quad \tau_{12} + \beta\sigma_{12} \leqslant \tau_{23} + \beta\sigma_{23} \end{aligned}\right\} \tag{3-79}$$

其中，b、c 和 β 为三个材料常数。该强度理论在主应力空间中的极限面如图 3-69 所示，为一个不等边开口的棱锥体表面。

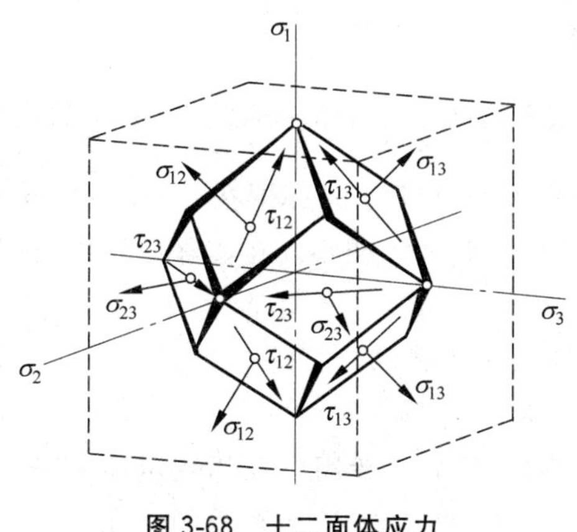

图 3-68　十二面体应力

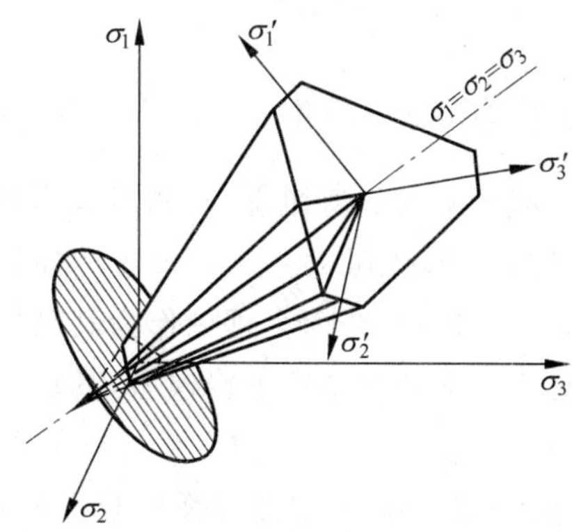

图 3-69　主空间中的双剪强度理论极限面

3）广义双剪应力强度理论的一些讨论

在某些特殊参数的情况下，式(3-79)所表示的广义双剪应力公式可以与前述一些经典强度理论一致。

（1）当 $b=\beta=0$ 时，式(3-79)变成

$$\tau_{13} = \frac{1}{2}(\sigma_1 - \sigma_3) = c$$

即变成了特雷斯卡强度准则表达式，见式(3-58)，即变为最大剪应力强度理论。

（2）当 $b=0$ 时，式(3-79)则变成

$$\frac{1}{2}(\sigma_1 - \sigma_3) + \frac{1}{2}\beta(\sigma_1 + \sigma_3) = c \tag{3-80}$$

如果 $\beta = -\sin\varphi'$，$c = c'\cos\varphi'$，则式(3-80)即变成莫尔-库仑的强度理论表达式，见式(3-68)。调整参数 b 和 β 可以变成各种形式，故这种强度理论的应用范围较广。但由于事先需要判断，所以相对比较麻烦，在实际工程中应用还不普遍。

4. 隐式的破坏准则

如上所述，由于破坏是土的本构关系或应力应变关系发展的最后阶段，所以破坏意味着施加微小应力增量 $d\sigma_{ij}$ 会产生不可控制的或很大的应变增量。这样，实际上每一个土的本构关系模型都存在一个破坏准则。只不过有的是采用上述的某一种准则，有的是隐含在本构模型中，并无显式来表示。

例如我们所熟知的邓肯-张模型，其切线模量表示为式(2-71)：

$$E_t = E_i\left[1 - R_f\,\frac{\sigma_1 - \sigma_3}{(\sigma_1 - \sigma_3)_f}\right]^2$$

其中应力$(\sigma_1 - \sigma_3)$达到了莫尔-库仑强度的破坏值$(\sigma_1 - \sigma_3)_f$ 时，$E_t \to 0$，则 $d\varepsilon_1 = \dfrac{d(\sigma_1 - \sigma_3)}{E_t} \to$

∞,当然为了拟合双曲线的渐近线,引进了一个稍小于1的破坏比 R_f,这样在计算中某些单元可能应力状态稍高于莫尔-库仑强度理论的强度值。这时就需要将应力状态修正到莫尔-库仑的极限状态。

剑桥模型是在软黏土研究的基础上发展起来的,所以其临界物态线在 p'-q' 平面上的投影是一过原点的直线,表示为式(2-149):

$$q' = Mp'$$

在应力应变计算中,当 $\eta=\frac{q'}{p'}=M$ 时,椭圆屈服面的法向与横坐标垂直,极小的应力增量将引起无限大的剪切应变,亦即其增量应变关系中的分母为0,亦即在(2-191)中 $\eta=M$,则分母为0,$\mathrm{d}\bar{\varepsilon}$无限大。式(2-149)实际上是广义米泽斯破坏准则。在实际应用中,剑桥模型有时也使用莫尔-库仑理论作为其破坏准则。

对于一般的弹塑性本构模型,其总应变增量可表示为式(2-131):

$$\mathrm{d}\varepsilon = \mathrm{d}\varepsilon^{\mathrm{p}} + \mathrm{d}\varepsilon^{\mathrm{e}}$$

其中,$\mathrm{d}\varepsilon^{\mathrm{p}}$、$\mathrm{d}\varepsilon^{\mathrm{e}}$ 分别为塑性和弹性应变增量。由于弹性部分一般用广义胡克定律来确定,所以其破坏准则一般包含在塑性应变增量 $\mathrm{d}\varepsilon^{\mathrm{p}}$ 中。塑性应力应变关系的一般表达式为式(2-134):

$$\mathrm{d}\varepsilon_{ij}^{\mathrm{p}} = \mathrm{d}\lambda \frac{\partial g}{\partial \sigma_{ij}}$$

这样其破坏准则就体现在 $\mathrm{d}\lambda\to\infty$(在应变硬化塑性模型中),或 $\mathrm{d}\lambda$ 不确定,即表示为$\frac{0}{0}$的形式(在理想塑性模型中),这意味着单元处于极限平衡应力状态。

对于一般的塑性理论模型,从式(2-140a)可知:

$$\mathrm{d}\lambda = \frac{1}{A}\frac{\mathrm{d}f}{\mathrm{d}\sigma_{ij}}\mathrm{d}\sigma_{ij} = -\frac{1}{A}\frac{\partial f}{\partial H}\mathrm{d}H$$

当 $A\to 0$ 时,表示土单元体的破坏。设 $H=H(\varepsilon_{ij}^{\mathrm{p}})$,按弹塑性理论,可得到式(2-141):

$$A = -\frac{\partial g}{\partial \sigma_{ij}}\frac{\partial f}{\partial H}\frac{\partial H}{\partial \varepsilon_{ij}^{\mathrm{p}}}$$

破坏准则包含在$\frac{\partial H}{\partial \varepsilon_{ij}^{\mathrm{p}}}$中,常常是 $H=H(\varepsilon_{ij}^{\mathrm{p}})$中的某些参数与土的破坏有关,但有时不能用显式表达,如清华弹塑性模型。

3.6.4 关于土强度理论的讨论

强度问题是土力学中的经典课题,土的强度理论也是土力学中最早被研究和被提出的理论。许多工程问题都涉及土体的极限平衡分析,而土的强度理论是进行土体极限平衡分析的基础。米泽斯和特雷斯卡破坏准则及其广义形式作为土的强度准则有很大缺陷,它们只适用于饱和软黏土的不排水情况。

相对于以上两个强度理论,莫尔-库仑准则反映了破坏面上正应力与抗剪强度之间的关系,正确地反映了土强度的摩擦特性,形式简单,参数易于通过简单的试验确定,并可在一定范围内保证较高的适用性，因而，它在工程实践中受到工程界的欢迎，并得到广泛的使用。但是这个强度理论也有两个不足：第一，它假设中主应力对土的破坏没有影响，这与我们所介绍的试验结果不符；第二，它通常令其强度包线是直线，亦即内摩擦角 φ 不随围压 σ_3 或平均主应力 p 变化，这也不符合我们前面介绍的试验结果。在一定的应力条件和应力水平下，这两个缺点不会造成很大的误差。对于一般的平面应变工程问题，用三轴试验所得的 φ 值偏低，可作为安全储备使用。在较大的围压范围，对于超固结和正常固结黏土，对于含软弱矿物颗粒的碎石和堆石料，随着围压的变化，内摩擦角会有很大变化，可采用式(3-21)和式(3-22)的形式。

随着土的应力应变关系的数学模型研究的发展，人们认识到土的强度只不过是土的应力应变的一个特殊阶段。因而土的强度理论被纳入土的本构模型之中，一些近代的土的强度理论被提出了，并获得了发展。

莱特-邓肯破坏准则是在砂土的试验基础上建立起来的，它只有一个材料常数，并且该常数很容易通过常规三轴试验确定，它反映出了平均主应力 p 或第一应力不变量 I_1 的影响及中主应力的影响，同时它的破坏面形状和模型中的屈服面及塑性势面形状一致，并且没有角点，相对讲它是比较合理和方便的。它在修正以后能反映平均主应力 p 对于破坏应力比 $\frac{q}{p}$ 的影响，因而与试验结果也符合得较好，适用于砂土和正常固结黏土。

隐含的破坏准则一般包含在土的本构模型之中，一般不能单独使用在极限平衡问题的分析中。

随着工程实践和理论的发展，土的强度理论也将会进一步发展，简单、清楚的理论将会得到广泛的应用，而针对特殊条件的强度理论将会在许多具体工程问题中得到合理的应用。

由于原状土一般是横向各向同性的，如前所述，其强度常常是各向异性的。另外如加筋土及人工改良土也常常是各向异性的。反映土各向异性的强度理论的手段比较多，但一般比较复杂。最常用的方法是修正上述各种强度理论以反映土的强度的各向异性。比如对纤维加筋土，在纤维被拉伸方向上，用莫尔-库仑强度准则，可增加一个黏聚力增量 Δc；而在纤维受压的应力条件下，其抗剪强度则基本不变。莫尔-库仑准则也可引申至各向异性情况，可表达为

$$\tau_f = c(\alpha) + \sigma\beta(\alpha) \tag{3-81}$$

材料参数 c 和 β 均为破坏面倾角 α 的函数。

另外一种反映土各向异性的方法是在上述各种强度准则中，将应力不变量进行修正，不同方向的应力对强度的影响不同，可称为等效应力不变量法。比如对于横向各向同性的土，强度公式可表示为

$$f(\varphi_1, \varphi_2) = k \tag{3-82}$$

其中，φ_1、φ_2 为等效应力不变量。

$$\varphi_1 = \sigma_{11} + \alpha(\sigma_{22} + \sigma_{33}) \tag{3-83}$$

$$\varphi_2 = \frac{\beta}{6}[(\sigma_{11} - \sigma_{22})^2 + (\sigma_{11} - \sigma_{33})^2] + \frac{(\sigma_{22} - \sigma_{33})^2}{6} + \gamma(\sigma_{12} + \sigma_{13})^2 + \frac{\beta + 2}{2}\sigma_{23}^2 \tag{3-84}$$

其中，α、β、γ 为材料常数。

【例题 3-3】 对某一种砂土进行常规三轴压缩试验，当 $\sigma_3 = 100\text{kPa}$ 时，破坏时 $(\sigma_1 - \sigma_3)_f =$

300kPa。用莫尔-库仑、广义米泽斯、广义特雷斯卡 、莱特-邓肯和松冈元五种强度理论分别计算在$\sigma_3=100$kPa,$b=0.5$和$b=1.0$的真三轴试验中,破坏时的$(\sigma_1-\sigma_3)_f$为多少,分析各理论的合理性。

【解】

1) 常规三轴压缩试验破坏时的应力状态:

$$\sigma_1=400\text{kPa},\quad \sigma_3=\sigma_2=100\text{kPa},$$
$$I_1=100+100+400=600(\text{kPa}),\quad J_2=300^2/3=30000,$$
$$I_2=100\times100+100\times400+100\times400=90000,$$
$$I_3=100\times100\times400=4000000$$

2) 根据常规三轴压缩试验确定各模型的参数:

(1) 莫尔-库仑:$\sin\varphi=\dfrac{\sigma_1-\sigma_3}{\sigma_1+\sigma_3}=\dfrac{300}{500}=0.6,\varphi=36.9°,c=0°$

(2) 广义米泽斯:$I_1=600$kPa,$J_2=30000$,

$$\alpha_m=\frac{\sqrt{J_2}}{I_1}=\frac{\sqrt{30000}}{600}=0.289,k_m=0$$

(3) 广义特雷斯卡:$\sigma_1-\sigma_3=\alpha_t I_1,\alpha_t=\dfrac{\sigma_1-\sigma_3}{I_1}=\dfrac{300}{600}=0.5,k_t=0$

(4) 莱特-邓肯:$I_1=600\text{kPa},I_3=4000000,k_f=\dfrac{I_1^3}{I_3}=\dfrac{216000000}{4000000}=54$

(5) 松冈元:$I_1=600$kPa,$I_2=90000$,$I_3=4000000$,

$$k_f=\frac{I_1I_2}{I_3}=\frac{600\times90000}{4000000}=13.5$$

3) 用上述各强度准则计算$b=0.5$和1.0时的$(\sigma_1-\sigma_3)_f$

① $b=0.5$

$$\sigma_2=\frac{\sigma_1+\sigma_3}{2}=\frac{100+\sigma_1}{2},\quad I_1=150+1.5\sigma_1,$$

$$J_2=\frac{1}{6}\times\frac{3}{2}(\sigma_1-100)^2=\frac{1}{4}(\sigma_1-100)^2,$$

$$I_2=100\sigma_1+100\times\left(\frac{50+\sigma_1}{2}\right)+\left(\frac{50+\sigma_1}{2}\right)\sigma_1=\frac{\sigma_1^2}{2}+200\sigma_1+5000,$$

$$I_3=\frac{100\sigma_1(\sigma_1+100)}{2}=50\sigma_1(\sigma_1+100)$$

② $b=1$

$$\sigma_2=\sigma_1,\quad I_1=100+2\sigma_1,\quad J_2=\frac{1}{3}(\sigma_1-100)^2,$$

$$I_2=\sigma_1^2+200\sigma_1,\quad I_3=100\sigma_1^2$$

(1) 莫尔-库仑准则

由于φ为常数,$b=0.5$和1.0,$\sigma_3=100$kPa时,$(\sigma_1-\sigma_3)_f=\dfrac{2\sin\varphi}{1-\sin\varphi}\sigma_3=3\times100=$ 300.0(kPa),结果常规三轴压缩试验结果一致。

(2) 广义米泽斯准则

① $b=0.5$

$$\frac{\sqrt{J_2}}{I_1}=\frac{(\sigma_1-100)/2}{(\sigma_1+100)\times 3/2}=0.289,\quad 0.133\sigma_1=186.7,$$

$$\sigma_1=1403.8\text{kPa},\quad (\sigma_1-\sigma_3)_f=1303.8\text{kPa}$$

② $b=1.0$

$$\frac{\sqrt{J_2}}{I_1}=\frac{(\sigma_1-100)/\sqrt{3}}{2\sigma_1+100}=0.289,\quad \sigma_1=\infty(\text{无解})$$

(3) 广义特雷斯卡准则

① $b=0.5$

$$\alpha_t=\frac{\sigma_1-\sigma_3}{I_1}=\frac{\sigma_1-100}{(\sigma_1+100)\times 3/2}=0.5,\quad \sigma_1=700\text{kPa},$$

$$(\sigma_1-\sigma_3)_f=600.0\text{kPa}$$

② $b=1$

$$\alpha_t=\frac{\sigma_1-\sigma_3}{I_1}=\frac{\sigma_1-100}{2\sigma_1+100}=0.5,\quad \sigma_1=\infty(\text{无解})$$

(4) 莱特-邓肯准则

① $b=0.5$

$$k_f=I_1^3/I_3=(\sigma_1+100)^3/50\sigma_1(\sigma_1+100)\times\frac{27}{8}=54,$$

$$(\sigma_1+100)^2=800\sigma_1,\quad \sigma_1=582.8\text{kPa},\quad (\sigma_1-\sigma_3)_f=482.8\text{kPa}$$

② $b=1$

$$k_f=I_1^3/I_3=(2\sigma_1+100)^3/100\sigma_1^2=54,\quad (\sigma_1+50)^3=675\sigma_1^2,$$

$$\sigma_1=509.8\text{kPa},\quad (\sigma_1-\sigma_3)_f=409.8\text{kPa}$$

(5) 松冈元准则

① $b=0.5$

$$k_f=I_1I_2/I_3=(1.5\sigma_1+150)(\sigma_1^2/2+200\sigma_1+5000)/[50\sigma_1(\sigma_1+100)]=13.5$$

由 $0.75\sigma_1^3-300\sigma_1^2-30000\sigma_1+750000=0$ 得

$$\sigma_1=479.1\text{kPa},\quad (\sigma_1-\sigma_3)_f=379.1\text{kPa}$$

② $b=1$

$$k_f=I_1I_2/I_3=(2\sigma_1+100)(\sigma_1^2+200\sigma_1)/(100\sigma_1^2)=13.5$$

由 $(2\sigma_1+100)(\sigma_1+200)-1350\sigma_1=0$ 得

$$\sigma_1=400\text{kPa},\quad (\sigma_1-\sigma_3)_f=300.0\text{kPa}$$

各强度准则计算的结果见表 3-6。

讨论：莫尔-库仑准则与中主应力无关，$b=0.5,1.0$ 时，$(\sigma_1-\sigma_3)_f$ 不变；广义米泽斯准则与广义特雷斯卡准则的抗剪强度 $(\sigma_1-\sigma_3)_f$ 与作用面上的正应力无关，使 $b=1$ 时的 $(\sigma_1-\sigma_3)_f$ 无解；莱特-邓肯准则和松冈元准则的计算结果较为合理，可反映中主应力对于土的抗剪强度的影响。

表 3-6 各种强度准则计算的结果表

强度准则	公 式	强度参数	$\sigma_3=100$kPa 时的$(\sigma_1-\sigma_3)_f$/kPa	
			$b=0.5$	$b=1.0$
莫尔-库仑	$\sin\varphi=\dfrac{\sigma_1-\sigma_3}{\sigma_1+\sigma_3}$	$\varphi=36.9°$	300.0	300.0
广义米泽斯	$\alpha_m=\dfrac{\sqrt{J_2}}{I_1}$	$\alpha_m=0.289$	1303.8	∞
广义特雷斯卡	$\sigma_1-\sigma_3=\alpha_t I_1$	$\alpha_t=0.5$	600.0	∞
莱特-邓肯	$k_f=\dfrac{I_1^3}{I_3}$	$k_f=54$	482.8	409.8
松冈元	$k_f=\dfrac{I_1 I_2}{I_3}$	$k_f=13.5$	379.1	300.0

3.7 黏性土的抗拉强度

3.7.1 实际工程中的拉伸破坏与开裂

在许多工程问题中，土体会发生开裂，这些裂缝经常是由于土体的拉伸破坏引起的，这些拉伸破坏的情况有如下几种。

1. 不均匀沉降引起的拉伸破坏

当土体或地基发生较大的不均匀沉降时，土体或地基中会发生剪切破坏或拉伸破坏，因而产生裂缝。这些裂缝一般规模较大，深入土体，对于土工建筑物产生严重危害，尤其是对于堤坝类水工建筑物，可能产生灾难性的后果。这种裂缝可以是外部的，也可以是内部的；对于条形土工建筑物，可以是纵向的，也可以是横向的；可以是贯穿的；也可以是局部的。图 3-70 表示了几种拉伸裂缝的情况：图 3-70(a)是上埋式埋管的情况，由于两侧土体向下、向外发生位移，使得管上方土体常受拉而开裂。图 3-70(b)与(a)情况相似，由于刚性地基不平，填方土体上部产生不均匀沉降而拉伸开裂。图 3-70(c)是一种内部裂缝情况，由于土石坝坝壳堆石材料沉降量小并且快，较早达到了稳定。而黏土心墙则由于总沉降量大，并且固结速度慢，在竣工后仍继续沉降。这样坝壳通过与心墙接触面上的摩擦力阻止心墙沉降，在心墙中摩阻力与自重应力共同作用下可能在心墙中产生竖向拉应力而产生水平裂缝。

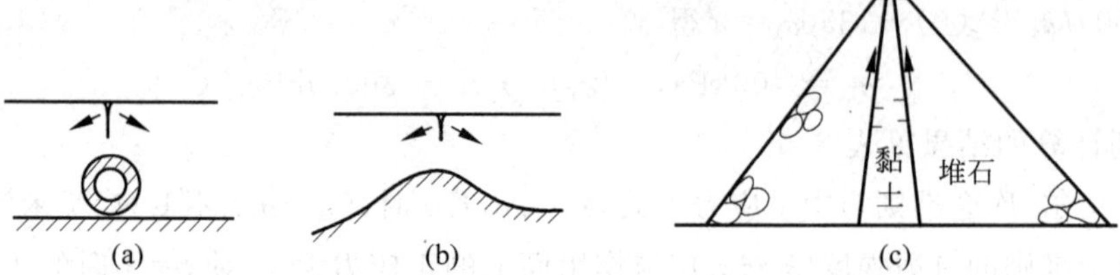

图 3-70 几种由不均匀沉降引起的土拉伸破坏

(a) 上埋式管线；(b) 填土不均匀；(c) 堆石坝中的黏土心墙

2. 滑动中的拉伸裂缝

实践表明，许多挡土墙后的黏性土体及黏性土坡滑移体都存在开裂现象，如图 3-71 所示。这时，土体中的应力状态是比较复杂的，其中大多数土单元是剪切破坏，但也有部分单元处于拉伸破坏，由于拉伸而产生开裂。具体的情况是由土体的应力应变性状确定的。

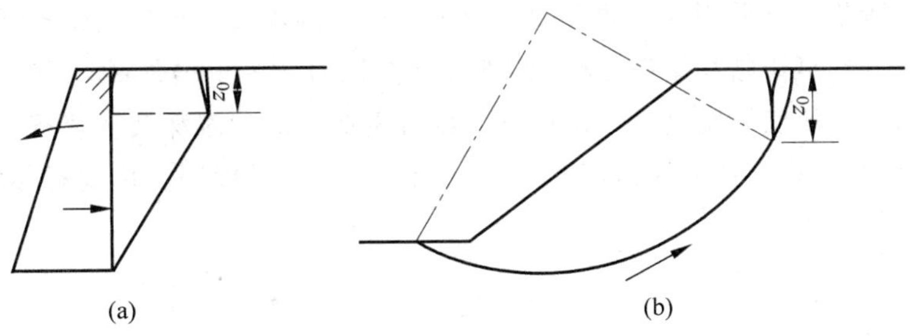

图 3-71　滑动中的拉伸裂缝

(a) 挡土墙后黏性土体；(b) 黏土滑坡体

3. 水力劈裂

根据有效应力原理，即式(3-29)：$\sigma'=\sigma-u$，当 $\sigma'<0$ 时土骨架中会产生拉力，当这个拉力超过土的抗拉强度 σ_t，或者产生的拉应变超过土体的极限拉应变时，土体中就会发生开裂。这种由于孔隙水压力的提高，在土体中引起拉伸裂缝发生和发展的现象被称为水力劈裂，其实这是一种拉伸破坏。这种现象在工程中存在有利和有害的两个方面。有利方面表现在黏性土中灌浆时，用水泥黏土浆是不行的，但当灌浆压力大到一定程度，产生水力劈裂时，进行劈裂灌浆，可用于修补裂隙、孔洞，起到防渗和加固的作用；另外在石油开采中可通过水力劈裂开通新的出油通道。而有害的方面是水力劈裂会使水工建筑物的防渗体失效。如高土石坝的心墙(见图 3-70(c))中任一点，因本身总应力较低，在蓄水后，由于孔隙水压力增加而使有效最小主应力出现负值，并且绝对值接近土的抗拉强度，沿着最小主应力作用面就会发生水力劈裂，导致土石坝渗透破坏。这一问题已引起工程界的重视。

防止发生水力劈裂的准则，一般可表示为

$$-\sigma_3'=-(\sigma_3-u)\leqslant\sigma_t \tag{3-85}$$

其中，σ_t 为黏性土的抗拉强度；σ_3'为有效小主应力，受拉时为负值。水力劈裂的试验可以用空心圆柱的内压渗透设备来进行。

3.7.2　土的抗拉强度的测定

在土力学试验中，测定土的抗拉强度一般不能像其他材料一样进行竖向的单轴拉伸试验。这是由于土的抗拉强度值一般很低，土的自重常常足以导致土体被拉断。

一般的试验方法包括：三轴拉伸试验，单轴拉伸试验，土梁弯曲试验，径向、轴向压裂试验及空心圆柱内压开裂试验等。在这些试验中，试样需精心制备，避免缺陷，要精心养护，试验中要防止水分蒸发，防止摩擦力、自重、膜约束等造成误差。

1. 单轴拉伸试验

土的单轴拉伸试验是测定土抗拉强度的最直接和最有效的试验方法,它还可以测得土的抗伸应力应变关系。但由于土抗拉强度和极限拉应变都很小,并且对于土样缺陷很敏感,所以这种试验必须精心进行。

图3-72为清华大学采用水平放置的方形试样进行的击实土抗拉试验,试样是水平分层制作的,两端通过环氧树脂黏结在端板上,然后施加拉力。为了增加黏接力,可在试样两端预先钻一些浅孔,以便使树脂进入。试样下部放置密布的涂油滚珠及玻璃条,以消除底部的摩擦力。这种试验测得的拉伸应力应变曲线见图3-72(b)。极限拉应变很小,在 $\varepsilon=0.1\%$ 左右即断裂破坏。

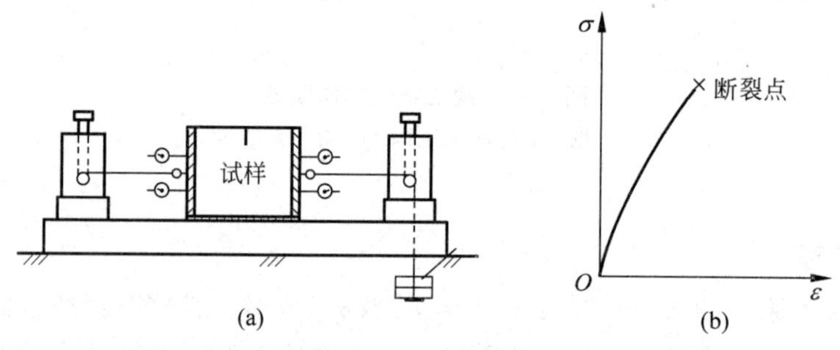

图3-72 单轴拉伸试验

(a) 仪器简图;(b) 应力-应变关系曲线

一般而言,随着土含水量的增加,破坏时的极限抗拉应变也增大,亦即表现较大塑性。在相同的干密度下,含水量低的试样抗拉强度高,但极限拉应变小,即表现更多的脆性。在相同含水量时,干密度高的试样抗拉强度高。

2. 三轴拉伸试验

在三轴试验中,在顶帽与荷载杆之间装上拉挂装置就可以在轴向施加小主应力,亦即三轴伸长试验。但要实现试样轴向作用拉应力,则必须将试样端部与帽和底座用胶结物胶结或冰冻法胶结。这时围压是大主应力 σ_1,当 $\sigma_1=0$ 时,试验变成单轴拉伸试验。试验中试样外表面涂一层硅酯,橡皮胶要预留褶皱,以减小轴向的摩擦力及约束力。为了避免两端胶结的困难,也可做成中部尺寸小于两端的试样,这样在室压的作用下,试样中部可产生拉应力直至破坏,而两端仍不脱离,见图3-73。三轴拉伸试验可实现应力状态较为复杂的拉伸试验,用于分析拉伸破坏和抗剪破坏的两种破坏形式及其分界。

3. 土梁弯曲试验

土梁是在模具中分层压(击)实的。为了消除自重影响,将土梁反向支承于支座上,见图3-74。在跨中等距的 B、E 两点逐级施加向上荷载 P。这时,BE 段为纯弯段。为了消除自重影响,还可以在图中土梁下边缘 A、B、C、D、E、F 点施加适量的向上平衡力;也可将试样用橡皮膜包裹后,放入比重较接近的液体中。在梁的中部,可根据下面的材料力学公式计算其拉力。

$$\sigma_t = \frac{6M}{bd^2} \tag{3-86}$$

其中 b 为梁的宽度；d 为其厚度。

上式是基于弹性理论得到的，当土体接近破坏时，梁的中性轴不在梁中心高度上，应力也不再是线性分布的，所以在计算中需进一步修正。

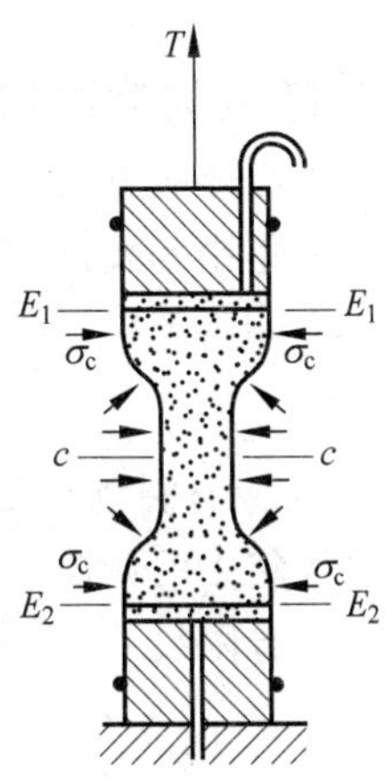

图 3-73　压力室内三轴拉伸试验的试样

4. 径向压裂法

径向压裂法又称为巴西试验法，原来是用于测定混凝土和岩石等脆性材料的抗拉强度。图 3-75 中表示了四种测定试验方法，试样分别为圆柱、立方体和梁。可沿直径、中线和对角线几种方向进行压裂试验。根据弹性理论的布辛尼斯克(J. Boussinesq)解，可以计算出水平方向的拉应力。

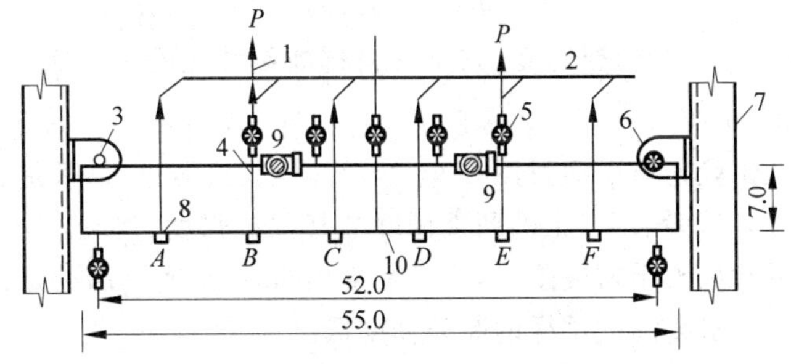

图 3-74　土梁试验装置简图(单位：cm)

1—试验荷重；2—平衡土梁自重荷重；3—支座；4—细钢丝；5—测微表；6—滚动支座；7—试验架；8—传力横梁；9—读数显微镜；10—土梁

$$\sigma_t = -\frac{2Q}{\pi l d} \tag{3-87}$$

式中各符号意义见图 3-75。

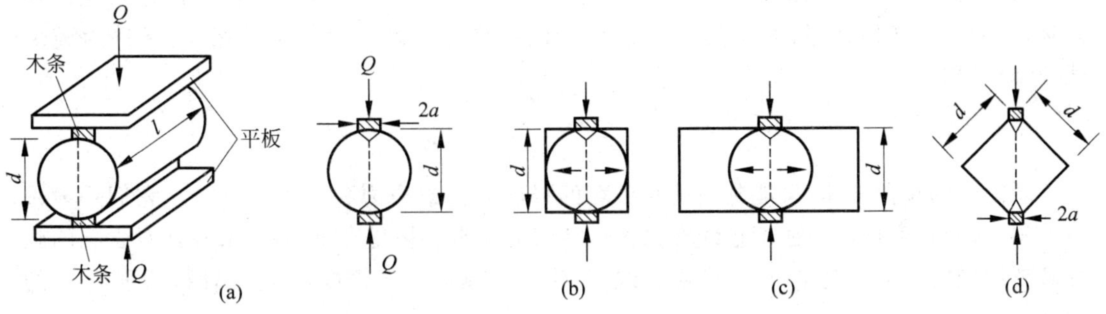

图 3-75　四种径向压裂方式

(a) 圆柱体；(b) 立方体；(c) 梁；(d) 立方体沿对角线加压

用式(3-87)可以近似地间接计算径向压裂试验的抗拉强度。

5. 断裂韧度测定试验

由于土体常常是不均匀和有缺陷的,拉伸强度问题中常伴随着缺陷、微裂缝以及裂缝周围的应力集中和发展问题。当在预先就有垂直于拉伸方向的小缝隙的土体中进行拉伸时,裂缝的尖端将产生应力集中,根据弹性理论有

$$K_{\mathrm{I}} = \sigma\sqrt{\pi a} \tag{3-88}$$

其中,a 为原有裂缝长度;σ 为全断面上的平均拉应力;K_{I} 为应力强度因子,它描述了裂缝尖端应力场集中的情况。

对于有限尺寸试件的情况,有

$$K_{\mathrm{I}} = \sigma\sqrt{\pi a}y\left(\frac{a}{w}\right) \tag{3-89}$$

其中,w 为试样抗拉断面的宽度;$y\left(\frac{a}{w}\right)$为形状修正参数。

当应力强度因子达到极限状态时,亦即引起试样断裂时,有

$$K_{\mathrm{If}} = K_{\mathrm{IC}} \tag{3-90}$$

其中,K_{IC}称为张开型(Ⅰ型)断裂韧度,它是材料抗断裂性能的一个重要参数,属于材料的固有特性,单位是 $\mathrm{kN/m^{\frac{3}{2}}}$。

断裂韧度的测定试验也可以通过图 3-68 所示的试验仪器进行,只是要在试样上预留一长度为 a 的垂直裂缝。试验表明,土的断裂韧度与其抗拉强度一样与土的干密度和含水量有关。在最优含水量和最大干密度附近,当含水量相同时,干密度高的试样有较高的断裂韧度;当干密度相同时,含水量高的试样的断裂韧度低。

3.7.3 黏性土的联合强度理论

在有拉应力条件下,黏性土的破坏可能是剪切破坏,也可能是拉伸破坏。在有拉应力存在的复杂应力状态下,破坏状态的判断有时是比较困难的。

土的剪切破坏一般认为符合莫尔-库仑强度理论。但存在拉应力条件下,其包线不再是直线,见图 3-76,其中圆①应力状态为拉伸破坏,其条件是 $\sigma_3=-\sigma_t$。圆②既未发生拉伸破坏,也未发生剪切破坏,而是处于静力平衡稳定状态。圆③为剪切破坏,其条件为满足式(3-68),即

$$\frac{\sigma_1-\sigma_3}{\sigma_1+\sigma_3+2c\cot\varphi}=\sin\varphi$$

既能判断拉伸破坏,又能判断剪切破坏的强度理论被称为联合强度理论。它们一般是将莫尔-库仑强度理论的强度包线在拉伸区变弯曲光滑。格里菲斯(Griffith)针对岩石的脆性破裂用抛物线描述莫尔-库仑强度包线,并建立了单轴抗压强度 σ_c 与单轴抗拉强度 σ_t 的关系。

$$\sigma_c=\frac{4\sigma_t}{\sqrt{1+\mu^2}-\mu} \tag{3-91}$$

其中,σ_c 与 σ_t 都是正的数值,μ 为岩土中微裂隙的摩擦系数。

根据格里菲斯的理论，强度包线分为两段：前一段为抛物线，后一段为直线，二者在某一点光滑相接，可推导出下列抛物线方程

$$\bar{\tau}^2 = 2\tau_b \sin\varphi \bar{\sigma} + \tau_b \sin\varphi \sigma_t + \frac{\sigma_t}{4} \tag{3-92}$$

其中，$\bar{\tau}=\dfrac{\sigma_1-\sigma_3}{2}$；$\bar{\sigma}=\dfrac{\sigma_1+\sigma_3}{2}$；$\sigma_t$ 为土的抗拉强度；$\tau_b=\dfrac{\sigma_b \tan\varphi + c}{\cos\varphi}$；$\sigma_b$ 为闭合应力，应力大于此值时，岩土的微裂缝即闭合，它与土的抗拉强度有关。

也可以用一个经验公式来拟合试验资料，例如用一条双曲线拟合，它与 σ 轴截距为 σ_t，以莫尔-库仑的直线包线为渐近线，得

$$\tau^2 = (c + \sigma\tan\varphi)^2 - (c - \sigma_t \tan\varphi)^2 \tag{3-93}$$

式(3-92)与式(3-93)表示的曲线形式见图 3-77，其中虚线为式(3-93)，实线为式(3-92)，直线为莫尔-库仑包线。

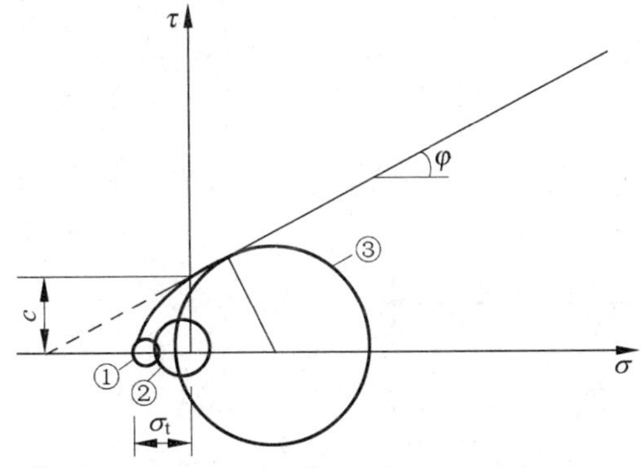

图 3-76　黏性土的拉伸和剪切破坏

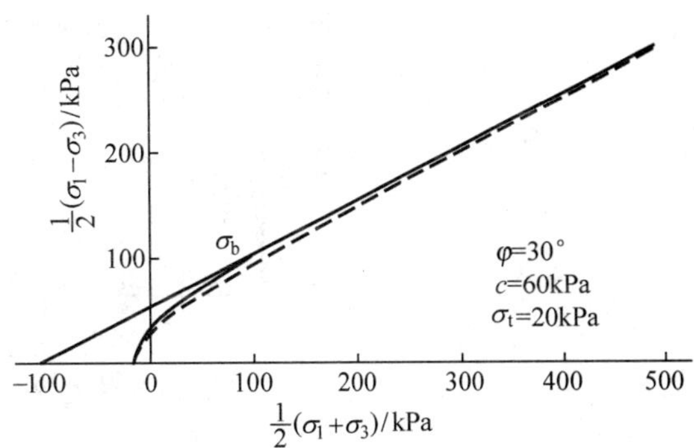

图 3-77　两种强度包线的比较

习题与思考题

1. 粗粒土颗粒之间的咬合对土的抗剪强度指标 φ 有什么影响？为什么又说土颗粒的破碎会降低这类土的抗剪强度？

2. 下雨以后，在砂土上行走，一般不易跌到；在黏土上行走，走得快时就可容易跌到，解释这是什么原因。

3. 沙漠中稳定静止沙丘的背风坡坡度接近于松砂的天然休止角，一般它大于还是小于颗粒矿物的滑动摩擦角？

4. 说明土单元的屈服与强度的关系。一个土体中一些单元的应力达到了其强度，这个土体是否就一定会破坏？

5. 三轴试验得到松砂的内摩擦角为 $\varphi'=33°$，正常固结黏土的内摩擦角为 $\varphi'=30°$，它们是否就是砂土矿物之间及黏土矿物之间的滑动摩擦角？土矿物间的滑动摩擦角比它们大还是小？为什么？

6. 饱和黏土试样的不排水试验的强度包线是水平的，亦即 $\varphi_u=0°$，即只有黏聚力，这是否说明土颗粒间就没有摩擦力？

7. 正常固结黏土的强度包线过原点,即其黏聚力 c 为零。这是否意味着它在各种固结压力下都不存在任何黏聚力?

8. (1)什么叫砂土的临界孔隙比 e_{cr}?(2)三轴试验中临界孔隙比与围压 σ_3 有什么关系?(3)在一定围压下,对小于、等于和大于临界孔隙比 e_{cr} 密度条件下的砂土试样进行固结不排水三轴试验时,破坏时的膜嵌入对于量测的孔隙水压力有何影响?对其固结不排水强度有什么影响?

9. 在某一围压下处于临界孔隙比的砂土三轴固结排水试验的应力应变曲线如图3-78所示。试定性绘制出当 $e \gg e_{cr}$;$e < e_{cr}$ 和 $e = e_{cr}$ 时三轴固结不排水试验的应力应变关系曲线。

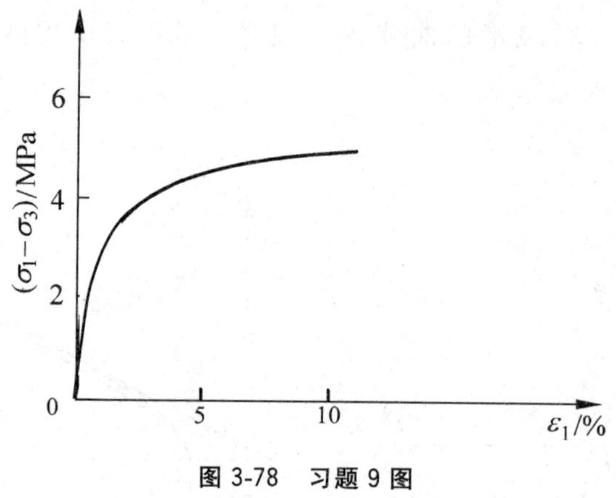

图3-78 习题9图

10. 产生松砂流滑的主要原因是什么?砂土流滑时其有效应力的内摩擦角是否减少了?

11. 解释下列名词:

临界孔隙比;

断裂韧度;

真强度理论;

拟似超固结黏土;

渐进破坏。

12. 在下列条件下,对中砂的抗剪强度指标 φ 有什么影响?

(1) 其他条件不变,孔隙比 e 减少;

(2) 山砂与河砂两种中砂的级配和孔隙比相同,河砂的颗粒更圆滑;

(3) 在同样的制样和同样 d_{50} 条件下,砂土的级配改善(C_u 增大);

(4) 其他的条件相同,砂土颗粒表面的粗糙度增加。

13. 定性画出松砂和密砂的内摩擦角 φ 随毕肖甫参数 b 从0变到1(即 θ 从 $-30° \sim +30°$)时的变化关系曲线,其中:$b=(\sigma_2-\sigma_3)/(\sigma_1-\sigma_3)$。

14. 在砂土的三轴试验中,大主应力的方向与沉积平面(一般为水平面)垂直和平行时,哪一种情况的抗剪强度高一些?

15. 正常固结黏土试样上的直剪试验,沿着与沉积面的平行方向和垂直方向剪切时,一般哪一种情况的抗剪强度高一些？

16. 正常固结黏土地基中进行十字板剪切试验，作用在转动的圆柱形剪切体上的侧向抗剪强度 τ_{fh} 和作用在其上下水平端面上的抗剪强度 τ_{fv} 一般哪一个大？为什么？

17. 同样密度、同样组成的天然黏土试样和重塑黏土试样进行三轴试验，一般哪一个的抗剪强度高一些？

18. 实际工程中，基坑中实测的主动土压力一般总是比同样土料填方挡土墙上主动土压力小，试从土的强度角度分析其原因。

19. 在一个橡皮球中装满饱和的密砂，如果用手轻捏这个橡皮球，与这个球连通的管中水位有什么变化？在上橡皮球中装满饱和的松砂，情况如何？

20. 具有某一孔隙比的砂土试样的临界围压是 $\sigma_{3cr}=1000$kPa，如果将该试样在 $\sigma_3=1500$kPa、1000kPa 和 750kPa 下固结后，然后分别进行不排水常规三轴压缩试验，定性画出三个固结不排水试验的总应力和有效应力莫尔圆。

21. 用一种非常密实的砂土试样进行常规三轴排水压缩试验，围压分别为 100kPa 和 3900kPa。用这两个试验的莫尔圆公切线确立的强度包线有什么特点？

22. 一种较密的砂土试样的排水三轴试验，破坏时的应力比 $\sigma_1/\sigma_3=4.0$。如果假设 φ' 不变，将这种试验在围压 $\sigma_c=1210$kPa 下固结，随后保持轴向应力 $\sigma_1=1210$kPa 不变，围压 σ_3 减少(即 RTC 试验)。问围压 σ_3 减少到多少时试样破坏？

23. 一种饱和砂试样固结后的孔隙比 $e=0.8$，相应的临界围压是 $\sigma_{3cr}=500$kPa，在 $\sigma_3=500$kPa 时进行三轴排水试验破坏时的偏差应力 $\sigma_1-\sigma_3=1320$kPa。其内摩擦角 φ' 是多少？在这个围压下的固结不排水三轴试验，破坏时孔压约为多少？固结不排水强度指标 φ_{cu} 为多少？

24. 有一种砂土，在图 3-79 中定性绘出内摩擦角 φ' 与小主应力(围压)σ_3'、$b=(\sigma_2-\sigma_3)/(\sigma_1-\sigma_3)$、$\theta$ 及 ε' 的关系曲线，其中 θ 为三轴的轴向大主应力与沉积面间的夹角，$\dot{\varepsilon}$ 为加载速率。

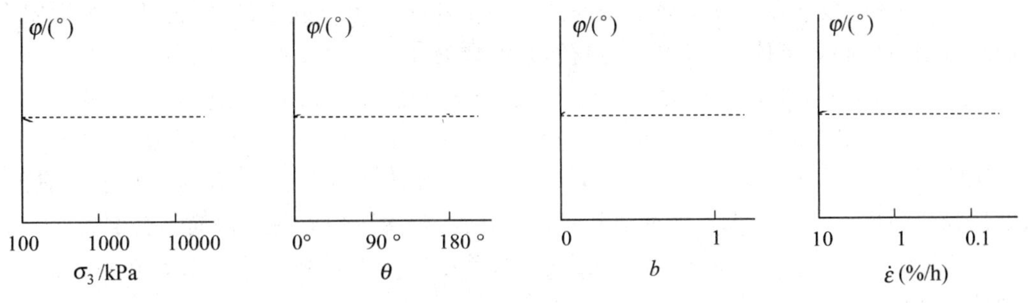

图 3-79　习题 24 图

25. 有一个砂土层沉积面的法向为 z 方向。θ' 的定义见式(2-34)。进行了平均主应力 p 为常数的三组真三轴试验：①$\theta'=0°$；②$\theta'=30°$；③$\theta'=120°$。预测试验得到的三者的内摩擦角的关系，并按大小次序排列。

26. 对一种饱和松砂进行 $\sigma_3=200$kPa 固结不排水的常规三轴试验，试验结果见表 3-7。计算其固结不排水的内摩擦角 φ_{cu} 及有效应力内摩擦角 φ'。

表 3-7 习题 26 表

$(\sigma_1-\sigma_3)$/kPa	ε_1/%	u/kPa	$(\sigma_1-\sigma_3)$/kPa	ε_1/%	u/kPa
25	0.1	20	40	2.0	155
40	0.2	35	25	3.0	175
75	0.5	80	22	4.0	180
100	1.0	125	18	5.0	185
65	1.5	137	16	10.0	194

27. 饱和正常固结黏土的有效应力强度指标为 $c'=0$,$\varphi'=30°$。经过试验得到真强度指标为 $c_e=0.3p_az/h$($p_a=100$kPa,h 为 20m),$\varphi_e=16°$,土的饱和重度 $\gamma_{sat}=20\text{kN/m}^3$。试用真强度理论指标计算某基坑支护结构后,主动土压力的分布及深度 h 为 20m 处主动土压力的大小。

28. 有一种黏土的有效应力抗剪强度指标为:$c'=30$kPa,$\varphi'=20°$,如果在初始围压为 $\sigma_c=200$kPa 下固结,然后进行排水三轴伸长试验(RTE,即围压不变,轴向应力减少)。(1)轴向应力 σ_a 达到多少时,试样将破坏?(2)当初始的固结应力 σ_c 小于多少时,试样不会破坏?

29. 用砂雨法向大砂池中均匀撒砂制样,然后在不同方向截取试样,进行了以下不同的三轴试验:(z 为竖直方向)。根据土强度的各向异性和中主应力对土的强度的影响,分别判断在四组试验中的两种情况下,哪一个试验得到的强度指标 φ 大些?

(1) $\sigma_z=\sigma_1$,$\sigma_x=\sigma_y=\sigma_3$ 与 $\sigma_y=\sigma_1$,$\sigma_z=\sigma_x=\sigma_3$;

(2) $\sigma_z=\sigma_1$,$\sigma_x=\sigma_y=\sigma_3$ 与 $\sigma_z=\sigma_y=\sigma_1$,$\sigma_x=\sigma_3$;

(3) $\sigma_x=\sigma_y=\sigma_1$,$\sigma_z=\sigma_3$ 与 $\sigma_y=\sigma_1$,$\sigma_z=\sigma_x=\sigma_3$;

(4) $\sigma_y=\sigma_1$,$\sigma_z=\sigma_x=\sigma_3$ 与 $\sigma_z=\sigma_y=\sigma_1$,$\sigma_x=\sigma_3$。

30. 在软黏土地基上修建两个大型油罐,一个建成以后分期逐渐灌水,6 个月以后排出水后加油;另一个建成以后立即将油加满。后一个地基发生承载力破坏,而前一个则安全。绘制二者地基中心处土体的有效应力路径,并解释为什么。

31. 图 3-80 所示的这些应力应变曲线分别表示砂土在什么试验条件下的试验结果?

32. 对于一种非饱和黏土,已知 $c'=30$kPa,$\varphi'=27°$,$\varphi''=\varphi'/2$,含水量为 $w=20\%$,$\gamma=20\text{kN/m}^3$,相应的基质吸力为 $u_a-u_w=100$kPa,大气压力下 $u_a=0$,计算其无侧限压缩抗压强度试验的强度。计算如果在这种地基中垂直开挖,最多可以开挖多深而不会倒塌?

33. 写出弗雷德隆德的非饱和土强度公式,其中哪一个参数不是常数?它与土的什么物理性质指标有关?

34. A、B 两个黏土试样进行三轴试验或者直剪试验。除了以下所述以外,其余条件都相同。问下面各款中哪一个的抗剪强度大一些?

(1) 两个不排水三轴试验,B 试样比 A 试样加载速率快;

(2) 两个试样都是正常固结黏土,A 试样为排水试验,B 试样为固结不排水试验;

(3) B 试样比 A 试样先期固结压力大,然后两个试验在同样的固结压力下进行三轴排水试验,固结压力在两个先期固结压力之间;

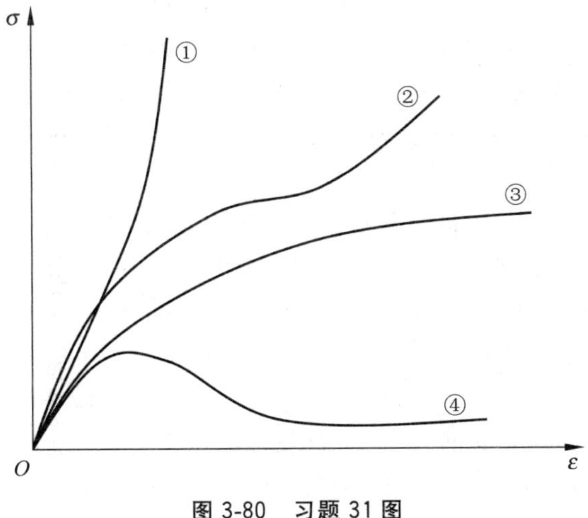

图 3-80　习题 31 图

(4) 两个试样都是具有很高超固结比的超固结黏土，A 试样为不排水试验，B 试样为排水试验；

(5) B 试样基本是原状的试样，A 试样则明显扰动。

35. 一个正常固结黏土的 $\varphi'=30°$，准备用这种黏土做两种三轴排水试验，它们的各向等压固结压力都是 200kPa，第一个试验是常规三轴压缩试验，另一个试验是减载的三轴伸长试验，问它们破坏时的轴向应力 σ_a 各为多少？

36. 如图 3-81 所示，一个铁槽中装满饱和松砂，在振动液化以后连通管中的水位有什么变化？水位最高可能上升到槽顶面以上多少米？

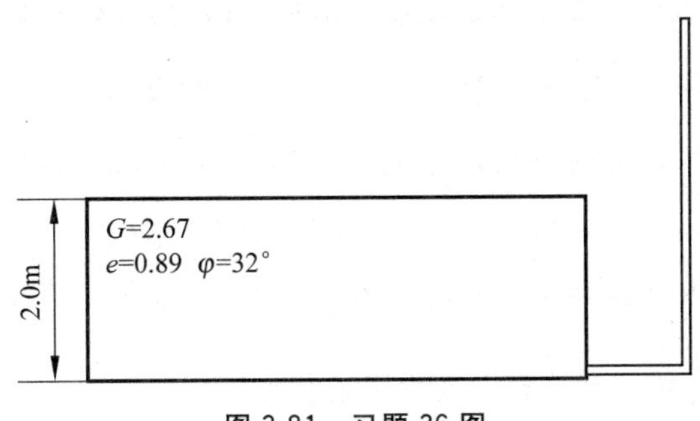

图 3-81　习题 36 图

37. 图 3-81 铁槽中的砂土发生液化以后，孔隙比变成 $e=0.60$，内摩擦角变成 $\varphi'=37°$。槽壁上的土压力可以认为是主动土压力。分别计算在砂土液化前、液化过程中和液化以后作用在槽壁上和槽底上的水压力和主动土压力。

38. 用固结不排水常规三轴压缩试验，同时测孔隙水压力，用试验有效应力路径的最大应力差 $(\sigma_1-\sigma_3)_{max}$ 还是用最大应力比 $(\sigma_1/\sigma_3)_{max}$ 确定土的有效用力强度指标 φ'？为什么？

39. 饱和正常固结黏土在 σ_3 为 100kPa 下固结，然后进行固结不排水的常规三轴压缩试验和固结不排水的三轴减围压压缩试验。已知 $c'=0$kPa，$\varphi'=30°$，孔压系数 $B=1.0$，$A=0.75$，计算两种试验的 φ_{cu} 为多少？

40. 定性画出松砂和正常固结黏土，在同样固结应力下的三轴固结不排水试验在 p'-q

平面上的有效应力路径和应力应变曲线,解释二者不同的原因。

41. 已知一种非饱和粉质黏土 $c'=16.9$kPa, $\varphi'=30°$,在 $u_a=0$ 时,进行正应力 σ_n 为 100kPa 的直剪试验,结果表明,当吸力 $s=100$kPa 时,抗剪强度 $\tau_f=123$kPa, 当吸力 $s=50$kPa 时,抗剪强度 $\tau_f=99$kPa。设 φ''为常数,问:当 $\sigma_3=200$kPa,吸力 $s=32.5$kPa 时的三轴试样破坏时的 $\sigma_1-\sigma_3$ 为多少?

42. 对一种非饱和粉质黏土进行常规三轴压缩试验,已知其 $c'=15.7$kPa, $\varphi'=29.6°$, $\varphi''=30.2°$,设 $u_a=0$。(1)在围压 $\sigma_3=100$kPa 时,吸力 $s=u_a-u_w=50.1$kPa; (2) $\sigma_3=200$kPa 时,吸力 $s=42.2$kPa,分别计算在这两种情况下破坏时的 $\sigma_1-\sigma_3$ 为多少?

43. 用一种非饱和黏性土进行常规三轴压缩试验,已知 $c'=20$kPa, $\varphi'=26°$, $\sigma_3=100$kPa,破坏时的吸力 $s=u_a-u_w=30$kPa, $\varphi''=\varphi'/2$。计算在破坏时的 σ_1 为多少?

44. 对一种黏土试样进行常规三轴压缩试验,测得 $c'=20$kPa, $\varphi'=22°$。(1)如果在围压 $\sigma_c=100$kPa 下固结以后,进行减围压的三轴排水压缩试验,问其破坏时的大小主应力 σ_1、σ_3 分别时多少?(2)如果在围压 $\sigma_c=50$kPa 下固结以后,进行减载的三轴压缩试验,能否达到破坏?

45. 解释为什么稳定的天然砂丘背风坡坡度一般在 30°~35°,而在涨落潮区的细砂海滩的稳定坡比有时只有 1/100 左右?

46. 分别示意画出密砂和松砂的固结排水和固结不排水三轴试验的 $(\sigma_1-\sigma_3)$-ε_1-ε_v 和 $(\sigma_1-\sigma_3)$-ε_1-u 的关系曲线。

47. 有一高 3m 的非饱和土的砂土坡,坡角为 $\beta=34°$,基质吸力 $s=15$kPa, $c'=0$, $\varphi'=33°$, $\varphi''=15°$, $\gamma=19\text{kN/m}^3$。(1) 如果假设为直线滑动面,其沿与水平面夹角 25°滑动时稳定安全系数为多少?(2)如果该土坡完全被水淹没, $\gamma_{sat}=20\text{kN/m}^3$, 其休止角(即安全系数为 1.0 时的坡角)为多少?(3)如果砂土坡产生沿坡渗流时,其休止角为多少?

48. 一种饱和砂土, $\varphi'=30°$, $K_0=1-\sin\varphi'=0.5$,在固结压力比 $\dfrac{\sigma_1}{\sigma_3}=\dfrac{200\text{kPa}}{100\text{kPa}}=\dfrac{1}{K_0}=2$ 条件下进行动三轴试验,施加动荷载以后产生超静孔隙水压力,超静孔压达到多少时,试样会破坏?

49. 与习题 48 参数相同的原位砂土,在地下水位以下,初始的应力状态也是 $\dfrac{\sigma_1}{\sigma_3}=\dfrac{200\text{kPa}}{100\text{kPa}}=\dfrac{1}{K_0}=2$,为什么在以此地震中发生了液化?

50. 地下连续墙的墙后支挡的为 $h=5$m 饱和正常固结黏质粉土, $\gamma=19\text{kN/m}^3$, $c'=0$kPa, $\varphi'=30°$, $B=1.0$, $A=2/3$。

(1) 模拟原位的 K_0 固结压力为: $\sigma_1=\gamma'h=45$kPa, $\sigma_3=K_0\sigma_1=22.5$kPa,计算这种土在常规三轴压缩试验固结不排水强度指标;

(2) 模拟原位的 K_0 固结压力为: $\sigma_1=\gamma'h=45$kPa, $\sigma_3=K_0\sigma_1=22.5$kPa,计算减围压三轴压缩试验中的固结不排水强度指标;

(3) 根据 RTC 试验的结果,计算墙后的水土压力。

51. 饱和砂土在固结不排水的减围压三轴压缩试验中,已知围压 $\sigma_c=400$kPa,砂土的有效内摩擦角 $\varphi'=35°$,孔隙水压力系数 $B=1.0$, $A=0.80$,问其达到破坏时的孔隙水压力为多少? 在试验中应如何准确测定这种孔隙水压力?

52. 在图 3-45(b)中的松砂试样 A，在 400kPa 下固结进行不排水试验，测得其流滑时超静孔压 $u=385\text{kPa}$，如果该松砂的 $\varphi'=33°$，计算在这时其固结不排水强度指标 φ_{cu} 为多少？

53. 下面哪些强度准则可以反映中主应力 σ_2 对土的强度的影响？

(A) 莫尔-库仑强度准则；

(B) 松冈元的强度准则；

(C) 双剪应力强度准则；

(D) 莱特-邓肯强度准则。

54. 假设砂土的内摩擦角 $c=0$，$\varphi=90°$，黏土 $c=20\text{kPa}$，$\varphi=0°$，推导莫尔-库仑强度准则在 π 平面上分别为何种形状？

55. 莫尔-库仑的强度包线是否一定是直线？在什么情况下它是弯曲的？如何表示弯曲的强度包线？

56. 当三轴压缩试验的 $\varphi=90°$时，证明对于莱特-邓肯强度公式($I_1^3/I_3=k_f$)，$k_f\to\infty$时，它们在 π 平面上的破坏轨迹是一个等边三角形。

57. 在莫尔-库仑强度准则中，如果假设三轴伸长的强度比 M_t 与三轴压缩的强度比 M_c 之比大于 $1.0\left(M=\dfrac{q}{p}\right)$，对应土的内摩擦角为多少？是否合理？

58. 用一种中密砂进行的常规三轴压缩试验的结果是：$\sigma_3=100\text{kPa}$，$\sigma_1-\sigma_3=284\text{kPa}$。(1)计算莫尔-库仑[$(\sigma_1-\sigma_3)/(\sigma_1+\sigma_3)=\sin\varphi$]、广义的米泽斯($\alpha_m=\sqrt{J_2}/I_1$ 或者 $M=q/p$)和莱特-邓肯($k_f=I_1^3/I_3$)强度准则的参数。(2)如果用这种砂土进行 $\sigma_3=100\text{kPa}$ 的平面应变试验，破坏时均为 $b=(\sigma_2-\sigma_3)/(\sigma_1-\sigma_3)=0.25$，用上述 3 种准则计算其破坏时的 σ_1 为多少？

59. 对一种砂土进行常规三轴压缩试验，得到的内摩擦角 $\varphi=34.5°$，设土的内摩擦角为常数。

(1) 计算对应于广义米泽斯强度理论的压缩圆(外接圆)、伸长圆(内接圆)和折中圆(内外接圆平均)的 $M=q/p$ 分别为多少？

(2) 如果已知砂土的泊松比 $\nu=0.32$，那么在进行 $\sigma_x=100\text{kPa}$ 为常数，σ_z 不断增加，$\varepsilon_y=0$ 的平面应变试验时，分别用莫尔-库仑强度理论和折中圆的广义米泽斯强度理论计算该试验破坏时的三个主应力为多少？

60. 在一种松砂的常规三轴压缩排水试验中，试样破坏时应力为：$\sigma_3=200\text{kPa}$，$\sigma_1-\sigma_3=500\text{kPa}$。

(1) 计算下面几个强度准则的参数：

① 莫尔-库仑强度准则：$(\sigma_1-\sigma_3)/(\sigma_1+\sigma_3)=\sin\varphi$

② 广义特雷斯卡准则：$\sigma_1-\sigma_3=\alpha_t I_1$

③ 广义米泽斯准则：$q/p=k_m$

④ 莱特-邓肯强度准则：$I_1^3/I_3=k_f$

⑤ 松冈元-中井照夫强度准测：$I_1I_2/I_3=k_f$

(2) 已知 $\nu=0.33$，利用以上各强度准则计算 $\sigma_3=100\text{kPa}$ 为常数的平面应变试验情况，破坏时的 σ_1、σ_2 各为多少？

61. 在常规压缩三轴试验中得到砂土的内摩擦角 $\varphi=35°$。利用折中圆的米泽斯强度准则和莱特-邓肯的强度准则计算 $b=0.5$,$\sigma_3=100\text{kPa}$ 条件下破坏时 σ_1 为多少?

62. 砂土的常规三轴试验结果是:围压 $\sigma_3=100\text{kPa}$,$\sigma_1-\sigma_3=300\text{kPa}$。通过这个试验结果计算莫尔-库仑、广义特雷斯卡、广义米泽斯和莱特-邓肯强度准则的常数(φ',K_t,K_m,K_f)。用这些常数计算在 $b=0.30$,$\sigma_1=400\text{kPa}$ 破坏时的 σ_3 和 σ_2 各为多少?

63. 在一种松砂的常规三轴排水压缩试验中,试样破坏时应力为:$\sigma_3=100\text{kPa}$,$\sigma_1-\sigma_3=235\text{kPa}$。平面应变状态的试样的 y 方向为零应变方向,已知 $\nu=0.35$。初始应力状态为 $\sigma_z=\sigma_x=200\text{kPa}$,按 $\Delta\sigma_x=-2\Delta\sigma_z$ 的比例在 z 方向进行压缩试验,直至破坏。利用莫尔-库仑、广义特雷斯卡和松冈元-中井照夫强度准则分别计算试样破坏时的 σ_z、σ_x、σ_y、b 为多少?

64. 从常规三轴压缩试验测得一种砂土的内摩擦角 $\varphi=36.9°$,它的 $M_c=q/p$ 为多少?试用莫尔-库仑强度理论,广义米泽斯强度理论($\sqrt{J_2}=k_m I_1$)和广义特雷斯卡强度理论($\sigma_1-\sigma_3=k_t I_1$)计算在常规三轴伸长试验中($\sigma_1=\sigma_2\geqslant\sigma_3$)破坏时其 $M_t=q/p$ 为多少(p,q 定义同前)?

65. 一种砂土,按着双剪应力强度理论,已知参数 $\beta=-0.6$,$b=3.3$,$c=0$。按式(3-79)计算,该砂土在围压 $\sigma_3=100\text{kPa}$ 下的常规三轴压缩试验和 $\theta=0°(b=0.5)$、$\theta=30°(b=1.0)$的真三轴试验中,对应的大主应力 σ_1 为多少?

66. 根据第2章的有关清华弹塑性模型的公式,从 $A=0$ 的条件,分析其土的强度准则与硬化参数 H 间的关系。

67. 土的抗拉强度 σ_t 是否等于 $c'\tan\varphi'$? 定性绘出黏土的联合强度理论(抗拉与抗剪)的包线。

68. 什么是水力劈裂? 为什么土质心墙、土石坝的心墙容易发生水力劈裂?

69. 对于黏性土,当存在拉应力时,是否就一定发生拉伸破坏? 写出剪切破坏与拉伸破坏的联合破坏准则。

部分习题答案

22. $\varphi=36.9°$,$\sigma_3=302.5\text{kPa}$

23. $u=0$,$\varphi_{cu}=\varphi'=34.7°$

25. ②>①>③

26. $\varphi'=32.23°$, $\varphi_{cu}=11.54°$

27. $p_a=69\text{kPa}$,主动土压力线性分布

28. (1)$\sigma_a=56\text{kPa}$; (2) $\sigma_c<85.6\text{kPa}$

32. $H_{cr}=17.6\text{m}$

35. CTC:$\sigma_a=\sigma_1=600\text{kPa}$

    RTE:$\sigma_a=\sigma_3=66.67\text{kPa}$

36. $h=1.77\text{m}$

37. 竖向压力 $P_z=37.68\text{kPa}$

总水平压力：①液化前 $P_H=25.43$kN/m；②液化时 $P_H=37.68$kN/m；③液化后 $P_H=23.7$kN/m

39. (1) CTC：$\varphi_{cu}=16.6°$；　(2) RTC：$\varphi_{cu}=41.8°$

41. $\sigma_1-\sigma_3=513$kPa

42. (1) $\sigma_1-\sigma_3=349.5$kPa；　(2) $\sigma_1-\sigma_3=529$kPa

43. $\sigma_1=342.3$kPa

44. (1) $\sigma_1=100$kPa，$\sigma_3=18.5$kPa；　(2) $\sigma_1=50$kPa，$\sigma_3<0$

47. $F_s=2.58°,33°,18°$

48. $u=50$kPa

50. (1) $\varphi_{cu}=24.46°$；(2) 处 $\varphi_{cu}=33.75°$；(3) 墙后 5m 处总水平压力为 62.9kPa

51. $u=-68.2$kPa

52. $\varphi_{cu}=2.5°$

54. $\varphi=0°$时为正六边形；$\varphi=90°$时为正三角形

58. (1) $\varphi=35.9°,\alpha_m=0.28,\ I_1^3/I_3=51.87$

(2) $\sigma_1=384$kPa，$\sigma_1=594.3$kPa，$\sigma_1=510$kPa

59. (1) ①外接圆：$M=q/p=1.397$；②内接圆：$M=q/p=0.953$；③折中圆：$M=1.175$

(2) 莫尔-库仑强度理论：$\sigma_3=100$kPa，$\sigma_1=361.3$kPa，$\sigma_2=147.6$kPa；

折中圆：$\sigma_3=100$kPa，$\sigma_1=354.3$kPa，$\sigma_y=145.4$kPa

60. (1)$\varphi=33.75°,\alpha_t=0.455$；$k_m=1.36,k_f=I_1^3/I_3=47.54,k_f=I_1I_2/I_3=12.57$

(2)

	σ_3/kPa	σ_1/kPa	σ_2/kPa	b
莫尔-库仑强度准则	100	350.0	150.0	0.200
广义特雷斯卡准则	100	406.5	167.2	0.219
广义米泽斯准则	100	502.5	198.8	0.246
莱特-邓肯强度准则	100	444.4	179.7	0.231
松冈元-中井照夫强度准测	100	425.0	175.0	0.223

61. 折中圆：$\sigma_1=540.3$kPa；莱特-邓肯：$\sigma_1=520$kPa

62. (1) $\varphi=36.9°,\alpha_t=0.5,\ k_m=0.289,k_f=54$；

(2)

准测	莫尔-库仑	广义特雷斯卡	广义米泽斯	莱特-邓肯
σ_3/kPa	100	75.7	54.7	72
σ_2/kPa	190	173	158.3	170.4

63.

准则	莫尔-库仑	广义特雷斯卡	松冈元-中井照夫
σ_z/kPa	261.0	266.0	266.7
σ_x/kPa	78.0	67.8	66.6
σ_y/kPa	119.0	116.9	116.7
b	0.224	0.248	b=0.250

64. M_t=1.0，1.5，1.5

65. b=0，σ_1=400kPa；b=0.5，σ_1=587kPa；b=1.0，σ_1=401kPa

参考文献

1. MITCHELL J K. Fundamentals of soil behavior[M]. 2nd Edition. New York: John Wiley & Sons Inc., 1993.

2. ROBERT D H, WILLIAM D K. An introduction to geotechnical engineering[M]. New Jersey: Printice-Hall Inc., Englewood Cliffs, 1981.

3. 黄文熙. 土的工程性质[M]. 北京：水利水电出版社，1983.

4. 钱家欢，殷宗泽. 土工原理与计算[M]. 2版. 北京：中国水利水电出版社，1996.

5. 沈珠江. 理论土力学[M]. 北京：中国水利水电出版社，2000.

6. 屈智炯. 土的塑性力学[M]. 成都：成都科技大学出版社，1987.

7. D. G. 弗雷德隆德，H. 拉哈尔佐. 非饱和土力学[M]. 陈仲颐，等译. 北京：中国建筑工业出版社，1997.

8. 李广信. 土的三维本构关系的探讨与模型验证[D]. 北京：清华大学，1985.

9. 俞茂鋐. 强度理论新体系[M]. 西安：西安大学出版社，1992.

10. PARRY R H G, CIRCLES M. Stress paths and geotechnics[M]. London: E & Fn Spon, 1995.

11. MATSUOKA H, NAKAI T. Stress-strain relationship of soil based on the SMP[J]. Proc. 9th ICSMFE, Specialty Session 9, 1977, 153-163.

12. DUNCAN J M, CHANG C Y. Nonlinear analysis of stress and strain in soils[J]. Proc. ASCE. JSMFD 1970, 96(SM5): 1629-1633.

第4章　土中水及其渗流

4.1　概述

4.1.1　岩土中的水及其运动

岩土材料实际上是非连续的，是由多相组成的，土中固体颗粒形成了充满孔隙的土骨架，岩体中分布有各种解理和裂隙。在这些孔隙和裂隙中存在着气相、液相流体介质，当这些孔隙、裂隙连通时，流体可在不平衡势的作用下发生流动。其中土中水及其运动会引发许多工程和环境问题。岩土中流体及其运动是一个重要和有实际意义的课题，它和人类生产生活密切相关，与其有关的工程领域有水利、建筑、交通、采矿、石油、农业和环境等。

浅层岩土中的水主要来自大气中的降水。土中水可以分为两部分，地下水位以下的水和地下水位以上的水，如图4-1所示。地下水位以下的水称为地下水，它以上层滞水、潜水和承压水的形式存在。地下水位以下的土一般认为是饱和的，孔隙水压力大于或等于大气压力，可在重力的作用下运动。地下水位以上的水可以在重力作用下向下运动补给地下水；也可以是由于毛细作用或者植物根系作用向上运动的水，这些向上运动的水的孔隙水压力小于大气压，除局部毛细区的水在土中接近饱和外，大多数处于非饱和状态。

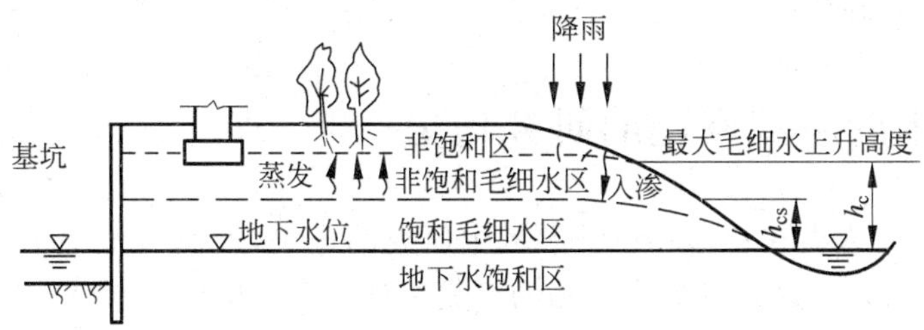

图4-1　土中的水

从图4-1可见，土中水使大地充满了生机，是陆地上的植物与动物生命之源。各部分的水一般是运动的，土中水的这种运动对于人类生产生活及环境具有很大的影响。土中水具有不同的饱和度、不同的势能和不同的运动方向，这对于土的工程性质有重要影响。例如，土中水会影响土本身的强度和变形性质；孔隙水压力改变了土中有效应力，又进一步影响了土体的强度和变形；水入渗可补充地下水，也可能将地表污染带入地下水；渗流产生的渗透力可影响土坡的稳定，也可引发土的渗透破坏，这些对于水利和建筑工程有很大意义，也是地质灾害的主要诱因。

地球表面的干旱区和半干旱区占很大面积。这些地区的地下水位通常很深，气候变化会引起地表附近土的含水量变化。在碱性环境下生成的一种高塑性土——膨胀土,其含水量增高会引起土体积膨胀,当它的变形受限时,会产生膨胀力。对于一些孔隙较大的粉土,特别是湿陷性黄土,含水量增高可能引起湿陷变形,在荷载作用下湿陷会更明显。在冻结温度以下,土中水结冻可引起土体的冻胀,土中水的融化又会引起土体的塌陷。降雨会使非饱和区的土达到饱和,使原来的负孔压消失,随后在土中渗流的渗透力作用下,可引起土体的崩塌、土坡的滑动及泥石流等工程事故与地质灾害。

4.1.2 渗流的工程意义

大气降水可渗入地下补充给地下水,增加了土的含水量,使宝贵的水资源得以存储。可是渗流也会引发许多严重的工程问题。我国大量的挡水和输水建筑物及构造物的渗漏是一个严重的问题。目前我国已建渠道中水的利用系数还不高,损失了大量宝贵的水资源,也引起了土壤的盐碱化。渗透变形引起的水利工程破坏是又一个严重的问题。据美国的调查统计,在美国破坏的206座土坝中有39%是由于渗透引起的。著名的弟顿(Teton)坝,1976年由于渗透破坏而引起垮坝,总损失达2.5亿美元。我国青海的沟后混凝土面板卵石坝于1993年8月因渗漏而引起溃坝,造成300多人死亡。1998年长江洪水期间,堤防出险5000余处,其中60%~70%是由于管涌等渗透变形引起的。堤防工程中的主要险情,如管涌、散浸、脱坡、崩岸等都与渗透有关。

在其他领域中,土中水的渗透也有重要意义。高层建筑深基坑发生事故比例很高,其中主要原因在于土中水引起的水土压力变化和渗透变形。在采矿与石油工程中,渗透也是一个重要课题。近年来,环境工程受到世界各国的重视。其中有毒生活废水和工业废水的排放、固体垃圾堆放引起的地下水的污染,放射性核废料通过地下水的污染与扩散,都成为重大环境课题,这些都促进了从微观到宏观,从物理化学到力学,从理论分析到数值计算对渗流问题的深入系统的研究。

4.1.3 土中水的渗流问题的研究历史

20世纪初,随着人类在物理和化学领域中研究的进展,人们对土中水的形态和水土相互作用开始进行探讨,在认识到黏土矿物的组成和分子间结构以后,人们对于黏土颗粒与水间相互作用开始从微观进行研究,美国的学者相继展开了一系列研究,劳(Low)1901年提出了黏土颗粒表面结合水形成的机理;马丁(Martin)1960年得出了不同厚度结合水的密度分布,同时也提出了物理模型,以说明土的冻胀机理(1959);米切尔(Mitchell)在1975年出版的《土性基础》(*Fundamentals of Soil Behavior*)一书中,对于土中水的形态及其对土性的影响作了较全面的总结和阐述。

土中水的渗流研究的历史更加悠久。早在1856年,法国工程师达西(Darcy)提出了线性渗流的达西定律。

$$v = ki \tag{4-1}$$

式中,v为土中渗流流速;k为渗透系数;i为水力坡降。

1889年,俄国的茹可夫斯基(Н. Е. Жуковский)首先推导了渗流的微分方程。1922年,俄国学者巴甫洛夫斯基(H. H. Лавловский)提出了求解渗流场的电模拟法。由于渗流的微分方程在复杂边界条件下很难得到其解析解,所以人们力图用数值算法解决它。1910 年,英国学者理查森(L. F. Richardson)首先提出了有限差分法。在 20 世纪 60 年代之后,由于计算机及计算技术的迅速发展,人们广泛应用有限单元法、边界元法和许多其他计算方法计算解决渗流问题。目前,关于饱和、非饱和土的渗流计算,稳定、非稳定流的渗流计算,不同介质的混合流计算,渗流与应力变形相耦合,渗流和极限分析相耦合的各种数值计算方法和程序得到迅速发展,成为计算土力学中一个重要分支。

4.2　土中水的形态及其对土性的影响

土中水可以呈固态、液态和气态。其中液态水又可分为结合水、毛细水和重力水,其中毛细水和重力水统称为自由水。不同形态的水对于土的物理力学性质有重要影响,特别是对于细粒土。

4.2.1　土与水间的物理化学作用、黏土颗粒表面的双电层

1. 水分子结构及其相互作用

水分子式为 H_2O,其中各原子呈 V 形排列,H—O—H 夹角稍小于 105°,如图 2-51 所示,外层电子六个来自氧原子,两个来自氢原子,O—H 距离 0.97Å,H—H 距离 1.54Å,其中 Å 亦称为埃,等于 10^{-7}mm,1/10nm(纳米,毫微米)。可见水分子的正负电荷是平衡的,但分布并不均匀,正电荷集中在一侧,负电荷在另一侧,构成了偶极子。一个水分子的正边吸引另一个水分子的负边,导致邻近四个水分子间键接,从而形成四面体结构。水分子间的键接可能有两种方式,一种是氢键结合,当一个水分子的氢被吸附到相邻水分子的氧上时,就形成了氢键,氢键是一种原子键,其影响随距离的衰减要慢一些,其影响范围为 2～3Å,键能为 21～42kJ/mol;另一种是范德华(van der Waals)键,这是一种分子间作用力,例如两个水分子偶极子间的作用力,其影响范围小于 1000Å,键能为 2.1～21kJ/mol。原子键除了氢键外,还有离子键和共价键,它们的影响范围为 1～2Å,键能达 84～840kJ/mol,故又称为高能键。一种元素的原子失去其最外层的电子形成阳离子,另一些元素的原子获得电子形成阴离子,阴阳离子间静电引力形成离子键,例如钠原子失去最外层的一个电子成了阳离子,氯原子获得一个电子成了阴离子,两者吸引成氯化钠分子。共价键是两个具有不完整外电子层的原子,共用外电子层而结合在一起,如两个氢原子共用各自最外层的一个电子,形成电子对,键合成 H_2。对水的键能研究表明,H—O 键中 40%为离子键,60%为共价键。

2. 黏土颗粒表面的电荷

黏土颗粒表面带有负电荷,这种现象可由下面的实验得到证实。在潮湿黏土中插入两个直流电极,通电后阳极周围的土变干,而阴极周围的土变得更湿。这是因为土颗粒带负电荷,向阳极移动,这种电动现象称为电泳,而水分子向阴极移动,称为电渗。

这个实验原理被用于电渗降水,将竖直插入软土地基的排水花管接阴极,在电渗作用

下，孔隙水流向排水管并被导出地面，以加速渗透系数很小的饱和软黏土地基的固结。

3. 黏土颗粒表面的双电层与结合水

带负电的黏土薄片在其周围形成电场，周围水中的水分子偶极子以及阳离子，如 Na^+ 和 Ca^{2+} 等，因静电吸引而被吸附于土粒表面，离土粒表面越近，吸引越紧。带有负电荷的黏土片和周围的极化水分子、带有正电荷的阳离子云等组成的扩散层被称为扩散双电层，简称双电层。土颗粒与水发生物理化学作用，对于黏土矿物，其离子易溶于水，且黏土颗粒呈扁平状，比表面积大，可与水充分接触，相互作用力可与颗粒的重力处于相同量级，因此研究黏土颗粒与水的相互作用是重要的。水分子具有偶极子特性，它能吸引溶液中的离子成为氢氧化物，即水化作用。正离子吸附于水分子负电的一端，从而破坏了水的结构，未溶离子虽没有发生水化作用，但仍占据空间，也影响到水的扩散性和黏滞性。大量证据表明水被土的矿物吸附，特别是黏土矿物吸附，其作用机理见2.8.3节所述。黏土颗粒与水间相互作用力可包括氢键作用、可交换阳离子的水化作用、渗析作用、静电力作用和范德华力作用。

由于黏土颗粒与水之间相互作用，土粒表面形成双电层。双电层内的水被称为结合水，结合水又分为强结合水和弱结合水。图4-2表示的是总结不同研究者量测的钠蒙脱石的结合水密度与含水量的关系。

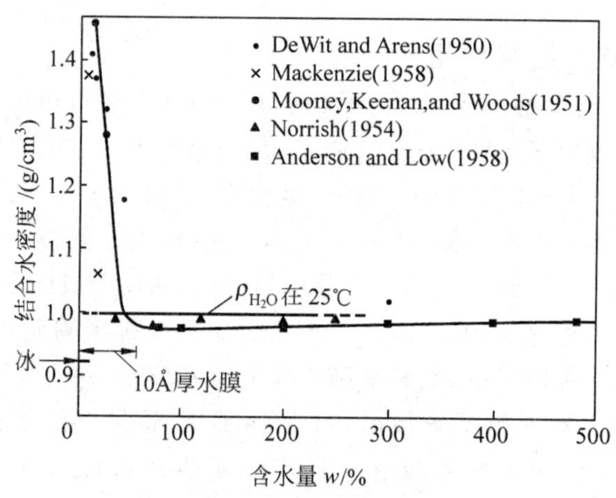

图4-2　结合水的密度

同样，越接近黏土颗粒表面，水冻结温度越低，在双电层中水的冻结温度可能比孔隙中心的水低几度。结合水的黏滞性大，比热容大，介电常数也较低。

4. 黏土颗粒双电层的厚度

扩散层的厚度可假设为从土粒表面到离子浓度达水溶液中正常离子浓度的点的距离。黏土颗粒表面带负电荷，并在周围形成电场。电场强度可以用电位来表示，正常离子浓度的点即为电位为零的点。图4-3(a)中，用一无限范围的薄片表示黏粒表面，假定其上负电荷均匀分布，距其 x 处一微分体 $\mathrm{d}V$，包含有电荷的密度为：$\rho = vEn$，根据玻耳兹曼(Boltzmann)公式和古衣-察普门(Guoy-Chapman)方程，可推导出下面的微分方程。

$$\frac{\mathrm{d}^2 \Psi}{\mathrm{d}x^2} = -\frac{4\pi}{\lambda} vEn_0 \exp\left(-\frac{vE\Psi}{kT}\right) \tag{4-2}$$

式中，Ψ 为扩散层中离土粒表面 x 处的电位，土粒表面电位记作 Ψ_0；λ 为扩散层介质的介电常数；v 为电荷的离子价；E 为电荷的静电单位；n 为离子的浓度，其中 n_0 为零电位时离子浓度；k 为玻耳兹曼常数；T 为绝对温度。

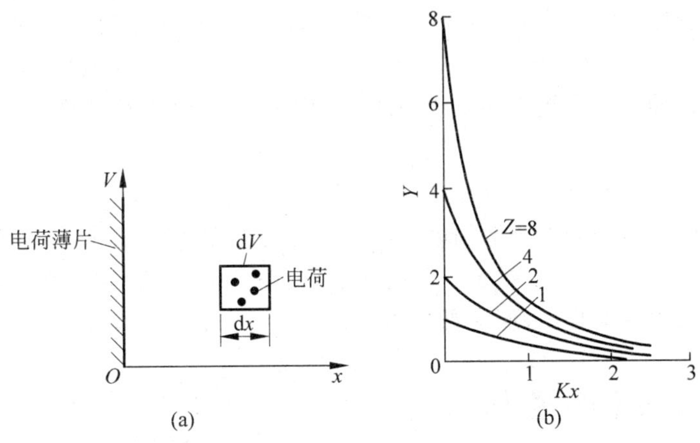

图 4-3 双电层中电位和电荷的分布

图 4-3(a)的边界条件为：$x=0, \Psi=\Psi_0$；$x=\infty, \Psi=0$。据此可以求得微分方程的解。该解可近似表示为：

$$\Psi = \frac{4kT}{vE} \exp(-Kx) \tag{4-3}$$

式中，

$$K = \left(\frac{8\pi n_0 E^2 v^2}{\lambda kT}\right)^{\frac{1}{2}}$$

由上式可见，扩散层电位随离土粒表面距离的增加呈指数关系衰减，如图 4-3(b)所示。图中，$Z=vE\Psi_0/(kT)$，$Y=vE\Psi/(kT)$。当 $x=\dfrac{1}{K}$ 时，视为电位近似于零，即扩散层厚度近似为 $1/K$。

$$\frac{1}{K} = \frac{1}{Ev}\left(\frac{\lambda kT}{8\pi n_0}\right)^{\frac{1}{2}} \tag{4-4}$$

从式(4-4)可见，扩散层厚度与介电常数 λ 和绝对温度 T 的乘积的平方根成正比，和正常溶液中离子浓度 n_0 的平方根成反比，同时与离子价成反比。即采用高价离子或增加离子浓度可减少土粒周围的电位。计算结果表明扩散层的厚度的变化范围从几个埃到数百埃。

5. 几点结论

(1) 黏土颗粒表面带负电，其上吸附有阳离子云或水分子偶极子，当黏土表面富集某种阳离子时，可能发生离子置换，例如，钙离子置换钠离子，并对黏土的特性产生重要影响。水分子偶极子在黏土表面形成强结合水，其厚度约为 10Å(约三个水分子层)，强结合水比重大于 1，冰点低于零摄氏度，不能像自由水那样流动。

(2) 黏土颗粒对水的特性的影响随与黏粒表面距离的增加按指数关系衰减,相互作用在100Å以内是明显的,并无证据表明工程中黏土内水的黏滞性和水动力特性等不同于自由水,也就是说达西定律基本上适用于高塑性黏土。

(3) 研究黏土和水的分子结构及其相互作用具有一定的理论和实践意义。例如解释黏土的特性,应用于工程实际等。

(4) 土的塑性是黏性土的主要特性,它主要取决于土粒的矿物成分和黏土矿物的片状结构,实验表明对原生矿物长石、石英等,即使研磨成小于2μm的微粒,也不具有塑性。黏土矿物的片状结构使其具有更大的比表面积,更厚的扩散层,颗粒间靠结合水联结,因而表现出塑性。

(5) 改变悬液中离子的浓度和价数,可以改变扩散层的厚度,从而改变颗粒间的排列,起到絮凝或分散作用。例如加分散剂可使沉积黏土排列紧密,获得较小的渗透系数,加絮凝剂则获得更开敞的结构,以利于排水。不同化学物质的吸附特性、离子交换特性可应用于废弃物和有害废物的填埋工程中,保证黏土垫层的防渗性和长期安全运行。

4.2.2 毛细水与土中吸力

1. 毛细水和毛细上升高度

水气间表面的张力形成了表面的收缩膜,它是由收缩膜内水分子受到的不平衡力造成的。这种膜类似于弹性薄膜,它具有与相邻水不同的性质,所以有人建议将水气分界面的收缩膜作为土中的第四相。

在固体、液体、气体的三相系统中,液体保持液滴形状,并存在接触角,接触角的大小反映了液体和固体表面作用力的相对强弱。接触角越小,表明液体对固体表面的湿润(wetting)性越强。

由图4-4可得接触角与表面张力之间的关系为

$$T_{sg} - T_{sl} = T_{lg}\cos\alpha \tag{4-5}$$

式中,T_{sg}、T_{sl}和T_{lg}分别为固-气、固-液和液-气界面的表面张力;α为接触角。

水与一般固体间的湿润性较强,$\alpha<90°$,见图4-4(a);如果液体与固体间为排斥表面,如水银,则$\alpha>90°$,收缩膜外凸,见图4-4(b)。在玻璃水管中,在收缩膜带动下水面上升,水将沿着玻璃管上升,形成弯月面。如图4-5(b)所示。在一定直径d的管中,水的表面张力和水与玻璃间的夹角α决定了水上升的高度。纯净的水和洁净的玻璃之间的夹角α近似为0°。在20℃时,水气间表面张力T=74dyn/cm=0.000074kN/m,取玻璃管下部容器中水面为基准面,当考虑玻璃管中水体竖向平衡时,有

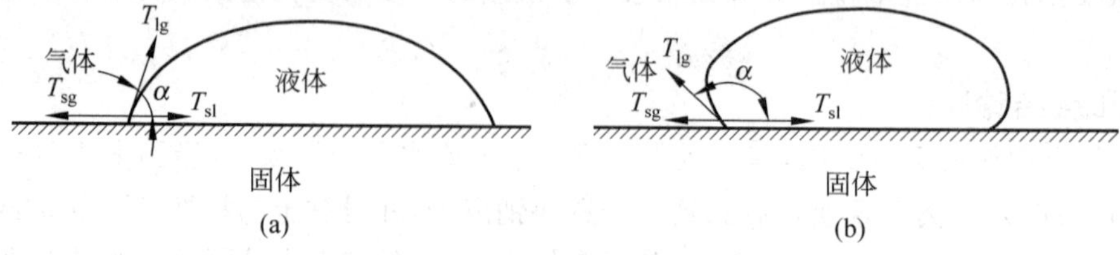

图4-4 固-液-气三相的接触角

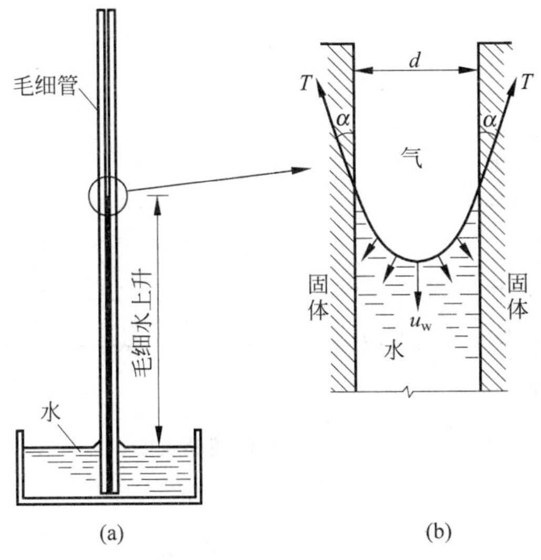

图 4-5　毛细水上升

$$h_c\gamma_w - \frac{4T\cos\alpha}{d} = 0$$

$$h_c = \frac{4T\cos\alpha}{\gamma_w d} \tag{4-6}$$

式中，h_c 为毛细水的上升高度，从水压力的角度看，如取大气压 $p_a=0$，则毛细管中水位上部的压力 u_w 为

$$u_w = -h_c\gamma_w \tag{4-7}$$

而水银的弯液面为外凸的，$\alpha<90°$，其管内液面低于容器中的液面，管中压力为正值见图 4-5(c)。

2. 土中吸力

从式(4-7)可见，在毛细区，水的压力为负，称为毛细水压力或基质吸力。图 4-6 表示了不同玻璃管中在不同情况下毛细水上升情况。由于脱水时 α 角较小，吸水时 α 角较大，故脱水时水柱(见图 4-6(b))比吸水时水柱高(见图 4-6(d))。脱水下降时，水柱高度为细管所控制，所以图 4-6(a)和图 4-6(b)水柱高度相同。吸水上升时，水柱可能为粗管所阻隔，无法继续上升，如图 4-6(c)所示。

土中的毛细水远比玻璃管中的情况复杂。毛细升高同样与孔径成反比，即颗粒细小的土毛细升高就高。但土中孔隙分布不均匀，土中含有不同颗粒的矿物，与水间的湿润性也不同。因而土的组成、状态和结构都对这种毛细水及其分布有重大影响。

图 4-7 表示了土体典型剖面的吸力分布示意图。可见吸力的分布与增湿、脱湿的历史有关，与土性有关。如果地下水位从地面下降到埋深不大的目前水位，达到平衡时，其吸力近似于直线分布；如果随后表层土中水被快速蒸发，含水量降低，则分布曲线是凹形的；如果原来是干土，地下水位上升到目前水位，水位以上干土毛细浸水，则分布曲线是外凸形的。

用不同初始饱和度的砂及粉土进行毛细上升和排干脱水试验。试验表明，在土中毛细

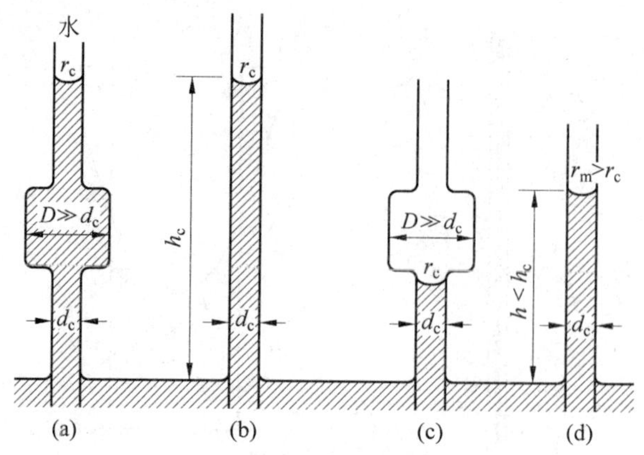

图 4-6　毛细水的瓶颈效应

(a) 脱水；(b) 脱水；(c) 吸水；(d) 吸水

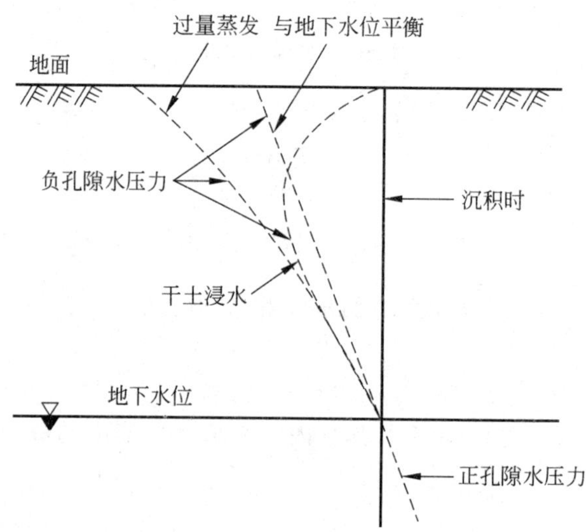

图 4-7　土体典型剖面的吸力分布

区并不存在完全饱和区，即 S_r 达不到 100%，所以所谓毛细饱和区只是高饱和度的区域。图 4-8 表示的是立于水中土柱在不同浸水时间和不同高度处的饱和度。

所谓土中的吸力(suction)包括基质吸力和渗透吸力两部分。基质吸力(matric suction)主要是指土中毛细作用；而渗透吸力是由于土中水溶液中盐分浓度不同引起的。一般基质吸力占总吸力的主要部分，它通常用以上介绍的毛细管上升来解释。但在非饱和土中，基质吸力不能简单地用这种毛细管上升模型来分析和解决问题。非饱和土中基质吸力可表示为

$$s = u_a - u_w \tag{4-8}$$

其中，u_a 为孔隙气压力，当孔隙气体与大气连通时，$u_a = p_a = 0$，孔隙水压力 u_w 为负值。吸力也可用毛细管折算的上升高度 h_w 表示，这时 $s = h_w \gamma_w$。为了方便，有时也用吸力指数 pF 表示。

$$pF = \lg h_w \tag{4-9}$$

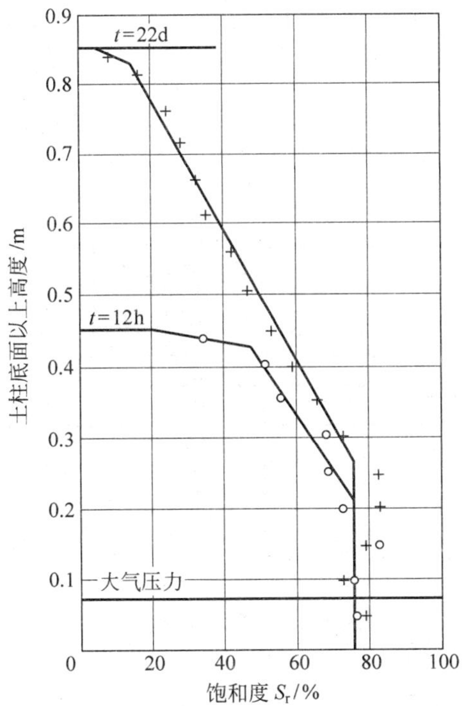

图 4-8　不同时间饱和度随土柱高度的变化

式中，h_w 单位为 cm；pF 一般为 0～7。在砂土中，h_w 一般不超过 50cm，对应的 $pF=1.7$。

3. 吸力的量测与土-水特征曲线

非饱和土中的吸力量测是非饱和土研究和相关工程中的一个重要课题。具体的方法有张力计法、压力板法、非饱和土三轴仪法、非饱和固结仪法和热传感器法等。在非饱和土中一个重要的测试项目是土-水特征曲线，所谓土-水特征曲线，或称水分特征曲线是非饱和土的吸力与土的饱和度或含水量之间的关系曲线。量测土-水特征曲线最常用的方法是压力板法，见图 4-9。其原理是轴平移技术。

压力板法是将土样置于密闭的空气压力室中的具有高进气值的饱和陶瓷板上，为使二者接触良好，可在其上放置一个压块。例如在空气压力室施加 200kPa 的压力，与水仓联通的压力传感器压力为零(大气压)，并且试样与水仓间无水的交换，则该非饱和土样的吸力就是 200kPa。可见这是一种轴平移，亦即以 200kPa 为坐标原点，0kPa 对应于－200kPa，它可以避免直接量测很高的负压所发生的气蚀现象。这正如我们用力拧湿毛巾，将水挤出，当水不再流出时，在毛巾上产生的压力就是毛巾在这个含水量下的吸力。如果开始时土样是饱和的，随着室压增加，在每级压力下，试样排水稳定时，通过挤出的水量计算土的含水量，就可得到含水量与压力(吸力)间的曲线，这就是土-水特征曲线。

图 4-10 为三组研究者用压力板法试验得到的压实冰碛土的土-水特征曲线，可见结果一致性很好。不同土的土-水特征曲线的试验结果见图 4-11，可见吸力与土类和吸水及脱水过程有关。一般认为如果土的湿度等于 100%时，即在饱和土中，吸力为零；在低饱和度时，这个吸力可达近万千帕。但对于土力学问题和岩土工程，意义较大的是一定湿度范围时的吸力。

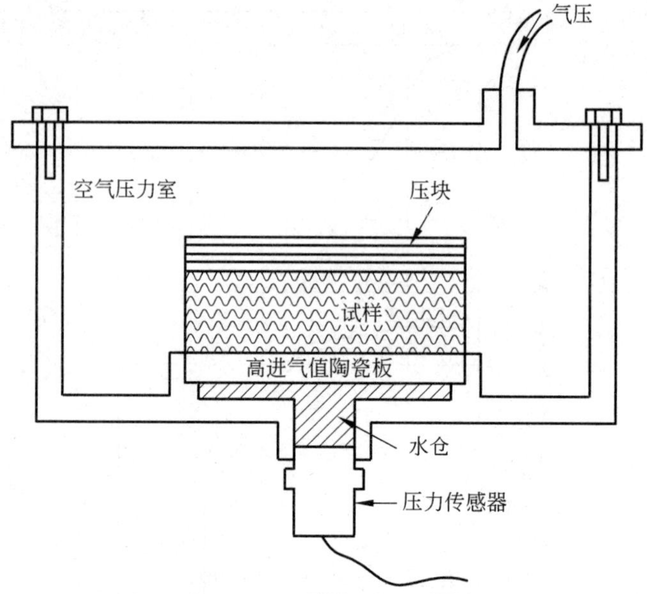

图 4-9 吸力量测的压力板法

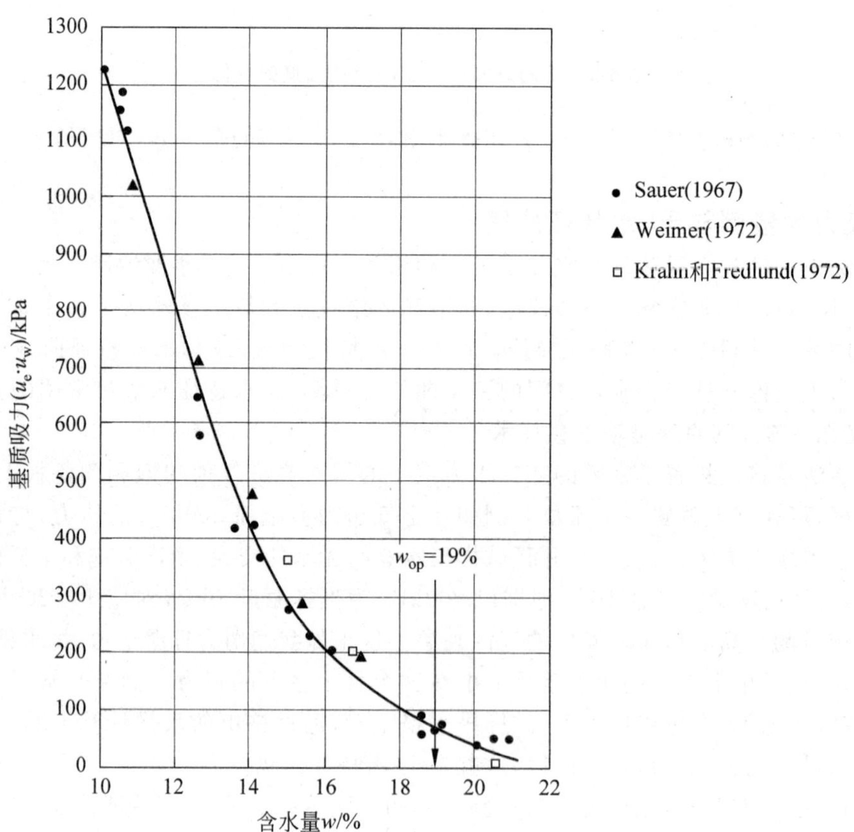

图 4-10 几组试验测定的压实冰碛土的土-水特征曲线

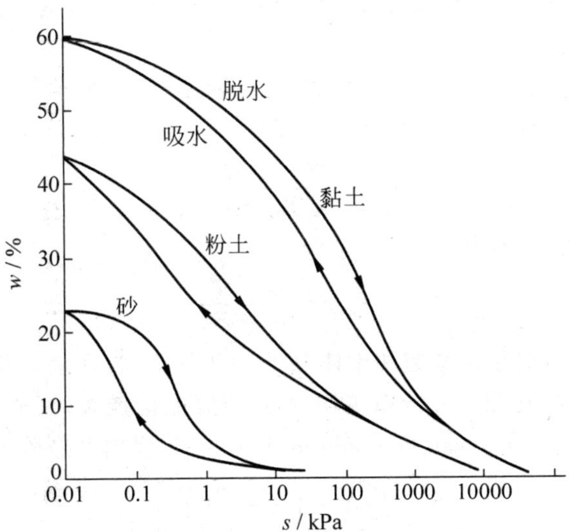

图 4-11　不同土的土-水特征曲线

典型的土-水特征曲线通常以体积含水量 θ_w 为纵坐标，基质吸力为横坐标表示，其中吸力常用对数坐标表示。体积含水量为水的体积占土体的总体积的比值，由于(质量)含水量 w 与土的密度无关，体积含水量 θ_w 可反映在土体的总体积不变条件下的含水量与吸力变化，更能反映土中孔隙中水的分布情况，图 4-12 就是这样的曲线。

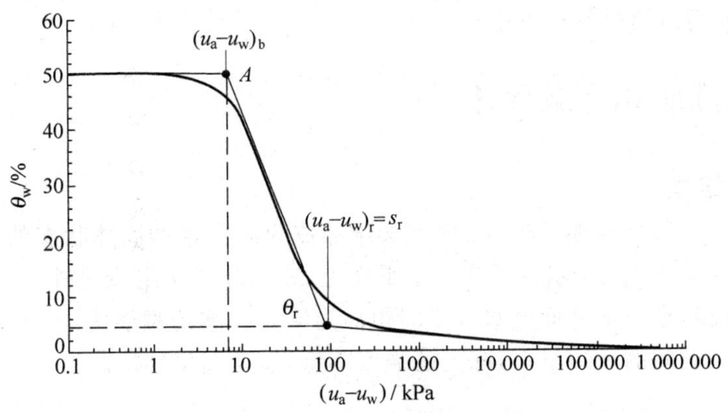

图 4-12　典型的土-水特征曲线

$$\theta_w = \frac{V_w}{V} = S_r n = \frac{S_r e}{1+e} \tag{4-10}$$

式中，V 与 V_w 分别为土体的体积和土中水的体积；S_r 为土的饱和度；n 为孔隙率；e 为孔隙比。

在图 4-12 中，$(u_a - u_w)_b$ 为进气吸力，它是土体最大孔隙孔隙尺寸的一种度量。在该吸力下，空气开始进入饱和试样的最大孔隙中，随着基质吸力的增高，土样中相对较小的孔隙也依次吸气脱水。θ_r为残余水含水量，对应的残余吸力为 $s_r = (u_a - u_w)_r$，残余水含水量也可用残余饱和度 S_{rr}代替。在该体积含水量下，再增加基质吸力并不会引起饱和度的显著变化,或者说大于残余吸力以后,在压力板法中,含水量的继续减少将需要增加很大的室压,它与土中的强结合水含量有关。

关于土-水特征曲线中的吸力与含水量(或饱和度)间的数值关系,人们提出了许多经验公式。例如布克(Books)与科里(Corey)对于$(u_a-u_w)>(u_a-u_w)_b$情况下的经验公式为

$$S_{re}=\left[\frac{(u_a-u_w)_b}{u_a-u_w}\right]^{\lambda} \tag{4-11}$$

式中,S_{re}为有效饱和度,表示为

$$S_{re}=\frac{S_r-S_{rr}}{S_m-S_{rr}} \tag{4-12}$$

式中,S_m为最大饱和度,对于完全饱和土体取$S_m=1.0$;S_{rr}为残余饱和度。λ为一个反映土体孔隙大小分布的指标,孔隙尺寸分布越均匀,λ的值也就越大;孔隙大小范围越广,λ的值也就越小。可通过试验确定。van Genuchten于1980年提出其经验公式为

$$S_{re}=\left[1+\left(\frac{u_a-u_w}{u_0}\right)^n\right]^{-m} \tag{4-13}$$

其中,u_0, n, m都是试验拟合常数,通常取$n=1/(1-m)$。

弗雷德隆德(Fredlund)根据土样的颗分曲线,用统计分析的方法导出了可适用不同土类的土-水特征曲线的拟合公式:

$$\theta_w=\left[1-\frac{\ln(1+s/s_r)}{\ln(1+10^6/s_r)}\right]\frac{\theta_s}{\{\ln[e+(s/a^{\alpha})]\}^{\beta}} \tag{4-14}$$

式中,a、α、β为拟合参数,可从颗分曲线得到;s_r为残余含水量对应的基质吸力;θ_s为饱和时的体积含水量;e为自然对数常量(e=2.718……)。

4.2.3 土的冻胀和冻融作用

1. 冰分子结构

在大气压力下,天然水在低于0℃时就会结晶成为冰。这种固体状态的水的晶体,分子排列规则(见图4-13)。三个水分子在一个平面上,三个分子又组成另外一个平面。氧与氧之间为氢键所连接,在一个平面上水分子间距离为4.5Å,冰的键能为19kJ/mol。当温度升高接近融点时,氢键间的破裂增多,冻土的强度降低,蠕变速率加快。

2. 冻胀

水在结冰时体积发生膨胀,大约体胀9%。这对于孔隙率高达0.5、冻结厚度为1m的饱和地基土,可引起4.5cm的冻胀量。1928—1929年冬季,卡萨格兰德在美国新罕布什尔州的公路进行了实地量测。当地秋季时地下水位深2m,冬季当冻层深度为45cm时,地表总冻胀量达13cm。冻层中冻结前含水量为8%~12%,冻结后含水量达到60%~110%。开挖后发现冻层中分布大量的冰晶、冰透镜体、冰夹层,平均冰厚度为13cm。可见地基中水分的转移才是地基冻胀的基本原因,见图4-14。

土的冻胀的物理化学机理很复杂,其细节尚有待于进一步研究。它是一个复杂的相变、热传递、力和水分运动的过程。目前人们较普遍地接受马丁的模型:黏土颗粒表面的结合水在-0.5~-30℃才会结冰,因而黏土颗粒表面总存在一层未冻水。溶解有离子的孔隙水

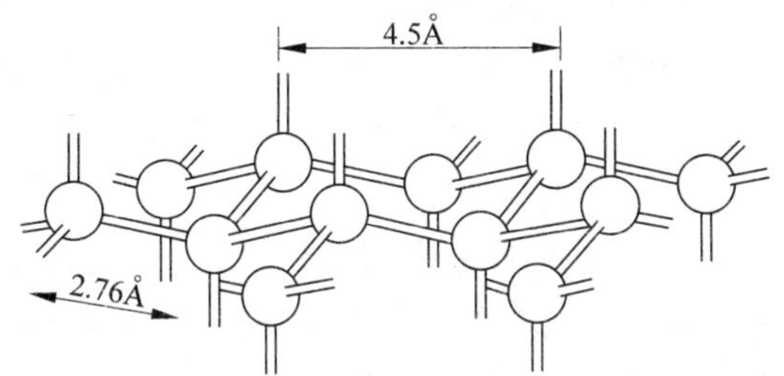

图 4-13　冰的分子结构

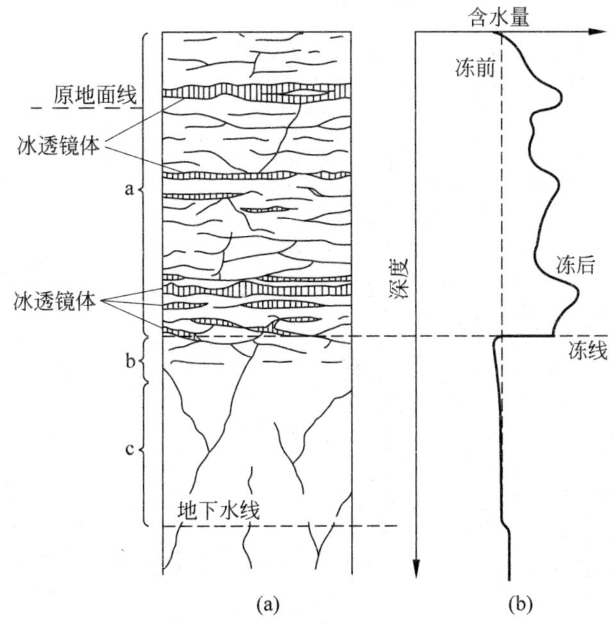

图 4-14　冻土不同土层含水量的分布

结冰温度 T_0 也低于 0℃。冰晶体核的形成需要比 T_0 低的温度，并且在冰晶表面也存在一层未冻水膜，随着温度降低，这部分水膜逐渐冻结到冰晶中而变薄。这样，在冻结区存在很明显的吸力。这种吸力来源于：冻结时冰晶表面的未冻水膜变薄而产生的吸力；由于孔隙中水冻结使离子浓度提高而产生的渗透吸力；细粒土表面未冻水变薄产生的吸力。如果地基土中的水是一个开放的体系，即地下水被毛细吸力源源不断吸引上升，而冻结锋面(即土冻层下缘)又在毛细影响区，则冻结锋面的负孔压又吸引这部分毛细水，补充被冻结的冰晶表面变薄的未冻水膜，使冰晶不断扩大，变成冰透镜体和冰层。随着温度降低、冻层下降，冰透镜体不断形成并扩大，造成冻胀不断发展。直至水的相变(水结冰)热(80J/kg)与散热平衡时，冻结深度不再变化，冻胀也变缓了。

可见地基土的强烈冻胀需要有以下条件：

(1) 低于水的冻结温度；

(2) 地下水位与冻结锋面较接近，或土壤含水量较高，有可供给冻结锋面的充足的水分；

(3) 土的颗粒及级配有利于产生冻胀。

粗粒土中由于没有结合水，且不易形成冰透镜体，所以它是非冻胀土或弱冻胀土。纯黏土由于渗透系数太小，水流动受限制，不能向冻结区提供足够水分，也不是对冻胀很敏感的土。但黏土中如存在较多的砂粒、粉粒或者裂隙发育时，则会产生严重冻胀。其实在土中是孔隙的尺寸而非土颗粒本身的尺寸决定冻胀。一般认为0.1mm是允许冰透镜体形成的最大颗粒尺寸。而0.02mm是一个对冻胀敏感的颗粒尺寸。对于级配良好的粗粒土但小于0.02mm颗粒的含量为3%，对于均匀级配的粗粒土但小于0.02mm颗粒的含量为10%，都会使土发生冻胀。即使砾石土含有5%～10%的0.02mm的颗粒也会产生冻胀。对于一种瑞典的冰碛土，其冻胀和非冻胀的级配界限见图4-15。渗透系数 k 为 $10^{-6}\sim10^{-3}$ cm/s 的粉土、粉质黏土和砂质黏土及裂隙发育的黏土最易发生冻胀。

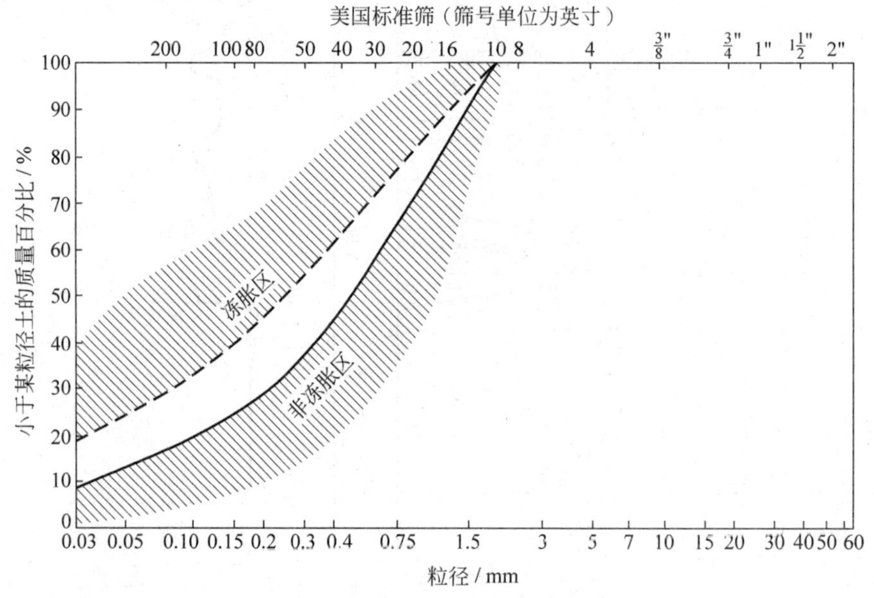

图4-15 冰碛土冻胀的级配界限

冻胀会导致轻型建筑物倾斜、开裂，使桩发生冻拔，使公路路面开裂、铁路路轨变形。对于小型水利建筑物，如渠系上的桥、涵洞、闸等，冻胀可使其基础开裂，对于翼墙及渠道刚性护坡，冻胀土压力可使其发生位移而开裂，过水时被冲毁。我国内蒙古河套灌区的80%渠系建筑物受冻害。巨大的水平冻胀力会使重力挡土墙和基坑支挡结构物发生倾斜与滑移，甚至倾倒。

3. 融化作用

当气温升高时，因冻结而被向上吸引的水分形成的冰透镜体及冰夹层从上而下融化成水。但下部冻土尚未融化。多余水分除少量蒸发外，其余的无法下渗，形成泥浆。常常看到一些道路表面因水分蒸发形成薄硬壳，中间夹泥浆状融土，下部为冻土，形成道路“翻浆”的现象。在北方一些渠系中，由于坡面表层融化，下部为冻土，高含水量的融土沿冻土表层下滑，使渠道淤堵。

可见冻融是地基土和土工构造物中经常面临的严重的工程问题。人们常常采用各种工程措施防止冻害。其中建筑物基础的最小埋置深度的规定就是针对冻害而采取的措施。

4.3　土的渗透性

4.3.1　土中水的势能

水总是从能量高的状态流向能量低的状态。由于土中水的渗流速度一般较慢，其动能部分可以忽略，所以决定土中水运动的主要是其势能。土中水的势能可以分为重力势、压力势、基质势和溶质势。当然也可以有其他的划分方法，本书不再涉及。

能量的单位是焦耳，即 N·m，亦即 1J 为 1N 力的作用点在力的方向上移动 1m 距离时所做的功。如果是单位体积水的能量，可表示为 kPa；如果用单位重量水的能量则可表示为 m。

1. 重力势Ψ_g

它就是水的位能，单位体积的水的重力势可表示为

$$\Psi_g = z\gamma_w \tag{4-15}$$

式中，z 为所考虑点相对于某基准面的竖向距离，在基准面以上取正值，之下取负值；γ_w 为水的重度。在图 4-16(a)中点 A，$z=-h$。

2. 压力势Ψ_p

压力势由水受到的压力，即土中的孔隙水压力所决定。土中水的孔隙水压力，可简称为孔压，可以用与该点连通的测压管中的水位确定，亦即 $u=\gamma_w h$。孔压可分为静孔压与超静孔压，静孔压是由水的自重引起的，不随时间变化的水压力，如图 4-16(a)所示；超静孔压是由外部作用(如荷载与振动等)或者边界条件的变化(如水位升降等)引起的不同于静孔压的部分，超静孔压会随时间而消散，并伴以土的体积的变化，如图 4-16(c)和(d)所示。

在静止的地下水位以下，土中各处的孔隙水总势能是相等的，因而水是不会流动的。这时孔隙水总势能为重力势和静水压力势。对于图 4-16(a)中 B 点，有

$$\Psi_B = \Psi_g + \Psi_p = 0 + 0 = 0$$

对于 A 点，有

$$\Psi_A = \Psi_g + \Psi_p = -\gamma_w h + \gamma_w h = 0$$

在各向同性土中渗流时，土中水总是沿着势能梯度(最大水力坡降)方向向着总势能低的地方流动。所以这时某点的压力势并不等于该点与其上自由水面间的高差，而是用通过与该点连通的管内的静水位来度量。在图 4-16(b)中 A 点的压力势可用下式表示：

$$\Psi_p = \gamma_w h \tag{4-16}$$

在稳定渗流的情况下，渗流压力势不随时间而变化，亦即$\frac{\partial u}{\partial t}=0$，所以土体不会有体积的变化。所以稳定渗流中的孔压应归入静孔压部分。非稳定渗流会有超静孔压，例如原地下水位从地面骤降到地下 5m 处，则 5m 以上部分的孔压就是超静孔压，5m 以下从现水面

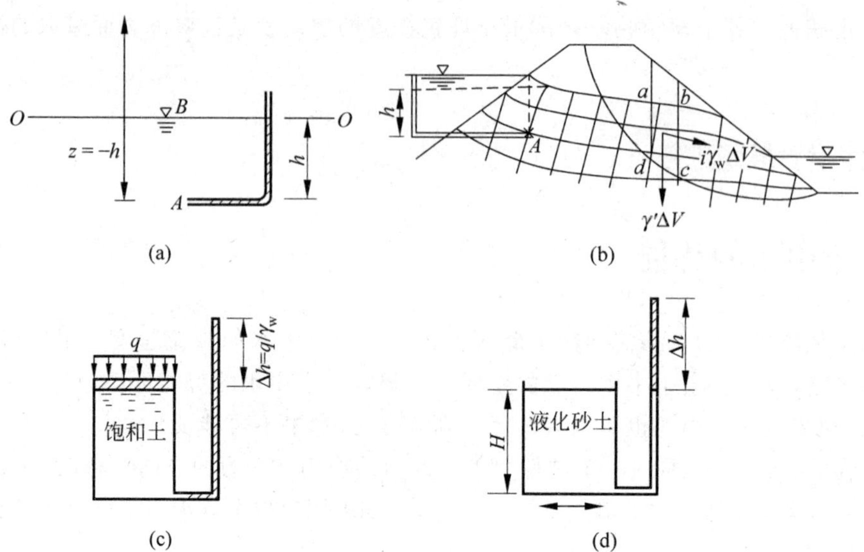

图 4-16 土中水的重力势与压力势

(a) 静水压力势;(b) 渗流压力势;(c) 荷载引起的超静水压力势;(d) 土自重引起的超静水压力势

算起的孔压就是静孔压。

超静水压力势是由荷载等在水中引起的高于静水压力的那部分,如图 4-16(c)所示;有时土的自重部分也会引起超静水压力,如欠固结黏土和液化土,如图 4-16(d)所示。图 4-16(c)表示的是由外加荷载引起的超静水压力势,在荷载施加的瞬时($t=0$),$\Delta\Psi_{\mathrm{p}}$ 为

$$\Delta\Psi_{\mathrm{p}} = \Delta h\gamma_{\mathrm{w}} = q \tag{4-17}$$

图 4-16(d)中超静水压力势是由土体自重而引起。当饱和松砂振动完全液化时,超静水压力势最大可达到

$$\Delta\Psi_{\mathrm{p}} = \Delta h\gamma_{\mathrm{w}} = (\gamma_{\mathrm{sat}} - \gamma_{\mathrm{w}})H \tag{4-18}$$

其中,γ_{sat} 为砂的饱和重度。欠固结黏土中超静水压力势有类似的情况。在有渗流条件下,超静水压力势一般是随时间而变化的,它会逐渐消散,这种消散过程称为固结,并伴随着土的体积变化。

静孔压与超静孔压在本质上是相同的,都是土中水的一种势能,也都适用于有效应力原理。

如上所述,单位质量的水的能量可用 m 表示,亦称为水头。对应于一定的基准面,理想液体内某一点的总水头包括位置水头(重力势)、压力水头(势)和速度水头;对应于同一基准面,与该点连通的测压管内的水头称为测管水头,因而测管水头只包括位置水头和压力水头。由于土中水流速较低,通常忽略了速度水头,在土力学中往往以测管水头代表总水头。

3. 基质势 Ψ_{m}

基质势又称为广义毛细势,主要是由气水界面的收缩膜,即表面张力引起的。图 4-17 表示的是将一土柱立于水容器中,由于基质势而使水上升,当达到平衡时,土柱中各高度的含水量(或饱和度)不同,相应的基质势也不同。由于水最后处于静止状态,已经不再流动,所以土柱中各处的总势能应当相等。如果以容器内静水位为基准面,则各点总势能应当为零，且水面以上各点的压力势均为零，重力势及基质势不同。

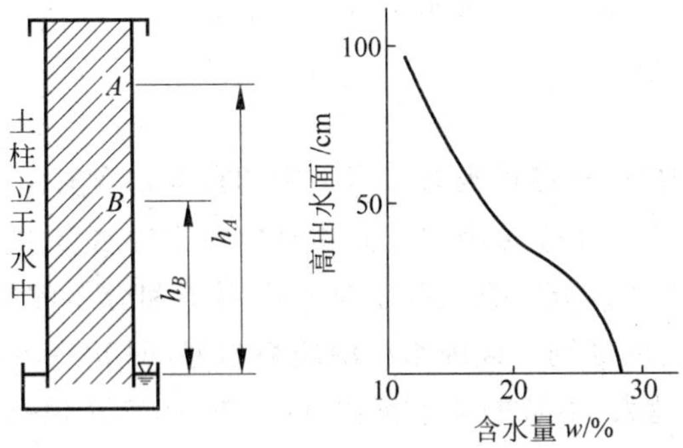

图 4-17　基质势的概念

对于 A 点，

$$\Psi_A = \Psi_g + \Psi_m = \gamma_w h_A + \Psi_m = 0$$

$$\Psi_m = -\gamma_w h_A$$

对于 B 点，

$$\Psi_B = \Psi_g + \Psi_m = \gamma_w h_B + \Psi_m = 0$$

$$\Psi_m = -\gamma_w h_B$$

可见基质势是负值，表现为吸力，可用毛细上升高度来表示。

基质势只存在于非饱和土体中，如图 4-8 和图 4-17 所示。完全饱和土的基质势为零。基质势也可看作是广义压力势的一种，如图 4-18 所示，A 点的基质势也可通过张力计量测，由于位于该点的张力计的连通水面低于该点，所以是一种负的压力势，而 B 点为正压力势。在图 4-18 中，B 点的总势能为

$$\Psi_B = \Psi_g + \Psi_p = \gamma_w z_B + \gamma_w h_B = \gamma_w h_{w(B)}$$

A 点的总势能为

$$\Psi_A = \Psi_g + \Psi_m = \gamma_w z_A - \gamma_w h_A = \gamma_w h_{w(A)}$$

从图中可见由于 $\Psi_A > \Psi_B$，所以将会发生水从 A 向 B 的流动。

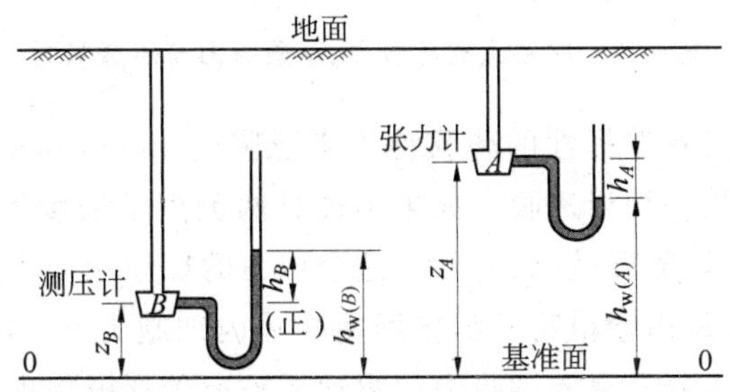

图 4-18　重力势、压力势与基质势

从图 4-17 可见，土柱中各高度的基质势不同，对应的土的含水量也不同，因而基质势与土的含水量(或饱和度)之间存在一定关系。这种关系就是图 4-12 所表示的土-水特征曲线。可见这里的基质势的大小等于上面所讲的吸力，符号相反。

$$\Psi_m = -(u_a - u_w) = -s \tag{4-19}$$

当孔隙与大气连通时，$u_a=p_a=0$，u_w 为负的孔隙水压力，图 4-17 中土柱中各点 $\Psi_m=u_w$，可见吸力或基质势也可用土中毛细水上升高度表示。

4. 溶质势Ψ_0

溶质势也是一种吸力，亦称渗透吸力。当土中的孔隙水含有溶解的盐分时，会导致相对湿度的降低，这个降低量会产生渗透吸力。基质吸力为土中水自由能的毛细部分，而渗透吸力则为土中水自由能的溶质部分。它实际上是水中离子和分子渗析扩散的驱动势能，与一般水体的宏观流动有一定的区别。设纯水中溶质势为零，即 $\Psi_0=0$，溶解有离子的溶液中溶质势 $\Psi_0<0$ 。离子浓度越大，溶解的离子价位越高，Ψ_0 的绝对值越高。土中基质吸力与渗透吸力之和称为总吸力，一般以基质吸力为主。图 4-19 表示了对冰碛土试验测得两种吸力及其叠加后的总吸力。

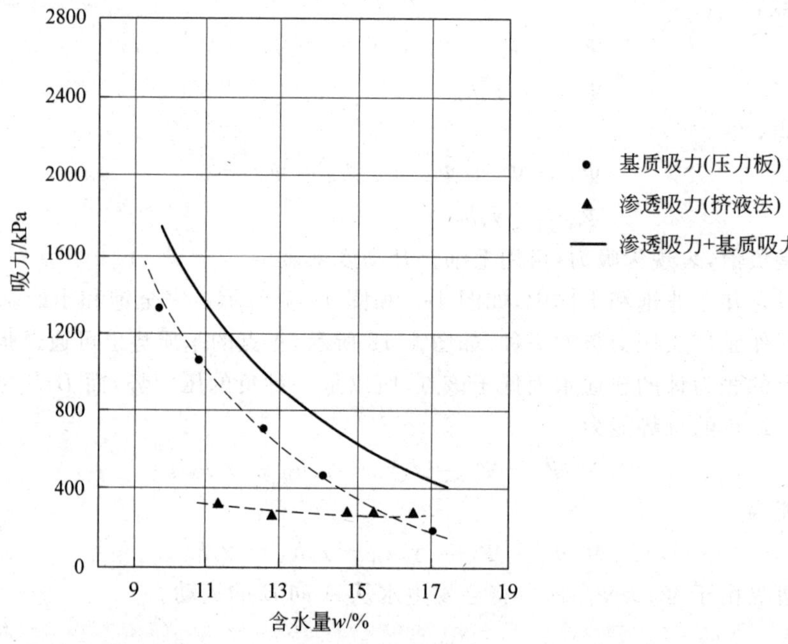

图 4-19 冰碛土的总吸力、基质吸力与渗透吸力

对不同粒子的通过具有选择性的薄膜称为半透膜(semipermeable membrane)，它一般是可透水的。细胞壁就是一种半透膜。如果半透膜两侧离子浓度不同，并且水分是平衡不流动的，那么浓度高的一侧需要较高的压力，这个压力的反作用即为渗透吸力。千尺高树中的水分能升到树冠，主要是由于植物蒸腾作用使叶片内细胞失水，使细胞内渗透吸力增高，这样水和溶解在水中的养分会在渗透吸力的驱动下被运送到植物顶端。我们吃菜太咸就会感到口渴，其根源也是渗透吸力。这样，土中水的总势能可表示为

$$\Psi=\Psi_g+\Psi_p+\Psi_m+\Psi_0 \tag{4-20}$$

但实际上以上各项并不一定会同时存在，一般对于饱和土主要是重力势与压力势；对于一般非饱和土则主要有重力势和基质势，对于高饱和度的非饱和土也可能存在压力势(超静孔压)。

4.3.2　达西定律的物理意义

达西定律揭示了单位面积渗流量 q(或流速 v)与水头坡降 i 成正比,比例常数为渗透系数 k。这是从试验得出的规律,能否从理论上证明这一规律? 渗透系数的物理意义是什么? 很多人致力于建立渗流的物理模型,用理论进行推导,其中较成功的是毛细管模型,参见图 4-20。用一个毛细管代替一条孔隙通道,毛细管半径为 R,截面面积为 a,设截面面上流速 $v(r)$ 呈抛物线分布。

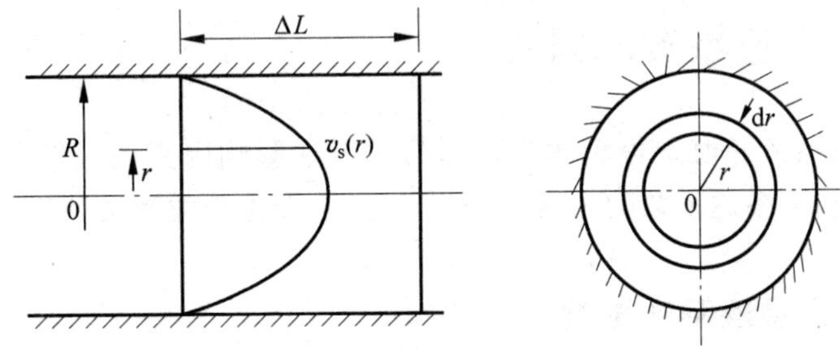

图 4-20　毛细管渗流模型

如果流体在长度 ΔL 流程上水头增量为 Δh,则管流的水力坡降为:$i_s=-\Delta h/\Delta L$。可见水力坡降点与流场中势函数梯度方向相反的向量。半径为 r 的单位长度柱状流体在 ΔL 流程的能量增量为

$$\Delta E = \Delta h \gamma_w \pi r^2 \tag{4-21}$$

而周边水体阻力在 ΔL 段所做的功为

$$W = 2\pi r \tau \Delta L \tag{4-22}$$

对于牛顿流体,

$$\tau = -\eta \frac{\mathrm{d}v_s}{\mathrm{d}r}$$

其中,η 为动力黏滞系数;v_s 为管中水的流速。

根据能量守恒,

$$-\Delta E = W, \quad -\Delta h \gamma_w \pi r^2 = -2\pi r \Delta L \eta \frac{\mathrm{d}v_s}{\mathrm{d}r}$$

从 $i_s=-\dfrac{\Delta h}{\Delta L}$,可得微分方程为

$$-2\eta \mathrm{d}v_s = \gamma_w i_s \mathrm{d}r \tag{4-23}$$

运用边界条件 $r=R$ 时,$v_s=0$,积分得 r 半径处的流速为

$$v_s = \frac{\gamma_w i_s}{4\eta}(R^2 - r^2) \tag{4-24}$$

图 4-20 表示厚度为 $\mathrm{d}r$ 的圆环的流量 $\mathrm{d}q=v_s 2\pi r \mathrm{d}r$,$r$ 从 0 积分到 R 可得一根毛细管的断面流量 $q=\dfrac{\gamma_w R^2}{8\eta} a i_s$,管内平均流速 $\bar{v}_s=q/a$,则

$$\bar{v}_s = \frac{\gamma_w R^2}{8\eta} i_s \tag{4-25}$$

设土体中的孔隙通道是由很多这样的毛细管组成的，则土体的渗流平均流速为 $\bar{v}=n\bar{v}_s$，n 为土的孔隙率，亦即

$$\bar{v}=\frac{\gamma_w R^2}{8\eta}ni_s \tag{4-26a}$$

则

$$k=\frac{\gamma_w R^2}{8\eta}n \tag{4-27}$$

式中，k 为土的渗透系数。

4.3.3 影响土渗透系数的因素

式(4-27)是用毛细管模型得到的表示土渗透系数影响因素的一般公式。经进一步试验和分析研究，影响土渗透系数的因素可分为两方面，即土颗粒骨架和流体性质。

1. 土骨架对土渗透系数影响

1）土颗粒的组成

黏土和粗粒土的渗透系数及其影响因素的机理不同。黏土颗粒表面存在结合水和可交换阳离子，其渗透系数很低。不同黏土矿物之间渗透系数相差极大，其渗透性大小的次序如下：

高岭石＞伊利石＞蒙脱石

黏土矿物的片状颗粒常会使黏土渗透系数呈各向异性，有时水平向渗透系数比垂直向可大几十倍、上百倍。

对于粗粒土，影响渗透系数的因素有颗粒的大小、形状和级配。一般认为存在一个特征粒径，它与渗透系数间存在如下关系：

$$k=cd \tag{4-28}$$

其中特征粒径一般取 d_{10}。这也表明粗粒土中的细颗粒对土的渗透性有较大影响。例如哈臣(Hazen)在1911年就提出：

$$k=cd_{10}^2 \tag{4-29}$$

2）土的状态

影响土的渗透性的另一个重要因素是其密度。一般讲，可以建立渗透系数 k 与土孔隙比 e 之间的经验公式，k 随 e 减小而减小。

柯森与卡门(Kozeny-Carman)针对粗砾土，在式(4-25)的基础上分别进行推导，得出来土的渗透系数的一般公式，称为柯森-卡门公式，其要点如下：

(1) 土中的渗透流速与孔隙通道中实际平均流速的关系为

$$\bar{v}=n\bar{v}_s=\frac{e}{1+e}\bar{v}_s \tag{4-26b}$$

(2) 土中孔隙通道实际上不是圆管，也不是两块平板间的缝隙，应当用其水力半径 R_H 代替圆管半径 R，二者间的关系可以表示为

$$\frac{R_H^2}{C_s}=\frac{R^2}{8} \tag{4-30}$$

其中，土中孔隙通道的水力半径可表示为

$$R_H^2=\left(\frac{e}{S_s}\right)^2 \tag{4-31}$$

式中，C_s 为土中孔隙通道的形状系数；S_s 为土的单位固体体积的表面积，m^{-1}。

(3) 在图 4-21 中，土中的孔隙通道是曲折的，实际的流程 L_1 比 L 大，又引进一个曲折系数 T，则

$$L_1=TL \tag{4-32}$$

$$i_s=Ti \tag{4-33}$$

$$v=\bar{v}\frac{L}{L_1}=\frac{\bar{v}}{T} \tag{4-34}$$

经过这些推导，就得到了柯森-卡门公式：

$$v=\frac{\gamma_w}{C_sS_s^2T^2}\frac{e^3}{1+e}i \tag{4-35}$$

亦即

$$k\propto\frac{e^3}{1+e}$$

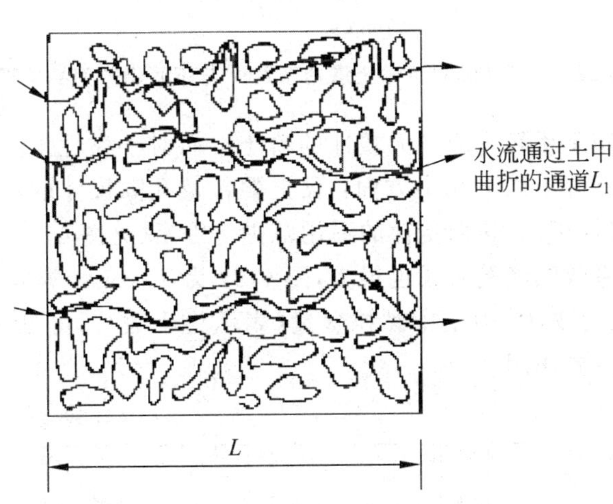

图 4-21　水通过土中的曲折孔隙通道的流动

柯森-卡门公式是在天然均匀的砂砾基础上推导的，其形状系数 $C_s\approx2.5$，曲折系数 $T\approx\sqrt{2}$。但是天然砂土的组成与结构是千差万别的，一些人结合式(4-28)和式(4-35)，在试验的基础上提出一些不同形式的公式。

1974 年，Amer 与 Awad 提出经验公式为

$$k=C_1d_{10}^{2.32}C_u^{0.6}\frac{e^3}{1+e} \tag{4-36}$$

式中，C_u 为土的不均匀系数。

2004 年，Chapuis 提出公式为

$$k=2.4622\left(d_{10}^2\frac{e^3}{1+e}\right)^{0.7825} \tag{4-37}$$

此外也有一些经验公式，以 $k\propto e^2$ 及 $k\propto\frac{e^2}{1+e}$ 的形式表示，其拟合的结果也较好，如图 4-22 所示。

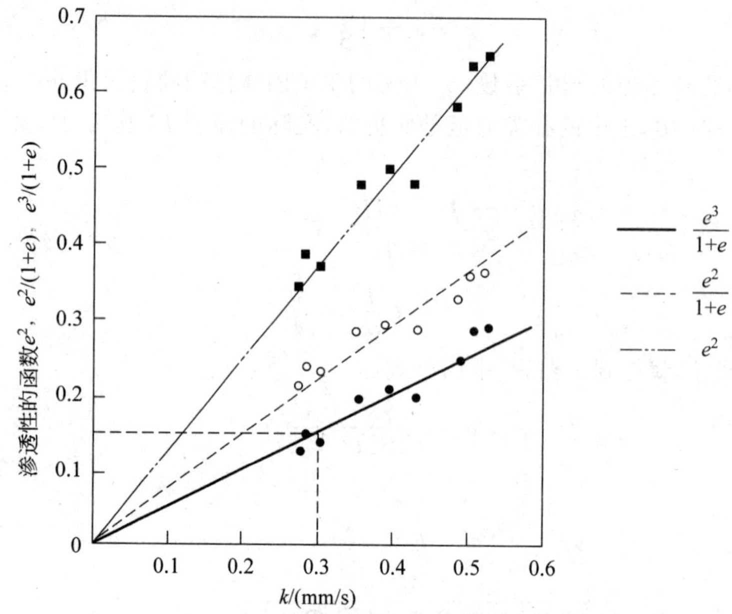

图 4-22 对于 Madison 砂土渗透系数 k 与不同函数间的关系图

上述的公式均适用于粗粒土或者无塑性的粉土。而对于黏性土及有塑性的粉土，则误差很大。这种误差可能源于以下几个方面：黏土颗粒及孔隙尺寸的不规则；由于存在结合水，使其孔隙水的黏滞性更高；达西定律的适用范围等因素(见图 4-23)。

对于黏性土渗透系数的经验公式也很多，图 4-23 为 Tavenas 等人在试验基础上的拟合结果。图中 I_P 为塑性指数，C_f 为土中黏粒含量(表示为小数)。可见这时土中的黏粒含量和黏土的矿物成分起重要作用。

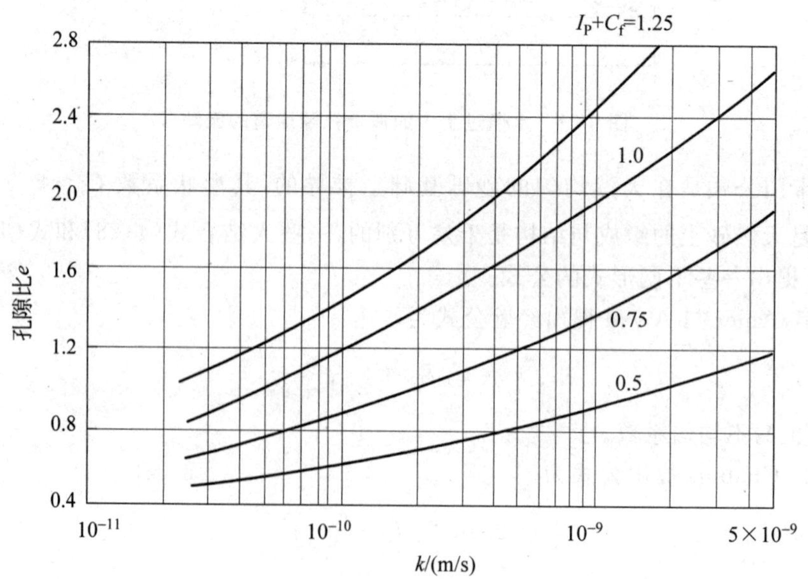

图 4-23 Tavenas 等提出的 $k=f(e,\ I_P+C_f)$ 函数关系

3）土的结构

土的结构对于黏性土的渗透系数影响更大一些。如果黏性土先形成粒组、团粒结构（见图 2-57），则团粒间的大孔隙决定了渗透性，使其渗透性明显加大。图 4-24 表示的是击实黏土的击实曲线与相应的渗透系数。可见在最大干密度下其渗透系数最小，这时对应击实时土处于最优含水量状态。如击实时 $w<w_{op}$，在击实时容易形成絮状结构，易形成相对较大的孔隙，渗透系数就大；如 $w>w_{op}$，击实时容易形成分散结构，易形成较多的小孔隙，即使孔隙比相同，渗透系数也比 $w<w_{op}$ 时小得多。

黏性土的触变性使其强度随时间而提高，渗透系数降低。图 4-25 为压实土在不同含水量 w 下压实时，k_0/k_{21} 的变化，其中 k_0 为压实后立即测的 k 值，k_{21} 为 21d 后实测的 k 值。

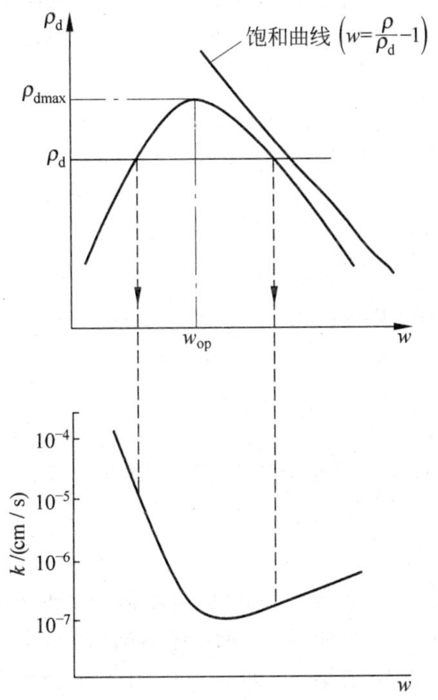

图 4-24　黏性土的压实曲线和渗透性

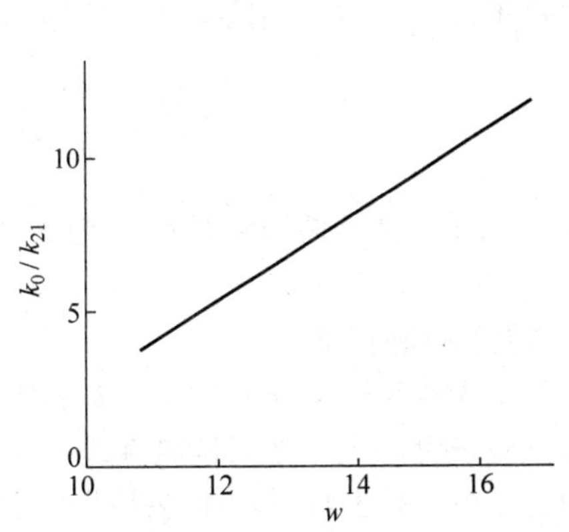

图 4-25　压实黏性土的$\frac{k_0}{k_{21}}$与含水量 w 间关系

2. 渗透流体的影响

从式(4-25)可见，流体的黏滞系数 η 和液体（水）的重度 γ_w 也是渗透系数 k 的主要影响因素，而渗透流体受到的压力、温度和流体内电解质的浓度对这两项都有影响。当水中含有封闭小气泡时，即使含量很小，也会对其渗透性产生很大影响。在黏土中由于双电层的影响，电解质溶质的成分对其渗透性起重要作用。其中渗透流体的极性越大，介电常数越小，k 也越小。这既与黏土的结构的影响有关，也与渗透流体本身性质有关。溶液中盐含量提高（或价位提高），渗透系数加大，这与黏土中结合水膜的厚度有关。

4.3.4 达西定律的适用范围

达西定律表明,土的渗透流速与其水力坡降间呈线形关系,比例常数是渗透系数 k。这是在流体处于层流和流体的流变方程符合牛顿定律的前提下才成立的,即剪应力与剪应变的速率成正比。对于大颗粒土,存在大孔隙通道,在高水力坡降下可能会使渗透变成紊流;在黏土中,水与颗粒表面相互作用也可能使流变方程偏离牛顿定律。这分别成了达西定律适用情况的上、下限。

1. 粗粒料的渗透性

水在较粗颗粒土,例如砾石、卵石的孔隙中流动时,水流形态可能发生变化,随流速增大,呈紊流状态,渗流不再服从达西定律,类似于管道水流,用雷诺数 Re 判断粗粒土中的流态。

$$Re = \frac{vd_{10}}{\eta} \tag{4-38}$$

式中,v 为流速;d_{10} 为土的有效粒径;η 为动力黏滞系数。

$Re<5$ 时,层流区,$v=ki$;

$200>Re>5$ 时,过渡区,$v=ki^{0.74}$;

$Re>200$ 时,紊流区,$v=ki^{0.5}$。

也可不计流动形态,用统一公式模拟试验结果,如下式:

$$i = aq + bq^2 \tag{4-39}$$

或

$$i = aq^m \quad (m = 1 \sim 2) \tag{4-40}$$

式中,q 仍为单位面积断面流量;a、b 为试验确定的常数。流态分类见图 4-26。

2. 黏土的渗透性

一般认为达西定律对于黏性土也是基本适用的。可是在较低的水力坡降下,某些黏土的渗透试验表明,v 与 i 之间偏离直线,如图 4-27 所示。对于这一现象有不同解释,但是一般认为这是由于黏土颗粒表面与孔隙水间物理化学作用结果,亦即双电层内的结合水与一般流体不同,是半固体状态,有较大黏滞性,不服从牛顿黏滞定律,只有在较大起始坡降 i_0 下,达到其屈服强度,才开始按线性关系流动。这种情况可以表示为两段,即 $v=ki^n$ 和 $v=k(i-i_0)$,一般可选 $n=1.6$。

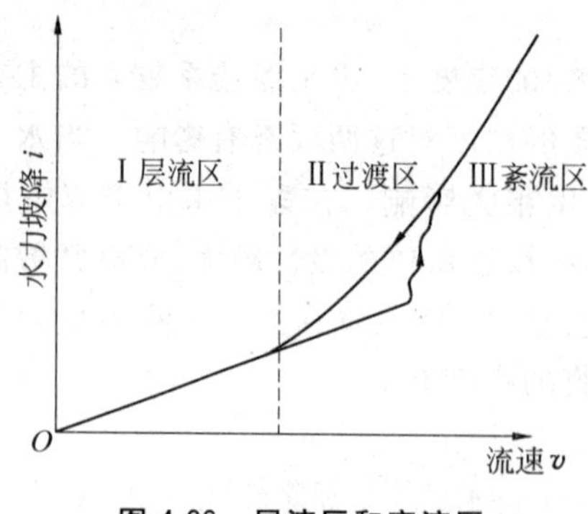

图 4-26 层流区和紊流区

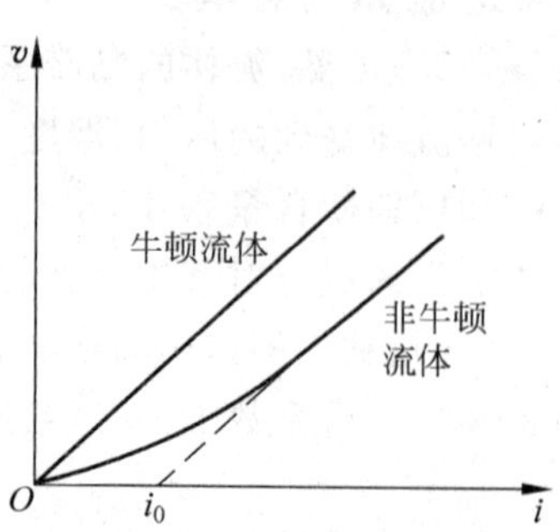

v
牛顿流体
非牛顿流体
O i_0 i

图 4-27 流动性状不同类型

4.3.5 非饱和土的渗透性

非饱和土的孔隙中存在气体和水两种流体。根据其饱和度的不同，土中气体和水呈不同的形态。图 4-28 表示了非饱和土中孔隙水与气体的三种不同形态。当土的饱和度比较高时，例如，击实黏土含水量大于最优含水量 w_{op}时，相应的压实后的饱和度为 85%～90%，这时土的孔隙主要被水所占据。气体呈气泡状，被水所包围，可随水一起流动，如图 4-28(c)所示，称为气封闭状态。这种混合的流体是可压缩的，在较高压力势下，气泡可被压缩和溶解，使孔隙水饱和度进一步提高。这种情况下，一般可按饱和土计算渗透与固结问题，只不过其渗透系数小于饱和土，孔隙流体可压缩。当土中含水量很小时，孔隙水主要以水蒸气和结合水状态存在，或者吸附在土颗粒局部和表面，被气体隔离封闭，可不考虑水的流动，如图 4-28(a)所示情况，称为水封闭状态。对于图 4-28(b)情况，气体和水都是连通的，均可能发生流动，称为双开敞体系，相应的饱和度对于黏土 $S_r=50\%\sim90\%$；对于砂土 $S_r=30\%\sim80\%$，这种情况是研究非饱和土渗透性的主要课题，一般分别考虑空气的流动和水的流动。

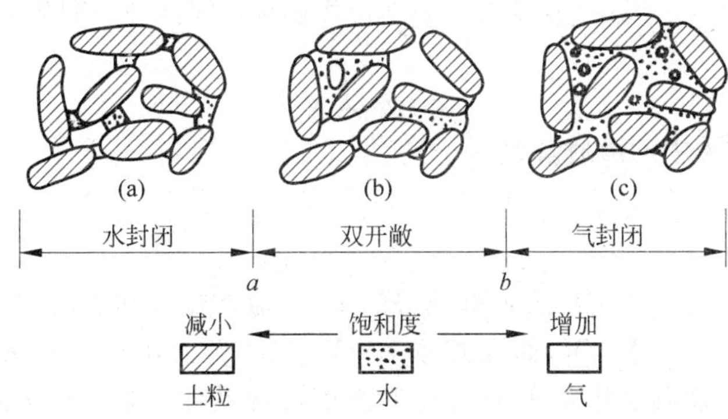

图 4-28　非饱和土中水气形态

根据以上分析，应分别研究两种流动状态，即气流动和水流动，可表示为下列广义达西定律形式：

$$\left.\begin{aligned} v_a &= k_a i_a = -k_a \frac{\partial \Psi_a}{\partial y \gamma_a} \\ v_w &= k_w i_w = -k_w \frac{\partial \Psi_w}{\partial y \gamma_w} \end{aligned}\right\} \tag{4-41}$$

1. 空气流动

费克(Fick)定律(1855)用以描述空气沿坐标轴方向的流动，例如沿 y 方向可写成下式：

$$J_a = -D_a \frac{\partial c}{\partial y} = -D_a \frac{\partial c}{\partial u_a}\frac{\partial u_a}{\partial y} \tag{4-42}$$

式中，J_a 为通过单位面积土的空气质量流量；D_a 为土中空气流动的传导常数；c 为空气浓度，单位体积土中空气的质量，是绝对气压的函数，$c=f(u_a)$；$-\frac{\partial c}{\partial y}$为沿 y 方向的浓度梯度；u_a 为空气压力；$-\frac{\partial u_a}{\partial y}$为沿 y 方向空气压力梯度。式中负号表示沿浓度梯度减小的方向流动。

空气浓度和气压的关系可用下式表示：

$$c = \rho_a (1 - S_r) n \tag{4-43}$$

式中，ρ_a 为空气密度，$\rho_a = \dfrac{\omega_a u_a}{RT}$；$S_r$ 为土的饱和度；n 为孔隙率；ω_a 为空气分子质量；R 为气体常数；T 为绝对温度。

为了得到类似于达西定律的形式，1971年，美国加州大学的布莱特(Blight)进行如下修改，将空气传导系数 D_a^* 定义为下式：

$$D_a^* = D_a \frac{\partial c}{\partial u_a} = D_a \frac{\partial [\rho_a (1 - s) n]}{\partial u_a} \tag{4-44}$$

式(4-42)可改写为

$$J_a = -D_a^* \frac{\partial u_a}{\partial y} = -D_a^* \rho_a g \frac{\partial h_a}{\partial y} = D_a^* \rho_a g i_{ay} \tag{4-45}$$

根据 J_a 的定义可知，通过单位面积土的空气质量流量可用下式表示：

$$J_a = \rho_a \frac{\partial V_a}{\partial t} = \rho_a v_a \tag{4-46}$$

式中，V_a 为通过的空气体积；v_a 为通过的空气体积流速。令式(4-46)等于式(4-45)，再代入式(4-41)，得

$$k_a = D_a^* g \tag{4-47}$$

式中，k_a 称为空气在土中的渗透系数。

2. 水的流动

非饱和土中水的流动受饱和度或基质势的影响，通常非饱和土的饱和度用体积含水率 θ_w 表示，由式(4-10)，$\theta_w = V_w / V$，而孔隙率 $n = V_v / V$。当土处于饱和状态时，$V_w = V_v$，即 $\theta_w = n$，这时土的渗透系数为常数，即前述饱和土的渗透系数。非饱和土的渗透系数不是常数，θ_w 减小，渗透系数 k_w 随之减小，这是因为，空气增多减小了过水面积，土粒和水靠近，水土之间相互作用增强，此外，土中大孔隙的透水性强，空气增多首先将大孔隙中的水排空，使小孔隙水不能参加渗流，称为“瓶颈效应”。用基质吸力 $s(=u_a - u_w)$ 反映非饱和土饱和度对渗透系数的影响更易表达土变干和变湿过程的不同特点。

首先，用土-水特征曲线表示基质吸力和体积含水率之间的关系，见图4-29。从图可知当 $\theta = n$ 时，$s = 0$，为饱和土；θ 减小，s 增大，过水断面积减小，k_w 减小。从土-水特征曲线可见干湿过程曲线不重合，这是因为干湿过程水土接触角不同，孔隙中形成弯液面时水膜的厚度不同。此外，因“瓶颈效应”，土变干时，水不能离开小孔隙，而变湿时水不易进入大孔隙，称为“盲端效应”，见图4-6。因此，用基质吸力更能反映非饱和土的渗透性。

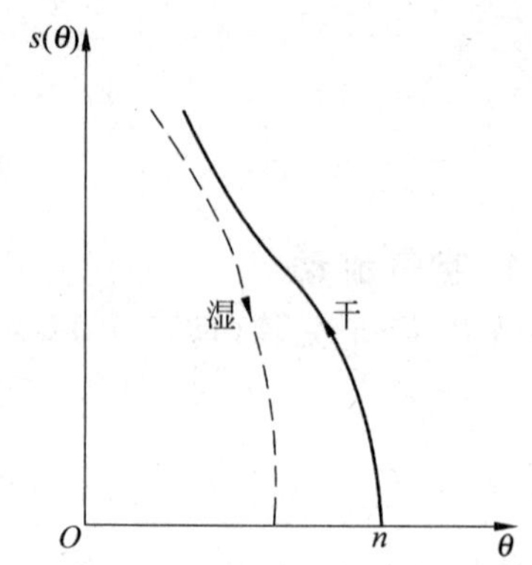

图4-29　基质吸力与含水率的关系

1958年，戈德纳(Gardner)从实验得到非饱和土中水的渗透系数 k_w、饱和土渗透系数 k_s 以及基质吸

力间的关系，可用下式表示：

$$k_w = \frac{k_s}{1 + a\left(\frac{u_a - u_w}{\rho_w g}\right)^n} \tag{4-48}$$

式中，a、n 为试验确定的常数。

4.4　二维渗流与流网

4.4.1　二维渗流的基本微分方程

实际工程中的渗流很多都可近似为平面问题，如堤防、坝、闸、输水渠系等，基坑的渗流也常按二维渗流进行分析。

根据不可压缩流体的假设和水流连续条件，在图 4-30 中，在体积不变条件下，对于饱和土，流入微单元的水量必须等于流出的水量，即

$$v_x \mathrm{d}z + v_z \mathrm{d}x = \left(v_x + \frac{\partial v_x}{\partial x}\mathrm{d}x\right)\mathrm{d}z + \left(v_z + \frac{\partial v_z}{\partial z}\mathrm{d}z\right)\mathrm{d}x$$

亦即

$$\frac{\partial v_x}{\partial x} + \frac{\partial v_z}{\partial z} = 0 \tag{4-49}$$

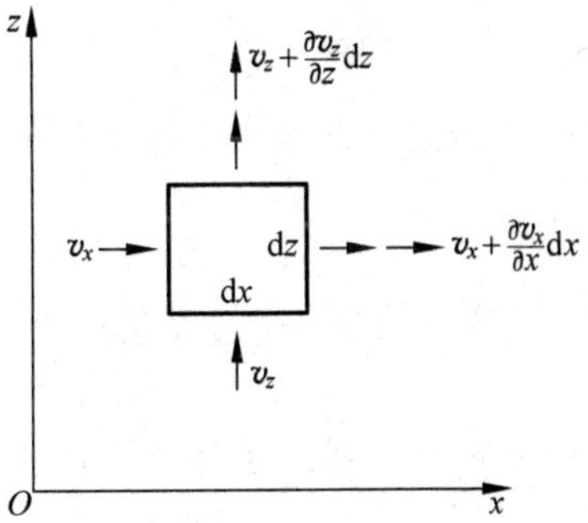

图 4-30　二维土单元的渗流

根据达西定律，得

$$\left.\begin{aligned} v_x &= -k_x \frac{\partial h}{\partial x} \\ v_z &= -k_z \frac{\partial h}{\partial z} \end{aligned}\right\} \tag{4-50}$$

其中，k_x、k_z 分别为 x 与 z 方向土的渗透系数；h 为某一点的测管水头，一般等于重力势加压力势。将式(4-50)代入式(4-49)，得

$$k_x \frac{\partial^2 h}{\partial x^2} + k_z \frac{\partial^2 h}{\partial z^2} = 0 \tag{4-51}$$

对于各向同性的土，$k_x = k_z$，则

$$\frac{\partial^2 h}{\partial x^2} + \frac{\partial^2 h}{\partial z^2} = 0 \tag{4-52}$$

这就是饱和各向同性土中二维渗流的基本微分方程。

只有边界条件很简单的情况，才可直接从这个方程积分得到解析解。例如对于图 4-31 的简单的一维渗流问题，可直接进行积分，从边界条件求解。在此图中，水流通过两种土，将渗流方向取为 x 轴正方向。式(4-52)简化为：$\frac{\partial^2 h}{\partial x^2}=0$，微分方程的通解为

$$h = c_1 x + c_2 \tag{a}$$

对土体 1 而言，边界条件为

$$x = 0,\quad h = h_0;\quad x = L_1,\quad h = h_1$$

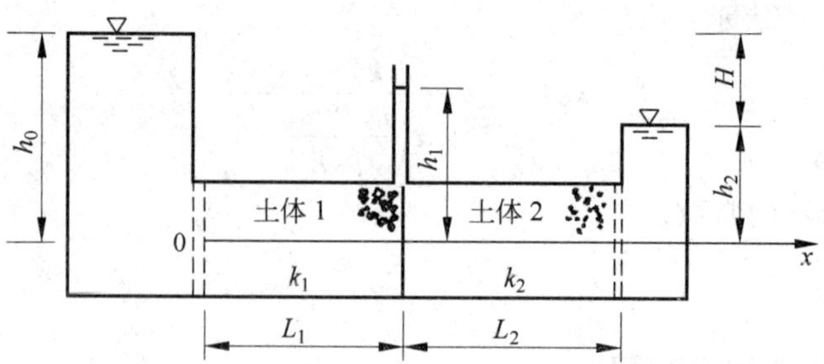

图 4-31 一维渗流通过两种土体的情况

据此可确定 c_1 和 c_2，$c_2=h_0$，$c_1=\dfrac{h_1-h_0}{L_1}$。

根据连续性原理，可得

$$k_1\frac{h_0-h_1}{L_1}=k_2\frac{h_1-h_2}{L_2}$$

即

$$h_1=\frac{L_2k_1h_0+L_1k_2h_2}{L_1k_2+L_2k_1}$$

则可求出微分方程在土体 1 中的定解为

$$h=h_0-\frac{k_2(h_0-h_2)}{L_1k_2+L_2k_1}x \tag{b}$$

对土体 2 而言，边界条件为

$$x=L_1,\quad h=h_1;\quad x=L_1+L_2,\quad h=h_2$$

可求得微分方程在土体 2 中的定解为

$$h=\frac{(L_1k_1h_0-L_1k_1h_2+L_2k_1h_0+L_1k_2h_2)-k_1(h_0-h_2)x}{L_1k_2+L_2k_1} \tag{c}$$

微分方程的解式(b)和式(c)可进一步简化，将测管水头基准面选在 h_2 的水面位置，即设在 $x=L_1+L_2$ 处，$h=0$，并将水头损失 h_0-h_2 记作 H，则式(b)和式(c)分别简化为式(d)和式(e)。

土体 1 中

$$h=H\left(1-\frac{k_2x}{L_1k_2+L_2k_1}\right) \tag{d}$$

土体 2 中

$$h=H\frac{k_1(L_1+L_2-x)}{L_1k_2+L_2k_1} \tag{e}$$

对于一些边界条件相对简单的工程问题，也有人对式(4-52)进行积分得到解析解。图 4-32 为 Harr 解出的围绕不透水板桩的渗流，图 4-33 为不透水坝身下地基的渗流。图中，T'为透水地基的厚度，S 为不透水板桩或防渗帷幕贯入透水地基的深度，H 为上下游水头差，x/b 表示的是板桩的水平位置，图中给出无量纲形式的解。

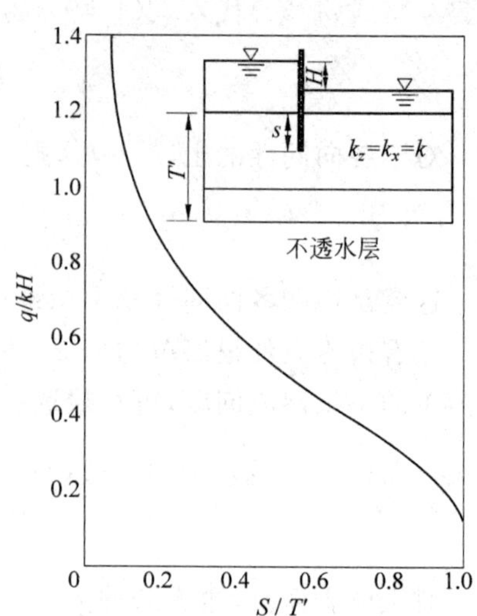

图 4-32 围绕不透水板桩的渗流

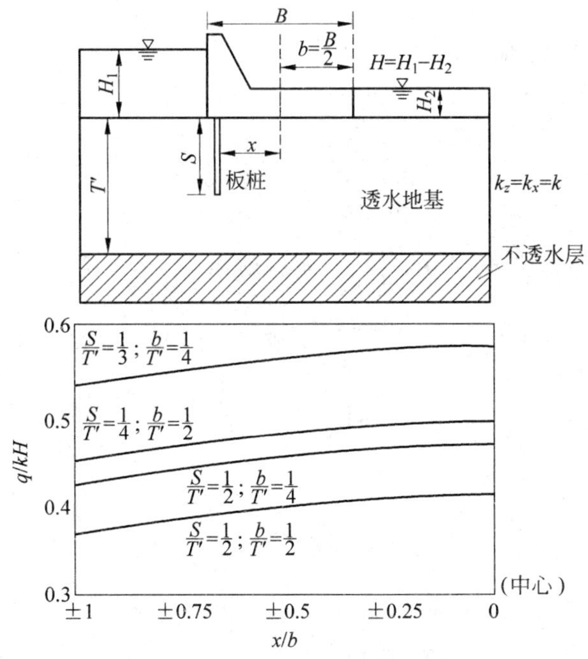

图 4-33　坝下地基的渗流

人们经常根据式(4-52)的基本微分方程,采用近似公式法、图解法(流网)、数值计算法、试验模拟法对复杂边界问题求解,解决了许多土中渗流的工程问题。

4.4.2　流网及其应用

1. 势函数与流函数

二维渗流测压管水头 h 的拉普拉斯方程如式(4-52)所示。引入速度势 Φ 的定义,设势函数 $\Phi=kh$,则有 $v_x=ki_x=-\frac{\partial \Phi}{\partial x}$,$v_z=-\frac{\partial \Phi}{\partial z}$,即势函数的一阶导数为流速,负号代表流速指向 Φ 减小的方向。根据势流理论中的柯西-黎曼方程(式(4-53)),必存在一个流函数 Ψ,Ψ 的一阶偏导数$\frac{\partial \Psi}{\partial z}=v_x$,$\frac{\partial \Psi}{\partial x}=-v_z$。

$$\left.\begin{aligned}\frac{\partial \Psi}{\partial z}&=-\frac{\partial \Phi}{\partial x}\\ \frac{\partial \Psi}{\partial x}&=\frac{\partial \Phi}{\partial z}\end{aligned}\right\}\tag{4-53}$$

将式(4-53)中的第一式两边对 x 微分减去第二式两边对 z 微分,得

$$\frac{\partial^2 \Phi}{\partial x^2}+\frac{\partial^2 \Phi}{\partial z^2}=0$$

将式(4-53)中的第一式两边对 z 微分加上第二式两边对 x 微分,得

$$\frac{\partial^2 \Psi}{\partial x^2}+\frac{\partial^2 \Psi}{\partial z^2}=0$$

可见势函数和流函数为共轭调和函数,其解为两簇曲线——流网。

2. 流网的性质及绘制

1）等势线和流线正交

将式(4-53)中第一式除以第二式，得

$$\frac{\partial \Phi}{\partial x}\Big/\frac{\partial \Phi}{\partial z}=-\frac{\partial \Psi}{\partial z}\Big/\frac{\partial \Psi}{\partial x} \tag{4-54}$$

在等势线 Φ 上，因为$\frac{\partial \Phi}{\partial x}=\frac{\partial \Phi}{\partial z}\cdot\left(\frac{\mathrm{d}z}{\mathrm{d}x}\right)_{\Phi}$，所以斜率$\left(\frac{\mathrm{d}z}{\mathrm{d}x}\right)_{\Phi}=\frac{\partial \Phi}{\partial x}\Big/\frac{\partial \Phi}{\partial z}$。在流线 Ψ 上，因为$\frac{\partial \Psi}{\partial x}=\frac{\partial \Psi}{\partial z}\cdot\left(\frac{\mathrm{d}z}{\mathrm{d}x}\right)_{\Psi}$，所以斜率$\left(\frac{\mathrm{d}z}{\mathrm{d}x}\right)_{\Psi}=\frac{\partial \Psi}{\partial x}\Big/\frac{\partial \Psi}{\partial z}$。在等势线与流线交点处，有$\left(\frac{\mathrm{d}z}{\mathrm{d}x}\right)_{\Phi}\cdot\left(\frac{\mathrm{d}z}{\mathrm{d}x}\right)_{\Psi}=\left(\frac{\partial \Phi}{\partial x}\Big/\frac{\partial \Phi}{\partial z}\right)\cdot\left(\frac{\partial \Psi}{\partial x}\Big/\frac{\partial \Psi}{\partial z}\right)$，据式(4-54)可知$\left(\frac{\mathrm{d}z}{\mathrm{d}x}\right)_{\Phi}\cdot\left(\frac{\mathrm{d}z}{\mathrm{d}x}\right)_{\Psi}=-1$，故流线与等势线正交，参见图4-34。

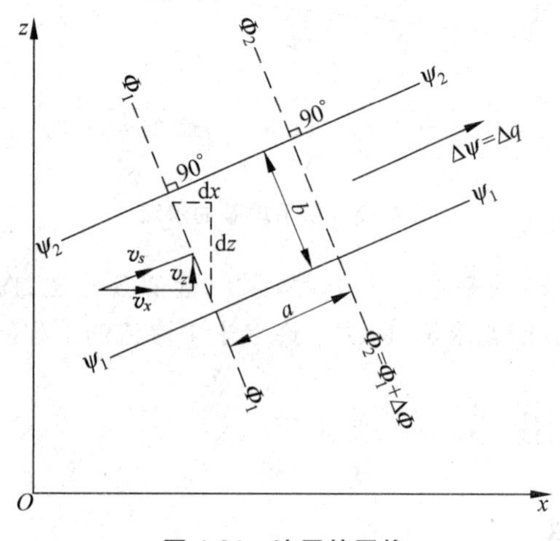

图4-34　流网的网格

2）网格形状

如流网中各等势线间差值相等，且各流线间隔也相等，则各网格的长宽比为常数。设流网中有 m 条等势线间隔和 n 条流槽，网格沿流线方向长度为 a，沿等势线方向长度为 b，若等势线差值相等，则两等势线间差值为 $\Delta h=H/m$，H 为总水头差。若流线间隔相等，各流槽的流量为 $\Delta q=q/n$，q 为总单宽渗流量。

网格中，水力坡降 $i=-\frac{\Delta h}{a}=-\frac{H}{am}$，则

$$\Delta q=kib=-k\frac{b}{a}\frac{H}{m} \tag{4-55}$$

因为各网格中 $-H/m$ 和 Δq 相等，故从式(4-55)可知，长宽比 a/b 为常数。

应用正交性和 a/b 为常数可绘制出流网，并可计算出总单宽渗流量 q 为

$$q=n\Delta q=-kH\frac{b}{a}\frac{n}{m} \tag{4-56}$$

若网格为正方形，即 $a=b$，则

$$q = -kH\frac{n}{m} \tag{4-57}$$

3）边界条件

在二维稳定渗流中，在绘制流网和进行渗流数值计算时，需要确定边界条件，沿着渗流边界起支配作用的条件称为边界条件。在图 4-35～图 4-37 的例子中，存在以下四种边界条件。

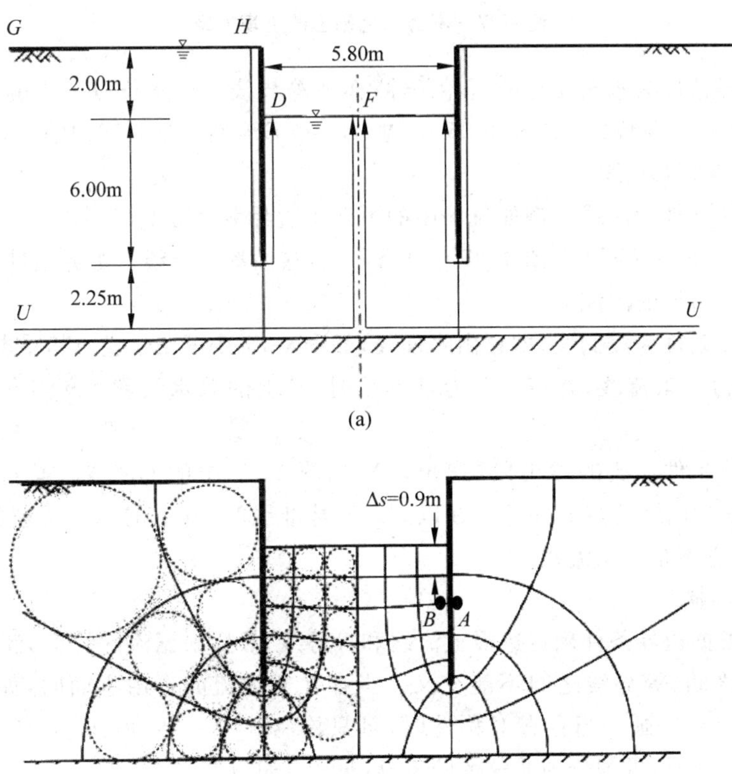

图 4-35　基坑开挖排水流网

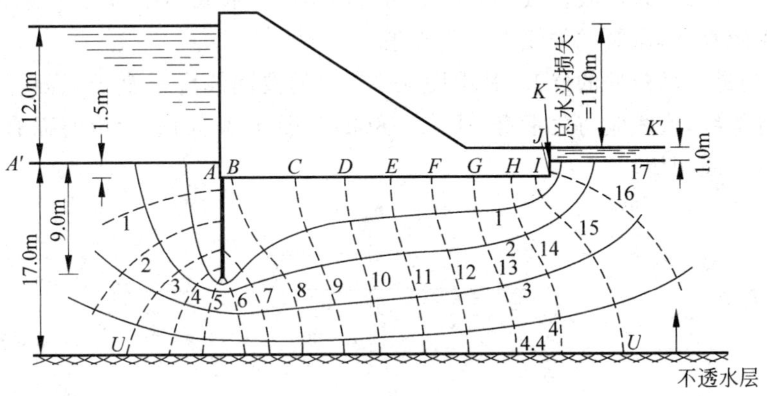

图 4-36　坝基断面上流网

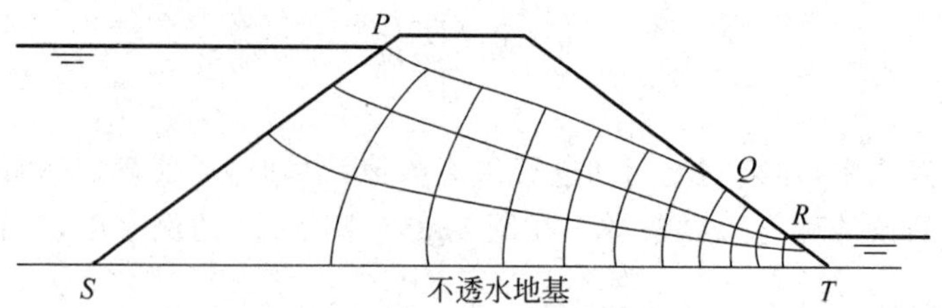

图 4-37　不透水地基上的土坝流网

第①类边界条件为水头相等的边界条件,亦即等势线。如水位以下土的透水边界上的总水头相等,为一条等势线,如图 4-35 中的 GH 和 DF 线,图 4-36 中的 AA' 和 KK' 线,图 4-37 中的 PS 和 RT 线。

第②类边界条件为流线。例如流场中的不透水边界线:图 4-35 中的 $H\to D$ 和 UU 线,图 4-36 中的 $A\to K$ 和 UU 线,图 4-37 中的 ST 线,它们都是流线。边界条件为 $v_n=0$,亦即只能发生沿着此边界的渗流。

第③类边界条件为浸润线,即自由水面线,如图 4-37 中的 PQ 线。其特点是 $h=z$,$v_n=0$,可见它本身为一条流线;在以 ST 为基准线时,其上的总水头就等于其位置水头(重力势)。

第④类边界条件水流的渗出段(逸出段),如图 4-37 中的 QR 线。其特点是:$h=z$,$v_n\leqslant 0$,亦即流速指向渗流域的外部。在以 ST 为基准线时,其上的总水头就等于其位置水头(重力势),但它不是一条流线。

4) 流网的绘制

一般首先根据边界条件确定边界上流线和等势线,然后根据流网的正交性反复试画,修正。注意流线之间、等势线之间不能交叉。当存在着渗流的自由水面时,如图 4-37 中的 PQ 线,往往要反复试画。当存在对称性时,可只绘制其中一半,但注意中间流槽的绘制。当无法分割为整数时,可划分为非整数的流槽(见图 4-36)。

土坝(堤)流场的上边界没有固定边界限制,为浸润线或自由水位线。如上所述,该线上的压力水头为零(大气压力),$h=z$,因此沿浸润线(最上的一条流线)等势线间隔即为位置水头 z 的间隔,且 Δz_i 为常数。数学上可证明土坝中的浸润线为抛物线,但在进入和流出坝身的位置情况较复杂,需对抛物线有一些修正。

图 4-38 为进入坝身处的修改,其中图 4-38(a)的浸润线应垂直于坝面,这是因为坝的上游面为一等势线,流线应与之垂直。图 4-38(b)与图 4-38(c)表示上游面有粗粒料堆体,浸润线应与水平线相切。

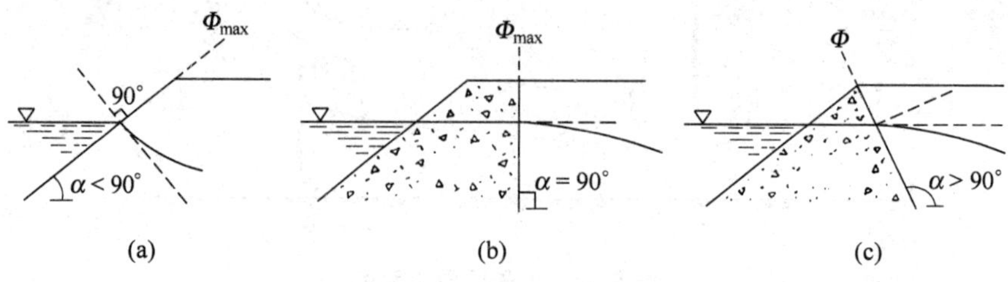

图 4-38　进入土坝处的浸润线

图 4-39 为流出坝身处的修改，图 4-39(a)为水平排水垫褥，图 4-39(b)为排水棱体，两图抛物线尾部应与排水体界面垂直，在图 4-39(c)中，实际浸润线比抛物线要低，与渗出段相切。

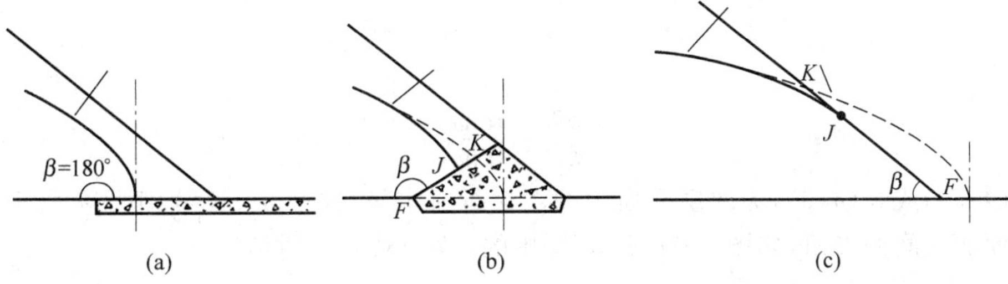

图 4-39　土坝出流处浸润线

(a) 褥垫式排水；(b) 棱柱式排水；(c) 贴坡式排水

3. 各向异性土与分层土中的流网

各向异性土中的渗流按式(4-51)分析。如果将坐标进行变换，则可得到式(4-52)的各向同性形式的微分方程。一般情况下，土的水平渗透系数较大，则 $k_z/k_x<1.0$，这时设

$$x' = x\sqrt{k_z/k_x} \tag{4-58}$$

则在 x'、z 坐标系中按各向同性土绘制流网，然后再恢复到原来的 x、z 坐标系，这时正方形的网格变"扁"了，流网不再正交了，流速方向与水力坡降方向也不一致了。见图 4-40。

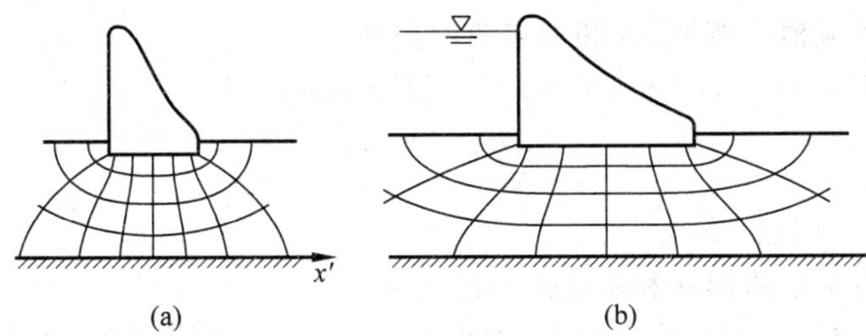

图 4-40　各向异性土中的流网

(a) 转换坐标后的各向同性流网；(b) $k_x=4k_z$ 时的实际流网

地基一般由分层土组成，各层土的渗透系数不同。设每层土都是各向同性的，但在交界处流线会发生转折，不同土层中的流网形状各不相同。图 4-41 表示了土层界面上流线的折射与不同土层中流网的形状。

1）不同土层界面处流线的折射规律

图 4-41 表示第一个土层中两条相邻流线在交界面 A、B 处进入第二个土层时的转角变化。假设两个土层的渗透系数分别为 k_1 和 k_2，且 $k_1<k_2$。现在推求入射角 α_1 与折射角 α_2 之间的关系。自 A、B 两点作 AA' 和 BB'，分别垂直于两条流线，则 AA' 和 BB' 应是两条等势线。水流自 A' 流至 B 和自 A 流至 B' 的水头损失相等，假设均为 $-\Delta h'$，根据水流连续原理，边界两边相邻流线间的流量必须相等，即 $\Delta q_1=\Delta q_2$，故

$$-k_1 \frac{\Delta h'}{A'B} \cdot \Delta s_1 = -k_2 \frac{\Delta h'}{AB'} \cdot \Delta s_2$$

则

$$\frac{k_1}{\tan\alpha_1} = \frac{k_2}{\tan\alpha_2} \tag{4-59}$$

或

$$\frac{k_1}{k_2} = \frac{\tan\alpha_1}{\tan\alpha_2} \tag{4-60}$$

式(4-59)或式(4-60)为两层介质中的渗流折射定律,式中 α_1、α_2 分别为流线折射前后与分界面法线间的夹角,如图 4-41 所示(图中的 Δh 只代表绝对值)。

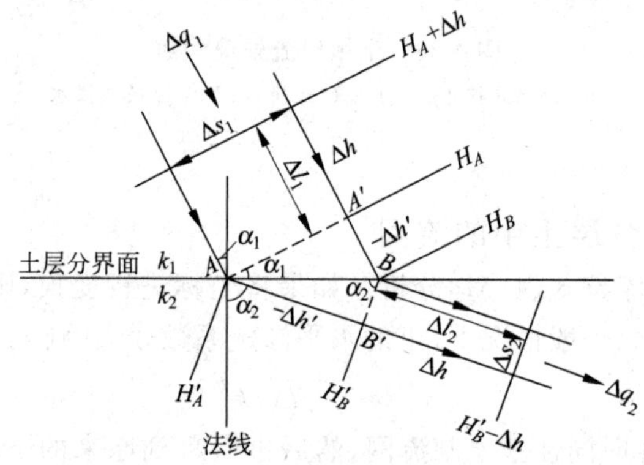

图 4-41　土层界面上流线的折射与变形($k_1<k_2$)

2) 交界面两边流槽的宽度 Δs 和偏转角的关系

从图 4-41 可知:$\Delta s_1 = AB \cdot \cos\alpha_1$,$\Delta s_2 = AB \cdot \cos\alpha_2$,则

$$\frac{\Delta s_1}{\Delta s_2} = \frac{\cos\alpha_1}{\cos\alpha_2} \tag{4-61}$$

当 $k_1<k_2$ 时,$\alpha_1<\alpha_2$,则 $\Delta s_1>\Delta s_2$。

3) 交界面两边网格的形状和渗透系数的关系

在图 4-41 中,设第一层土中等势线的间距为 Δl_1,第二层土中等势线的间距为 Δl_2,当两边取相同的势能降落 Δh 时,则

$$\Delta q_1 = -k_1 \frac{\Delta h}{\Delta l_1} \Delta s_1$$

$$\Delta q_2 = -k_2 \frac{\Delta h}{\Delta l_2} \Delta s_2$$

由于

$$\Delta q_1 = \Delta q_2$$

故

$$k_1 \frac{\Delta h}{\Delta l_1} \Delta s_1 = k_2 \frac{\Delta h}{\Delta l_2} \Delta s_2$$

则

$$k_1 \frac{\Delta s_1}{\Delta l_1} = k_2 \frac{\Delta s_2}{\Delta l_2} \tag{4-62}$$

如果第一层流网为正方形,$\Delta s_1 = \Delta l_1$,则式(4-62)可表达为

$$\frac{k_1}{k_2} = \frac{\Delta s_2}{\Delta l_2} \tag{4-63}$$

即第二层土中网格的边长比等于上下两层土的渗透系数的比值。当 $k_1<k_2$ 时，$\Delta s_2<\Delta l_2$，网格将拉长；当 $k_1>k_2$ 时，$\Delta s_2>\Delta l_2$，网格将压扁，见图 4-41。

4. 流网的应用

1）计算渗流量、孔隙水压力和水力坡降

用流网可以计算出水工建筑物基底的孔隙压力分布，单位长度的渗透流量，以及各点的水力坡降。下面用例题 4-1 说明。

【例题 4-1】 图 4-35 所示条形基坑由两边平行的不透水板桩围绕，板桩间距 5.8m，基坑开挖深度 2.0m，坑内水位降至与坑底齐平，坑外水位与地表齐平。地面以下 10.25m 为不透水层。已知砂土地基的渗透系数 $k=4.5\times10^{-5}$ m/s，求(1)沿基坑壁长边每米长度的排水流量；(2)板桩两侧 A 和 B 点的测管水头分别为多少？(3)坑底土体的水力坡降 i。

【解】 流槽总数 $n=6$(两侧)，等势线间隔数 $m=10$。网格近似于正方形，即 $a=b$，见图 4-35(b)。

(1) 每延米排水流量为

$$q=-kH\frac{n}{m}=4.5\times10^{-5}\times2\times\frac{6}{10}=5.4\times10^{-5}(\text{m}^3/\text{s})$$

(2) 以不透水层顶面 $U—U$ 为基准面，坑外地面测压管水头为 10.25m，坑底测压管水头为 8.25m，相邻等势线间水头差 2/10=0.2m。

A 点距坑外地面 1.4 个等势线间隔，其测压管水头为 $h_A=10.25-1.4\times0.2=9.97(\text{m})$

B 点距坑底两个等势线间隔，其测压管水头为 $h_B=8.25+2\times0.2\approx8.65(\text{m})$

(3) 坑底单元的水力坡降等于两等势线间水头差除以流网沿流线方向长度，即

$$i=\frac{0.2}{0.9}\approx0.22$$

2）计算水工建筑物基底的孔隙水压力

在图 4-36 中，上下游水头差 $H=11$m，流槽数 $n=4.4$，等势线间隔数 $m=17$。可分别计算 B,C,D,E,F,G,H,I,J 各点的孔隙水压力，绘出竖向水压力分布图，沿着底部的长度积分或叠加，就可计算出该建筑物的扬压力，以 $U-U$ 为基准线，计算结果见表 4-1。

表 4-1　坝基各点的孔隙水压力 u_i(扬压力)

	位置水头(各点 z_i=15.5m)									
	A	B	C	D	E	F	G	H	I	J
等势线 Φ_i 编号	0.5	8	9	10	11	12	13	14	15	15.8
u_i/kPa	132	82	75	69	63	56	50	44	37	30

【例题 4-2】 不透水地基上的均质土坝如图 4-42 所示，土坝的渗透系数 $k=6.0\times10^{-6}$ m/s，在坝下游设水平排水垫褥，绘制流网并计算：(1)沿坝轴线每米的渗流量；(2)沿一假设滑动弧 AS 上的孔隙水压力。

【解】 绘制浸润线时，起点 D 的确定应取为 $DC=0.3BC=0.3\times2\times16=9.6(\text{m})$。绘抛物线 DF，注意将进入和流出处浸润线与等势线的夹角修正为直角，且等势线与浸润线交点间铅直距离 Δz 为常数。图示流网 $m=21,n=3.5$。

(1) 每延米渗流量为

$$q = kH\,\frac{n}{m} = 6.0\times10^{-6}\times16\times\frac{3.5}{21} = 16\times10^{-6}(\mathrm{m^3/s}) = 1.38(\mathrm{m^3/d})$$

(2) 估计滑动圆弧与流线交点、圆弧上其他点等势线读数 Φ_i(从下游算起)及各点的位置 z_i,则孔隙水压力水头 h_w 按下式计算:

$$h_w = H\,\frac{\Phi_i}{m} - z_i$$

$u_w=\gamma_w h_w$,圆弧上各点的计算结果列于图 4-42 的表中。

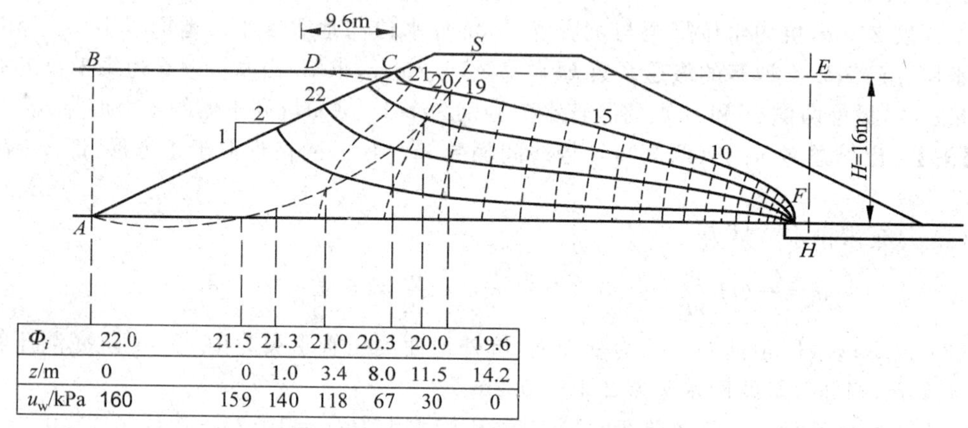

Φ_i	22.0	21.5	21.3	21.0	20.3	20.0	19.6
z/m	0	0	1.0	3.4	8.0	11.5	14.2
u_w/kPa	160	159	140	118	67	30	0

图 4-42 土坝的断面

4.5 饱和土渗流数值计算的有限元方法

随着电子计算机和计算技术的迅速发展,各种数值计算方法,如有限差分法、有限单元法、边界元法及其他算法在渗流计算中得到越来越广泛的应用。有限差分法使用比较早,在工程中应用广泛,当计算机在工程中普遍应用以后,这种算法也取得了很大进展。有限单元法的基本思想很早就为人们所认识,只有在计算机普及之后才得以迅速推广和发展。1965 年,辛克维茨(O. C. Zienkiewiz)和张(Y. K. Chang)提出有限元法适用于所有可按变分形式计算的场问题,这就为将有限元法从结构计算应用于渗流计算提供了理论基础。20 世纪 70 年代有限元法又被应用于求解非稳定渗流问题;将比奥渗流固结理论与土的本构模型相结合,求解有效应力-孔隙水压力相耦合的应力-变形-时间过程。近年来,人们也用不同数值方法计算非饱和土的渗流问题,取得了很大进展。本节主要介绍饱和土中渗流数值计算的有限元方法。

4.5.1 渗流的基本微分方程

1. 广义达西定律

在渗流场中,假定各点的测管水头 h 为其位置坐标(x,y,z)的函数,则可定义渗流场中

一点水力坡降在三个坐标方向的分量 i_x、i_y 和 i_z 分别为

$$i_x = -\frac{\partial h}{\partial x}, \quad i_y = -\frac{\partial h}{\partial y}, \quad i_z = -\frac{\partial h}{\partial z} \tag{4-64}$$

式中,负号表示水力坡降的正值对应测管水头降低的方向。上式表明,像渗透流速一样,渗流场中任一点的水力坡降是一个具有方向的矢量,其大小等于测管水头函数场在该点的梯度,但两者的方向相反。

由式(4-1)所表示的是适用于一维渗流的情况的是达西定律。对于一般三维空间的渗流,可将该式推广为如下采用矩阵表示的形式:

$$\begin{bmatrix} v_x \\ v_y \\ v_z \end{bmatrix} = \begin{bmatrix} k_{xx} & k_{xy} & k_{xz} \\ k_{yx} & k_{yy} & k_{yz} \\ k_{zx} & k_{zy} & k_{zz} \end{bmatrix} \begin{bmatrix} i_x \\ i_y \\ i_z \end{bmatrix} \tag{4-65a}$$

或简写为

$$\boldsymbol{v} = \boldsymbol{ki} \tag{4-65b}$$

式中,$\boldsymbol{k}$ 一般称为渗透系数矩阵,它是一个对称矩阵,亦即总有 $k_{ij}=k_{ji}$,独立的系数共有 6 个。土体内一点的渗透性是土体的固有性质,不受具体坐标系选取的影响。但是,矩阵 $\boldsymbol{k}$ 中各个系数 k_{ij} 却是随坐标系的转换而变化的,并满足张量的坐标系变换规则,因此也把 $\boldsymbol{k}$ 称为渗透系数张量。对应 $k_{ij}=0(i\neq j)$的方向称为渗透主轴方向。

式(4-65a)和式(4-65b)称为广义达西定律。在工程实践中,常常遇到如下两种简化的情况:

(1) 对各向异性土体,当坐标轴和渗透主轴的方向一致时,有 $k_{ij}=0(i\neq j)$,此时

$$\left.\begin{aligned} v_x &= k_{xx} i_x \\ v_y &= k_{yy} i_y \\ v_z &= k_{zz} i_z \end{aligned}\right\} \tag{4-66}$$

(2) 对各向同性土体,此时恒有 $k_{ij}=0(i\neq j)$,且 $k_{xx}=k_{yy}=k_{zz}=k$,因此

$$\left.\begin{aligned} v_x &= k i_x \\ v_y &= k i_y \\ v_z &= k i_z \end{aligned}\right\} \tag{4-67}$$

2. 饱和稳定渗流的基本微分方程

不随时间发生变化的渗流场称为稳定渗流场。如图 4-43 所示,从稳定渗流场中取一微元土体,其体积为 $\mathrm{d}x\mathrm{d}y\mathrm{d}z$,$q$ 为内源,在 x、y 和 z 方向各有流速 v_x、v_y 和 v_z。假定在微元体内水体不可压缩,则根据水流的连续性原理,单位时间内流出和流入微元体的水量差应与内源项产生的水量相等。据此,对于饱和土,当水为不可压缩时,其稳定渗流的连续性方程为

$$\frac{\partial v_x}{\partial x} + \frac{\partial v_y}{\partial y} + \frac{\partial v_z}{\partial z} = q \tag{4-68}$$

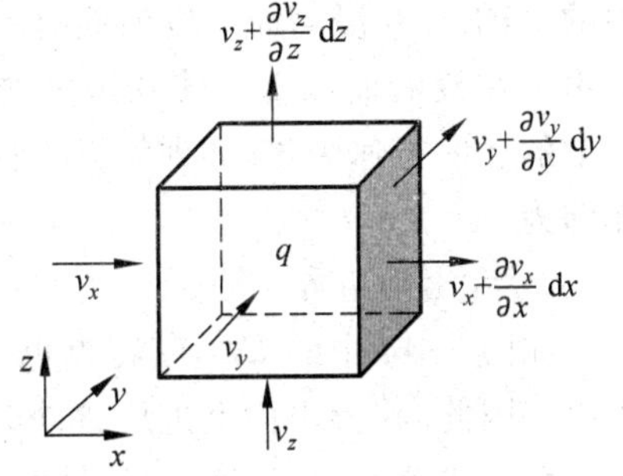

图 4-43　三维渗流的连续性条件

将广义达西定律式(4-65a)代入上式,可得

$$\frac{\partial}{\partial x}\left(k_{xx}\frac{\partial h}{\partial x}+k_{xy}\frac{\partial h}{\partial y}+k_{xz}\frac{\partial h}{\partial z}\right)+\frac{\partial}{\partial y}\left(k_{yx}\frac{\partial h}{\partial x}+k_{yy}\frac{\partial h}{\partial y}+k_{yz}\frac{\partial h}{\partial z}\right)+$$

$$\frac{\partial}{\partial z}\left(k_{zx}\frac{\partial h}{\partial x}+k_{zy}\frac{\partial h}{\partial y}+k_{zz}\frac{\partial h}{\partial z}\right)+q=0 \tag{4-69}$$

对于坐标轴和渗透主轴方向一致的各向异性土体,根据式(4-66),可得

$$\frac{\partial}{\partial x}\left(k_{xx}\frac{\partial h}{\partial x}\right)+\frac{\partial}{\partial y}\left(k_{yy}\frac{\partial h}{\partial y}\right)+\frac{\partial}{\partial z}\left(k_{zz}\frac{\partial h}{\partial z}\right)+q=0 \tag{4-70}$$

式(4-69)和式(4-70)描述了土体稳定部测管水头 h 的分布规律。通过求解一定边界条件下的控制方程式,即可求得该条件下渗流场中水头的分布。

每一个渗流问题均是在一个限定空间的渗流场内发生的。在渗流场的内部,渗流满足前面所讨论的渗流控制方程。在这些渗流场边界上起支配作用的条件被称为边界条件。求解一个渗流场问题,正确地确定相应的边界条件也是非常关键和重要的。如4.4.2节中二维渗流中所述。对于在工程中常常遇到的稳定渗流问题,主要具有如下几种类型的边界条件。

1) 已知水头的边界条件

在相应边界上给定水头的值。常见的情况是某段边界同一个自由水面相连通,此时在该段边界上总水头为恒定值。例如,在图4-44中,如取 $O—O$ 为基准面,AB 和 CD 边界上的水头值分别为 $h=h_1$ 和 $h=h_2$。

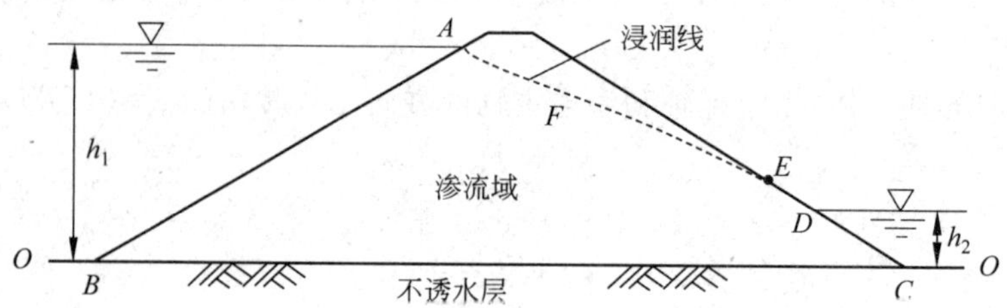

图 4-44 典型渗流问题中的边界条件

2) 已知法向流速的边界条件

在相应边界上给定法向流速的分布。最常见的流速边界是法向流速为零的不透水边界,即 $v_n=0$,如图4-44中的 BC。

3)自由水面边界

自由水面边界在二维渗流问题中亦被称为浸润线,在三维渗流中,即为浸润面,如图4-44中的 AFE。在浸润面上应该同时满足两个条件:①测管水头等于位置水头,亦即 $h=z$,这是由于在浸润面以上土体孔隙中的气体与大气连通,浸润面上压力水头为零所致;②浸润面上的法向流速为零,亦即渗流方向沿浸润面的切线方向,此条件和不透水边界完全相同,亦即为 $v_n=0$。

4) 渗出面边界

如图4-44中的 ED,其特点也是和大气连通,压力水头为零,同时有土中水从该段边界渗出。因此,在渗出面上也应该同时满足如下两个条件:①测管水头等于位置水头 $h=z$;②$v_n\leqslant 0$,即渗透流速指向渗流域的外部,也就是有渗出渗流域的流量。

3. 饱和非稳定渗流的基本微分方程

对于饱和非稳定渗流，渗流域内各点的水头（或孔隙水压力）不再恒定，而是随时间变化的量。在这种情况下，在推导水流的连续性条件时，需要考虑由于水压力变化所导致的土体骨架变形和孔隙水可压缩性的影响。仍以图 4-43 所示的微元土体为例，根据水流的连续性原理，此时单位时间内流入和流出微元体的水量差应与内源项产生的水量以及土体孔隙中储存水量的变化相平衡，据此可列出如下的方程：

$$-\rho_w\left(\frac{\partial v_x}{\partial x}+\frac{\partial v_y}{\partial y}+\frac{\partial v_z}{\partial z}\right)\mathrm{d}x\mathrm{d}y\mathrm{d}z=\frac{\partial(\rho_w V_v)}{\partial t}-\rho_w q\mathrm{d}x\mathrm{d}y\mathrm{d}z \tag{4-71}$$

式中，ρ_w 为水的密度；V_v 为微元土体的孔隙体积。如果 n 为土体的孔隙率，$V(=\mathrm{d}x\cdot\mathrm{d}y\cdot\mathrm{d}z)$ 为微元土体的体积，则有 $V_v=nV$。式(4-71)的左边代表了单位时间内流入和流出微元土体的水量差，右边第 1 项代表土体孔隙中储存水量的变化，右边第 2 项代表内源项。其中，

$$\frac{\partial(\rho_w V_v)}{\partial t}=V_v\frac{\partial\rho_w}{\partial t}+\rho_w\frac{\partial V_v}{\partial t} \tag{4-72}$$

式(4-72)中右端第 1 项表示孔隙水可压缩性的影响。假定水的体积压缩系数为 C_w。在水体压缩过程中，根据质量守恒原理，其密度 ρ_w 和体积 V_v 的乘积，即质量不变，$\mathrm{d}(\rho_w V_v)=0$，于是有

$$\rho_w\mathrm{d}V_v+V_v\mathrm{d}\rho_w=0$$

$$\mathrm{d}\rho_w=-\rho_w\frac{\mathrm{d}V_v}{V_v}=\rho_w C_w\mathrm{d}p=\rho_w C_w\gamma_w\mathrm{d}h=\rho_w^2 C_w g\mathrm{d}h \tag{4-73}$$

式(4-72)中右端第 2 项表示土体孔隙体积变化的影响。相对于土体骨架可认为土体颗粒本身不可压缩，也即 $\mathrm{d}V_v=\mathrm{d}V$。假设土体骨架的体积压缩系数为 C_s，则

$$\mathrm{d}V_v=\mathrm{d}V=C_s\mathrm{d}pV=C_sV\gamma_w\mathrm{d}h=\rho_w C_sVg\mathrm{d}h \tag{4-74}$$

将式(4-72)、式(4-73)和式(4-74)分别代入式(4-71)并整理可得

$$-\left(\frac{\partial v_x}{\partial x}+\frac{\partial v_y}{\partial y}+\frac{\partial v_z}{\partial z}\right)=S_s\frac{\partial h}{\partial t}-q \tag{4-75}$$

式中，S_s 称为储水率或单位储水量，其量纲为 L^{-1}。由上述推导过程可知

$$S_s=\rho_w g(C_s+nC_w) \tag{4-76}$$

单位储水量 S_s 的物理意义表示单位体积的饱和土体，当水头 h 下降一个单位时，由于土体骨架压缩（$\rho_w gC_s$）和孔隙水的膨胀（$\rho_w gnC_w$）的原因所释放出来的储存水量。表 4-2 给出了不同土类的参考取值。

表 4-2　不同土类单位储水量 S_s 的参考取值

土　类	S_s/m^{-1}	土　类	S_s/m^{-1}
塑性软黏土	$2.6\times10^{-3}\sim2.0\times10^{-2}$	密实砂	$1.3\times10^{-4}\sim2.0\times10^{-4}$
坚韧黏土	$1.3\times10^{-3}\sim2.6\times10^{-3}$	密实砂质砾	$4.9\times10^{-5}\sim1.0\times10^{-4}$
中等硬黏土	$6.9\times10^{-4}\sim1.3\times10^{-3}$	裂隙节理的岩石	$3.3\times10^{-6}\sim6.9\times10^{-5}$
松砂	$4.9\times10^{-4}\sim1.0\times10^{-3}$	较完好的岩石	$<3.3\times10^{-6}$

将广义达西定律式(4-65a)代入式(4-75),可得

$$\frac{\partial}{\partial x}\left(k_{xx}\cdot\frac{\partial h}{\partial x}+k_{xy}\cdot\frac{\partial h}{\partial y}+k_{xz}\cdot\frac{\partial h}{\partial z}\right)+\frac{\partial}{\partial y}\left(k_{yx}\cdot\frac{\partial h}{\partial x}+k_{yy}\cdot\frac{\partial h}{\partial y}+k_{yz}\cdot\frac{\partial h}{\partial z}\right)+$$

$$\frac{\partial}{\partial z}\left(k_{zx}\cdot\frac{\partial h}{\partial x}+k_{zy}\cdot\frac{\partial h}{\partial y}+k_{zz}\cdot\frac{\partial h}{\partial z}\right)-S_s\frac{\partial h}{\partial t}+q=0 \tag{4-77}$$

对于坐标轴和渗透主轴方向一致的各向异性土体,根据式(4-66),可得

$$\frac{\partial}{\partial x}\left(k_{xx}\frac{\partial h}{\partial x}\right)+\frac{\partial}{\partial y}\left(k_{yy}\frac{\partial h}{\partial y}\right)+\frac{\partial}{\partial z}\left(k_{zz}\frac{\partial h}{\partial z}\right)-S_s\frac{\partial h}{\partial t}+q=0 \tag{4-78}$$

式(4-77)和式(4-78)是饱和非稳定渗流的控制方程式。通过求解一定初始条件和边界条件下的控制方程式,即可求得该条件下渗流场中水头的分布。对于饱和土体,当不考虑土体骨架和孔隙水的可压缩性时,$S_s=0$,此时,在非稳定渗流的控制方程中,不含时间项,其形式和稳定渗流的式(4-69)和式(4-70)完全相同。

在求解非稳定渗流问题时,需要给定相应的初始条件和边界条件。对于饱和非稳定渗流,常见的几种类型的边界条件同样包括:①已知水头的边界条件;②已知法向流速的边界条件;③自由水面边界;④渗出面边界等。其中,①、②、④三种边界条件和前面讨论的稳定渗流的情况十分类似,只是在非稳定渗流情况下,其具体数值大小或位置可以随时间发生变化。对于第③种自由水面边界,在非稳定渗流情况下,其具体位置可能会随时间发生移动,这和稳定渗流的情况则有所不同。其中第④种边界条件的逸出点一般也是变化的。下面结合图4-45具体进行讨论。

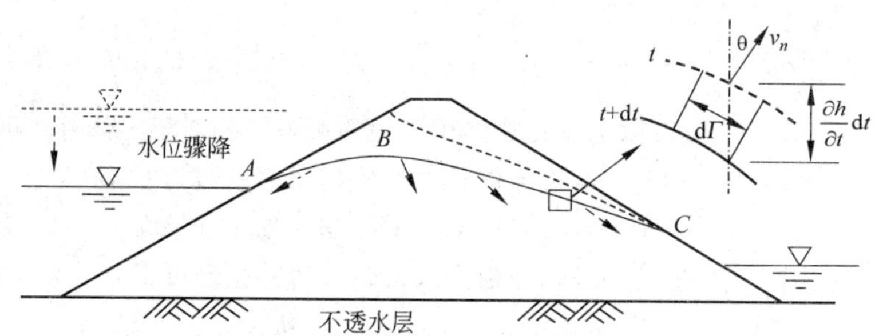

图4-45　非稳定渗流的自由水面边界

无论是稳定还是非稳定渗流的情况,在自由水面上由于和大气连通,都需满足零水压力条件,测管水头等于位置水头,亦即 $h=z$。但是,对于非稳定渗流的情况,自由水面随时间是可以发生移动的,此时自由水面不再是流线,亦即法向流速 $v_n\neq0$。如图4-45中所示为经过 $\mathrm{d}t$ 时间后自由水面位置的降落变化。这一自由水面位置的变化过程实际伴随着土体孔隙水体向渗流域内的排出。如采用外法线方向为正,则在自由水面下降时可认为通过边界流入的法向流速为

$$v_n=\mu\frac{\partial h}{\partial t}\cos\theta \tag{4-79}$$

式中,θ 为自由水面外法线与铅直线的夹角;μ 为自由水面变动范围内的给水度或有效孔隙率。研究表明,给水度 μ 的大小除与相应土体的渗透性相关外,还与土体的密实度有关。粗粒土 μ 为0.1~0.35,细粒土 μ 为0.04~0.1。式(4-79)是非稳定渗流情况下自由水面须满足的第二个边界条件。

4.5.2 饱和土稳定渗流的有限元计算方法

式(4-69)为饱和土稳定渗流的控制方程，在给定相应边界条件的情况下，可求解得到相应渗流场中的水头分布。根据变分原理，这个问题等价于下述泛函的极值问题：

$$I(h)=\iiint_R\left\{\frac{1}{2}\left[k_{xx}\left(\frac{\partial h}{\partial x}\right)^2+k_{yy}\left(\frac{\partial h}{\partial y}\right)^2+k_{zz}\left(\frac{\partial h}{\partial z}\right)^2\right.\right.$$
$$\left.\left.+2k_{xy}\frac{\partial h}{\partial x}\frac{\partial h}{\partial y}+2k_{yz}\frac{\partial h}{\partial y}\frac{\partial h}{\partial z}+2k_{zx}\frac{\partial h}{\partial z}\frac{\partial h}{\partial x}\right]-qh\right\}\mathrm{d}x\mathrm{d}y\mathrm{d}z$$
$$+\iint_{\Gamma_2}v_n h\,\mathrm{d}S \tag{4-80}$$

由上述泛函 $I(h)$ 的欧拉方程可知，$h(x,y,z)$ 必然在渗流域 R 内满足渗流运动方程式(4-69)，并在边界 Γ_2 上满足法向流速边界条件。其他边界条件需要在水头函数的求解过程中得到强制满足。下面简述由变分原理建立饱和稳定渗流有限元方程的过程。

1. 有限元方程的推导

首先把求解区域 R 划分为有限个单元。设单元 e 的结点分别为 i、j、k…，结点水头分别 h_i、h_j、h_k…，单元形函数为 N_i、N_j、N_k…，则单元内任一点的水头可用形函数表示如下：

$$h^e(x,y,z)=(N_i\quad N_j\quad N_k\quad\cdots)\cdot\begin{bmatrix}h_i\\h_j\\h_k\\\vdots\end{bmatrix}=\boldsymbol{N}\boldsymbol{h}^e \tag{4-81}$$

根据式(4-64)和式(4-65)可得该单元内的水力坡降和渗透流速分别为

$$\begin{bmatrix}i_x\\i_y\\i_z\end{bmatrix}=-\begin{bmatrix}\dfrac{\partial h^e}{\partial x}\\\dfrac{\partial h^e}{\partial y}\\\dfrac{\partial h^e}{\partial z}\end{bmatrix}=-\begin{bmatrix}\dfrac{\partial N_i}{\partial x}h_i+\dfrac{\partial N_j}{\partial x}h_j+\dfrac{\partial N_k}{\partial x}h_k+\cdots\\\dfrac{\partial N_i}{\partial y}h_i+\dfrac{\partial N_j}{\partial y}h_j+\dfrac{\partial N_k}{\partial y}h_k+\cdots\\\dfrac{\partial N_i}{\partial z}h_i+\dfrac{\partial N_j}{\partial z}h_j+\dfrac{\partial N_k}{\partial z}h_k+\cdots\end{bmatrix}=-\boldsymbol{B}\boldsymbol{h}^e \tag{4-82}$$

$$\begin{bmatrix}v_x\\v_y\\v_z\end{bmatrix}=-\boldsymbol{k}\boldsymbol{B}\boldsymbol{h}^e \tag{4-83}$$

其中，

$$\boldsymbol{B}=\begin{bmatrix}\dfrac{\partial N_i}{\partial x}&\dfrac{\partial N_j}{\partial x}&\dfrac{\partial N_k}{\partial x}&\cdots\\\dfrac{\partial N_i}{\partial y}&\dfrac{\partial N_j}{\partial y}&\dfrac{\partial N_k}{\partial y}&\cdots\\\dfrac{\partial N_i}{\partial z}&\dfrac{\partial N_j}{\partial z}&\dfrac{\partial N_k}{\partial z}&\cdots\end{bmatrix} \tag{4-84}$$

把单元 e 作为求解区域 R 的一个子域 R^e，在这个子域上的泛函为

$$I^e(h)=\iiint_{R^e}\left\{\frac{1}{2}\left[k_{xx}\left(\frac{\partial h}{\partial x}\right)^2+k_{yy}\left(\frac{\partial h}{\partial y}\right)^2+k_{zz}\left(\frac{\partial h}{\partial z}\right)^2\right.\right.$$
$$\left.\left.+2k_{xy}\frac{\partial h}{\partial x}\frac{\partial h}{\partial y}+2k_{yz}\frac{\partial h}{\partial y}\frac{\partial h}{\partial z}+2k_{zx}\frac{\partial h}{\partial z}\frac{\partial h}{\partial x}\right]-qh\right\}\mathrm{d}x\mathrm{d}y\mathrm{d}z$$
$$+\iint_{\Gamma_2^e}v_{\mathrm{n}}h\mathrm{d}S \tag{4-85}$$

上式中右端第2项是沿着流速边界 Γ_2 的面积分,只有那些在该边界上的单元才会出现这一项。由式(4-81)~式(4-84)可知,根据式(4-85)计算所得到的单元 e 子域上的泛函 $I^e(h)$ 是单元结点水头的多元函数。

假定整个域上划分的单元总数为 N,则可得域上的总泛函为

$$I(h)=\sum_{e=1}^{N}I^e(h) \tag{4-86}$$

同理,上述计算所得总体域上的泛函 $I(h)$ 应是域内所有结点水头的多元函数。因此,求解泛函 I 的变分问题就归结为了求解多元函数的极值问题。假定域内的结点数为 M,则相应的多元函数取极值的条件为

$$\frac{\partial I(h)}{\partial h_l}=0\quad(l=1,2,3,\cdots,M) \tag{4-87}$$

将式(4-85)代入上式,可得

$$\frac{\partial I}{\partial h_l}=\sum_{e=1}^{N}\frac{\partial I^e}{\partial h_l}$$
$$=\sum_{e=1}^{N}\left\{\iiint_{e}\left\{\frac{1}{2}\left[2k_{xx}\frac{\partial h^e}{\partial x}\frac{\partial}{\partial h_l}\left(\frac{\partial h^e}{\partial x}\right)+2k_{yy}\frac{\partial h^e}{\partial y}\frac{\partial}{\partial h_l}\left(\frac{\partial h^e}{\partial y}\right)+2k_{zz}\frac{\partial h^e}{\partial z}\frac{\partial}{\partial h_l}\left(\frac{\partial h^e}{\partial z}\right)\right]\right.\right.$$
$$+2k_{xy}\left[\frac{\partial h^e}{\partial x}\frac{\partial}{\partial h_l}\left(\frac{\partial h^e}{\partial y}\right)+\frac{\partial h^e}{\partial y}\frac{\partial}{\partial h_l}\left(\frac{\partial h^e}{\partial x}\right)\right]+2k_{yz}\left[\frac{\partial h^e}{\partial y}\frac{\partial}{\partial h_l}\left(\frac{\partial h^e}{\partial z}\right)+\frac{\partial h^e}{\partial z}\frac{\partial}{\partial h_l}\left(\frac{\partial h^e}{\partial y}\right)\right]$$
$$\left.+2k_{zx}\left[\frac{\partial h^e}{\partial z}\frac{\partial}{\partial h_l}\left(\frac{\partial h^e}{\partial x}\right)+\frac{\partial h^e}{\partial x}\frac{\partial}{\partial h_l}\left(\frac{\partial h^e}{\partial z}\right)\right]-q\frac{\partial h^e}{\partial h_l}\right\}\mathrm{d}x\mathrm{d}y\mathrm{d}z$$
$$\left.+\int_{\Gamma_2^e}v_n\frac{\partial h^e}{\partial h_l}\mathrm{d}S\right\}=0\quad(l=1,2,3,\cdots,M) \tag{4-88}$$

由式(4-81)可知,在单元 e 内有

$$\frac{\partial h^e}{\partial x}=\frac{\partial N_i}{\partial x}h_i+\frac{\partial N_j}{\partial x}h_j+\frac{\partial N_k}{\partial x}h_k+\cdots$$
$$\frac{\partial}{\partial h_i}\left(\frac{\partial h^e}{\partial x}\right)=\frac{\partial N_i}{\partial x}$$
$$\frac{\partial h^e}{\partial h_l}=N_l$$

把这些式子代入式(4-88),对单元 e 整理可得

$$\begin{bmatrix}\dfrac{\partial I^e}{\partial h_i}\\ \dfrac{\partial I^e}{\partial h_j}\\ \vdots\end{bmatrix}=\frac{\partial I^e}{\partial \boldsymbol{h}^e}=\boldsymbol{C}^e\boldsymbol{h}^e-\boldsymbol{Q}^e \tag{4-89}$$

$$\boldsymbol{C}^e = \iiint_e \boldsymbol{B}^{\mathrm{T}} \boldsymbol{k} \boldsymbol{B} \mathrm{d}x\mathrm{d}y\mathrm{d}z \tag{4-90}$$

$$\boldsymbol{Q}^e = \iiint_e \boldsymbol{N}^{\mathrm{T}} q \mathrm{d}x\mathrm{d}y\mathrm{d}z - \iint_{\Gamma_2^e} \boldsymbol{N}^{\mathrm{T}} v_n \mathrm{d}S \tag{4-91}$$

式中，h_i、h_j…，为单元 e 的结点水头；$\boldsymbol{C}^e$ 为单元渗透矩阵，相当于结构计算中的单元刚度矩阵；$\boldsymbol{Q}^e$ 为单元结点流量列阵，相当于结构计算中的单元结点力列阵。

$\boldsymbol{C}^e$ 和 $\boldsymbol{Q}^e$ 中的元素计算公式分别为

$$\begin{aligned} C_{ij}^e = \iiint_e \Big[& k_{xx} \frac{\partial N_i}{\partial x} \frac{\partial N_j}{\partial x} + k_{yy} \frac{\partial N_i}{\partial y} \frac{\partial N_j}{\partial y} + k_{zz} \frac{\partial N_i}{\partial z} \frac{\partial N_j}{\partial z} \\ & + k_{xy} \left(\frac{\partial N_i}{\partial x} \frac{\partial N_j}{\partial y} + \frac{\partial N_i}{\partial y} \frac{\partial N_j}{\partial x} \right) + k_{yz} \left(\frac{\partial N_i}{\partial y} \frac{\partial N_j}{\partial z} + \frac{\partial N_i}{\partial z} \frac{\partial N_j}{\partial y} \right) \\ & + k_{zx} \left(\frac{\partial N_i}{\partial z} \frac{\partial N_j}{\partial x} + \frac{\partial N_i}{\partial x} \frac{\partial N_j}{\partial z} \right) \Big] \mathrm{d}x\mathrm{d}y\mathrm{d}z \end{aligned} \tag{4-92}$$

$$Q_i^e = \iiint_e N_i q \mathrm{d}x\mathrm{d}y\mathrm{d}z - \iint_{\Gamma_2^e} N_i v_n \mathrm{d}S \tag{4-93}$$

式(4-93)右端第 1 项为由单元内源项 q 引起的结点流量，在结构计算中相当于由体积力引起的结点力；第 2 项为由单元边界上法向流速渗入引起的结点流量，在结构计算中相当于边界上表面力引起的结点荷载。

将渗流域内所有单元的 $\dfrac{\partial I^e}{\partial \boldsymbol{h}^e}$ 进行求和，对于渗流域中的全部结点，可得到方程组

$$\sum_{e=1}^{N} \boldsymbol{C}^e \boldsymbol{h}^e - \sum_{e=1}^{N} \boldsymbol{Q}^e = 0 \tag{4-94}$$

亦即

$$\boldsymbol{C}\boldsymbol{h} = \boldsymbol{Q} \tag{4-95}$$

由式(4-95)可解出各结点水头 h 值。各单元的流速可由式(4-83)计算。式(4-95)是一个线性方程组，方程数目和域内结点总数 M 相同。该方程组是基于渗流的连续性条件推导得到的，因此，每个方程对应的物理意义是相应结点上的渗透流量的平衡。此外，由式(4-93)可知，每个方程的右边项对应的是相应结点上的结点流量。表 4-3 给出了结构应力变形分析和渗流分析有限元方法的相似性。

表 4-3　应力变形分析和渗流分析有限元方法的相似性

对比项目	应力变形分析	渗流分析
基本变量 及单元插值	结点位移，$\begin{bmatrix} u \\ v \\ w \end{bmatrix} = \boldsymbol{N}\boldsymbol{\delta}^e$	结点水头，$\boldsymbol{h} = \boldsymbol{N}\boldsymbol{h}^e$
导数	单元应变 $\boldsymbol{\varepsilon}_{ij} = \boldsymbol{B}\boldsymbol{\delta}^e$ 单元应力 $\boldsymbol{\sigma}_{ij} = \boldsymbol{D}\boldsymbol{B}\boldsymbol{\delta}^e$	单元水力坡降 $\boldsymbol{i}^e = -\boldsymbol{B}\boldsymbol{h}^e$ 单元渗透流速 $\boldsymbol{v}^e = -\boldsymbol{k}\boldsymbol{B}\boldsymbol{h}^e$
方程右边项	对应方向的结点力	对应结点上的渗透流量
结点方程的物理意义	对应方向的结点力平衡	对应结点的渗透流量平衡

2. 渗流边界条件的处理

如图4-44所示,对于饱和稳定渗流常见的边界条件主要包括:①已知水头的边界条件;②已知法向流速的边界条件;③自由水面边界;④渗出面边界。下面分别进行讨论。

1)已知水头的边界条件

已知水头的边界条件并没有包括在式(4-80)所示的泛函中,因此需要在有限元方程的求解过程中得到强制满足。具体方法与在应力变形有限元分析中已知结点位移情况的处理方法相同。

当对某些结点给定水头时,方程组中未知水头的数目将减少。减少的数目就是这些给定了水头值的结点数目。例如,对于由式(4-96a)所示的具有5个结点的有限元方程

$$\begin{bmatrix} c_{11} & c_{12} & c_{13} & c_{14} & c_{15} \\ c_{21} & c_{22} & c_{23} & c_{24} & c_{25} \\ c_{31} & c_{32} & c_{33} & c_{34} & c_{35} \\ c_{41} & c_{42} & c_{43} & c_{44} & c_{45} \\ c_{51} & c_{52} & c_{53} & c_{54} & c_{55} \end{bmatrix} \begin{bmatrix} h_1 \\ h_2 \\ h_3 \\ h_4 \\ h_5 \end{bmatrix} = \begin{bmatrix} Q_1 \\ Q_2 \\ Q_3 \\ Q_4 \\ Q_5 \end{bmatrix} \tag{4-96a}$$

假设$h_2=H_2$、$h_3=H_3$为已知水头,则在方程组中h_2和h_3不再为未知量。消去2个已知量的方程组,变为式(4-96b)。求解式(4-96b)则可得其余的未知水头值。

$$\begin{bmatrix} c_{11} & c_{14} & c_{15} \\ c_{41} & c_{44} & c_{45} \\ c_{51} & c_{54} & c_{55} \end{bmatrix} \begin{bmatrix} h_1 \\ h_4 \\ h_5 \end{bmatrix} = \begin{bmatrix} Q_1 - c_{12}H_2 - c_{13}H_3 \\ Q_4 - c_{42}H_2 - c_{43}H_3 \\ Q_5 - c_{52}H_2 - c_{53}H_3 \end{bmatrix} \tag{4-96b}$$

如果将求得的水头值回代到前面消去的相应的方程中,可得

$$\begin{bmatrix} c_{21} & c_{22} & c_{23} & c_{24} & c_{25} \\ c_{31} & c_{32} & c_{33} & c_{34} & c_{35} \end{bmatrix} \begin{bmatrix} h_1 \\ H_2 \\ H_3 \\ h_4 \\ h_5 \end{bmatrix} = \begin{bmatrix} Q'_2 \\ Q'_3 \end{bmatrix} \tag{4-96c}$$

上述的处理方法具有非常明确的物理意义。式(4-96a)描述的渗流场是满足水量连续性条件的。但当直接求解该方程时,一般并不能在结点2和结点3得到所要求的水头值。为了在结点2和结点3上满足给定的边界条件$h_2=H_2$、$h_3=H_3$,需在这两个结点上补充或抽出水量。该水量的大小在求解之前是未知的。在求解全部的结点水头之后,进行回代,由式(4-96c)计算的结点流量Q'_2和Q'_3即为满足此时边界条件所对应的结点流量。

根据上述的物理意义,在渗流的有限元计算中,可以非常方便地计算局部边界上或通过渗流全域的渗流量大小。例如,对于图4-46所示的渗流问题,左侧1～4号结点位于高水头对应的入流边界上,计算所得到的结点流量大于零;右侧14～16号结点位于低水头对应的出流边界上,计算所得到的结点流量小于零。入流边界或出流边界上所有结点的结点流量之和的绝对值即为该渗流问题的总渗流量。

2)已知法向流速的边界条件

式(4-80)所示的泛函已经包括了流速边界,因而不需要再进行专门的处理。需要说明

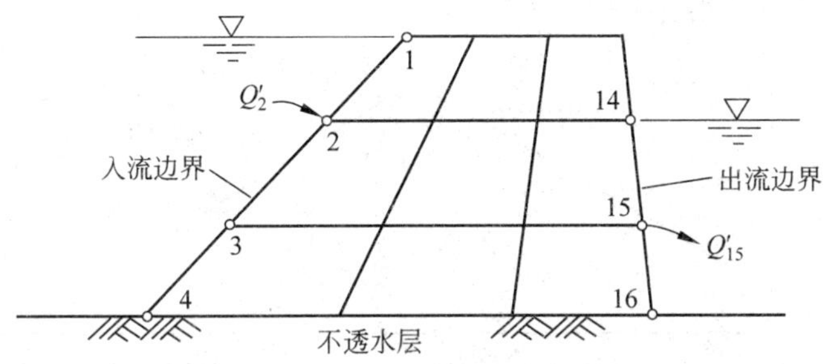

图 4-46　入流和出流渗透边界

的是,不透水边界($v_n=0$)对有限元方程不产生任何的影响,故在计算中不必特别给出。反之,在有限元计算中,如果在某些边界上没有给定任何的边界条件,则实际上等同于不透水边界。

3) 自由水面边界

如前所述,自由水面边界也称为浸润线(二维)或浸润面(三维)。在浸润线(面)上应该同时满足两个条件:①孔隙水压力为零,测管水头等于位置水头,亦即 $h=z$; ②法向流速为零,亦即 $v_n=0$。自由水面的位置通常无法事先确定,需在计算中通过迭代的方法计算确定。自由水面边界的迭代计算是渗流计算中的一个难点问题。目前常采用的方法包括如下几种。

(1) 网格修正法

首先根据经验假定一个自由水面的位置,并对该自由水面以下的部分进行有限元单元剖分和计算。计算中,对假定的自由水面边界,按照 $v_n=0$ 的条件进行分析。在计算出各结点的水头值后,校核条件 $h=z$ 是否已满足。如不满足,则调整自由水面和渗出点的位置,一般可令下一步自由面的新坐标 z 等于上一步计算得到的 h,然后再求解。通常,迭代五六次即可得到满意的结果。

这是早期采用的计算方法。在该方法中,每次迭代均需改变计算的网格,整体渗透矩阵也要重新进行集成和分解,计算效率很低。

(2)单元渗透矩阵修正法

根据网格修正法的缺陷,巴思(Bathe)于 1979 年建议了基于固定网格的单元渗透矩阵修正法。该法按全域剖分计算网格。计算时,首先按照各种土料的实际渗透系数进行计算,求解出整体域内水头 h 的分布,并根据 $h=z$ 确定出第一次近似自由水面的位置。然后,采用相同的整体网格进行第二次计算,此时对近似自由水面以上的区域,土料的渗透系数取一小值(通常缩小 1000 倍)进行计算,也即

$$\left.\begin{aligned} k &= k && (h \geqslant z) \\ k' &= k/1000 && (h < z) \end{aligned}\right\} \tag{4-97}$$

如此反复进行迭代计算,直到得到满意的计算结果。渗透系数取小值计算,实际上是降低了近似自由水面以上区域对总体渗透矩阵的贡献,相当于"在数值"上去掉了这部分网格。相比网格修正法,本法的优点是用固定网格计算,但每次迭代仍然需要进行整体渗透矩阵的集成和分解,计算量仍然较大。

(3) 剩余流量法

剩余流量法由德赛(Desai)于 1976 年提出。现以图 4-47 所示的土坝渗流为例,介绍剩

余流量法的基本原理和计算步骤。

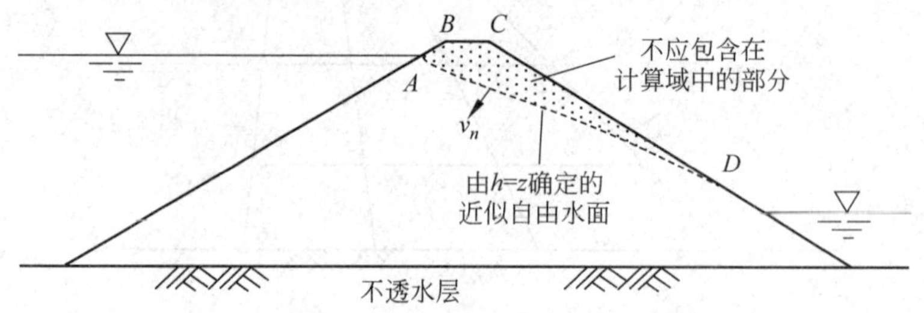

图 4-47 剩余流量法的基本原理

剩余流量法也是固定网格法,按全域剖分计算网格,并按照整体网格进行计算。如图 4-47 所示,在求解出整体域内水头 h 的分布后,可根据 $h=z$ 确定出相应近似自由水面的位置 AD。近似自由水面 AD 将整体的计算域划分为两个部分。其中,其上部的 $ABCD$ 区域是本来不应该包含在渗流计算域中的部分,是造成计算误差的来源。

对近似自由水面 AD,可计算该面上的法向流速 v_n。如果在 AD 上均有 $v_n=0$,则此时在 AD 上将会满足自由水面的全部两项条件,说明此时将会是问题的真解。在进行迭代计算的初期,上述情况是不可能发生的,也即在近似自由水面 AD 上,一般总有法向流速 $v_n\neq 0$。实质上,该法向流速的大小描述了上部 $ABCD$ 区域对下部计算域影响的大小。

德赛(Desai)建议,可通过在 AD 上叠加一反向的法向流速 $-v_n$ 的方法消除上部 $ABCD$ 区域对整体计算所造成的影响。根据式(4-91)可知,该反向法向流速所产生的结点流量为

$$\Delta \boldsymbol{Q}=\iint_{AD}\boldsymbol{N}^{\mathrm{T}}v_n\mathrm{d}S \tag{4-98}$$

将计算所得到的结点流量 $\Delta\boldsymbol{Q}$ 叠加到整体渗流方程的右边项,重新进行求解,可得到更加精确的近似解。如此反复进行迭代计算,直至得到满意的计算结果为止。

从上述原理和计算过程可见,剩余流量法是固定网格法,在迭代过程中不再需要进行整体渗透矩阵的集成和分解,计算效率得到了大大的提高。但由式(4-98)可知,剩余流量法需要计算法向流速,在二维和三维的情况下,分别需要进行曲线和曲面积分,计算过程相对较为烦琐。

(4) 初始流量法

韦德卡(Wittke)等在 1984 年提出初始流量法。初始流量法同样是固定网格法,按全域剖分计算网格,并按照整体网格进行计算。如图 4-48 所示,在求解出整体域内水头 h 的分布后,可根据 $h=z$ 确定出第一次迭代计算对应的自由水面位置。此时,位于该自由面之上区域中的结点都有一个负压力水头,亦即,这些结点的水头小于其相应的高程。然而,这样的计算结果还存在着误差,因为该区域内的单元对整体的渗流方程组还存在有影响。

对于该区域中的某个单元 e 而言,其对渗流方程的影响为

$$\boldsymbol{C}^{e'}\boldsymbol{h}^{e'}=\bar{\boldsymbol{Q}}^{e'} \tag{4-99}$$

对所有的这些结点压力水头为负的单元的 $\bar{\boldsymbol{Q}}^{e'}$ 进行求和,可得到总体的流量修正列阵 $\bar{\boldsymbol{Q}}_n$ 为

$$\bar{\boldsymbol{Q}}_n=\sum_{e'}\bar{\boldsymbol{Q}}^{e'}=\sum_{e'}\boldsymbol{C}^{e'}\boldsymbol{h}^{e'} \tag{4-100}$$

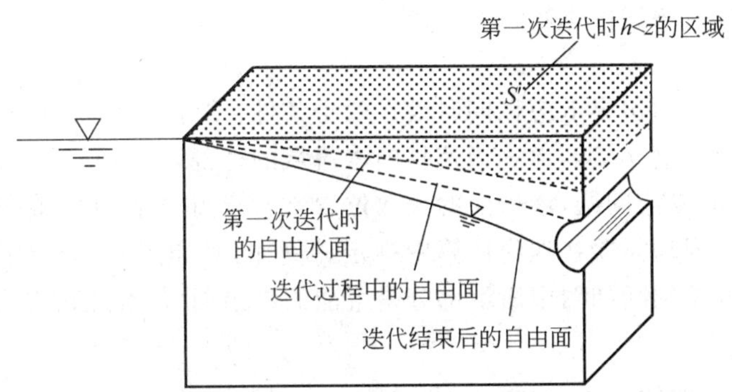

图 4-48　初始流量法的基本原理(隧洞)

将 $\bar{Q}_n$ 从渗流方程组的右边项中减去,并重新进行求解,可得到一个新的水头分布。此时所得到的计算结果较前一次会有所改进,所确定的自由水面的位置相对也会更加准确。如此重复进行迭代计算,直到得到满意的计算结果为止。

在确定自由面位置时,对于仅部分位于渗透区内的单元,可分别按照具体的高斯点进行 $h<z$ 的判别。在对式(4-100)进行数值积分时,仅仅需要累计具有负压力水头的高斯点的数值。相反,当某高斯点有一正压力水头时,与该高斯点有关的数值在据式(4-100)计算单元系数矩阵 $\boldsymbol{C}^{e'}$ 时忽略不计。图 4-49 显示了在计算一个具有 8 个高斯点的立方体单元的流量修正值时,如何用这种方法考虑自由面的位置。对于图中的这个单元,只有 1、2、3、4 和 7 号高斯点位于自由水面之上,在数值积分单元系数矩阵 $\boldsymbol{C}^{e'}$ 时,也仅需要考虑这些高斯点的数值。图中还给出了计算的流程图。

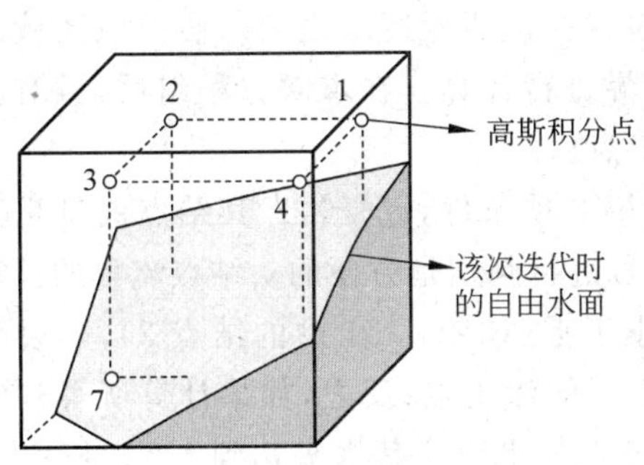

高斯点1~4和7位于渗透区之外

$$\boldsymbol{C}^{e'}=\sum_j \boldsymbol{B}_j^{\mathrm{T}}\boldsymbol{k}^e\boldsymbol{B}_j\boldsymbol{J}_j\alpha_j$$

$(j=1,2,3,4,7)$

式中,$\boldsymbol{J}$为雅可比矩阵;
α为高斯积分系数

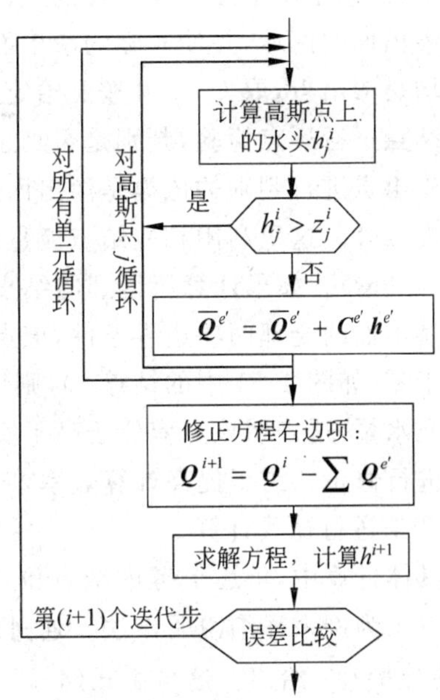

图 4-49　部分位于渗透区内单元的积分方法和计算流程

由于初始流量法是固定网格法,在迭代过程中不再需要进行整体渗透矩阵的集成和分解,计算效率高。此外,该法直接采用单元渗透矩阵进行误差校正,编程十分方便。计算经验表明,该法的计算收敛速度也较快。

4) 渗出面边界

如前所述,在渗出面边界上应该同时满足两个条件:①孔隙水压力为零,测管水头等于位置水头,亦即 $h=z$;②$v_n \leqslant 0$,渗透流速指向渗流域的外部,也即有流量渗出渗流域。

对于一个实际的渗流问题,渗透面的大致位置常常已知或者可以根据日常经验大体进行判断,但其精确范围却需要在迭代计算中确定。例如,对如图4-50所示的隧洞渗流和土石坝及岸坡渗流,容易判断如图中所示部分是可能的渗出面,但究竟占多大部分却事先并不能确定。

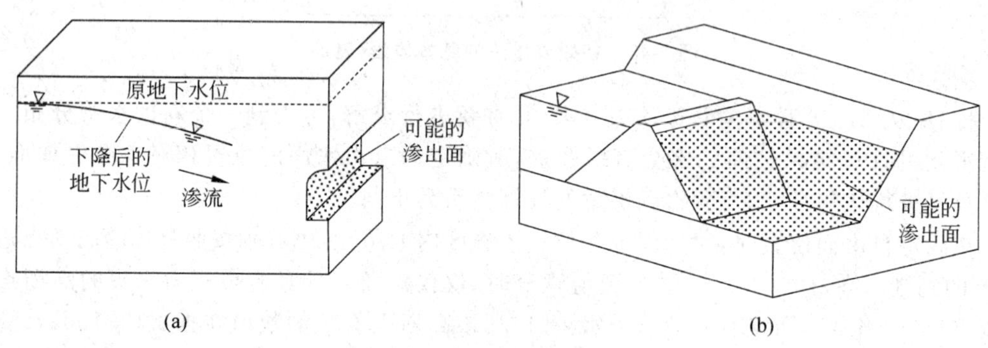

图 4-50 可能的渗出面举例

(a) 地下隧洞渗流;(b)土石坝及岸坡渗流

渗出面区域的准确确定需要在求解过程中采用迭代计算来实现。图4-51以边坡渗流计算为例,给出了确定渗出面位置的迭代方法。在进行第一次迭代计算时,首先要给出一个假设的渗出面的区域,并使实际的渗出面区域包含在该假设区域之内。假设该区域中的所有结点均是渗出点,取 $h=z$ 并按照给定水头边界进行计算。在求解方程组后,再对区域中所有的结点进行逐点检验,判别是否真正的渗出点。

对渗出点进行判别的依据是渗出面边界的第2项条件,$v_n \leqslant 0$,即其结点流量是否是由域内渗出域外。这里利用相应结点流量的正负号进行判别是方便的。结点流量的计算方法参照式(4-96c)。如果计算所得到的结点流量小于零(如图4-51中的结点2),则说明该点可满足渗出面的全部两项边界条件,该点就是真正的渗出点;反之,如果计算所得到的结点流量大于零(如图4-51中的结点1),则说明对该点如果要使其水头达到 $h=z$,则必须向该结点补充水量,这表明该点应位于高于实际渗出面的位置处。在第二次迭代时需要对这样的结点进行修正。为了提高计算效率,应尽量通过修正有限元方程的右边项并保持渗透矩阵 $\boldsymbol{C}$ 不变来进行迭代计算。

在具体计算中,可逐个考虑结点位于可能渗透面上的所有单元。现以图4-51单元 e_1 中的结点1为例来详细说明该法。通过结点1流进或流出单元 e_1 的流量可由结点流量矢量 $\boldsymbol{Q}^{e_1}$ 的分量 $Q_1^{e_1}$ 给出。这可由式(4-99)及单元的结点水头 $\boldsymbol{h}^{e_1}$ 计算,即

$$\boldsymbol{Q}^{e_1} = \boldsymbol{C}^{e_1} \boldsymbol{h}^{e_1} \tag{4-101}$$

当 $Q_1^{e_1}$ 为负时,如上所述不需要进行修正。当 $Q_1^{e_1}$ 为正时,必须对结点1已给定的边界条件进行修正。修正方法与确定自由面位置类似,即借助于流量修正法直接修正 $h=z$ 这个假设。对结点1可将其边界条件改写为

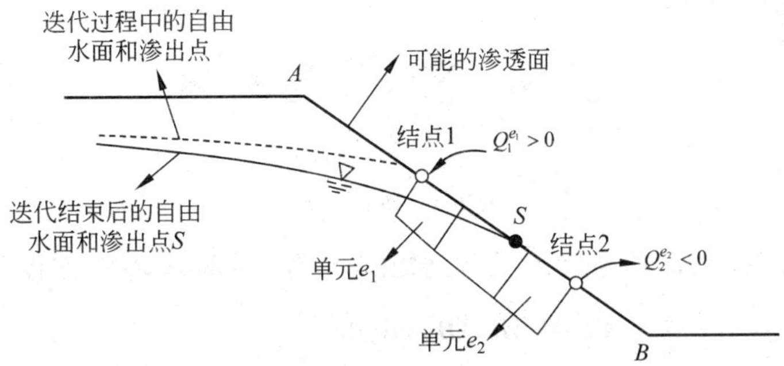

图 4-51　渗出面的迭代方法

$$h_1^{新} = \chi h_1^{旧} = \chi z_1 \tag{4-102}$$

式中，χ可取一个小于 1 的数值，如可取$\chi=0.95$。对于给定水头的边界条件，在形成有限元方程时会集成到方程的右边项。修正了结点 1 的结点水头之后，需要对有限元方程的右边项进行相应的修正，其中，第 i 个分量的修正量可按照下式进行计算：

$$\Delta\tilde{Q}_i = C_{i1}^{e_1}(h_1^{旧} - h_1^{新}) = C_{i1}^{e_1}(1-\chi)z_1 \tag{4-103}$$

对每一个可能包含渗透点的单元进行修正后，重新求解方程组可得到下一次的迭代计算结果。该过程应重复进行直至在两次相邻迭代中渗透面位置无实质性变化为止。由此可见，这种方法与确定自由面位置的迭代方法很相似。实际上，渗出面的位置本身对渗透面的位置也有影响。因此，在实际的有限元计算中，渗出面迭代和自由水面迭代是需要相互嵌套交替进行的。

4.5.3　饱和土非稳定渗流的有限元计算方法

1. 有限元方程的推导

式(4-77)为饱和土非稳定土渗流的控制方程，在给定相应初始和边界条件的情况下，可求解得到相应渗流场中的水头分布。根据变分原理，这个问题等价于下述泛函的极值问题：

$$\begin{aligned} I(h,t) = &\iiint_R \left\{ \frac{1}{2}\left[k_{xx}\left(\frac{\partial h}{\partial x}\right)^2 + k_{yy}\left(\frac{\partial h}{\partial y}\right)^2 + k_{zz}\left(\frac{\partial h}{\partial z}\right)^2 \right.\right. \\ &\left.\left. + 2k_{xy}\frac{\partial h}{\partial x}\frac{\partial h}{\partial y} + 2k_{yz}\frac{\partial h}{\partial y}\frac{\partial h}{\partial z} + 2k_{zx}\frac{\partial h}{\partial z}\frac{\partial h}{\partial x}\right] + S_s h\frac{\partial h}{\partial t} - qh \right\} \mathrm{d}x\mathrm{d}y\mathrm{d}z \\ &+ \iint_{\Gamma_2} v_n h\,\mathrm{d}S \end{aligned} \tag{4-104}$$

由上述泛函 $I(h,t)$的欧拉方程可知，$h(x,y,z,t)$必然在渗流域 R 内满足渗流运动方程式(4-77)，并在边界 Γ_2 上满足法向流速边界条件。其他边界条件需要在水头函数的求解过程中得到强制满足。

比较式(4-80)和式(4-104)可以发现，两者仅相差 $\iiint_R \left(S_s h\frac{\partial h}{\partial t}\right)\mathrm{d}x\mathrm{d}y\mathrm{d}z$ 这一和时间的导数相关的项。因此，对于非稳定渗流。采用和前述稳定渗流类似的推导过程和步骤，可以得到如下形式的有限元方程：

$$\sum_{e=1}^{N}\boldsymbol{C}^{e}\boldsymbol{h}^{e}+\sum_{e=1}^{N}\boldsymbol{S}^{e}\dot{h}^{e}-\sum_{e=1}^{N}\boldsymbol{Q}^{e}=0 \tag{4-105}$$

即

$$\boldsymbol{C}\boldsymbol{h}+\boldsymbol{S}\dot{\boldsymbol{h}}=\boldsymbol{Q} \tag{4-106}$$

式中，$\dot{\boldsymbol{h}}$为结点水头对时间的导数;$\boldsymbol{C}$ 为渗透矩阵;$\boldsymbol{S}$ 为储水矩阵;$\boldsymbol{Q}$ 为方程右边项列阵。

$$\boldsymbol{C}^{e}=\iiint_{e}\boldsymbol{B}^{\mathrm{T}}\boldsymbol{k}\boldsymbol{B}\,\mathrm{d}x\mathrm{d}y\mathrm{d}z \tag{4-107}$$

$$\boldsymbol{S}^{e}=\iiint_{e}\boldsymbol{N}^{\mathrm{T}}\boldsymbol{S}_{\mathrm{s}}\boldsymbol{N}\mathrm{d}x\mathrm{d}y\mathrm{d}z \tag{4-108}$$

$$\boldsymbol{Q}^{e}=\iiint_{e}\boldsymbol{N}^{\mathrm{T}}q\mathrm{d}x\mathrm{d}y\mathrm{d}z-\iint_{\Gamma_{2}^{e}}\boldsymbol{N}^{\mathrm{T}}v_{n}\mathrm{d}S \tag{4-109}$$

在式(4-106)中，除了含有结点水头这一基本未知量之外，还含有结点水头对时间的导数项。该方程可将时间过程按时间增量$\Delta t=t_{n}-t_{n-1}$进行离散，然后再通过采用数值积分的方法进行逐步求解。图 4-52 给出了时间过程的数值积分方案，可用下式进行数值积分计算：

$$\int_{t_{n-1}}^{t_{n}}f(t)\mathrm{d}t=[\lambda f(t_{n})+(1-\lambda)f(t_{n-1})]\Delta t \tag{4-110}$$

式(4-110)数值计算的精度同函数 $f(t)$的特性和加权系数 λ 的选取有关。1975 年，Booker 和 Small 证明当取 $0.5\leqslant\lambda\leqslant1$ 时，上式是数值稳定的。经验表明，$\lambda=0.5$ 时通常效果较好。

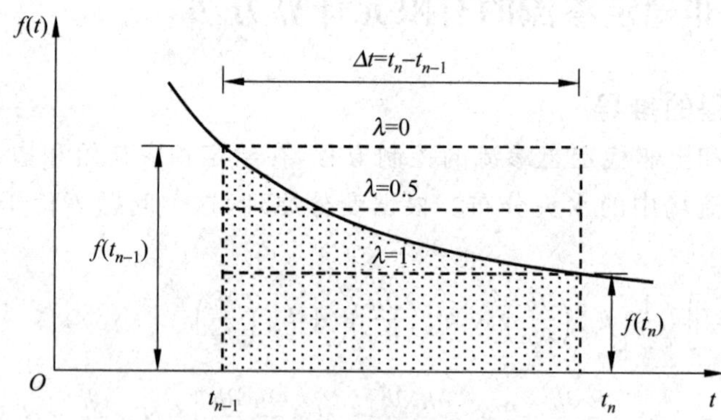

图 4-52 时间过程的数值积分方案

采用式(4-110)所给出的方法对式(4-106)进行积分，有

$$\int_{t_{n-1}}^{t_{n}}(\boldsymbol{C}\boldsymbol{h}+\boldsymbol{S}\dot{\boldsymbol{h}})\mathrm{d}t=\int_{t_{n-1}}^{t_{n}}\boldsymbol{Q}\mathrm{d}t \tag{4-111}$$

可得

$$\widetilde{\boldsymbol{C}}\boldsymbol{h}_{t_{n}}=\boldsymbol{Q}_{t_{n-1}}+\boldsymbol{V}_{\mathrm{w}} \tag{4-112}$$

式中，

$$\widetilde{\boldsymbol{C}}=\boldsymbol{S}+\boldsymbol{C}\lambda\Delta t \tag{4-113}$$

$$Q_{t_{n-1}} = C^* h_{t_{n-1}} \tag{4-114}$$

$$C^* = S - C(1-\lambda)\Delta t \tag{4-115}$$

$$V_w = Q\Delta t \tag{4-116}$$

由式(4-112)可知,如已知前一时刻 t 的结点水头分布,即可求出下一时刻 $t+\Delta t$ 的水头分布。因此,只要知道初始条件下的渗流场水头分布,即可逐次计算渗流场随边界条件变化时的渗流场水头分布。

当不考虑土体骨架变形和孔隙水的压缩性时,储水率 $S_s=0$。由式(4-108)可知,计算所得储水矩阵 $\boldsymbol{S}$ 也等于零。此时,所得到的有限元方程为

$$Ch = Q \tag{4-117}$$

可见,其在形式上同稳定渗流的有限元方程式(4-95)具有完全相同的形式。但需注意的是,在非稳定渗流的情况下,其边界条件是随时间发生变化的,因此,同稳定渗流的情况仍有不同。

2. 渗流初始和边界条件的处理

在求解非稳定渗流问题时,需要给定相应的初始条件和边界条件。对于初始条件,通常对应一个稳定场,这时可通过求解给定边界条件下的稳定渗流有限元方程,得到渗流场内的水头分布,作为非稳定渗流在 $t=0$ 时刻的初始条件。

饱和非稳定渗流常见的几类边界条件也包括已知水头或已知法向流速的边界条件、渗出面边界和自由水面边界等。对于已知水头和已知法向流速边界条件的处理方法同稳定渗流的情况完全相同,只是在非稳定渗流情况下,其具体数值大小或位置是可以随时间发生变化的。

对于饱和非稳定渗流,自由水面和渗出面边界是一种随时间运动的边界。在有限元计算中,对这两种边界条件的处理是一个难点问题。对于这两种边界,由于它们均是随时间发生变化的,所以对每一个时间步均需要进行迭代计算。其中,对于渗出面边界,其边界条件同稳定渗流相同,可采用和前述稳定渗流相同的迭代方法进行计算。

下面结合图 4-53 所示的情况讨论自由水面的迭代方法。如前所述,在非稳定渗流情况下,自由水面需满足如下两个条件:①零水压力条件,亦即 $h=z$;②自由水面位置的变化过程伴随着土体孔隙水体的流入或排出,实质上对渗流域构成出流或入流的条件,可等价表示为由式(4-79)表示的法向流速条件。

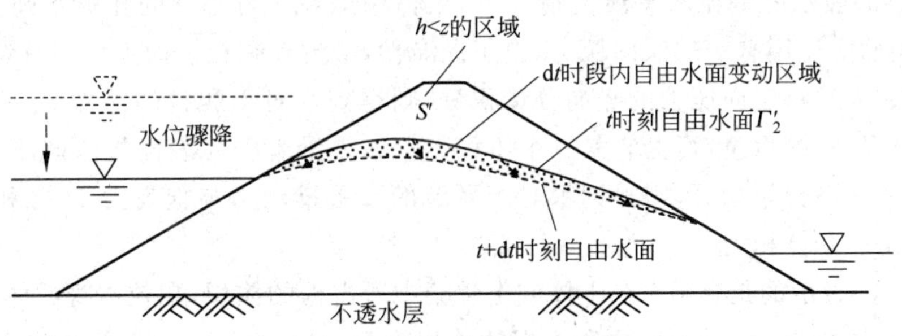

图 4-53　非稳定渗流自由水面边界

总体上看,饱和非稳定渗流自由水面的迭代计算应主要包含如下的两个方面。

(1)自由水面以上部分区域所产生的误差校正

如图4-53所示,当存在自由水面时,实际的渗流域仅应包含自由水面以下的区域。当应用固定网格法采用全断面进行计算时,在形成的有限元方程中还包含了自由水面以上部分的S'区域($h<z$的区域)的影响。对此可采用和稳定渗流计算中完全相同的迭代方法,如单元渗透矩阵修正法、剩余流量法和初始流量法等进行校正,具体详见本书的4.5.2节。

(2)自由水面位置变化所导致的孔隙水量变化

在自由水面位置发生变化时,相应部分土体孔隙中水体的流入或排出,会对渗流的流量平衡产生影响。在饱和非稳定渗流计算中,自由水面位置变化的影响可等价表示为由式(4-79)表示的法向流速条件。这样,可将该式作为法向流速边界条件直接写进式(4-104)所示的泛函,所对应的项为

$$I^*(h,t)=\iint_{\Gamma_2'}v_n h\,\mathrm{d}S=\iint_{\Gamma_2'}\mu h\frac{\partial h}{\partial t}\cos\theta\mathrm{d}S \tag{4-118}$$

式中,积分域Γ_2'为沿自由水面的积分。在三维非稳定渗流计算中,式(4-118)实际上是一个二维的曲面积分,且曲面的空间位置是随时间变化的。采用和前面相同的方法和步骤,可得到和式(4-106)相对应的有限元方程式,即

$$\boldsymbol{Ch}+\boldsymbol{S}\dot{\boldsymbol{h}}+\boldsymbol{G}\dot{\boldsymbol{h}}=\boldsymbol{Q} \tag{4-119}$$

式中,$\boldsymbol{G}$为自由水面变动矩阵,

$$\boldsymbol{G}=\iint_{\Gamma_3}\mu\boldsymbol{N}\boldsymbol{N}^{\mathrm{T}}\cos\theta\mathrm{d}S \tag{4-120}$$

这种方法需要计算沿空间曲面的积分,具体的数值积分方法,可参阅相关的文献。

4.6 有关渗流的一些工程问题

4.6.1 渗透力与渗透变形及其防治

1. 渗透力

图4-54(a)表示的是在水平渗流情况下,土体中颗粒i与流动的孔隙水间力的相互作用,在颗粒表面上作用有水的法向压力,由于黏滞性,渗流在颗粒表面上作用有切向拖曳力。如果沿着颗粒表面将法向压力的竖向分量积分,则得到水对于颗粒的浮力$F_i=\gamma_w V_{si}$,亦即等于此颗粒排出水的重量,可见它是一个体积力。如果沿着颗粒表面将法向压力的水平分量和切向力的水平分量积分,则得到水对于颗粒的水平推动力与拖曳力J_i之和,可见它与浮力一样也是一个体积力。

图4-54(b)表示的是颗粒i在土体或土骨架中所占据的体积,颗粒本身的体积为V_{si},长度为Δl_i;它在土体(或者土骨架)中所占据的体积为$V_{si}/(1-n)$,n为土的孔隙率,所以该颗粒前后两侧在土体中所占的平均面积为$a=\dfrac{V_{si}}{\Delta l(1-n)}$。以体积为$V_{si}/(1-n)$的土体中的孔

隙水为隔离体，考虑它在渗流方向（水平方向）上的力的平衡，两侧压力差等于颗粒对水的水平方向反作用力 J_i。水力坡降为 $i=-\Delta h_i/\Delta l_i$。

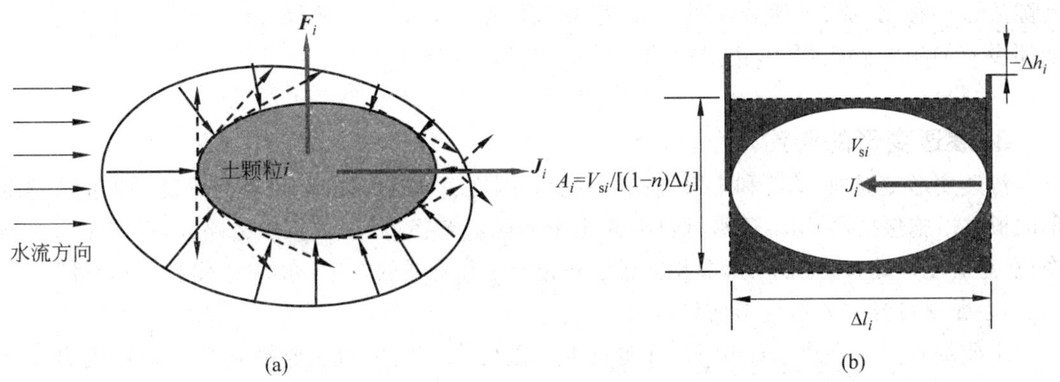

图 4-54　渗透力的原理

$$-\gamma_w \Delta h_i \frac{V_{si}}{\Delta l_i(1-n)} = \gamma_w \frac{V_{si}}{1-n} i = J_i \tag{4-121}$$

设在单位体积土体中含有 m 个土颗粒，将 m 个颗粒受到的水的水平向的作用力叠加，则

$$j = \sum_{i=1}^{m} J_i = \sum_{i=1}^{m} \gamma_w \frac{V_{si}}{1-n} i = \left(\frac{1}{1-n}\sum_{i=1}^{m} V_{si}\right)\gamma_w i$$

由于 $\sum V_{si} = V_s$，亦即颗粒固体的体积。在单位体积土体中，$\sum V_{si}/(1-n) = 1.0$，则

$$j = \gamma_w i \tag{4-122}$$

这就是渗透水流作用于单位体积土骨架上的渗透力。除了以上所讨论的水对颗粒作用力以外，在与水流垂直方向水流对颗粒可能还有一升力 F_p，对于一些形状为针片状的颗粒，这种升力可能较明显。当颗粒随机排列，这种升力可以是相互抵消了。我们通常假设土体是各向同性的，所以渗透力与渗流流速方向（或水力坡降方向）是相同的。

渗透力 j 是一种体积力，它作用于单位体积土骨架上，其大小和水力坡降成正比，对于各向同性渗流，其作用方向与渗流场的水力坡降方向相一致。

2. 渗透变形

由于渗透力是作用在土骨架上的力，所以它会产生有效应力，这又会对土的变形和稳定产生影响。其中渗透变形（seepage deformation）是较为严重的工程问题。

渗透变形有两种主要形式，一是流土，二是管涌，还有两层土接触面处的接触流土和接触冲刷等形式。流土可发生在无黏性土和黏性土中，当向上的渗透力大于土的有效重度时，一定范围的土体或土颗粒处于悬浮、移动的状况，这一现象即是流土。流土一般发生在渗流出口处，可以用式(4-123) 判断：

$$i_{cr} = \gamma'/\gamma_w \tag{4-123}$$

式中，i_{cr} 为流土的临界水力坡降。砂土的流土亦称为砂沸（boiling），其状如同一些泉眼涌动,与水的沸腾相似。

管涌一般发生在无黏性土中,特别是缺少中间粒径的情况,土的细颗粒在粗颗粒形成的孔隙流道中移动、流失,随着流速加大,粗颗粒也被水流带走,逐渐形成贯通的管形通道。管涌还没有简单的公式判断,主要根据土的颗粒级配情况判断。

3. 渗透变形的防治

渗透变形是堤坝、基坑和土坡失稳的主要原因之一,设计时应予足够的重视。防止渗透变形的根本措施包括:采用不透水材料阻断土中的渗流路径;设法增长渗透路径,以减小水力坡降;在渗流出口处布置减压、盖重及反滤层防止流土和管涌的发生,亦即"上游挡,下游排"。

1) 堤坝自身的渗透变形防治

土质堤坝自身在渗透作用下,可能发生渗透变形。防止的主要措施是降低水流出口处的水力坡降,也就是上述的"上挡下排",降低浸润线,减小出口处的逸出坡降。图 4-55 表示土石坝的各种防渗措施;图 4-56 表示了各种下游排水形式。

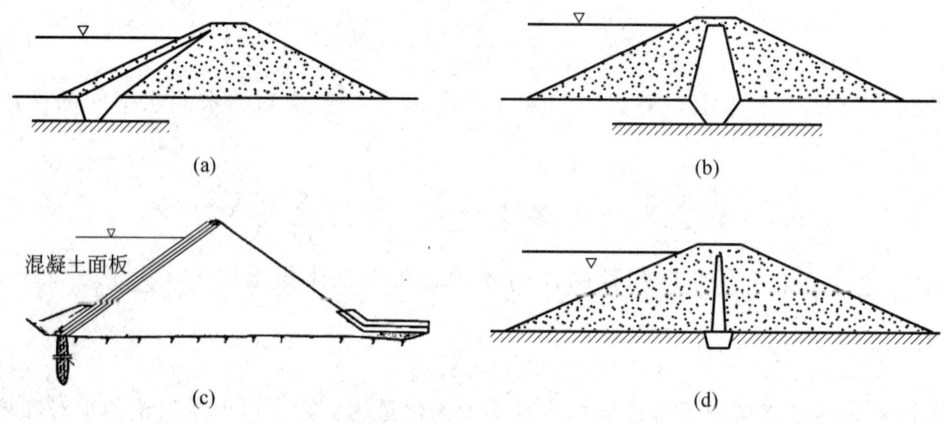

图 4-55 土石坝的防渗

(a)黏土斜墙坝;(b)黏土心墙坝;(c)混凝土面板堆石坝;(d)混凝土心墙坝

防渗材料可用黏土、混凝土、塑性混凝土、自凝灰浆和土工膜等。目前中国的高堆石坝以采用土质防渗体为主。排水材料可用块石、碎石、砾石、砾砂、无纺织布与透水管材等。

2) 堤坝地基渗透变形的防治

堤坝可能直接位于透水地基上,也可能位于弱透水层上。如弱透水层以下存在透水层,在堤坝下游处易发生流土或管涌。

在图 4-57 中,为防止堤坝下游坡踵处地基土发生渗透变形,可在上游设置水平铺盖,下游设置排水盖重。

水平铺盖防渗层一般用黏土铺筑,要求土料的渗透系数 $k<10^{-5}$ cm/s,铺盖的厚度 0.5～1.0m,竖向允许水力坡降为 4～6。土工膜也常被用作防渗铺盖。

下游设置排水盖重。所谓排水盖重是用透水性好的碎石、块石等组成,与原地基土之间可设反滤层,防止接触流土。这样盖重的设置基本不会改变原地基中的流网。在图 4-57 的 x_2 段,由于盖重的作用,防止了地基土的流土或管涌;而在 x_2 段以下逸出的水力坡降已经降低,也就不会发生渗透变形。

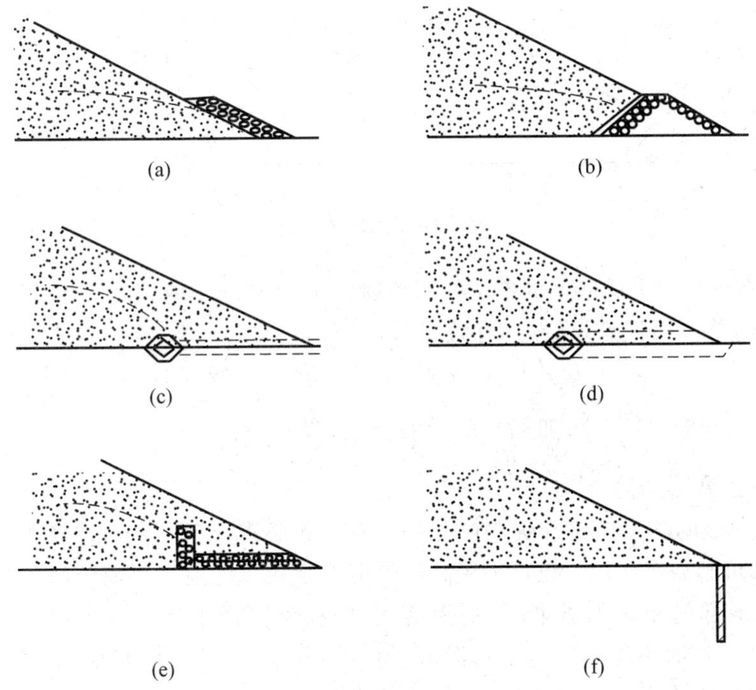

图 4-56　堤坝的下游排水

(a)表面贴坡式；(b)坝趾棱体式；(c)暗管插入式；(d)堆石暗管式；(e)上昂式；(f)竖井式

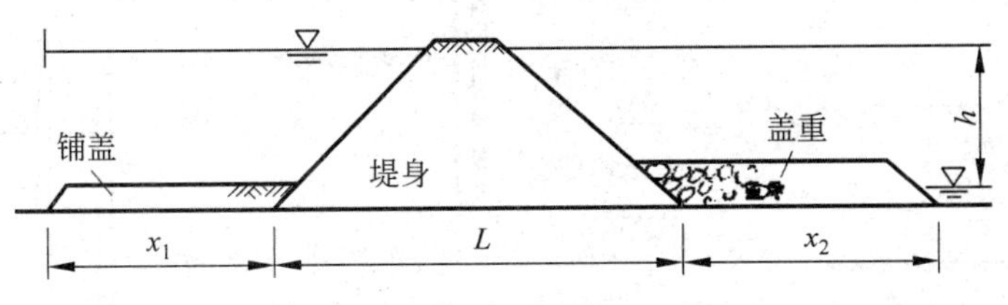

图 4-57　透水地基上的堤坝

对于在弱透水层以下存在透水层的情况，亦称双层结构或二元结构地基，也可以在下游坡脚处采用排水盖重的方法。如两层土均较厚，为防止堤坝下游的上层土承受较大的水力坡降，常用透水材料做成减压井，通过反滤将下层承压水排出，避免流土破坏。

【例题 4-3】 在图 4-58 中土坝下的地基为双层结构的土层，坝下游水深 2.5m。表层土④厚度 4m，渗透系数 $k_1=2\times10^{-6}$ cm/s，饱和重度为 19kN/m^3，土层底面下的承压水水头高 5m，土层⑤渗透系数 $k_2=3\times10^{-3}$ cm/s，抗流土的安全系数取为 2.0，计算下游排水压盖层②的厚度 t（排水压盖层渗透系数 $k=6\times10^{-2}$ cm/s，饱和重度为 19kN/m^3）。

【解】 首先计算土层④流土的临界水力坡降与容许水力坡降：

$$i_{\mathrm{cr}}=\frac{\gamma'}{\gamma_{\mathrm{w}}}=\frac{9}{10}=0.9;\quad [i]=\frac{i_{\mathrm{cr}}}{F_{\mathrm{s}}}=\frac{0.9}{2}=0.45$$

计算土层④的实际水力坡降：$i=2.5/4=0.625>[i]$，应设置排水压重。

以土层④的土骨架做隔离体，设盖重层②的厚度为 t，考虑竖向力的平衡：

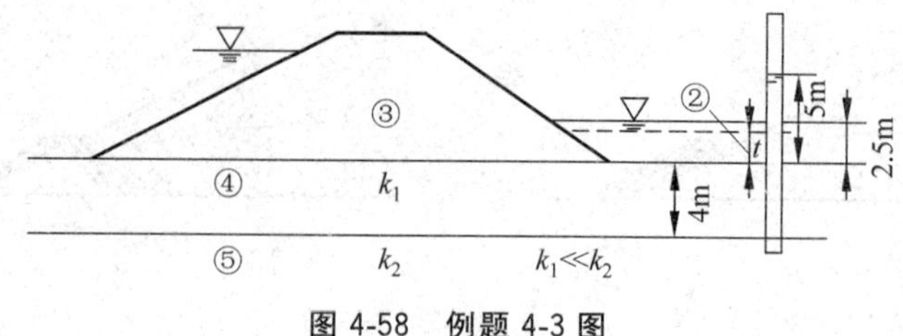

图 4-58 例题 4-3 图

(1) 作用在土层④上的向上的单位面积渗透力:$h_4 j = h_4 \gamma_w i = 4 \times 10 \times 0.625 = 25(\mathrm{kN/m^2})$

(2) 向下的单位面积有效应力(有效自重):

$$(t+4)\gamma' = (t+4) \times 9 = 9t + 36(\mathrm{kN/m^2})$$

(3) 根据 $F_s = 2 = \frac{9t+36}{25}$,即 $9t = 50 - 36 = 14$,得 $t = 1.56\mathrm{m}$

3) 基坑渗透变形的防治

基坑渗透变形的防治措施与堤坝的相似。在这种情况下常采用混凝土地下连续墙作为挡土结构,同时可起截水作用。也可采用高压喷射注浆或水泥搅拌形成防渗帷幕,见图 4-59。它们如果插入下部的相对不透水层,则为落底式;在深厚透水地基之中而没有插入不透水层,则为悬挂式。这时不能截断地下水渗流,但可增加渗径,减小坑底水力坡降;对于悬挂式截水帷幕,也可增设水平封底隔渗层,见图 4-59(c)。

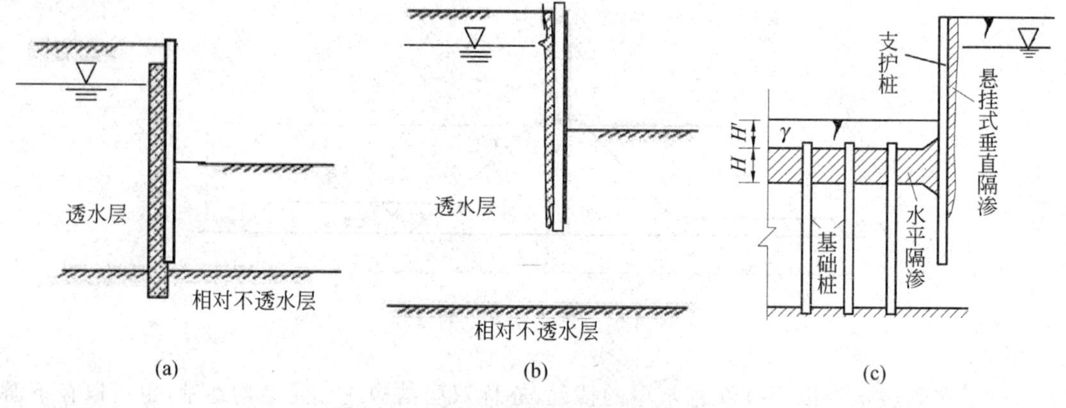

图 4-59 竖向隔渗帷幕类别

(a)落底式帷幕;(b) 悬挂式帷幕;(c)封底式帷幕

4.6.2 渗流条件下土坡的稳定

渗流产生的渗透力可以改变滑动土体上的有效应力,从而改变滑动面上的滑动力和抗滑力,因而渗流常常会引发土坡的失稳。土坡中内向外和沿坡的渗流常减少抗滑力或增大滑动力,降低土坡的稳定安全系数。这种情况发生在堤坝稳定渗流情况下的下游坡,水位骤降时的上游坡。此外大量降雨也会引起天然土坡的失稳。

1. 稳定渗流时土坡的稳定分析

在用瑞典圆弧法进行土坡稳定分析时，首先需确定浸润线的位置，这可通过绘制流网确定。每个土条在浸润线以下的部分，例如图 4.60(a)中的 $abcd$，其体积为 V。当用条分法分析时，其土骨架受到总渗透力的作用，其大小为 $jV=i\gamma_w V$，方向为沿流线方向，合力作用在单元的形心上。平均水力坡降 i 可由土条包含的流网计算。单元 $abcd$ 土骨架的重量为 $\gamma' V$，它与总渗透力 $i\gamma_w V$ 的合力为 R，参见图 4.60(b)。因等势线不是竖直的，流网与土条的划分不会一致，给计算带来困难。渗透力的大小与方向都不易准确确定。故一般不用以土骨架为隔离体进行分析。

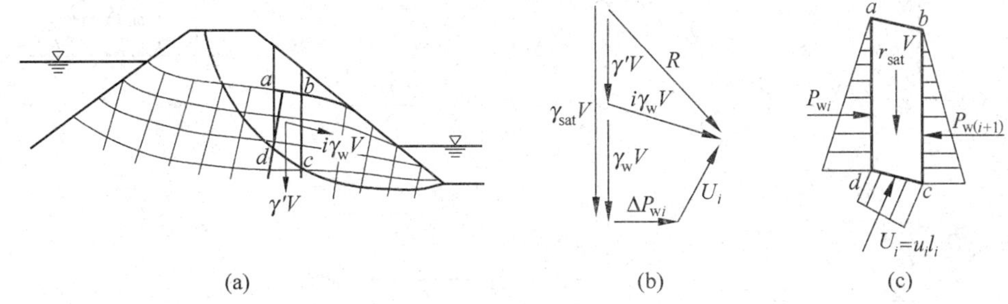

图 4-60　渗流作用下土坡稳定分析

另一种分析方法是取第 i 土条 $abcd$ 饱和土体(包括土颗粒＋土中水)作为隔离体，参见图 4-60(c)。该隔离体上的力有：饱和土体自重 $\gamma_{sat} V$，还有两竖直面 ad 和 bc 上总孔隙水压力之差 $-\Delta P_{wi}=P_{wi}-P_{w(i+1)}$，土条底面孔隙水压力 $U_i=u_i l_i$，分别标于图 4-60(c)中。此外，从图 4-60(b)可见 $\gamma_{sat} V$、ΔP_{wi} 和 U_i 三力的合力为 R。可见用土骨架上的有效自重＋渗透力，与用土体自重＋土体上的水压力，得到的合力 R 是相同的，而后者的计算却直观、方便得多。因而，在用条分法和有效应力强度指标计算土坡稳定时，可取土＋水总体为隔离体，渗透力作为内力不出现。但应计入土条两侧水压力差 ΔP_{wi} 和土条底部的水压力 U_i。

从图 4-60(b)也可以发现，如果取 $abcd$ 的孔隙水作隔离体，则 $\gamma_w V$、ΔP_{wi} 和 U_i 三个力的合力就是渗透力，等于 $i\gamma_w V$。

关于土条底部孔隙水压力 u_i 的计算，可过土条底部中点作等势线，取图 4-61 中 h_w 为计算水头，即 $u_i=\gamma_w h_w$。

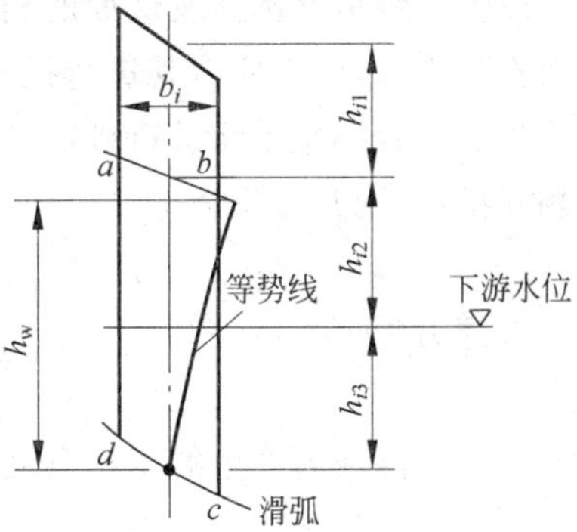

图 4-61　土条各段高度

2. 坡面处的几种渗流的情况

图 4-62(a)所示渗出面边界处有一单位体积微单元的无黏性土体，它受浮重度 γ' 和渗透力 $j=\gamma_w i$ 作用。设土坡坡角为 β，渗流方向与水平线成 θ 角，当该土体处于极限平衡时，水力坡降取临界值 i_{cr}，沿坡面方向的力的极限平

衡条件为

$$\gamma'\sin\beta + \gamma_{w} i_{cr}\cos(\beta-\theta) = [\gamma'\cos\beta - \gamma_{w} i_{cr}\sin(\beta-\theta)]\tan\varphi \tag{4-123}$$

图4-62(b)、(c)、(d)、(e)表示的是坡面处几种特殊渗流的局部流网。其中,图4-62(b)为沿坡渗流情况;图4-62(c)是不透水地基上土坝下游的局部情况,这里局部流线只能是接近水平方向(见图4-37);图4-62(d)是图4-37中下游水位以下 RT 段,流线垂直于下游坡面;图4-62(c)是图4-37中土坝的上游坡面 PS 段。

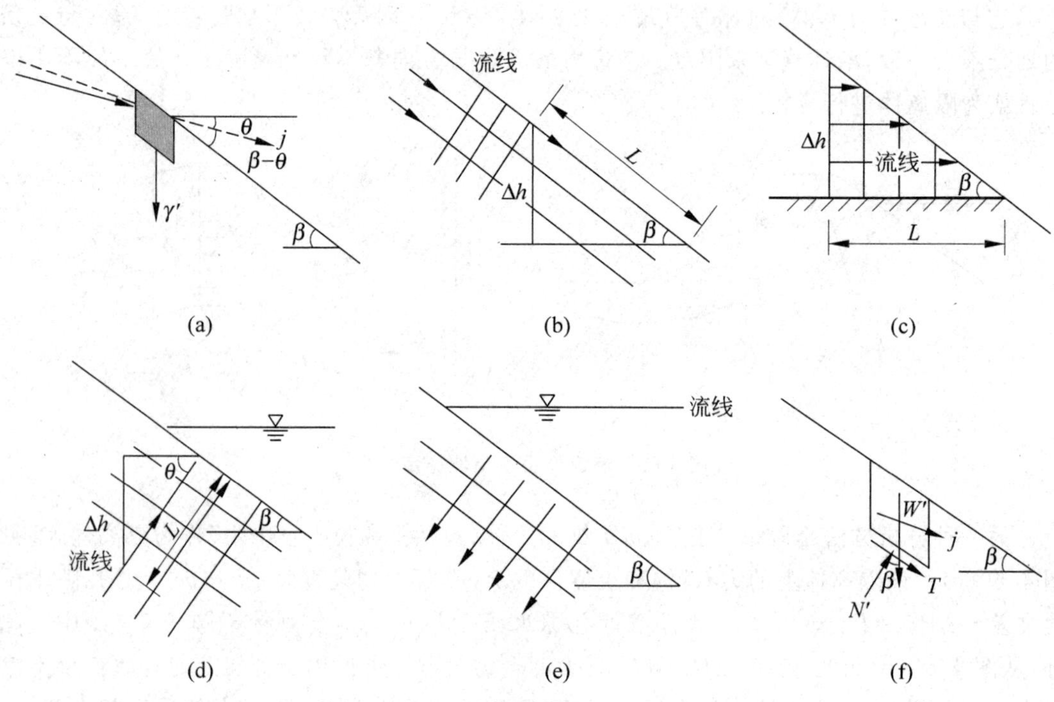

图4-62 堤坝坡面几种渗流情况

以上几种情况都涉及坡面的局部抗滑稳定问题。对于无黏性土,局部的失稳破坏往往引发整体破坏,所以应对其进行抗滑稳定分析。如图4-62(f)所示,取坡面上单位坡长上单位面积的土骨架微单元进行极限平衡分析,对于很长的土坡,其两侧面的骨架上作用力可视为相互抵消,则其自重为

$$W' = \gamma' \tag{4-124}$$

渗透力为

$$j = \gamma_{w} i \tag{4-125}$$

自重与渗透力产生的切向滑动力为 T,法向力为 N。法向力 N 产生的抗滑力为

$$R = N\tan\varphi \tag{4-126}$$

土单元的抗滑稳定安全系数可用下式计算:

$$F_{s} = \frac{R}{T} = \frac{N\tan\varphi}{T} \tag{4-127}$$

在图4-62(b)、(c)、(d)、(e)中只是渗透力的方向不同。局部单位体积土单元的抗滑稳定分析结果列于表4-4中。

表 4-4　坡面几种渗流情况的抗滑稳定分析

工况及项目	沿坡渗流（图 4-62(b)）	水平渗流（无下游水位，图 4-62(c)）	垂直坡面向外渗流（图 4-62(d)）	垂直坡面向内渗流（图 4-62(e)）
θ	β	0	$-(90°-\beta)$	$90°+\beta$
i	$\sin\beta$	$\tan\beta$	—	—
j	$\gamma_w \sin\beta$	$\gamma_w \tan\beta$	$\gamma_w i$	$\gamma_w i$
T	$\gamma_{sat} \sin\beta$	$\gamma_{sat} \sin\beta$	$\gamma' \sin\beta$	$\gamma' \sin\beta$
N	$\gamma' \cos\beta$	$\gamma' \cos\beta - \gamma_w \sin\beta \cdot \tan\beta$	$\gamma' \cos\beta - \gamma_w i$	$\gamma' \cos\beta + \gamma_w i$
F_s	$\dfrac{\gamma' \tan\varphi}{\gamma_{sat} \tan\beta}$	$\dfrac{\gamma' - \gamma_w \tan^2\beta}{\gamma_{sat} \tan\beta}\tan\varphi$	$\dfrac{\gamma' \cos\beta - \gamma_w i}{\gamma' \sin\beta}\tan\varphi$	$\dfrac{\gamma' \cos\beta + \gamma_w i}{\gamma' \sin\beta}\tan\varphi$
当 $\gamma'=\gamma_w, \varphi=\beta=30°$ 时	$F_s=1/2$	$F_s=1/3$	$F_s=1-1.15i$	$F_s=1+1.15i$
当 $\gamma'=\gamma_w, \varphi=30°, F_s=1$ 时	$\beta=16.1°$	$\beta=15°$	$i=\cos\beta-\sqrt{3}\sin\beta$	$i=\sqrt{3}\sin\beta-\cos\beta$

可见在这几种情况下，与无渗流情况比较，向外向下的渗流都降低了抗滑稳定安全系数。而垂直向内的渗透力增加了抗滑力，有利于边坡稳定，见图 4-62(e)。在水下钻孔灌注桩的施工中，为了保证孔壁不倒塌，孔内的水位必须保持比地下水位高，产生流向土体内的渗流，而为了使其保证一定的抗滑稳定安全系数，需要有足够的水力坡降 i，因而在钻井孔内加泥浆护壁，使井壁处局部水力坡降加大，也加大了孔内流体的重度。

【例题 4-4】 在砂土地基中进行一个大孔径的水下钻孔灌注桩施工，如果砂土饱和重度 $\gamma_{sat}=20\text{kN/m}^3$，内摩擦角 $\varphi=37°$，为了保证水下钻孔孔壁不塌落，需要孔内水位高于地下水位，使水从孔内向土中水平渗流，见图 4-63。问与孔壁垂直渗流的水力坡降 i 至少需要多少，才能保证孔壁局部不塌落？

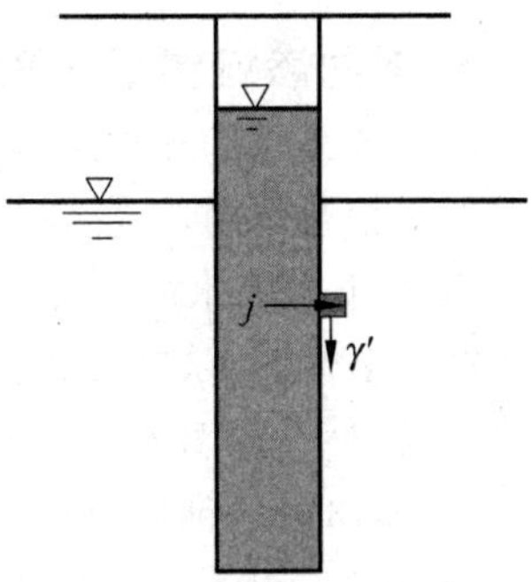

【解】 在孔壁取一单位体积土骨架的微单元，它受到的竖向力为：向下的自重 γ'；由垂直于孔壁的渗透力 j 产生的摩阻力 $j\tan\varphi$。不计泥浆水对重度的影响，考虑二者的平衡有

$$i\gamma_w \tan\varphi = \gamma'$$

图 4-63　水下钻孔灌注桩施工

则

$$i = \frac{1}{\tan 37°} = 1.33$$

为了保持这一水力坡降，需要孔内水位高于地下水位；同时孔内壁需要泥浆护壁，使此处的水力坡降加大。

4.6.3　挡土构造物上的土压力和水压力

在进行基坑工程的挡土结构的设计时，首先须计算作用在结构上的土压力和水压力。水平压力的大小主要取决于挡土结构的高度、土的性质和地下水性质。基坑支护结构的墙后土体常常是饱和的，存在静水压力和超静孔压力的影响，经典的土压力理论常常不能给出符合实际的结果。本节主要讨论土中水及其渗流对挡土结构上土压力和水压力的影响。

1. 静水压力下的水土压力

根据有效应力原理，$\sigma_z=\sigma_z'+u$，其中 u 可以是静孔隙水压力或超静孔隙水压力。基坑的挡土结构常用混凝土地下连续墙，它既可挡土，亦可截水。考虑基坑中静水压力作用下其上土压力和水压力的计算。这就涉及我国土力学界曾争议过的一个焦点问题，即水土分算和水土合算问题。图 4-64 为落底式支护结构。

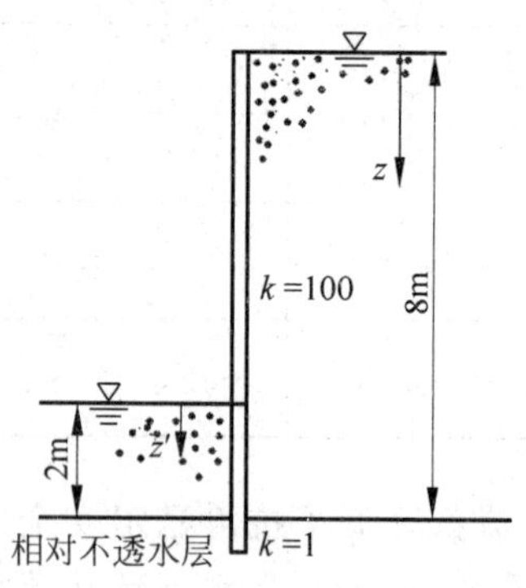

图 4-64 基坑支护结构两侧的静水压力(k 为相对值)

这时，由于两侧的土中水不能流动，两侧的水压力均为静水压力，$p_w=\gamma_w z$ 和 $p_w=\gamma_w z'$。根据朗肯土压力理论：当两侧达到极限状态时的土压力为

$$p_a=K_a\gamma' z-2c\sqrt{K_a}$$

$$K_a=\tan^2\left(45°-\frac{\varphi}{2}\right) \tag{4-128}$$

$$p_p=K_p\gamma' z'+2c\sqrt{K_p}$$

$$K_p=\tan^2\left(45°+\frac{\varphi}{2}\right) \tag{4-129}$$

然后将两侧静水压力差与主动土压力相加，作为荷载，这就是所谓的“水土分算”。而所谓“水土合算”是在式(4-128)和式(4-129)中，把浮重度 γ' 变换为饱和重度 γ_{sat}，而不计水压力，这种算法不符合有效应力原理，只是工程中的一种经验算法。

2. 不同渗流情况下的水土压力

在基坑开挖的支护结构设计时，会遇到许多复杂的地基中的水土关系，只有清楚地分析水与土的相互作用，才能得到合理的荷载与抗力。

1) 有上层滞水的情况

在很多情况下，基坑开挖遇到的地下水是上层的滞水，稳定的地下水(潜水)有时位于很深的透水层中，如图 4-65 所示。如果原地下水位在地面，由于在透水层Ⅳ中人工降低地下水，也可能出现这种情况。

对于图 4-65(a)情况，由于水是垂直下渗，产生向下的稳定渗流，$i\approx1.0$，这时会得到坑底以上墙上各点的水压力均为零，考虑到向下的渗透力，则竖向有效应力为 $\sigma_z'=(\gamma'+j)z=r_{sat}z$，则主动土压力 $p_a=K_a\gamma_{sat}z$，在这种情况下，计算结果与水土合算结果一致。对于图 4-65(b)情况，滞水下渗，各层渗透系数不同，其水、土压力和总压力的分布应逐层根据水流连续性条件计算。应当注意到水的渗透力对于土压力的影响，这时除了有效自重应力外，渗透力产生附加土压力 $\Delta p_a=K_a jz$。

【例题 4-5】 在图 4-65(b)中，如果上部三层土Ⅰ、Ⅱ、Ⅲ的饱和重度都是 20kN/m^3，内摩擦角都是 $\varphi=30°$，黏聚力 $c=0$kPa。计算墙后土层 9m 范围的主动土压力和水压力分布。

【解】 (1) 首先计算垂直等效渗透系数

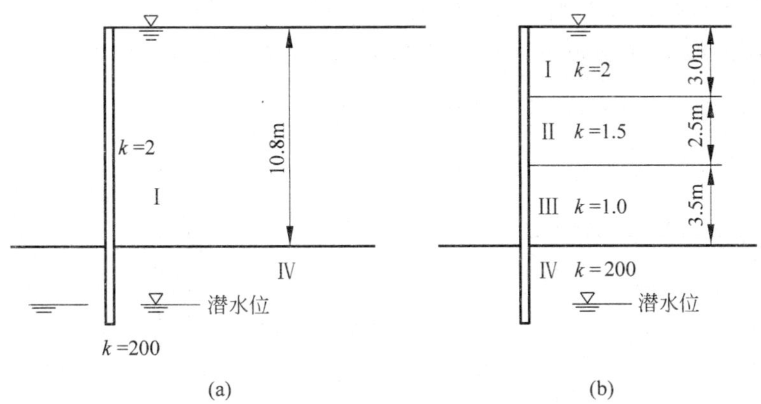

图 4-65　基坑地基有上层滞水时的情况（k 为相对值）

（a）单层不透水层；（b）多层不透水层

$$\bar{k}=\frac{\sum h_i}{\sum h_i/k_i}=\frac{9}{3/2+2.5/1.5+3.5/1}=\frac{9}{6.67}=1.35$$

平均水力坡降 $i=9/9=1.0$，向下渗流流速 $v=ki=1.35$。各层的流速 $v_i=v$ 相等，则 $i_i=v/k_i$。

（2）计算各层土的渗透力

计算各层土中的水力坡降与渗透力：$i_1=1.35/2=0.675$，$j_1=6.75\text{kN/m}^3$；

$i_2=1.35/1.5=0.9$，　$j_1=9\text{kN/m}^3$；　$i_3=1.35/1=1.35$，　$j_1=13.5\text{kN/m}^3$

（3）计算各层土压力

$K_a=1/3$，计算结果见表 4-5。

表 4-5　例题 4-5 计算结果

编号	深度/m	有效自重应力 σ_{z1}/kPa	渗透应力 σ_{z2}/kPa	σ_z'/kPa	p_a/kPa	p_w/kPa	(p_a+p_w)/kPa
1	0	0	0	0	0	0	0
2	3.0	30	20.25	50.25	16.75	9.75	26.50
3	5.5	55	42.75	97.75	32.58	12.25	44.83
4（Ⅳ层土顶部）	9.0	90	90.00	180.00	60.00	0	60.00

2）有承压水的情况

图 4-66 表示基坑下有一层相对不透水土层，其下存在承压水。这时，墙后土层Ⅰ中近似为静水压力，而墙前下部承压水向上渗流，可能发生流土，在基坑工程中亦称突涌。应验算 $\gamma_{sat}h_2$ 是否不小于 $\gamma_w h_w$。同时由于向上的渗透力使竖向有效应力及被动土压力大大减小，而土层Ⅱ中的向下渗流会使主动土压力增加，也可能导致板桩失稳。

3）均匀土中基坑内排水情况

对于图 4-67 的坑内排水情况，如果设墙后作用主动土压力，墙前为被动土压力。一种简化的计算方法是假设水头沿板桩的外轮廓线均匀损失，则墙后为向下渗透力，墙前为向上渗透力,平均水力坡降为 i,$i=H/(H+2d)$,H 为基坑内外的水头差绝对值。主动土压力增加,被动土压力减少,水压力也不同于静水压力,这种情况可用朗肯土压力理论进行近似计算。

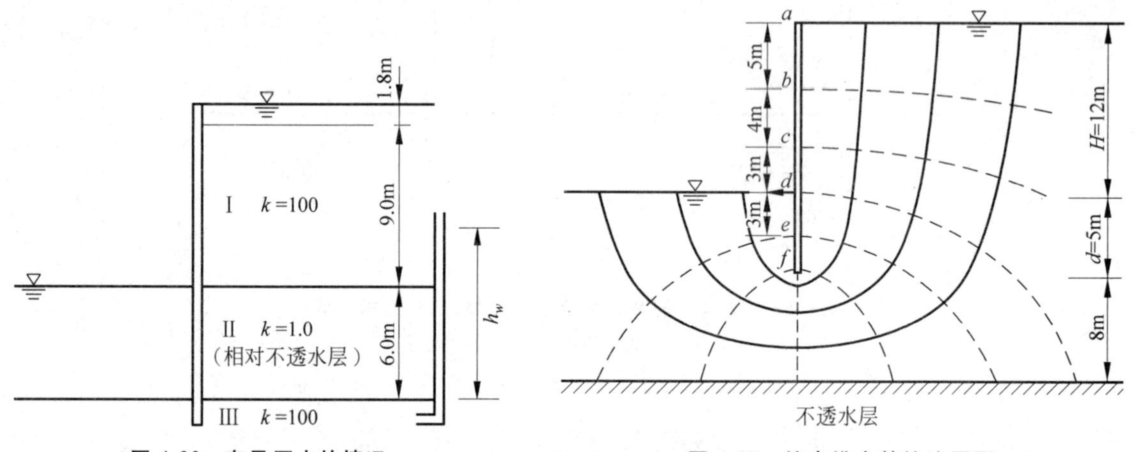

图 4-66　有承压水的情况　　图 4-67　坑内排水基坑流网图

但实际上这是一个二维渗流问题,需要绘制流网才能进行较准确的计算。由于土中应力场不再是一维情况,其主应力方向也不再是水平和竖直方向了,土体无法达到朗肯的极限平衡应力状态。这时应根据库仑土压力理论,通过假设滑裂面的计算方法计算。计算表明这时主动土压力一侧的滑裂面与桩夹角大于 $45°-\varphi/2$,由于存在水平渗透力,计算的水土压力之和也比简化计算大一些;被动侧的滑裂面与桩夹角大于 $45°-\varphi/2$,由于存在水平渗透力,计算的水土压力之和也比简化计算稍小一些。

3. 超静孔隙水压力对水土压力的影响

在挡土墙后进行高饱和度的黏性填土施工时,可能在挡土构造物后的土中产生正的孔隙水压力;在高饱和度黏性土中开挖则可能在支护构造物后的地基土中产生负的超静孔压。在渗流固结过程中,孔压消散,相应的挡土构造物上压力不断变化。有效应力的分析可以清楚地反映这一情况,采用总应力分析时,则应合理地选用强度指标。

图 4-68 表示的是上部有超载的挡土构造物后土中正负超静孔压的情况及对应的主动土压力。假设墙面是排水的,墙后土体是饱和度 $S_r=90\%$ 的高饱和度土。图 4-68(a)是施工后某一时间,由于填土及荷载引起的正超静孔压等孔压线分布,图 4-68(b)是由于基坑开挖引起的负超静孔压等孔压线分布。用库仑土压力理论的图解法分析,发现正孔压时,滑裂面与墙夹角大于 $45°-\varphi/2$;负孔压时,滑裂面倾角小于 $45°-\varphi/2$。图 4-68(c)表示的正孔压情况下的主动土压力与孔隙水压力的水平分量。图 4-68(d)为负孔压情况下的滑动面上的主动土压力与孔隙水压力的水平分量。其中,p'_a 是表示由有效自重应力引起的主动土压力;p_w 是滑裂面上的超静孔压的水平分量,它与水平方向的渗透力有关,表现为作用在墙上的主动土压力增量,二者之和为墙上总的主动土压力。可见有负孔压时主动土压力明显减少。

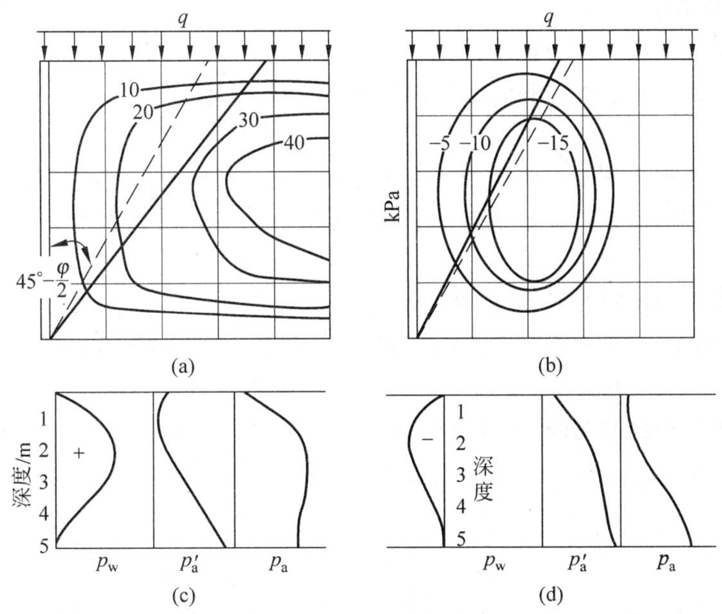

图 4-68 超静孔压引起的土压力

(a) 墙后正超静孔压；(b) 墙后负超静孔压；(c) 正孔压；(d) 负孔压

习题与思考题

1. 黏土颗粒表面带电的原因是什么？如何解释双电层的形成及其对结合水特性的影响？

2. 怎样估算扩散层影响厚度，试从凝聚和分散作用的应用，说明改善土性的可能措施。

3. 从土的冻胀性机理分析，哪些因素会影响地基土的冻胀量？

4. 土中水的势能主要有哪几项？(1)图 4-69 所示土层中 2—2 断面处基质吸力为多少？分别以 kPa 和 pF 值为单位表示；(2)画出有效应力沿深度的分布。图中，2—2 为毛细水上升高度。

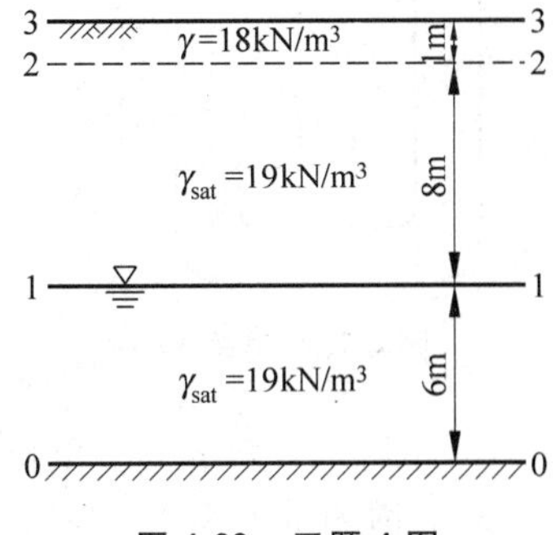

图 4-69 习题 4 图

5. 简述饱和黏性土中渗透性的影响因素。

6. 非饱和土孔隙流体的运动包括空气和水两部分，其中水的流动受哪些因素影响？

7. 何谓非饱和土的土-水特征曲线？定性画出一条典型的土-水特征曲线。

8. 为什么非饱和土的土-水特征曲线常常采用体积含水率 θ_w 作为纵坐标，而不建议采用重量(质量)含水量 w？

9. 在土中水为静水时，取矩形土体(土骨架＋孔隙水)为隔离体时，高度为 h 的隔离体边界上的总水平水压力和总垂直水压力(浮力)各为多少？在有水平渗流的土体中取平行四边形土体(土骨架＋孔隙水)为隔离体时，深度为 h 的隔离体边界上的总水压力的水平分量和垂直分量各等于什么力?

10. 判断下面的说法是否正确,如果不对,说明理由。

(1) 土体中由总水头差引起的渗流,对于各向同性土体,其水流方向总是沿着水力坡降的方向;

(2) 土中自由水面下某点的压力水头总是等于这点到自由水面的竖直距离。

11. 如果采用酒精进行黏土的渗透试验,其渗透系数应当比水的渗透系数大还是小?为什么?

12. 根据黏土的压实曲线,可以在含水量 w 小于和大于最优含水量 w_{op} 两种情况下控制干密度 $\rho_a=\lambda_c\rho_{dmax}$,$\lambda_c$ 为压实系数,ρ_{dmax} 为最大干密度。试分析这两种情况下土的渗透性的大小。

13. 根据势流理论的柯西-黎曼方程(见下式),证明平面渗流的等势线和流线正交。

$$\left.\begin{aligned}-\frac{\partial\Phi}{\partial x}&=\frac{\partial\Psi}{\partial z}\\ \frac{\partial\Phi}{\partial z}&=\frac{\partial\Psi}{\partial x}\end{aligned}\right\}$$

14. 图 4-70 所示容器,水在土样中向上流动,以土样底面为基准面,求土层上下两面和 A 点的压力水头、位置水头和总水头,渗透系数为 0.1cm/s,求横断面上单位面积的渗流量。

15. 根据图 4-71 所示流网,已知坝基渗透系数 $k=3.5\times10^{-4}$cm/s,求(1)沿坝轴线方向每米的渗流量;(2)图中各点的坝基扬压力的分布;(3)截水墙上的净水压力。

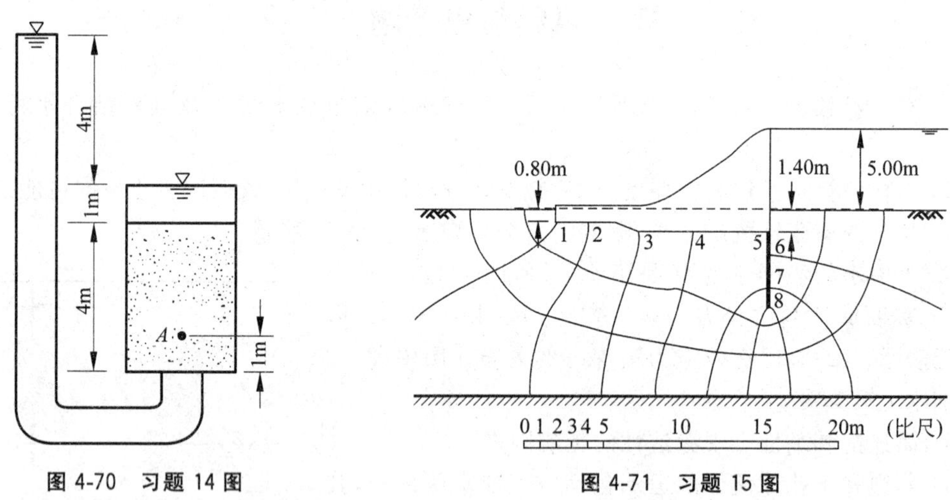

图 4-70 习题 14 图

图 4-71 习题 15 图

16. 图 4-72 表示一个单排板桩墙下的流网,均匀各向同性地基土渗透系数为 $k=3\times10^{-6}$m/s,饱和重度为 10.2kN/m³。

(1) 计算板桩下每延米的渗透流量;

(2) 计算下游点 E 处的抗流土安全系数;

(3) 计算下游紧靠板桩处 1.5m×0.75m 的土条(如阴影所示)每延米底部的扬压力。

17. 绘出图 4-73 中闸底以下均匀土质地基中的流网。如果 $k=4\times10^{-5}$cm/s,计算沿闸轴线每延米的渗透流量。

18. 图 4-74 中为一双排板桩墙构成的围堰,板桩进入均质砂基中 8m,开挖深度为 2m,

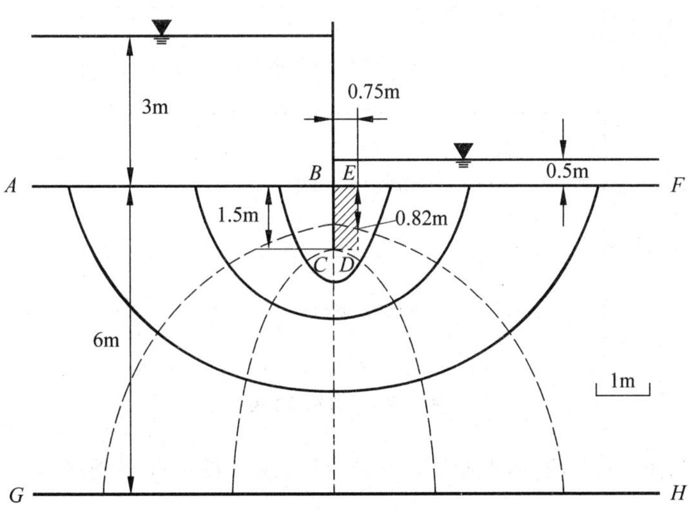

图 4-72　习题 16 图

砂的饱和重度 $\gamma_{sat}=20.4\mathrm{kN/m^3}$，渗透系数 $k=6.5\times10^{-4}\mathrm{m/s}$。

(1) 画出图 4-74 所示围堰基坑的流网(因对称可画一半)并估计每米长基坑排水量；

(2) 计算基坑底部抗流土的安全系数。

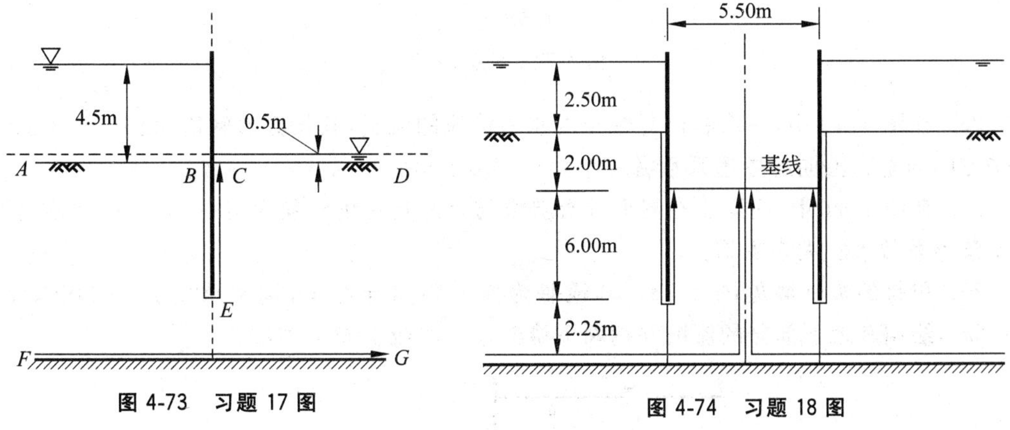

图 4-73　习题 17 图　　图 4-74　习题 18 图

19. 某土坝断面如图 4-75 所示，坝长 120m，用绘制流网法估算总渗流量 Q。

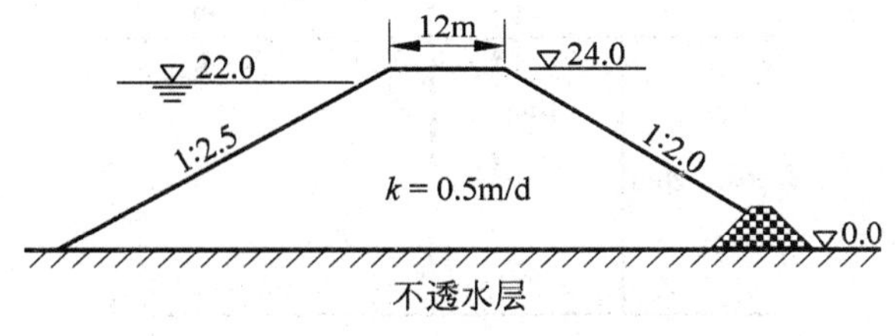

图 4-75　习题 19 图

20. 绘制一坡角为 $\alpha=20°$ 的均匀土无限长土坡在有沿坡渗流情况下的流网。

21. 绘出图 4-76 所示地基中地下水竖直向下渗流的流网。

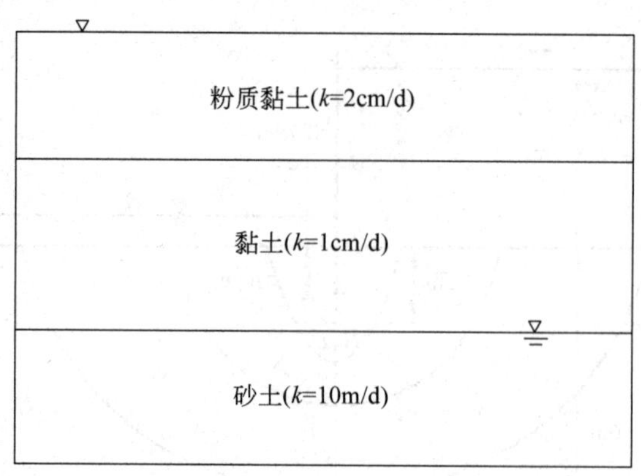

图 4-76　习题 21 图

22. 简略绘制图 4-77 两种闸基情况下的流网，哪一种情况下闸底板上的扬压力大些？

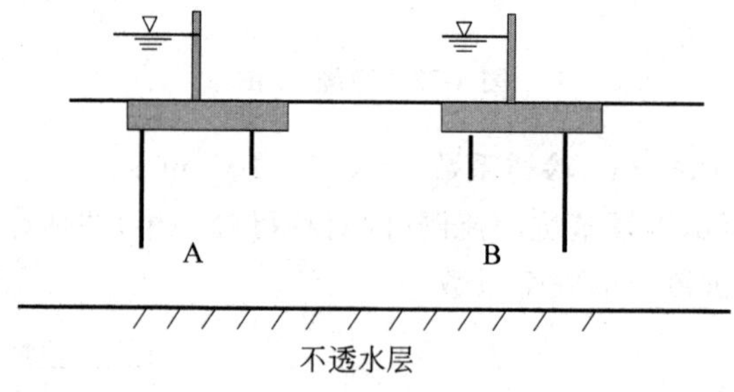

图 4-77　习题 22 图

23. 在图 4-40 中，一个各向异性土的水平渗流的流网，其长方形网格为$\Delta x=2.5\ \Delta z$，问水平方向与垂直方向的渗透系数哪一个大？大多少倍？

24. 在图 4-41 中，两层土在界面处等势线与界面间夹角分别为$\alpha_1=23°$与$\alpha_2=35°$，问哪层土渗透系数大？大多少倍？

25. 单排的板桩墙见图 4-78。其地基为渗流各向异性土，饱和重度$r_{sat}=20\text{kN/m}^3$，$k_x=6k_z$，绘制其地下部分的流网并判断下游出口处的流土安全系数。

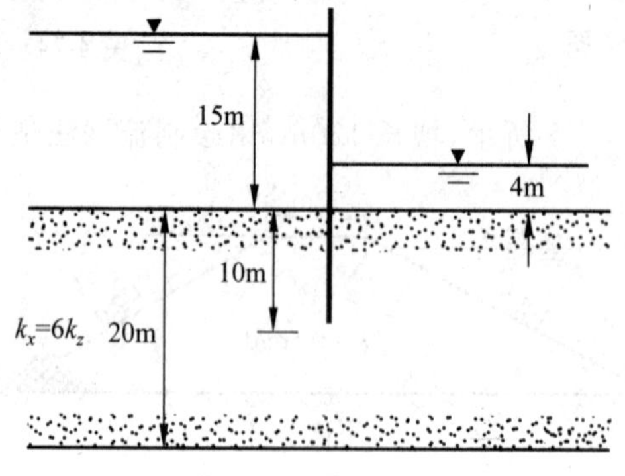

图 4-78　习题 25 图

26. 有人在均匀土体(包括坝体与地基)中绘制的浸润线如图 4-79 所示，此图有什么问题？

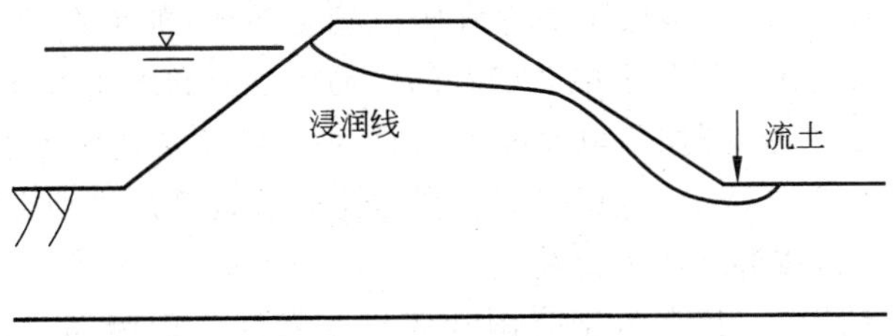

图 4-79　习题 26 图

27. 在图 4-80 中，土层Ⅰ：$\gamma_{sat}=19.3\text{kPa/m}^3$，$\varphi=37°$，$c=0$；土层Ⅱ：$\gamma_{sat}=18.7\text{kPa/m}^3$，$\varphi=28°$，$c=15\text{kPa}$。求墙后主动土压力和板桩前被动土压力及两侧的水压力。

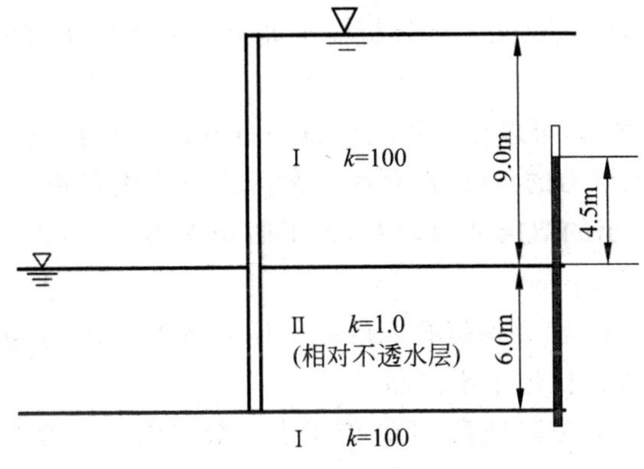

图 4-80　习题 27 图

28. 对于图 4-67，用 $i=H/(H+2d)$ 近似计算桩后主动土压力及桩前被动土压力。($\gamma_{sat}=20\text{kN/m}^3$，$\varphi=30°$，$c=0$)，再用流网及配合库仑土压力理论求解板桩后主动土压力。

29. 图 4-62(b)、(c)中如果 $\varphi=35°$，$\gamma'=\gamma_w$，问 $F_s=1.0$ 时最小稳定坡度为多少？对于图 4-62(d)、(e)，如果 $\varphi=35°$，$\gamma'=\gamma_w$ 且 $i=0.5$，$F_s=1.0$ 时的稳定坡度为多少？

30. 图 4-81 是一个有 6 层土和 3 层不同形式的地下水的地基，其中 $H_1=H_2=H_3=H_4=H_5=3\text{m}$；$h_c=5\text{m}$；$\gamma_1=\gamma_2=\gamma_3=\gamma_4=\gamma_5=20\text{kN/m}^3$；$\varphi_1'=\varphi_3'=\varphi_5'=30°$；$\varphi_2=\varphi_4=$

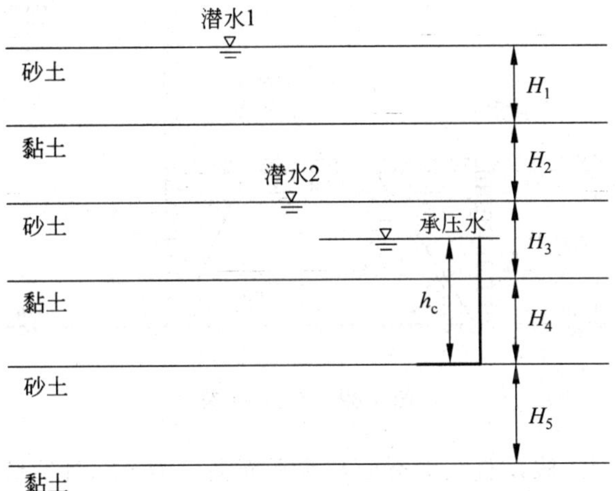

图 4-81　习题 30 图

$\varphi_6=20°$；$c_2=c_4=c_6=7.5\text{kPa}$。各层土中存在竖向稳定渗流，如果在其中开挖基坑深15m，用地下连续墙支护，计算和分析各土层对墙背的主动土压力和水压力分布。

31. 在淤泥质软黏土中，开挖基坑深度为15m，地下水位与地面齐平。用地下连续墙支护，已知 $c_u=30\text{kPa}$，$\varphi_u=0°$，$\gamma_{sat}=20\text{kN/m}^3$。用水土合算计算总主动土压力；再用水土分算计算总水土压力(水压力按静水压力计算)。

32. 在基坑支挡结构中，常常由于降雨和邻近水管漏水而倒塌，试分析主要由于什么原因。

33. 在有自由面的非稳定渗流计算中，在边界上有一流量变化：

$$q=-\mu\frac{\partial h}{\partial t}\cos\theta$$

其中 μ 为给水度，它表示什么意义？试分析在水面上升和水面下降时，对于黏性土，给水度是否相同。

34. 在基坑开挖降水时，可以在支护结构以外布设井点降水，也可以在基坑内布设集水井排水，从主动和被动土压力的角度，解释哪一种降水方式更有利于支护结构的稳定。

35. 对于图4-58所示的双层结构地基，为了防止渗透变形，为什么排水盖重用碎石等材料而不用黏性土？

36. 水下钻孔桩施工中，需要保持孔内的水位比地下水位高，才能不塌孔。

(1) 为什么孔内的水位比地下水位高；

(2) 为了使井壁的水力坡降提高，工程施工中一般采用什么措施？

37. 式(4-130)在什么条件下，就变成了流土的临界水力坡降？

$$\gamma'\sin\beta+\gamma_w i_{cr}\cos(\beta-\theta)=[\gamma'\cos\beta-\gamma_w i_{cr}\sin(\beta-\theta)]\tan\varphi \tag{4-130}$$

38. 在图4-82中表示了两个水池，上池水位为10m；下池的水位为5m，二者保持稳定的水头。池壁为透水的挡土墙体。两墙之间砂土的饱和重度 $\gamma_{sat}=20\text{kN/m}^3$，内摩擦角 $\varphi=30°$，假设在两墙离开土的方向位移，均可达到主动极限状态时，设直线滑裂面与水平面夹角分别为55°与65°，计算墙①、②上的总土压力为多少？(设挡水墙与挡水板都是光滑的，不考虑挡水板自重对土压力影响。)

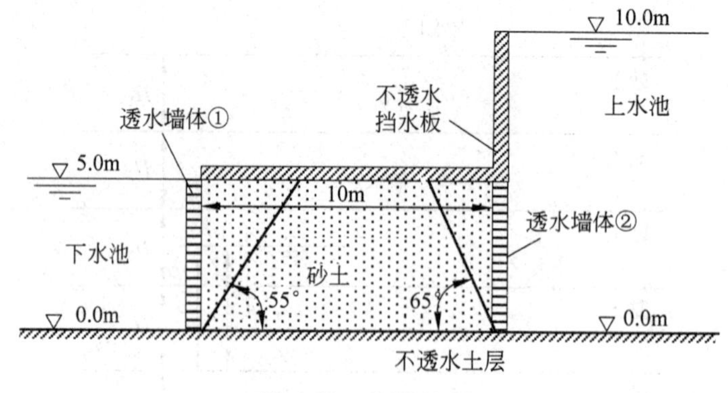

图4-82　习题38图

39. 条件同习题38。假设直线滑裂面与水平面夹角为60°，计算墙①②上的总土压力为多少。

40．条件同习题 38。

（1）绘制砂土中的流网；

（2）用流网和库仑土压力理论计算，在滑动面夹角为 60°，墙①②上的主动土压力。

41．一基坑采用地下连续墙支挡，墙后的土层和地下水分布如图 4-83 所示，①层砂土有排水条件，使地下水位始终位于该层土的底部；③层砂土为承压水土层，承压水头为 3m。计算黏性土层②2m 范围中作用于墙后的总水压力与主动土压力之和。

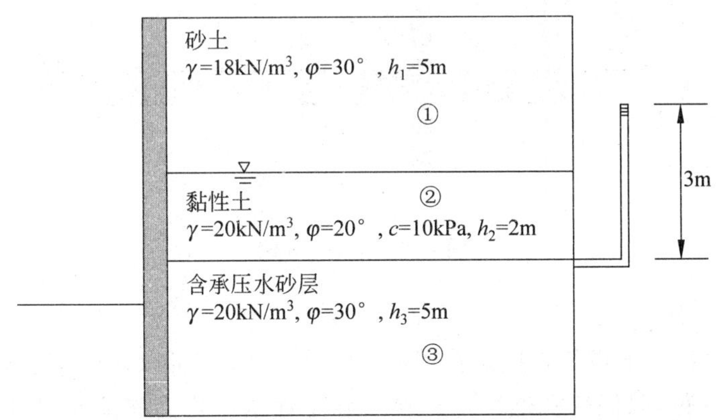

图 4-83　习题 41 图

42．在图 4-84 中，有一透水的挡土墙，墙及其边界条件使墙后砂土中地下水保持沿坡渗流。墙高 5m，竖直，支撑一倾斜砂土坡，砂土中有沿坡的渗透水流。砂土 $\varphi'=30°$，饱和重度 $\gamma_{sat}=20\text{kN/m}^3$，坡面倾角 $\beta=15°$。墙面与砂土间的摩擦角 $\delta=15°$。已知滑动面与水平面夹角为 54°，计算作用于墙上总的主动土压力 E_a。

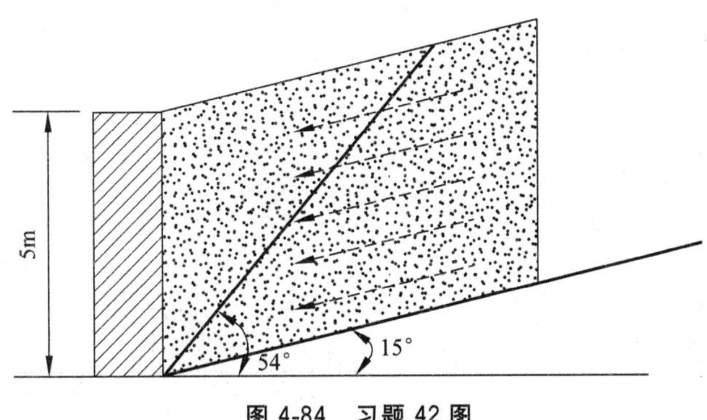

图 4-84　习题 42 图

43．有一采用地下连续墙支护的基坑地质情况如图 4-85 所示，均匀深厚的砂土①中夹有 1m 厚的黏土夹层②，它们的饱和重度都是 20kN/m^3，砂土的渗透系数为 $k_1=2\times10^{-3}\text{cm/s}$，黏土渗透系数为 $k_2=5\times10^{-6}\text{cm/s}$，开挖前地下水位与地面齐平，开挖后采用基坑内排水。如果地下水形成了稳定的渗流，分别用饱和土体和土骨架作隔离体，计算该基坑坑底抗流土（突涌）的安全系数为多少？

44．对于砂土，在向上的渗透力作用下，砂土颗粒整体浮起的现象叫作流土；在基坑工程中，对于黏土在向上的承压水作用下整体浮起的现象也叫“突涌”（如果是稳定渗流，它也是一种流土），解释为什么一些规范规定对于砂土流土的安全系数不小于 1.6；而黏土突涌

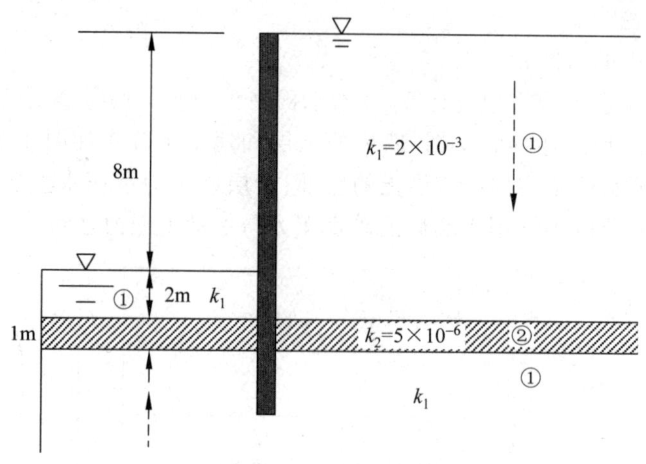

图 4-85　习题 43 图

的安全系数不小于 1.1。

45. 在地下水位以下进行扩底钻孔灌注桩钻孔施工时,可以采用泥浆护壁,同时使孔内的水位高于地下水位,以保持孔壁稳定。在一砂土地基中进行扩底桩钻孔施工,如图 4-86 所示,采用 $a/h_c=1/3$ 的扩孔,已知砂土内摩擦角 $\varphi=37°$,砂土饱和重度 $\gamma_{sat}=20\text{kN/m}^3$。问扩底孔壁处需要多大的水力坡降 i,才能使孔壁处土的稳定?

46. 有一土质滑坡,采用瑞典圆弧条分法计算,其中第 i 条的情况如图 4-87 所示。其浸润线与通过该条的滑动面平行(倾角都是 36°)。浸润线以下土条 i 竖向高度为 12m,土条 i 宽度为 5m,计算土条底部的总孔隙水压力是多少。

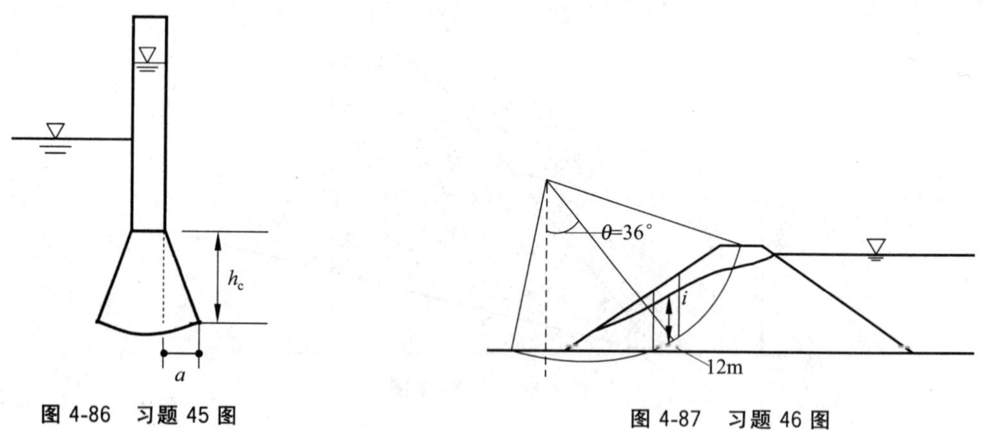

图 4-86　习题 45 图

图 4-87　习题 46 图

47. 图 4-88 为一无黏性土坝,上下游坡度都是 1∶3,内摩擦角 $\varphi'=33°$,$c=0$,天然重度 $\gamma=18.8\ \text{kN/m}^3$,饱和重度 $\gamma_{sat}=20\text{kN/m}^3$,$C$ 与 D 水力坡降 $i=0.2$,分别计算图 4-88 的 A、B、C、D 各点局部的抗滑稳定安全系数。

48. 在一密实的砂土地基中进行地下连续墙开槽施工,地下水位与地面齐平,采用泥浆护壁。已知砂土内摩擦角 $c=0$,$\varphi=40°$,饱和重度 $\gamma_{sat}=20\text{kN/m}^3$。墙壁有一层泥浆形成的泥皮,其渗透系数为砂土渗透系数的 1/100000。考虑泥皮两侧力的平衡,问泥浆的比重(或者密度)大于多少时,才能保持槽壁的侧向稳定?

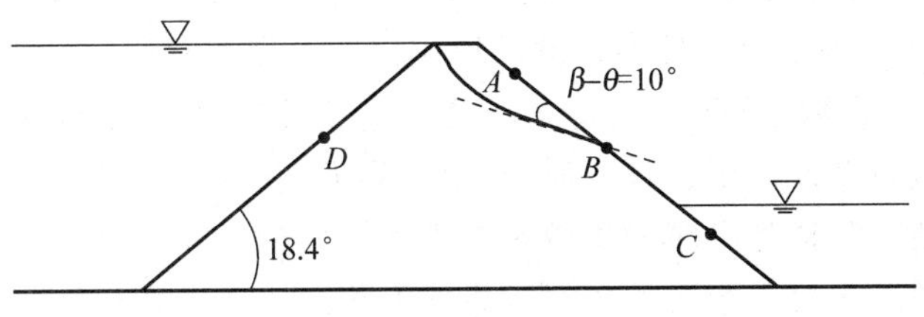

图 4-88　习题 47 图

49. 在如图 4-89 所示的渗透变形试验中，土体的饱和重度为 20kN/m^3，分别用土骨架和饱和土体做隔离体，计算试样抗流土的安全系数。

50. 有人举下面一个例子。在一个桶中装有饱和土，如果“水土合算”则桶底总压力为 $p=\gamma_{sat}hA$，其中 A 为桶底的面积；h 为桶的高度。

如果“水土分算”，桶底上的土骨架总重量为：$p'=\gamma' Ah$，孔隙水总重量为 $p_w=\gamma_w Ahn$，则作用在桶底上的总压力为 $p=(\gamma'+\gamma_w n)Ah$，两种计算结果不等，这种计算有什么问题？

51. 某很长的岩质边坡的断面形状如图 4-90 所示。岩体受一组走向与边坡平行的节理面所控制，节理面的内摩擦角为 35°，黏聚力为 70kPa，岩体重度为 23kN/m^3。坡面外一半高度浸水，而缝内完全充满水，并且沿节理缝稳定渗流，如图所示。不计水流的渗透力，验算边坡沿节理面的抗滑稳定系数。

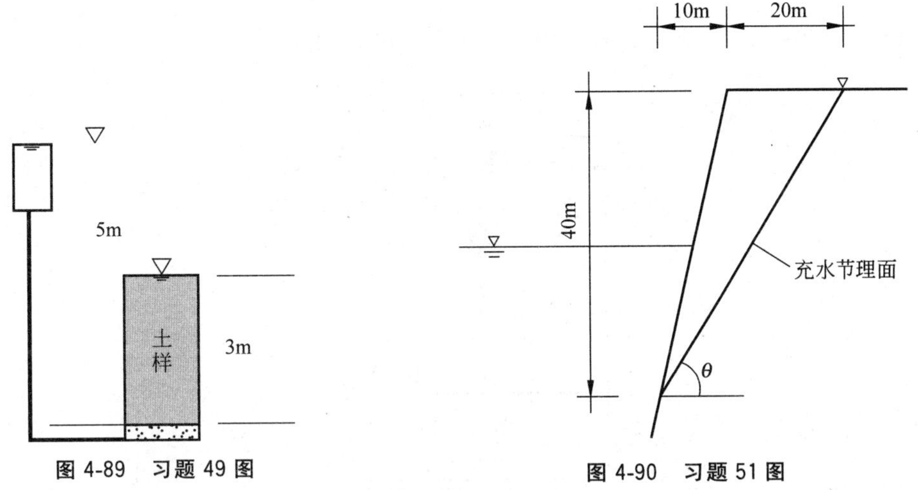

图 4-89　习题 49 图　　　图 4-90　习题 51 图

52. 有一码头的挡土墙，墙高 5m，墙背垂直、光滑，墙后为冲填的松砂。填土表面水平，地下水位与墙顶齐平。已知砂的孔隙比 $e=0.9$，饱和重度 $\gamma_{sat}=18.7$kN/m^3，内摩擦角 $\varphi=30°$。强震使饱和松砂完全液化，震后松砂沉积变密实，孔隙比变为 $e=0.65$，内摩擦角变为 $\varphi=35°$。震后墙后水位不变。试问震前、完全液化时和震后墙后每延长米上的主动土压力和水压力之总和各为多少？

53. 对如图 4-91 所示的土堤，下卧 10m 厚的透水层，上游挡水 12m，下游水位同地面平齐。对该土堤进行二维稳定渗流有限元计算，计算采用的有限元网格如图所示。其中，结点编号从左下角开始，遵循从左至右、从下至上的顺序。图中给出了一些典型结点的具体编号。

(1) 在确定计算域的范围时,相对土堤堤身,下卧透水层向上游和向下游均需要做出一定距离的延伸。试讨论确定所需延伸长度的原则。在上游水位、土堤高度、下游水位、下卧透水层厚度、土堤渗透系数和下卧透水层渗透系数等因素中,哪个因素的影响最大?

(2) 对该问题进行渗流有限元计算时,给出边界上结点所需要输入的具体边界条件。

(3) 讨论计算通过整体计算域总渗流量的方法。

(4) 讨论计算通过土堤下游边坡渗出流量的方法。

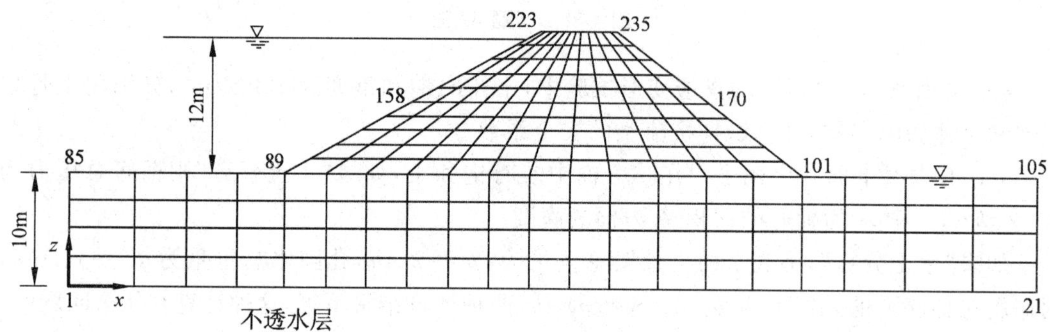

图 4-91 习题 53 图

部分习题答案

4. (1) $s=80\text{kPa}$, $pF=2.9$; (2) 见图 4-92。

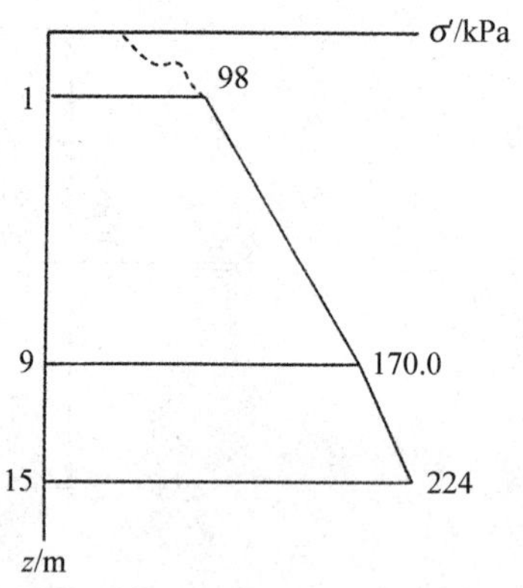

图 4-92 习题 4 解答

14.

位置	位置水头/m	压力水头/m	总水头/m
土层顶	4	1	5
A 点	1	7	8
土层底	0	9	9

$q=0.1\text{cm/s}$

15. (1) $q=3.75\times10^{-5}\ \mathrm{m^3/s/m}$

(2) 见图 4-93

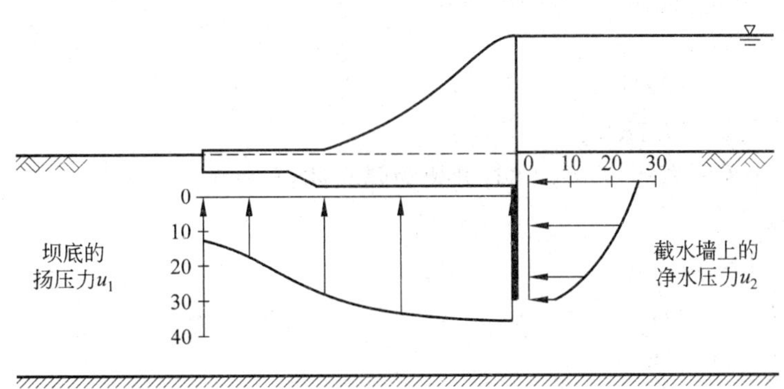

图 4-93　习题 15 解答

16. (1) $q=5\times10^{-6}\mathrm{m^3/s/m}$；　(2) $F_s=2.01$；　(3) 见图 4-94

17. $q=0.6\mathrm{cm^3/s/m}$

18. (1) $q=0.0176\mathrm{m^3/s/m}$；　(2) 坑底出口处：$F_s=2.08$

19. $Q=247.5\mathrm{m^3/d}$

23. $k_x=6.25k_z$

24. $k_2/k_1=1.65$

25. $F_s=2.18$

27. 墙后：土压力 $E_a=271\mathrm{kN/m}$；　墙前：土压力 $E_p=360\mathrm{kN/m}$

水压力 $E_w=990\mathrm{kN/m}$　　水压力 $E_w=315\mathrm{kN/m}$

28. 简化计算：$E_a=746.6\mathrm{kN/m}$　$E_p=169\mathrm{kN/m}$；用流网：$\theta=36.5°$，$E_a=810\mathrm{kN}$

29. (b)$\beta=19.3°$；　(c)$\beta=17.5°$；(d)$\beta=18.34°$；(e)$\beta=51.55°$

30. 见图 4-95

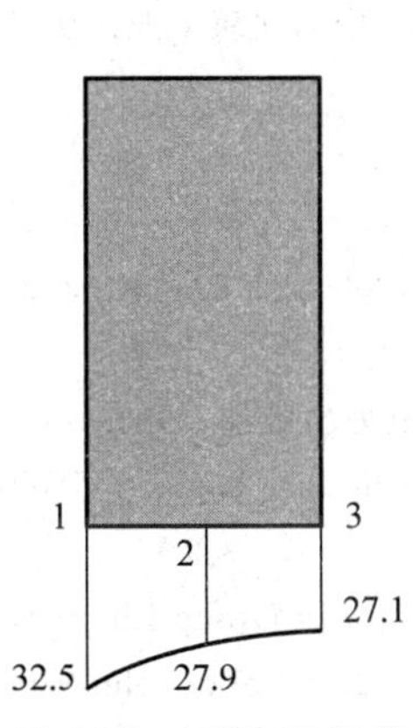

图 4-94　习题 16 解答

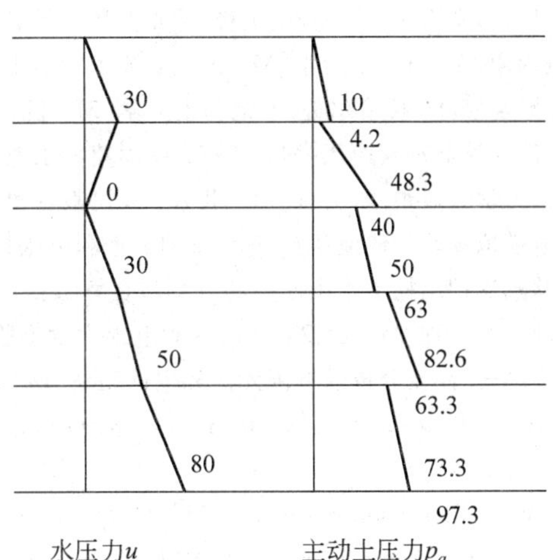

图 4-95　习题 30 解答图

31. (1) 合算：$E_a=1440\text{kN/m}$；　(2) 分算：$E_a+E_w=1530\text{kN/m}$

37. $\beta=0°, \theta=-90°$

38. $E_{a2}=11.7\text{kN/m}$，　$E_{a1}=84.5\text{kN/m}$

39. $E_{a1}=77.8\text{kN/m}$；$E_{a2}=5.61\text{kN/m}$

40. 同习题 39

41. $E=E_w+E_a=95.1\text{kN}$

42. $E_a=E'_a+J=75.7\text{kN}$

43. 饱和土体为隔离体：$F_s=0.86$；骨架为隔离体：$F_s=0.75$

45. $i=1.58$

46. $p_w=485\text{kN/m}$。

47. A 点：$F_s=1.95$；
    B 点：$F_s=1.30$；
    C 点：$F_s=1.54$；
    D 点：$F_s=2.36$

48. $G_m=1.2174$

49. 骨架隔离体：$F_s=1.5$；饱和土体隔离体：$F_s=1.2$

51. $F_s=0.793$

52. (1) 震前：$E=E_a+E_w=161.25\text{kN/m}$；　(2) 液化时：$E=234\text{kN/m}$；
    (3) 震后：$E_a+E_w=150.5\text{kN/m}$

参考文献

1. 黄文熙. 土的工程性质[M]. 北京：水利电力出版社，1983.
2. 陈仲颐，叶书麟. 基础工程学[M]. 北京：中国建筑工业出版社，1990.
3. 吴天行，冯国栋. 土力学[M]. 2版. 成都：成都科技大学，1982.
4. 殷宗泽. 土工原理[M]. 北京：中国水利水电出版社，2007.
5. 周景星，李广信，虞石民，等. 基础工程[M]. 2版. 北京：清华大学出版社，2007.
6. 李广信，张丙印，于玉贞. 土力学[M]. 北京：清华大学出版社，2013.
7. D. G. 弗雷德隆德，H. 拉哈尔佐. 非饱和土力学[M]. 陈仲颐，译. 北京：中国建筑工业出版社，1997.
8. 顾慰慈. 渗流计算原理及应用[M]. 北京：中国建材工业出版社，2000.
9. 清华大学水力学教研组. 水力学[M]. 北京：人民教育出版社，1980.
10. 毛昶熙. 电模拟试验与渗流研究[M]. 北京：水利出版社，1980.
11. 李广信. 基坑支护结构上水土压力的分算与合算[J]. 岩土工程学报，2000，22(3)：348-352.
12. 王钊. 基础工程原理[M]. 武汉：武汉水利电力大学出版社，1998.
13. 杜延龄，许国安. 渗流分析的有限元法和电网络法[M]. 北京：水利电力出版社，1992.
14. BRAJA M D. Principles of geotechnical enginering[M]. 4th edition. Boston：PWS Publishing Company，1995.
15. WHITLOW R. Basic soil mechanics[M]. 3rd edition. London：Longman Group Limited，1995.
16. MITCHELL J K. Foundamentals of soil behavior[M]. 2nd edition. New York：John Wiley and Sons，1993.
17. HOLTZ R D，KOVAS W D. An introduction to geotechnical engineering[M]. New Jersey：Prentice-

Hall Inc. ,1981.

18. HARR M E. Ground water and seepage[M]. New York：McGraw-Hill,1962.
19. BRAJA M D. Advanced soil mechanics[M]. 3rd edition. New York：Taylor & Francis，2008.
20. 中国建筑科学研究院. JGJ 120—2012 建筑基坑支护技术规程[S]. 北京：中国建筑出版社，1999.
21. 毛昶熙. 渗流计算分析与控制[M]. 北京：水利电力出版社，1990.
22. 朱学愚，谢春红. 地下水运移模型[M]. 北京：中国建筑工业出版社，1990.
23. 孙讷正. 地下水流的数学模型和数值方法[M]. 北京：地质出版社，1981.
24. 薛禹群，朱学愚. 地下水动力学[M]. 北京：地质出版社，1979.
25. 陈崇希，唐仲华. 地下水流动问题数值方法[M]. 北京：中国地质大学出版社，1990.
26. 朱伯芳. 有限单元法原理及应用[M]. 2 版. 北京：中国水利水电出版社，1998.
27. KNAPPETTT J A，CRAIG R F. Craig's soil mechanics[M]. London and New York：Spon Press，2012.
28. 中国土木工程学会土力学及岩土工程分会. 深基坑支护指南[M]. 北京：中国建筑工业出版社，2012.
29. 朱伯芳. 有限单元法原理与应用[M]. 3 版. 北京：中国水利水电出版社，2009.
30. BOOK J R，SMALL J C. An investigation of the stability of numerical solutions of Biot's equations of consolidation[J]. International Journal of Solids & Structures，1975：907-917.

第5章 土的压缩与固结

5.1 概述

土是矿物颗粒的松散堆积体。当作用在土体中的应力发生变化时，土的体积随之改变。体积减小，称为压缩；反之，则为膨胀。地基在竖直方向的位移称为沉降，它主要由于土体积压缩，一般还伴生水平位移。土体完成压缩变形一般要经历一段时间过程。对于饱和土，荷载增加时，土体一般是逐渐被压缩(应力解除一般引起膨胀)，部分水量从土体中排出，土中超静孔隙水压力相应地转为土粒间的有效应力，直至变形趋于稳定。这一变形的全过程称为固结。土体的压缩依赖于其所受有效应力的变化；而固结则取决于土体排水的快慢，它是时间的函数。

人们很早就对土的压缩与固结进行了研究，直到1923年，太沙基提出了土力学中最重要的理论——有效应力原理，才建立起量化的分析计算方法。紧接着他总结了前人关于土的性状的研究成果，并结合他创建的单向固结理论，于1925年发表了题为《土力学和地基基础》(*Erdbaumechanik auf bodenphysikalischer Grundlage*)的著作。人们把该书的出版作为是土力学学科诞生的标志。

固结与压缩对土的工程性状有重要影响，与土工建筑物和地基的渗流、稳定和沉降等问题有密切联系。例如，土体由于压缩，渗透性减小；伴随着固结过程，土体内的粒间应力不断改变，使土的抗剪强度相应变化；土体的压缩导致建筑物地基下沉，直接影响上部结构的使用条件和安全。

土的固结和压缩的规律相当复杂，它不仅取决于土的类别和性状，也取决于其边界条件、排水条件和受荷方式等。黏性土与无黏性土的变形机理不同；二相土和三相土的固结过程迥然有别，非饱和土由于土中含气，变形指标不易准确测定，状态方程的建立与求解都比较复杂。天然土体一般都是各向异性、非均质或成层的，如何合理地考虑它们对变形的影响，尚待进一步研究。就地基而言，建筑物施加的通常是局部荷重，在固结过程中，除上下方向的排水压缩外，同时有不同程度的侧向排水与鼓胀，这类二向与三向固结问题，迄今还没有获得普遍的解析解。荷重随时间而改变的情况使固结微分方程的数学处理更加复杂化了。

太沙基的饱和土体单向固结理论是建立在许多简化和假设的基础上的：土骨架是线弹性变形材料；土孔隙中所含的是不可压缩流体；按达西定律沿单方向流动；土体是单向压缩变形及土中水是单向渗流等。后来，经太沙基与伦杜立克(Rendulic)扩展，得到三向固结方程，可以考虑三向排水时的单向压缩，其中假设了固结过程中正应力之和为常量。比奥(Biot)进一步研究了三向变形材料与孔隙压力的相互作用，导出比较完善的三向固结方程。

但是，由于比奥理论将变形与渗流结合起来考虑，大大增加了固结方程的求解难度，至今仅得到个别情况的解析解。五十多年来，固结理论的发展主要采用假设不同材料的模式，得到不同的物理方程：(1)土骨架——假设为弹性的(各相同性与各相异性的)、塑性的或黏弹性的(线性与非线性以及它们的各种组合)；(2)土中流体——假设为不可压缩的、线性黏滞体的或可压缩的；(3)土骨架与流体间的相互作用——有人提出以混合体力学(mechanics of mixture)为基础，利用连续原理、平衡方程与能量守恒定律，建立混合体特性方程，选用适当边界条件，以获得固结理论解。

虽然二向、三向理论在许多实际情况中比单向理论更为合理，但是，在指标测定与求解方面比较复杂。因此，单向固结理论至今仍被广泛应用在某些条件下和近似计算中。多年来，单向固结理论也获得了较大进展，研究方向侧重于对太沙基基本假设的修正。例如，考虑土的有关性质指标在固结过程中的变化，压缩土层的厚度随时间改变，非均质土的固结，固结荷重为时间的函数以及大应变时的固结等。这些修正使得计算模型能更准确地反映土的特性、土层分布和土的加荷过程。

随着人们对土的应力应变关系理解的深化，土的压缩量(沉降)的计算也从原先只考虑单向压缩变形，发展到考虑侧向变形，后来，更将土的应力历史、应力路径等因素纳入计算方案。20 世纪 60 年代电子计算机问世后，计算技术有了划时代的飞跃，极大地推动了岩土力学理论的发展，使得以往无法考虑的许多土的复杂的本构关系，有可能被引入计算。例如，在压缩变形计算中，除土的线性弹性模型外，已经逐渐引用其他各种模型：非线性弹性模型(其中最著名的有邓肯-张模型)、弹塑性模型(如剑桥模型)等。有限元法可将比奥固结理论与各种土的本构模型相耦合，计算分析在孔压的生成、发展与消散过程中土体的变形与稳定问题。

在固结理论发展的同时，测试技术也有了相应提高。虽然沿用多年的侧限固结仪至今仍被采用，并做了许多改进，人们也研制了各种形式的连续加荷的试验仪器和方法，但是，越来越多的研究者强调应该用三轴仪测定土的变形指标，并建立了相应的计算方法。当前，计算技术的迅速发展排除了计算中的许多障碍，而计算指标测定的可靠性问题居于了重要地位。尤其是原状土的有关参数和指标的测定成为亟待解决的关键技术问题。

土的固结与压缩理论发展至今，内容已相当广泛，但许多问题还处于探索阶段，在本章中难以全面介绍。因此，只选择了与生产实际比较接近的部分。主要包括土体的压缩性状，地基的沉降计算方法，土的单向固结理论及其改进，二向、三向固结理论、非饱和土固结理论简介，土的固结(压缩)试验。

5.2　土的压缩与地基的沉降

5.2.1　土的压缩

1. 土体变形机理分析

天然土体一般由三相组成，即矿物颗粒构成的土骨架，土骨架孔隙内充填水和空气。土体受到外力后,可以认为土体变形是孔隙中流体体积变化的结果。从变形的饱和土体中取出单元土体,由于不考虑土粒进入或移出该单元,故土体中的土粒重量 W_s 为常数。土体的变形性质可以从研究其所含水重量 W_w 的变化率 $\frac{\partial W_w}{\partial t}$ 加以探讨。

根据土的三相组成的相关关系可推出下式:

$$W_w = W_s \cdot w \tag{5-1}$$

而

$$w \cdot \gamma_{w0} \cdot G_s = S_r \cdot e \cdot \gamma_w$$

故

$$w = \frac{S_r \gamma_w e}{\gamma_{w0} G_s} = \frac{S_r \gamma_w e}{\gamma_s} \tag{5-2}$$

式中,w 为土的含水量;W_s 为土粒重量;S_r 为土的饱和度;e 为孔隙比;γ_w,γ_{w0} 分别为水的重度及水在4℃时的重度;G_s 为土粒比重;γ_s 为土粒重度。

故式(5-1)可写成下式:

$$\begin{aligned}\frac{\partial W_w}{\partial t} &= \frac{\partial}{\partial t}(W_s \cdot w) = W_s \frac{\partial}{\partial t}\left(\frac{S_r \gamma_w e}{\gamma_s}\right) \\ &= W_s \left(e\gamma_w \frac{1}{\gamma_s} \frac{\partial S_r}{\partial t} + S_r \gamma_w \frac{1}{\gamma_s} \frac{\partial e}{\partial t} + S_r e \frac{1}{\gamma_s} \frac{\partial \gamma_w}{\partial t} - S_r e \gamma_w \frac{1}{\gamma_s^2} \frac{\partial \gamma_s}{\partial t}\right)\end{aligned} \tag{5-3}$$

式(5-3)表明,土体中水重的变化率可由下列几种原因引起:(1)饱和度变化;(2)孔隙比变化;(3)水重度变化;(4)土粒重度变化。

从式(5-3)可以看到,如果忽略水重度 γ_w 与土粒重度 γ_s 的微小变化,则土的孔隙比 e 与饱和度 S_r 的情况可能有以下四种组合:(1)e 与 S_r 均为常量;(2)S_r 为常量,e 变化;(3)e 为常量,S_r 变化;(4)e 与 S_r 均变化。第一种情况显然属于稳定渗流以及静水情况,为第4章的主要内容。第二、三、四种情况都属于土体中的非稳定流。其中第二种情况,如果孔隙比 e 减小,$S_r=1.0$,为本章将要研究的饱和土体的渗流固结问题。第三种情况是非饱和土体积恒定时的排水(S_r 减小)或吸水(S_r 增大)。第四种情况则为非饱和土的压缩与膨胀问题。

为了较深入地定量分析土中水重的变化率,可以进一步用土骨架的应力-应变关系、土粒与水的物性方程等将式(5-1)细化,并将常见的一些土性指标代入,即可明显地看出土体变形的下列特点:(1)土颗粒的压缩性比土骨架的压缩性小得多,可以忽略;(2)在饱和土中,水的压缩性与土骨架的相比,数值极小,故土的骨架压缩控制土的压缩;(3)砂土和一些粉土的压缩量比黏土的小得多,故对于黏土与砂土相间的地基,一般黏性土层的沉降量是主要的;(4)对于非饱和土,饱和度变化对土固结有重要影响,必须加以考虑。

2. 土体压缩的一般规律

土体在压力、湿度、温度及周围环境发生变化时可引起体缩,其中压力改变是最常见的原因。膨胀是收缩的逆过程。毛细吸力是一种特殊的荷载。

研究土的压缩常用压缩试验直接测定土的应力-应变关系。由于试验时不允许试样发生侧向变形,故称为侧限压缩试验,又称 K_0 压缩试验。在需要探讨土的三向变形特性时,一般要进行三轴压缩试验。

1) 压缩曲线

用 K_0 压缩试验测得的土的应力-应变关系称压缩曲线,可将它们绘在算术坐标或半对数坐标图上，分别如图 5-1(a)和(b)所示。前者为下凹曲线，常称 e-p 曲线；后者为上凸曲线，称 e-lg$p$ 曲线。e-lg$p$ 曲线常有以下特点：曲线在低压力时平缓，随压力增大而变陡，并成为一条斜直线，如图 5-2 所示。此外，曲线随试样扰动程度加大而变平缓，例如在图 5-2 中，由于在钻孔取样时，至少要受到应力解除引起的轻度扰动，即仅受应力解除影响的原状土样，其压缩曲线如图中的 K_s 所示。而完全不扰动的原位土的曲线则是 K 线。由图中可看出，K_s 线比 K 线平缓。试样如在含水率不变情况下完全重塑，试验曲线变缓，为 K_r 线。众多试验表明，对于大多数黏性土，扰动程度不同的试样的上述曲线将会交于 $e=0.42e_0$ 处，其中 e_0 为土的原位孔隙比。

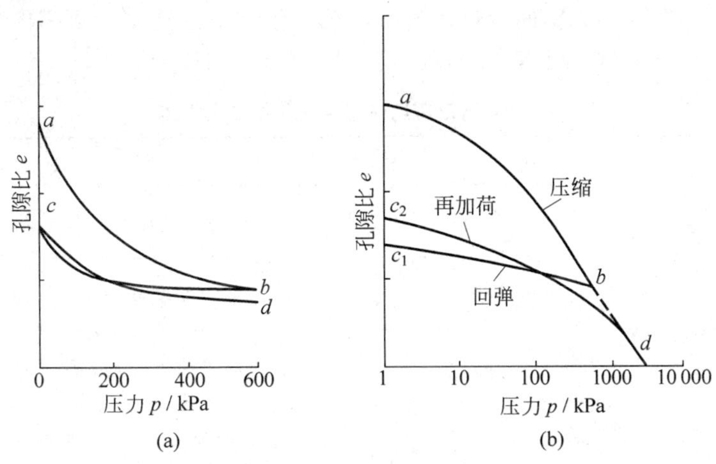

图 5-1　土的压缩与回弹(e-p 曲线)

(a) e-p 曲线；(b) e-lg$p$ 曲线

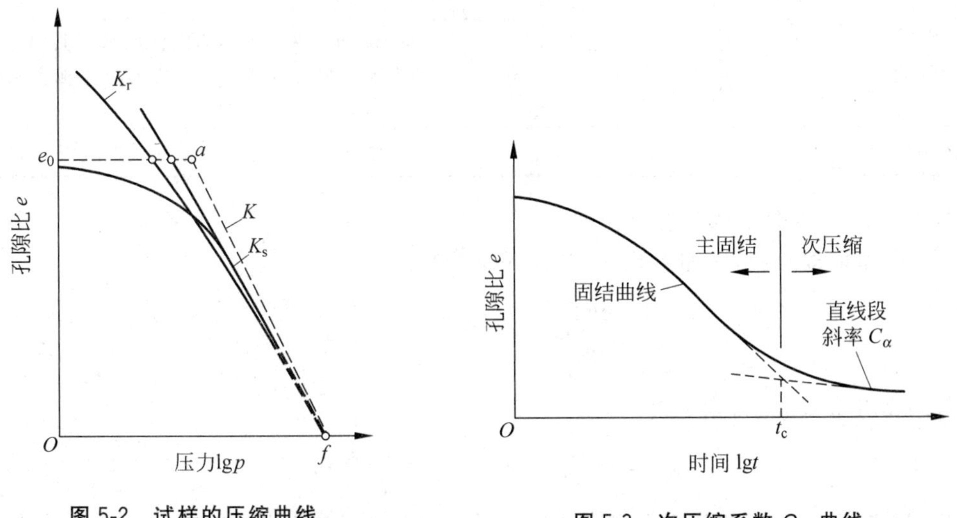

图 5-2　试样的压缩曲线

图 5-3　次压缩系数 C_α 曲线

试样受到一定压力后卸荷将发生膨胀(回弹)，膨胀时的应力-应变关系称为回弹曲线，它的 e-lg$p$ 曲线近似为直线，而且比同一荷载范围内的初始压缩曲线平缓得多。再加荷曲线与回弹曲线不相吻合，形成滞回圈，表明土的加载—再加载变形中有不可恢复的塑性分量，如图 5-1 所示。

2) 压缩过程曲线

压缩的过程曲线也称为固结曲线。图5-3是某级荷载作用下的试样的固结曲线。不论黏土或砂土,压缩都有一个时间过程,即表现出时间滞后现象,时间过程的长短主要取决于土体排水和排气能力,砂土比黏土完成压缩的时间短得多。黏土的固结曲线的形状一般是中段与末段在半对数坐标图中近似为两条直线,两直线延长线的交点的横坐标为 t_c,将曲线分为两部分,前段为主固结曲线,后段为次压缩曲线。这种划分方法是假设在主固结阶段不发生次固结。

3) 压缩性指标

根据上述压缩曲线和固结曲线可以求得供沉降量和沉降速率计算用的各项指标,这些指标在土力学的一般教材中已有介绍,现简要列于表5-1中。

表5-1 侧限压缩试验中土的压缩性指标

指　标	定　义	参考图	物　理　意　义
压缩系数 a_v	$a_v=\frac{e_1-e_2}{p_1-p_2}=-\frac{\Delta e}{\Delta p}$	图5-1	$e-p$ 曲线上 p_1-p_2 段的割线斜率
体积压缩系数 m_v	$m_v=\frac{\Delta\varepsilon_v}{\Delta p}=\frac{a_v}{1+e_0}$		土的体应变增量与有效压力增量之比
压缩模量 E_s	$E_s=\frac{1}{m_v}=\frac{\Delta p}{\Delta\varepsilon_z}$		有效压力增量与垂直应变增量之比
压缩指数 C_c (再压缩指数 C_e)	$C_c=\frac{e_1-e_2}{\lg\left(\frac{p_2}{p_1}\right)}=\frac{-\Delta e}{\Delta(\lg p)}$	图5-2	初始加载时 e-$\lg p$ 曲线的直线段的斜率 (C_e 为卸载膨胀时 e-$\lg p$ 曲线直线段的斜率)
固结系数 C_v	$C_v=\frac{k}{m_v\gamma_w}$		反映土固结快慢的指标,可由 e-$\lg t$ 曲线求得
次压缩系数 C_α	$C_\alpha=\frac{-\Delta e}{\lg\left(\frac{t}{t_c}\right)}$	图5-3	e-$\lg t$ 曲线次压缩段直线的斜率。其中 t、t_c 分别为加一级荷载增量后经历的时间和主固结完成时间
先期固结压力 p_c			土体在其历史上经受过的最大垂直有效压力

对于表5-1,有以下两条补充说明:

(1) 压缩指数 C_c 与压缩系数 a_v 间有下列关系:

$$C_c=\frac{\Delta p\cdot a_v}{\lg\frac{p_2}{p_1}}\quad 或\quad a_v=\frac{C_c}{\Delta p}\lg\frac{p_2}{p_1} \tag{5-4}$$

若用微分形式表示,则可得

$$C_c=\frac{p\cdot a_v}{0.434}\quad 或\quad a_v=\frac{C_c}{p}\times 0.434 \tag{5-5}$$

(2) 变形模量 E 一般是指无侧限条件下或在某一固定围压下加载时土的应力与应变的比值。它与侧限时的压缩模量 E_s 间的理论关系可用广义胡克定律推导得

$$E=\frac{(1+\nu)(1-2\nu)}{1-\nu}E_s=\beta E_s \tag{5-6}$$

式中,ν 为排水条件下土的泊松比,$\beta=\frac{(1+\nu)(1-2\nu)}{1-\nu}$,可见 $\beta\leqslant 1.0$。

5.2.2 影响土压缩性的主要因素

土的压缩(膨胀)性首先取决于土的组成、状态和结构;其次还受到外界环境影响。而在计算地基沉降时,还要考虑土体所受荷载及其所处边界条件等因素。

1. 土体本身性状

1) 土粒粒度、成分和土体结构

天然土的颗粒尺寸极为分散,从粗粒的砾到微粒的黏粒与胶粒,粒径粗细在很大程度上也反映了土粒的矿物成分。例如,天然土中的石英、长石颗粒通常较粗,而黏土矿物中的蒙脱石、伊利石和高岭石的土粒较细。粗粒形状多呈粒状的多面体或接近球体,而细颗粒如黏粒则多为鳞片状,其比表面积大,表面活性较高。

当土体受力时,土粒可能产生滑动、滚动、挠曲或被压碎。

粗粒土基本上是单粒结构,在压力作用下,土粒发生滑动与滚动,直至达到比较密实、更稳定的位置。土的级配越好,密度越高,压缩量越小。如果压力较大,其压缩有可能是部分土粒被压碎。压碎程度随压力和粒径增大以及颗粒棱角的增多而加剧,当然也与组成颗粒的矿物有关。粗粒土的压缩量一般比细粒土的要小,但是,在高压时,也能达到相当的量级。

细粒土土粒大多呈扁平鳞片状,其典型结构有两种:絮凝结构与分散结构,见图 2-57,天然沉积物是这两种结构的组合。黏土的压缩来源于三种主要因素:颗粒间的水膜被挤薄,土粒间发生相对滑移达到较密实状态,以及扁平薄土粒具有弹性,在压力下产生挠曲变形。具有分散结构的黏土颗粒,接近于平行排列。这类土的压缩变形,主要由于颗粒间的水被挤出而引起的。人工压密土的结构多属此型。而疏松的、具絮凝结构的沉积黏土的变形,则往往是随着土结构的破坏颗粒相互滑移到新的稳定位置和土粒发生弹性挠曲的结果。

当荷重施加到饱和黏性土上时,土开始是固结,孔隙中的自由水受压而被挤出,随着粒间应力增大,使得粒间的部分结合水也逐渐被挤出,这部分水的排出速率远比自由水的慢。自由水排出时产生的压缩称为主固结压缩;而部分结合水被挤出以及土粒位置重新调整、土骨架发生蠕变产生的压缩称为次压缩。高塑性黏土与有机土的次压缩量较大,超固结黏土的次压缩量则较小。

对于黏土,当先前施加的压力去除后,由于土粒弹性挠曲的卸荷回复和在电磁力作用下被挤出的部分结合水又被吸入,黏附于土粒表面,故黏土体表现为弹性回弹(膨胀)。而无黏性土的弹性回弹较小。

2) 有机质

土中有机质主要为纤维素和腐殖质,其存在使土体的压缩性与收缩性增大,对强度也有影响。随着有机质的成因、龄期和分解程度的不同,土体的物理性与化学性也有很大的不同。

有机质对土体压缩性的影响,至今还缺少系统的研究。从我国昆明滇池的泥炭(有机质含量大于 60%)与泥炭质土(有机质含量 10%～60%)的试验成果,可以看出它们的典型特征。

天然泥炭与泥炭质土的最突出的物理性状是含水量很高，孔隙比大，比重低，液、塑限大。表5-2是几个地区的泥炭的天然含水量。滇池泥炭的渗透系数 $k=10^{-3}\sim10^{-5}$ cm/s，泥炭质土的渗透系数 $k=10^{-4}\sim10^{-6}$ cm/s，且大部分的水平渗透系数为垂直向的1.5～3倍。因此，这类土的压缩性极高，但固结较快。近20年来，固体废弃物的处理成为岩土工程的重要课题，其中生活垃圾中含有大量的有机质，它们同样有高压缩性、固结较快的特性，但随着其降解，沉降过程长期不能稳定。

表5-2　几个地区泥炭与泥炭质土的含水率

地　　点	含水量 w/%	地　　点	含水量 w/%
昆明滇池	150～940	北爱尔兰	400～800
美国麻省	250～800	德国某地	600～900
美国佛罗里达	480～900	斯里兰卡金河	330～890

图5-4是滇池泥炭土试样的固结曲线，其显著特点为：在加荷后很短时间内，即完成大部分压缩；随着荷载加大，压缩量急剧增加；土体的压缩系数 a_v 随荷载变化范围相差很大。研究时要特别注意按实际荷载范围确定这类土的压缩系数，并注意这类土固结过程中 e、k、C_v 等指标的变化。

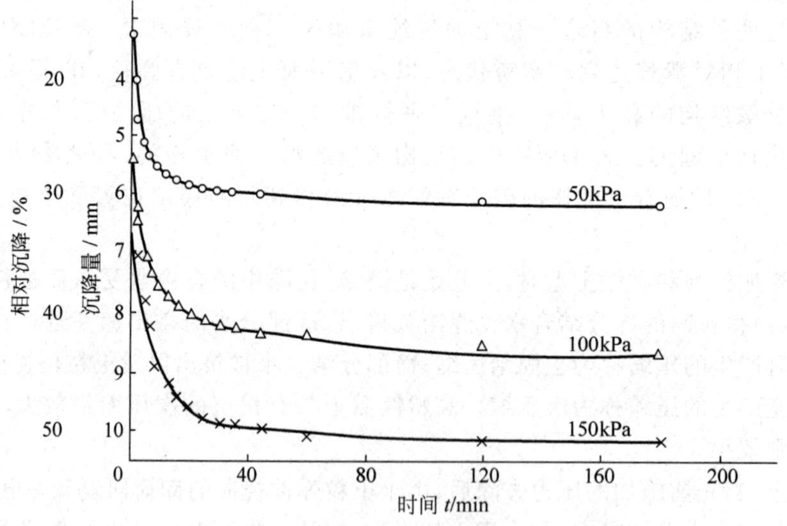

图5-4　滇池泥炭的固结曲线

3）孔隙水

孔隙水对土的压缩性的影响，表现在水中阳离子对黏土表面性质(包括水膜厚度)的影响。如果土中含有膨胀性黏土矿物，则这种影响更为显著。当孔隙水中的阳离子性质和浓度使结合水膜厚度减薄时，膨胀土的膨胀性与膨胀压力均将减小；反之亦然。

2. 环境因素

1）应力历史

如第 2 章所述，按先期有效固结压力 p_c 与该点土现有土层覆盖固结压力 p_s 的比值 p_c/p_s，即超固结比 OCR，天然土可区分为三类：

OCR＝1，即 $p_s=p_c$，为正常固结黏土；

OCR＞1，即 $p_s<p_c$，为超固结黏土；

OCR＜1，即 $p_s>p_c$，为欠固结黏土。

土的 OCR 越大，土所受超固结作用越强，在其他条件相同时，其压缩性越低。

引起土体超固结作用的有应力与非应力的两种原因。前者可能是：历史上曾有过大片冰川过境；地面上原有厚覆盖层，后来由于各种原因覆盖层减薄；地下水位原来较低，后来水位上升；地面长期暴露，毛细压力引起土干缩，等等。非应力原因引起的超固结压力称拟似先期固结压力，它们可能是由于土的风化与胶结，孔隙水水质变化（水中离子改变），或是土承担恒定长期荷载引起了次压缩等所导致，如 3.4.4 节所述。

2）温度

温度对土的压缩特性的影响，随土的成分与应力历史而异。有限的试验成果表明，温度对有机质土的影响要比对无机质土的大，而对超固结黏土的效应尤为显著。

有人曾用两类试样进行过单向压缩的比较试验。两类黏土的矿物成分及含量大体相同，但有机质土的含碳量远高于无机土的，结果表明，温度对于无机质土的压缩曲线、压缩过程线和次压缩系数等均影响很小。

但是，对于有机质土，试验温度不同，反映出不同的效应。图 5-5 所示的试验进行了两个循环的压缩，每次控制的温度不同，结果如下：第一个循环系在 25℃下进行，第二个循环升温至 50℃，发现升温后压缩曲线下移；相反，如果第二个循环降温（右侧曲线），则曲线上移。前后两种情况中，压缩指数 C_c 几乎不变，如图 5-5 所示。由于压缩曲线移动，故在升温时，按压缩曲线确定的先期固结压力下降；反之，则增大。

图 5-6 是在不同温度时正常固结有机质黏土的次压缩系数 C_α 的试验成果，从中看不出温度有明显影响。

图 5-7 表示了温度对超固结有机黏土次压缩率与压缩量的影响，在一定荷重增量时，试验温度升高，次压缩率与压缩量均相应增大。温度对土的压缩性的效应，主要来源于温度变化引起饱和土孔隙中水体积变化及相应的有效应力的改变。

5.2.3　沉降产生原因和类型

地基的沉降计算是土木建筑工程设计中一项必不可少的内容。因为沉降与变形的结果使建筑物各部位发生位移与相对位移，可能影响建筑物的正常工作，或因相对位移衍生的次应力过大导致结构的开裂，甚至破坏。水工建筑物的沉降会使安全超高减小，引起的裂缝会造成堤坝体的集中渗流。为了保持设计高程，往往在堤坝顶施工时需预留超高，也需要事先估算堤坝顶日后的可能沉降。

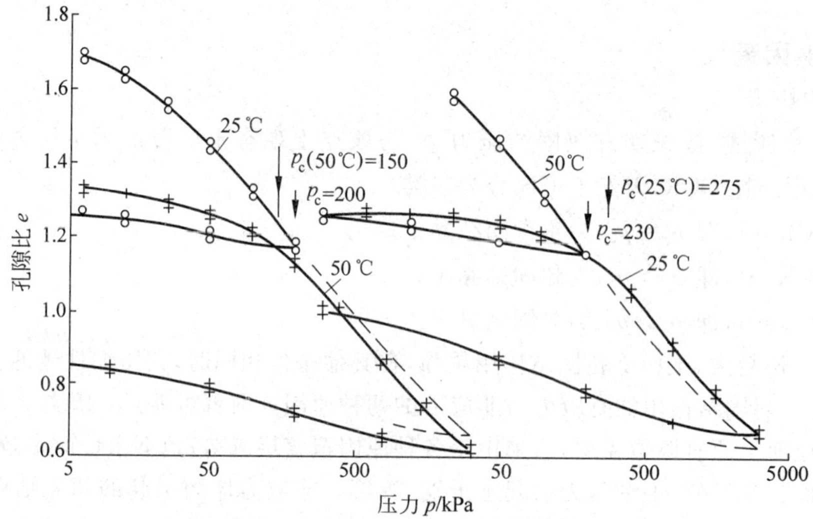

图 5-5　温度对压缩曲线的影响(每点代表两次试验)

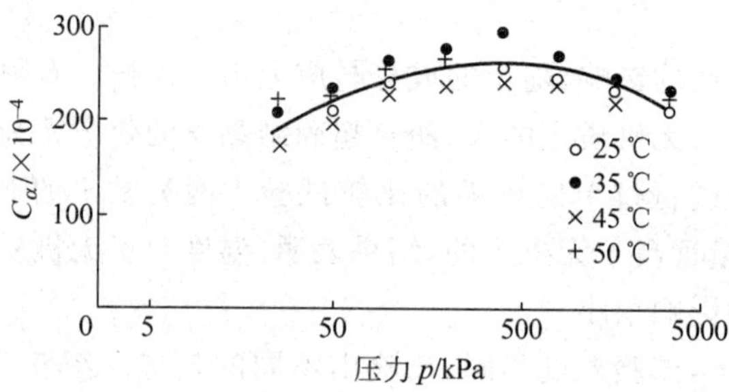

图 5-6　温度对次压缩曲线的影响(除 50℃以外,每点代表 4 次试验)

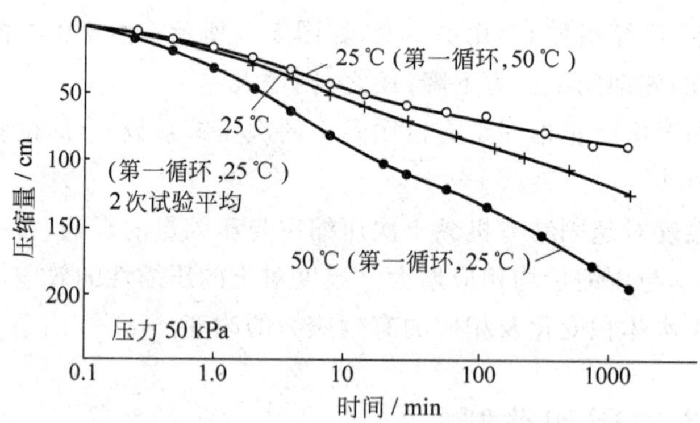

图 5-7　超固结有机质黏土的典型固结曲线

1. 引起地基沉降的可能原因

地基的沉降变形可能由多种原因引起,如表 5-3 所示。现今常用的计算方法基本上是针对由荷重引起的那部分沉降的。非直接由荷重导致的沉降,需要靠慎重选址、地基预处理或其他结构措施来预防或减轻其危害。

表 5-3　建筑物沉降的可能原因

原　因	机　理	性　质
建筑物荷重	土体形变	瞬时完成
	土体固结时孔隙比发生变化	取决于土的应力应变关系，且随时间而发展
环境荷载	土体干缩	取决于土体失水后的性质，不易计算
	地下水位下降	土层发生有效应力增加
不直接与荷载有关的其他因素，常涉及环境原因	振动引起土粒重排列	视振动性质与土的密度而异，不规则
	土体浸水饱和湿陷或软化，结构破坏丧失黏聚力	随土性与环境改变的速率而变化，很不规则
	地下洞穴及冲刷	不规则、有可能很严重
	化学或生物化学腐蚀	不规则，随时间变化
	矿井采空区、地下管道垮塌	可能很严重
	整体剪切、形变—蠕变、滑坡	不规则
	膨胀土遇水膨胀、冻融变形	随土性及其湿度与温度而变，不规则

2. 沉降的类型

可以从不同角度将沉降与变形分类。

1）按产生时间先后区分的沉降

地基受建筑物荷重作用后的沉降过程曲线如图 5-8 所示。为计算方便，常常按时间先后人为地将沉降分为三段，即三种分量：

（1）瞬时沉降 S_i　发生在加荷的瞬时。对于饱和土，即为不排水条件下土体形变引起的沉降。

（2）固结沉降 S_c　土体在外荷作用下产生的超静水压力迫使土中水外流，土孔隙减小，形成的地面下沉，其中也包含部分剪切形变。由于孔隙水排出需要时间，这一分量是时间的函数。

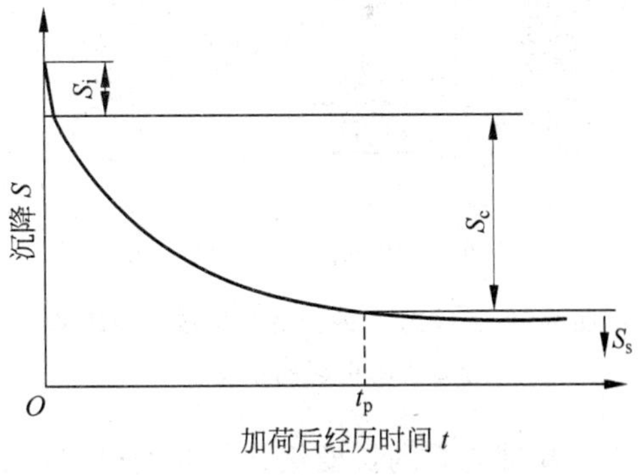

图 5-8　沉降曲线中的三个分量

（3）次压缩沉降 S_s　它基本上发生在土中超静水压力完全消散以后，是在恒定有效应力下的沉降。

上述三种分量其实是相互搭接的，无法截然分开，只不过某时段以一种分量为主而已。

对于无黏性土，例如砂土，瞬时的弹性沉降往往是主要的。对于饱和无机粉土与黏土，通常固结沉降所占比重最大。而对高有机质土、高塑性黏土及泥炭等，次压缩沉降不可忽视。

一般情况下,如不计次压缩沉降,地基沉降量可按下式计算:

$$S = S_i + S_c \tag{5-7}$$

当地基为真正单向压缩时,对于饱和土,因其在加荷瞬时体积不变不可能产生不排水形变,式(5-7)中的 $S_i=0$。一般情况下,某时刻地基的沉降量 S_t 可按下式计算:

$$S_t = S_i + U_t \cdot S_c \tag{5-8}$$

式中,U_t 为 t 时刻地基的平均固结度,由固结理论算得。

2) 按变形方式区分的沉降

按变形方式沉降可以分为土体只有单向变形的沉降、二向变形的或三向变形的沉降。当地基压缩土层厚度与基础宽度相比较小时,或压缩层埋藏较深,地基土层近似于受侧限的单向压缩时,对饱和土此时不考虑瞬时沉降。但在厚土层上的单独基础,其地基的变形将具明显的三向性质,即土体不仅在 z 方向(竖直向),而且在 x、y 方向均有变形,地基沉降若按单向压缩计算,所得的值将会比实际值低。戴维斯和鲍罗斯(Davis and Poulos)针对饱和土地基上的圆形基础沉降进行过分析,得到以下结果。

(1) 当地基土排水时的泊松比 $\nu'>0.3$ 时,按单向压缩计算带来的误差随土层厚度加大迅速增加,如图5-9所示。

(2) 土层相对厚度与排水时的泊松比 ν' 增大,瞬时沉降在总沉降中的比重增大,如图5-10所示。

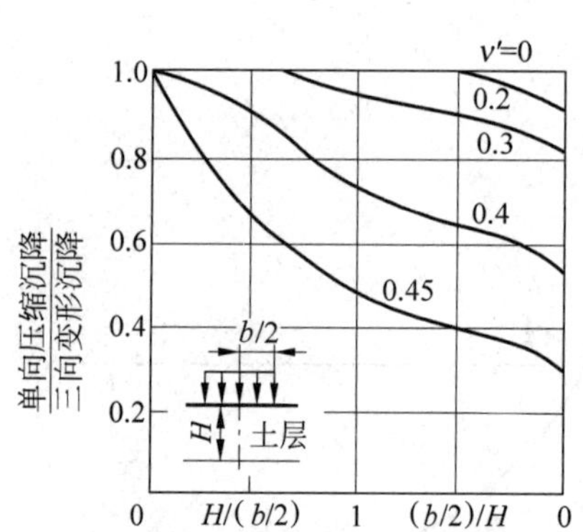

图5-9 直径为 b 的圆形基础按单向压缩计算沉降引起的误差

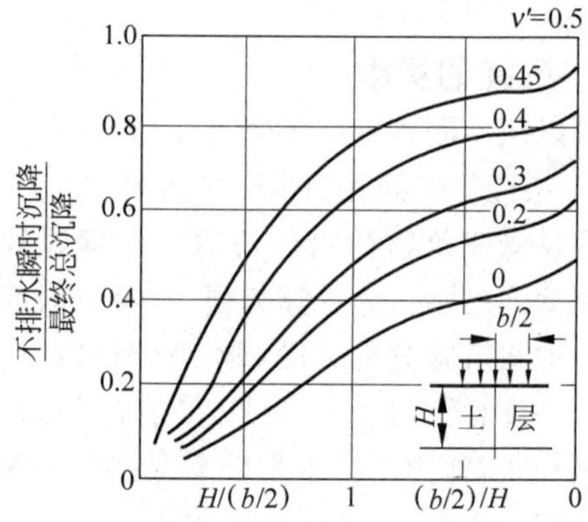

图5-10 直径为 b 的圆形基础,瞬时沉降在总沉降中所占比重

当基础荷载的长度比其宽度大得多,例如长宽比大于5,则土的变形具有二向性质,即长度方向上的侧向变形相对较小,可忽略不计。

沉降计算一般主要包括两方面内容:第一是最终沉降量,事实上,沉降并无最终值,因为次压缩沉降随时间而增加。常说的最终沉降可认为是固结沉降的最终值与瞬时沉降之和。第二是沉降过程,它反映沉降随时间的发展,其表达式为式(5-8),式中的固结度 U_t 需按后面的固结理论来确定。

3. 沉降计算应考虑的要素

沉降计算结果的可信度依赖于计算中各环节的处理是否恰当。

1）计算断面

应根据详细可靠的地基勘探成果和建筑物布置，确定具代表性的供计算用的地基剖面，确定土层的垂直与水平分布、压缩层范围、排水层位置和有关边界条件等。

2）应力分析

应力分析包括基底荷载分布沿深度的有效自重应力和附加应力计算。

3）计算参数

应采用有代表性的试样，通过试验实测所需计算参数。试验设备和方法应与计算方法相匹配。试验应尽量模拟土的实际压缩条件。

4）计算模型

根据对材料性状的不同假设、变形维数、室内或现场变形指标等各种情况，应按计算需要和实际条件合理选用。现有多种计算模型，详见 5.3 节。

可见，沉降计算应考虑诸多环节因素，不能重此轻彼。不过，计算参数的正确选用往往起主要作用。

5.2.4　瞬时沉降和次压缩沉降

1. 瞬时沉降

瞬时沉降也称初始沉降，指地基土在不排水条件下受荷载作用产生的地面沉降，对于干土和粗粒土，一般可认为瞬时沉降即为总沉降，可采用弹性理论计算。

1）集中力作用下的基本解答

当地基面有集中荷载 P 作用，半无限弹性地基在地面距荷载作用点距离 r 处的地面沉降 S_i 按下式计算：

$$S_i = \frac{P}{\pi E r}(1-\nu^2) \tag{5-9}$$

式中，E，ν 为土的弹性模量和泊松比。

2）均布荷载柔性基础下的瞬时沉降

根据式(5-9)，通过积分，可以求得矩形或圆形基础在地面均布荷载 q 作用下不同部位的地面瞬时沉降 S_i，表达式如下：

$$S_i = \frac{qb}{E}(1-\nu^2)I \tag{5-10}$$

式中，b 为矩形基础的宽度或圆形基础的直径；I 为影响系数，见表 5-4；对于饱和黏土 $\nu=0.5$，$E=E_u$。

表 5-4　不同形状基础的影响系数

基础形状	计算点位置		
	中　心	角点，边界点	平　均
方形	1.12	0.56	0.95
矩形，长宽比 $l/b=2$	1.52	0.76	1.30
矩形，长宽比 $l/b=5$	2.10	1.05	1.83
圆形	1.00	0.64	0.85

注：矩形为角点，圆形为边界点。

3）考虑地基有限厚度和基础埋深的瞬时沉降

当压缩厚度为 H、基础埋深为 d 时，饱和黏土上的基础的平均瞬时沉降按下式计算：

$$S_i = \mu_0 \mu_1 \frac{qb}{E_u} \quad (按\ \nu = 0.5) \tag{5-11}$$

式中，q 为基底的附加应力；μ_0 为考虑基础埋深 d 的修正系数，见图 5-11；μ_1 为考虑地基压缩层 H 的修正系数，见图 5-11。

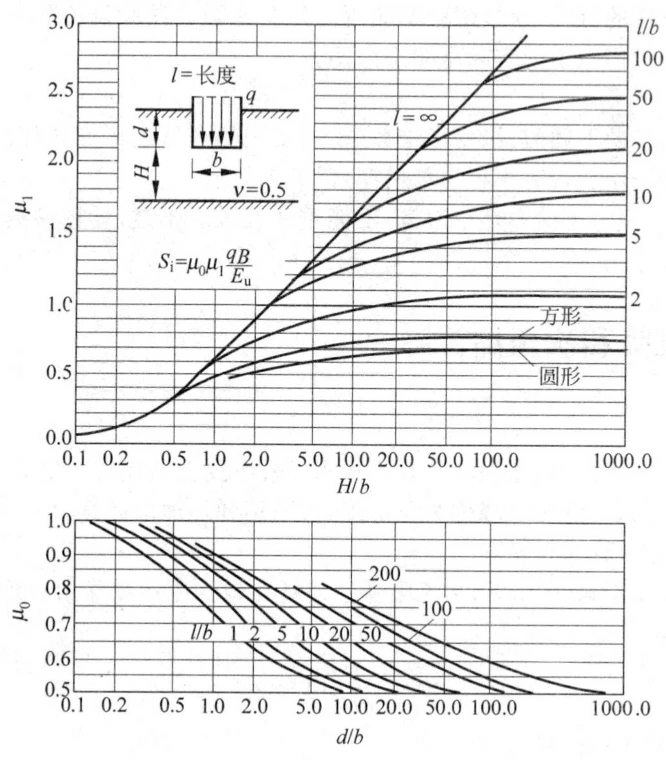

图 5-11　瞬时沉降的修正系数 μ_0 与 μ_1

4）不排水弹性模量 E_u 的确定

对于饱和黏土地基，建议以上诸式中的泊松比采用 $\nu=0.5$，弹性模量应为不排水条件下的 E_u，并用基础底面以下 1 倍基础宽深度内的原状土试样通过固结不排水三轴试验测定。如果用图 5-12 中的 E_i 确定的变形模量，往往比原位测试的实际不排水模量小得多，因而通常用图中的 E_u 作为不排水的变形模量。具体做法如下：

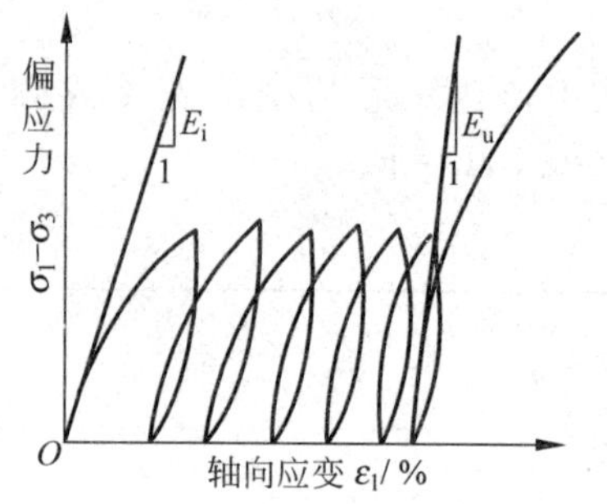

图 5-12　弹性模量的确定

(1) 取高质量原状土试样，在三轴仪中施加其在地基中的垂直原位应力的 2/3 或 1/2 的各向等压应力，将其各向等压固结，或施加垂直原位应力，并在 K_0 条件下固结。

(2) 在不排水条件下施加轴压力，即预计荷载产生的偏应力($\sigma_1-\sigma_3$)，卸荷至偏应力为零，如此重复五六次，如图 5-12 所示。

(3) 在最后一次循环的再加荷线上的$(\sigma_1-\sigma_3)/2$处作曲线的切线，其斜率即为E_u。

黏土的不排水弹性模量也可通过不排水强度c_u近似计算。

$$E_u=\beta c_u \tag{5-12}$$

式中，β可通过大比尺的现场载荷试验确定；c_u可通过现场十字板剪切试验确定。1976 年，邓肯等人对一些不同塑性指数和不同超固结比的黏土进行试验，得出表 5-5 的数据。

表 5-5　β与塑性指数及固结比的关系

I_P	<30	30~50	>50	<30	30~50	>50	<30	30~50	>50	<30	30~50	>50
OCR	1.0			2.0			4.0			6.0		
β	1500~600	600~300	300~125	1450~575	575~275	275~115	975~400	400~185	185~70	600~250	250~115	115~60

【例题 5-1】 有一矩形基础其尺寸为 4m×2m，基底的均布附加压力$q_0=150$kPa，基础埋深为 1m。从地面起，饱和黏土层①厚 5m，$E_u=4$MPa；其下饱和黏土层②厚 8m，$E_u=7.5$MPa。在黏土层以下为可忽略变形的硬土层。计算基础的瞬时沉降。

【解】 (1) 根据$d/b=0.5$，$l/b=2$，从图 5-11 得$\mu_0=0.9$。

(2) 对于黏土层①，$H/b=4/2=2$，从图 5-11 得$\mu_1=0.75$，$S_{i1}=0.9\times0.75\times\dfrac{150\times2}{4000}=0.05$(m)。

(3) 设从基底到其下的 12m 都是黏土层②，即厚度为$5+8-1=12$(m)。$H/b=12/2=6$，从图 5-11 得$\mu_1=0.90$，$S_{i2}=0.9\times0.90\times\dfrac{150\times2}{7500}=0.032$(m)。

(4) 在(3)计算中，土层②多计算了上部的 4m，应当扣除：

$H/b=4/2=2$，从图 5-11 得$\mu_1=0.75$，$S_{i2}=0.9\times0.75\times\dfrac{150\times2}{7500}=0.027$(m)。

(5) $S_i=S_{i1}+S_{i2}-S_{i3}=50+32-27=55$(mm)。

5) 瞬时沉降修正

黏性土的不排水强度较低，地基在承受基础荷载的瞬时极易产生局部塑性剪切区，上述基于弹性理论的瞬时沉降计算不尽合理。达帕洛里亚(D'Appolonia)等为此通过有限元分析，提出了一种简化修正方法。令修正前后的瞬时沉降分别为S_i和S_i'，定义二者比值为沉降比S_R，即

$$S_R=S_i/S_i' \tag{5-13}$$

或

$$S_i'=S_i/S_R \tag{5-14}$$

上式中S_R总小于 1，该值取决于以下两个参数：地基土的极限承载力q_{ult}和初始剪应力比f。f按下式计算：

$$f=\frac{\sigma_{v0}'-\sigma_{h0}'}{2c_u}=\frac{1-K_0}{2c_u/\sigma_{v0}'} \tag{5-15}$$

式中，σ_{v0}'，σ_{h0}'为起始垂直和水平有效应力；c_u为土的不排水抗剪强度；K_0为土的静止侧压力系数。

三种H/b不同情况时的S_R绘于图 5-13。该结果是按均质地基、强度各向同性与条形

基础求得的。实际上，影响 S_R 最大的是 f。对于正常固结黏性土，$f\approx0.6\sim0.75$。开始出现局部塑性区时基底平均应力为$\frac{q_{ult}}{6}\sim\frac{q_{ult}}{4}$，具体修正计算过程如图 5-14 所示。

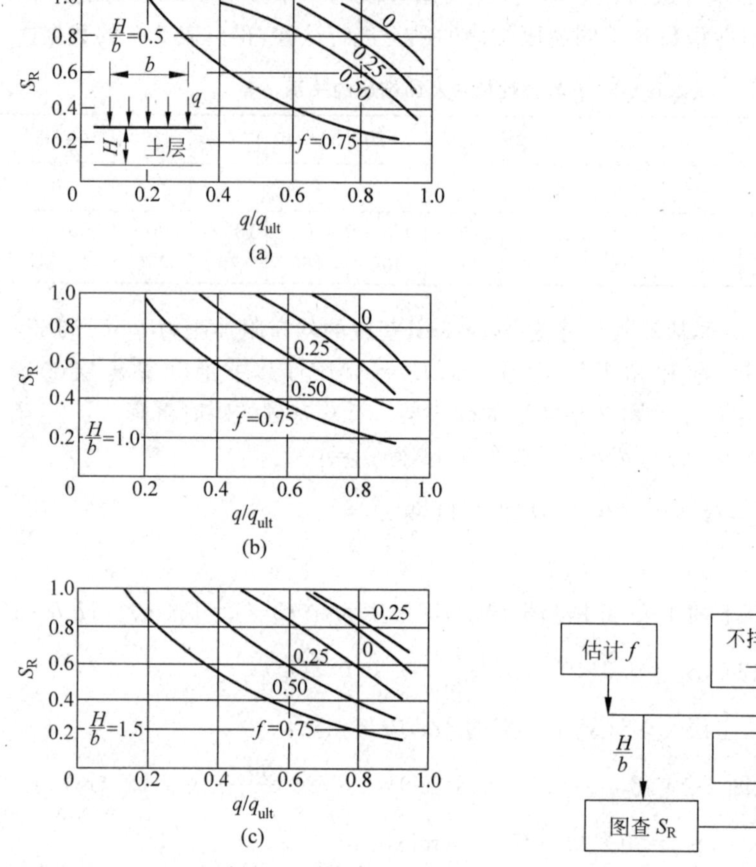

图 5-13　均质、各向同性地基上条形基础的沉降比 S_R

图 5-14　瞬时沉降的计算框图

2. 次压缩沉降

次压缩沉降是地基土中超静水压力全部消散，土的主固结完成后继续产生的那部分沉降，如图 5-3 所示。以孔隙水压力消散为依据的经典太沙基固结理论未考虑次压缩导致的沉降。许多学者研究过这一问题，试图为土的次压缩建立数学模型。例如，早在 1939 年穆钦(Merchant)就提出过一个流变方程，假设次压缩速率与残余次压缩量成正比。后来这一方程又发展为泰勒(Taylor)-穆钦力学模型。由于这些成果比较复杂，计算参数又非常规试验所能测定，故迄今工程实用时仍按布依斯曼(Buisman)建议的半经验法估算次压缩沉降量。

大量的固结试验成果表明，在一级荷载下的固结曲线如图 5-3 所示。它表明，试样完成主固结后的次压缩曲线绘在半对数坐标中基本上为一直线，该直线斜率称为次压缩系数 C_α，其意义见表 5-1。

$$C_\alpha = \frac{-\Delta e}{\lg t - \lg t_c} = \frac{-\Delta e}{\lg(t/t_c)}$$

式中，t、t_c 为从固结开始起算的时间和主固结完成时的时间($t>t_c$)。

如果压缩土层的厚度为 H，显然，在时间 t 时的地基的次压缩沉降可按下式估算：

$$S_s = \frac{C_\alpha}{1+e_0}\lg\left(\frac{t}{t_c}\right)H \tag{5-16}$$

式中，e_0 为试样的起始孔隙比。

次压缩速率与孔隙水的流动和土层厚度无关，故现场次压缩率可由室内试验成果估算；并且可以看出，次压缩率和时间有关。

5.3 地基沉降计算

5.3.1 计算方法综述

现行地基沉降计算和确定方法很多，可归纳为以下几大类。

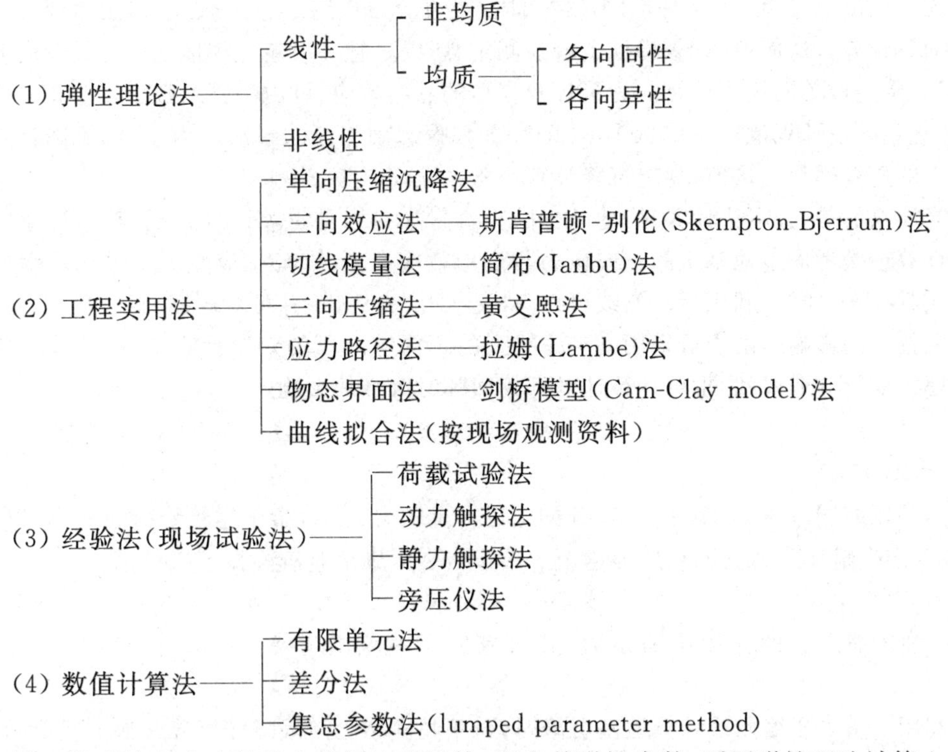

第 1 类弹性理论法是将土体视为弹性体，测定其弹性常数，再用弹性理论计算土体中的应力与土的变形量。虽然在某些符合弹性理论基本假设的理想条件下可以采用，但对于一般地基，由于土的压缩特性随深度变化，边界条件比较复杂，加之用它不能求得土体变形随时间的变化，这类方法应用较少。

第 2 类工程实用法是应用最多的方法，尤其是前面的两种。这类方法是按弹性理论计算土体中的应力，通过试验提供各项变形参数，利用分层叠加原理，可以方便地考虑到土层的非均质、应力应变关系的非线性以及地下水位变动等实际存在的复杂因素。

其中的曲线拟合法是利用现场已经测到的初期沉降资料，绘制沉降过程曲线，预估后期沉降量的方法。因依据的是实测资料，故计算结果有较高的可信度。

第3类经验法大多是采用现场测试结果，借经验相关关系，求得土的压缩性指标，再代入理论公式求解。对于无黏性土(如砂土等)取原状样进行室内试验有困难的情况下，它不失为一种可行的途径。

第4类方法以有限元法为主。它实际上不能算是独立的一类，因为它只是利用计算机作为运算手段，还是以其他理论(主要是弹性理论)为依据，借有限单元法离散化特点，计算复杂的几何与边界条件、施工与加荷过程、土的应力应变关系的非线性(包括各种本构关系)以及应力状态进入塑性阶段等情况。尽管如此，成果的可信性归根结底还取决于输入指标的正确性与所用模型的代表性，这是值得进一步研究的课题。

本章着重介绍应用较多或带有一定方向性的几种方法，其他内容可参阅有关文献。

5.3.2 单向压缩沉降计算的分层总和法

单向压缩沉降是指 K_0 条件下的沉降，即在竖直应力作用下，不考虑土体侧向变形的变形。因为其计算方法简单，计算指标也容易测定，所以尽管一般建筑物地基土均具三向变形特性，但常常仍按单向压缩计算。为了计及变形的三向效应，可用经验系数予以修正。例如《建筑地基基础设计规范》(GB 50007—2011)即根据基础底面的附加压力 p_0 和沉降计算深度范围内的压缩模量当量值，规定沉降计算经验系数，$\psi_s=0.2\sim1.4$。

应当注意的是，按本法计算时，地基中的竖直附加应力是由弹性理论确定的，这意味着应力的计算还是考虑了地基土的三向应力与变形效应。土的应力-应变关系采用压缩曲线 e-p 曲线或 e-$\lg p$ 曲线，利用后一曲线可以考虑土的应力历史，并可对压缩曲线进行修正(消除试样受扰动的影响)，由于可采用 e-p 曲线上的不同应力段的变形计算参数，这在一定程度上考虑了变形的非线性，也可计算地基开挖回弹时沉降的影响。

1. 基本方法

设地基压缩层厚为 H，其中点 M 处的土层自重压力为 p_1，由于建筑物荷载 F 和基础自重 G，该点产生附加压力 Δp，总压力增至 $p_2=p_1+\Delta p$，则地基沉降按下式计算：

$$S = m_v \cdot \Delta p \cdot H \tag{5-17}$$

式中，m_v 为压缩层土的体积压缩系数，其对应的压力范围为 p_1 至 p_2，由土的压缩曲线确定。

当利用 e-$\lg p$ 压缩曲线计算地基沉降时，对于超固结土则沉降计算公式如下式所示：

$$S = \left(\frac{C_e}{1+e_0}\lg\frac{p_c}{p_1} + \frac{C_c}{1+e_0}\lg\frac{p_2}{p_c}\right)H \tag{5-18}$$

式中，C_e、C_c 分别为压缩曲线再压缩段($p<p_c$)和压缩段($p>p_c$)的斜率，即再压缩指数和压缩指标；p_c 为土的先期固结压力；e_0 为土对应于 p_1 时的孔隙比。

上式系针对 $p_1<p_c$，而 $p_2>p_c$ 情况而言。如果 $p_1=p_c$(正常固结黏土)，计算中只取式(5-18)中的后一项;如果 p_1 至 p_2 的整个荷载范围在再压缩段,即 $p_2 \leqslant p_c$,计算中则仅取式中前一项,用 p_2 代替 p_c;在考虑地基开挖回弹时,也采用式(5-18)计算。

2. 分层总和法

当压缩层较厚或土层压缩性沿深度不均时(成层土),为计及压缩应力沿深度分布的变化及土性指标不同,应先将整个土层按不均一性或习惯规定的厚度(一般取 $0.4b$,其中 b 为基础短边尺寸)划分为若干个土分层($1 \sim n$)。按以上介绍的方法,取每分层半厚处作为代表点,求各分层沉降,然后相加,即为整个土层的沉降。

$$S = \sum_{1}^{n} m_{vi} \cdot \Delta p_i \cdot H_i \tag{5-19}$$

$$S = \sum_{i=1}^{n} \left(\frac{C_{ei}}{1+e_{0i}} \lg \frac{p_{ci}}{p_{1i}} + \frac{C_{ci}}{1+e_{0i}} \lg \frac{p_{2i}}{p_{ci}} \right) H_i \tag{5-20}$$

对于饱和土,上述沉降即为总沉降,不再考虑瞬时沉降。式(5-20)中的 C_e 与 C_c 应由修正后的原位压缩曲线确定。在我国的相关规范中,都是按 e-p 曲线确定的压缩模量 E_{si} 计算沉降。

5.3.3　考虑三向变形效应的单向压缩沉降计算法

斯肯普顿(Skempton)和别伦(Bjerrum)为了考虑一般地基固有的三向变形特性,将单向压缩公式中的附加应力 Δp 以不排水条件下饱和土上瞬时加荷产生的孔隙水压力增量 Δu 代替,即 $\mathrm{d}S_c = m_v \Delta u \mathrm{d}z$,认为沉降过程即为 Δu 的消散过程。按斯肯普顿推导,当饱和土同时受压力增量 $\Delta\sigma_1$ 和 $\Delta\sigma_3$ 作用时,土体内孔隙水压力增量 Δu 见式(3-34)。

$$\Delta u = B[\Delta\sigma_3 + A\Delta(\sigma_1 - \sigma_3)]$$

对于饱和土体,$B=1.0$,式(5-19)可以写为式(5-21)。

$$S_c = \int_0^H m_v \cdot \Delta u \cdot \mathrm{d}z = \int_0^H m_v \cdot \Delta\sigma_1 \left[A + (1-A) \frac{\Delta\sigma_3}{\Delta\sigma_1} \right] \mathrm{d}z \tag{5-21}$$

比较式(5-21)与式(5-19),可得

$$S_c = \mu_c S \tag{5-22}$$

式中,S 为用式(5-19)计算的沉降;μ_c 为修正系数,可以式(5-23)表示。

$$\mu_c = \frac{\int_0^H m_v \cdot \Delta\sigma_1 \left[A + (1-A) \frac{\Delta\sigma_3}{\Delta\sigma_1} \right] \mathrm{d}z}{\int_0^H m_v \cdot \Delta\sigma_1 \mathrm{d}z} \tag{5-23}$$

如果体积压缩系数 m_v 和孔隙压力系数 A 为常数量,则有

$$\mu_c = A + (1-A)\alpha \tag{5-24}$$

而

$$\alpha = \frac{\int_0^H \Delta\sigma_3 \mathrm{d}z}{\int_0^H \Delta\sigma_1 \mathrm{d}z} \tag{5-25}$$

在计算地基土的附加应力 $\Delta\sigma_1$ 与 $\Delta\sigma_3$ 时,饱和土不排水条件下可取泊松比 $\nu=0.5$,则 α 仅与基础形状、压缩土层厚度 H 与基础短边尺寸 b 之比 H/b 有关,故式(5-25)的积分易于

求得。

式(5-24)中的 A 值应由三轴不排水试验测定，它随土的应力历史而不同。于是，对于圆形基础或近似于方形的基础，即可按式(5-24)和式(5-25)算得 μ_c 值，结果绘于图5-16。严格地说，它只适用于计算基础轴线上的沉降。对于条形基础，它属于平面问题，可设 $\Delta\sigma_2=(\Delta\sigma_1+\Delta\sigma_3)/2$，而不是 $\Delta\sigma_2=\Delta\sigma_3$，故孔隙压力计算应加修正。斯谷特(Scott)按此求得条形基础的修正系数 μ_c，并绘在图5-16中。

按本法计算沉降，还应考虑瞬时沉降 S_i，故最终的沉降应为

$$S = S_i + S_c \tag{5-26}$$

【例题5-2】 圆形油罐直径3m，建在地面上，均布荷载为 $q=100\text{kPa}$。正常固结黏土地基厚6m，其下为基岩。地下水位与地面齐平，如图5-15所示。饱和黏土的物性指标为：$e_0=1.08$，$E_s=1.2\text{MPa}$，$\gamma_{sat}=19.6\text{kN/m}^3$，通过三轴试验测得其平均代表性孔压系数 $A=0.6$。用考虑三向变形效应的单向压缩沉降计算法计算该圆罐的固结沉降。

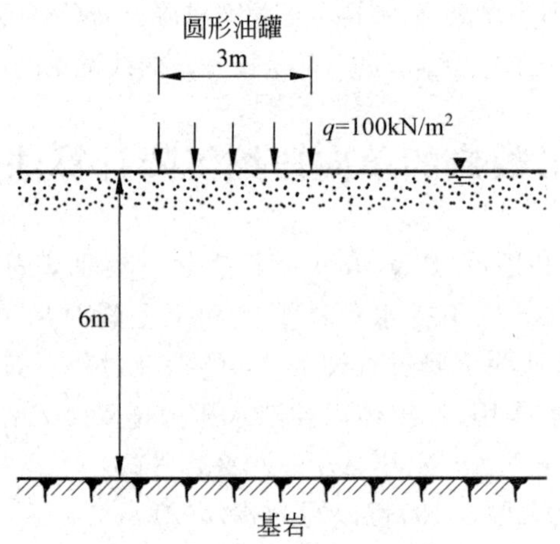

图5-15 例题5-2圆形油罐固结沉降计算

【解】 首先用分层总和法计算地基沉降。查《建筑地基基础设计规范》(GB 50007—2011)表K.0.1，圆形荷载中心的平均附加应力系数，$z/r=4$，$\bar{\alpha}=0.409$。

$$S = \frac{A}{E_s} = \frac{q\bar{\alpha}H}{E_s} = \frac{100\times0.409\times6}{1200} = 205(\text{mm})$$

根据 $A=0.6$，$H/b=2.0$，查图5-16，对于圆形基础，$\mu_c=0.72$，$S_c=\mu_c S=148\text{mm}$。

5.3.4 三向变形沉降计算法

本法是中国学者黄文熙提出的。他考虑了实际土体三向受力与三向变形条件，建议用三轴试验实测土的应力应变关系。因此，本法是一种计及应力水平与应力路径影响的计算方法。

假设地基中一点由于基础荷重引起的附加正应力为 $\Delta\sigma_x$、$\Delta\sigma_y$、$\Delta\sigma_z$，则该点的垂直应变可按式(2-50)计算。

令 $\Delta\sigma_x+\Delta\sigma_y+\Delta\sigma_z=\Theta$，则有

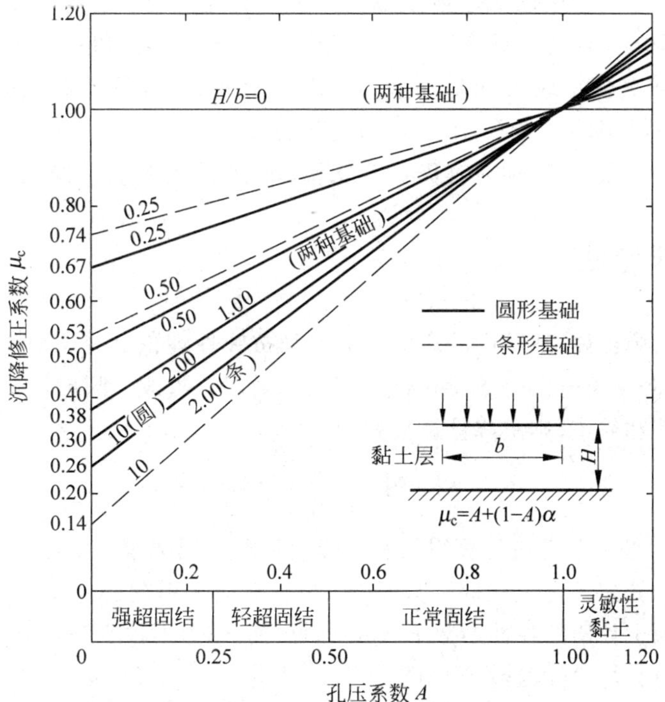

图 5-16　沉降修正系数 μ_c

$$\varepsilon_z = \frac{1}{E}[(1+\nu)\Delta\sigma_z - \nu\Theta] \tag{5-27}$$

按弹性理论，由 Θ 引起土的体应变应为

$$\varepsilon_v = \frac{1-2\nu}{E}\Theta \tag{5-28}$$

而土体孔隙比由 e_1 变为 e_2 引起的土的体应变为

$$\varepsilon_v = \frac{e_1 - e_2}{1+e_1} \tag{5-29}$$

令上述两式 ε_v 相等，得

$$E = (1-2\nu)\frac{1+e_1}{e_1-e_2}\Theta \tag{5-30}$$

将上式计算的 E 值代入式(5-27)，得

$$\varepsilon_{z3} = \frac{1}{1-2\nu}\left[(1+\nu)\frac{\Delta\sigma_z}{\Theta} - \nu\right]\frac{e_1-e_2}{1+e_1} \tag{5-31}$$

这就是三向应力状态下垂直应变的表达式。

对于平面应变问题，$\Theta=\Delta\sigma_x+\Delta\sigma_y+\Delta\sigma_z=(1+\nu)(\Delta\sigma_z+\Delta\sigma_x)$，若令 $\Theta'=\Delta\sigma_x+\Delta\sigma_z$，可得

$$\varepsilon_{z2} = \frac{1}{1-2\nu}\left(\frac{\Delta\sigma_z}{\Theta'} - \nu\right)\frac{e_1-e_2}{1+e_1} \tag{5-32}$$

而地基沉降为

$$S = \int_0^H \varepsilon_z \mathrm{d}z \tag{5-33}$$

式(5-31)与式(5-32)中的$\Delta\sigma_z$、Θ或Θ'可按弹性理论计算。ν与e_1、e_2可在三轴试验中模拟土体在地基中的实际受力状态测定：ν应视为$(\sigma_x+\sigma_y+\sigma_z)$和$\sigma_z/(\sigma_x+\sigma_y+\sigma_z)$的函数。其中$\sigma_x$,$\sigma_y$,$\sigma_z$为某点自重应力和附加应力之和。与此类似,可通过试验,找出在一定的$\sigma_z/(\sigma_x+\sigma_y+\sigma_z)$下,孔隙比$e$与$(\sigma_x+\sigma_y+\sigma_z)$之间的关系,供计算中查用。

考虑到三向变形条件下,加荷时仍有不排水变形,故仍应再计入瞬时沉降。

5.3.5 弹性理论法

本法视地基为弹性体,地基中的应力与应变均按弹性理论计算。对于饱和与高饱和度的黏性土,地基沉降由瞬时沉降S_i和固结沉降S_c两部分组成。瞬时沉降采取式(5-10)和式(5-14)进行计算和修正,则沉降计算公式如下：

$$S=S'_i+S_c=\frac{S_i}{S_R}+(S_T-S_i) \tag{5-34}$$

式中,S_T、S_i分别为按弹性理论计算得的总沉降量和瞬时沉降量。实际上按弹性理论,式中两种沉降分量的计算公式完全相同。只是S_T为有效应力引起的总沉降,故应采用土体固结后的有效应力和土骨架的弹性参数E'与ν'计算,而S_i为不排水条件下的沉降,应采用不排水下的附加总应力与弹性参数E_u与ν_u。

计算S_T与S_i既可直接应用胡克定律,亦可应用弹性理论位移解。

从计算的附加应力和应用胡克定律,可考虑土层的非均质和成层情况对变形的影响。计算式如下：

$$S_T=\sum_{i=1}^{n}(\Delta\varepsilon_z\Delta H)_i=\sum_{i=1}^{n}\frac{1}{E'_i}[\Delta\sigma'_z+\nu'_i(\Delta\sigma'_x+\Delta\sigma'_y)]_i\Delta H_i \tag{5-35}$$

$$S_i=\sum_{i=1}^{n}\frac{1}{E_{ui}}[\Delta\sigma_z-\nu_{ui}(\Delta\sigma_x+\Delta\sigma_y)]_i\cdot\Delta H_i \tag{5-36}$$

式中,$\Delta\sigma_x$、$\Delta\sigma_y$、$\Delta\sigma_z$为不排水情况下由外荷载在土中引起的附加应力;$\Delta\sigma'_x$、$\Delta\sigma'_y$、$\Delta\sigma'_z$为固结完成后由外荷载引起的土骨架上的附加有效应力;ΔH_i为第i分层的厚度。

如果地基土比较均匀,则可采用其平均弹性模量$\overline{E}'$与$\overline{E}_u$,仍按式(5-35)和式(5-36)计算。但有的学者建议按弹性位移法求解：

$$S_T=\frac{qb}{E'}(1-\nu'^2)I \tag{5-37}$$

和

$$S_i=\frac{qb}{E_u}(1-\nu_u^2)I \tag{5-38}$$

式中,qB与I等的含义同式(5-10)。

需要指出,按式(5-37)计算的结果常会明显偏大,因为它计算的压缩层为无限厚。弹性理论法计算成果的可靠性主要决定于弹性参数选用是否正确。采用现场原位试验确定弹性参数是比较合理的途径。

希默特曼(Schmertmann)等建议通过静力触探的比贯入阻力q_c和标准贯入击数N推定土的弹性模量。

$$E' = 2.5q_c\text{（方形与圆形基础）}$$
$$E' = 3.5q_c\text{（条形基础）} \tag{5-39}$$

$$E' = 766N\text{kPa} \tag{5-40}$$

粗粒土弹性模量的一般范围见表 5-6，粗粒土弹性模量与标准贯入击数间的关系见表 5-7。

表 5-6　粗粒土弹性模量的范围

土的类型	弹性模量 E/MPa	土的类型	弹性模量 E/MPa
松砂	10.35～24.15	密砂	34.5～55.2
粉砂	10.35～17.25	砂砾	69.0～172.5
中密砂	17.25～27.60		

表 5-7　粗粒土的弹性模量与标准贯入击数间的经验关系

土　　类	(E'/N)/(MPa/次)
粉土、砂质粉土、微黏性粉土-砂混合料	0.4
洁净的细至中砂、微粉质砂	0.7
粗砂、微含粒砂	1.0
砂质砾、砾	1.2

关于有效泊松比，摩茨（Worth）在试验的基础上，对几种轻超固结黏土提出如下的经验公式：

$$\nu' = 0.25 + 0.00225I_P \tag{5-41}$$

特劳特曼（Trautmann）和库哈维（Kulhawy）对于粗粒土提出经验公式为

$$\nu' = 0.1 + 0.3 \times \frac{\varphi' - 25°}{45° - 25°} \tag{5-42}$$

5.3.6　应力路径法

按应力路径估算沉降的方法是拉姆（Lambe）于 1964 年提出来的。应力路径是描述土单元体在外力作用下应力变化过程在应力空间的轨迹。$\bar{\sigma}$、$\bar{\tau}$ 平面上的应力路径已经在 3.5 节中介绍，见图 3-45。

1. 应力路径的一些特点

1) $\bar{\sigma}$ 与 $\bar{\tau}$ 坐标下的破坏主应力线 K_f 与 K_0 固结线

在 $\bar{\sigma}=(\sigma_1+\sigma_3)/2$ 和 $\bar{\tau}=(\sigma_1-\sigma_3)/2$ 坐标下，其破坏线称为破坏主应力线 K_f，斜率为 $\tan\alpha=\sin\varphi$，在 $\bar{\tau}$ 坐标轴上的截距 $a=c\cdot\cos\varphi$。在此坐标下侧限应力状态下土体压缩的应力路径为一直线，称为 K_0 固结线，其中 K_0 为静止土压力系数。K_0 线的斜率为 $\tan\beta=\dfrac{1-K_0}{1+K_0}$。

2）应力路径上一点对应的大、小主应力

图 5-17 中的 ABC 是一条三轴固结不排水试验的有效应力路径，从线上一点 B 往左、右各作与水平线成 45°直线，与 $\bar{\sigma}'$ 轴的交点即为小主应力 σ_3' 与大主应力 σ_1'，并可绘出相应的莫尔圆。

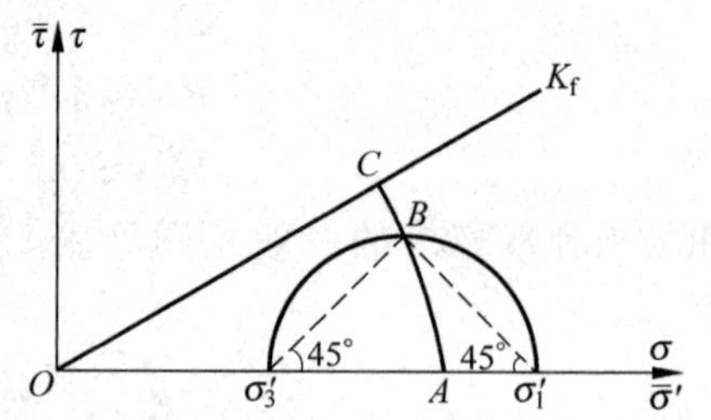

图 5-17 应力路径上一点大、小主应力的确定

3）有效应力路径的相似性

图 5-18 是正常固结黏土在不同固结压力下固结后进行不排水剪切三轴试验测得的有效应力路径 AA'、BB' 和 CC'，从物态边界面的概念(2.6.1 节)可知，它们在形状上相似。

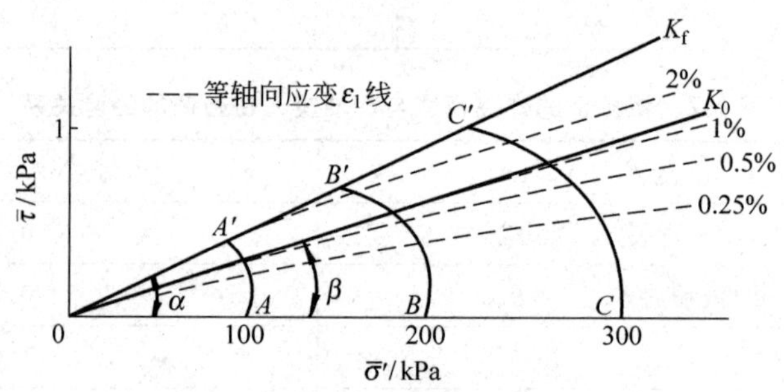

图 5-18 不排水三轴试验有效应力路径

4）等轴向应变线

在图 5-18 的每一三轴固结不排水有效应力路径上如同时测出各应力点的轴向应变 ε_1，并将各路径上 ε_1 相等的各点连接，可以得到相应于不同 ε_1 的许多条等轴向应变线。

5）不同应力路径时试样的变形

图 5-19 中的 A 点是 K_0 固结应力路径上的一点，对应的有效大主应力 σ_1' 位于 $\bar{\sigma}'$ 轴上 E 点。如在试样上施加附加轴向应力 $\Delta\sigma_1'$，完全固结后的轴向有效应力将为 $\sigma_1'+\Delta\sigma_1'$，位于图中的 $\bar{\sigma}$ 轴上 F 点，试样的有效大主应力从 σ_1' 到 $\sigma_1'+\Delta\sigma_1'$ 有不同路径，现研究不同路径时试样的变形情况。

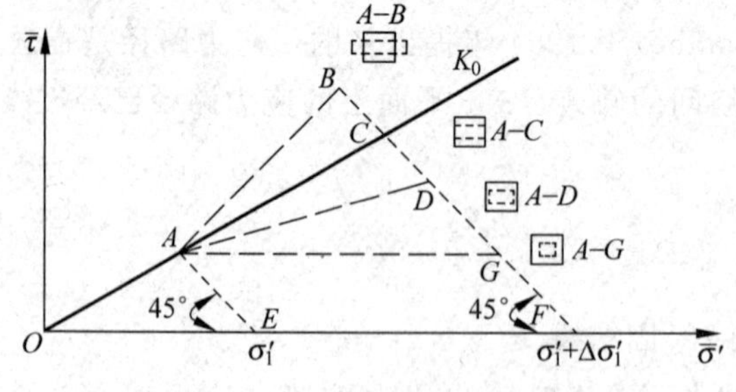

图 5-19 应力路径不同时试样的形变

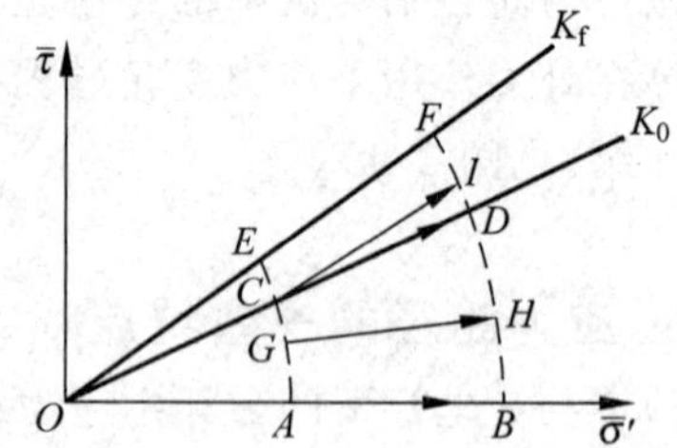

图 5-20 两条有效应力路径间的体积变化

沿 AC：试样受侧限压缩，只有垂直压缩，无水平变形。

沿 AG：各向等压，垂直与水平均被压缩，各方向的应变大小相等。

沿 AD：垂直与水平均被压缩，但前者大于后者。

沿 AB：垂直压缩，水平膨胀。

由此可见，虽然试样起始竖直有效压力均为 σ_1'，最终竖直有效压力均为 $\sigma_1'+\Delta\sigma_1'$，但相应于 B、C、D、G 各点的竖直向变形将逐次减小，水平向由膨胀变为压缩。

6）相同体变、不同应力比时的垂直应变

饱和土试样作不排水三轴试验时，其有效应力路径实际上即为等含水率曲线，即同一条路径线上体积是相等的，但图 5-20 中的 AE 与 BF 线上体积不等。可见从一条线 AE 变化到另一条线 BF，不论沿哪种路径，它们的体变 ε_v 总相等，如图中的 EF、CI、GH 等线，但其轴向应变 ε_1 却不同。为计算沉降，现研究 ε_v 相等时 ε_1 的计算。

在地基上加荷引起的沉降一般可分两阶段：瞬时不排水加荷引起的沉降，应力路径如图 5-21 中的 AI，其体积不变。继而由于地基土排水固结及随后的加载，使有效应力路径为沿某应力比 $K\left(K=\dfrac{\Delta\sigma_3'}{\Delta\sigma_1'}\right)$ 发生的沉降，如图中的 IB。根据三轴应力条件，IB 路径上的轴向固结应变为 ε_1^c，应为

$$\varepsilon_1^c=\frac{\Delta\sigma_1'}{E'}(1-2\nu'K)\tag{5-43}$$

式中，$\Delta\sigma_1'$、$\Delta\sigma_3'$ 分别为竖向和水平向有效应力增量，在排水条件下即为总应力增量；E'、ν' 分别为有效应力弹性模量和泊松比。

水平向固结应变 ε_3^c 为

$$\varepsilon_3^c=\frac{\Delta\sigma_1'}{E'}[(1-\nu')K-\nu']\tag{5-44}$$

体应变可按下式计算：

$$\varepsilon_v=\varepsilon_1^c+2\varepsilon_3^c=\frac{\Delta\sigma_1'}{E'}(1-2\nu')(1+2K)\tag{5-45}$$

故有

$$\frac{\varepsilon_1^c}{\varepsilon_v}=\frac{1-2\nu'K}{(1+2K)(1-2\nu')}\tag{5-46}$$

在无侧向变形条件下压缩时，$\varepsilon_v=\varepsilon_1^c$、$K=K_0$，由于

$$\nu'=\frac{K_0}{1+K_0}\tag{5-47}$$

从 I 到 B 与从 A 到 C 发生的体应变相同，代入式(5-46)，则有

$$\frac{\varepsilon_1^c}{\varepsilon_v}=\frac{1+K_0-2KK_0}{(1+2K)(1-K_0)}\tag{5-48}$$

当 ε_v、K 及 K_0 已知，即可按式(5-48)计算 ε_1^c。以下用图 5-21 说明应力路径为 IB 时 ε_1^c 的计算。IB 的体应变与 K_0 压缩时的 AC 相同。式(5-47)中的 $K_0=1-\sin\varphi'$，其中 φ' 为正常固结黏土的有效内摩擦角；在 IB 线上，$\dfrac{\sigma_3}{\sigma_1}=K=\dfrac{1-\tan\delta}{1+\tan\delta}$；以上各值代入式(5-48)，可求得 IB 路径的轴向应变 ε_1^c。

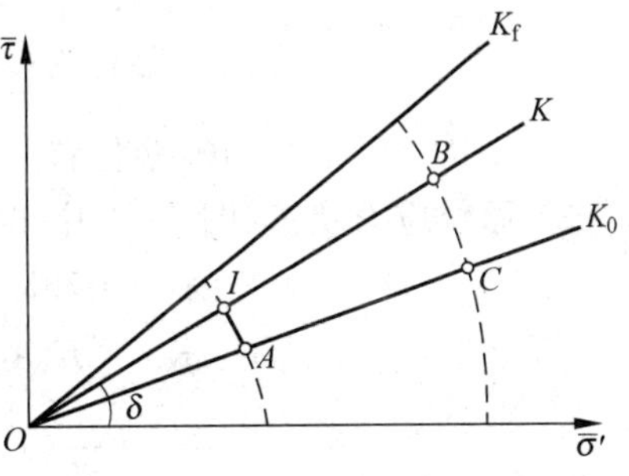

图 5-21　垂直应变与体应变关系推导示意图

2. 按应力路径法计算沉降量

1) 室内模拟试验法

用高质量的原状试样做三轴试验,加荷方式模拟现场土体的有效应力路径(不排水与排水)。直接测得垂直应变分量 ε_{1u} 和 ε_{1d}(下标 u、d 分别表示不排水和排水)。按下式计算沉降量:

$$S = S_i + S_c = (\varepsilon_{1u} + \varepsilon_{1d})H \tag{5-49}$$

式中,H 为压缩土层厚度。

2) 应变等值线法

【例题 5-3】 从地基中采取原状试样,经室内试验等取得下列资料:正常固结地基土的初始孔隙比 $e_0=0.9$,压缩指标 $C_c=0.25$,$\varphi'=30°$,压缩层厚 $H=3$m,取样点土层上覆压力为 75kPa,建筑物荷载引起的附加压力为 $\Delta\sigma_1=40$kPa,$\Delta\sigma_3=25$kPa。原状土试样在不同等压固结后的三轴不排水试验的有效应力路径和等应变线见图 5-22。计算瞬时加荷后地基的瞬时沉降和固结后总沉降。

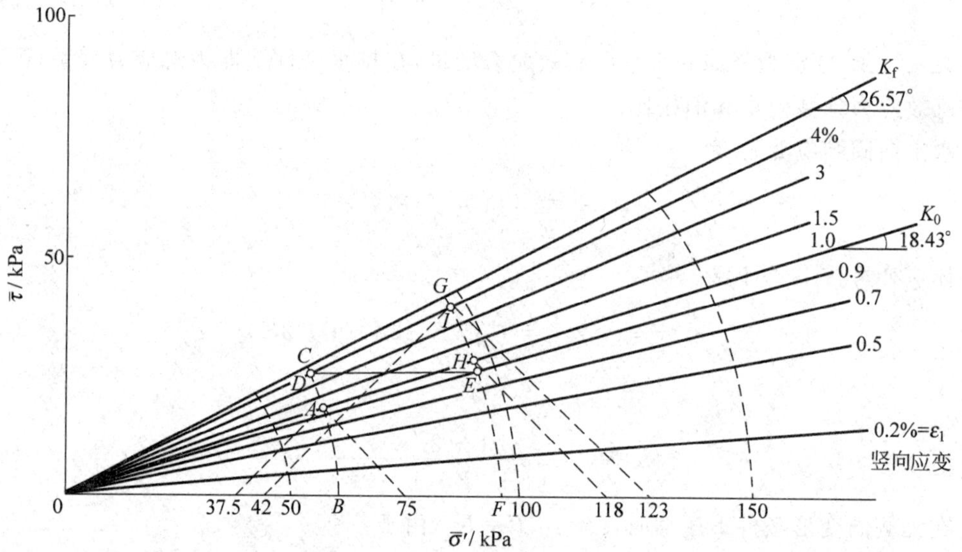

图 5-22 用应力路径法计算沉降算例

(1) 静止侧压力系数 $K_0=1-\sin30°=0.5$

$$K_0 \text{ 线位置} \quad \beta = \arctan\frac{1-0.5}{1+0.5} = 18°26'$$

$$K_f \text{ 线位置} \quad \alpha = \arctan(\sin30°) = 26°34'$$

(2) 原位应力状态(图 5-22 中 A 点)

$$\sigma'_{10} = 75\text{kPa}$$

$$\sigma'_{30} = K_0\sigma'_{10} = 0.5 \times 0.75 = 37.5\text{kPa}$$

$$\bar{\sigma}' = \frac{1}{2}(\sigma'_{10} + \sigma'_{30}) = 56.25\text{kPa}$$

$$\bar{\tau} = \frac{1}{2}(\sigma'_{10} - \sigma'_{30}) = 18.75\text{kPa}$$

在图上确定 A 点后，过 A 点按三轴固结不排水试验测定的有效应力路径的形状绘出有效应力路径 BAC。

(3) 瞬时加荷(不排水)后总应力状态

$$\sigma_1 = 75 + 40 = 115(\text{kPa})$$

$$\sigma_3 = 37.5 + 25 = 62.5(\text{kPa})$$

$$\bar{\tau} = \frac{1}{2}(115 - 62.5) = 26.25(\text{kPa})$$

由算得的 $\bar{\tau}$ 可以确定 BAC 路径上的 D 点。

(4) 固结完成后的应力状态(图中 E 点)

$$\sigma'_1 = \sigma_1 = 115\text{kPa},\quad \sigma'_3 = \sigma_3 = 62.5\text{kPa}$$

$$\bar{\sigma}' = \frac{1}{2}(115 + 62.5) = 88.75(\text{kPa})$$

$$\bar{\tau} = 26.25\text{kPa}$$

由上述 $\bar{\sigma}'$、$\bar{\tau}$ 即可在图中确定 E 点，过 E 点作有效应力路径 FEG。

(5) 沉降计算

瞬时沉降为对应于 AD 路径的沉降，即

$$S_i = (\varepsilon_{1D} - \varepsilon_{1A})H = (0.04 - 0.01) \times 3 = 0.09(\text{m})$$

固结沉降 S_c 为沿 DE 路径的沉降，其体变与 K_0 固结沿 AH 的相等，H 点对应的 $\sigma'_1 =$ 118kPa，故有

$$\varepsilon_v = \frac{\Delta e}{1 + e_0} = \frac{C_c \lg(118/75)}{1 + 0.9} = 0.0259$$

对于各向同性土，孔压消散引起的应变可认为各方向相同，故轴向应变约为上述体变的1/3，则固结沉降为

$$S_c = \frac{1}{3} \times 0.0259 \times 3 = 0.0259(\text{m})$$

总沉降量为

$$S = S_i + S_c = 0.09 + 0.0259 = 0.116(\text{m})$$

多层土沉降计算的应力路径法是首先估计现场地基中代表性单元(例如各分层的中点)的有效应力路径，然后在室内的三轴试验中模拟上述现场的有效应力路径，试验测得各阶段的竖向应变，最后将各阶段的竖向应变与土分层厚度相乘，得各分层的压缩变形量，相叠加求和即为总沉降量。

5.3.7 剑桥模型法

在第 2 章中已经对剑桥模型作了介绍。利用剑桥模型可直接计算沉降量，而不必采用数值计算方法。该方法的思路是：按该模型，应力路径在土的物态边界面之内时，只产生很小的弹性变形；当应力状态触及物态边界面并在其上运动时，正常固结黏土处于屈服状态，将发生大的塑性变形。超固结黏土可视为弹性材料。所谓的先期固结

压力 p_c 则为屈服应力。

1. 体积应变与剪切应变增量

在图 5-23 中,土单元在状态界面上的 X 点,当其受到应力增量 $\mathrm{d}p'$ 和 $\mathrm{d}q$ 时,它将加载屈服,其总体积应变增量 $\mathrm{d}\varepsilon_v$ 和剪应力增量 $\mathrm{d}\bar{\varepsilon}$ 应包含塑性分量 $\mathrm{d}\varepsilon_v^p$ 和 $\mathrm{d}\bar{\varepsilon}^p$,因而其状态必迁移到状态边界面上的另一点 Y。在 p'-q 平面上,Y' 点将位于一条新的屈服轨迹 $B'Y'$ 上,两个屈服轨迹与 p' 轴的交点从 $p'_A=p'_0$ 变到 $p'_B=p'_0+\mathrm{d}p'$,因为 X、Y 所在的两个弹性墙是平行的,故从此墙上的任何一点过渡到另一个墙上的任何一点的塑性体应变增量 $\mathrm{d}\varepsilon_v^p$ 一定是相等的。

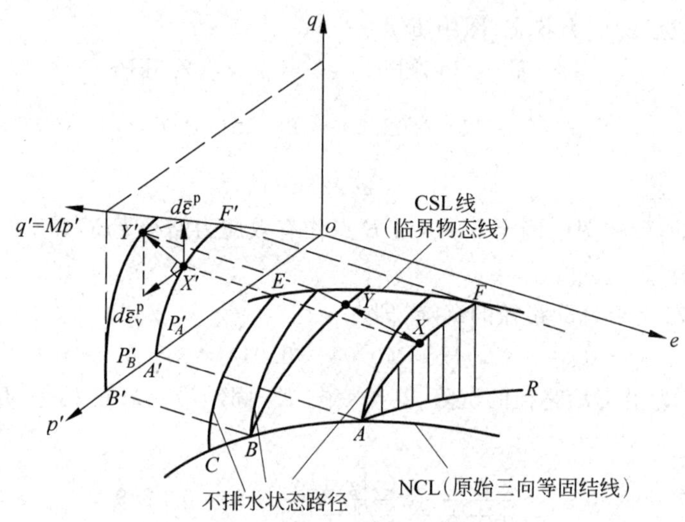

图 5-23 弹性墙与屈服轨迹

因而,对于修正剑桥模型,从状态 X 变为 Y 发生的应变增量可以用式(2-190)和式(2-191)计算。

$$\mathrm{d}\varepsilon_v=\frac{1}{1+e}\left[(\lambda-\kappa)\frac{2\eta\mathrm{d}\eta}{M^2+\eta^2}+\lambda\frac{\mathrm{d}p'}{p'}\right] \tag{2-190}$$

$$\mathrm{d}\bar{\varepsilon}=\frac{\lambda-\kappa}{1+e}\frac{2\eta}{M^2-\eta^2}\left(\frac{2\eta\mathrm{d}\eta}{M^2+\eta^2}+\frac{\mathrm{d}p'}{p'}\right) \tag{2-191}$$

注意这样计算得到的 $\mathrm{d}\varepsilon_v$ 和 $\mathrm{d}\bar{\varepsilon}$ 只适用于应力变化使土单元产生屈服的情况。在具体计算时,可将微分变成有限的增量,即 $\mathrm{d}p'\to\Delta p'$,$\mathrm{d}q\to\Delta q$。

2. 沉降计算

假设土单元所受应力路径为图 5-24 中的 $ABCD$,其中 AB 是屈服面以内弹性区域的不排水有效应力路径,由于它在屈服面之内,所以 $\Delta\varepsilon_v^p=0$,又由于不排水,所以 $\Delta\varepsilon_v=0$;这样必然 $\Delta\varepsilon_v^e=0$,亦即 $\Delta p=0$,所以屈服面内的不排水有效应力路径 AB 必须是竖直的,垂直于横坐标 p'。在剑桥模型中,由于该模型假设 $\Delta\bar{\varepsilon}^e=0$。所以 AB 段的总变形为 0。BC 是屈服面以上的一段不排水有效应力路径,其 $\Delta\varepsilon_v=0$,但会产生瞬时变形。CD 是随后的排水固结阶段。

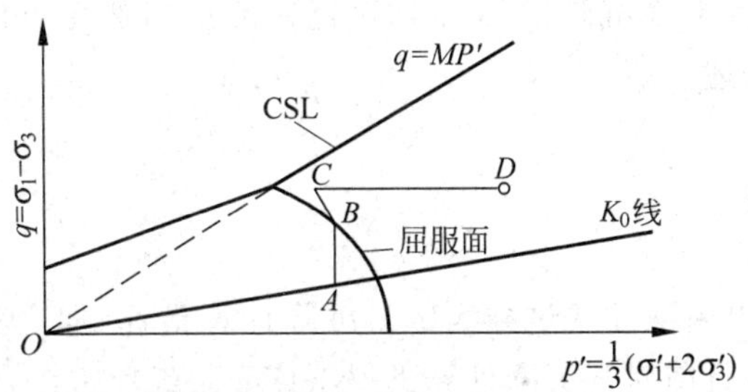

图 5-24　某土体的有效应力路径

在三轴应力状态，由于 $\Delta\bar{\varepsilon}=\Delta\varepsilon_1-\frac{\Delta\varepsilon_v}{3}$，$\Delta\varepsilon_v=0$，所以 $\Delta\bar{\varepsilon}=\Delta\varepsilon_1$，并设 $\Delta\bar{\varepsilon}^e=0$，$BC$ 段产生的瞬时沉降可按下式计算：

$$S_i=\sum_{i=1}^{n}(\Delta\bar{\varepsilon}^p\Delta H)_i \tag{5-50}$$

固结段 CD 沉降按下式计算：

$$S_c=\sum_{i=1}^{n}(\Delta\varepsilon_{1c}\Delta H)_i \tag{5-51}$$

而

$$\Delta\varepsilon_{1c}=\Delta\bar{\varepsilon}_c^p+\frac{1}{3}\Delta\varepsilon_v \tag{5-52}$$

式中，ΔH_i 为第 i 分层的土层厚度；$\Delta\bar{\varepsilon}$、$\Delta\varepsilon_v$ 可用式(2-190)及式(2-191)计算。

5.3.8　曲线拟合法

在现今的各种沉降计算方法中，由于对压缩土层剖面、荷载条件以及在计算模型等方面都做了简化，所用的计算土性指标也未必具有真正代表性，沉降计算结果与实测资料往往有不同程度的差异，尤其是对于沉降过程的预估。为此，人们提出了根据地基沉降前期观测资料推算沉降过程和最终沉降的经验方法。

众多实测沉降曲线表明，沉降过程曲线(沉降量 S_t 与相应的时间 t 的关系)接近于双曲线。可假设该曲线的数学表达式为

$$S_t=\frac{t}{a+t}S \tag{5-53}$$

式中，a 为待定系数；S 为地基最终沉降量。

假设在地基沉降过程曲线中的时刻 t_1 与 t_2 分别测得沉降为 S_1 和 S_2，代入式(5-53)，联立求解，即可解得式中的未知量 S 和 a。

$$\left.\begin{aligned}S&=\frac{t_2-t_1}{\frac{t_2}{S_2}-\frac{t_1}{S_1}}\\a&=S\frac{t_1}{S_1}-t_1=S\frac{t_2}{S_2}-t_2\end{aligned}\right\} \tag{5-54}$$

将算得的 S 和 a 代回式(5-53),即得到估算沉降过程的表达式。显然,实测资料的历时越长,测点越多,估算的最终沉降 S 将能越接近实际。当然还可以用其他形式的曲线拟合沉降过程,此处不再赘述。

5.3.9 现场试验法

砂砾料等地基土难以采取原状试样测定其沉降计算指标,加之弹性理论应用于这类土计算的合理性尚待研究,目前对其沉降计算不得不依靠半经验方法,即通过不同的现场或原位试验结果与土性质之间的统计相关关系,估算土的变形指标,然后仍按弹性理论的基本公式估算沉降。这些试验方法包括荷载试验,静、动力触探试验,标准贯入试验以及旁压仪试验等。在建立上述相关关系时,不可能计及土层的许多复杂因素,例如应力历史、各向异性、实际应力状态、土的剪胀性、基础形状与大小等,故其可靠性应与使用经验相联系。通过现场试验确定土的变形参数可参见式(5-39)、式(5-40)和表5-6、表5-7。

此类按经验关系估算沉降的方法很多,本节仅简单介绍按标准贯入试验和旁压试验成果估算地基沉降的方法,其中以希默特曼(Schmertmann)推荐的方法最为著名,也对旁压试验法做简单介绍。

1. 标准贯入试验法——希默特曼法

半无限土体表面有圆形的均匀荷载作用时,根据弹性理论,圆心点以下铅垂线上的垂直应变的基本计算公式如下式所示

$$\varepsilon_z = \frac{p_0}{E} \cdot I_z \tag{5-55}$$

式中,p_0 为基底的附加荷载;E 为土的变形模量;I_z 为应变影响系数,与土的泊松比及计算点深度有关。

根据模型试验与有限元计算,沿地基深度方向,应变影响系数 I_z 变化可以简化成图5-25所示形式,对于方形基础($u_b=1$),最大的应变出现在 $0.5b$ 深度处(b 为基础宽度),该处 $I_z=0.5$;而在 $z=2b$ 处,应变等于零。对于条形基础($l/b\geqslant10$),最大的应变出现在 $1.0b$ 深度处,该处 $I_z=0.5$;而在 $z=4b$ 处,应变等于零。当 l/b 在 $1.0\sim10$ 之间时,可以内插计算。

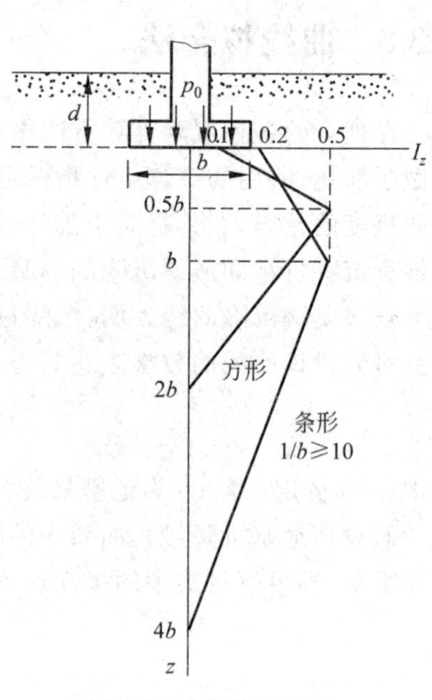

图5-25 应变影响系数 I_z

基础沉降按下式计算:

$$S = \int_0^\infty \varepsilon_z \mathrm{d}z \tag{5-56}$$

可近似写成

$$S = p_0 \cdot \int_0^{mb} \frac{I_z}{E} \mathrm{d}z \tag{5-57}$$

式中,mb 为土层的计算下限深度。再考虑某些修正,最后计算公式的形式如下:

$$S = C_1 C_2 p_0 \sum_{i=1}^{n} \frac{I_{z_i}}{E_i} \Delta z_i \tag{5-58}$$

$$C_1 = 1 - 0.5 \frac{\sigma_0}{p_0} \tag{5-59}$$

$$C_2 = 1 + 0.2 \lg \frac{t}{0.1} \tag{5-60}$$

式中，p_0 为基础底面附加压力；E_i、I_{z_i} 为第 i 层中点处的变形模量与应变影响系数；Δz_i 为第 i 层土的厚度；C_1 为考虑到基础埋深使应变减小的修正系数；σ_0 为基础底面处的土层有效覆盖压力；C_2 为考虑时间效应的系数；t 为竣工后的时间，以年计。

2. 旁压仪试验法

旁压仪试验提供的直接成果是探头在受逐渐增大的内腔压力下的体积与压力的关系，由此可以求得旁压模量 E_P（按旁压曲线直线段的斜率 $\Delta V/\Delta p$ 求取），屈服压力 p_f（直线段终端压力）和极限压力 p_L，见图 1-33、式(1-16)和式(1-17)。

根据该试验结果，法国的梅纳(Menard)提出了沉降估算方法。该法假设沉降主要是以基础底面尺寸为直径的半圆球体积内的土体压缩所致，借弹性理论进行推导。梅纳推导了按试验结果估算地基沉降的公式，该方法在法国应用广泛。

5.3.10　其他方法简述

1. 有限元法

利用有限元法计算沉降量的要点和步骤如下：

(1) 将地基离散化为有限个单元；

(2) 利用土的本构关系，对每个单元建立刚度矩阵；

(3) 将各单元的刚度矩阵结合为整个土体的总刚度矩阵 $\boldsymbol{K}$，得到总载荷矢量 $\boldsymbol{R}$ 与节点位移矢量 $\boldsymbol{\delta}$ 之间的关系：

$$\boldsymbol{K\delta} = \boldsymbol{R} \tag{5-61}$$

(4) 解式(5-61)，求得节点位移 $\boldsymbol{\delta}$；

(5) 根据节点位移，计算单元的应力与应变。

最常用的本构关系是线弹性模型，此外还有双线性弹性模型、其他非线性弹性模型、弹塑性模型等，均需借助计算机求解。

有限元法可以计及复杂的几何与边界条件、荷载和施工工序、土的非均质与应力-应变关系的非线性等。同时，与比奥固结理论结合，可计算沉降的过程。也可以进行上部结构、基础和地基的共同作用计算，故应用日益广泛，但关键的问题是合理确立各层地基土计算参数。

2. 概率统计法

沉降计算不易准确的原因大致有：(1)土性指标分散；(2)荷载大小与分布不完全确定；(3)土的本构关系中有许多不定因素。因此研究者们发展了统计方法，将土的压缩性和作用荷载视为随机变量,代入相应的沉降公式,对沉降变量进行求解。

5.3.11 对几种沉降计算方法的评述

(1) 单向压缩沉降计算法　最大优点是计算方法简单,计算指标容易测定,它可以考虑各种土层条件、地下水位、基础性状,还能计及压缩指标修正和地基土的应力历史等。当基础面积大大超过压缩土层的厚度,或压缩土层埋藏较深,用此法可得较好结果。反之,如果基础面积较小,地基土变形有明显三向特性,计算的沉降一般会偏低,应该给以修正,或改用考虑三向变形的方法。但在较坚硬地基土条件下,取样扰动常高估了沉降量。在我国,各地在大量工程实践中积累了丰富的资料,因而经修正后可给出合理的结果。

(2) 考虑三向变形效应的单向压缩法　对单向压缩法作了改进,因为初始孔隙水压力系数由三轴试验测定,其中孔压系数 A 计及了土的剪胀性的影响。由于计算中涉及孔隙压力系数 A,可以说它也考虑到了应力历史。本法的不完善处是将三轴应力状态下测得的孔隙压力用于地基中的一般应力状态,系数 A 随土变形而改变,较难确定。因此,从道理上说,此法仅能用于基础对称轴上各点的沉降。

(3) 三向变形计算法　它具有单向压缩计算法的各种优点,并且考虑了土的三向变形,更接近于实际。但是计算中需要采用土的泊松比 ν 和土的应力-应变关系,这些要求模拟实际应力条件下用三轴试验测取,较为复杂。同时,要想获得满意的计算结果,还要解决原状三轴土样的采取,该法需要积累更多的使用经验。

(4) 弹性理论法　直接应用弹性理论,概念清晰,计算简便。但是它的应用有较大局限性:天然土很少是均质的,各处的弹性参数变化可能很大,尤其是针对影响范围较广较深的大面积基础。本法不易计及各种实际的复杂边界条件。另外,计算范围达到无限深,常使计算结果偏大。因此弹性理论法只是用于土质相对均匀,基础面积较小的一般房屋地基设计。

(5) 应力路径法　它利用三轴仪在室内模拟土的原位应力路径,实测试样的应变,再计算沉降。使人们得以全面理解土的变形过程,概念清楚,计算思路无疑较为先进。但此法也存在某些缺点:①试验工作量较大(要求高质量的原状试样与测试技术);②计算依据的代表性点不易选择恰当;③地基应力系按弹性理论求得,实际的原位应力未必与计算应力相同;④该方法假设在固结过程中,只发生超静孔压的消散,总应力不变,实际上用弹性理论计算的产生瞬时沉降的总应力增量,与用弹性理论计算的产生固结后沉降的有效应力增量是不相等的。

(6) 剑桥模型法　这是一种尚待发展的理论方法,实际上它是应用了"临界状态土力学"的本构关系,而又以常规试验测得的各项指标(λ,κ,M 等)作为计算依据。它的最大特点是,沉降计算方法考虑了土的剪(缩)胀性的本构关系。因此,它能同时解出地基土的垂直沉降、水平位移和固结过程中的孔隙水压力等。但是,此法也存在较大的局限性:①剑桥模型只适用于正常固结黏土或弱超固结黏土,应用范围较窄;②迄今为止的试验论证往往局限于重塑土。对于原状土,有待进一步积累经验。事实是"临界状态土力学"的研究目前还没有超出人工重塑土的范围。

(7) 现场试验法　现场试验法也主要是基于弹性理论,只是在现场通过试验确定参数。

同时根据现场的实测资料，引进了经验参数，是较为实用的方法。

5.3.12 堤坝沉降的简化计算

与地基沉降相比，堤坝沉降有其显著的特点。对于分区坝，不同土料之间有应力转移现象；土料，尤其是粗粒料的土石坝在水库蓄水时会引起湿化变形；土料除垂直沉降外，经常发生显著的水平位移，等等。因而高土石坝一般均应进行数值计算分析，并对不同本构模型及计算程序计算的应力变形进行综合比较。这些数值计算可以考虑不同材料的应力应变关系，土性指标的变化，施工与运行阶段的变形过程，可同时求得垂直与水平位移。尽管如此，一般高度不大的堤坝(例如小于40m)却仍可采用近似的方法计算其沉降。观测资料表明，坝体中部的位移基本上沿竖直方向，因此，坝体沉降计算通常仍用单向压缩分层总和法。对于各种路堤和堤防，一般也存在类似的工程问题，故它们也使用相同的计算方法。

与前述地基计算中的方法完全相同，通常将堤坝沿高度分成8～10个分层。计算每个分层的沉降 S_i，然后相加，得到堤坝总沉降量 S。

$$S = \sum_{i=1}^{n} S_i = \sum_{i=1}^{n} \frac{e_{1i} - e_{2i}}{1 + e_{1i}} \cdot h_i \tag{5-62}$$

式中，n 为分层数；e_{1i} 为第 i 层中间处土料的填筑孔隙比，该处压力为 $p_{1i} = \frac{1}{2}\gamma_i h_i$；$e_{2i}$ 为坝体填筑至坝顶后，同一点土料的稳定孔隙比，该点压力变为 $p_{2i} = p_{1i} + \sum_{j=i+1}^{n} \gamma_j h_j$，即该点以上至坝顶的土柱压力；$h_i$ 为第 i 分层厚度；γ_i 为堤坝第 i 层土的填筑重度。

可见在式(5-62)中只有 $i \to n$ 层填土才会对第 i 层土产生沉降。

上述的 e 值由相应的压力 p 从坝料的压缩曲线上查取。实际上这种计算是十分近似的。因为堤坝不是一次填筑的，分层填筑的同时即发生沉降。若以填筑后土面计算，则最大沉降往往在其中部。

堆石坝的沉降量目前缺少可靠计算方法，但根据二十多座坝的实测资料统计，竣工后沉降可按下式估算：

$$S = 0.001 H^{\frac{3}{2}} \tag{5-63}$$

随着压实机具的改进和压实功能的提高，堆石压实密度将提高，相信按式(5-63)的估算值乃是沉降的上限。

5.4 单向固结的普遍方程与太沙基固结理论

土体压缩取决于有效应力的增加。根据有效应力原理，在外荷载不变的条件下，随着土中超静水孔压的消散，有效应力将增加，土体将被不断压缩，直至达到稳定，这一过程称为固结。在土体单向受压、孔隙水单向渗流的条件下，发生的固结称为单向固结。

5.4.1　单向渗流固结的普遍方程

1. 渗透力的反作用力

如图5-26所示的单向渗流固结条件下,取其中面积为1×1,厚度为dz的孔隙水体微单元,所受的竖向力如图5-27所示。

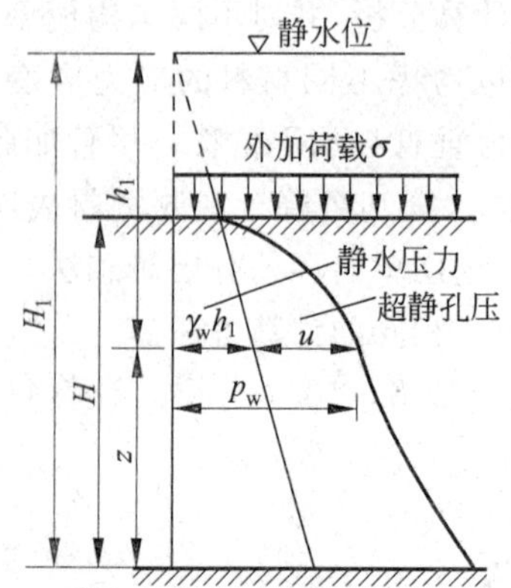

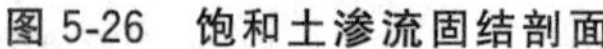

图5-26　饱和土渗流固结剖面

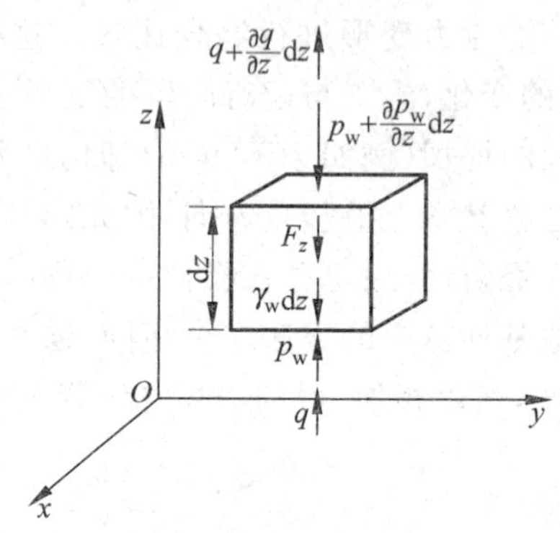

图5-27　厚度为dz的单位面积孔隙水微单元上的竖向力

土体中土骨架作用于水流的阻力F_z与水流作用于土骨架的渗透力大小相等,而方向相反,渗透水流竖直向上,渗透力的方向也竖直向上。土骨架对水流的阻力F_z为总渗透力J的反作用力,大小与J相等,方向向下,如果力以向上为正,即

$$F_z=-J=-i\gamma_w dz=-\frac{v}{k}\gamma_w dz \tag{5-64}$$

2. 孔隙水微单元的自重及土骨架浮力的反作用力

在图5-27中,孔隙水微单元的自重为$n\gamma_w dz$,土骨架浮力的反作用力为$(1-n)\gamma_w dz$,二者都是向下的,二者之和为

$$-n\gamma_w dz-(1-n)\gamma_w dz=-\gamma_w dz \tag{5-65}$$

3. 孔隙水微单元竖向力的平衡

在孔隙水体微单元z方向上,除了向下的土骨架对孔隙水的阻力F_z、孔隙水自重与土粒浮力反作用力之和$\gamma_w dz$外,在其上下表面还作用有水压力,其差值为$\frac{\partial p_w}{\partial z}dz$,如图5-27所示,在图中表示的方向向下,亦即与渗流方向相反,所以$\frac{\partial p_w}{\partial z}<0$。这样,竖向力的平衡条件可表示为

$$\frac{\partial p_w}{\partial z}+\gamma_w+\frac{v}{k}\gamma_w=0 \tag{5-66}$$

将式(5-66)进一步对z求导数,并假设渗透系数k是随深度z变化的,得

$$\frac{\partial^2 p_w}{\partial z^2}+\gamma_w\frac{1}{k}\frac{\partial v}{\partial z}-\gamma_w v\frac{1}{k^2}\frac{dk}{dz}=0 \tag{5-67}$$

4. 饱和土体单向渗流固结的连续性条件

在图 5-27 的微单元中，假设水是不可压缩时，在 $\mathrm{d}t$ 时段内，孔隙水体积的减少(亦即土骨架体积的压缩)，应等于同一时段从微单元流出的水的体积，亦即

$$\frac{\partial V}{\partial t}\mathrm{d}t=\frac{\partial q}{\partial z}\mathrm{d}z\mathrm{d}t \tag{5-68}$$

由于设微单元是单位面积，则 $V=\mathrm{d}z, q=v$；$\mathrm{d}V=\mathrm{d}\varepsilon_{\mathrm{v}}\mathrm{d}z$，其中 $\mathrm{d}\varepsilon_{\mathrm{v}}$ 为土骨架的体应变，$\mathrm{d}\varepsilon_{\mathrm{v}}=\frac{\partial \varepsilon_{\mathrm{v}}}{\partial t}\mathrm{d}t$。代入式(5-68)得

$$\frac{\partial \varepsilon_v}{\partial t}\mathrm{d}z\mathrm{d}t=\frac{\partial v}{\partial x}\mathrm{d}z\mathrm{d}t$$

$$\frac{\partial \varepsilon_v}{\partial t}=\frac{\partial v}{\partial z} \tag{5-69}$$

5. 土骨架的应力应变关系

单向压缩中，在竖向有效应力 σ' 作用下的土骨架的体应变为 $\varepsilon_{\mathrm{v}}=m_{\mathrm{v}}\sigma'$ 代入式(5-69)，得

$$m_{\mathrm{v}}\frac{\partial \sigma'}{\partial t}=\frac{\partial v}{\partial z} \tag{5-70}$$

将式(5-70)代入式(5-67)，得

$$\frac{\partial^2 p_{\mathrm{w}}}{\partial z^2}+\frac{m_{\mathrm{v}}\gamma_{\mathrm{w}}}{k}\frac{\partial \sigma'}{\partial t}+\frac{\gamma_{\mathrm{w}}v}{k^2}\frac{\mathrm{d}k}{\mathrm{d}z}=0 \tag{5-71}$$

在图 5-26 中的边界条件，根据有效应力原理得

$$\sigma'=\gamma'(H-z)+(\sigma-u)$$

$$\frac{\partial \sigma'}{\partial t}=\frac{\partial \sigma}{\partial t}-\frac{\partial u}{\partial t}+\gamma'\frac{\partial H}{\partial t} \tag{5-72}$$

并且

$$p_{\mathrm{w}}=\gamma_{\mathrm{w}}h_1+u,\quad v=-\frac{k}{\gamma_{\mathrm{w}}}\frac{\partial u}{\partial z} \tag{5-73}$$

将式(5-72)、式(5-73)代入式(5-71)，设静水压力是不变的，得

$$\frac{\partial^2 u}{\partial z^2}+\frac{m_{\mathrm{v}}\gamma_{\mathrm{w}}}{k}\left(\frac{\partial \sigma}{\partial t}+\gamma'\frac{\partial H}{\partial t}-\frac{\partial u}{\partial t}\right)+\frac{1}{k}\frac{\mathrm{d}k}{\mathrm{d}z}\frac{\partial u}{\partial z}=0 \tag{5-74}$$

式(5-74)是反映单向固结过程的普遍方程。它综合考虑了外加荷重随时间变化，土层厚度随时间变化，以及土的渗透性随深度变化等可能遇到的情况。

5.4.2　太沙基单向固结理论

早在 1925 年，太沙基即建立了饱和土单向固结微分方程，并获得了一定初始条件与边界条件时的数学解，迄今仍被广泛应用。

1. 基本假设

为了便于分析和求解，太沙基作了一系列简化假设：

(1) 土体是均质的,完全饱和的;

(2) 土颗粒与水均为不可压缩介质;

(3) 外荷重一次瞬时加到土体上,在固结过程中保持不变;

(4) 土体的应力与应变之间存在线性关系,压缩系数为常数;

(5) 在外力作用下,土体中只引起上下方向的单向渗流与压缩;

(6) 土中渗流服从达西定律,渗透系数保持不变;

(7) 土体变形完全是由超静水压力消散所引起的。

以上假设中将实际情况理想化,近似地反映了实际情况。例如:当地面上的加荷面积比压缩土层的厚度大很多,或压缩层埋藏比较深时,侧向变形量和渗流量就较小;土骨架的结构黏滞性小时,主固结压缩占主要成分;施工期短且土的渗透系数较小时,可认为是瞬时加荷,等等。

2. 太沙基方程及其解答

不难看出,太沙基所研究的问题只是前面所讲的普遍情况中的一个特例。在式(5-74)中,若 k=常量,H=常量,$\frac{\partial \sigma}{\partial t}=0$,则有

$$\frac{\partial^2 u}{\partial z^2}-\frac{m_v\gamma_w}{k}\frac{\partial u}{\partial t}=0$$

或

$$C_v\frac{\partial^2 u}{\partial z^2}=\frac{\partial u}{\partial t} \tag{5-75}$$

式中

$$C_v=\frac{k}{m_v\gamma_w}=\frac{k(1+e)}{a_v\gamma_w}=\frac{E_s k}{\gamma_w} \tag{5-76}$$

这就是太沙基单向固结微分方程。式中,C_v 为土的固结系数。因为假设了 k 和 m_v 为常量,故 C_v 自然也是常量。

式(5-75)表示了超静水压力 u 与位置 z 及时间 t 的函数关系。根据给定的起始条件与边界条件,可以求得它的解析解。

如图 5-28 所示,假设土层厚为 $2H$,顶面与底面均可自由排水,土面上瞬时施加的大面积外荷重为 σ。故起始条件与边界条件如下:

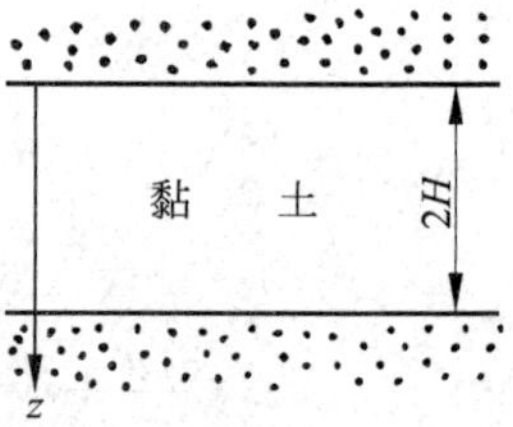

黏　土

2H

z

图 5-28　固结方程推导图

$t=0, u=u_0=\sigma$;

$t>0, z=0, u=0$;

$t>0, z=2H, u=0$。

由上述条件,应用傅里叶级数,可得式(5-75)的解答。

$$u=\sum_{n=1}^{\infty}\left(\frac{1}{H}\int_0^{2H}u_0\sin\frac{n\pi z}{2H}\mathrm{d}z\right)\left(\sin\frac{n\pi z}{2H}\right)\cdot\exp\left(-\frac{n^2\pi^2 C_v t}{4H^2}\right) \tag{5-77}$$

式中,n 为正整数;u_0 为起始超静水压力,$u_0=\sigma$。

如果起始超静水压力不随深度而变,即 u_0=常量,并令 m 为奇数:$m=1,3,5,\cdots$,则式(5-77)可改写成下式:

$$u = \sum_{m=1}^{\infty}\left(\frac{2u_0}{M}\sin\frac{Mz}{H}\right)\exp(-M^2T_v) \tag{5-78}$$

$$T_v = \frac{C_v t}{H^2} \tag{5-79}$$

式中，$M=\frac{1}{2}\pi m$；T_v 为无因次的时间因数。

根据式(5-78)，容易求得任何时刻 t、任意深度 z 处的超静水压力 u。为了研究土层中超静水压力的消散程度，常应用固结度概念。z 深度处土的固结度 U_z 表示该处超静水压力的消散程度，即

$$U_z = \frac{u_0 - u}{u_0} = 1 - \frac{u}{u_0} \tag{5-80}$$

将式(5-78)代入式(5-80)，可得

$$U_z = 1 - \sum_{m=1}^{\infty}\left(\frac{2}{M}\sin\frac{Mz}{H}\right)\exp(-M^2T_v) \tag{5-81}$$

上式表示不同深度处土的固结度与时间的关系，即 $U_z=f(T_v)$，可以绘成图 5-29。图中的曲线称为等时孔压线。每一等时孔压线(对应于某特定时刻 t 或时间因数 T_v)上的点给出了某时刻各个深度处所达到的固结度。

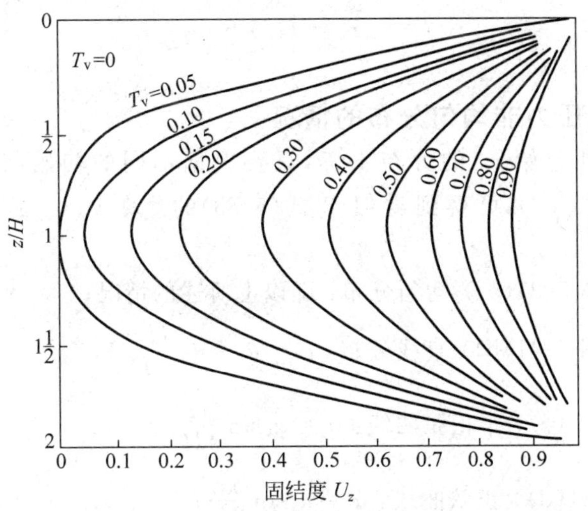

图 5-29 土层中各点在不同时刻(T_v)的固结度

对于工程更有实用意义的是整个土层的平均固结度 U，它反映全压缩土层超静水压力的平均消散程度。类似于式(5-80)，可得土层平均固结度为

$$U = 1 - \frac{\int_0^{2H} u\,\mathrm{d}z}{\int_0^{2H} u_0\,\mathrm{d}z} \tag{5-82}$$

在这种情况中，由于 u_0 沿深度为常量，故得

$$U = 1 - \sum_{m=1}^{\infty}\frac{2}{M^2}\exp(-M^2T_v) \tag{5-83}$$

上式所示的 $U=f(T_v)$，可绘成图 5-30 中的曲线Ⅰ，或制成表格以供计算。

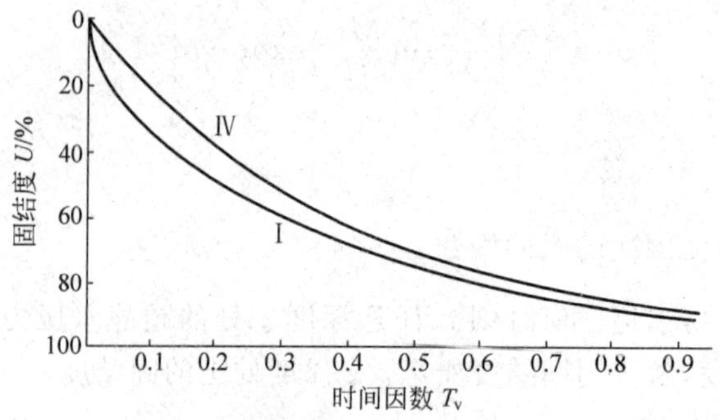

图 5-30 理论固结曲线 $U=f(T_v)$

式(5-83)还可以足够近似地用下列经验关系式代替。

$$\left.\begin{aligned}&U<0.6, \quad T_v=\frac{\pi}{4}U^2\\&U>0.6, \quad T_v=-0.0851-0.933\lg(1-U)\\&U=1.0, \quad T_v\approx 3U\end{aligned}\right\}\tag{5-84}$$

顺便指出,在单向固结条件下,由超静水压力所定义的固结度也表示以土体变形表示的固结度。如果已知地基的最终沉降量 S,则任何时刻 t 的沉降量 S_t 即可按下式计算:

$$S_t=U_t\cdot S\tag{5-85}$$

3. 起始超静水压力非均匀分布的情况

如果不同深度处起始 u_0 的分布不等,只要根据不同的初始与边界条件解微分方程(5-75),再代入式(5-82),可得到类似于式(5-83)的计算式。u_0 的几种典型分布情况如下:

情况Ⅰ (1)(图 5-31(a))均匀分布:即以上所述的情况;

(2)(图 5-31(b))直线分布:$u_0=u_1+u_1'\dfrac{H-z}{H}$;

情况Ⅱ (图 5-31(c))半正弦曲线:$u_0=u_2\sin\dfrac{\pi z}{4H}$;

情况Ⅲ (图 5-31(d))正弦曲线:$u_0=u_3\sin\dfrac{\pi z}{2H}$;

情况Ⅳ (图 5-31(e))直线增加以后又直线减小:$0<z<H$,$u_0=u_4\dfrac{z}{H}$;$H<z<2H$,$u_0=u_4\dfrac{2H-z}{H}$。这时土层的平均固结度与时间因数关系见图 5-30 中的曲线Ⅳ。

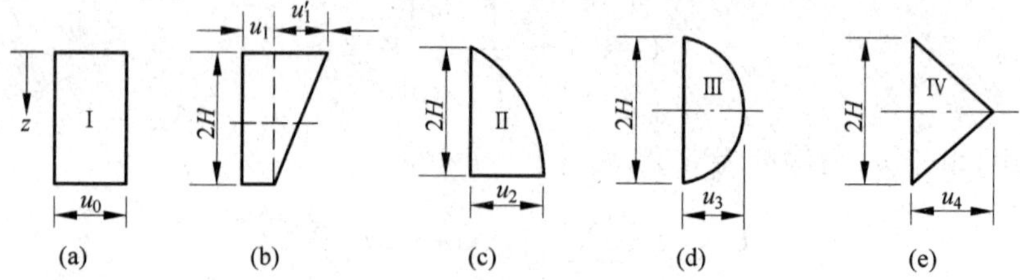

图 5-31 起始超静水压力分布情况

固结微分方程是线性函数，故它们的解可以叠加。因此，如果某情况下的起始超静水压分布图能表示为所列图形的组合，则可以利用各组合图形的固结度，来求该分布图形的平均固结度。

4. 固结系数的确定

固结系数 C_v 是求解固结问题的重要参数。上述单向固结情况下的理论固结曲线的前段($U<0.6$)近似为抛物线，故可直接从一级荷重下的试验固结曲线以半图解法确定 C_v 值。其中应用较广泛的方法有时间平方根法和时间对数法，它们在《土力学》教材中都有介绍。它们都要靠作图求解，并且都要利用试验曲线的后半段。事实上，试验曲线后半段反映的是主、次压缩的变形量之和，要靠作图准确定出主固结的终点是困难的。为此，日本学者提出了计算确定固结系数的三点法。

该法认为，土体在任何时刻的固结度 U 为该时刻的压缩量 R 与主固结压缩量 R_f 之比，它符合太沙基固结理论的基本假设，故

$$U=\frac{R}{R_f} \tag{5-86}$$

从这点出发，可以从试验曲线(某级荷重增量下的压缩量与时间关系曲线)上选取适当的三点，建立三个方程式，联立解得 C_v。原理与方法如下：

可以将式(5-84)改写成另一形式，即

$$\left.\begin{aligned}&\text{当 } T_v \text{ 很小}, T_v \ll 1 \text{ 时}, \quad U=(4\pi^{-1}T_v)^{0.5}\\&\text{当 } T_v \text{ 很大}, T_v \gg 1 \text{ 时}, \quad U=1\end{aligned}\right\} \tag{5-87}$$

借曲线拟合法，式(5-87)中两个式子可合并成下面的统一关系式：

$$U=\frac{\left(\dfrac{4T_v}{\pi}\right)^{0.5}}{\left[1+\left(\dfrac{4T_v}{\pi}\right)^{2.8}\right]^{0.179}} \tag{5-88}$$

或以 U 表示 T_v，即

$$T_v=\frac{\dfrac{\pi}{4}U^2}{(1-U^{5.6})^{0.357}} \tag{5-89}$$

如果已经有了某级荷重下的试验固结曲线，假设在该曲线上已经排除了起始瞬时压缩与次压缩影响的主固结部分的理论零点与固结终点，它们的读数分别为 R_i 与 R_f，则为了求得 R_i、R_f 和 C_v 值，可以在曲线的开始段($T_v\ll 1$)选取两个时刻 t_1 和 t_2，它们的读数分别为 R_1 和 R_2，由式(5-79)与式(5-84)可得

当 $T_v=T_{v1}$ 时，
$$\frac{C_v t_1}{H^2}=\frac{\pi}{4}\left[\frac{(R_1-R_i)}{(R_f-R_i)}\right]^2$$

当 $T_v=T_{v2}$ 时，
$$\frac{C_v t_2}{H^2}=\frac{\pi}{4}\left[\frac{(R_2-R_i)}{(R_f-R_i)}\right]^2$$

联立两式，可求得

$$R_i=\frac{R_1-R_2\sqrt{\dfrac{t_1}{t_2}}}{1-\sqrt{\dfrac{t_1}{t_2}}} \tag{5-90}$$

再在试验曲线的后段($T_v \gg 1$),读取时间 t_3 时的 R_3,由式(5-89),可得

当 $T_v = T_{v3}$ 时,
$$\frac{C_v t_3}{H^2} = \frac{\pi}{4} \frac{\left(\frac{R_3 - R_i}{R_f - R_i}\right)^2}{\left[1 - \left(\frac{R_3 - R_i}{R_f - R_i}\right)^{5.6}\right]^{0.357}}$$

根据 T_{v1},T_{v2},T_{v3} 的三个式子,可以进一步求得

$$R_f = R_i - \frac{R_i - R_3}{\left\{1 - \left[(R_i - R_3)(\sqrt{t_2} - \sqrt{t_1})/(R_1 - R_2)\sqrt{t_3}\right]^{5.6}\right\}^{0.179}} \tag{5-91}$$

$$C_v = \frac{\pi}{4}\left(\frac{R_1 - R_2}{R_i - R_f}\frac{H}{\sqrt{t_2} - \sqrt{t_1}}\right)^2 \tag{5-92}$$

用不同方法分别求得的 C_v 值,由于它们在配合时所依据的时间-变形曲线段的范围不同,通常是不会相同的。一般是时间平方根法得出的值较大,时间对数法得出的较小,而以前者应用较多。根据单向固结理论,理论曲线的开始段应该是抛物线,而在半对数纸上则为直线。故在时间平方根法中,延长前段直线以寻求理论零点是比较合理的。但是,根据实测,在试验曲线上固结度相当于90%的一点的孔隙水压力通常比理论计算值高。这表明次压缩可能会大大影响用平方根法求取固结度90%的时间 t_{90},故用对数法来确定 R_{100} 则比较可靠。三点法利用计算确定理论固结零点与终点,更符合单向固结定义,并且避免了作图,可能是较好的方法。

另外,C_v 值受试验方法的影响较大。三向与二向固结时的固结系数也不同于单向固结时的数值。这些在下面有关部分再作讨论。

5.5 单向固结的复杂情况

太沙基单向固结理论是在作了许多假设的条件下建立的,为的是便于得到简化的解析解。但是实际工程条件往往并不符合某些简化假设,可呈极为复杂情况。有些学者研究过部分复杂条件,一般而言,结果都会相当复杂,常常要靠数值法求解,不便于应用,故学者们代之以简化方法或半经验方法进行求解。现举几种情况说明如下。

5.5.1 加荷随时间变化

作用于地基上的荷载一般是随施工进程逐渐增加的,而不可能如太沙基假设的"瞬时"加荷。对于这种情况,有不少研究成果。

1. 理论解

1958年,席夫曼(Shiffman)给出了此情况的理论解;1977年,奥申(Olson)提出了在一阶线性加载过程的平均固结度的数学解,见图5-32。

太沙基饱和土层一维固结的孔隙水压力用式(5-78)可计算出。对于荷载随时间变化

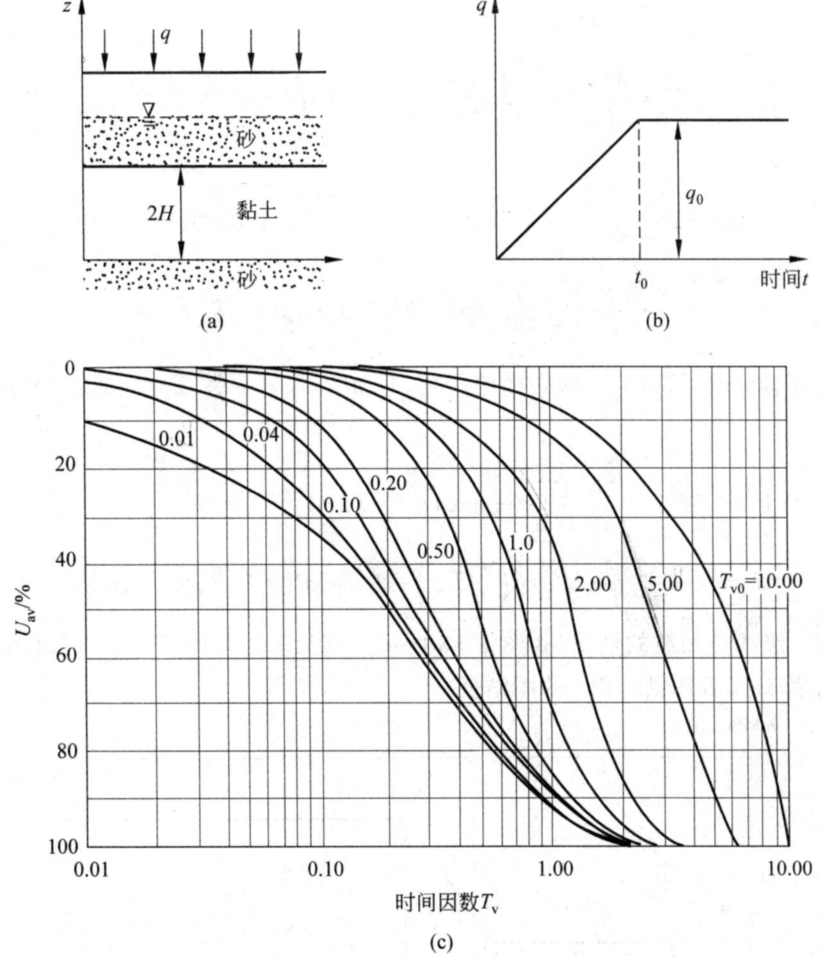

图 5-32　单级线性加载的一维固结

的情况，有

$$q = f(t_a) \tag{5-93}$$

式中，t_a 为施加任一荷载的时间。如果在 t_a 的瞬时施加一个荷载增量 dq，则瞬时的孔压增量为 du_i=dq，随后在时间 t，消散后残余的孔压增量为

$$\mathrm{d}u = \sum_{m=1}^{\infty} \frac{2\mathrm{d}q}{M} \sin\frac{Mz}{H} \exp\left[\frac{-M^2 C_v (t - t_a)}{H_2}\right] \tag{5-94}$$

由于土层的平均固结度定义为

$$U = \frac{\text{在时间 } t \text{ 时的沉降}}{t \to \infty\text{时的沉降}} = \frac{\alpha q - (1/H)\int_0^H u\mathrm{d}z}{q_0} \tag{5-95}$$

在图 5-32(b)中，t_0 对应的荷载为 q_0；αq 为在所分析时间 t 时对应的荷载。

将式(5-94)和式(5-95)分别积分，得到下列公式。

当 $t \leqslant t_0$ 时($T_v < T_{v0}$)，

$$u=\sum_{m=1}^{\infty}\frac{2q_0}{M^3T_{v0}}\sin\frac{Mz}{H}[1-\exp(-M^2T_v)] \tag{5-96}$$

$$U=\frac{T_v}{T_{v0}}\left\{1-\frac{2}{T_v}\sum_{m=1}^{\infty}\frac{1}{M^4}[1-\exp(-M^2T_v)]\right\} \tag{5-97}$$

当 $t\geqslant t_0$ 时($T_v\geqslant T_{v0}$),

$$u=\sum_{m=1}^{\infty}\frac{2q_0}{M^3T_{v0}}\sin\frac{Mz}{H}\exp(-M^2T_v)[\exp(M^2T_{v0})-1] \tag{5-98}$$

$$U=1-\frac{2}{T_{v0}}\sum_{m=1}^{\infty}\frac{1}{M^4}\exp(-M^2T_v)[\exp(M^2T_{v0})-1] \tag{5-99}$$

当固结度较大时,可以只取级数的第一项,令 $m=1,M=\frac{\pi}{2}$,则式(5-97)和式(5-99)分别表示为

$$U=\frac{t}{t_0}\left\{1-\frac{32}{\pi^4}\frac{1}{T_v}\left[1-\exp\left(-\frac{\pi^2}{4}T_v\right)\right]\right\},\quad t<t_0 \tag{5-100}$$

$$U=1-\frac{32}{\pi^4}\frac{1}{T_{v0}}\left\{\left[\exp\left(\frac{\pi^2}{4}T_{v0}\right)-1\right]\right\}\exp\left(-\frac{\pi^2}{4}T_{v0}\right),\quad t\geqslant t_0 \tag{5-101}$$

对于有 n 级线性加载的情况,如图 5-33 所示。如只取级数的第一项,可以用式(5-102)计算加载到第 m 级后任意时刻 t 的固结度。

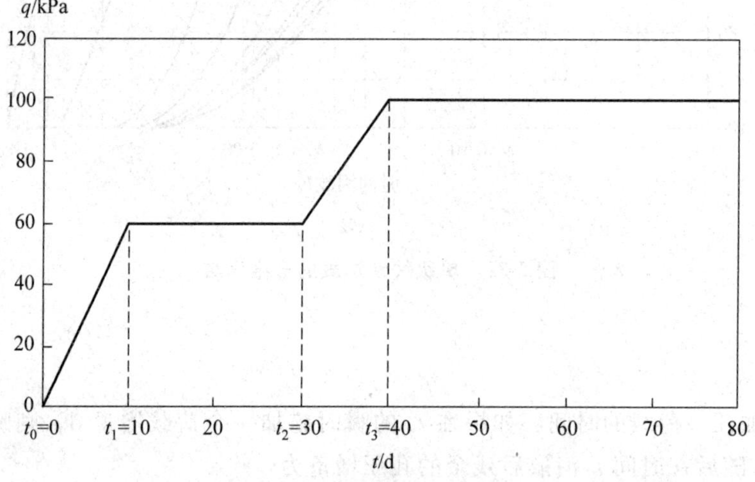

图 5-33 多级线性加载的情况

$$U=\sum_{i=1}^{m}\frac{\dot{q}_i}{\sum_{j=1}^{n}\Delta q_j}\left\{(t_i-t_{i-1})-\frac{32H^2}{\pi^4C_v}\exp\left(-\frac{\pi^2}{4}T_v\right)\left[\exp\left(\frac{\pi^2}{4}T_{vi}\right)-\exp\left(\frac{\pi^2}{4}T_{v(i-1)}\right)\right]\right\} \tag{5-102}$$

式中,$\dot{q}_i$为第 i 级加载速率,$\dot{q}_i=\Delta q_i/(t_i-t_{i-1})$;$t_{i-1}$,$t_i$ 为第 m 级的加载的起始、终止时间,当计算时间在第 m 级的加载过程(即处于斜线阶段)时,$t_i=t_m$ 改成 t。

对于单级线性加载,席夫曼也给出了土层平均孔压与时间因数间的关系,分为施工期与

竣工后两个阶段。

在加荷过程中，一方面地基土中的超静水压力随加荷而上升，同时也随排水固结而消散，其变化情况可绘成图 5-34。T_{v0} 表示的是施工结束时对应的时间因数。可见

$$U = \frac{q_t - \bar{u}}{q_0} \tag{5-103}$$

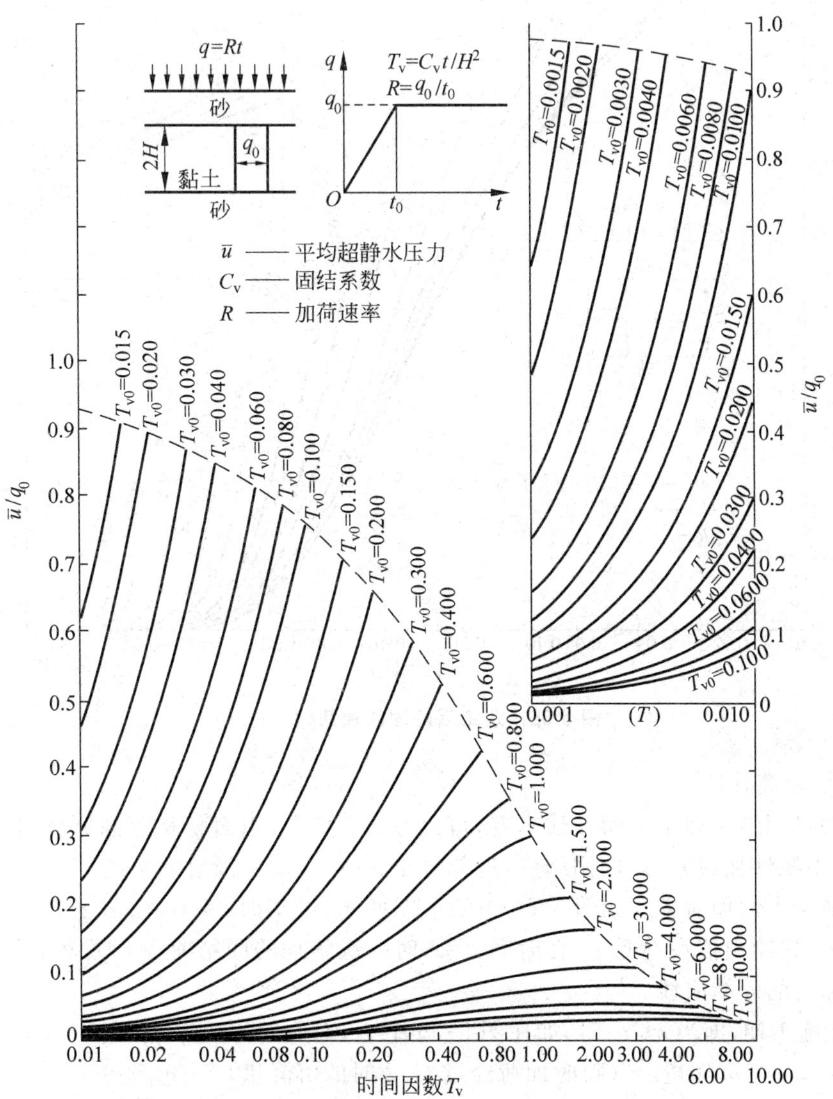

图 5-34　施工期的固结曲线（$t \leqslant t_0$）

一旦施工结束，地基荷重变为恒定值，固结即应按太沙基理论计算，其起始超静水压力为完建时（T_{v0}）的数值，如图 5-35 所示。

2. 简化图解法

图解法通常是将随时间变化的加载转化为瞬时加载，采用图解的方法近似求解。

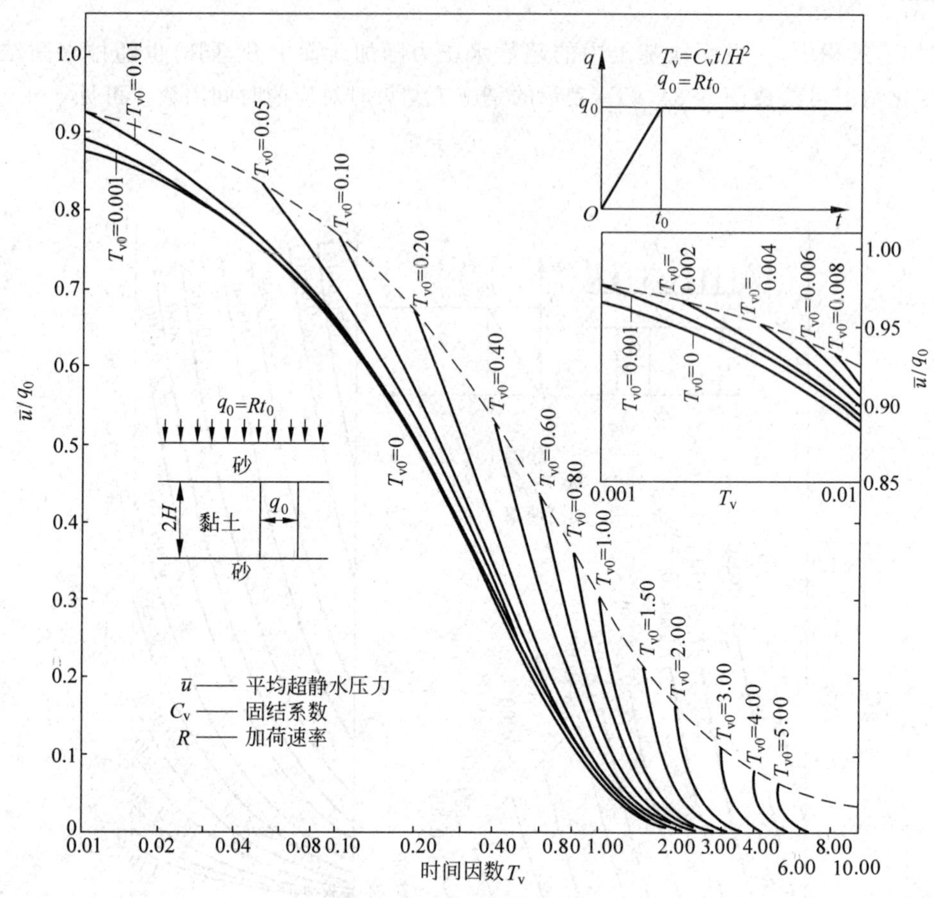

图 5-35　竣工后的固结曲线($t>t_0$)

1) 太沙基简化法

由于假设固结过程中土的参数不变,可以在 q-t 图中,用面积相等的原理进行计算,例如图 5-35 中线性加载 $t=t_0$ 的固结度,近似等于 $t=t_0/2$ 时的瞬时固结度。

假设地基上的加荷方式如图 5-36 中的上图所示,竣工时 $t=t_0$,加荷至 q_0。在沉降量-时间坐标中,先绘出假设荷重 q_0 在时间 $t=0$ 时一次施加的固结曲线 OC,然后按以下步骤绘制线性加荷的固结曲线。

(1) 在施工期,即当 $t\leqslant t_0$ 时,如在图 5-36 中 t_A,对应的荷载为 q_A,则

$$\text{沉降量}=(\text{瞬时加荷经过}\ t_A/2\ \text{时的沉降量})\times(q_A/q_0) \tag{5-104}$$

得到曲线上一点 n_1。

(2) 刚竣工和竣工后,即当 $t\geqslant t_0$,如图 5-36 中 t_0 和 t_B,对应的荷载均为 q_0,沉降量为

$$\text{沉降量}=\text{瞬时加荷经过}(t-t_0/2)\ \text{时的沉降} \tag{5-105}$$

按式(5-105)得到 t_0 时的沉降点如图中的点 n_2,t_B 时的沉降为瞬时加载经$(t_B-t_0/2)$时的沉降,如图中的点 n_3。由此可得沉降曲线为 $On_1n_2n_3$。

2) 直接叠加法

当加荷过程线不规则,如图 5-37 中 Oab 曲线时,可以根据具体情况,将总荷重分为几级分荷重,假设各在不同时刻瞬时施加,例如图中总荷重 q 分为 q_1 和 q_2 两级施加。C_1、C_2

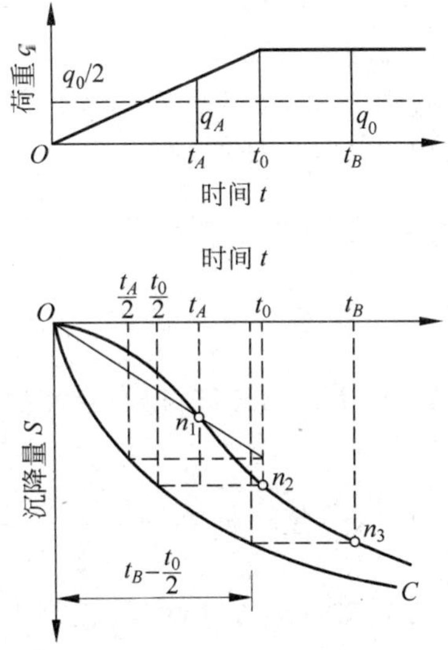

图 5-36　荷重随时间线性增长情况下沉降过程的简化计算

分别表示瞬时施加 q_1 和 q_2 时以固结度 U 表示的固结曲线，将同一时刻的两个固结度叠加，稍加修改，就得到实际荷重下的固结曲线 C。

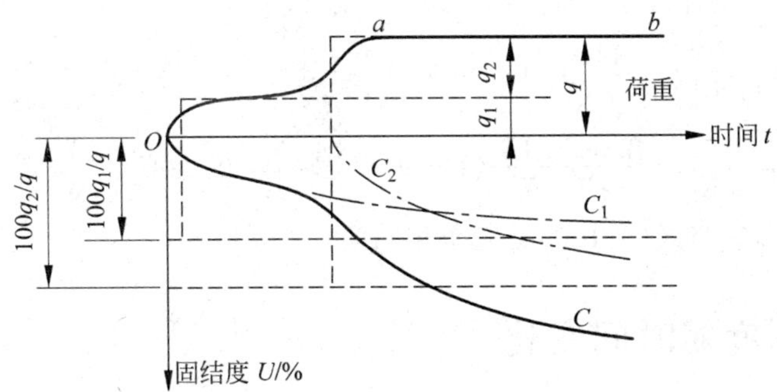

图 5-37　用叠加法求固结曲线

【例题 5-4】　地基为淤泥质黏土层，大面积均布荷载 $q_0=100\text{kPa}$，固结系数 $C_v=1.8\times 10^{-3}\text{cm}^2/\text{s}$，受压土层厚 6.3m，双面排水。一阶线性加载，加载时间为 $t_0=2$ 年。计算(1) $t_1=t_0=2$ 年时地基的平均固结度；(2) $t_2=t_0/2=1$ 年时地基的平均固结度。

【解】

$$C_v=1.8\times 10^{-7}\times 365\times 24\times 3600=5.7(\text{m}^2/\text{y})$$

计算竣工时的时间因数 T_{v0}

$$T_{v0}=\frac{C_v}{H^2}t_0=\frac{5.7}{3.15^2}\times 2=1.149$$

1) $t_1=t_0=2\text{y}$ 时

(1) 用图 5-32 查找，$T_v=T_{v0}$，$U=0.72$。

(2) 用式(5-101)计算，得

$$U=1-\frac{1}{1.149}\frac{32}{\pi^4}(1-\mathrm{e}^{-\frac{\pi^2}{4}1.149})=1-0.286(1-0.059)=0.73$$

(3) 用图 5-34 查找,$U=1-0.27=0.73$

(4) 用图 5-35 查找,$U=1-0.28=0.72$

(5) $T_v=0.575$ 瞬时加载,查图 5-30,$U=0.77$

(6) $T_v=0.575$ 瞬时加载,用式(5-83)计算,得

$$U=1-\frac{\pi^2}{8}e^{-\frac{\pi^2}{4}0.575}=1-1.233\times0.242=0.70$$

可见直接计算 $U=0.70\sim0.77$。

2) $t_2=t_0/2=1y$

(1) 用图 5-32 查找,$T_{v0}=1.15$,$T_{v2}=0.575$,得 $U=0.28$

(2) 用式(5-100)计算,得

$$U=\frac{t}{t_0}\left[1-\frac{32}{\pi^4}\frac{1}{T_v}(1-e^{-\frac{\pi^2}{4}T_v})\right]=\frac{1}{2}\left[1-\frac{32}{\pi^4 0.575}(1-e^{-\frac{\pi^2}{4}0.575})\right]$$

$$=\frac{1}{2}(1-0.572\times0.758)=0.283$$

(3) 用图 5-34 查找,$T_{v0}=1.15$,$T_{v2}=0.575$,得 $\bar{u}/u_0=0.22$,$\bar{u}=22\text{kPa}$ 则已消散的超静孔压为 $50-22=28(\text{kPa})$,$U=28/100=0.28$

(4) 用式(5-102)计算,$\dot{q}=100/2=50(\text{kPa/y})$,$\sum\Delta q_i=q_0=100\text{kPa}$,$i=m=1$,$t_{i-1}=0$,$t_i=t_m=t=1y$,$T_v=0.575$

$$U=\frac{50}{100}\left[t-\frac{32H^2}{\pi^4C_v}(1-e^{-\frac{\pi^2}{4}T_v})\right]=\frac{1}{2}\left[1-\frac{32}{\pi^4T_v}(1-e^{-\frac{\pi^2}{4}T_v})\right]$$

$$=\frac{1}{2}\left[1-\frac{32\times3.15^2}{\pi^4 0.57}(1-e^{-\frac{\pi^2}{4}0.575})\right]=0.283$$

可见在这种情况下,它与式(5-100)是完全相同的。

5.5.2 土层厚度随时间变化

天然土在静水中的沉积过程是土层厚度随时间变化的典型情况。如果是在大面积(相对于土层厚度而言)内的均匀沉积,则显然在自重下的固结过程近似于单向固结的情况。土堤、土坝的施工进程也是土层厚度随时间不断变化的实例。

这种情况容易从普遍方程式(5-74)求得固结微分方程。由于外荷重增量 $\Delta\sigma=0$,假设渗透系数 $k=$常量,而土层厚度增长规律是 $H=f(t)$,故式(5-74)变为

$$C_v\frac{\partial^2u}{\partial z^2}=\frac{\partial u}{\partial t}-\gamma'\frac{\partial H}{\partial t} \quad (5\text{-}106)$$

其边界条件为下式(见图 5-38):

$$\left.\begin{array}{ll}\text{当 } z=H \text{ 时,} & u=0\\ \text{当 } z=0 \text{ 时,} & \dfrac{\partial u}{\partial z}=0\text{(不排水面)}\end{array}\right\} \quad (5\text{-}107)$$

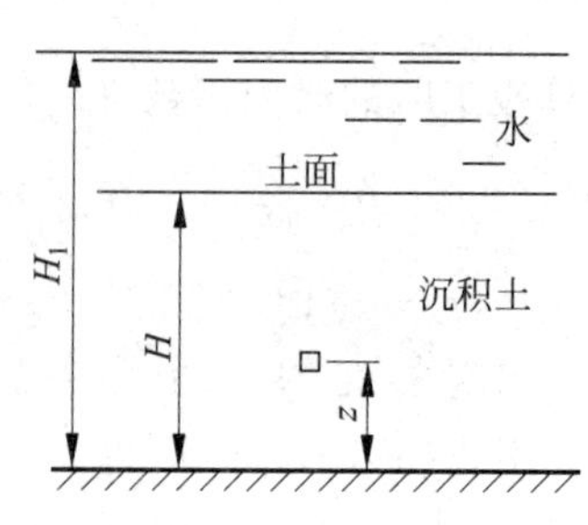

图 5-38 边界条件

吉勃逊(Gibson)针对只有土层表面排水情况以及下列两种土层沉积规律的情况给出了解答:

(1)沉积土层厚度与时间平方根成正比；(2)沉积土层厚度与时间成正比。前者有解析解，后者要用数值法求解。

1. 沉积土层厚度与时间平方根成正比

土层厚度 $H=Rt^{1/2}$(R 为表示沉积速率的常数)，按边界条件式(5-107)，式(5-106)的解答如下：

$$u=\gamma' R t^{\frac{1}{2}}\left[1-\frac{\exp\left(-\dfrac{z^2}{4C_v t}\right)+\dfrac{z}{2}\left(\dfrac{\pi}{C_v t}\right)^{\frac{1}{2}}\operatorname{erf}\left(\dfrac{z}{2\sqrt{C_v t}}\right)}{\exp\left(-\dfrac{R^2}{4C_v}\right)+\dfrac{R}{2}\left(\dfrac{\pi}{C_v}\right)^{\frac{1}{2}}\operatorname{erf}\left(\dfrac{R}{2\sqrt{C_v}}\right)}\right] \tag{5-108}$$

式中，$\operatorname{erf}(x)$为误差函数，$\operatorname{erf}(x)=\dfrac{2}{\sqrt{\pi}}\int_0^x e^{-u^2}\,du$。以$\dfrac{R}{2\sqrt{C_v}}$为参数，可以将式(5-108)表示的超静水压力分布绘成$\dfrac{u}{\gamma' H}$与$\dfrac{z}{H}$的关系曲线，如图5-39所示。从此图可以看出，如果沉积厚度与沉积时间的平方根成正比，则沿土层厚的超静水压力的分布只与$\dfrac{R}{2\sqrt{C_v}}$有关，而不受时间 t 的影响，因而土层的平均固结度也就与时间无关。如果土层沉积速度很快，亦即$\dfrac{R}{2\sqrt{C_v}}$很大，而固结速率较慢，土层由自重形成的超静孔压不能消散而形成典型的欠固结黏土。

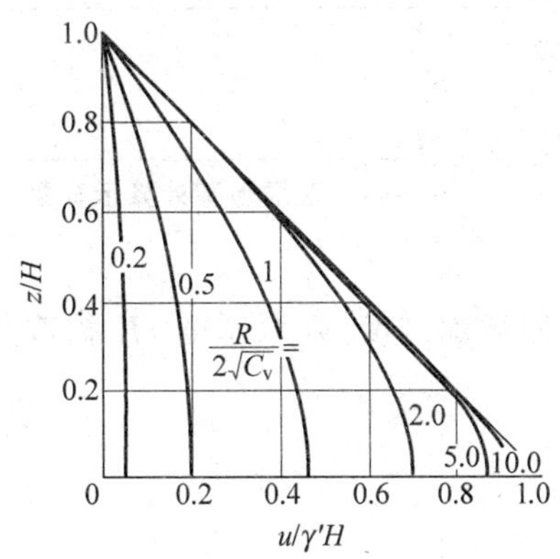

图5-39 $\dfrac{u}{\gamma' H}$与$\dfrac{z}{H}$的关系曲线

(底面不透水，$H=Rt^{1/2}$的超静水压力分布)

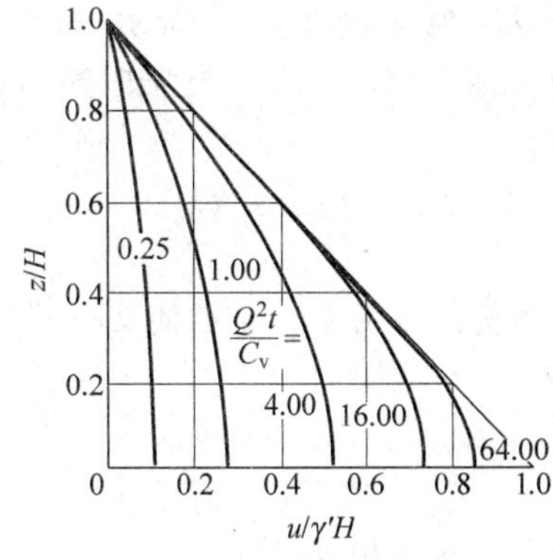

图5-40 $\dfrac{u}{\gamma' H}$与$\dfrac{z}{H}$关系曲线

(底面不透水，$H=Qt$ 的超静水压力分布)

2. 沉积土层厚度与时间成正比

这是更接近实际的情况，即 $H=Qt$，但不易获得解析解。对此，吉勃逊求得下列表达式：

$$u=\gamma' Qt-\gamma'(\pi C_v t)^{-1/2}\exp\frac{-z^2}{4C_v t}\int_0^\infty \xi\tanh\frac{Q\xi}{2C_v}\cosh\frac{z\xi}{2C_v t}\exp\frac{-\xi^2}{4C_v t}\,d\xi \tag{5-109}$$

式中，ξ是为满足边界条件式(5-107)中第二项需要选定的某函数。用数值法计算式(5-109)中的积分。若以 $T=Q^2t/C_v$ 为参数，可以绘成$\dfrac{u}{\gamma' H}$与$\dfrac{z}{H}$的关系曲线，如图5-40所示。

土层的平均固结度可用下式计算：

$$U = 1 - \frac{\int_0^H u\mathrm{d}z}{\gamma' \int_0^H (H - z)\mathrm{d}z} \tag{5-110}$$

对于双面排水时两种沉积规律下的总水压力的分布，吉勃逊也得到了解答。

5.5.3 地基为成层土

天然沉积土一般具有成层结构。如果各分层间的固结特性相差较大，则宜按成层地基考虑。即根据实际土层剖面，将地基分为若干个水平分层，每个分层的土性视为均匀一致。格雷(Gray)曾针对上下透水和一面透水的双层地基得到各层平均固结度的解答，但计算十分复杂，很难用于实际。工程应用可以采取下列方法之一。

1. 化引当量层法

泊姆(Palmer)建议从各分层中选择一个固结系数 C_{vc} 作为整个土层的参数，同时改变该分层以外的其他各层的厚度，得到改变后的总化引当量层 H_c，则实际土层固结按 C_{vc} 和 H_c 的均匀土层计算。

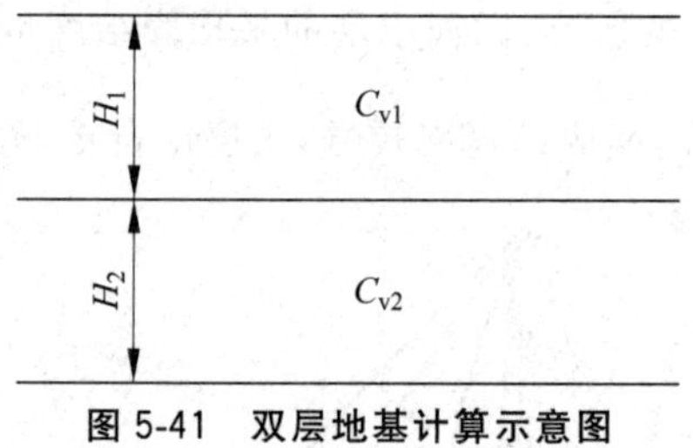

图 5-41 双层地基计算示意图

设双层地基如图 5-41 所示，取 C_{v1} 作为整个土层的指标，即 $C_{vc}=C_{v1}$。在某时刻 t，第 2 层的时间因数为

$$T_v = \frac{C_{v2} t}{H_2^2}$$

现将其指标改变为 C_{v1}，又欲使其在同样时刻 t 达到同样固结度，则原厚度 H_2 需改为化解厚度 H_2'。

$$T_v = \frac{C_{v1} t}{H_2'^2}$$

以上二式应相等，故有

$$H_2' = \sqrt{\frac{C_{v1}}{C_{v2}}} \cdot H_2 \tag{5-111}$$

由此，本法可用于多层地基，固结按均质土层计算，采用土层厚为 $H_c = H_1 + H_2' + H_3' + \cdots$，固结系数为 $C_{vc}=C_{v1}$。

顺便指出，如果分层中夹有透水层，则应将该层视为自由排水面，分别计算两透水层之间的土层的固结过程，将相同时刻的压缩量予以叠加。上述方法适用于各层土 C_v 相差不是很大，并且土层分布不太复杂的情况。

2. 平均指标法

格雷(Gray)建议成层地基的固结可以仍按单层计算，但采用平均固结指标，方法如下。

设第 i 分层的厚度、体积压缩系数、固结系数和渗透系数分别为 h_i、m_{vi}、C_{vi} 和 k_i，则整个土层达到某固结度(相应的时间因数为 T_v)所需时间 t 可由下式计算：

$$t=\frac{H^2}{\overline{C}_v}T_v \tag{5-112}$$

式中,H 为整个土层厚,即各分层厚度之和,$H=\sum h$;$\overline{C}_v$ 为整个土层的平均固结系数。

平均固结度 $\overline{C}_v$ 按下式求得

$$\overline{C}_v=\frac{\overline{k}}{\overline{m}_v\gamma_w} \tag{5-113}$$

符号上部的“—”表示平均值。$\overline{k}$ 与 $\overline{m}_v$ 进一步可按下式求得

$$\overline{k}=\frac{\sum h_i}{\sum\frac{h_i}{k_i}} \tag{5-114}$$

$$\overline{m}_v=\frac{\sum m_{vi}h_i}{\sum h_i} \tag{5-115}$$

$\overline{k}$ 也就是分层土垂直渗流的等效渗透系数,代入式(5-112),可得

$$t=\sum\frac{h_i}{m_{vi}C_{vi}}\sum m_{vi}h_iT_v \tag{5-116}$$

5.5.4　有限应变土层的固结

太沙基固结理论实际上假设了固结过程中土的排水距离不变,因为一般情况下土层应变很小,可以忽略不计。但是,在高压缩性地基上的建筑物,会产生相当大的变形,沉降量甚至达到压缩土层厚的百分之几十,如仍按太沙基理论计算,固结时间比实际的明显偏长。为此,奥申(Olsen)和拉德(Ladd)利用差分法研究了这种大应变的固结问题。

假设地基土为线弹性体,固结系数为常量,瞬时施加荷重,针对地基沉降 S_t 为土层初始厚度 h_0 的 1%、10%、50%和 80%,用差分法考虑土层厚度变化,将所得沉降-时间曲线与太沙基小应变理论的结果对比,结果表明,当沉降量与土层初始厚度之比小于 10%时,在实用上可直接采用太沙基理论。

如果是超出了上述比值,则建议计算仍采用太沙基理论,但土层计算厚度 h 应按下式确定：

$$h=h_0-\frac{S_t}{2N_D} \tag{5-117}$$

式中,N_D 为排水面的数目。

大变形问题有两种描述方法,即拉格朗日(Lagrange)法和欧拉(Euler)法。前者以初始构形描述;后者以瞬时构形描述,即某一坐标点在不同的时刻由不同的质点所占据。使用拉格朗日坐标描述大变形固结也常常使用坐标更新法(Updated Lagrangian Formulation,UL),即在每一荷载增量或固结变形之后将坐标更新一次。也有人用欧拉法来分析大变形固结问题。

另外,吉勃逊和席夫曼还提出了另一种解法,他们认为压缩系数并非常量,有效应力与孔隙比具有非线性关系,渗透系数 k 依赖于孔隙比,其计算比较复杂。

5.6 二向和三向固结

受建筑物荷重作用的一般地基总要引起多方向的排水和变形。以上讨论的单向固结实际上仅是特定条件下的情况。计算和实测沉降表明,在许多场合,按单向固结理论计算的沉降速率往往比实际发生的要慢,主要原因之一是水平向的排水加速了超静孔隙水压力的消散。图5-42是按三向固结理论计算得到的圆形基础荷重下黏土层的固结曲线。它说明,基础的相对半径 a 越小,即 a/H 越小,固结速率越快,只有当基础尺寸与土层厚度之比相当大时($a/H\to\infty$),固结曲线才接近单向固结情况,即使当 $a/H=1$ 时,水平排水效应仍非常显著。

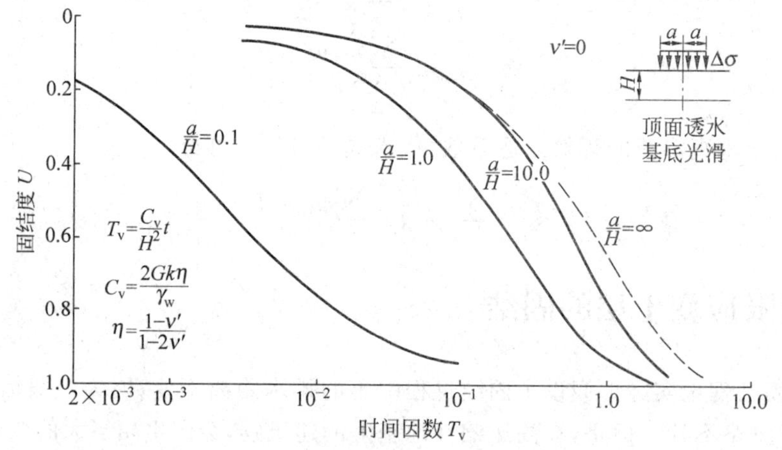

图 5-42 圆形基础荷重下土层的固结曲线

建立三向固结理论要考虑土体在三个方向的排水和变形。解决三向固结问题现有两种方法。一种是太沙基-伦杜立克(Rendulic)理论,它是太沙基单向渗流固结理论的延伸。该理论推导时,假设固结过程中土体内的总正应力之和保持不变,忽略了实际存在的应力和应变的耦合作用,因而它常被称为准三向固结理论。因其与物体热传导方程形式类似,故又称为扩散方程。另一种是比奥(Biot)理论,它直接从弹性理论出发,满足土体的平衡条件、弹性应力-应变关系和变形协调条件,此外还考虑了水流连续条件。它在理论上较准三向理论严格,但求解较复杂。推导中一般采用弹性应力-应变关系指标。由于在实际固结过程中,弹性指标不断变化,故应力将发生重分布,同时需要调整总应力以满足应力和应变的相容条件,故固结过程中,虽然外荷重保持不变,土体中的总主应力之和不断变化。例如在半无限弹性地基表面作用有集中力的布辛尼斯克(J. Boussinesq)解中,其中的附加应力 σ_x、σ_y 都是与泊松比 ν 有关的。对于饱和土体,瞬时加载时,$\nu_u=0.5$,超静孔压完全消散时,ν' 成为土骨架的泊松比,$\nu'<0.5$。至少在这两种情况下,土体在固结过程中,任一点的三个总正应力之和不会为常数。只有在固结完成后,它才等于用土骨架弹性指标 E' 和 ν' 计算的三个正应力(总应力等于有效应力)之和,成为常数。

在图5-43的坐标系中,应力、应变的正负号是按着土力学的规定,即正应力以压为正,即在土单元的正面(外法线与坐标方向相同的面)正应力和剪应力与坐标方向相反为正,这与弹性力学的规定相反。在土工数值计算中，通常仍然采用弹性力学的体系，所以在数值计算中，推导的各公式的正负号应经过判断后确定。可见解比奥方程涉及应力重分布，因比奥理论求解复杂，目前只有少数几种情况能获得精确解，故它多用于有限元法的计算中。

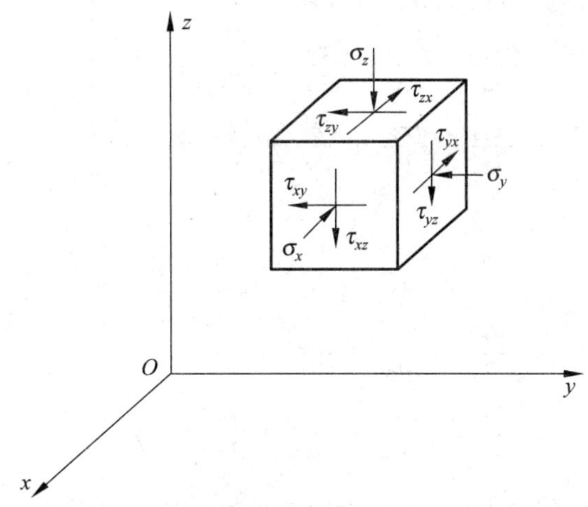

图 5-43　比奥固结理论的土单元上的应力

5.6.1　比奥固结理论

该理论常被认为是真三向固结理论。在图 5-44 中，该理论在进行推导时假设有一均质、各向同性的饱和土单元体 $\mathrm{d}x\mathrm{d}y\mathrm{d}z$，受外力作用，满足平衡方程。首先以整个土体为隔离体（土骨架＋孔隙水），则其平衡方程为

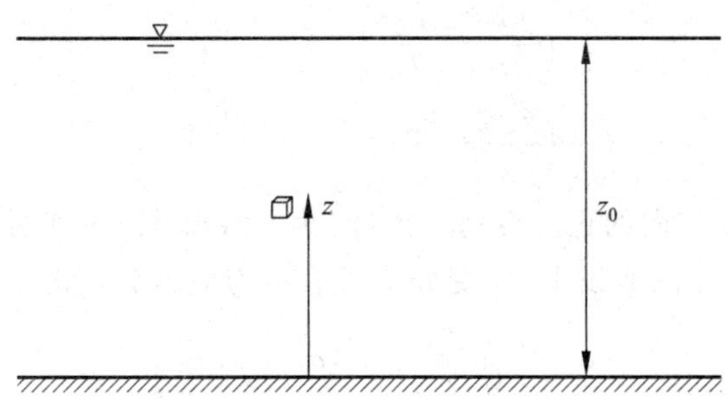

图 5-44　饱和土层中的土单元位置

$$\left.\begin{aligned}&\frac{\partial\sigma_x}{\partial x}+\frac{\partial\tau_{yx}}{\partial y}+\frac{\partial\tau_{zx}}{\partial z}=0\\&\frac{\partial\tau_{xy}}{\partial x}+\frac{\partial\sigma_y}{\partial y}+\frac{\partial\tau_{zy}}{\partial z}=0\\&\frac{\partial\tau_{xz}}{\partial x}+\frac{\partial\tau_{yz}}{\partial y}+\frac{\partial\sigma_z}{\partial z}+\gamma_{\mathrm{sat}}=0\end{aligned}\right\}\tag{5-118}$$

如果以土骨架为隔离体，以有效应力表示平衡条件，根据有效应力原理，则有

$$\sigma'=\sigma-p_{\mathrm{w}}\tag{5-119}$$

式中，p_w 为该点水压力，$p_w=(z_0-z)\gamma_w+u$；u 为超静水压力；$(z_0-z)\gamma_w$ 表示该点静水压力。

式(5-118)可表示为

$$\left.\begin{aligned}&\frac{\partial\sigma'_x}{\partial x}+\frac{\partial\tau_{yx}}{\partial y}+\frac{\partial\tau_{zx}}{\partial z}+\frac{\partial p_w}{\partial x}=0\\&\frac{\partial\tau_{xy}}{\partial x}+\frac{\partial\sigma'_y}{\partial y}+\frac{\partial\tau_{zy}}{\partial z}+\frac{\partial p_w}{\partial y}=0\\&\frac{\partial\tau_{xz}}{\partial x}+\frac{\partial\tau_{yz}}{\partial y}+\frac{\partial\sigma'_z}{\partial z}+\frac{\partial p_w}{\partial z}=-\gamma_{sat}\end{aligned}\right\}\tag{5-120}$$

或者

$$\left.\begin{aligned}&\frac{\partial\sigma'_x}{\partial x}+\frac{\partial\tau_{yx}}{\partial y}+\frac{\partial\tau_{zx}}{\partial z}+\frac{\partial u}{\partial x}=0\\&\frac{\partial\tau_{xy}}{\partial x}+\frac{\partial\sigma'_y}{\partial y}+\frac{\partial\tau_{zy}}{\partial z}+\frac{\partial u}{\partial y}=0\\&\frac{\partial\tau_{xz}}{\partial x}+\frac{\partial\tau_{yz}}{\partial y}+\frac{\partial\sigma'_z}{\partial z}+\frac{\partial u}{\partial z}=-\gamma'\end{aligned}\right\}\tag{5-121}$$

在式(5-121)中，$\frac{\partial u}{\partial x}$、$\frac{\partial u}{\partial y}$、$\frac{\partial u}{\partial z}$实际上为作用在骨架上的渗透力在三个方向的分量，与 γ' 一样为体积力。

考虑变形的几何条件，设土骨架在 x、y、z 方向的位移为 u^s、v^s、w^s，其六个应变分量应为

$$\left.\begin{aligned}&\varepsilon_x=\frac{-\partial u^s}{\partial x},\ \varepsilon_y=\frac{-\partial v^s}{\partial y},\ \varepsilon_z=\frac{-\partial w^s}{\partial z}\\&\gamma_x=-\left(\frac{\partial w^s}{\partial y}+\frac{\partial v^s}{\partial z}\right)\\&\gamma_y=-\left(\frac{\partial u^s}{\partial z}+\frac{\partial w^s}{\partial x}\right)\\&\gamma_z=-\left(\frac{\partial v^s}{\partial x}+\frac{\partial u^s}{\partial y}\right)\end{aligned}\right\}\tag{5-122}$$

式中，ε_x，ε_y，ε_z 为 x，y，z 方向的正应变；γ_x，γ_y，γ_z 为 yz，xz 与 xy 平面内的剪应变。

在材料为均质弹性体的假设下，应变分量可表示为应力分量的函数。

$$\left.\begin{aligned}&\varepsilon_x=\frac{1}{E'}[\sigma'_x-\nu'(\sigma'_y+\sigma'_z)]\\&\varepsilon_y=\frac{1}{E'}[\sigma'_y-\nu'(\sigma'_x+\sigma'_z)]\\&\varepsilon_z=\frac{1}{E'}[\sigma'_z-\nu'(\sigma'_x+\sigma'_y)]\\&\gamma_x=\frac{\tau_{yz}}{G'}=\frac{\tau_{yz}\cdot 2(1+\nu')}{E'}\\&\gamma_y=\frac{\tau_{xz}}{G'}=\frac{\tau_{xz}\cdot 2(1+\nu')}{E'}\\&\gamma_z=\frac{\tau_{xy}}{G'}=\frac{\tau_{xy}\cdot 2(1+\nu')}{E'}\end{aligned}\right\}\tag{5-123}$$

式中，E'，ν'，G'分别为土的弹性模量、泊松比与剪切模量(有效应力条件下)。

为了方便，进一步找出应力与位移的关系。为此，解式(5-123)，并注意体应变 $\varepsilon_v=\varepsilon_x+\varepsilon_y+\varepsilon_z$，可得

$$\left.\begin{aligned}\sigma_x &= 2G'\left(\varepsilon_x+\frac{\nu'}{1-2\nu'}\varepsilon_v\right)\\ \sigma_y &= 2G'\left(\varepsilon_y+\frac{\nu'}{1-2\nu'}\varepsilon_v\right)\\ \sigma_z &= 2G'\left(\varepsilon_z+\frac{\nu'}{1-2\nu'}\varepsilon_v\right)\\ \tau_{xy} &= G'\gamma_z,\ \tau_{yz}=G'\gamma_x,\ \tau_{xz}=G'\gamma_y\end{aligned}\right\}\tag{5-124}$$

将式(5-124)及式(5-122)代入平衡方程(5-121)，得到下式：

$$\left.\begin{aligned}-\nabla^2u^s-\frac{\lambda'+G'}{G'}\frac{\partial\varepsilon_v}{\partial x}+\frac{1}{G'}\frac{\partial u}{\partial x} &= 0\\ -\nabla^2v^s-\frac{\lambda'+G'}{G'}\frac{\partial\varepsilon_v}{\partial y}+\frac{1}{G'}\frac{\partial u}{\partial y} &= 0\\ -\nabla^2w^s-\frac{\lambda'+G'}{G'}\frac{\partial\varepsilon_v}{\partial z}+\frac{1}{G'}\frac{\partial u}{\partial z} &= -\gamma'\end{aligned}\right\}\tag{5-125}$$

式中，$\lambda'=\dfrac{\nu'E'}{(1+\nu')(1-2\nu')}$；$G'=\dfrac{E'}{2(1+\nu')}$；$\nabla^2=\dfrac{\partial^2}{\partial x^2}+\dfrac{\partial^2}{\partial y^2}+\dfrac{\partial^2}{\partial z^2}$。

式(5-125)的三个方程式中包含四个未知数：u^s、v^s、w^s 与 u。为了求解，还需要补充一个方程。由于水是不可压缩的，对于饱和土，土单元体内水量的变化率在数值上等于土体积的变化率，故由达西定律可得

$$\frac{k}{\gamma_w}\nabla^2u=-\frac{\partial\varepsilon_v}{\partial t}\tag{5-126}$$

式(5-126)提供了水流连续条件的第四个方程。这样，解式(5-125)与式(5-126)组成的方程组，即可求得四个未知量。可以看到，这样得到的结果既满足弹性材料的应力-应变关系和平衡条件，又满足变形协调条件与水流连续方程，故比奥理论是三向固结的精确表达式。

另外，根据式(5-119)，同时注意到有效应力 σ' 等于总应力 σ 与水压力 p_w 之差，并且静水压力为常数，根据广义胡克定律容易得到下列关系式：

$$\frac{\partial\varepsilon_v}{\partial t}=\frac{1-2\nu'}{E'}\frac{\partial}{\partial t}(\Theta-3u)\tag{5-127}$$

代入式(5-126)，则可求得

$$C_{v3}\nabla^2u=\frac{\partial u}{\partial t}-\frac{1}{3}\frac{\partial\Theta}{\partial t}\tag{5-128}$$

$$C_{v3}=\frac{kE'}{3\gamma_w(1-2\nu')}\tag{5-129}$$

式中，C_{v3} 为三向固结时的固结系数；Θ 为一点的总正应力之和，$\Theta=\sigma_x+\sigma_y+\sigma_z$。

从式(5-128)可以看出以下两点：(1)方程中的 C_{v3} 为三向固结系数，它不同于单向固结系数 C_{v1}；(2)式中 Θ 是一点的用有效应力弹性参数计算的附加三个总正应力之和，在固结过程中并不一定为一常量，只有在固结完成后，它才等于外荷重在该点的三个正应力分量

之和。

对于二向平面(平面应变)问题,比奥方程为式(5-123)中的第1与3两式及下面的水流连续条件。

$$C_{v2}\nabla^2 u=\frac{\partial u}{\partial t}-\frac{1}{2}\frac{\partial\Theta_2}{\partial t}\tag{5-130}$$

$$C_{v2}=\frac{kE'}{2\gamma_w(1+\nu')(1-2\nu')}\tag{5-131}$$

式中,C_{v2}为二向固结时的固结系数;∇^2为二向的拉普拉斯算子,$\nabla^2=\frac{\partial^2}{\partial x^2}+\frac{\partial^2}{\partial z^2}$,$\Theta_2=\sigma_x+\sigma_z$。

顺便指出,由弹性应力-应变关系可以得到单向固结的固结系数C_{v1},如下式所示。

$$C_{v1}=\frac{kE'(1-\nu')}{\gamma_w(1+\nu')(1-2\nu')}\tag{5-132}$$

固结系数与土的变形特性有关。三种固结条件下的固结系数存在以下关系:

$$C_{v1}=2(1-\nu')C_{v2}=3\frac{1-\nu'}{1+\nu'}C_{v3}\tag{5-133}$$

如果$\nu'=0.5$,则三个系数相等;如果$\nu'=0$,则$C_{v1}=2C_{v2}=3C_{v3}$。

5.6.2 太沙基-伦杜立克固结理论(扩散方程)

扩散方程是从上述表明水流连续条件的式(5-126)推导出的。假设土体受到三个方向有效主应力σ_1',σ_2'和σ_3'作用,其体积应变ε_v可用下式表示:

$$\varepsilon_v=f(\sigma_1',\sigma_2',\sigma_3')$$

又,不计静水压力,u表示超静水压力,有

$$\sigma_1'=\sigma_1-u,\quad \sigma_2'=\sigma_2-u,\quad \sigma_3'=\sigma_3-u$$

根据胡克定律,可得到下式,它与式(5-127)相同。

$$\begin{aligned}\frac{\partial\varepsilon_v}{\partial t}&=\frac{1-2\nu'}{E'}\left[\left(\frac{\partial\sigma_1}{\partial t}+\frac{\partial\sigma_2}{\partial t}+\frac{\partial\sigma_3}{\partial t}\right)-3\frac{\partial u}{\partial t}\right]\\&=\frac{1-2\nu'}{E'}\left[\frac{\partial(\sigma_1+\sigma_2+\sigma_3)}{\partial t}-3\frac{\partial u}{\partial t}\right]\\&=\frac{1-2\nu'}{E'}\left(\frac{\partial\Theta}{\partial t}-3\frac{\partial u}{\partial t}\right)\end{aligned}$$

太沙基假设一点的主应力之和不随时间变化,即$\frac{\partial\Theta}{\partial t}=0$,得

$$\frac{\partial\varepsilon_v}{\partial t}=-3\frac{1-2\nu'}{E'}\frac{\partial u}{\partial t}\tag{5-134}$$

由式(5-126),得

$$\frac{k}{\gamma_w}\nabla^2 u=\frac{3(1-2\nu')}{E'}\frac{\partial u}{\partial t}$$

或

$$C_{v3} \nabla^2 u = \frac{\partial u}{\partial t} \tag{5-135}$$

$$C_{v3} = \frac{kE'}{3\gamma_w(1-2\nu')}$$

式中，C_{v3}为三向固结系数，与式(5-129)相同。

比较式(5-135)和式(5-128)，扩散方程缺少比奥方程中的$\frac{1}{3}\frac{\partial \Theta}{\partial t}$的一项，这是因为前者假设了土体中一点的三个主应力之和为常量，即$\frac{\partial \Theta}{\partial t}=0$所致。但两种理论的固结系数却完全一致，所以扩散方程也被称为准三向(二向)固结理论。

如果是二向固结，类似可得

$$C_{v2}\left(\frac{\partial^2 u}{\partial x^2}+\frac{\partial^2 u}{\partial z^2}\right)=\frac{\partial u}{\partial t} \tag{5-136}$$

式中二向固结系数C_{v2}与式(5-131)相同。

对于一维固结，即单向固结情况，由式(5-132)得

$$C_{v1} = \frac{kE'(1-\nu')}{\gamma_w(1+\nu')(1-2\nu')} = \frac{kE_s}{\gamma_w} \tag{5-137}$$

这与太沙基一维固结系数C_v也是相同的。这时的主应力之和$\Theta_1=\sigma_z$，由于在荷载不变时，总应力σ_z在固结过程中不变，所以$\frac{\partial \Theta_1}{\partial t}=\frac{\partial \sigma_z}{\partial t}=0$。这时式(5-128)与式(5-135)完全相同，所以在一维情况下，太沙基理论与比奥理论是相同的，是精确解。

5.6.3 比奥和准多维固结理论的比较

1. 两种理论的推导依据

二者都假设土骨架是线弹性体，小应变，渗流服从达西定律。在推导时，比奥理论将水流连续条件与弹性理论相结合，故可解得土体受力后的应力、应变、孔隙水压力的生成和消散过程，理论上是完整严密的。而扩散方程是将应力应变关系参数视为常量(E=常数)的同时，也假设三个主应力(总应力)之和不变，不满足变形协调条件。在土工数值计算中，人们也使用非线性弹塑性模型代替线弹性模型与比奥固结理论耦合求解。

2. 曼代尔-克雷尔效应(Mandel -Cryer effect)

用比奥理论解饱和土的固结问题时会出现一种异乎寻常的现象：在不变的荷重施加于土体上以后的某时段内，土体内的孔隙水压力不是下降，而是继续上升，而且超过应有的压力值。该现象先后由曼代尔(Mandel)和克雷尔(Cryer)发现，故称为曼代尔-克雷尔效应，或称为应力传递效应。

图5-45是按比奥理论计算得到的条形基础受均布荷重轴线上一点$M(x/a=0, z/a=1.0)$单面排水的应力和超静水压力的过程线。该图表明：

(1) M点的垂直与水平应力分量σ_z、σ_x虽然在开始与终了时与按弹性理论算得的应力值一致，但在固结过程中它们却不断地在变化，并不保持常量，见图5-45(a)。

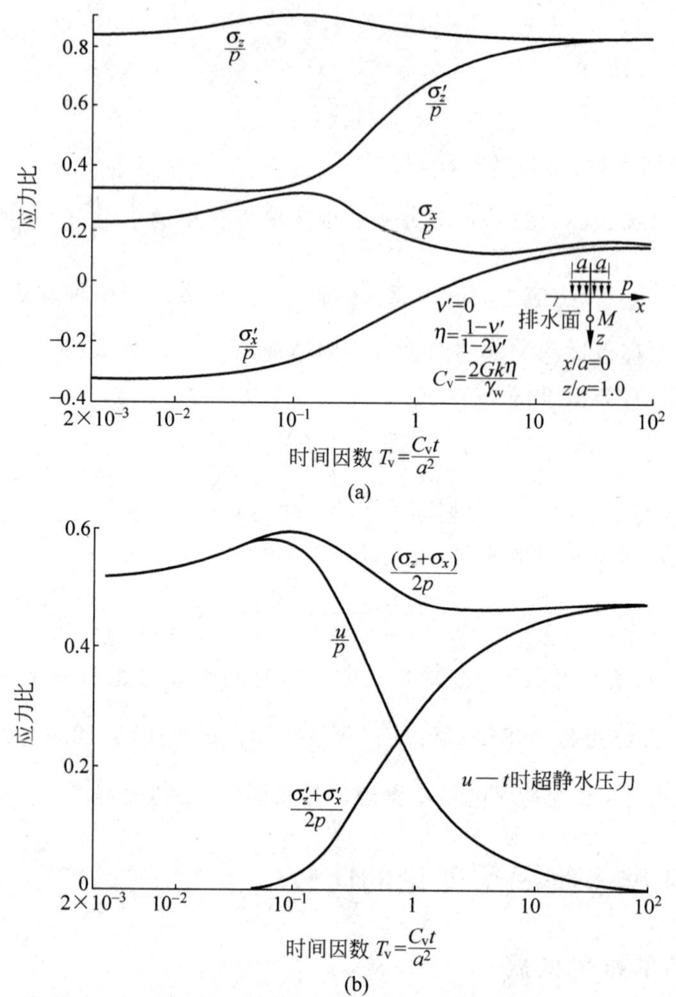

图 5-45　条形基础荷重下的二向固结

(2) 超静水压力 u 的消散过程(见图 5-45(b))与按扩散方程算得的结果不同,在固结的开始段 u 持续上升,等到某时刻后才开始下降,逐步消散。这种现象称为曼代尔-克雷尔效应。曼代尔-克雷尔效应在圆球试样的固结试验与深厚地基黏土中均曾发现过。许多学者进行过专门的论证试验。

产生曼代尔-克雷尔效应的原因可以解释如下。在表面透水的地基面上施加荷重,经过短暂的时间,靠近排水面的土体由于排水发生体积收缩,总应力与有效应力均有增加。土的泊松比也随之改变。但是内部土体还来不及排水,为了保持变形协调,表层土的压缩必然挤压土体内部,使那里的应力有所增大。因此,某个区域内的总应力分量将超过它们的起始值,而内部孔隙水由于收缩力的压迫,其压力将上升。水平总应力分量的相对增长(与起始值相比)比垂直分量的相对增长要大。

按平面应变问题分析,该效应有以下特点:

(1) 地面排水性能越差,该效应越不显著,地面不透水时,几乎无该效应,如图 5-46 所示。

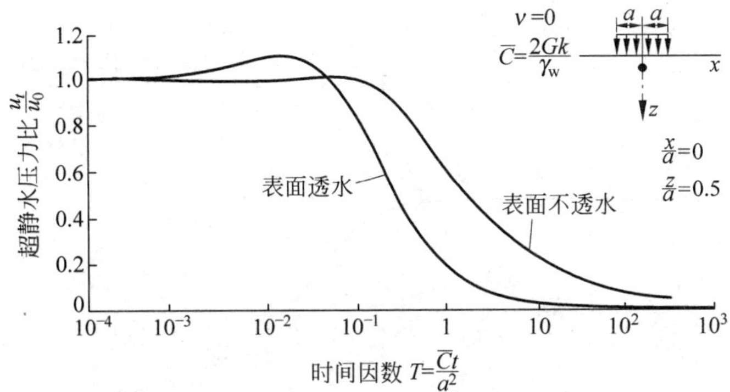

图 5-46　基底透水性对超静水压力消散的影响

(2) 如果地面透水，超静水压力出现峰值点的时间随深度而推后，并且峰值越来越高。图 5-47 表示在中心线不同深度处的超静水压力比的时程曲线。其中 u_0 为初始时的超静孔压。

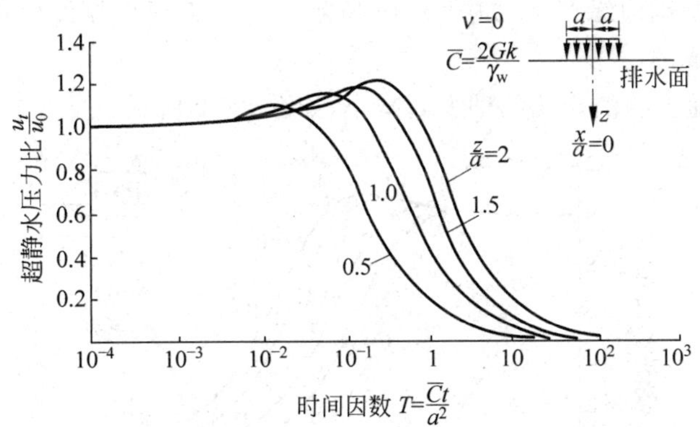

图 5-47　不同深度的超静水压力的消散

(3) 该效应的侧向影响范围是在 $x^2-z^2=a^2$ 的双曲线的两曲线之间；在同一水平面 $z/a=0.5$ 上，离基础轴线越近，效应越明显。图 5-48 表示在 $z/a=0.5$ 的水平线上，距中心不同距离处的超静水压力比的时程曲线。

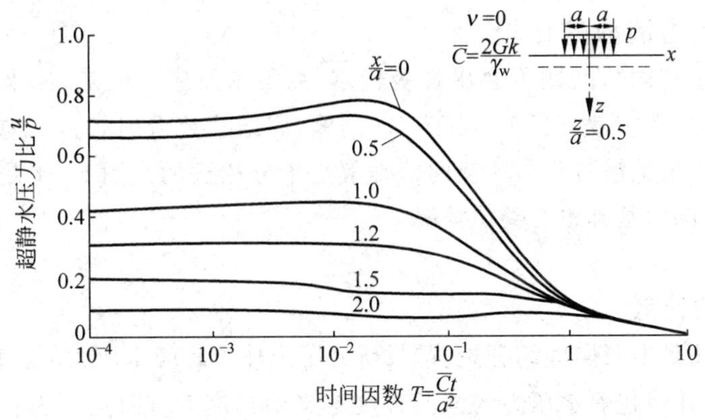

图 5-48　距轴线不同水平距离的各点的超静水压力

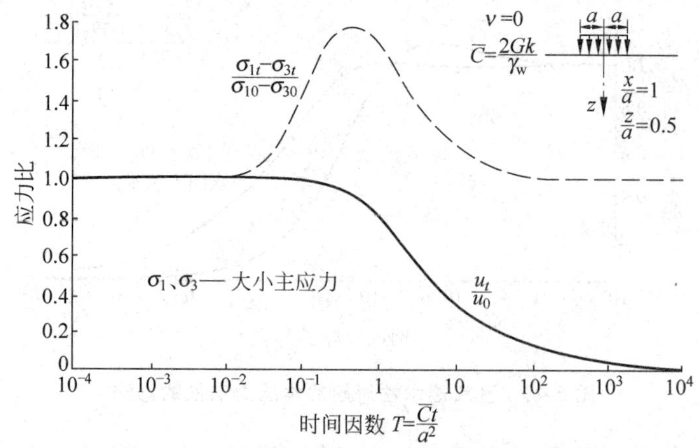

图 5-49 基础边缘最大剪应力随时间的变化

(4) 由于曼代尔-克雷尔效应,地面透水的土体中一点的剪应力随时间变化,最大值可能在固结过程中的基础边缘产生,如图 5-49 所示。有的工程事故发生在竣工以后,有可能是由于这个原因造成的。

(5) 该效应还随土的泊松比的增大而减小,如图 5-50 所示。

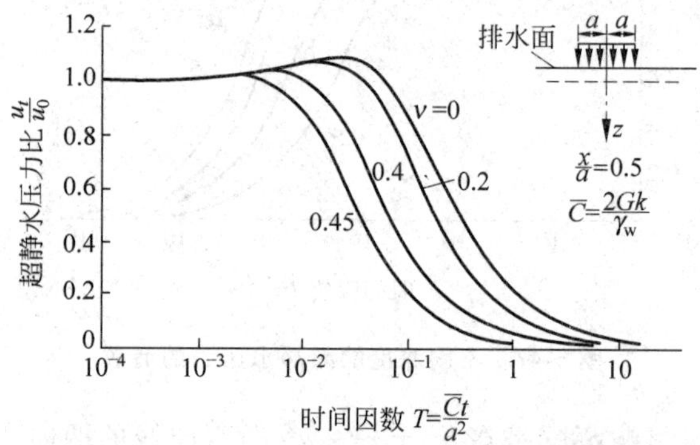

图 5-50 泊松比对超静水压力消散的影响

3. 超静水压力消散的比较

按扩散理论求解固结问题不会出现曼代尔-克雷尔效应。但是,如果不计起始段的超静水压力增长,并且在扩散方程中,对于三向问题,固结系数采用 C_{v3},二向问题采用 C_{v2},则解得的超静水压力的消散过程与比奥的精确解是十分相近的。图 5-51 是条形基础轴线上一点的计算结果,圆形基础也有类似情况。

4. 固结度的比较

无论是单向还是准三向固结理论,都只研究了土体中超静水压力的消散过程,不涉及与变形的耦合作用,并用超静水压力的消散程度定义固结度 U_p,而且认为它等于按土体变形定义的固结度 U_s。实际上,只有在单向固结时才会是这样。对于实际存在应力重分布的真

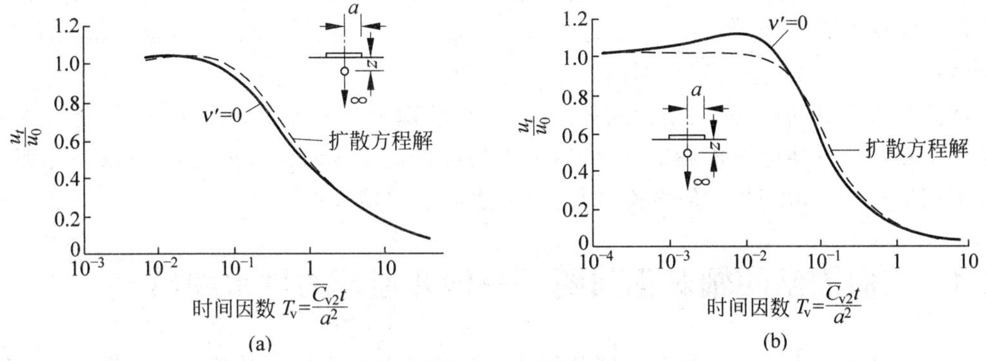

图 5-51　扩散方程与比奥理论解的超静水压力消散比较

(a) 基底不透水；(b) 基底透水

二向或三向固结，在同一时刻的两种固结度并不相等，而且随 ν' 值的不同而改变，在图 5-52 中，当 $a/H>1$，且 ν' 比较大时，用简单的太沙基单向固结理论计算固结度是足够精确的。

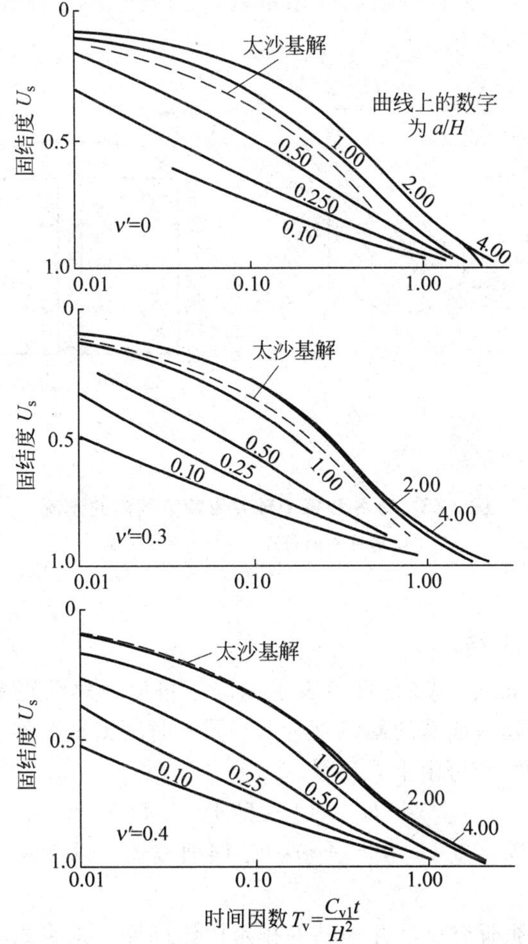

图 5-52　时间因数与固结度(以沉降量定义)的关系(条形基础)

图5-52为上部透水，下部不透水的宽度为 $2a$ 的条形均布荷载的情况。实线表示用比奥理论计算的结果。当 ν' 较小时，按比奥理论的计算值甚至比按单向固结计算值还小，这是由于曼德尔-克雷尔效应延滞了固结。

席夫曼等人的研究表明，尽管从理论上讲，扩散理论并不是严密的方法，但是由于分析计算中采用的土性指标有不确定性，所以如果基础半宽与压缩层厚度之比 $a/H>1$，那么在工程中用简单的扩散理论估算沉降-时间关系也有足够精度。

5.6.4　三向固结的轴对称问题——砂井地基的排水固结

地基处理工程中常采用砂井或塑料排水带加速饱和软黏土地基的预压固结。这时固结由两种排水作用引起：(1)沿垂直方向(z 轴)的渗流；(2)垂直于 z 轴的平面内的轴对称渗流。将渗流以极坐标表示，则式(5-135)可改写成

$$C_v\left(\frac{\partial^2 u}{\partial z^2}+\frac{1}{r}\frac{\partial u}{\partial r}+\frac{\partial^2 u}{\partial r^2}\right)=\frac{\partial u}{\partial t} \tag{5-138}$$

式中，C_v 为假设地基土为各向同性时的固结系数；r 为离开砂井轴线的水平距离，随研究点的位置而改变，如图5-53所示。

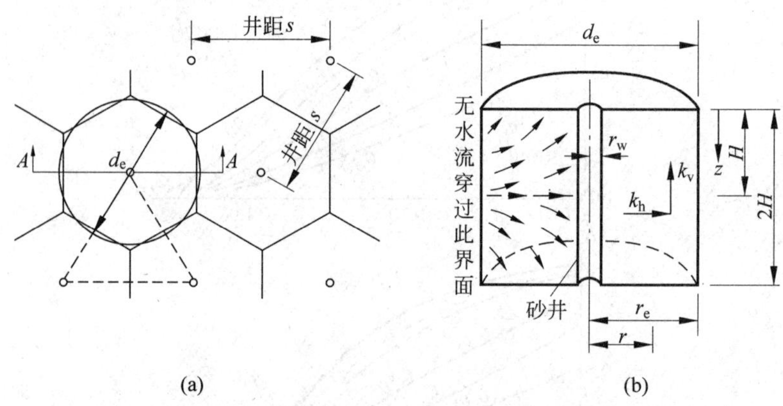

图5-53　砂井和每个砂井影响范围内的渗流

(a) 砂井平面布置；(b) 剖面 $A—A$

1. 理想砂井排水固结

卡雷洛(Carrillo)已证明，式(5-138)表示的固结可以分解为两种渗流来计算：如果某一时刻由竖直向渗流引起的地基的固结度为 U_z，同一时刻由轴对称平面渗流引起的固结度为 U_r，则地基的总固结度 U 可由下式计算：

$$1-U=(1-U_z)(1-U_r) \tag{5-139}$$

竖直向渗流引起的固结度 U_z 在5.4节中已详细叙述。以下只讨论轴对称渗流引起的固结度 U_r。

巴隆(Barron)系统地研究过砂井地基的排水固结问题。他考虑了在固结时的两种变形情况：(1)自由竖向应变。这时假设图5-53中的圆柱体土样中各点的竖向变形是自由的，地表柔性均布荷载。由于砂井附近的土体比远离砂井的土体固结速率要快，会产生不均匀

的变形，地表不再是平面，并产生剪应力。(2)等竖向应变。固结变形后的地面始终是一个平面，在圆柱体的同一水平面上各点的竖向应变相等。相当于一个刚性基础下土体的变形，这是一个平面应变条件。实际上由于靠近砂井的土体固结较快，该区域的地面沉降速率快，这就必然要使基底与地面的接触压力发生再分布。目前，研究人员普遍假设砂井固结问题是等竖向应变问题。

假设砂井群呈等边三角形分布，如图 5-53(a)所示，则每个砂井的影响范围为正六边形。为了按轴对称问题求解，可用当量直径 d_e 的圆代替该正六边形，并且二者的面积相等，则 $d_e=1.05s$，s 为砂井的间距。则此圆便是每个砂井的影响区，在空间它就是一个圆柱体。圆内各点的水必将沿平面的径向向砂井排渗，然后垂直向上及向下流动。对于辐射流，由于水流对称，圆周面可以看成不排水面。取包围在影响圆内的单位厚度的土体研究，先不考虑垂直向渗流，其固结方程为

$$C_{vr}\left(\frac{1}{r}\frac{\partial u}{\partial r}+\frac{\partial^2 u}{\partial r^2}\right)=\frac{\partial u}{\partial t} \tag{5-140}$$

$$C_{vr}=\frac{k_h(1+e)}{a_v\gamma_w} \tag{5-141}$$

式中，C_{vr} 为水平方向渗流的固结系数。

式(5-140)应满足下列边界条件和初始条件：

(1) 砂井圆周面处($r=r_w$)，$t>0$ 时，超静水压力 $u=0$；

(2) 影响区的周界面，即 $r=r_e$ 处，$\frac{\partial u}{\partial r}=0$；

(3) $t=0$，$r_w\leqslant r\leqslant r_e$，$u=u_0$。

解式(5-140)得到等应变情况下的超静水压力表达式如下：

$$u_r=\frac{4\bar{u}}{d_e^2 f(n)}\left[r_e^2\ln\left(\frac{r}{r_w}\right)-\frac{r^2-r_w^2}{2}\right] \tag{5-142}$$

式中，$\bar{u}$ 为整个地基辐射向渗流引起的平均超静水压力，$\bar{u}=u_0 e^{\lambda}$；u_0 为辐射向的起始平均超静水压力；n 为井径比；T_r 为径向固结的时间因数。

$$\lambda=\frac{-8T_r}{f(n)} \tag{A}$$

$$n=\frac{r_e}{r_w} \tag{B}$$

$$T_r=\frac{C_{vr}t}{d_e^2} \tag{C}$$

$$f(n)=\frac{n^2}{n^2-1}\ln(n)-\frac{3n^2-1}{4n^2} \tag{D}$$

巴隆得到等应变时辐射向的固结度 U_r 的表达式如下：

$$U_r=1-\exp\left[\frac{-8T_r}{f(n)}\right] \tag{5-143}$$

针对不同井径比 $n=\frac{r_e}{r_w}$ 的 U_r 和 $f(T_r)$ 的关系，也可查有关的计算表格。自由应变的解答可参考有关文献。

图5-54是两种解答结果的比较。由图中可以看出,当$n=\frac{r_e}{r_w}=5$时,自由应变引起的固结度较大,但在U_r大于50%以后,两种情况下的曲线基本趋于一致。

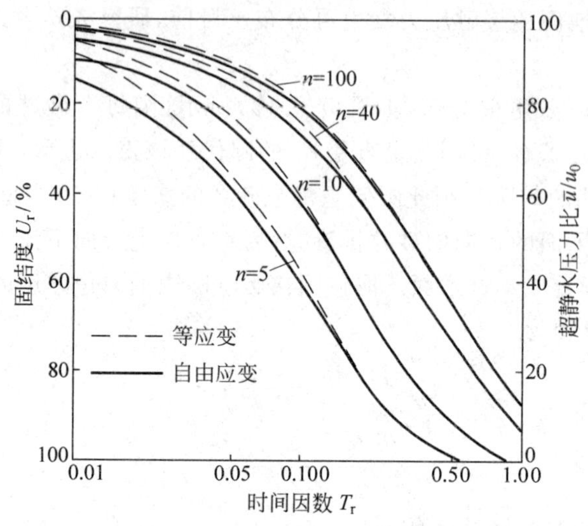

图5-54　轴对称渗流时的$U_r=f(T_r)$

2. 考虑井阻与涂抹效应的砂井地基排水固结

在地基中设置砂井时,施工操作将不可避免地扰动井壁周围土体,由于"涂抹"的作用,使其渗透性降低;另外砂井中的材料对水的垂直渗流也有阻力,使砂井内不同深度的孔压不全等于大气压(或等于0),这被称为"井阻",涂抹和井阻使地基地固结速率减慢。上述的不考虑涂抹和井阻对固结影响的砂井称为理想井。

非理想井的剖面如图5-55所示,其中H为单面排水时砂井长度,双面排水时,砂井长度为$2H$;r_s为涂抹区外缘半径;r_w和r_e分别为砂井和影响区半径(当量半径)。砂井的竖向渗透系数为k_w;涂抹区的渗透系数为k_s;未扰动的地基土地水平渗透系数为k_h。

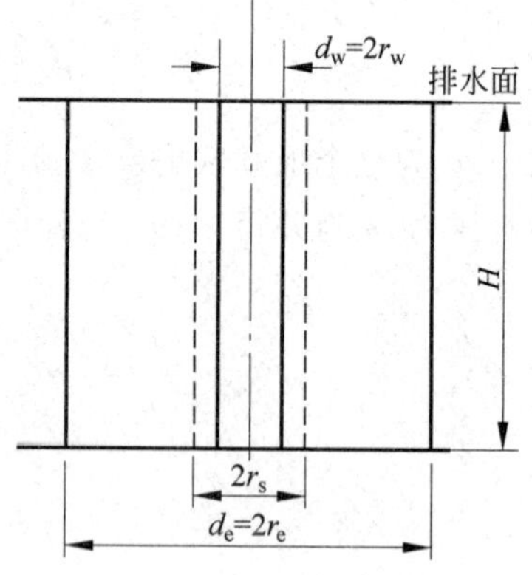

图5-55　非理想井示意图

计算非理想井固结度U_r时仍采用式(5-140)径向固结的基本固结方程,不过边界条件和初始条件变为:

(1) $r=r_w$时,$u_r=u_w$,u_w为砂井内超静孔压;

(2) $r=r_e$时,$\frac{\partial u_r}{\partial r}=0$;

(3) $z=0$时,$u_w=0$;

(4) $z=H$时,$\frac{\partial u_w}{\partial z}=0$;

(5) $t=0$时,$r_w\leqslant r\leqslant r_e$,$u=u_0=p_0$;

(6) 在 $r=r_s$ 处,孔压是连续的;

(7) 砂井和土体间流量符合下面的连续条件

$$\frac{\partial^2 u_w}{\partial z^2}=-\frac{2k_s}{r_w k_w}\frac{\partial u_r}{\partial r}\bigg|_{r=r_w} \tag{5-144}$$

满足式(5-140)和式(5-144)及以上初始条件和边界条件的解可用式(5-145)和式(5-146)表示。

$$u_w=u_0\sum_{m=1}^{\infty}\frac{D}{F_a+D}\frac{2}{M}\sin\frac{Mz}{H}e^{-\beta_r t} \tag{5-145}$$

$$u_r=\begin{cases}u_0\sum_{m=1}^{\infty}\frac{1}{F_a+D}\left[\frac{k_h}{k_s}\left(\ln\frac{r}{r_w}-\frac{r^2-r_w^2}{2r_e^2}\right)+D\right]\frac{2}{M}\sin\frac{Mz}{H}e^{-\beta_r t}(r_w\leqslant r\leqslant r_s)\\ u_0\sum_{m=1}^{\infty}\frac{1}{F_a+D}\left[\ln\frac{r}{r_s}-\frac{r^2-r_s^2}{2r_e^2}+\frac{k_h}{k_s}\left(\ln s-\frac{s^2-1}{2n^2}\right)+D\right]\frac{2}{M}\sin\frac{Mz}{H}e^{-\beta_r t}(r_s\leqslant r\leqslant r_e)\end{cases} \tag{5-146}$$

式中,$s=\frac{r_s}{r_w}$;$\beta_r=\frac{8C_{vh}}{(F_a+D)d_e^2}$;$G$ 为井阻因子,$G=\frac{k_h}{k_w}\left(\frac{H}{d_w}\right)^2$;$M=\frac{2m+1}{2}\pi,m=1,3,5,\cdots$

$F_a=\left(\ln\frac{n}{s}+\frac{k_h}{k_s}\ln s-\frac{3}{4}\right)\frac{n^2}{n^2-1}+\frac{s^2}{n^2-1}\left(1-\frac{k_h}{k_s}\right)\left(1-\frac{s^2}{4n^2}\right)+\frac{k_h}{k_s}\frac{1}{n^2-1}\left(1-\frac{1}{4n^2}\right)$;$D=\frac{8G(n^2-1)}{M^2n^2}$。

由式(5-146)可得考虑涂抹和井阻的砂井地基径向固结度,一般表示为

$$U_r=1-\sum_{m=0}^{\infty}\frac{2}{M^2}e^{-\beta_r t} \tag{5-147}$$

附带指出,砂井经过改进和演变,现在大多已由塑料排水带代替。该材料是由塑料排水芯带和外包滤膜组成的长条反滤排水产品,宽度和厚度一般分别约为 100mm 和 4～5mm,将其垂直插入地基,可起类似于砂井的加速软土地基排水固结的作用。排水带地基的固结计算,仍采用上述用于砂井的方法,只是应当先将排水带截面尺寸转化为砂井的当量直径 d_w。

$$d_w=\alpha\frac{2(b+\delta)}{\pi} \tag{5-148}$$

式中,b,δ 为排水带截面的厚度和宽度;α 为转化系数,一般可采用 $\alpha=1$。

5.7　非饱和土的固结

5.7.1　非饱和土固结的一些特点

非饱和土是一种三相体系,其中除包含可以认为是不可压缩的固相土粒和液相水外,还含有一定数量的可压缩气体。由这种体系组成的土体,不仅在压缩方面,而且在渗透性方面,都比饱和土(二相体系)复杂得多,因而对于非饱和土固结问题,迄今还没有出现一个公认的成熟且实用的理论方法。

建立非饱和土固结方程的复杂性主要在于下面一些原因。

(1) 饱和土固结理论的建立是以土体积变化的连续条件为基础的,即认为在固结过程中,土体积的任何变化都是土中水在超静水压力梯度作用下从土体中排出的结果。对于非饱和土,因土中气体具有很高的压缩性,故当这部分气体与外界连通时,由于孔隙气压力作用,一部分气体要从土体中排出。与此同时,未排出气体的体积和密度均要发生变化,而且还有一定量的气体要溶解于孔隙水中。以气泡形式存在于土孔隙中的封闭气体也会发生体积胀缩与溶解的现象。由此可见,要建立严格的连续条件是比较困难的。

(2) 当土孔隙中的流体兼有水与气时,研究它们的渗透性,通常是近似地将它们当作两种不混合流体的运动问题来处理。尽管如此,也不易得到可靠的解答。对于饱和黏土,土中渗流可以用达西定律来描述。这时,认为渗透系数 k 基本为常量,它与土的含水率和作用水压力无关。可是,对于非饱和土,不仅要涉及两种介质的渗透性,并且二者都与土的含水率和吸力密切相关。此外,对于给定状态的土,当由湿到干或由干到湿达到同一含水率时,渗透性亦不一致,亦即气和水的渗透性与含水率的关系并非一单值函数。再者,非饱和土的渗透系数受土的结构性的影响相当显著,因此,要测定渗透系数,并且为了保证不受结构性影响,常需要采用不同于常规试验的测试技术。

(3) 有效应力原理是土力学中研究应力、应变、强度关系的基本原理。对于饱和土,太沙基最早提出的 $\sigma=\sigma'+u$ 的著名公式一直被普遍采用。对于非饱和土,许多学者在饱和土公式的基础上,提出了各种表达式。这些表达式的正确性,尤其是适用性,还需要经过更多的实践检验。此外,表达式中的各参数测定都比较复杂,往往不易得到稳定的数值。

(4) 如果再计及非饱和土渗流的非线性以及固结过程中水、气的相互作用,问题的求解难度更大。

鉴于以上原因,有关非饱和土的研究进展比较缓慢,到20世纪70年代,净应力$(\sigma-u_a)$和吸力(u_a-u_w)双变量理论的确定,标志着非饱和土力学的研究逐步趋于成熟,但非饱和土固结理论的建立是90年代以后的事。其中以弗雷德隆德提出的非饱和土单向固结理论较为完善,下面作简要介绍。

5.7.2 弗雷德隆德非饱和土单向固结理论

弗雷德隆德等学者用类似于求解饱和土固结问题的方法研究了非饱和土的单向固结。

1. 应力状态变量的选择

虽然一般认为,非饱和土是三相体系,但弗雷德隆德从“相”的定义出发,将非饱和土视为四相体系,即将土中水的分界面当作第四相,并称其为收缩膜(contractile skin),这是因为该膜是不同于其两侧介质的另一种物质存在。于是,土骨架与收缩膜在力系作用下处于平衡状态,而水、气两相则在压力梯度下产生流动。

为了研究土体的平衡,弗雷德隆德选用了净应力$(\sigma-u_a)$与基质吸力(u_a-u_w)作为应力状态变量。非饱和土上的作用力系可用图5-56表示,与图2-1相比,增加(u_a-u_w)一项。

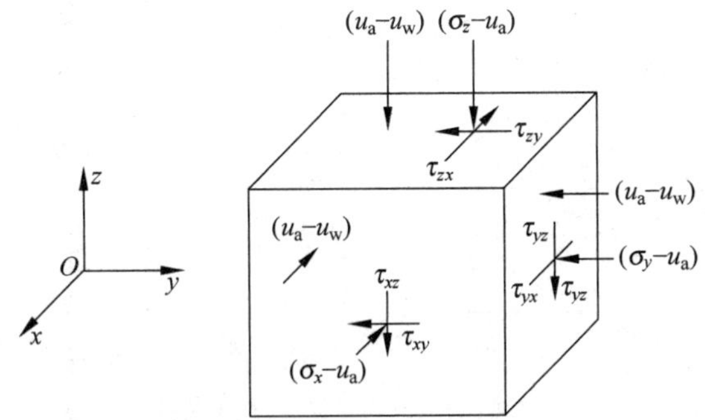

图 5-56　非饱和土上的作用力系

2. 基本方程

1）连续条件

假设土粒不可压缩，收缩膜无体变可言，则土体的体积变化符合下列方程：

$$\frac{\Delta V_v}{V_0}=\frac{\Delta V_w}{V_0}+\frac{\Delta V_a}{V_0} \tag{5-149}$$

式中，V_0 为土体总体积；ΔV_v 为孔隙体积变化；ΔV_w，ΔV_a 分别为水相与气相的体积变化。

由此可见，知道了上式三种体积变化中的任意两种，即可得到第三者，故需建立两个体积变化的性状方程。

土体的体应变为

$$\frac{dV_v}{V_0}=m_{1k}^{s}d(\sigma-u_a)+m_2^{s}\,d(u_a-u_w) \tag{5-150}$$

相对于单元初始体积的水的体积变化率为

$$\frac{dV_w}{V_0}=m_{1k}^{w}d(\sigma-u_a)+m_2^{w}\,d(u_a-u_w) \tag{5-151}$$

式中，V_v，V_w 为单元体中的孔隙体积和水体积；m_{1k}^{s}，m_{1k}^{w} 为 K_0 条件下净法向应力变化 $d(\sigma-u_a)$ 时土骨架体积和水体积变化系数；m_2^{s}，m_2^{w} 为 K_0 条件下基质吸力变化 $d(u_a-u_w)$ 时土骨架体积和水体积变化系数。

图 5-57 表示的是各相应力状态变量和体积变化关系的空间曲面。

对于气相，可由式(5-150)与式(5-151)相减，或直接按图 5-58 写出相对于单元初始体积的气体的体积变化率，为

$$\frac{dV_a}{V_0}=m_{1k}^{a}d(\sigma-u_a)+m_2^{a}d(u_a-u_w) \tag{5-152}$$

式中，m_{1k}^{a} 与 m_2^{a} 为 K_0 条件下净法向应力变化 $d(\sigma-u_a)$ 和基质吸力变化 $d(u_a-u_w)$ 时气体体积变化系数。

2）渗透规律

液相渗流符合达西定律，有

$$v=-\frac{k_z}{\gamma_w}\frac{\partial u_w}{\partial z} \tag{5-153}$$

式中，v 为渗透流速；k_z 为 z 方向的渗透系数。

如第 4 章介绍，土中气体流动符合费克(Fick)定律：通过单位面积上的空气质量流量

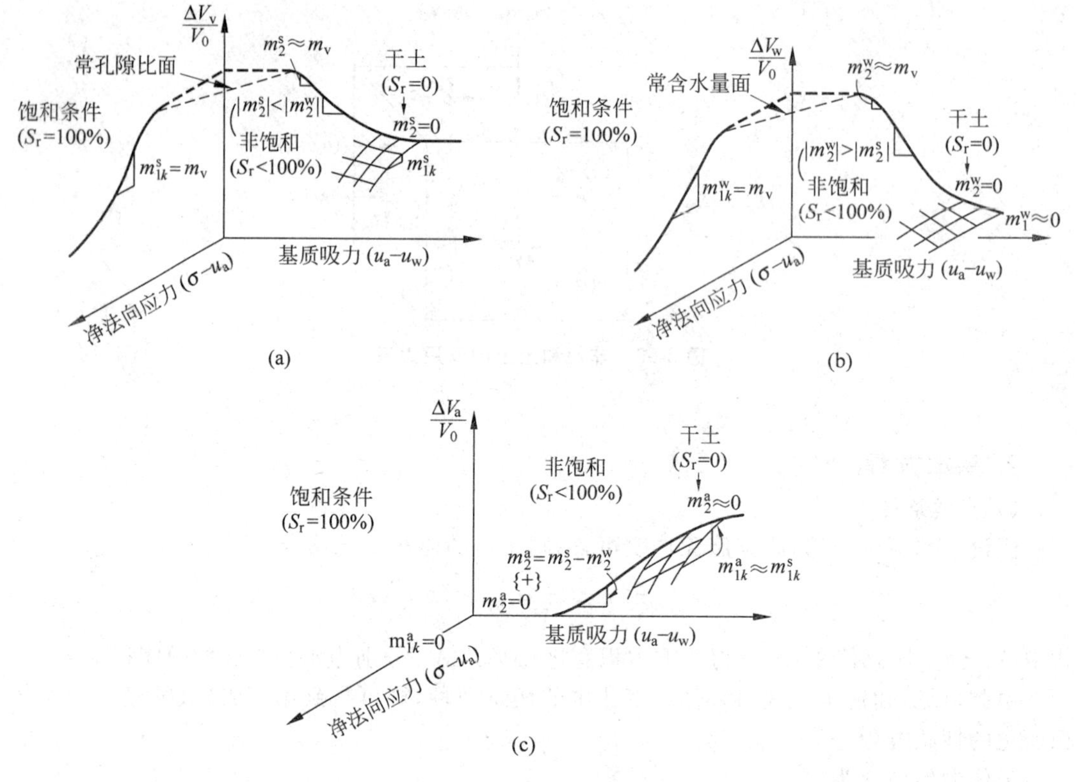

图 5-57　非饱和土的本构面

(a) 土结构本构面；(b) 液相本构面；(c) 气相本构面

可用式(4-45)计算。

$$J_a = -D_a^* \frac{\partial u_a}{\partial z}$$

式中，D_a^* 为传导系数，见式(4-44)。

$$D_a^* = D_a \frac{\partial c}{\partial u_a}$$

3) 物理方程

流体在恒温条件下的压缩性的定义为：单位体积的流体由于压力变化而引起的体积改变。可以用式(5-154)表示，如图 5-58 所示。

$$C_f = -\frac{1}{V}\frac{dV}{du} \tag{5-154}$$

式中，C_f 为流体的压缩性；du 为流体的压力变化。

按以上定义，可以求得恒温时土中气相压缩性 C^a。

$$C^a = \frac{1}{\bar{u}_a} = \frac{1}{u_a + u_{at}} \tag{5-155}$$

式中，$\bar{u}_a$ 为空气压力，以绝对压力计，故 $\bar{u}_a = u_a + u_{at}$；u_a 为压力所表示的空气压力；u_{at} 为大气

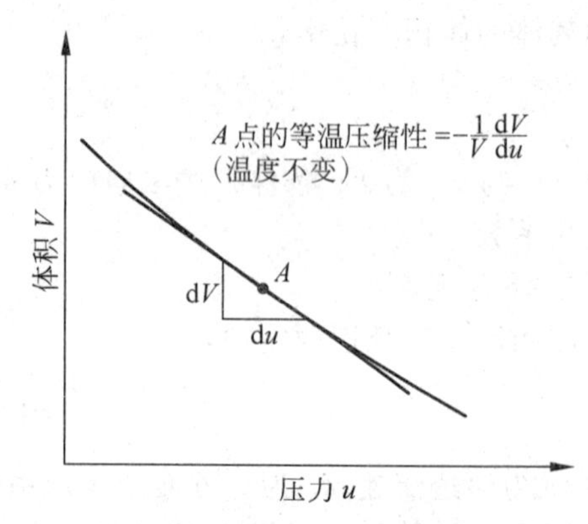

图 5-58　等温压缩性的定义

压力。

土中空气与水混合体的压缩性 C^{aw} 可用下式计算：

$$C^{aw}=S_rC^w\frac{du_w}{d\sigma}+(1-S_r+hS_r)\frac{du_a}{d\sigma}\frac{1}{\bar{u}_a} \tag{5-156}$$

$$C^w=-\frac{1}{V_w}\frac{dV_w}{du_w} \tag{5-157}$$

式中，S_r 为饱和度；h 为亨利溶解系数；C^w 为水的压缩性。

3. 固结方程推导

1）基本假设

在推导中所做的假设与太沙基研究饱和土时提出的假设类似，但补充以下几点：(1)假定气相是连续的；(2)在固结过程中，土骨架及其中各相的体积变化系数 m_{1k}^s，m_{1k}^w 和 m_2^s，m_2^w 均保持常量；(3)不考虑气体溶解于水和水汽蒸发。以上假设并不完全正确，但为推导所必需。

2）液相微分方程

在单向固结时，通过非饱和土单元体的水的体积的净流量为

$$\frac{\partial V_w}{\partial t}=\left(v_w+\frac{\partial v_w}{\partial z}dz\right)dxdy-v_w dxdy \tag{5-158}$$

式中，V_w 为土中水的体积；v_w 为水在 z 方向上的速率。

简化式(5-158)，令 $V_0=dxdydz$，单位体积的水净流量为

$$\frac{\partial(V_w/V_0)}{\partial t}=\frac{\partial v_w}{\partial z} \tag{5-159}$$

由达西定律，得

$$\begin{aligned}\frac{\partial(V_w/V_0)}{\partial t}&=\frac{\partial\left(-k_w\dfrac{\partial h_w}{\partial z}\right)}{\partial z}\\&=-\frac{k_w}{\rho_w g}\frac{\partial^2u_w}{\partial z^2}-\frac{1}{\rho_w g}\frac{\partial k_w}{\partial z}\frac{\partial u_w}{\partial z}-\frac{\partial k_w}{\partial z}\end{aligned} \tag{5-160}$$

式中，h_w 为水头，是重力水头和压力水头之和，即 $h_w=z+\dfrac{u_w}{\rho_w g}$，$\rho_w$ 为水的密度。

而式(5-160)中的 $\dfrac{\partial(V_w/V_0)}{\partial t}$ 可由式(5-151)对 t 求导得到。

$$\frac{\partial(V_w/V_0)}{\partial t}=m_{1k}^w\frac{\partial(\sigma-u_a)}{\partial t}+m_2^w\frac{\partial(u_a-u_w)}{\partial t} \tag{5-161}$$

令式(5-160)和式(5-161)相等，整理可得

$$m_2^w\frac{\partial u_w}{\partial t}=-(m_{1k}^w-m_2^w)\frac{\partial u_a}{\partial t}+\frac{k_w}{\rho_w g}\frac{\partial^2u_w}{\partial z^2}+\frac{1}{\rho_w g}\frac{\partial k_w}{\partial z}\frac{\partial u_w}{\partial z}+\frac{\partial k_w}{\partial z} \tag{5-162}$$

式(5-162)是液相偏微分方程的普遍形式。将式(5-162)重新排列得

$$\frac{\partial u_w}{\partial t}=-C_w\frac{\partial u_a}{\partial t}+C_v^w\frac{\partial^2u_w}{\partial z^2}+\frac{C_v^w}{k_w}\frac{\partial k_w}{\partial z}\frac{\partial u_w}{\partial z}+C_g\frac{\partial k_w}{\partial z} \tag{5-163}$$

式中，C_w 为与液相偏微分方程有关的相互作用常数，$C_w=(1-m_2^w/m_{1k}^w)/(m_2^w/m_{1k}^w)$；$C_v^w$ 为

考虑液相的固结系数，$C_v^w=\dfrac{k_w}{\rho_w g m_2^w}$；$C_g$ 为重力项常数，$C_g=\dfrac{1}{m_2^w}$。

重力项(式(5-163)中最后一项)与其他项相比较可以忽略不计，同时假设 k_w 不随位置而变，则式(5-163)可简化为

$$\frac{\partial u_w}{\partial t}=-C_w\frac{\partial u_a}{\partial t}+C_v^w\frac{\partial^2 u_w}{\partial z^2} \tag{5-164}$$

3) 气相微分方程

通过非饱和单元土体净气流质量速率为

$$\frac{\partial m_a}{\partial t}=\left(J_a+\frac{\partial J_a}{\partial z}\mathrm{d}z\right)\mathrm{d}x\mathrm{d}y-J_a\mathrm{d}x\mathrm{d}y$$

或

$$\frac{\partial(m_a/V_0)}{\partial t}=\frac{\partial J_a}{\partial z} \tag{5-165}$$

式中，∂m_a 为在时间 ∂t 内单元土体内气体质量变化。

将式(4-45)的 J_a 代入上式，得

$$\frac{\partial(m_a/V_0)}{\partial t}=\frac{\partial\left(-D_a^*\dfrac{\partial u_a}{\partial z}\right)}{\partial z} \tag{5-166}$$

式(5-166)中的空气质量应该等于其体积 V_a 乘以密度 ρ_a，即 $m_a=V_a\rho_a$，对该式求导，并将全式加以整理，得

$$\rho_a\frac{\partial(V_a/V_0)}{\partial t}+\frac{V_a}{V_0}\frac{\partial\rho_a}{\partial t}=-D_a^*\frac{\partial^2 u_a}{\partial z^2}-\frac{\partial D_a^*}{\partial z^2}\frac{\partial u_a}{\partial z} \tag{5-167}$$

空气体积与土的体积存在下列关系：

$$V_a=(1-S_r)nV \tag{5-168}$$

式中，S_r 为饱和度；n 为孔隙率；V 为土单元体当前的总体积。

由于假设固结时土发生的是小应变，土的体积 V 可假设为初始 V_0，故式(5-164)可改写为

$$\rho_a\frac{\partial(V_a/V_0)}{\partial t}+(1-S_r)n\frac{\partial\rho_a}{\partial t}=-D_a^*\frac{\partial^2 u_a}{\partial z^2}-\frac{\partial D_a^*}{\partial z}\frac{\partial u_a}{\partial z} \tag{5-169}$$

根据波义耳定律，理想气体的密度与压力存在下列关系：

$$\rho_a=\frac{M_a}{RT}\bar{u}_a \tag{5-170}$$

式中，M_a 为气体的摩尔质量，kg/kmol；R 为摩尔气体常数，即(8.314510±0.000070)J/(mol·K)；T 为绝对温度，$T=t+273.16$，K；t 为摄氏温度，℃；$\bar{u}_a$ 为绝对孔隙气压力，$\bar{u}_a=u_a+\bar{u}_{at}$，kPa。

将式(5-170)代入式(5-169)，进一步整理可得到单元体单位体积的空气流量，如下式所示。

$$\frac{\partial(V_a/V_0)}{\partial t}=-\frac{D_a^*}{(M_a/RT)\bar{u}_a}\frac{\partial^2 u_a}{\partial z^2}-\frac{(1-S_r)n}{\bar{u}_a}\frac{\partial u_a}{\partial t}-\frac{1}{(M_a/RT)\bar{u}_a}\frac{\partial D_a^*}{\partial z}\frac{\partial u_a}{\partial z} \tag{5-171}$$

上式中的 $\dfrac{\partial(V_a/V_0)}{\partial t}$ 可由式(5-152)对 t 求导而得，令二式相等，并整理得到下式：

$$-\left[m_{1k}^{a}-m_{2}^{a}-\frac{(1-S_{r})n}{\bar{u}_{a}}\right]\frac{\partial u_{a}}{\partial t}=m_{2}^{a}\frac{\partial u_{w}}{\partial t}-\frac{D_{a}^{*}}{(M_{a}/RT)\bar{u}_{a}}\frac{\partial^{2}u_{a}}{\partial z^{2}}-\frac{1}{(M_{a}/RT)\bar{u}_{a}}\frac{\partial D_{a}^{*}}{\partial z}\frac{\partial u_{a}}{\partial z} \tag{5-172}$$

式(5-172)是气相偏微分方程的普遍形式。

对于非饱和土，式(5-172)可以简化为

$$\frac{\partial u_{a}}{\partial t}=-C_{a}\frac{\partial u_{w}}{\partial t}+C_{v}^{a}\frac{\partial^{2}u_{a}}{\partial z^{2}}+\frac{C_{v}^{a}}{D_{a}^{*}}\frac{\partial D_{a}^{*}}{\partial z}\frac{\partial u_{a}}{\partial z} \tag{5-173}$$

$$C_{a}=\frac{\dfrac{m_{2}^{a}}{m_{1k}^{a}}}{1-\dfrac{m_{2}^{a}}{m_{1k}^{a}}-(1-S_{r})n/(\bar{u}_{a}m_{1k}^{a})}$$

$$C_{v}^{a}=\frac{D_{a}^{*}}{M_{a}/RT}\frac{1}{\bar{u}_{a}m_{1k}^{a}\left(1-\dfrac{m_{2}^{a}}{m_{1k}^{a}}\right)-(1-S_{r})n}$$

式中，C_{a} 为与气相偏微分方程有关的相互作用常数；C_{v}^{a} 为与气体有关的固结系数。

式(5-173)中如果忽略气相渗透性变化，即令$\frac{\partial D_{a}^{*}}{\partial z}=0$，则有

$$\frac{\partial u_{a}}{\partial t}=-C_{a}\frac{\partial u_{w}}{\partial t}+C_{v}^{a}\frac{\partial^{2}u_{a}}{\partial z^{2}} \tag{5-174}$$

5.8　固结试验

5.8.1　几种固结试验方法

第 1 章介绍了侧限压缩试验和固结试验的仪器(见图 1-4)。常规的固结试验是分级加载。从 12.5kPa 开始，每级荷重与原荷重之比，即荷重比为 1.0。如果需测定原状土的先期固结压力，初始段的荷重比可采用 0.5 或 0.25。每级荷重常需 24h 量测时间与变形关系。这种试验常需一周甚至十余天，并且加载方式与实际施工情况差别较大。

早在 1959 年，汉密尔顿(Hamilton)等人就提出连续加荷压缩试验方法，常常几小时就可完成试验，大大减少了工作量，缩短了试验时间，目前已经制成了完全自动化的装置。

按试验时控制条件的不同连续加荷压缩试验可以分为以下几种。

(1) 恒应变速率试验法(简称 CRS 法)　加荷时将试样的变形速率控制为常量；

(2) 恒荷重速率试验法(简称 CRL 法)　加荷时将试样上应力增长速率控制为常量；

(3) 控制孔隙压力梯度试验法(简称 CGC 法)　加荷时保持试样底部的孔隙水压力为常量；

(4) 控制孔隙压力比试验法(简称 λ 法)　加荷过程中控制试样底部孔隙水压力 u_{b} 与

总应力 p 的增量比，即$\frac{\Delta u_b}{\Delta p}=\lambda$ 小于某一数值。

现就其中的两种方法简介如下。

5.8.2 恒应变速率试验法(CRS法)

1. 试验设备与方法

试验用专门设备如图5-59所示。试样装在固结环里，其底部密封，通过透水石利用压力传感器可以量测底部(相当于常规试验中试样的中平面)的孔隙压力。整个装置平稳地放在加压设备下面的荷重盒上，荷重盒替代常用的量力环，可减少加荷系统本身的变形，以确保恒应变条件。用量表测试样的垂直变形。

为了可靠地测得试样底面的孔隙压力，要求整个试样盒与透水石都要充分饱和。试验方法是，从加荷设备施加总压力 P 于试样顶面的传压板，使产生恒定速率的向下位移。定期测读试样变形、底面孔隙压力与相应的总荷重，从而计算试样的孔隙比变化 Δe 与有效垂直应力 σ 以及 Δe 与底部孔隙压力 u_b 的关系，并可以计算不同孔隙比的 C_v。

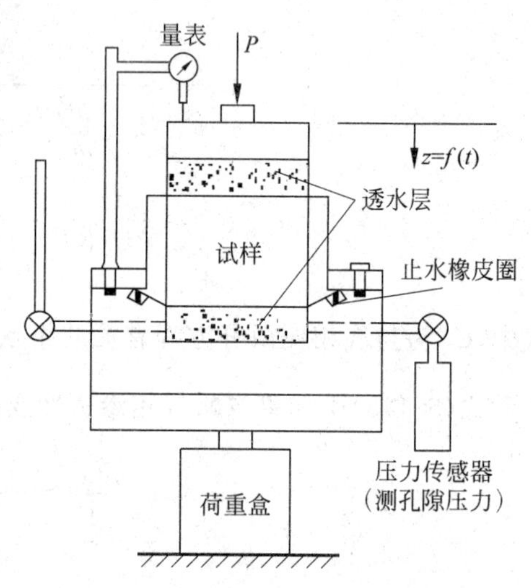

图5-59 CRS试验仪器装置示意图

2. 理论依据

恒定变速率试验仍以太沙基单向固结理论为基础，采用太沙基的大部分基本假设。

假设在固结过程中，试样的渗透系数 k 只是平均孔隙比 $\bar{e}$ 的函数，它仅与时间 t 有关，而不依赖于位置 z(以排水面为起点)，即

$$k=k(\bar{e})=j(t) \tag{A}$$

则单向固结微分方程可写成下式：

$$\frac{k}{\gamma_w}\frac{\partial^2 u}{\partial z^2}=\frac{1}{1+e}\frac{\partial e}{\partial t} \tag{B}$$

在恒应变速率试验中，要求垂直应变速率即$\frac{\mathrm{d}H}{\mathrm{d}t}=R$ 为常量，H 为试样高度。由于试样系侧限压缩，故试样的体积变化率亦应为常量，即

$$\frac{\mathrm{d}V}{\mathrm{d}t}=-RA \tag{C}$$

式中，V 为试样体积；A 为试样面积。则平均孔隙比 $\bar{e}$ 的变化率为

$$\frac{\mathrm{d}\bar{e}}{\mathrm{d}t}=-\frac{1}{V_s}\frac{\mathrm{d}V}{\mathrm{d}t}=-\frac{RA}{V_s}=-r=\text{常量} \tag{D}$$

式中，V_s 为试样中的土粒体积。

如果试样的厚度为 H，则有

$$\bar{e} = \frac{1}{H}\int_0^H e\mathrm{d}z \tag{E}$$

从式(D)和式(E)可见，任何时间 t 与任何位置 z 的孔隙比 $e(z,t)$ 必为时间的一次函数，故可写成

$$e(z,t) = g(z)t + e_0 \tag{F}$$

式中，$g(z)$ 为仅与 z 有关的函数；e_0 为试样的开始孔隙比。

如果式(F)中的 $g(z)$ 为已知函数，则式(B)即可求解。实际上，该函数不易准确确定，为简化计算，令其为线性函数，则式(F)可写成

$$e = e_0 - rt\left(1 - \frac{b}{r}\frac{z - 0.5H}{H}\right) \tag{G}$$

式中，b 为根据孔隙比随深度与时间变化而定的常数。

在试样底面(不排水面)，$z=H$，将其代入式(G)，可求得底面处的孔隙比 e_b。

$$e_b = e_0 - rt\left(1 - \frac{1}{2}\frac{b}{r}\right) \tag{H}$$

在式(H)中，如果 $\frac{b}{r}=0$，则 $e_b=e_0-rt$，即表示任何时间在试样全高度内孔隙比是均匀的；如果 $\frac{b}{r}=2$，则 $e_b=e_0$，即底部孔隙比不随时间而变化，显然不合理。故实际上 $\frac{b}{r}$ 应在 0 与 2 之间。

如果 e 的变化符合式(G)，则配合下式边界条件：$u(0,t)=0$，$\frac{\partial u}{\partial z}(H,t)=0$(式中 u 为孔隙水压力)，可以获得式(B)的解答。

为简化计算，假设式(B)中的 $1+e$ 可以用 $1+\bar{e}$ 代替，则得如下解答：

$$u = \frac{\gamma_w r}{k(1+\bar{e})}\left[\left(Hz - \frac{1}{2}z^2\right) - \frac{b}{r}\left(\frac{z^2}{4} - \frac{z^3}{6H}\right)\right] \tag{5-175}$$

这样，试样底面处($z=H$)的孔隙水压力可用下式计算：

$$u_b = u_{z=H} = \frac{\gamma_w r H^2}{k(1+\bar{e})}\left(\frac{1}{2} - \frac{b}{r}\frac{1}{12}\right) \tag{5-176}$$

利用关系式(5-176)与实测试样底的孔隙水压力，可以确定试样的压缩曲线与固结系数。

1) 压缩曲线

平均有效应力可按下法计算。设试样上所加的垂直应力为 σ，实测底部的孔隙水压力为 u_b，试样的平均有效应力可用下式计算：

$$\bar{\sigma}' = \sigma - \alpha 2u_b \tag{I}$$

式中，α 为平均孔隙压力 $\bar{u}$ 与 u_b 的比值，可用式(5-175)与式(5-176)求得。

$$\alpha = \frac{\bar{u}}{u_b} = \frac{\frac{1}{H}\int_0^H u\mathrm{d}z}{u_b} = \frac{\frac{1}{3} - \frac{b}{r}\frac{1}{24}}{\frac{1}{2} - \frac{b}{r}\frac{1}{\sqrt{12}}} \tag{J}$$

由式(J)计算得的 α 值，如表 5-8。可见 $\frac{b}{r}$ 对 α 的影响不大，一般可取 $\alpha=0.7$。

表 5-8　α 随 $\frac{b}{r}$ 的变化

b/r	0.0	0.5	1.0	1.5	2.0
α	0.667	0.682	0.700	0.722	0.750

根据 α、u_b 和外加压力 σ，由式(I)可计算出 $\bar{\sigma}'$，又由测得的土体变形可计算出相应的平均孔隙比 $\bar{e}$，然后即可绘制出压缩曲线。

2）固结系数

按单向固结理论，有

$$C_v = \frac{k(1+e)}{a_v \gamma_w}$$

上面已得到 e-σ' 曲线，故用上式求 C_v 时唯一的未知数就是 k。如果用 $\bar{e}$ 代替 e，则知道 u_b 与 r 后，k 值可由式(5-176)求出，将其代入上式，即可获得 C_v 的计算式。

$$C_v = \frac{\gamma H^2}{a_v u_b}\left(\frac{1}{2} - \frac{b}{r}\,\frac{1}{12}\right) \tag{5-177}$$

利用式(5-177)，可求得任何孔隙比的 C_v。

5.8.3　控制孔压梯度压缩试验法(CGC 法)

1. 试验特点与试验方法

在常规试验中，某级荷重下试样中孔隙压力分布的等时孔压线如图 5-60 所示。分析该图形，可以发现常规试验存在以下几个缺点。

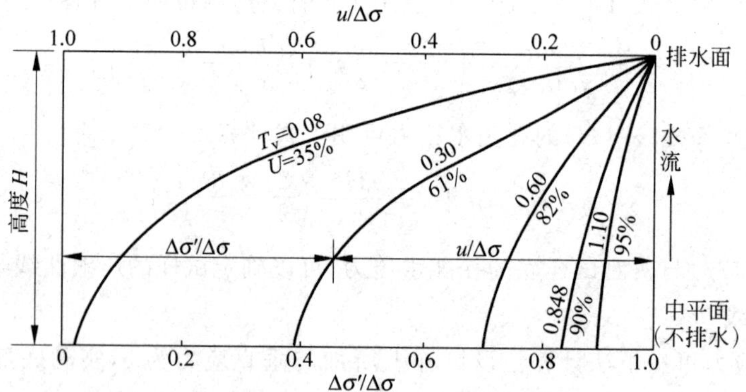

图 5-60　常规固结试验的等时孔压线

(1) 在固结过程中，沿试样高度各水平面上的有效应力 $\Delta\sigma'$ 很不均匀：近排水面处有效应力最大，不排水处最小，尤其是在刚加荷时（T_v 值小）更是如此。试样内各处受压不均，就引起压缩的不均。

(2) 试样不同高度处，孔隙压力梯度相差很大：在刚加荷后，排水面处的梯度极高，比地基的土体中承受的孔压梯度要高得多。极高的梯度常使试样结构受到破坏。

(3) 随着固结发展，试样应变速率变化很大，T_v＝0.08 时的应变速率要比 T_v＝1.10 时的快 10 倍以上，即使试样平均固结度达到 95%以上（$T_v=1.10$），试样的应变速率仍可为现场的若干万倍。

为了克服上述的若干缺点，出现了控制梯度试验法，用这种方法可以进行不同应变速率的试验。

控制孔压梯度压缩试验所用仪器与常规固结试验所用仪器相仿，只是前者具有以下特点：试样顶面可以排水，但底面完全封闭了。底面透水石与一细导管连接，直通孔隙水压力指示器，它可以随时显示试样底面的孔隙压力，故底面实际上相当于常规试验中双面排水试样的中平面。固结仪的构造示意如图 5-61 所示。

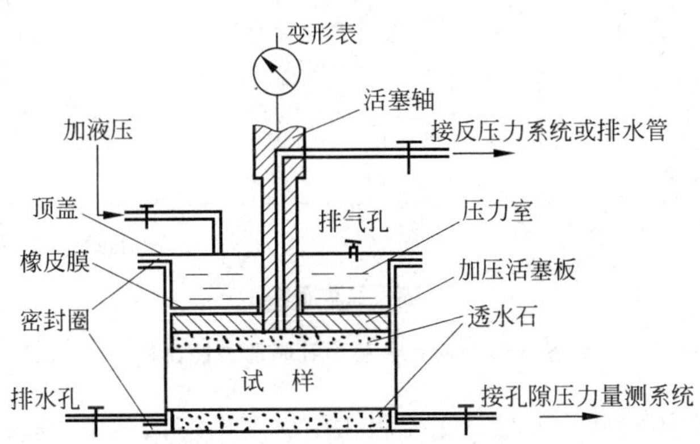

图 5-61　CGC 固结仪构造示意图

试验的方法是：先规定一个底部孔隙压力 Δu_b（不同的 Δu_b 反映不同的应变速率）。连续加荷于试样，待底部的孔隙压力值达到预定的 Δu_b，此后靠自动装置调整加荷速率，以保证 Δu_b 始终不变，直到试样上的压力达到所需的数值。在整个试样过程中，任何时刻均可读取并记录所加荷重与相应的试样变形量。

在控制孔压梯度压缩试验中，孔隙压力的分布与常规试验中的比较，如图 5-62 所示。显然，在控制孔压梯度压缩试验图形中，不管外加荷重多大，任何时刻的分布图都是许多形状相同的抛物线，都是排水面处的孔隙压力为零，不排水面处的等于 Δu_b，只有在开始建立 Δu_b 的一段与最后消散 Δu_b 的一段才是例外。这些抛物线所反映的水力梯度，比常规试验中的小得多，沿高度有效应力的分布也均匀得多。

利用控制孔压梯度压缩试验方法，还可以进行中断加荷试验，以研究某级荷重下的次压缩效应。即试验进行到某时刻，停止继续加载，让孔隙压力消散，然后再继续控制孔压梯度压缩试验。

2. 试验理论依据

控制孔压梯度压缩试验同样也是以太沙基单向固结理论为基础的。根据 5.4 节的普遍方程，简化后，可以求得固结方程如式(5-178)简化后为

$$\frac{\partial \sigma}{\partial t}-\frac{\partial u}{\partial t}=-C_v\frac{\partial^2 u}{\partial z^2} \tag{5-178}$$

式(5-178)在特定条件下的形式如下：

(1) 在常规试验中，采用的是分级瞬时加荷，故 σ 为常量，即 $\frac{\partial \sigma}{\partial t}=0$，代入式(5-178)，即

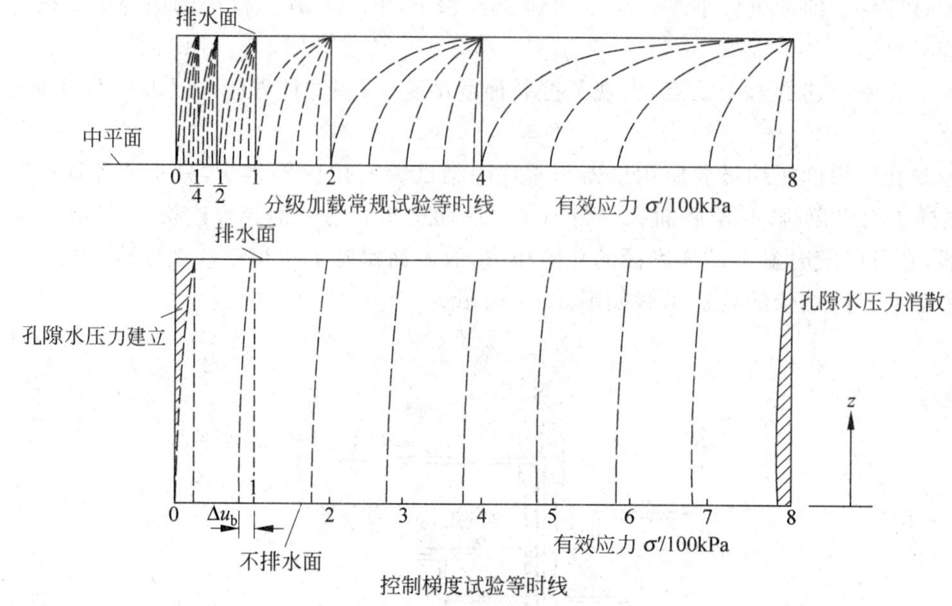

图 5-62 两种试验中孔隙压力的比较

可简化为太沙基单向固结微分方程。在控制孔压梯度压缩试验中,这种情况只发生在开始段与终了段。

(2) 在控制孔压梯度压缩试验中,除了首尾两段外,试样中的孔隙压力分布保持不变,可见$\frac{\partial u}{\partial t}=0$。代入式(5-178),即得控制孔压梯度压缩试验条件下的固结方程。

$$\frac{\partial \sigma}{\partial t}=-C_v\frac{\partial^2 u}{\partial z^2} \tag{5-179}$$

控制孔压梯度压缩试验的边界条件是:$z=0,u=\Delta u_b$; $z=H,u=0$,可得式(5-179)的解答。

$$u=-\frac{\Delta u_b}{H^2}z^2+\Delta u_b=\Delta u_b\left(1-\frac{z^2}{H^2}\right) \tag{5-180}$$

式(5-180)表明试验过程中的孔隙压力分布呈抛物线形。

任何时刻试样的有效应力为

$$\sigma'=\sigma-\bar{u}=\sigma-\frac{2}{3}\Delta u_b \tag{5-181}$$

式中,σ为外加压力;$\bar{u}$为平均孔隙压力,按式(5-180)计算。

根据对应于σ的压缩量计算孔隙比e,按σ'与e绘制压缩曲线。更有意义的是,由于孔隙压力的分布始终不变,且可算得任何σ时的e,故控制孔压梯度压缩试验可以提供无数点据,供绘制压缩曲线之用。

试样的固结系数C_v由理论可推导求得

$$C_v=\frac{\partial \sigma}{\partial t}\frac{H^2}{2\Delta u_b} \tag{5-182}$$

或

$$C_v\approx\frac{\Delta \sigma}{\Delta t}\frac{H^2}{2\Delta u_b} \tag{5-183}$$

因此,只要知道微小时段Δt内的垂直压力增量$\Delta\sigma$,就可直接利用式(5-183)算得C_v,不需要再借助作图。同样，其特点是可以求任何时刻(任何平均孔隙比)的 C_v 值。

另外，体积压缩系数 m_v 和渗透系数 k 可直接按以下公式计算：

$$m_v \approx \frac{1}{H}\frac{\Delta\delta/\Delta t}{\Delta\sigma/\Delta t} \tag{5-184}$$

$$k \approx \frac{\gamma_w H}{2u_b}\frac{\Delta\delta}{\Delta t} \tag{5-185}$$

式中，$\Delta\delta$ 为试样垂直变形增量；γ_w 为水重度。

习题与思考题

1. 解释土的变形模量、压缩模量、弹性模量；孔隙水压力、静孔隙水压力、超静孔隙水压力；正常固结黏土、超固结黏土、欠固结黏土这些概念。

2. 比较在单向压缩的分层总和法中，用 e-p 和 e-lg$p$ 压缩曲线计算地基沉降量的不同点与优缺点。

3. 按地基沉降发生的时间，通常分为几种类型的沉降？它们形成的机理是什么？各按什么方法对它们进行计算？

4. 常用的单向压缩分层总和法计算沉降在什么条件下才较为合理？

5. 应用三向变形计算法(黄文熙法)时，计算中所用的变形参数应该如何去测定？

6. 说明应力路径法计算沉降的方法、步骤和理论基础。

7. 说明按剑桥模型法计算的沉降量的基本思路和方法。

8. 在地基沉降计算的分层总和法中，用半无限体的弹性理论解析解(布辛尼斯克解)计算地基中的附加应力，然后按单向压缩的分层总和法计算沉降。为什么一般不直接用经典弹性理论的位移解析解计算基础沉降。

9. 单向压缩的分层总和法沉降计算公式为：$S=\sum_{1}^{n} m_{vi}\Delta p_i h_i$，写出斯肯普顿(Skempton)等人的“考虑三向变形效应的单向压缩分层总和法”的沉降计算基本公式。与常规的分层总和法相比，它有哪些优越性？为什么说它考虑了三向变形效应？

10. 饱和黏土地基的瞬时沉降主要是由什么原因引起的？瞬时沉降量 S_i 与 H/b 有什么关系？(注：H 为土层厚度，b 为基础的宽度)

11. 矩形基础尺寸 2m×3m，埋深 1.5m，均布基底附加压力 p_0=200kPa，通过不排水试验得基底饱和黏性土的弹性模量 E_u=2000kPa，该土层在基底以下的厚度 d 为5m。试计算该土层的瞬时沉降量。

12. 一个柔性基础的尺寸为 12m×8m，埋深为 1.7m，基底的总压力为 160kN/m^2，地面以下 5～10m 间有一层饱和的砂质黏土层，其 E_u=35MN/m^2，γ=19kN/m^3，ν_u=0.5。计算这一层砂质黏土层的瞬时沉降量。

13. 有一厚度 3m 的有机质黏土，其次压缩系数 C_α=0.02，初始孔隙比 e_0=0.8，加载后三个月已完成主固结。问加载后一年由于次压缩产生的沉降为多少？

14. 有一宽度 15m 的方形筏基，埋深 2m，其下为厚 8m 超固结黏土，经计算该土层中平均附加应力 $\bar{\sigma}_z$ 为 220kPa；室内试验测定土的体积压缩系数 m_v 为 0.2m^2/MN，孔压系数

$B=1.0$，$A=0.5$，用斯肯普顿方法计算计算该土层的最终固结沉降。

15. 某条形基础底宽 $b=5.0\text{m}$，基础埋深 $d=1.5\text{m}$，地基承受的基础自重及其上结构物荷载为 $F_k+G_k=1000\text{kN/m}$，基底荷载合力的偏心距 $e=0.2\text{m}$。地基剖面、地基土的压缩曲线及地下水位等见图5-63和图5-64，地下水在基底高程。(1)首先用分层总和法，计算基底中轴处(M点)的沉降量；(2)通过两层地基土的饱和原状试样的三轴固结不排水剪试验，在围压 $\sigma_3=200\text{kPa}$ 下固结后，轴压 $\sigma_1=408\text{kPa}$ 时，两饱和试样中的超静孔隙水压力分别为 $u_1=92\text{kPa}$ 与 $u_2=87\text{kPa}$，通过不排水试验得两层饱和黏性土的弹性模量都是 $E_u=4000\text{kPa}$，再用Skempton法计算地基沉降量，并与前者比较。

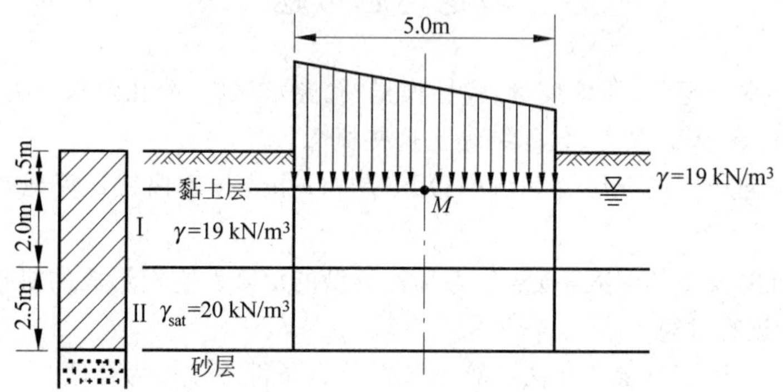

图5-63　习题15地基剖面图

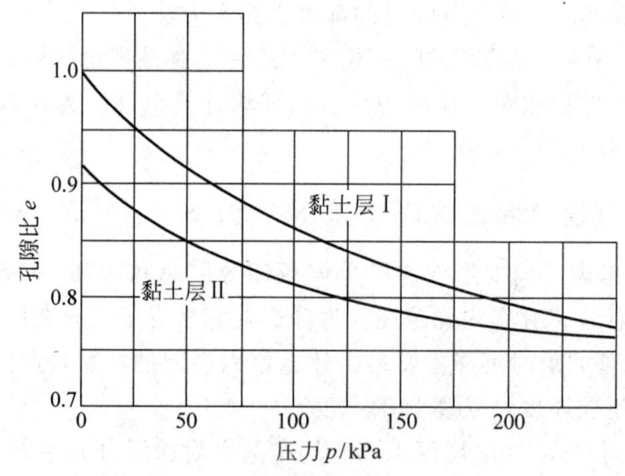

图5-64　两黏土层的 e-p 曲线

16. 如果土层条件与例题5-3相同，加载路径如下(见图5-22)：从 K_0 固结状态首先不排水加载路径为 AD，然后排水比例加载 DI，I 点 $\sigma_1'=123\text{kPa}$，$\sigma_3'=42\text{kPa}$，计算瞬时沉降 S_i 及用应力路径法计算最终总沉降 S。

17. 地基压缩层厚4m，通过钻探取得代表性原状试样，测得其初始孔隙比 $e_0=1.0$，有效内摩擦角 $\varphi'=25°$，$c'=15\text{kPa}$，土的压缩指数 $C_c=0.31$. 试样在20、40、60kPa等围压下固结，然后作三轴固结不排水试验，分别测得其有效应力路径及轴向应变等值线如图5-65所示。设 $K_0=1-\sin\varphi'$，如果土层中点有效上覆土压力为64kPa，由于修建筑物，在该点产生的附加应力为 $\Delta\sigma_1 = 28.5\text{kPa}$，$\Delta\sigma_3 = 10.5\text{kPa}$。用应力路径法计算地基沉降量。

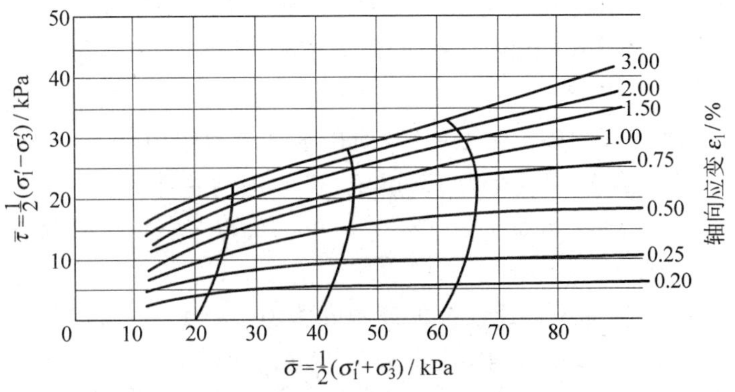

图 5-65　习题 17 图

18. 如果土层条件与例题 5-3 相同，在图 5-22 中 A 点（$\sigma_{10} = 75\text{kPa}$，$\sigma_{30} = 37.5\text{kPa}$）取样进行常规三轴不排水压缩试验，在保持原位应力的条件下，施加 $\Delta(\sigma_1 - \sigma_3) = 15.8\text{kPa}$，测得 $u = 10.8\text{kPa}$。问该试样将会发生什么问题？

19. 对一饱和压缩土层进行沉降计算，土层厚度 4m，基础中心处土层的附加应力为：$\sigma_1 = 220\text{kPa}$，$\sigma_3 = 100\text{kPa}$，孔压系数 $B = 1.0$，$A = 0.5$，压缩系数 $m_v = 0.2\text{m}^2/\text{MN}$，试用考虑三向变形效应的分层总和法（Skenpton-Bjerrum 法）按该层计算其主固结沉降。

20. 基础长 20m，宽 2m，基底总压力为 $p = 150\text{kPa}$。地基的圆锥静力触探，锥头阻力 q_c 的随深度变化如图 5-66 所示。地基土重度 $\gamma = 16\text{kN/m}^3$。用应变影响系数法计算其弹性沉降。

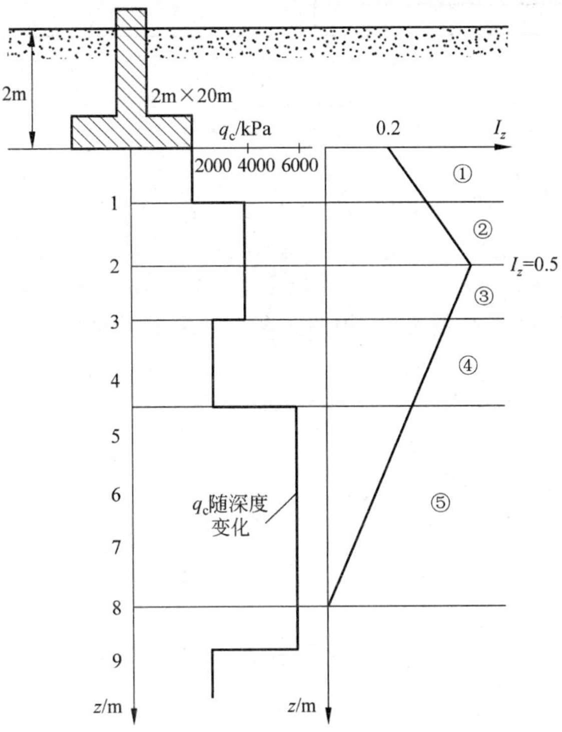

图 5-66　条形基础下的沉降计算（习题 20 图）

21. 地表有一圆形筏形基础直径 $D=20$m,其下有一层厚度 H 为 10m 的正常固结饱和黏性土,已知该土层中平均附加压力 $\bar{\sigma}_z=250$kPa,该土层压缩模量 $E_s=4$MPa;孔压系数 $B=1.0$, $A=0.6$;用斯肯普顿-别伦方法计算建筑物的最终主固结沉降 S_c。(可使用本书图 5-16 查取沉降修正系数)

22. 现场有一层厚 2m 的砂质黏土层,双面排水。地面作用有 $q_0=70$kPa 的附加压力。如果是瞬时施加,则其最终固结沉降为 150mm。已知固结系数为 $C_v=8\times10^{-3}\text{mm}^2/\text{s}$。施工期是按线性加载:当 $t\leqslant 60$d 时,$q=(q_0/t_0)t=(70/60)t$;当 $t>60$d 时,$q=q_0$。计算 $t=30$d 与 120d 的沉降量。

23. 在堆载预压中,地面上匀速线性加载 40d 施加 100kPa 均布荷载。问在 40d 时的固结度 U_1,与瞬时一次加载 100kPa 均布荷载以后 20d 的固结度 U_2 有何关系?

24. 有两个多层土地基如图 5-67 所示,都是上下砂层双面排水。如果按照化引当量层法,它们的固结应当是完全相同的。如果在图(a)中土层②没有排水通道,在相同的固结时间,两种情况下实际平均固结度是否相同?土层①:黏土,$k=2\times10^{-8}$cm/s,$E_s=3$MPa;土层②:砂质粉土,$k=5\times10^{-4}$cm/s,$E_s=6$MPa。

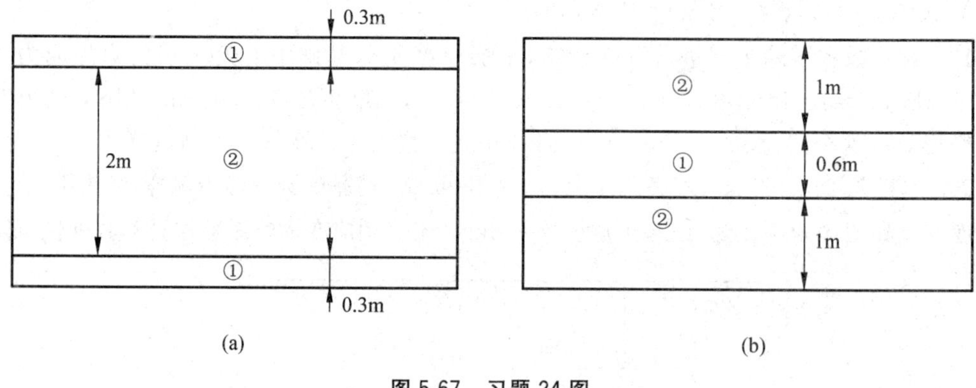

图 5-67 习题 24 图

25. 为什么说斯肯普顿(Skempton)等人的三向变形沉降计算方法中考虑了土的剪胀(缩)性因素?

26. 经计算在瞬时加载 $p_0=200$kPa 作用下,地基的瞬时加载的主固结沉降过程曲线见图 5-68。用图解法求得图中线性加载-恒载过程的沉降过程曲线。

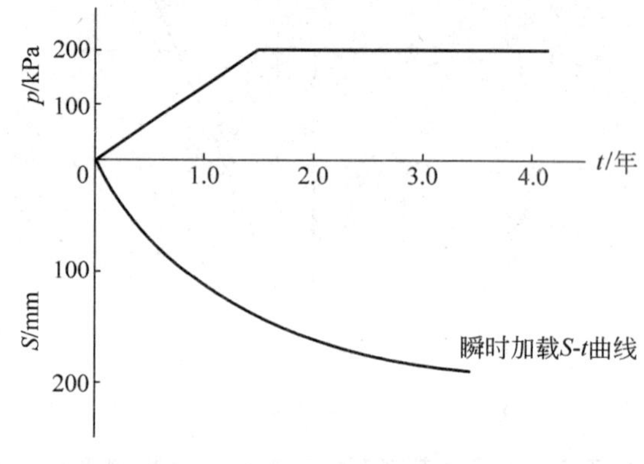

图 5-68 习题 26 图

27. 如果荷载线性施加，$t_0=100$ 小时竣工，加载到 $q_0=100\text{kPa}$ 时，固结度达到 80%。用图 5-34 计算加载到 $t=80\text{h}$ 对于最终沉降量的固结度为多少？

28. 有一双层地基，二者的土性指标见表 5-9。试按 Gray 的平均固结指标法和化引当量法分别计算该地基在无限大荷载作用下固结度达 50%所需的时间，地基底面及顶面皆透水。

表 5-9　地基土性质表

层号	Ⅰ	Ⅱ
厚度/m	1.5	2.0
渗透系数 k/(m/s)	6×10^{-9}	3×10^{-9}
压缩系数 a_v/kPa^{-1}	0.0013	0.00097
孔隙比 e	1.09	0.92
$C_v=k(1+e)/(a_v\gamma_w)$	9.65×10^{-7}	5.94×10^{-7}

29. 有两层土，其渗透系数相差较大(见表 5-10)。在单面基底排水，土层下部为不透水条件下，试用平均固结指标法和化引当量法计算在面积无限大荷载 q 作用下达到 50%固结度所需要的时间。当Ⅰ、Ⅱ层土上下位置不同时，结果会有什么不同？

表 5-10　地基土性质表

土层	Ⅰ黏土	Ⅱ粉土
厚度/m	2	6
渗透系数 k/(m/s)	3×10^{-10}	2×10^{-7}
压缩模量 E_s/kPa	2000	4000
$C_v=kE_s/\gamma_w$	6×10^{-8}	8×10^{-5}

30. 已知瞬时加载下一维固结，在 $t=t_0$ 时固结度达到 80%，问如果线性加载到 $t=t_0$ 时结束，这时($t=t_0$)的固结度约为多少？(注：太沙基的瞬时加载一维固结度可用下式计算：$U_t=1-\frac{8}{\pi^2}e^{-\frac{\pi}{4}T_v}$。)

31. 有一个一维加载固结的工程，线性加载时间为 $t_0=6$ 个月，均布荷载达到 $q_0=200\text{kPa}$，如果瞬时加载，6 个月可以达到固结度 90%，估算线性加载后 4 个月的固结度为多少。

32. 图 5-39 表示的是沉积土层厚度与时间平方根成正比的超静孔压分布，亦即 $H=Rt^{\frac{1}{2}}$。当 $\frac{R}{2\sqrt{C_v}}=1.0$ 与 $\frac{R}{2\sqrt{C_v}}=0.2$ 时，分析其平均固结度和平均超固结比 OCR。

33. 在某一地基中，已知在瞬时加载下一维固结，该地基在 $t=20\text{d}$ 时固结度达到 80%，施工期时为线性加载 $t_0=30\text{d}$，荷载达 $q_0=300\text{kPa}$ 时结束。问线性加载到 20d 时的固结度为多少？

34. 已知某场地软黏土地基预压固结 567d 固结度 U 可达到 94%。问(1)当进行 $n=100$ 的土工离心机模型试验时，上述地基固结度达到 99%时需要多少时间？(2)如果该黏土

的次固结系数 $C_\alpha=0.002$，问如果在离心机上主固结完成以后($U=99\%$)，离心机上再旋转100h，由于次固结其孔隙比 e 会减少多少？

固结度计算公式：$U_t=1-\dfrac{8}{\pi^2}e^{-\frac{\pi}{4}T_v}$

次固结系数：$C_\alpha=\dfrac{-\Delta e}{\Delta \lg t}=\dfrac{-\Delta e}{\lg t-\lg t_c}=\dfrac{-\Delta e}{\lg(t/t_c)}$

35. 在堆载预压中，匀速线性加载40d施加100kPa均布荷载。问线性加载40d时的固结度 U_1，与瞬时一次加载100kPa均布荷载以后25d的固结度 U_2 相比，哪一个大？

36. 一有黏土夹层的多层土地基如图5-69所示，双面排水。试合理估算它在瞬时施加的无限大均布荷载 q 作用下，2d后的固结度。

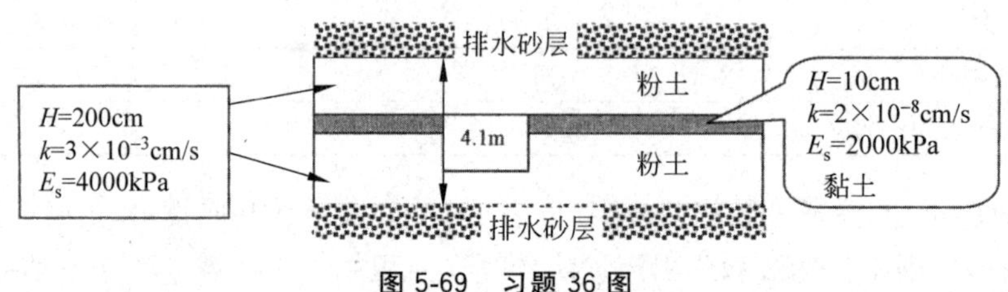

图5-69　习题36图

37. 两厚度相等的相邻黏土层的土的参数和固结系数不同(分别为 $k_1=3\times10^{-6}$ cm/s，$k_2=2\times10^{-7}$ cm/s；$m_{v1}=0.5\text{MPa}^{-1}$，$m_{v2}=0.65\text{MPa}^{-1}$)，可将其按均质土进行近似的一维固结计算，计算其平均固结系数 $\bar{C}_v$。

38. 某软黏土地基采用预压排水固结法处理，根据设计，瞬时加载条件下加载后不同时间的平均固结度见表5-11(表中数据可内插)。加载计划如下：第一次加载(可视为瞬时加载，下同)量为30kPa，预压20d后第二次再加载30kPa，再预压20d后第三次再加载60kPa，第一次加载后到80d时观测到的沉降量为120cm，问到120d时，沉降量为多少？

表5-11　平均固结度

t/d	10	20	30	40	50	60	70	80	90	100	110	120
U/%	37.7	51.5	62.2	70.6	77.1	82.1	86.1	89.2	91.6	93.4	94.9	96.0

39. 单向固结的多级加载如图5-33所示。已知黏土层的厚度为4m，双向排水；土的固结系数为 $C_v=1.8\times10^{-3}\text{cm}^2/\text{s}$，计算开始加载后30d，120d的固结度。

40. 在图5-52中，一个宽度为 $2a$ 的条形基础，地基压缩层厚度为 H，上部单面排水，泊松比 $\nu'=0$，用沉降定义的固结曲线，实线为用比奥固结理论计算的曲线，虚线为太沙基一维固结理论计算的曲线。解释为什么有时比奥理论计算的固结度反而小于太沙基理论计算值？如果 $\nu'=0.5$，是否还会出现这种现象？为什么？

41. 解释饱和土体多向固结中的扩散方程理论、比奥固结理论与曼代尔效应。

42. 在比奥理论中，为什么按应力定义的固结度 U_p 和按变形定义的固结度 U_s 不等？

43. 与饱和土相比，建立非饱和土的孔压消散方程的主要困难在哪里？

44. 对于一个宽度为 b 的条形基础，地基压缩层厚度为 H，在什么条件下，用比奥固结理论计算的时间-沉降(t-s)关系与用太沙基一维固结理论计算的结果接近？

45. 解释曼德尔效应的机理，为什么准三维固结理论（扩散方程）不能反映这一效应？

46. 比奥(Biot)固结理论与太沙基-伦杜立克(Terzaghi-Randulic)扩散方程之间主要区别是什么？后者不满足什么条件？二者在固结计算结果有什么主要不同？

47. 说明图 5-70(a)和(b)哪种三轴试验饱和黏土试样在快速施加围压时更容易出现曼德尔效应？

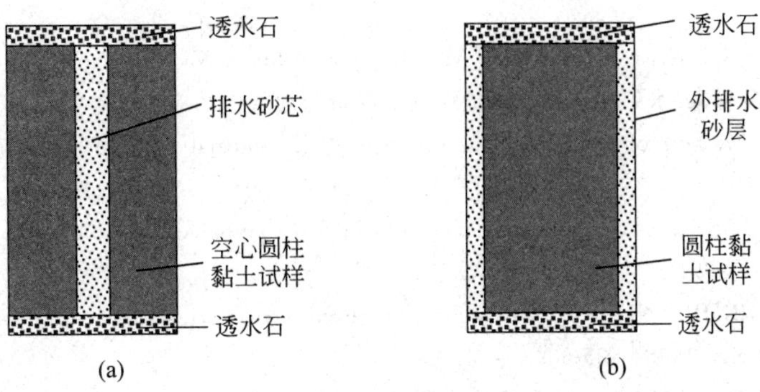

图 5-70　习题 47 图

部分习题答案

11. 120mm
12. 5.8mm
13. 20mm
14. 260mm
15. (1) 270mm；(2) 312mm
16. $S_i=0.09$ m 中，$S_c=0.107$m
17. $S=54$mm
18. 已经破坏
19. 128mm
20. 19.4mm
21. 500mm
22. $t=30$d，$S=13$mm；$t=120$d，$S=41.3$mm
27. $U=0.63$
28. 平均固结度：$t=10.4$d；化引当量法：$t=9.69$d
29. 平均固结度：$t=175$d；化引当量法：$t=178$d
30. $U=0.55$
31. $U=0.38$
32. (1) $U=$OCR$=0.4$；(2) $U=$OCR$=0.92$
33. $U=0.39$
34. (1)2.29h；(2) 3.8×10^{-6}
36. $U=0.83$

37. $C_v=6.51\times10^{-3}\text{cm}^2/\text{s}$

38. $S_{120}=141\text{cm}$

39. 30d：$U=0.22$；120d：$U=0.70$

参考文献

1. SCOTT R F. Principles of soil mechanics[M]. Boston：Addison Wesley Publishing Co. Inc. , 1963.
2. 黄文熙，张文正，俞仲泉. 水工建筑物土壤地层的沉降量与地层中的应力分布[J]. 水利学报，1957，(3).
3. LAMBE T W. Method of estimating settlements[J]. Journal of Soil Mechanics & Foundation Div，1964.
4. BURLAND J B. Pore pressures and displacements beneath embankments on soft natural clay deposits [J]. Compression，1971.
5. ROSCOE K H，BURLAND J B. On the generalized stress-strain behaviour of "wet" clay[J]. Engineering Plasticity，1968：535-609.
6. 黄文熙. 土的工程性质[M]. 北京：水利电力出版社，1983.
7. 王正宏. 沉降计算//水工设计手册，第三卷[M]. 北京：水利电力出版社，1984.
8. KULHAWY F H. Load transfer and hydraulic fracturing in zoned dams[J]. Journal of the Geotechnical Engineering Division，1976，102(4)：505-506.
9. NOBARI E S，DUNCAN J M. Movements in dams due to reservior filling[C]. Performation of Earth and Earth-supported Structures，1972，1.
10. B A 弗洛林. 土体压密理论[M]. 北京：水利电力出版社，1960.
11. MURRY R T. Development in two-and three-dimentional consolidation theory[J]. Development in Soil Mechanics，1978.
12. RICHART F H. Review of the theories for sand drains[J]. American Society of Civil Engineers，2014，124(1)：709-736.
13. MITCHELL J K. Fundamentals of soil behavior[M]. New York：John Wiley & Sons，1976.
14. SIMONS N E. The stress path method of settlement analysis applied to london clay[J]. Stress-Strain Behavior of Soils，1971.
15. HAMILTON J T，CRAWFORD C B. Improved determination of preconsolidation pressure of a sensitive clay[J]. Astm International，1959(254).
16. ABOSHI H. Constant loading rate consolidation test[J]. Soils and Foundation，1970，10(1).
17. D. G. 弗雷德隆德，H. 拉哈尔佐. 非饱和土力学[M]. 陈仲颐，译. 北京：中国建筑工业出版社，1997.
18. GILBSON R E，SCHIFFMAN R L. A theory of one dimensional consolidation of saturated clays[J]. Geotechnique，1976，17(3)：261-273.
19. BRAJA M D. Advanced soil mechanics[M]. 3rd Edition. New York：Taylor & Francis，2008.
20. WHITLOW R. Basic soil mechanics[M]. 3rd Edition. London：Longman Pub Group，1995.
21. 龚晓南. 高等土力学[M]. 杭州：浙江大学出版社，1996.
22. 中国建筑科学研究院. JGJ 79—2012 建筑地基处理技术规范[S]. 北京：中国建筑工业出版社，2012.

第 6 章　土坡稳定分析

6.1　概述

6.1.1　边坡

边坡是指具有倾斜面的岩土体。边坡有多种分类方法，例如，按坡体材料可分为岩质边坡和土质边坡；按边坡的形成方式可以分为切割而成的边坡和堆积而成的边坡；按成因又可分为天然边坡和人工边坡。

天然边坡是地球表面岩土体在地质运动的循环过程中的一种存在状态，在自然界中，有削蚀切割而成的如山谷、河谷的边坡；堆积淤积造成的山前堆积体、河流三角洲等。人工边坡是由人类的活动造成的，人类有意无意都可改变大地的地貌。工程中的切割边坡为挖方边坡：如各种公路铁路两侧爆破山体，开挖路堑，工程基坑，挖方沟渠、人工湖池等。堆积的边坡为填方边坡：如路堤、堤坝、堆山筑坛等。各种环境边坡的形成可能是由于人类盲目的活动而发生的水土流失、泥沙沉积、地面塌陷、荒漠化以及人类工程活动而引发的地质灾害等不同尺度的环境问题，看似成事在天，实则谋事在人。本章主要讨论土质边坡。

6.1.2　边坡的破坏类型

在边坡中，一部分岩土体相对于另一部分岩土体的运动就表现为边坡的失稳。处于水平面的岩土体是势能最小的稳定状态，自然界峥嵘崔嵬的壮美景观是靠岩土自身的强度维持的。一旦抗力与作用发生变化，边坡就可能失稳。边坡的失稳通常有三种形式：崩塌、滑动与流动。

1. 崩塌

崩塌是部分岩土体与母体脱离的一种运动形式，在其破坏的过程中没有连续的接触面，一般发生在具有解理、裂缝、薄弱面的陡坡，如图 6-1(a)所示。它可能是由于地震、爆破、水与冰的诱发而发生，具体形式有倾倒式、拉裂式、错断式和鼓胀式多种。

2. 滑动

滑动是部分岩土体沿一定的滑动面相对于母体的滑移，在滑动过程中二者始终保持接触，见图 6-1(b)。滑动又可分为平移式和转动式两种，平移式滑动多发生在具有外倾结构面的岩质边坡，也会发生在倾斜的分层土坡、有软弱夹层的岩土边坡、表层有风化土的山体

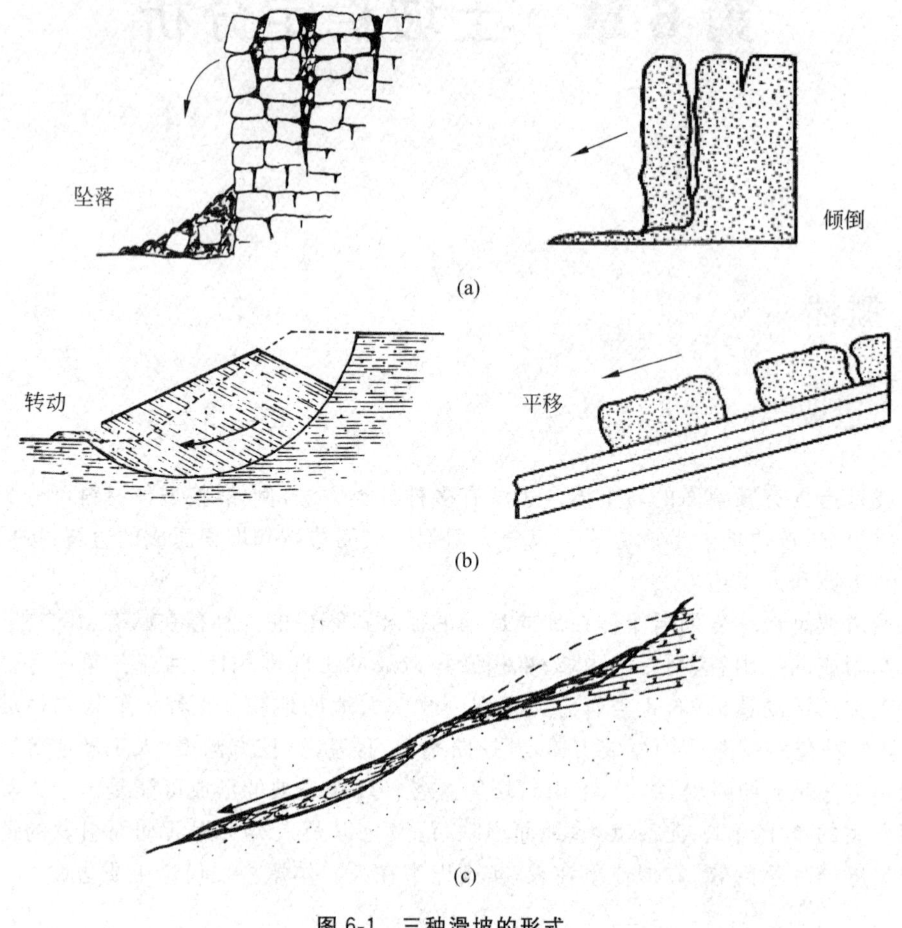

图 6-1 三种滑坡的形式

(a)崩塌；(b) 滑动；(c)流动

中。转动式的滑坡主要发生在均质的软岩和土层中，滑动沿着弯曲的滑动面发生，沿着近似于圆弧滑动面转动，在坡顶处有时出现拉裂缝，在坡脚附近隆起。

3. 流动

流动常发生在饱和的土体中，其边坡的整体或部分如流体一样运动，见图 6-1(c)。主要原因是土体内由于应变使超静孔隙水压力增长，而使土中的有效应力和抗剪强度丧失殆尽，土呈现出液体的性质而无限流动。如地震及其他扰动引发的饱和砂土的液化，高灵敏度黏土结构破坏引起的大范围流滑等。

实际上，边坡的破坏常是上述中的两种或三种破坏形式的组合。例如下层土的液化会引起上层土的侧向扩展崩塌式破坏；松砂边坡在降雨饱和而发生沿坡渗流时，先是在边坡上部出现裂缝，土体沿滑动面滑动，随着位移和应变增大，超静孔压增加而最后发生流滑；暴雨在山区首先冲蚀坡面，随后引起山谷两侧边坡的崩塌和滑动，最后山洪裹挟两侧的松散堆积物奔腾而下，形成汹涌的泥石流。

6.1.3 滑坡的影响因素

引起滑坡的因素有内因和外因,外因通过内因起作用。在地球的重力场中,物体都倾向于势能最小的稳定状态,因而重力是边坡失稳的主要驱动力。原本稳定的边坡一旦改变了原来在重力场的应力状态和土的抗剪强度,就可能发生破坏,如江河水流对河岸的冲刷,人为的削坡,含水量变化造成土的强度与重度的变化等。

土中水是引发滑坡的最重要因素，含水量的增加会使岩土矿物软化,强度降低,重度加大;饱和度的增加会使非饱和土的基质吸力降低甚至丧失;土中水增加会破坏土的结构性。这些因素对于膨胀土、湿陷性黄土、分散性土和盐渍土的影响尤其明显,含水量的增加会加大土的重度,浸没会降低土的有效重度。土中水渗流的渗透力也是滑坡的重要驱动力。图 6-2 表示的是由于降雨引起的边坡破坏情况。

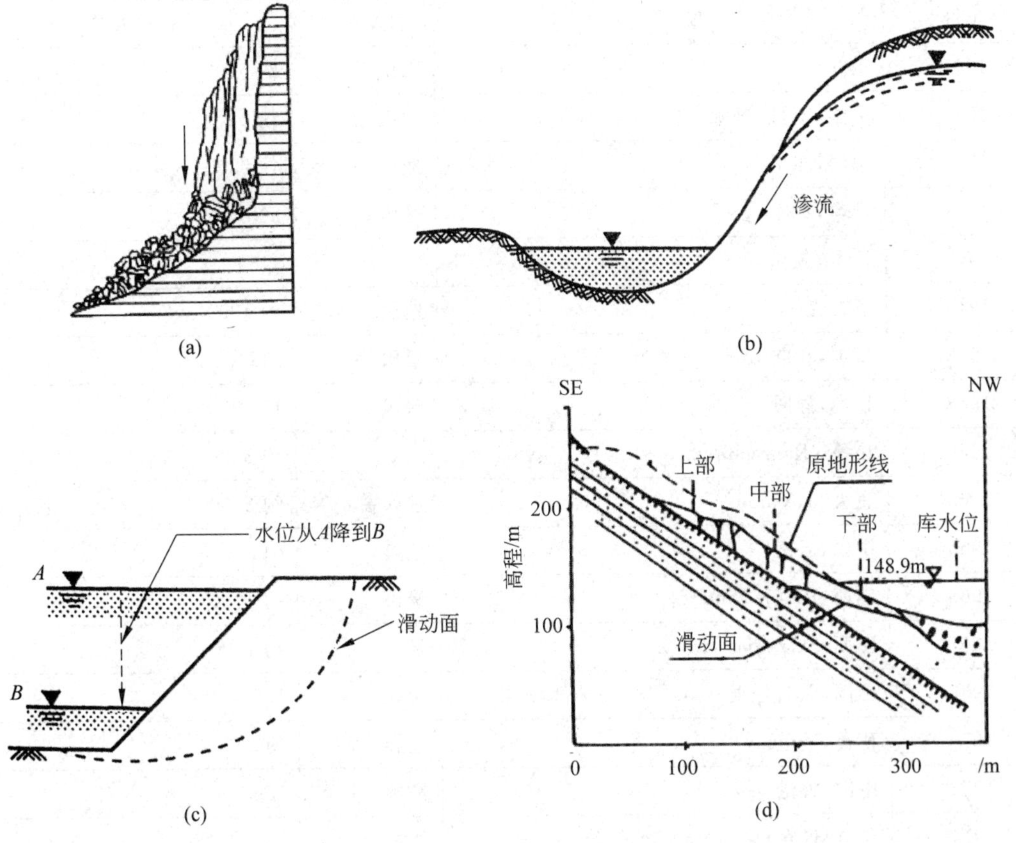

图 6-2　土中水对边坡稳定的影响

(a) 降雨引起的崩塌；(b) 河岸的沿坡渗流；(c) 水位骤降；(d) 柘溪水库初次蓄水库区大滑坡示意图

图 6-2(a)表示的是湿陷性黄土由于降雨而崩塌;图 6-2(b)是河岸的地下水补给河水而发生的渗流，可能引发河岸的滑动与崩塌;图 6-2(c)为水库水位骤降,向外的渗透力增加了滑动力,引起滑坡;图 6-2(d)是我国柘溪水库库区大滑坡的示意图,该处岸坡倾斜的板岩外为大量的堆积物,由于水库初次蓄水,水位上升使堆积物下部淹没,使这部分的土体的重度

变为浮重度,由于滑动体的下部重量主要产生抗滑力矩,这就使抗滑力矩减少,引发了一个总体积165万m^3,夺取66条生命的大滑坡。

6.1.4 滑坡的危害

天然边坡的滑坡是最常见的地质灾害,而人工边坡的失稳则是严重的工程事故。滑坡常伴随着地震、台风暴雨、洪水一起发生,这又加剧了这些自然灾害对人们生命财产的危害。2008年5月20日我国四川汶川的地震及随之发生的滑坡,使不少村镇毁灭,交通中断,救灾无路,失去了最佳救援时间,给人留下极深的印象。滑坡形成的堰塞湖及随后的溃坝产生的洪水也是严重的继发灾害。表6-1为近一百年世界上主要的灾难性滑坡的统计,可见其危害之惨烈。

表6-1 近百年来世界主要灾难性边坡破坏的统计

年份	地　　点	引发原因	死亡人数
1919	爪哇	火山	约5100
1920	中国,宁夏,海源	地震	约20万
1933	中国,四川	地震	约9300
1938	日本,兵库	暴雨	505
1945	日本,久礼	—	1154
1949	塔吉克	地震	约12000
1953	日本,和歌山	暴雨	1124
1958	日本,静冈	台风	1094
1962	秘鲁, Ranrachirca	—	约3500
1963	意大利,Vaiont	水库蓄水	约2600
1965	中国,云南	地震	444
1966	巴西,Rio de Janeiro	暴雨	约1000
1967	巴西,Serra das Araras	暴雨	约1700
1969	美国,弗吉尼亚	台风	150
1970	秘鲁,Yungay	地震	约25000
1972	中国,香港	暴雨	138
1974	秘鲁,Huancavel-ica	暴雨	450
1983	中国,甘肃	人类活动	227
1985	哥伦比亚, Armero	火山	约22000
1985	波多黎各	台风	129
1987	厄瓜多尔,Napo	地震	约1000
1994	哥伦比亚,Cauca	地震	1971

续表

年份	地　　点	引发原因	死亡人数
1996	中国，云南	人类活动	372
1996	中国，台湾	台风	73
1998	中国，长江流域	暴雨	1157
1998	洪都拉斯、危地马拉、尼加拉瓜、萨尔瓦多	台风	约 10000
1999	中国，台湾	地震	70
2001	中国，台湾	台风	214
2002	中国，云南	暴雨	231
2004	菲律宾	台风、暴雨	1593
2008	中国四川汶川	地震	地震死亡近 8 万人，上万人死于滑坡
2010	中国甘南藏族自治州舟曲县	强降雨	1434 人，失踪 331 人

其中 1920 年在中国宁夏发生的里氏 8.6 级地震诱发了宁夏海源附近的黄土边坡的大范围塌落滑坡，造成约 20 万人死亡。1963 年意大利瓦依昂的一座拱坝的水库初次蓄水，引发了库区的巨型滑坡，使 2 亿多方土石滑进水库，形成 70m 高的水墙，造成下游 2600 人死亡。1998 年我国长江流域的大洪水造成 1662 亿元的经济损失，其中江堤河岸边坡的失稳及溃决占了很大比例。

人工边坡的失稳即为事故。山区的铁路、公路、水利水电工程由于削坡和堆载引发的滑坡，水利堤坝、尾矿坝的失稳，各种基坑坑壁的倒塌事故都属于这类情况。我国近年来土木工程飞速发展，相应的滑坡工程事故及由此造成的损失也是十分严重的。

6.1.5 边坡稳定分析

边坡稳定分析是土力学中极限平衡和极限分析中的经典课题，很早就受到人们极大的重视。目前求解的方法有极限分析、极限平衡和以有限元为主的数值计算等。

早在 1875 年瑞典的卡尔曼(Culmann)就对平面滑动面的边坡稳定进行了极限平衡分析。1915 年，彼得森(Petterson)提出了圆弧滑动面的分析，1927 年，瑞典的费利纽斯(W. Fellenius)进一步发展完善为瑞典条分法。之后，太沙基(K. Terzaghi，1943)，泰勒(D. W. Taylor，1948)，毕肖甫(A. W. Bishop，1955)，摩根斯坦与普莱斯(N. R. Morgensten and V. E. Price，1967)，斯宾塞(E. Spencer，1967)，简布(N. Janbu，1972)等人都对边坡稳定的极限平衡分析做出了很大贡献。其中瑞典条分法和毕肖甫法至今仍在普遍地运用，摩根斯坦与泼赖斯法是适用于任意滑动面的较严格的方法。近年来，陈祖煜对摩根斯坦与普莱斯法提出了改进，并开发了稳定分析的程序 Stab，在国内水利水电工程界得到广泛的应用。

在将极限平衡法由二维推广到三维时，为了使问题静定可解，需要引入大量假定，从而削弱了它的理论基础和应用范围。此时采用极限分析方法就有一定优势。极限分析法的理论基础是塑性力学中的上下限定理。唐纳德(Donald)和陈祖煜提出的斜条分法就是建立在上限定理的基础上的。斯劳恩(Sloan)提出了塑性极限分析上下限解的有限元法,为极限分析的发展开辟了新的道路。

随着计算机技术和有限元的发展,基于有限元法的稳定分析越来越受到重视。而且可能成为未来的发展方向。这种方法主要有基于应力场的稳定分析方法和有限元强度折减法。需要说明的是,对混凝土、钢材等材料来说,由于模量较高,结构破坏前变形不大,承载性能主要受强度控制。但对土体来说,破坏前往往发生了很大变形,在对变形要求不严格的情况下,稳定问题起控制作用。如果对变形要求严格,结构安全将由变形控制,仍然需要利用基于土的本构关系模型的应力变形分析进行变形验算。计算机巨大的内存和超凡的速度,使大范围、高密度的搜索成为可能,各种基于统计学、仿生学和优化理论的搜索方法得到迅速发展和广泛的应用,使稳定分析的极限平衡法获得新的进展。

近年来,各种非连续计算方法,如块体理论、离散元法、流形元法、颗粒流法也在岩土工程的稳定分析中有所发展和应用。一些不确定性理论、可靠度理论也被引进岩土稳定分析中来。

6.2 无限土坡的稳定分析

实际上,天然边坡和人工边坡都是有限长的。但对于一些具有平行于坡面的浅层滑裂面的长坡,滑坡的上部和坡脚处的滑动面弯曲部分、两侧边界的约束都可以忽略,可以将其当成是二维的无限边坡。在这种情况下,如果沿平行于坡面分层时,其土质是均匀的,在无限边坡中的各竖直面上,作用有相同的应力分布,平行于坡面的任意一个平面上各点的荷载和抗力也都是相等的。具有外倾结构面的岩体上的表面风化残积土层,海相沉积的海底坡体等都可看作是无限土坡。

6.2.1 砂土的无限土坡

砂土的黏聚力 $c=0$,无限砂土坡与地下水间的关系可分为图 6-3 所示的几种情况,其中滑动面的深度为 z。

以图 6-3(d)为例进行分析,如图 6-4 所示。以 $ABCD$ 土体作为隔离体的极限平衡分析,其沿坡的长度为单位长度。

设水上水下砂土的重度都近似等于饱和重度 γ_m,由于是无限土坡,土体两侧的作用力相互抵消,考虑滑动面 AB 上的静力平衡,其中 AE 为土条底部的孔隙水压力水头,等于 $h\cos^2\beta$。

$$W = \gamma_m z\cos\beta$$

$$U = u = \gamma_w h\cos^2\beta$$

在滑动面 AB 上的正应力和剪应力分别为

$$\sigma'_n = W\cos\beta - U = (\gamma_m z - \gamma_w h)\cos^2\beta$$

$$\tau = \gamma_m z\cos\beta\sin\beta$$

则抗滑稳定安全系数 F_s 为

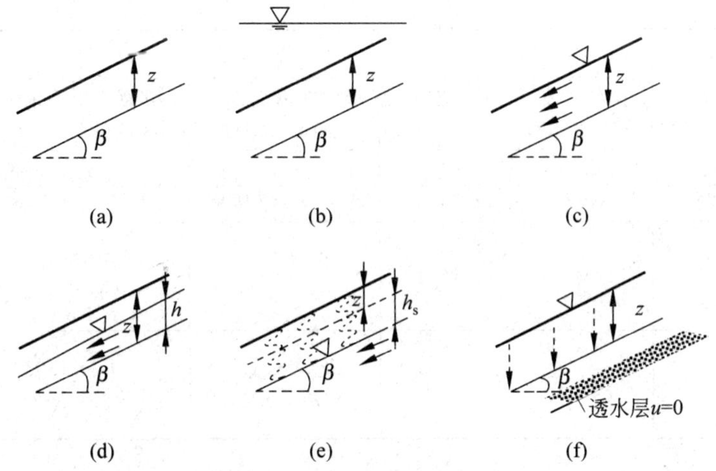

图 6-3　不同的无限砂土边坡

(a)干土坡；(b)水下土坡；(c)水面与坡面齐平的沿坡渗流；(d)水面在坡面下的沿坡渗流
(e) 滑动面在渗流的毛细饱和区；(f)下有粗粒土层的竖向渗流

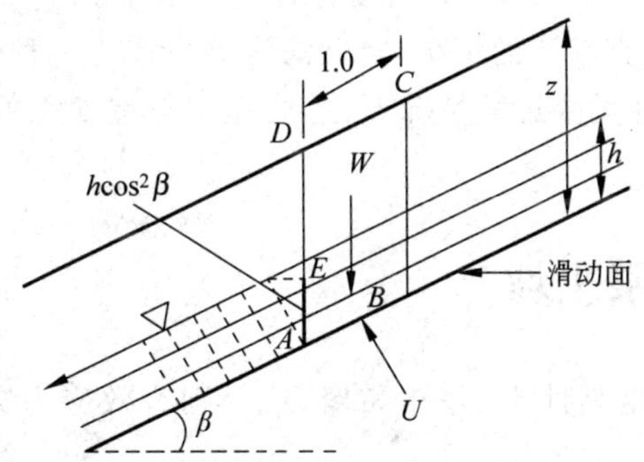

图 6-4　部分沿坡渗流的无限砂土坡

$$F_s = \frac{\sigma'_n \tan\varphi}{\tau} = \left(1 - \frac{\gamma_w h}{\gamma_m z}\right)\frac{\tan\varphi}{\tan\beta} \tag{6-1}$$

在以上的分析中，如果令水下部分砂土在计算抗滑力时取浮重度，在计算滑动力取饱和重度，或者以土骨架为隔离体，水下土体用浮重度，并考虑滑动力时加上渗透力，也同样可以得到式(6-1)。利用式(6-1)及上述类似的推导方法，对于图 6-3 所示的六种砂土无限土坡的情况，可以得到表 6-2 所示的结果，其中 z 为滑动面的深度。

表 6-2　几种砂土无限边坡的稳定分析

编号	1	2	3	4	5	6
工况	干坡 (图 6-3(a))	静水下坡 (图 6-3(b))	全坡沿坡渗流 (图 6-3(c))	水位在滑面以下 (图 6-3(d))	滑面位于毛细饱和区内(图 6-31(e))	竖向渗流区 (图 6-3(f))
τ	$\gamma z\cos\beta\sin\beta$	$\gamma' z\cos\beta\sin\beta$	$\gamma_m z\cos\beta\sin\beta$	$\gamma_m z\cos\beta\sin\beta$	$\gamma_m z\cos\beta\sin\beta$	$\gamma_m z\cos\beta \cdot \sin\beta$
σ'_n	$\gamma z\cos^2\beta$	$\gamma' z\cos^2\beta$	$\gamma' z\cos^2\beta$	$[\gamma_m(z-h)+\gamma' h] \cdot \cos^2\beta$	$(\gamma_m z+\gamma_w h_s)\cos^2\beta$	$\gamma_m z\cos^2\beta$

续表

编号	1	2	3	4	5	6
工况	干坡(图 6-3(a))	静水下坡(图 6-3(b))	全坡沿坡渗流(图 6-3(c))	水位在滑面以下(图 6-3(d))	滑面位于毛细饱和区内(图 6-31(e))	竖向渗流区(图 6-3(f))
F_s	$\frac{\tan\varphi}{\tan\beta}$	$\frac{\tan\varphi}{\tan\beta}$	$\frac{\gamma'\tan\varphi}{\gamma_m\tan\beta}$	$\left(1-\frac{\gamma_w h}{\gamma_m z}\right)\frac{\tan\varphi}{\tan\beta}$	$\left(1+\frac{\gamma_w h_s}{\gamma_m z}\right)\frac{\tan\varphi}{\tan\beta}$	$\frac{\tan\varphi}{\tan\beta}$
$F_s=1$ $\varphi=30°$ $\gamma_m=2\gamma'$	$\beta=30°$	$\beta=30°$	$\beta=16.1°$	$\beta=23.4°$ $(h=z/2)$	$\beta=35.8°$ $(h_s=z/2)$	$\beta=30°$
$\varphi=30°$ $\beta=20°$ $\gamma'=\gamma_w$	$F_s=1.59$	$F_s=1.59$	$F_s=0.793$	$F_s=1.19$ $(h=z/2)$	$F_s=1.98$ $(h_s=z/2)$	$F_s=1.59$

对于图 6-3(e)的情况，由于滑动面处的土体实际上是非饱和土。但对于粉细砂土等，可认为是处于毛细饱和区内，如第 4 章所述，这部分水也是可以沿坡流动的，其吸力 $s=u_a-u_w=\gamma_w h_s\cos^2\beta$，所以孔隙水压力为 $u_w=-\gamma_w h_s\cos^2\beta$。如果设非饱和土的 $\varphi''=\varphi$，则得到与式(6-1)类似的形式，只是毛细区部分的孔隙水压力为负值。

对于图 6-3(f)这种竖直渗流的情况，竖向的渗透力作为一种体积力与土的浮重度一起产生有效自重应力，而这种无限边坡情况下，边坡稳定与重度无关，所以它与 1、2 项的结果相同。

6.2.2 黏性土的无限土坡

在图 6-4 中，如果土是黏性土，存在黏聚力 c'，则有效应力分析中的安全系数可以表示为

$$F_s=\frac{(\sigma_n-u)\tan\varphi'+c'}{\tau}=\frac{(\gamma_m z\cos^2\beta-\gamma_w h\cos^2\beta)\tan\varphi'+c'}{\gamma_m z\cos\beta\sin\beta}$$

$$=\frac{2c'}{\gamma_m z\sin 2\beta}+\left(1-\frac{\gamma_w h}{\gamma_m z}\right)\frac{\tan\varphi'}{\tan\beta} \tag{6-2a}$$

对于图 6-3 中的六种情况，可通过式(6-2a)得到与表 6-2 类似的结果。

由于饱和的软黏土的不排水强度指标，$\varphi_u=0°$，式(6-2a)就变成

$$F_s=\frac{2c_u}{\gamma_m z\sin 2\beta} \tag{6-2b}$$

可通过图 6-5 对无渗流一般黏性土的无限土坡进行稳定分析。在图 6-5(b) 中，以 OF 长度代表图 6-5(a)中的竖向应力 $\sigma_v=W=\gamma z\cos\beta$，亦即 OE 长度代表图 6-5(a)中的法向应力 $\sigma_n=\gamma z\cos^2\beta$，$EF$ 代表图 6-5(a)中的切向应力 $\tau=\gamma z\cos\beta\sin\beta$，而相应于法向应力 σ_n 的抗剪强度为 $\tau_f=c'+\sigma_n\tan\varphi'$，即为线段 EG 的长度。可见在这种情况下，由于 $\tau_f>\tau$，所以对于图 6-5(a)所示的滑动面，土坡是稳定的。如果竖向应力 σ_v 的长度等于 ON，则土坡处于临界状态。在 MN 左侧是安全的，右侧是不稳定的。

【例题 6-1】 无限长的土坡如图 6-6 所示。砂土与黏土的竖向厚度都是 2m，其下为基岩。土坡倾角为 $\beta=17°$。砂土与黏土的重度都是 20kN/m^3，砂土 $c_1=0$，$\varphi_1=35°$，黏土 $c_2'=$

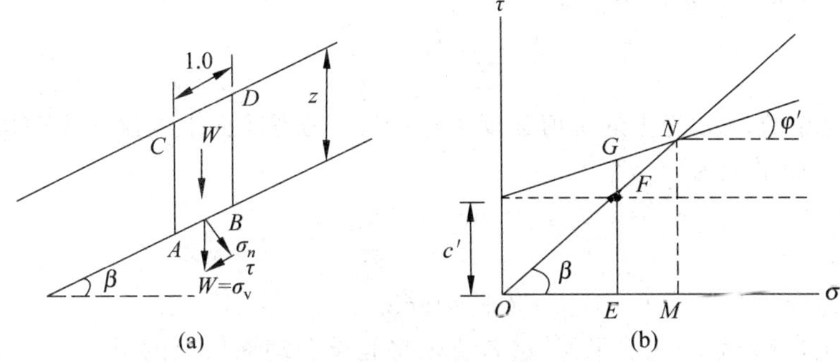

图 6-5　黏性土坡的稳定分析

20kPa，$\varphi_2'=25°$，黏土与基岩间界面 $c_3'=10$，$\varphi_3'=20°$，砂土和黏土中都存在着沿坡的渗流。假设滑动面都平行于坡面，计算该坡滑动的最小安全系数。

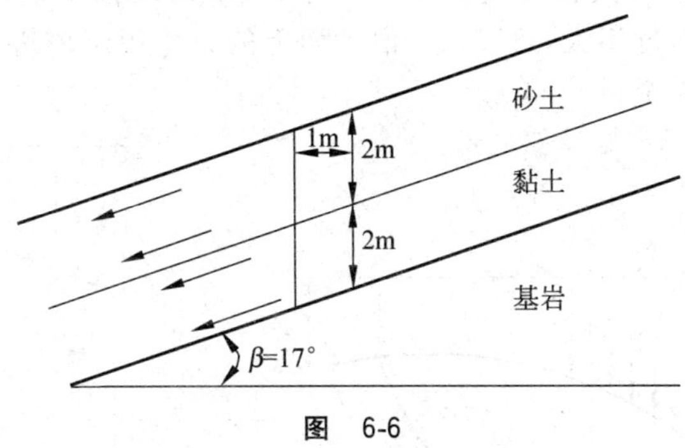

图　6-6

【解】 取单位宽度土条分析：

(1) 沿砂土中滑动面滑动：$F_s=\dfrac{\tan\varphi_1}{\tan\beta}\times\dfrac{\gamma'}{\gamma_{sat}}=\dfrac{\tan35}{\tan17}\times\dfrac{10}{20}=1.145$

(2) 沿着黏土层底面与基岩面滑动，取单位宽度的土骨架进行计算：

① 沿坡的渗透力：$j=\gamma_w\sin\beta=10\times\sin17$

② 土条有效自重：$W'=4\gamma'=4\times10=40(\text{kN})$

③ 抗滑安全系数：

$$F_s=\frac{4\gamma'\cos\beta\tan\varphi_3'+c_3'/\cos\beta}{4\gamma'\sin\beta+4j}=\frac{4\times10\times\cos\beta\tan\varphi_3'+c_3'/\cos\beta}{4\times10\times\sin17+4\times10\times\sin17}$$

$$=\frac{13.9+10.5}{23.4}=1.043$$

讨论：对于黏性土，$c'>0$，所以一般平面滑动面越深，安全系数越小(见图 6-5)，又因为界面处最深，且强度指标都小于黏土的，所以只需验算界面即可。即最小安全系数为 $F_s=1.043$。

6.3　边坡稳定分析的极限平衡条分法

极限平衡条分法是边坡稳定分析的经典方法。这种方法简化为一个滑动土体沿着未滑动土体滑动，研究滑动面上的极限平衡。所以 6.2 节中的分析使用的也是极限平衡法。对

于平面滑动面,其安全系数可表示为

$$F_s = \frac{cl + N\tan\varphi}{T} \tag{6-3}$$

式中,F_s 为安全系数;c、φ 为土的抗剪强度指标;N、T 为滑动面上的法向力和切向力;l 为土条底边的长度。如果记为

$$c_e = c/F_s, \quad \tan\varphi_e = \tan\varphi/F_s \tag{6-4}$$

式(6-3)也可写为

$$T = c_e l + N\tan\varphi_e \tag{6-5}$$

对于黏性土,滑动面一般非平面,这就要求将假设滑动面以上的土体离散成一个个竖直的条块。每一条块沿底部的滑动面安全系数相同。如离散为 n 个土条,取某一土条作为隔离体进行分析,如图 6-7(b)所示。图中,q_i 为土条坡面上作用的均布竖向超载;ΔQ_i 为该土条受到的总水平力(例如水平惯性力)。待定的总未知量有 $5n-2$ 个:条块间力的两个分量 E_i 和 X_i 及作用点位置 h_i,其合力共 $3(n-1)$ 个;条块滑动面上的两个作用力分量 N_i 和 T_i,共 $2n$ 个(由于土条宽度不大,可以认为滑动面上的力作用于该边中点,即作用点位置为已知量);安全系数 F_s,1 个。

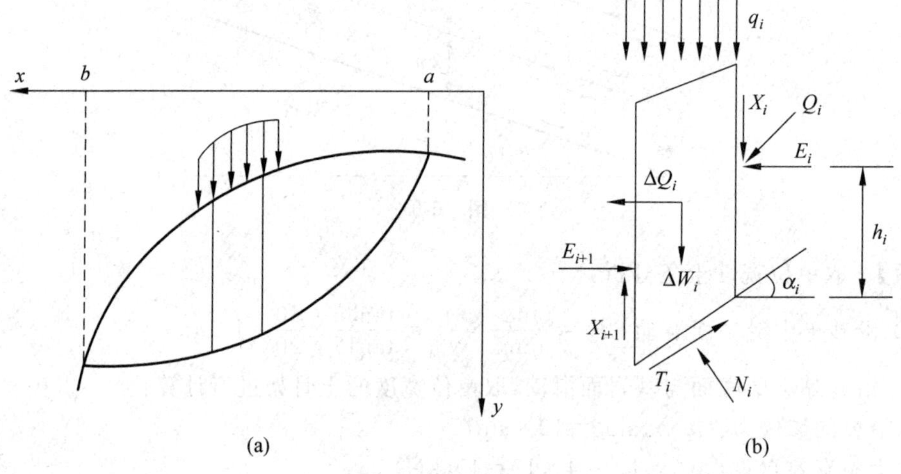

图 6-7 条块及作用力

由于每个土条可以建立 x 和 y 方向两个力系的平衡方程和一个力矩平衡方程,且存在式(6-5)的极限平衡条件,所以可以提供 $4n$ 个方程。未知量与方程数之差仍为$(n-2)$,因而是一个高次超静定问题。需要引入一些假定,使得未知量不大于方程数才能求解。下面所介绍的各种极限平衡法都属于条分法,主要区别就在于在所引入的假定不同。

6.3.1 瑞典条分法

瑞典条分法假定滑动面为圆弧,不考虑条块间力的作用,即假定条块间的作用力均为零,这就去掉了 $3(n-1)$个未知数,方程可以求解。对图 6-8 中的土条 i 进行分析,考虑径向力的平衡,有

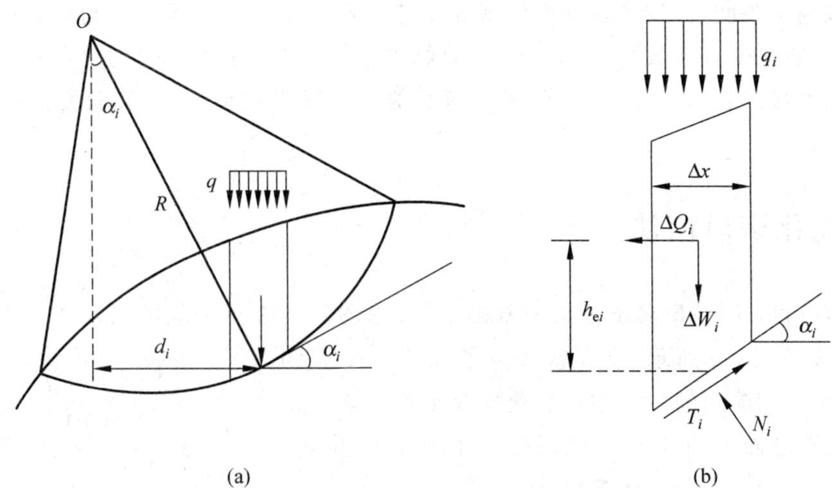

图 6-8　瑞典圆弧条分法

$$N_i = (\Delta W_i + q_i \Delta x)\cos\alpha_i - \Delta Q_i \sin\alpha_i \tag{6-6}$$

所有土条的自重与荷载整体对圆心 O 求力矩，并达到平衡状态，其中，设 ΔW_i 和 $q_i\Delta x$ 作用点都通过土条的中线，$\Delta W_i d_i = \Delta W_i R\sin\alpha_i$，$q_i\Delta x d_i = q_i\Delta x R\sin\alpha_i$，可以得到

$$\sum_{i=1}^{n}(\Delta W_i + q_i\Delta x)R\sin\alpha_i + \sum_{i=1}^{n}\Delta Q_i(R\cos\alpha_i - h_{ei}) = \sum_{i=1}^{n} T_i R \tag{6-7a}$$

即

$$\sum_{i=1}^{n} T_i = \sum_{i=1}^{n}(\Delta W_i + q_i\Delta x)\sin\alpha_i + \sum_{i=1}^{n}\Delta Q_i\left(\cos\alpha_i - \frac{h_{ei}}{R}\right) \tag{6-7b}$$

将式(6-5)的极限平衡条件代入式(6-7b)，有

$$\sum_{i=1}^{n}(c_{ei}\Delta x\sec\alpha_i + N_i\tan\varphi_{ei}) = \sum_{i=1}^{n}(\Delta W_i + q_i\Delta x)\sin\alpha_i + \sum_{i=1}^{n}\Delta Q_i\left(\cos\alpha_i - \frac{h_{ei}}{R}\right) \tag{6-8}$$

其中 $\Delta x\sec\alpha_i = l_i$。考虑到 $c_e = c/F_s$，$\tan\varphi_e = \tan\varphi/F_s$，可以写出求解安全系数 F_s 的显式表达式为

$$F_s = \frac{\sum_{i=1}^{n}(c_i\Delta x\sec\alpha_i + N_i\tan\varphi_i)}{\sum_{i=1}^{n}(\Delta W_i + q_i\Delta x)\sin\alpha_i + \sum_{i=1}^{n}\Delta Q_i(\cos\alpha_i - \frac{h_{ei}}{R})} = \frac{M_R}{M_S} \tag{6-9}$$

由于过于简化，瑞典条分法方程数超过未知数很多，不能利用所有方程，导致一些条件不能满足。比如对于 $\alpha_i = 0$ 的土条，见图 6-9，在瑞典条分法计算中，按照极限平衡条件式(6-5)得

$$T_0 = c_{e0}\Delta x + (\Delta W_0 + q_0\Delta x)\tan\varphi_{e0} \tag{6-10}$$

而按照该条的水平方向力的平衡，有

$$T_0 = \Delta Q_0 \tag{6-11}$$

显然两者一般是不会相等的，亦即每个土条不能满足所有静力平衡条件。

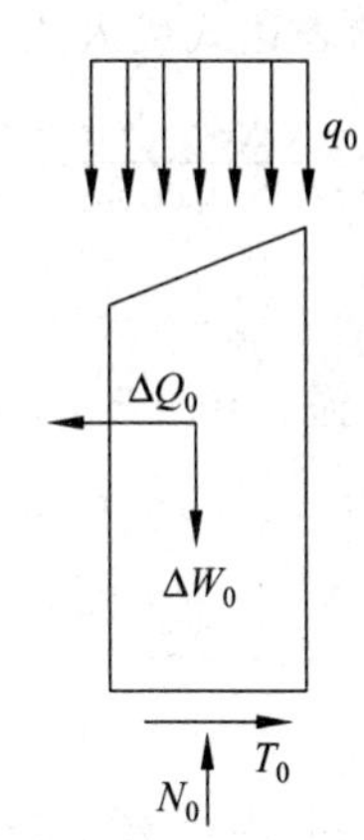

图 6-9　$\alpha_i = 0$ 时的土条受力分析

由于忽略了条间力,瑞典条分法计算所得安全系数偏小,在圆弧中心角较大和孔隙水压力较大时,计算的安全系数的误差较大,计算结果甚至会出现异常。它的优点是能够写出关于安全系数的显式表达式,计算简便,在早期计算能力较低的情况下,其简便性和实用性是毋庸置疑的。

6.3.2 简化毕肖甫法

毕肖甫(Bishop)在瑞典条分法的基础上,考虑图6-7中土条间的法向作用力 E_i,忽略切向力 X_i,如图6-10所示,这样就去掉了$(n-1)$个未知数,这种忽略了切向力的方法亦称简化毕肖甫法。毕肖甫法仍然假定滑动面为图6-8(a)的圆弧。在图6-10中,考虑 i 土条的竖向力的平衡,即 $\sum F_{yi}=0$,有

$$\Delta W_i+q_i\Delta x=N_i\cos\alpha_i+T_i\sin\alpha_i \tag{6-12}$$

与极限平衡条件

$$T_i=c_{ei}\Delta x\sec\alpha_i+N_i\tan\varphi_{ei} \tag{6-13}$$

两式联立,可以求出

$$N_i=\frac{\Delta W_i+q_i\Delta x-c_{ei}\Delta x\tan\alpha_i}{\cos\alpha_i+\sin\alpha_i\tan\varphi_{ei}} \tag{6-14a}$$

将式(6-14a)代入式(6-13),得

$$T_i=\frac{(\Delta W_i+q_i\Delta x)\tan\varphi_{ei}+c_{ei}\Delta x}{\cos\alpha_i+\sin\alpha_i\tan\varphi_{ei}} \tag{6-14b}$$

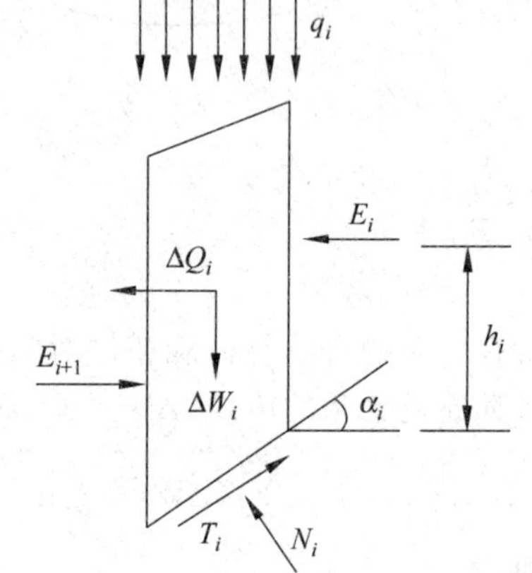

图6-10 简化毕肖甫法

各土条整体对图6-8(a)的圆心 O 求力矩,可以得到

$$\sum_{i=1}^{n}T_i=\sum_{i=1}^{n}(\Delta W_i+q_i\Delta x)\sin\alpha_i+\sum_{i=1}^{n}\Delta Q_i\left(\cos\alpha_i-\frac{h_{ei}}{R}\right)$$

由于条间力 E_i 成对出现,为作用力与反作用力,大小相等,方向相反,在求和时相互抵消,所以简化毕肖甫法得到的整体力矩平衡方程与瑞典条分法相同。将式(6-14b)关于 T_i 的表达式代入式(6-7b),可以得到

$$\sum_{i=1}^{n}\frac{(\Delta W_i+q_i\Delta x)\tan\varphi_{ei}+c_{ei}\Delta x}{\cos\alpha_i+\sin\alpha_i\tan\varphi_{ei}}-\sum_{i=1}^{n}(\Delta W_i+q_i\Delta x)\sin\alpha_i-\sum_{i=1}^{n}\Delta Q_i\left(\cos\alpha_i-\frac{h_{ei}}{R}\right)=0 \tag{6-15a}$$

考虑到 $c_e=c/F_s$,$\tan\varphi_e=\tan\varphi/F_s$,令 $m_{\alpha i}=\cos\alpha_i+\dfrac{\sin\alpha_i\tan\varphi_i}{F_s}$,式(6-15a)可写成

$$F_s=\frac{\sum\limits_{i=1}^{n}\dfrac{1}{m_{\alpha i}}\left[(\Delta W_i+q_i\Delta x)\tan\varphi_i+c_i\Delta x\right]}{\sum\limits_{i=1}^{n}(\Delta W_i+q_i\Delta x)\sin\alpha_i-\sum\limits_{i=1}^{n}\left(\cos\alpha_i-\dfrac{h_{ei}}{R}\right)} \tag{6-15b}$$

由于 $m_{\alpha i}$ 中含有安全系数,上式是关于安全系数 F_s 的隐式表达式,可以通过迭代方法求解。

简化毕肖甫法采用了圆弧滑动面,对于土质比较均匀的边坡,其计算结果是足够精确的。简化毕肖甫法是实用可靠的,其缺点是不能用于任意形状滑动面。关于瑞典条分法和

简化毕肖甫法可以这样理解：瑞典条分法相当于一根根彼此没有相互作用的木条直立在一块，简化毕肖甫法则相当于将这些木条用绳子扎成一捆放置。显然后者的稳定性要好于前者。这也说明条块间法向力对稳定的影响是主要的，而切向力的影响则相对较小。

6.3.3 简布法

简布(Janbu)假定各土条间推力 E_i 的作用点连线为光滑连续曲线，称为"推力作用线"，如图6-11(a)所示的 ab，即假定条块间力的作用点位置为已知量，这样就也去掉了 $n-1$ 个未知数。简布法对滑动面的形状不做假定，可以用于任意形状滑动面，所以也叫作普遍条分法，或者通用条分法。

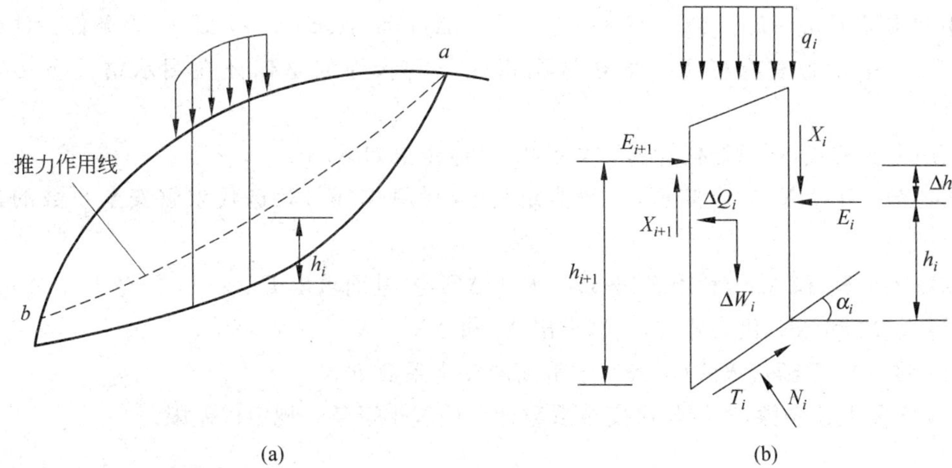

图6-11　简布法

考虑图6-11(b)中土条 i 上竖向力和水平力的平衡，即 $\sum F_{yi}=0, \sum F_{xi}=0$，有

$$\Delta W_i + q_i\Delta x - \Delta X_i = N_i\cos\alpha_i + T_i\sin\alpha_i \tag{6-16a}$$

$$\Delta Q_i - \Delta E_i = T_i\cos\alpha_i - N_i\sin\alpha_i \tag{6-16b}$$

其中 $\Delta X_i = X_{i+1} - X_i$，$\Delta E_i = E_{i+1} - E_i$。

式(6-16b)与式(6-13)的极限平衡条件联立，可以得到

$$N_i = \frac{\Delta W_i + q_i\Delta x - \Delta X_i - c_{ei}\Delta x\tan\alpha_i}{\cos\alpha_i + \sin\alpha_i\tan\varphi_e} \tag{6-17a}$$

$$T_i = \frac{(\Delta W_i + q_i\Delta x - \Delta X_i)\tan\varphi_{ei} + c_{ei}\Delta x}{\cos\alpha_i + \sin\alpha_i\tan\varphi_{ei}} \tag{6-17b}$$

$$\begin{aligned}\Delta E_i = {} & \Delta Q_i - c_{ei}\Delta x[1 + \tan\alpha_i\tan(\alpha_i - \varphi_{ei})] \\ & + (\Delta W_i + q_i\Delta x - \Delta X_i)\tan(\alpha_i - \varphi_{ei})\end{aligned} \tag{6-17c}$$

由于到最后一条块，$E_{n+1}=0$，所以 $\sum_{i=1}^{n}\Delta E_i = 0$，由式(6-17c)，有

$$\sum_{i=1}^{n}\{\Delta Q_i - c_{ei}\Delta x[1 + \tan\alpha_i\tan(\alpha_i - \varphi_{ei})] + (\Delta W_i + q_i\Delta x - \Delta X_i)\tan(\alpha_i - \varphi_{ei})\} = 0 \tag{6-18}$$

可以利用式(6-18)迭代求解安全系数 F_s,但需要先计算出未知量 ΔX_i,需要通过对各土条的力矩平衡求解。对图 6-11(b)底部中点取矩,有

$$(X_i+\Delta X_i)\cdot\frac{\Delta x}{2}+X_i\cdot\frac{\Delta x}{2}-\Delta Q_i\cdot h_{ei}$$
$$+E_{i+1}\left(h_{i+1}-\frac{1}{2}\Delta x\tan\alpha_i\right)-E_i\left(h_i+\frac{1}{2}\Delta x\tan\alpha_i\right)=0$$

可化简为

$$X_i\cdot\Delta x-\Delta Q_i\cdot h_{ei}+E_i(h_{i+1}-h_i-\Delta x\tan\alpha_i)+\Delta E_i h_{i+1}=0$$

进一步得到

$$X_i=\Delta Q_i\cdot\frac{h_{ei}}{\Delta x}-E_i\frac{\Delta h_i}{\Delta x}-\Delta E_i\frac{h_i}{\Delta x} \tag{6-19}$$

推导中利用了 $E_{i+1}=E_i+\Delta E_i$,$\Delta h_i=h_{i+1}-h_i-\Delta x\tan\alpha_i$,$\Delta E_i h_{i+1}\approx\Delta E_i h_i$ 等条件。注意在图 6-11(b)中作者有意将 E_{i+1} 的位置画得比 E_i 高,为的是保证在图示情况下 Δh_i 为"正"值。

利用上述公式,可以迭代计算安全系数,具体步骤如下。

(1) 先假定 ΔX_i 为已知值,一般假定为 0,利用式(6-18)迭代求解安全系数的近似值 F_{s1}。

(2) 根据 F_{s1} 和 ΔX_i,利用式(6-17c)求解 ΔE_i,并进而求出 E_i。

(3) 将 E_i 和 ΔE_i 代入式(6-19),求出 X_i 和 $\Delta X_i=X_{i+1}-X_i$。

(4) 将 ΔX_i 重新代入式(6-18),求解新的安全系数 F_{s2}。

(5) 重复上述步骤,直到两次安全系数计算误差小于某一规定误差限。

6.3.4 斯宾塞法

与简布法一样,斯宾塞(Spencer)法也可以用于任意形状滑动面。如图 6-12 所示,它假定土条间的切向力与法向力之比,亦即条间力的合力的方向为常数,即

$$X_i/E_i=\tan\beta=\lambda \tag{6-20}$$

相当于假定条间力的作用方向为已知值。且各土条间力的作用方向与水平方向夹角相等,均为待求值 β。这种假定去掉 $n-1$ 个未知数,同时增加了 1 个未知数。这样,未知数为 $4n$ 个,正好与方程数相等。求解安全系数需要利用全部已知条件所形成的方程。

考虑竖向力和水平力的平衡,以及极限平衡条件,可以消去未知量 N_i 和 T_i,得到与式(6-17c)类似的等式。

$$\Delta P_i=\sec(\alpha_i-\beta-\varphi_{ei})[\Delta W_i\sin(\alpha_i-\varphi_{ei})+\Delta Q_i\cos(\alpha_i-\varphi_{ei})-c_{ei}\Delta x\sec\alpha_i\cos\varphi_{ei}] \tag{6-21}$$

由于到最后一条块上 $P_{n+1}=0$,$\sum_{i=1}^{n}\Delta P_i=0$,由式(6-21)可以得到

$$\sum_{i=1}^{n}\sec(\alpha_i-\beta-\varphi_{ei})[\Delta W_i\sin(\alpha_i-\varphi_{ei})+\Delta Q_i\cos(\alpha_i-\varphi_{ei})-c_{ei}\Delta x\sec\alpha_i\cos\varphi_{ei}]=0 \tag{6-22}$$

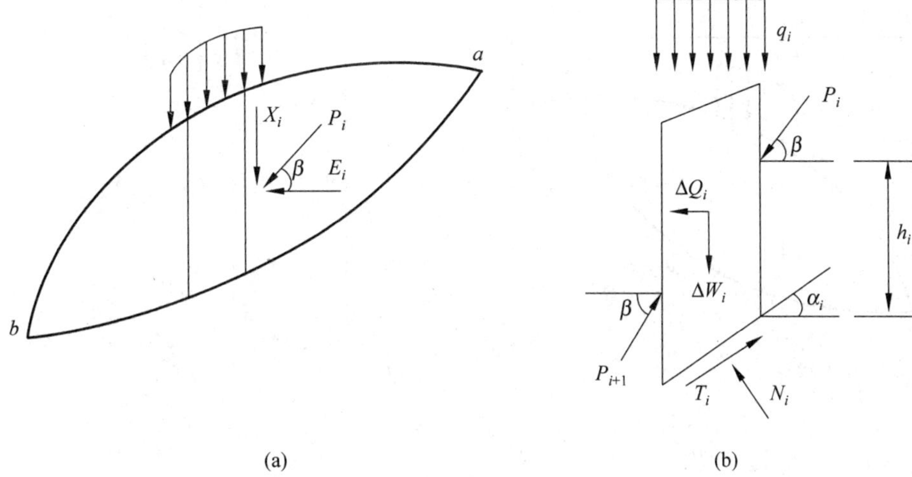

图 6-12　斯宾塞法

式(6-22)中包含两个未知数：F_s 和 β（即 λ）。求解安全系数还需要补充一个方程。与简布法类似，可以通过对各土条的底部中点取矩来实现整体力矩的平衡。斯宾塞法的优点是 λ 并不事先给定，而是通过计算求得。它的缺点是假设条间力互相平行（均等于 β），这与实际不符。可以证明在 a、b 处力的作用方向实际上应满足已知的边界条件。

6.3.5　摩根斯坦-普莱斯法

摩根斯坦(Morgenstern)和普莱斯(Price)于 1965 年提出了一种更具一般性的方法，它也适用于任意形状的滑动面。该法假定：

$$X_i/E_i = \tan\beta = \lambda f(x) \tag{6-23}$$

式中，λ 为待定常数；$f(x)$为人为假定函数，通常可取为线性函数：$f(x)=kx+m$，其中 k、m 为常数。显然，如果取 $f(x)=1$，则退化为斯宾塞法；取 $f(x)=0$，则相当于假定条间切向力为 0，与简化毕肖甫法的假定一致。该法将土条分得很细，从而可以根据这种微土条的平衡关系建立微分方程，如图 6-13 所示。

对图 6-13(b)中的微土条，考虑 y 方向竖向力和 x 方向水平力的平衡，以及极限平衡条件，有

$$\begin{aligned} T\sin\alpha + N\cos\alpha &= \Delta W + \Delta V - \Delta X \\ T\cos\alpha - N\sin\alpha &= \Delta Q - \Delta E \\ T &= c_e \Delta x \sec\alpha + N\tan\varphi_e \end{aligned}$$

由上述方程组中消去未知数 T 和 N，可以得到

$$\tan(\varphi_e - \alpha) = \frac{\Delta Q - \Delta E - c_e \Delta x}{\Delta W + \Delta V - \Delta X - c_e \Delta x \tan\alpha}$$

即

$$\begin{aligned} &-\Delta E(1 + \tan\varphi_e \tan\alpha) + \Delta X(\tan\varphi_e - \tan\alpha) \\ &= c_e \Delta x \sec^2\alpha + (\Delta W + \Delta V)(\tan\varphi_e - \tan\alpha) - \Delta Q(1 + \tan\varphi_e \tan\alpha) \end{aligned}$$

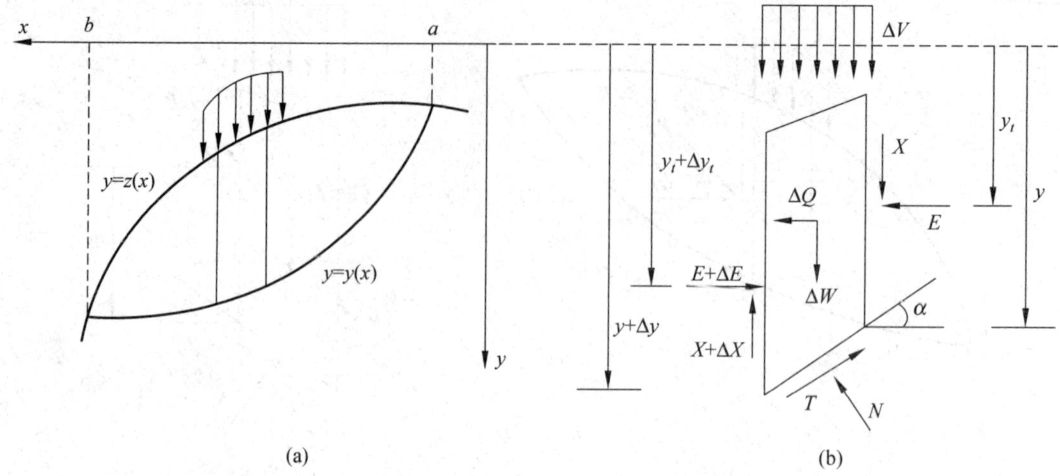

图 6-13 摩根斯坦-普莱斯法

令 $\Delta x \to 0$,上式写成微分方程的形式,有

$$-\frac{\mathrm{d}E}{\mathrm{d}x}(1+\tan\varphi_{\mathrm{e}}\tan\alpha)+\frac{\mathrm{d}X}{\mathrm{d}x}(\tan\varphi_{\mathrm{e}}-\tan\alpha)$$

$$=c_{\mathrm{e}}\sec^{2}\alpha+\left(\frac{\mathrm{d}W}{\mathrm{d}x}+\frac{\mathrm{d}V}{\mathrm{d}x}\right)(\tan\varphi_{\mathrm{e}}-\tan\alpha)-\frac{\mathrm{d}Q}{\mathrm{d}x}(1+\tan\varphi_{\mathrm{e}}\tan\alpha) \tag{6-24}$$

摩根斯坦和普莱斯进一步对土条的各参数线性化,即假定

$$y=Ax+b,\quad A=\tan\alpha$$

$$\frac{\mathrm{d}W}{\mathrm{d}x}=px+q,\quad \frac{\mathrm{d}Q}{\mathrm{d}x}=p_0x+q_0,\quad \frac{\mathrm{d}V}{\mathrm{d}x}=p'_0x+q'_0,\quad f(x)=kx+m$$

可以将微分方程(6-24)简化为

$$(Kx+L)\frac{\mathrm{d}E}{\mathrm{d}x}+KE=Rx+P \tag{6-25}$$

其中

$$K=\lambda k(\tan\varphi_{\mathrm{e}}-A),\quad A=\tan\alpha$$
$$L=\lambda m(\tan\varphi_{\mathrm{e}}-A)-(1+A\tan\varphi_{\mathrm{e}})$$
$$R=p'(\tan\varphi_{\mathrm{e}}-A)$$
$$P=c_{\mathrm{e}}(1+A^2)+q'(\tan\varphi_{\mathrm{e}}-A)$$

推导中利用了$\frac{\mathrm{d}X}{\mathrm{d}x}=\frac{\mathrm{d}}{\mathrm{d}x}[\lambda(kx+m)E]$,即式(6-23)的假定。从 x_i 开始,在区间$[0,\Delta x]$中对式(6-25)积分,可以得到由 E_i 计算 E_{i+1} 的公式为

$$E_{i+1}=\frac{1}{L+K\Delta x}\left(E_iL+\frac{R\Delta x^2}{2}+P\Delta x\right) \tag{6-26}$$

式(6-26)实际上给出了一个从 E_a 到 E_b 的递推关系,即

$$E_a=E_1\to E_2\to\cdots\to E_{n-1}\to E_n\to E_{n+1}=E_b$$

由于 $E_a=E_b=0$,上式相当于提供了一个方程。该方程中隐含两个未知数:F_{s} 和 λ。求解该问题还需补充另外一个方程。同前面的方法相同,需要通过力矩平衡得到该方程。

对土条底部中点取矩,可以得到力矩平衡方程:

$$(X+\Delta X)\cdot\frac{\Delta x}{2}+X\cdot\frac{\Delta x}{2}+(E+\Delta E)\left[y+\Delta y-(y_t+\Delta y_t)-\frac{\Delta y}{2}\right]$$
$$-E\left(y-y_t+\frac{\Delta y}{2}\right)-\Delta Q\cdot h_e=0$$

并可以简化为

$$X\cdot\Delta x+\Delta E\cdot y-(E\Delta y_t+y_t\Delta E)-\Delta Q\cdot h_e=0$$

考虑 $\Delta x\rightarrow 0$,上式也可以写成微分方程的形式:

$$X=-y\frac{\mathrm{d}E}{\mathrm{d}x}+\frac{\mathrm{d}(y_tE)}{\mathrm{d}x}+\frac{\mathrm{d}Q}{\mathrm{d}x}h_e \tag{6-27}$$

由于$\frac{\mathrm{d}(yE)}{\mathrm{d}x}=y\frac{\mathrm{d}E}{\mathrm{d}x}+E\frac{\mathrm{d}y}{\mathrm{d}x}$,代入上式可得

$$X-E\frac{\mathrm{d}y}{\mathrm{d}x}+\frac{\mathrm{d}}{\mathrm{d}x}[(y-y_t)E]-\frac{\mathrm{d}Q}{\mathrm{d}x}h_e=0 \tag{6-28}$$

对上式在$[a, b]$区间上积分，并考虑在 a、b 两点均有 $y|_a=y_t|_a$,$y|_b=y_t|_b$。可以得到

$$\int_a^b\left(X-E\frac{\mathrm{d}y}{\mathrm{d}x}\right)\mathrm{d}x-\int_a^b\frac{\mathrm{d}Q}{\mathrm{d}x}h_e\mathrm{d}x=0$$

即

$$\int_a^b[\lambda f(x)E-E\tan\alpha]\mathrm{d}x=\int_a^b\frac{\mathrm{d}Q}{\mathrm{d}x}h_e\mathrm{d}x \tag{6-29}$$

可以利用式(6-26)和式(6-29)迭代求解 F_s 和 λ。

这里需要注意的是,在图 6-13 中引入了坐标系。另外在图 6-13(b)中将条间力作用点位置 $y_t+\Delta y_t$ 画得比 y_t 低,主要是为了保证在图 6-13 的坐标系下,图示的 Δy_t 为“正”值。它与图 6-11 简布法中的作用点位置的画法用意是相同的。

6.3.6　陈祖煜的通用条分法

中国学者陈祖煜在摩根斯坦-普莱斯法的基础上,进一步假定:

$$X_i/E_i=\tan\beta=f_0(x)+\lambda f(x) \tag{6-30}$$

式中,λ 为待定常数;$f_0(x)$和 $f(x)$为人为假定函数。$f_0(x)$通常取为线性函数, $f(x)$可取为在 a、b 处等于 0 的任意函数。与斯宾塞法和摩根斯坦-普莱斯法相比,陈祖煜的方法更加灵活,更符合边界条件。

$\tan\beta$ 值在滑动土体两端,即 $x=a$ 和 $x=b$ 处是确定的,不能随意假定,否则将违背剪应力成对的原理。首先,考察一个处于滑面剪出点的端部的土条 B(图 6-14 左上角),这是一个特殊的土条,它具有三角形形状,土条在此尖灭为一个单元。在这个土单元的垂直面上有

$$\tan\beta_b=\lim_{x\rightarrow b}\frac{X}{E}=\frac{\tau_{xy}}{\sigma_x} \tag{6-31}$$

式中,β_b 为$\beta(x)$在端部的值;τ_{xy},σ_x 分别为作用在边条块 B 的垂直面的剪应力和垂直应力。式(6-31)说明,如果端点的应力状态是确定的,则 β 在端点处的值也是确定的。就图 6-14 中 B 点的情况而言,τ_{xy} 的值是零,在 σ_x 不等于零的时候,β_B 的值就是零。这时如果 $\beta(x)$的值在端点 B 被假定为非零值的话,在端部剪应力成对的原理将受到破坏。经过论证,当土条的宽度足够小时,端点土条的侧向作用力的合力平行于该土条顶面,例如在端点 A 有

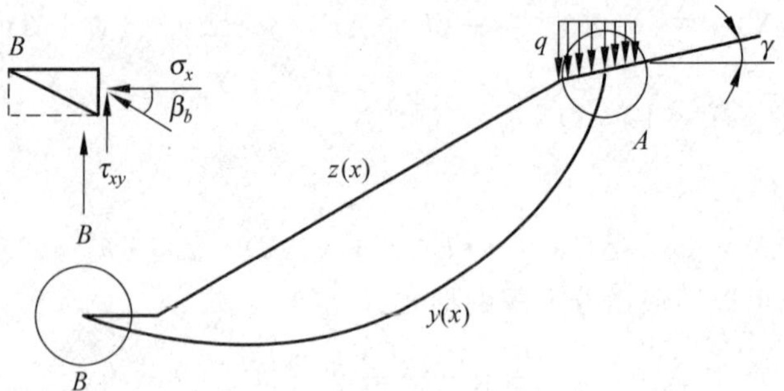

图 6-14　说明土条侧向力须满足的边值条件示例

$$\beta_A = \gamma \tag{6-32}$$

式中,γ 为滑裂面在 A 端部坡面的倾角(见图 6-14)。

固定土条侧向力在端部的值,可以限制对 β 假定的任意性,具有一定的理论和实用意义。对图 6-15(b)的微土条,考虑竖向力和水平力的平衡,可以写出:

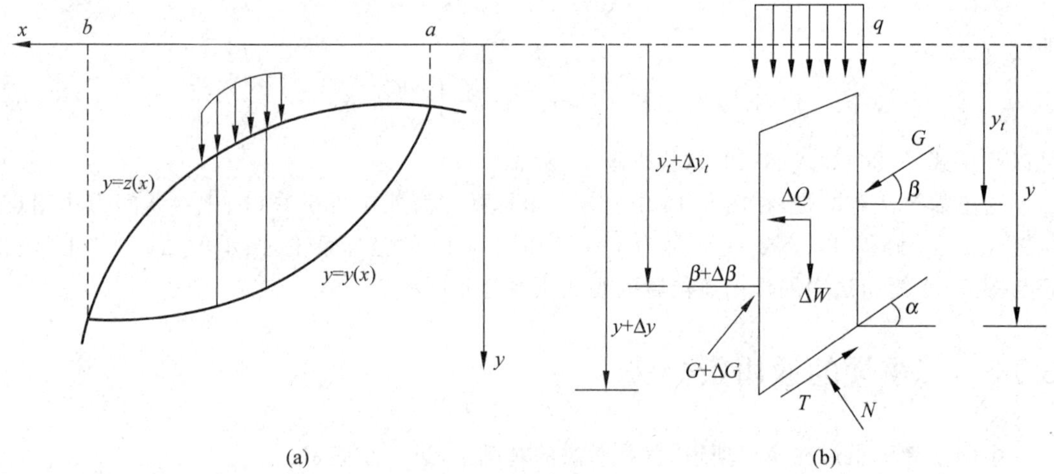

图 6-15　陈祖煜的通用条分法

$$T\sin\alpha + N\cos\alpha = \Delta W + q\Delta x - \Delta(G\sin\beta)$$

$$T\cos\alpha - N\sin\alpha = \Delta Q - \Delta(G\cos\beta)$$

结合极限平衡条件消去 T、N,可得

$$\tan(\varphi_e - \alpha) = \frac{\Delta Q - \Delta(G\cos\beta) - c_e\Delta x}{\Delta W + q\Delta x - \Delta(G\sin\beta) - c_e\Delta x\tan\alpha} \tag{a}$$

即

$$\begin{aligned} &-\Delta G\cos(\varphi_e - \alpha + \beta) + G\cdot\Delta\beta\cdot\sin(\varphi_e - \alpha + \beta) \\ &= (\Delta W + q\Delta x)\sin(\varphi_e - \alpha) - \Delta Q\cos(\varphi_e - \alpha) + c_e\Delta x\sec\alpha\cos\varphi_e \end{aligned} \tag{b}$$

当 $\Delta x \to 0$,式(b)可以写成微分方程的形式:

$$\cos(\varphi_e - \alpha + \beta)\frac{\mathrm{d}G}{\mathrm{d}x} - \sin(\varphi_e - \alpha + \beta)\frac{\mathrm{d}\beta}{\mathrm{d}x}\cdot G = -p(x) \tag{6-33a}$$

其中

$$p(x)=\left(\frac{\mathrm{d}W}{\mathrm{d}x}+q\right)\sin(\varphi_e-\alpha)-\frac{\mathrm{d}Q}{\mathrm{d}x}\cos(\varphi_e-\alpha)+c_e\sec\alpha\cos\varphi_e \tag{6-33b}$$

对土条底部中点取矩，可以得到力矩平衡方程：

$$(G+\Delta G)\cos(\beta+\Delta\beta)\left[y+\Delta y-(y_t+\Delta y_t)-\frac{\Delta y}{2}\right]-G\cos\beta\left(y-y_t+\frac{\Delta y}{2}\right)$$
$$+(G+\Delta G)\sin(\beta+\Delta\beta)\cdot\frac{\Delta x}{2}+G\sin\beta\cdot\frac{\Delta x}{2}-\Delta Q\cdot h_e=0$$

并可以简化为

$$\Delta(G\cos\beta)\cdot y-\Delta(y_tG\cos\beta)+G\sin\beta\cdot\Delta x-\Delta Q\cdot h_e=0$$

当 $\Delta x\to 0$，上式也可以写成微分方程，有

$$G\sin\beta=-y\frac{\mathrm{d}}{\mathrm{d}x}(G\cos\beta)+\frac{\mathrm{d}}{\mathrm{d}x}(y_tG\cos\beta)+\frac{\mathrm{d}Q}{\mathrm{d}x}h_e \tag{6-34}$$

式(6-27)和式(6-28)组成了一个常微分方程组，边界条件为

$$G(a)=0 \tag{6-35a}$$

$$G(b)=0 \tag{6-35b}$$

$$y_t(a)=y(a) \tag{6-35c}$$

$$y_t(b)=y(b) \tag{6-35d}$$

陈祖煜解出了式(6-34)的非线性常微分方程，得到

$$G(x)=-\sec(\varphi_e-\alpha+\beta)s^{-1}(x)\left[\int_a^x p(\zeta)s(\zeta)\mathrm{d}\zeta-G(a)\right] \tag{6-36a}$$

考虑 $G(a)=0$，式(6-36a)即为

$$G(x)=-\sec(\varphi_e-\alpha+\beta)s^{-1}(x)\int_a^x p(\zeta)s(\zeta)\mathrm{d}\zeta \tag{6-36b}$$

其中

$$p(x)=\left(\frac{\mathrm{d}W}{\mathrm{d}x}+q\right)\sin(\varphi_e-\alpha)-\frac{\mathrm{d}Q}{\mathrm{d}x}\cos(\varphi_e-\alpha)+c_e\sec\alpha\cos\varphi_e \tag{6-33b}$$

$$s(x)=\sec(\varphi_e-\alpha+\beta)\exp\left[-\int_a^x\tan(\varphi_e-\alpha+\beta)\frac{\mathrm{d}\beta}{\mathrm{d}\zeta}\mathrm{d}\zeta\right] \tag{6-36c}$$

由于在 $x=b$ 处 $G(b)=0$，将此条件代入式(6-36b)，可得 $\int_a^b p(\zeta)s(\zeta)\mathrm{d}\zeta=0$，也可写为

$$\int_a^b p(x)s(x)\mathrm{d}x=0 \tag{6-37}$$

针对式(6-34)的力矩平衡方程，考虑到

$$\frac{\mathrm{d}(yG\cos\beta)}{\mathrm{d}x}=y\frac{\mathrm{d}(G\cos\beta)}{\mathrm{d}x}+\frac{\mathrm{d}y}{\mathrm{d}x}\cdot G\cos\beta=y\frac{\mathrm{d}(G\cos\beta)}{\mathrm{d}x}+G\cos\beta\cdot\tan\alpha$$

可以将微分方程写为

$$G\sin\beta=G\cos\beta\cdot\tan\alpha-\frac{\mathrm{d}(yG\cos\beta)}{\mathrm{d}x}+\frac{\mathrm{d}(y_tG\cos\beta)}{\mathrm{d}x}+\frac{\mathrm{d}Q}{\mathrm{d}x}h_e$$

即

$$G(\sin\beta-\cos\beta\cdot\tan\alpha)=\frac{\mathrm{d}[G\cos\beta(y_t-y)]}{\mathrm{d}x}+\frac{\mathrm{d}Q}{\mathrm{d}x}h_e \tag{6-38}$$

将式(6-38)在[a, b]区间上积分，有

$$\int_a^b G(\sin\beta - \cos\beta \cdot \tan\alpha)\mathrm{d}x = G\cos\beta(y_t - y)\Big|_a^b + \int_a^b \frac{\mathrm{d}Q}{\mathrm{d}x}h_e\mathrm{d}x$$

考虑边界条件式(6-35c)和式(6-35d),可知上式右边第一项为0,于是

$$\int_a^b G(\sin\beta - \cos\beta \cdot \tan\alpha)\mathrm{d}x = M_e \tag{6-39}$$

其中,$M_e = \int_a^b \frac{\mathrm{d}Q}{\mathrm{d}x}h_e\mathrm{d}x$。

把式(6-34)代入式(6-37),可以得到

$$-\int_a^b\left[\int_a^x p(\zeta)s(\zeta)\mathrm{d}\zeta\right](\sin\beta - \cos\beta \cdot \tan\alpha)\exp\int_a^x \tan(\varphi_e - \alpha + \beta)\frac{\mathrm{d}\beta}{\mathrm{d}\zeta}\mathrm{d}\zeta \cdot \mathrm{d}x = M_e \tag{6-40}$$

令

$$t(x) = \int_a^x(\sin\beta - \cos\beta \cdot \tan\alpha)\exp\int_a^\xi \tan(\varphi_e - \alpha + \beta)\frac{\mathrm{d}\beta}{\mathrm{d}\zeta}\mathrm{d}\zeta \cdot \mathrm{d}\xi \tag{6-41a}$$

即

$$\mathrm{d}t = (\sin\beta - \cos\beta \cdot \tan\alpha)\exp\int_a^x \tan(\varphi_e - \alpha + \beta)\frac{\mathrm{d}\beta}{\mathrm{d}\zeta}\mathrm{d}\zeta \cdot \mathrm{d}x \tag{6-41b}$$

代入式(6-40)可得

$$-\int_a^b\left[\int_a^x p(\zeta)s(\zeta)\mathrm{d}\zeta\right]\mathrm{d}t = M_e \tag{6-42}$$

应用分步积分法,有

$$-t\int_a^x p(\zeta)s(\zeta)\mathrm{d}\zeta\Big|_a^b + \int_a^b t\,\mathrm{d}\left[\int_a^x p(\zeta)s(\zeta)\mathrm{d}\zeta\right] = M_e \tag{6-43}$$

考虑式(6-37),可知上式左边第一项为0,于是得到

$$\int_a^b p(x)s(x)t(x)\mathrm{d}x = M_e \tag{6-44}$$

这样,由式(6-36b)和式(6-44)组成了一个方程组,可以联立求解两个未知量 F_s 和 λ。这种求解显然是比较复杂的,需要进行一些简化处理,利用牛顿-拉夫森(Newton-Raphson)迭代方法编程求解。

6.3.7 不平衡推力传递法

不平衡推力传递法简称为不平衡推力法,也称为剩余推力法、剩余下滑力法、推力传递法、传递系数法、余推力法等。该法适用于任意形状滑动面的情况,有隐式和显式两种方法,其中显式可以用公式直接计算安全系数。该法可适用于岩底边坡与土质边坡,可以不用计算机程序进行计算而采用手算,这一特点在边坡稳定分析方法很少见,因而深受我国工程技术人员欢迎,也为一些行业所偏爱,我国的很多规范和手册都规定或推荐使用它。

1. 基本假设及一般原理

该法假设条间力的合力方向与上一个相邻土条的底面平行,如图6-16所示,亦即 $\beta_{i-1}=\alpha_{i-1}$,$\beta_i=\alpha_i$。与不平衡推力法类似的方法有美国陆军工程师团法和罗厄(Lowe)法。

其中美国陆军工程师团法假定条间力的作用方向与平均坡面角 γ_{av} 相同；罗厄法假定条间力倾角等于土条底面和顶面倾角的平均值，即 $\tan\beta_i=\tan\frac{1}{2}(\alpha_i+\gamma_i)$。

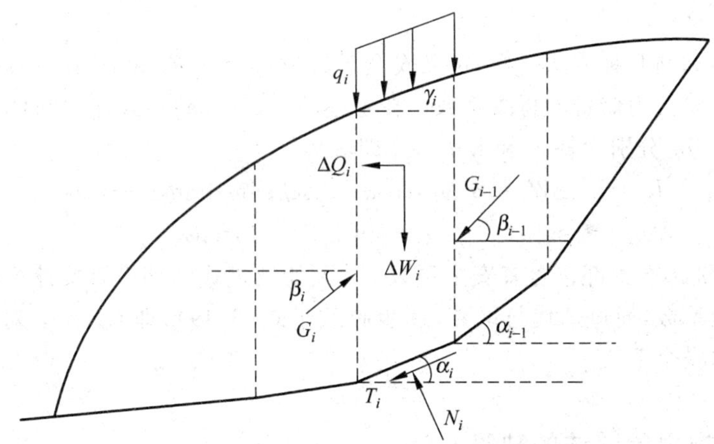

图 6-16　不平衡推力法的条间力

在图 6-16 中，土条 i 上的各力关系如下，土条自重及其上荷载引起的下滑力为

$$T_i=(\Delta W_i+q_i\Delta x)\sin\alpha_i+\Delta Q_i\cos\alpha_i \tag{6-45}$$

该土条自重及其上荷载产生的阻滑力为

$$R_i=[(\Delta W_i+q_i\Delta x)\cos\alpha_i-\Delta Q_i\sin\alpha_i]\tan\varphi_i+c_il_i \tag{6-46a}$$

此土条左侧作用于第 i 土条的条间力（i 土条的剩余下滑力的反力）为

$$G_i=T_i-R_i+\psi_{i-1}G_{i-1} \tag{6-47}$$

式中，G_{i-1} 是上一土条（$i-1$）对 i 土条的推力，称为上一土条的剩余下滑力；ψ_{i-1} 为传递系数。

$$\psi_{i-1}=\cos(\alpha_{i-1}-\alpha_i)-\sin(\alpha_{i-1}-\alpha_i)\tan\varphi_i \tag{6-48a}$$

从右向左用式(6-47)逐条计算 G_i，显然，到达滑动面终点的条块上，有

$$G_n=0 \tag{6-49}$$

2. 计算方法

1）显式解

所谓显式，就是可以通过方程式直接计算出安全系数 F_s 的方法。为此将安全系数定义为式(6-45)所示的条块滑动力 T_i 乘以放大系数，这样，安全系数就变成了超载系数，或荷载放大系数。这样，在极限平衡条件下，式(6-45)就变成

$$\overline{T}_i=F_sT_i=F_s[(\Delta W_i+q_i\Delta x)\sin\alpha_i-\Delta Q_i\cos\alpha_i] \tag{6-50}$$

上述的式(6-46a)和式(6-48a)中的 c_i 和 $\tan\varphi_i$ 不作折减，用式(6-49)的 $G_n=0$ 条件就可以得到安全系数 F_s 的显式表达式，即

$$F_s=\frac{\sum\limits_{i=1}^{n-1}R_i\psi_i\psi_{i+1}\cdots\psi_{n-1}+R_n}{\sum\limits_{i=1}^{n-1}T_i\psi_i\psi_{i+1}\cdots\psi_{n-1}+T_n}=\frac{\sum\limits_{i=1}^{n-1}\left(R_i\prod\limits_{j=i}^{n-1}\psi_j\right)+R_n}{\sum\limits_{i=1}^{n-1}\left(T_i\prod\limits_{j=i}^{n-1}\psi_j\right)+T_n} \tag{6-51}$$

式中的 T_i、R_i 和 ψ_j 分别用式(6-45)、式(6-46a)和式(6-48a)计算,可见这样式(6-51)的右侧不含未知数 F_s,从而可以直接计算。在实际上,也可从顶部开始一步步向下逐条计算,最后用第 n 条的抗滑力与滑动力之比计算安全系数。

2) 隐式解

所谓隐式是如前几种方法一样,定义安全系数为 $c_{ei}=c_i/F_s$ 和 $\tan\varphi_{ei}=\tan\varphi_i/F_s$,亦即认为安全系数是反映抗力储备的折减系数。在上述的式(6-46a)和式(6-48a)中,以 $c_{ei}=c_i/F_s$ 和 $\tan\varphi_{ei}=\tan\varphi_i/F_s$ 分别代替 c_i 和 $\tan\varphi_i$,亦即变为

$$R_i=[(\Delta W_i+q_i\Delta x)\cos\alpha_i-\Delta Q_i\sin\alpha_i]\tan\varphi_{ei}+c_{ei}l_i \tag{6-46b}$$

$$\psi_{i-1}=\cos(\alpha_{i-1}-\alpha_i)-\sin(\alpha_{i-1}-\alpha_i)\tan\varphi_{ei} \tag{6-48b}$$

由于式中的 R_i 和 ψ_j 本身都包含有安全系数 F_s,不能通过式(6-51)直接计算出 F_s。可以假设一系列的安全系数,通过迭代与试算,逐步收敛于式(6-49),即 $G_n=0$,对应的安全系数即为隐式计算的安全系数。

3. 不平衡推力传递法的缺陷

这一方法可用于计算任意滑动面,考虑了条间力的作用,只假设了条间力合力的方向。但此法只考虑了各土条在滑动面方向的力的平衡,未考虑力矩的平衡条件。它假设条间力合力与相邻的上一土条的底面平行也存在一些问题,如图 6-17 所示。

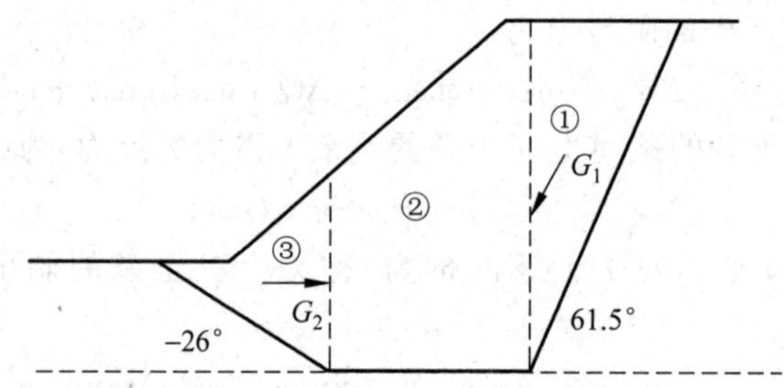

图 6-17　条间力方向的问题

在图 6-17 中,条间力 G_1 的倾角过大,超过土的内摩擦角 φ,亦即剪应力可能超过了土条间的抗剪强度。由于条块②自重本身并没有产生任何滑动力(地面水平,$T_2=0$),而很陡的 G_1 又使条块②产生很大的抗滑力,根据式(6-47),计算出 $G_2<0$;由于$(\alpha_{i-1}-\alpha_i)$过大,根据式(6-48),可能 $\psi_{i-1}<0$,$G_i<0$,亦即在条②和条③之间会出现拉应力,这些都是不合理的,因而此法在运用中常做出一些补充的规定:

(1) 条间力的倾角需使条间的剪应力不超过土的抗剪强度;

(2) 条间不能传递拉应力;

(3) 滑动面所有转折点的倾角变化不应超过 10°,否则要进行修正,消除尖角效应。

即便如此,显式的不平衡推力传递法还是会有很大缺陷,以图 6-17 为例,如果最后用条块③计算安全系数,即使设 $G_2=0$,此条的滑动力仍为负值,所以计算的安全系数 $F_s<0$ 。将安全系数定义为超载系数是其根本的原因,定义安全系数为强度折减系数一般不会出现这种情况。

与简化的毕肖甫法和摩根斯坦-普莱斯法比较,无论是隐式还是显式的不平衡推力传

递法计算的安全系数都普遍偏大，显式的结果误差更大，这是不安全的。图 6-18 为一均匀黏性土坡的例子，土的参数为：$c=49\text{kPa}$，$\varphi=35°$，$\gamma=17\text{kN/m}^3$。表 6-3 为用不平衡推力传递法与简化毕肖甫法和摩根斯坦-普莱斯法计算的比较。设滑动面为圆弧滑动面，其中以简化毕肖甫法的计算值 F_{sb} 为基准，有

$$\delta=\frac{F_s-F_{sb}}{F_{sb}}\times 100\% \tag{6-52}$$

表 6-3　不平衡推力传递法与摩根斯坦-普莱斯法计算精度与简化毕肖甫法的比较

圆心角	毕肖甫法 F_{sb}	显式不平衡推力法		隐式不平衡推力法		摩根斯坦-普莱斯法	
		F_s	δ/%	F_s	δ/%	F_s	δ/%
117.6°	3.020	4.421	+46.4	3.025	+0.2	3.009	−0.4
95.6°	2.614	3.199	+22.4	2.620	+0.2	2.608	−0.2
81.1°	2.451	2.800	+14.2	2.456	+0.2	2.440	−0.2
70.9°	2.371	2.613	+10.2	2.375	+0.2	2.368	−0.1
63.2°	2.332	2.514	+7.9	2.335	+0.1	2.329	−0.1

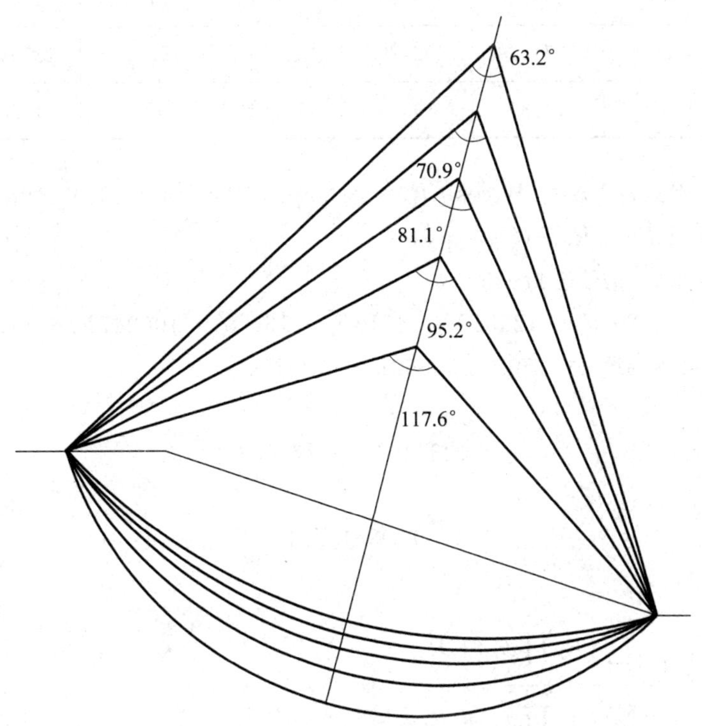

图 6-18　均匀土坡，同起、终点，不同圆心角的圆弧滑动面

从表 6-3 可以发现，即使这种均匀土坡圆弧滑动面的情况，无论是隐式还是显式的不平衡推力传递法计算（采用分段直线）的安全系数都偏大。尤其是滑动面有反翘（圆心角较大）的情况，在圆心角为 117.6°时，显式的计算误差高达−46.4%。

【例题 6-2】　有一岩坡，滑动面的形式如图 6-19 所示。已知岩石的重度为 24kN/m^3，

自上而下三个楔体的体积分别为 2046m^3，14880m^3 与 4770m^3。在滑动面间岩块的摩擦角为 $\varphi=20°$，$c=0$。分别用显式与隐式的不平衡推力传递法计算其稳定安全系数。

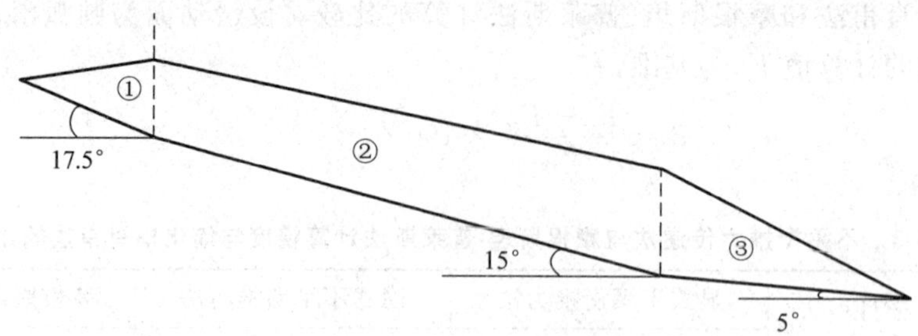

图 6-19 例题 6-2 图

【解】(1) 用显式法进行计算

分别计算三块滑动岩体的各参数，见表 6-4。

表 6-4 例题 6-2 显式法计算表

编号	V_i/m^3	W_i/kN	T_i/kN	N_i/kN	$\alpha_i/(°)$	R_i/kN	ψ_i
①	2046	49104	14766	46831	17.5	17045	0.9832
②	14880	357120	92429	344951	15.0	125552	0.9216
③	4770	114480	9978	114044	5.0	41509	—

表中：$T_i=W_i\sin\alpha_i$，$N_i=W_i\cos\alpha$，$R_i=N_i\tan\varphi$，$\psi_i=\cos(\alpha_i-\alpha_{i+1})-\sin(\alpha_i-\alpha_{i+1})\tan\varphi_{i+1}$

$$G_i=T_iF_s-R_i+G_{i-1}\psi_{i-1}$$

$$G_1=14766F_s-17045$$

$$G_2=92429\,F_s-125552+14518F_s-16759=106947F_s-142311$$

$$G_3=9978F_s-41509+98562F_s-131154=0$$

即

$$108540F_s=172663$$

解得

$$F_s=1.591$$

如果采用公式计算，有

$$F_s=\frac{\sum_{i=1}^{n-1}\left(R_i\prod_{j=i}^{n-1}\psi_j\right)+R_n}{\sum_{i=1}^{n-1}\left(T_i\prod_{j=i}^{n-1}\psi_j\right)+T_n}$$

$$=\frac{41509+17045\times0.9832\times0.9216+125552\times0.9216}{9978+14766\times0.9832\times0.9216+92429\times0.9216}$$

$$=\frac{172663}{108540}=1.591$$

可见两种计算的结果一致。

(2) 用隐式法计算

① 设 $F_s=1.591$,计算结果见表 6-5。

表 6-5　例题 6-2 隐式法①计算表(设 $F_s=1.591$)

编号	V_i/m^3	W_i/kN	T_i/kN	N_i/kN	$\alpha_i/(°)$	R_i/kN	ψ_i
①	2046	49104	14766	46831	17.5	10713	0.9891
②	14880	357120	92429	344951	15.0	78914	0.9450
③	4770	114480	9978	114044	5.0	26090	—

可以分块进行计算:$G_i=T_i-R_i+G_{i-1}\psi_{i-1}$

$$G_1=14766-10713=4053(\mathrm{kN})$$

$$G_2=92429-78914+4053\times 0.9891=17524(\mathrm{kN})$$

$$G_3=9978-26090+17524\times 0.945=448(\mathrm{kN})>0$$

② 设 $F_s=1.585$,计算结果见表 6-6。

表 6-6　例题 6-2 隐式法②计算表

编号	V_i/m^3	W_i/kN	T_i/kN	N_i/kN	$\alpha_i/(°)$	R_i/kN	ψ_i
①	2046	49104	14766	46831	17.5	10754	0.989
②	14880	357120	92429	344951	15.0	79213	0.945
③	4770	114480	9978	114044	5.0	26188	

$$G_1=14766-10754=4012(\mathrm{kN})$$

$$G_2=92429-79213+4012\times 0.989=17184(\mathrm{kN})$$

$$G_3=9978-26188+17184\times 0.945=28.9(\mathrm{kN})\approx 0$$

所以,隐式的解答是 $F_s=1.585$,比显式计算的结果稍小。

6.3.8 沙尔玛法

沙尔玛(Sarma)从新的思路提出了一种稳定分析方法,该法也适用于任意形状的滑动面。如图 6-20 所示,他假定每个土条承受一个通过形心的水平惯性力 $Q_i(=K\Delta W_i)$,一般是地震水平惯性力,其中 K 就是水平地震系数。可使滑体处于临界状态。沙尔玛假定了竖间条间力的增量分布形式,为

$$\Delta X=\lambda\cdot Q(x) \tag{6-53}$$

由此,可以利用水平向和竖直向力的平衡、极限平衡条件和力矩平衡条件建立方程组求解安全系数 F_s 和 λ。其中力矩平衡条件可以利用对各土条形心求矩来建立,由于 $K\Delta W_i$ 和自重 ΔW_i 都通过形心,所以它们对形心的力矩为 0,在力矩平衡方程中它们不出现。

显然 $K=0$ 对应的 F_s 值就是按传统定义的静力情况下的安全系数,$F_s=1.0$ 时 $K=K_c$,K_c 称为临界水平加速度系数。沙尔玛法的优点是可以通过一个直接的公式求出 K_c,无须迭代。为了求解传统的安全系数 F_s,也可以假定不同的安全系数 F_r,利用 $c_r=c/F_r$,

$\tan\varphi_r = \tan\varphi / F_r$,得到 c_r 和 φ_r,可以用 c_r 和 φ_r 得到 K_c。绘制 K_c-F_r 曲线,如图 6-21 所示。其求解传统的安全系数的步骤如下:

(1) 假设一系列安全系数 F_r;

(2) 根据计算的 c_r 和 φ_r,计算求的 K_c,得到图 6-21 所示的 F_r-K_c 的曲线;

(3) 该曲线与水平轴的交点 $K_c=0$,对应的 $F_r=F_s$,就是传统的安全系数。

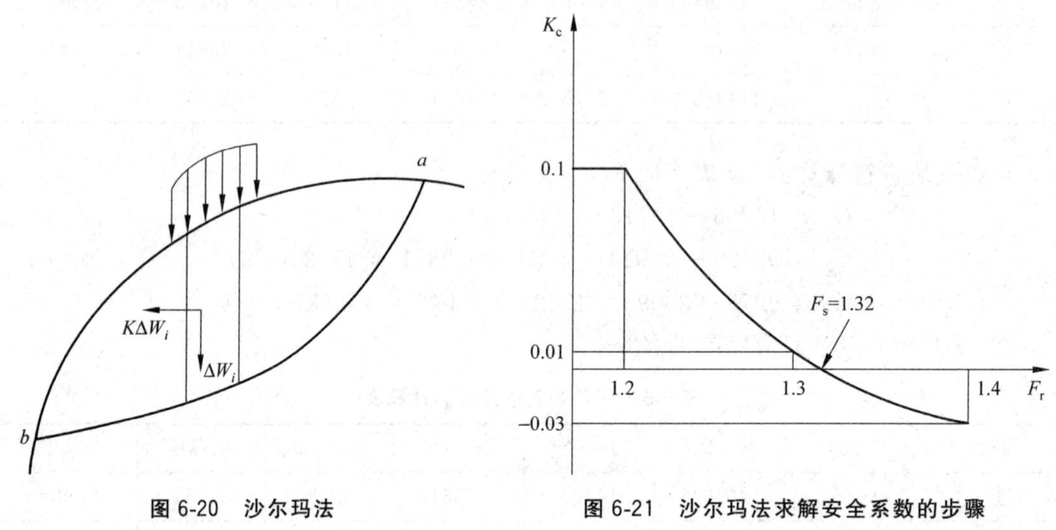

图 6-20 沙尔玛法

图 6-21 沙尔玛法求解安全系数的步骤

6.3.9 边坡合理性条件和经典的结论

摩根斯坦和普莱斯指出,极限平衡法所获得的解必须满足:(1)土条间不产生拉应力,条间力作用点位置不可落在土条侧面之外;(2)作用于土条间的剪力不超过按莫尔-库仑准则提供的抗剪强度。这两个条件即为边坡合理性条件,它实际上意味着土条间不能发生破坏,否则就又形成一个新的滑动面。

1996 年,邓肯对 25 年以来边坡稳定分析的条分法和有限元法的进展做了综述报告。对于各种条分法的计算精度和适用范围,得出以下几点经典的结论:

(1) 关于各种边坡稳定分析的图表,在边坡几何条件、重度、强度指标和孔隙水压力可以简化的情况下可得出有用结果,其主要局限性在于使用这些图表需对上述条件做简化处理。使用图表法的主要优点是可以快速求得安全系数,通常可先用这些图表进行初步计算,再使用计算机程序进行详细计算。

(2) 传统瑞典条分法对平缓边坡在高孔隙水压情况下进行有效应力法分析是非常不准确的。该法的安全系数在 $\varphi_u=0°$分析中是完全精确的,对于圆弧滑动面的总应力法可得出基本正确的结果,该方法不存在数值分析问题。

(3) 简化毕肖甫法在所有情况下都是较精确的(除非遇到数值分析的困难),其局限性在于仅适用于圆弧滑动面以及有时会遇到数值分析问题。如果使用简化毕肖甫法计算得到的安全系数反而比瑞典条分法小,那么可以认为毕肖甫法中存在数值分析问题。在这种情况下,瑞典条分法的结果反而比毕肖甫法好。基于这个原因,可同时用瑞典条分法和简化毕肖甫法计算,比较其结果,最后选择一个较合理的结果。

(4) 仅仅使用静力平衡法(如不平衡推力传递法)的计算结果对所假定的条间力方向极为敏感,条间力假定不合适将导致安全系数严重偏离正确值。与其他考虑条间作用力方向的方法一样,**这类方法**也存在数值分析问题;

(5) 满足全部平衡条件的方法(如简布法,摩根斯坦-普莱斯法和斯宾塞法)在任何情况下都是精确的(除非遇到数值分析问题)。这些方法计算的成果相互误差不超过 12%,相对于一般认为是正确的答案的误差不会超过 6%,所有这些方法也都存在数值分析问题。

这里所谓的“数值分析问题”,主要是指以下两种情况:①当滑动面反翘,且 φ 值较大时,有时无法保证竖向力的平衡;②有时在迭代计算时,无法收敛,或收敛性很差。

此外,按照极限平衡的理论体系获得的解,如果 c 值较大时,在靠近滑面顶部的土条,会给出数值为负的条间力 G,**也可能得到负的法向力** N。这一现象不仅不合理,而且有时会导致数值计算不收敛的问题。太沙基讨论了在滑面顶部设拉力缝的必要性,并推导了计算拉力缝高度 h_t 的公式,即

$$h_t = \frac{2c_e}{\gamma}\tan\left(45° + \frac{\varphi_e}{2}\right) \tag{6-54}$$

式中,γ 为土的重度。

也可以先假定某一较小的拉力缝高度,采用常规方法进行稳定分析,并计算顶部的条间力。在 h_t 较小时,条间力仍为负值,则增加 h_t 的值,反复试算,直至顶部的条间力过渡到 0,相应的 h_t 可以认为是所求的拉力缝高度。但这种计算过于反复,采用式(6-54)是可以接受的方法。

上述的各种主要计算方法的对比见表 6-7。

表 6-7　各种主要极限平衡计算方法对比表

计算方法		整体圆弧法	瑞典条分法	简化毕肖甫法	简布法	不平衡推力传递法	斯宾塞法	摩根斯坦-普莱斯法
滑动面形状		圆弧	圆弧	圆弧	任意	任意	任意	任意
基本假设		整体刚性体极限平衡	忽略条间力各条法向力平衡	考虑条间力 $\Delta X_i=0$	推力作用点	条间力方向平行于滑动面	条间力方向 $\tan\beta$=常数 λ=常数	条间力方向为一函数 $\tan\beta=\lambda f(x)$
使用土类		$\varphi_u=0°$	一般均质土	一般均质土	任意土分布	岩、土边坡	任意土分布	任意土分布
计算精度			安全系数偏小	一般能满足工程精度要求	较难确定	存在一些问题,尤其是显式		精度较高
平衡条件	各条竖直力	—	×	√	√	√	√	√
	各条水平力	—	×	×	√	√	√	√
	各条力矩	—	×	×	√	—	√	√
	整体力矩	√	√	√	—	—	√	√

6.4 最小安全系数和临界滑动面的搜索方法

6.4.1 基本原理

6.3 节介绍的只是针对某一个假定的滑动面计算其安全系数。对稳定分析来说,我们还需要在所有可能的滑动面中找出最小的安全系数和相应的滑动面(临界滑动面)。对二维问题,假定滑动面为曲线 $y=y(x)$,求最小安全系数 F_{smin} 就是求泛函,即

$$F_s = F_s[y(x)] \tag{6-55}$$

的最小值问题。所谓泛函就是"函数的函数"。如果将 $y=y(x)$ 用一系列离散点 (x_1,y_1)、(x_2,y_2)、…、(x_m,y_m) 的连线(可以用直线或光滑曲线相连)来描述,则式(6-55)变为

$$F_s = F_s(x_1,y_1,x_2,y_2,\cdots,x_m,y_m) \tag{6-56}$$

函数 F_s 由上述 $2m$ 个独立变量(自由度)唯一确定,这就成为求解多元函数的最小值问题。

在优化计算过程中,这 m 个点中有可能有 n 个点各沿某一设定方向向临界滑动面移动,或者不规定方向任其自由移动,其余 $m-n$ 个点由于问题本身的要求可以固定。有时候滑动面 $\boldsymbol{Z}_i$ 用相应于一个初始滑动面 $\boldsymbol{Z}_i^0$ 的相对坐标表示会更方便。

$$\boldsymbol{Z}_i^0 = \begin{bmatrix} x_i^0 \\ y_i^0 \end{bmatrix} \tag{6-57}$$

$$\boldsymbol{Z}_i = \boldsymbol{Z}_i^0 + \Delta\boldsymbol{Z}_i = \boldsymbol{Z}_i^0 + z_i\begin{bmatrix} \cos\beta_i \\ \sin\beta_i \end{bmatrix} \tag{6-58}$$

式中,z_i 为第 i 个点沿 β_i 方向移动的距离,$i=1,2,\cdots,n$。于是,每一个顶点就可以只用一个变量 z_i 确定,能够减小滑动面的自由度数。

对于圆弧滑动面,可以由圆心坐标 (x_c,y_c) 和半径 R 唯一确定。式(6-55)可写为

$$F = F(x_c,y_c,R) \tag{6-59}$$

求解函数的最小值问题属于最优化问题。理论上,所有可以用于求解多元函数最值的方法都可以用来求边坡的最小安全系数。最优化方法是近代数学规划中十分活跃的一个领域。目前,已有许多十分成熟的计算方法。总的来看,最优化方法可分为两个体系。第一种为确定性方法,它又可以分为直接搜索法和解析法两类。第二种为不确定性方法(随机方法),如遗传算法、模拟退火算法、蚁群算法、粒子群优化算法等。直接搜索法通过比较按照一定模式构筑的自变量的目标函数,搜索最小值。人们熟知的枚举法、优选法等,都是原始形式的直接搜索法。单形法、复形法、模式搜索法等则是效率较高的直接搜索法。解析法的基本思路是寻找目标函数相对于各自变量的导数均为零的解,如负梯度法,DFP 法等。但当问题包含较多自由度时,直接搜索法容易陷入局部极小问题,解的质量依赖于初始值的选择,因而往往不能收敛到安全系数的整体最小值上面。这样,能够获得全局最小值的不确定性方法就显得更有优势。随机搜索方法、遗传算法、模拟退火算法、蚁群算法、粒子群优化算法等都可以用于最小安全系数和临界滑动面的搜索问题。一些文献将这些搜索方法分为变分法、模式搜索法、数学规划法、动态规划法、随机搜索法、人工智能方法等六类,其中人工智

能算法又分为遗传算法、模拟退火算法以及仿生算法(蚁群算法、粒子群优化算法)等。有关算法的详细介绍可参见边坡稳定分析的文献。这里只介绍一些基本内容。

对于复杂的存在不同土性分区的边坡,往往存在多极值情况,如图 6-22 所示。各种优化方法对最小安全系数的搜索都是有效的,但也不能保证在任何情况下都能得到全局最小值。可以采用多种计算方法、多种搜索方法互相比较。由于目前的稳定分析都通过软件实现,人工处理的工作量并不大。

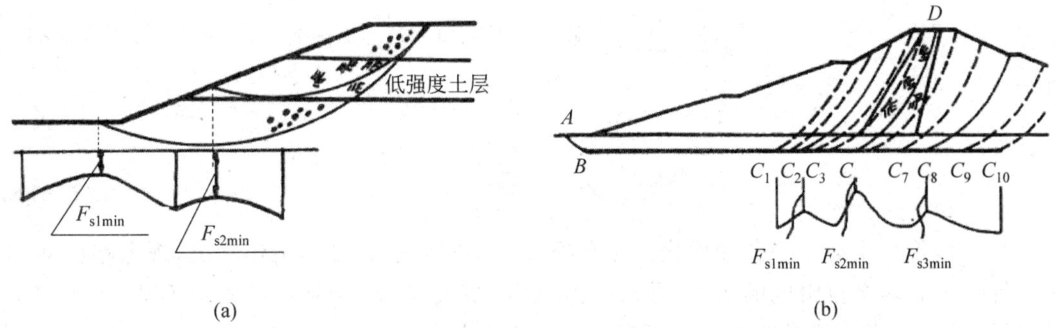

图 6-22　稳定分析中的局部极值

6.4.2　枚举法

枚举法常用于圆弧滑动面的搜索。它让圆心坐标在一定范围内按一定步长变化,同时圆的半径也按一定步长进行变化。逐个圆弧计算安全系数。取计算的最小值作为最小安全系数,对应的滑动面为临界滑动面。该方法由于搜索点在搜索进行之前就已确定,因此不会受安全系数函数形态的影响,也不会陷入局部极小值。但该方法计算量大、精度提高只有靠提高步长的划分精度、成倍增大计算量来实现。一些文献上的区格搜索法(又称扫描法)实际上也是枚举法。在用其他方法初步确定临界滑动面后,在其附近一定范围内再用枚举法进行搜索,能够收到较好效果。

6.4.3　单形法

单形法亦称单纯形法(simplex method),是求解线性规划问题的通用方法,是美国数学家 G. B. 丹齐克(G. B. Dantzig)于 1947 年首先提出来的,其基本思路是将模型的一般形式变成标准形式,再根据标准型模型,从可行域中找一个基本可行解,并判断是否是最优。如果是,获得最优解;如果不是,转换到另一个基本可行解,当目标函数达到最大时,得到最优解。

对某一初始向量 Z^0,按下面模式构筑 n 个向量 $\boldsymbol{Z}^i(i=1,2,\cdots,n)$,组成单形:

$$\left.\begin{aligned}\boldsymbol{Z}^1&=(z_1^0+p,z_2^0+q,\cdots,z_m^0+q)^{\mathrm{T}}\\\boldsymbol{Z}^2&=(z_1^0+q,z_2^0+p,\cdots,z_m^0+q)^{\mathrm{T}}\\&\vdots\\\boldsymbol{Z}^n&=(z_1^0+q,z_2^0+q,\cdots,z_m^0+p)^{\mathrm{T}}\end{aligned}\right\}\tag{6-60a}$$

其中

$$p=\frac{\sqrt{(n+1)}+n-1}{n\sqrt{2}}a \tag{6-60b}$$

$$q=\frac{\sqrt{(n+1)}-1}{n\sqrt{2}}a \tag{6-60c}$$

式中,a 为选定的步长。按照一定的方式通过反射、扩充和收缩,使单形不断更新逼近极值点。

收敛准则为

$$\left\{\frac{1}{n+1}\sum_{k=0}^{n}\left[F(\boldsymbol{Z}^k)-F(\boldsymbol{Z}^a)\right]^2\right\}^{1/2}<\varepsilon \tag{6-61a}$$

其中

$$\boldsymbol{Z}^a=\frac{\sum_{k=0}^{n}\boldsymbol{Z}^k}{n+1} \tag{6-61b}$$

为了形象直观地了解各种优化方法在搜索最小安全系数时的工作状况,现考察图6-23所示的一个有两个自由度的例子,滑动面由 ABC 组成,计算时令 C 点固定不动,A、B 两点沿水平线移动,则该滑动面的安全系数 F_s 由 A 点的 x 坐标 x_1 和 B 点的 x 坐标 x_2 决定。图6-24是 F_s 的等值线图。根据枚举法可以发现在 $x_1=92.0$,$x_2=143.0$ 时安全系数获得最小值1.257,相应临界滑动面为图6-23中第5个滑动面。如果使用单形法,则初始生成的三个滑动面如图6-24左下角的三角形所示,搜索过程如图中折线所示,最终收敛到 $F_{sm}=1.257$。

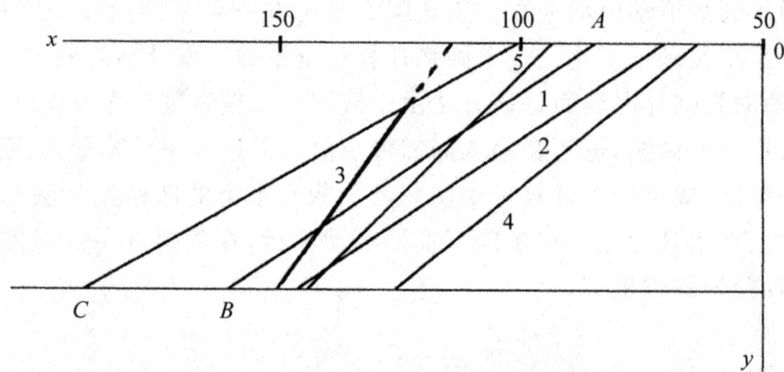

图6-23 搜索最小安全系数的例子,滑动面包含两个自由度

6.4.4 牛顿法

牛顿法通过解析手段寻找使目标函数 F 对自变量 Z_i 的偏导数为零的极值点($\partial F/\partial Z_i=0, i=1,2,\cdots,n$)。同时,从理论上讲,还需要满足由二阶导数形成的 Hessian 矩阵正定($\partial^2 F/\partial Z_i^2>0, i=1,2,\cdots,n$),这是达到极小值的充分条件。此类方法中以导数为研究的主要对象,因此,也称为以导数为基础的方法(gradient-based method)。一般认为,当自由度较多时,直接搜索法效率很低,此时需要考虑牛顿法体系的分析方法。由于这些方法的原理在众多的文献及教科书中都有所介绍,这里只对这一体系中最基本的一种方法,即牛顿法作简单的介绍。

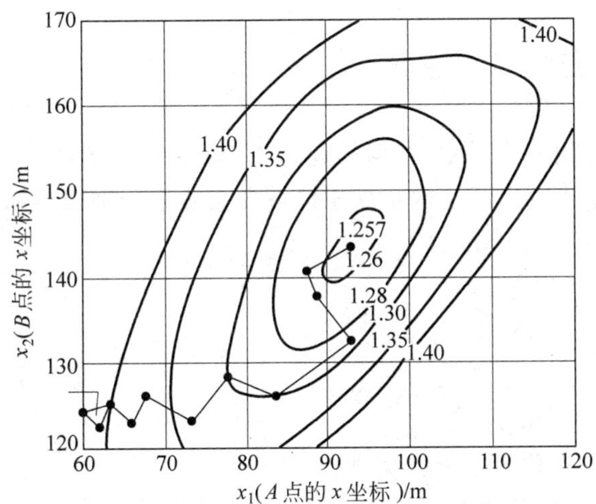

图 6-24　使用单形法计算图 6-23 所示算例

牛顿法的基本思想是对一个初始滑动面，寻找一个使安全系数减少速率最大的方向。这个方向就是$\left(\frac{\partial F}{\partial Z_1},\frac{\partial F}{\partial Z_2},\cdots,\frac{\partial F}{\partial Z_n}\right)^{\mathrm{T}}$，所谓的"瞎子爬山法"也就是这个道理。在这个方向上，进行一次搜索，找到这一方向安全系数的低谷点。完成了这第一次迭代后，再在这个新的起点(即上述低谷区)重复这样的运算，直到收敛至极值点。DFP 法的计算步骤与牛顿法相同，只是对某一步迭代的搜索方向进行了修正。DFP 算法是以 Davidon，Fletcher 和 Powell 三人名字首字母命名的。

对图 6-23 所示例，分别以(84.0,160.0)，(70.0,145.0)，(112.0,150.0)作为起点，相应滑裂面如图 6-23 中 1,2,3 所示，使用牛顿法的搜索路径如图 6-25 中 1,2,3 三条折线所示。可见每一次搜索均是沿着下降速率最大的方向进行的。图 6-25 中折线 4 代表使用 DFP 法的搜索过程，BC_1 是使用了未修正方法的方向，从图中可见，这显然是一个效率低的搜索方

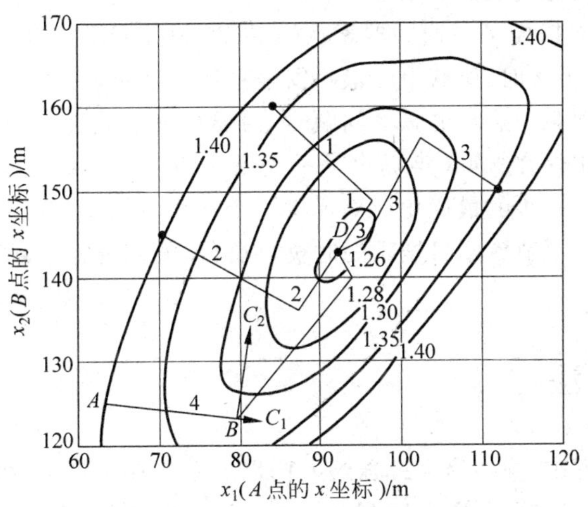

图 6-25　使用牛顿法计算图 6-18 所示实例

向。BC_2 为下降最快的方向。

6.4.5 随机搜索法

对于某一边坡,如图6-26所示,根据问题特点,确定一个搜索区域,其轴线用 $\boldsymbol{Z}^0$ 表示,其宽度为 D_i,半带宽为 $d_i=D_i/2$。这个搜索区域左右边界分别用滑动面 $\boldsymbol{Z}^L$,$\boldsymbol{Z}^R$ 来代表,即

$$\boldsymbol{Z}_i^L=\boldsymbol{Z}_i^0-d_i\begin{bmatrix}\cos\beta_i\\\sin\beta_i\end{bmatrix}\tag{6-62}$$

$$\boldsymbol{Z}_i^R=\boldsymbol{Z}_i^0+d_i\begin{bmatrix}\cos\beta_i\\\sin\beta_i\end{bmatrix}\tag{6-63}$$

$D=(d_1,d_2,\cdots,d_n)^T$,称为搜索区宽度。

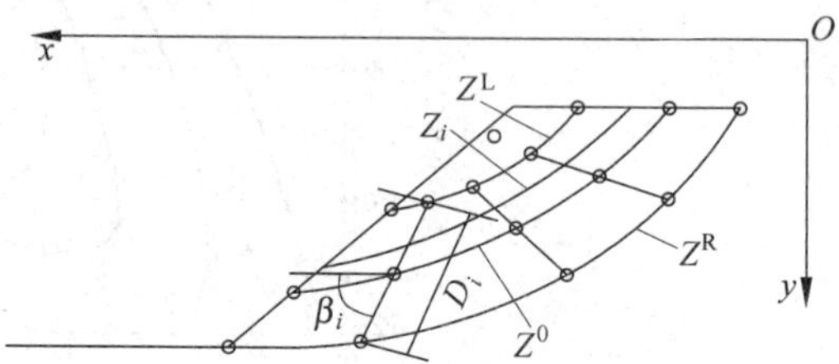

图6-26 生成随机滑裂面示意图

在搜索区内,任意一个滑动面可用下式表示:

$$\boldsymbol{Z}_i=\boldsymbol{Z}_i^0+(0.5-r)d_i\begin{bmatrix}\cos\beta_i\\\sin\beta_i\end{bmatrix}\tag{6-64}$$

式中,$r=(r_1,r_2,\cdots,r_n)^T$,为该滑动面和各控制点相对于轴线的距离系数;$r_1,r_2,\cdots,r_n$ 为随机数,其值均在(0,1)之间。

随机搜索的步骤如下:

(1) 计算相应于滑裂面 Z^0 的安全系数 F_{s0};

(2) 使用计算机随机发生器,产生 n 个 r 值:$r_1,r_2,\cdots,r_n$,应用式(6-64)确定一个滑动面 Z,计算其相应的安全系数 F_{s1};

(3) 比较 F_{s1} 和 F_{s0},如果 F_{s1} 小于 F_{s0},则 F_{s0} 和 Z^0 用 F_{s1} 和 Z 更新,否则直接转入步骤(4);

(4) 重复步骤(2)和(3),直到比较的次数足够大,获得的最小安全系数足够小,作为最优化法的初值足够好为止。

由于计算机产生的随机数具有很好的均匀性,可以认为搜索区域内的滑动面空间的每个部分都机会均等地被扫描了一遍。搜索次数越多,扫描密度越高,成果越佳。从理论上讲,随机搜索的次数无穷大时,所获得的最小安全系数就是所寻找的整体极值。

应用上述步骤求解某一边坡的具体问题时,需要根据经验确定一个搜索区域和一个搜索次数。中国学者陈祖煜在2003年提出了一个基于概率理论确定这一搜索次数的方法。由于随机搜索只是为下一步的最优化计算提供一个初值,因此,在实际应用时,可以根据经验来确定搜索次数。为了节省随机搜索的时机,也可以使用陈祖煜所建议的简化方法来进行这一工作。

6.4.6 模拟退火法

在优化问题的研究中,固体退火过程给人们以启示。在金属退火时,温度徐徐降低,在每一个温度阶段,系统的能量都要达到平衡状态,使能量达到最小值。柯克帕特里克(Kirkpatrick)等首先意识到固体退火过程与组合优化问题之间存在的类似性,梅特罗波利

斯(Metropolis)等对固体在恒定温度下达到热平衡过程的模拟给他们以启迪。最终他们得到一种对 Metropolis 算法进行迭代的组合优化算法，这种算法模拟固体退火过程，称之为“模拟退火算法”(simulated annealing algorithm, SA)。

模拟退火算法用 Metropolis 算法产生组合优化问题解的序列，并由与 Metropolis 准则对应的转移概率 P_T 确定是否接受从当前解 i 到新解 j 的转移。其中，P_T 的表达式为

$$P_T(i \Rightarrow j)=\begin{cases}1, & f(j)\leqslant f(i)\\ \exp\left[-\dfrac{\Delta f}{T}\right]=\exp\left[\dfrac{f(i)-f(j)}{T}\right], & f(j)>f(i)\end{cases} \tag{6-65}$$

计算开始时，让 T 取较大的值(与固体的熔化温度相对应)，因此除接受优化解外，还在一定范围内接受恶化解，从而扩大了潜在解的搜索空间。开始时 T 值较大，可以接受较差的恶化解，随着 T 值的缓慢减小(与“徐徐”降温相对应)，只能接受较好的恶化解，最后在 T 趋于零时，不再接收任何恶化解。可以证明，模拟退火算法以概率 1 收敛到全局最优解。

对安全系数的计算来说，假设在某一随机过程中，我们获得了一个相应某一随机变量的安全系数 $F_s(Z_{i+1})$，如果它与已往已经得到的最优解 $F_s(Z_i)$ 的差值 $\Delta F_s=F_s(Z_{i+1})-F_s(Z_i)$ 小于零，那么自然要用 $F_s(Z_{i+1})$ 来代替 $F_s(Z_i)$，但是如果 ΔF_s 大于等于零，则传统的随机搜索方法就要抛弃这一选择。在模拟退火法中，根据蒙特卡罗(Monte Carlo)法的 Metropolis 准则，还要做一次“抽签”试验，也就是要让计算机产生一个在(0,1)之间的随机数 r_i，将其与 $\exp(-\Delta F/T)$ 比较，其中 T 就是这一阶段的“温度”。在这里，T 是一个具有安全系数 F_s 特征的量。如果 $r_i<\exp(-\Delta F/T)$，那么，我们仍然要用 Z_{i+1} 来代替 Z_i，这一处理有利于跳过局部极限形成的陷阱。但是，我们终究抛弃了一个比现有值更优的自变量，因此是带有一定的风险的。这是为跳出局部极值形成的陷阱所付出的代价。为此，有必要要求在“退火”过程中使温度缓慢减少，初期 T 较大，用 Z_{i+1} 代替 Z_i 的可能性也较大。因而允许自变量在较大的范围内变动，以确定一个较好的方向。越到计算接近终止，这一替代的可能性越小。

这里的关键是 T 的数值在开始时取得很大，其变小的过程是十分缓慢。因此，即使这一选择错了，以后仍然有机会纠正过来。在实际应用这一过程时，还可以采用“记忆”功能：如果在某一温度计算步结束时，实践证明把搜索方向从 $F_s(Z_i)$ 改为 $F_s(Z_{i+1})$ 并没有带来更好的结果，我们还是要将得到原来被抛弃的 $F_s(Z_i)$ 取回来，进入下一温度计算步。

根据上述原则，模拟退火法的计算步骤如下：

(1) 设置初始温度 T_0。这一温度应足够高，以防止计算落入局部极值的陷阱。同时，过高的初始温度可能降低搜索的效率。建议先进行一定数量(比如 100 次)的随机搜索，找到安全系数的最大值和最小值 F_{smax} 和 F_{smin}，将初始温度设为

$$T_0=F_{smax}-F_{smin} \tag{6-66}$$

(2) 将优化计算过程分成 m 段，第 k 温度段的温度按下式确定：

$$T_k=T_0\alpha_T^k \tag{6-67}$$

式中，T_k 为第 k 步迭代时的温度；α_T 为温度冷却的阻尼系数，α_T 应在[0,1]区间内，通过试算确定。

(3) 对于一个具有 n 个自由度的自变量 Z，产生 n 个随机数 v，每个 v_i 都在(−1,1)区间，并将其换成方向导数：$u=(u_1,u_2,\cdots,u_n)$。

$$u_i = \frac{v_i}{\left(\sum_{i=1}^{n} v_i^2\right)^{1/2}} \tag{6-68}$$

为了减少自变量空间的粗糙度,我们还引入一个系数 κ_i:

$$\kappa_i = \frac{z_i^+ - z_i^-}{\max[(z_1^+ - z_1^-),\cdots,(z_i^+ - z_i^-),\cdots,(z_n^+ - z_n^-)]},\quad i = 1,2,\cdots,n \tag{6-69}$$

式中,z^- 和 z^+ 分别代替第 i 个自变量在探索区域的最小值和最大值。这样,相应某一迭代步的自变量搜索为

$$\Delta r_k = \Delta r_0 \cdot \alpha_r^{k-1} \tag{6-70}$$

式中,Δr_k 为第 k 步的带宽,它随着迭代步的增加逐步减小。这样,自变量的增量为

$$\Delta z_i = \kappa_i \cdot \Delta r_k \cdot u_i d_i,\quad i = 1,2,\cdots,n \tag{6-71}$$

6.4.7 遗传算法

遗传算法(genetic algorithm, GA)是一种仿生优化算法。它的产生归功于美国密歇根(Michigan)大学的霍兰德(Holland)在 20 世纪 60 年代末、70 年代初的开创性工作。遗传算法将“优胜劣汰,适者生存”的生物进化原理引入待优化参数形成的编码串群体中,按照一定的适应值函数及一系列遗传操作对个体进行筛选,从而使适应值高的个体被保留下来,组成新的群体,新群体包含上一代大量信息,并且引入了新的优于上一代的个体,群体中各个体适应度不断提高,直至满足一定的极限条件。此时群体中适应值最高的个体即为待优化参数的最优解。遗传算法不用关心问题本身的内在规律,因此具有广泛的适用性,理论上可以处理任意复杂的目标函数和约束条件。遗传算法采用随机方法探寻搜索空间,所以是概率意义上的全局搜索。遗传算法可以与一些局部优化的方法、模拟退火算法等结合,以改进其计算效果。此外,并行遗传算法(parallel genetic algorithm)、共存演化遗传算法(cooperative coevolutionary genetic algorithm)、混乱遗传算法(messy genetic algorithm)等也进一步丰富了遗传算法的内容。

遗传算法的基本思想是从一组随机产生的初始解,即“种群”(population),开始进行搜索,种群中的每一个个体(individual),即问题的一个解,称为“染色体”(chromosome);遗传算法通过染色体的“适应值”(fitness)来评价染色体的好坏,适应值大的染色体被选择(selection)的概率高,相反,适应值小的染色体被选择的可能性小,被选择的染色体进入下一代;下一代中的染色体通过交叉(crossover)和变异(mutation)等遗传操作,产生新的染色体,即“后代”(offspring);经过若干代之后,算法收敛于最好的染色体,该染色体就是问题的最优解或近优解。

遗传算法不能直接对问题空间进行操作,必须将问题空间的解变量转换成遗传空间,由基因按一定结构组成染色体,这一转换操作就叫作编码。编码操作是遗传算法执行的前提。二进制编码和浮点编码是最常用的两种编码方法。二进制编码是将问题空间的候选解转换为遗传空间的各位数值为“0”或“1”的字符串。此方法编码简单,易于进行遗传操作,是最经典的编码方法,遗传算法的许多重要理论都是以二进制编码为基础建立的。而浮点编码容易处理非常规约束,比二进制编码更加灵活、方便。

遗传算法可以归纳为两种运算过程：遗传运算(交叉与变异)与进化运算(选择)。遗传运算模拟了基因(gene)在每一代产生新后代的繁殖过程，进化运算则是通过竞争不断更新种群的过程。

土坡稳定临界滑动面搜索的目的就是要搜索出潜在合理的全局安全系数最小的的滑动面。这就要对搜索过程中搜索出的滑动面附加合理性约束条件。遗传算法在本质意义上说还是一种随机概率的搜索方法，在对染色体做遗传运算时，常常会获得不可行的后代，也就是出现不满足合理性约束的滑动面。近年来，已经提出了几种用遗传算法满足约束的技术，这些技术大致可以分为以下几类。

(1) 拒绝策略，抛弃所有进化进程中产生的不可行的染色体，这是遗传算法中普遍采用的做法。

(2) 修复策略。

(3) 改进遗传算子策略。

(4) 惩罚策略，构造惩罚函数，对个体每违反一次约束条件就进行惩罚。

对圆弧滑动面的搜索可以考虑用拒绝策略，对于任意形状滑动面的搜索可以采用惩罚策略，这是因为构成任意形状滑动面的染色体个体的参数较多，当个别参数违反合理性约束条件时，其他参数可能处于较好的状态，对该个体进行惩罚策略，使得惩罚后的个体仍具有一定的竞争力，有利于保存这个体中较好的基因，促进搜索的进程。而圆弧滑动面构成基因的参数只有三个，只要某一个参数违反合理性约束条件，将导致整个个体丧失竞争能力。这在自然界生物进化过程中具有同样的道理：高级复杂的动物，在某一器官能力丧失的情况下，可能由于其他器官能力的增强，而使其在生存竞争中也可生存与发展；而对于简单的生物，如单细胞生物，会由于某一部位(如细胞壁)的不健全，而使整体丧失生存的能力。

遗传算法是一种比较成熟的算法，介绍的专著和文献较多，本章结合边坡稳定分析对其进行简要介绍。

1. 用二进制的字符串代表自变量

将式(6-56)中的每一个自变量表达成一个二进制的字符串。二进制编码方法是遗传算法中最常用的一种编码方法。该法用符号 0 和 1 组成二进制符号集(0,1)，它所构成的个体基因型是一个二进制编码符号串。

二进制编码符号串的长度与问题所要求的求解精度有关。假设某一自变量的取值范围是$[U_{\min}, U_{\max}]$，我们用长度为 l 的二进制编码符号串来表示该自变量，则它总共能够产生 2^l 种不同的编码，对自变量参数编码时的对应关系如下：

$$\left.\begin{array}{ll} 000000\cdots000000 = 0 & \rightarrow U_{\min} \\ 000000\cdots000001 = 1 & \rightarrow U_{\min} + \xi \\ \vdots & \\ 111111\cdots111111 = 2^l - 1 & \rightarrow U_{\max} \end{array}\right\} \tag{6-72}$$

则二进制编码的编码精度为

$$\xi = \frac{U_{\max} - U_{\min}}{2^l - 1} \tag{6-73}$$

假设某一个体的编码为

$$x: b_l b_{l-1} b_{l-2} \cdots b_2 b_1 \tag{6-74}$$

则对应的解码公式为

$$x = U_{\min} + \left(\sum_{i=1}^{l} b_i \cdot 2^{i-1}\right) \cdot \xi \tag{6-75}$$

例如,对于 $x \in [0,1023]$,若用10位长的二进制编码来表示该自变量的话,则下述符号串

$$x: 0010101111$$

所对应的自变量值是 $x=175$。此时的编码精度为 $\xi=1$。

反过来,如果给定的某一自变量的初始值为 x,而该自变量的取值范围是 $[U_{\min}, U_{\max}]$,我们采用长度为 l 的二进制符号串对 x 进行编码。

根据解码公式(6-75)可以得到

$$\left(\sum_{i=1}^{l} b_i \cdot 2^{i-1}\right) = \frac{x - U_{\min}}{\xi} \tag{6-76}$$

相应的编码步骤如下:

(1) 求得与 $\frac{x-U_{\min}}{\xi}$ 最接近的整数,我们假定为 N。

(2) 判断二进制符号串中最高位(即 b_l)的编码是0还是1,具体方法如下:如果 $N > 2^{l-1}-1$ ($2^{l-1}-1$ 对应的二进制符号串为0111…111),则最高位(即 b_l)的编码应当为1,否则为0。

(3) 求得 b_l 后,再继续判断 b_{l-1} 的编码是0还是1。此时应当判断 $N-b_l \cdot 2^{l-1}$ 与 $2^{l-2}-1$ 的大小关系。如果 $N-b_l \cdot 2^{l-1} > 2^{l-2}-1$ ($2^{l-2}-1$ 对应的二进制符号串为0011…111),则 b_{l-1} 的编码应当为1,否则为0。

(4) 假设已经知道了最高位 b_l 到第 i 位 b_i 的二进制编码,然后判断 b_{i-1} 的编码是0还是1,此时应当比较 $N-\left(\sum_{j=i}^{l} b_j \cdot 2^{j-1}\right)$ 与 $2^{i-2}-1$ 的大小关系。如果 $N-\left(\sum_{j=i}^{l} b_j \cdot 2^{j-1}\right) > 2^{i-2}-1$,则 b_{i-1} 的编码应当为1,否则为0。

(5) 不断重复步骤(4),直到最后一位的二进制符号编码。

现在依然以 $x \in [0,1023]$ 为例说明上述步骤。采用10位长的二进制符号串对 $x=175$ 进行编码。

(1) $\xi = \frac{U_{\max}-U_{\min}}{2^l-1} = \frac{1023-0}{2^{10}-1} = 1$,则 $N = \frac{x-U_{\min}}{\delta} = \frac{175-0}{1} = 175$。

(2) $N=175<2^{10-1}-1=511$,所以 b_{10} 应当为0。

(3) $N-b_l \cdot 2^{l-1} = 175-0.2^{10-1} = 175 < 2^{10-2}-1 = 255$,所以 b_9 应当为0。

(4) $N-\left(\sum_{j=i}^{l} b_j \cdot 2^{j-1}\right) = 175-(b_{10} \cdot 2^{10-1}+b_9 \cdot 2^{9-1}) = 175 > 2^{9-2}-1 = 127$,所以 b_8 应当为1。

(5) 重复上述步骤,最终得到 $x=175$ 的二进制编码为:0010101111。

编码的原则是在满足工程精度的前提下尽量减少编码的长度。在使用遗传算法搜索最小安全系数时,通常可以考虑初始群体选为30,每一个自变量采用15位长度的二进制串表示。

每个参数搜索区间在不是很确定的时候,可以粗略地给出一个较大的范围,对于最终的搜索结果不会有多大的影响。但是为了加快搜索的进程,在有一定的实践和计算经验的情

况下,可以对每个参数给出一个比较小而合理的范围。

2. 产生初始化群体,即第一代自变量系列

第一代自变量系列可以随机产生,也可按 6.4.5 节所介绍的方法生成。

3. 计算适应度函数

对初始群体,逐个计算其安全系数,然后定义一个适应度函数,以衡量其优劣。由于遗传算法通常用于搜索最大值,故通过下式将目标函数(安全系数 F_s)转化为适应函数(f)。

$$f = \frac{1}{F_s} \tag{6-77}$$

4. 进行遗传操作

(1) 选择算子

遗传算法使用选择算子来对群体中的个体进行优胜劣汰操作:适应度较高的个体被遗传到下一代群体中的概率较大;适应度较低的个体被遗传到下一代群体中的概率较小。遗传算法中的选择操作就是用来确定如何从父代群体中按某种方法选取哪些个体遗传到下一代群体中的一种遗传算法。

(2) 交叉算子

遗传算法中的交叉运算,是指对两个相互配对的染色体按某种方式相互交换其部分基因,从而形成两个新的个体。交叉运算是遗传算法区别于其他进化算法的重要特征,它在遗传算法中起着关键作用,是产生新个体的主要方法。单点交叉是最基本的交叉操作,在这一操作中,随机选取二进制串上的交叉点,然后两个染色体在该点相互交换基因值。图 6-27 给出了单点交叉操作的例子。

(3) 变异算子

遗传算法中的变异运算,是指对个体染色体编码串中的某些基因座上的基因值用该基因座的其他等位基因来替换,从而形成一个新的个体。例如图 6-28 中由"0"变为"1"。变异操作的主要目的是改善遗传算法的局部搜索能力和维持群体的多样性,防止出现早熟现象。

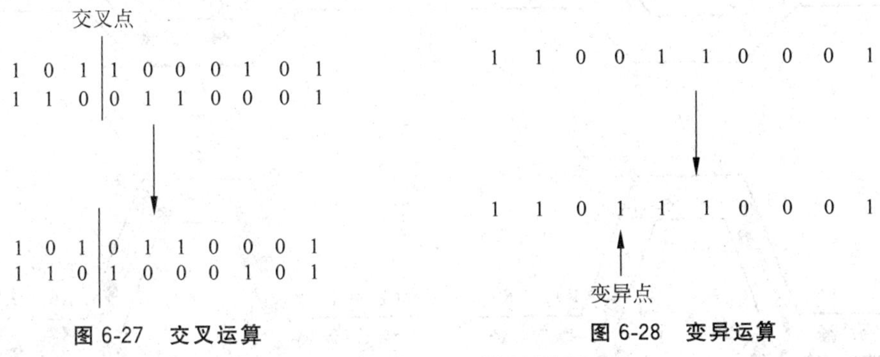

图 6-27　交叉运算　　图 6-28　变异运算

6.4.8 蚁群算法

蚁群算法,或称蚂蚁算法,是模拟蚂蚁行为特性提出来的一种人工智能化优化算法。最

早在1992年,由M.多里戈(Macro Dorigo)在其博士论文作为一个最主要的部分提出来,随后研究者云集,其中大部分都是借鉴其基本思想,针对不同的研究问题和蚂蚁行为特性的不同方面,提出了多种蚂蚁优化算法。

人们注意到蚂蚁的行为特性表现在不同的方面,主要有:(1)蚂蚁觅食过程最优路径的寻找;(2)劳动的分担;(3)聚集、分组行为。其中重点和获得最大成功的是路径寻优问题。Dorigo首先提出这一算法是用旅行商问题(又称货郎担问题,Traveling Salesman Problems,TSP)来对路径优化进行验证。这一方面在理论上解决了TSP问题、二次指派问题,而且在英国成功用于解决互联网络的寻址问题。国内尝试将该算法用于处理通信领域路由优化问题,取得了一定的研究进展。

研究表明,蚂蚁具有找到蚂蚁巢穴与食物之间的最短路径的能力,而且具有适应新环境的能力,在环境变化的情况下依然能找到新的最短路径。蚂蚁不是靠记忆力、智力或视力来找到的。生物学家发现单只蚂蚁在记忆力、智力或视力方面都很普通,它们是靠其挥发性分泌物——信息素(pheromone,该物质随时间的推移会逐渐挥发)来实现的。蚂蚁在一条路上前进时,会留下挥发性信息素,后来的蚂蚁选择该路径的概率与当时这条路径上该物质的强度成正比。对于一条路经,选择它的蚂蚁越多,则在该路径上蚂蚁所留下的信息素的强度就越大,而强大的信息素会吸引更多的蚂蚁,从而形成一种正反馈。通过这种正反馈,蚂蚁最终可以发现最优路径。

图6-29所示为试验一,初始线路上没有任何信息素。如图6-29(a)所示,当蚂蚁爬到分岔口A时,必须选择是向上的线路ACB还是向下的线路ADB,如果没有信息素,那么蚂蚁选择这两条线路的概率是一样的,按平均计,向上、向下的蚂蚁的数量应该是一样的,图中左边的蚂蚁要向右爬行(图中标注为L),右边的蚂蚁要向左边爬行(图中标注为R),假定每

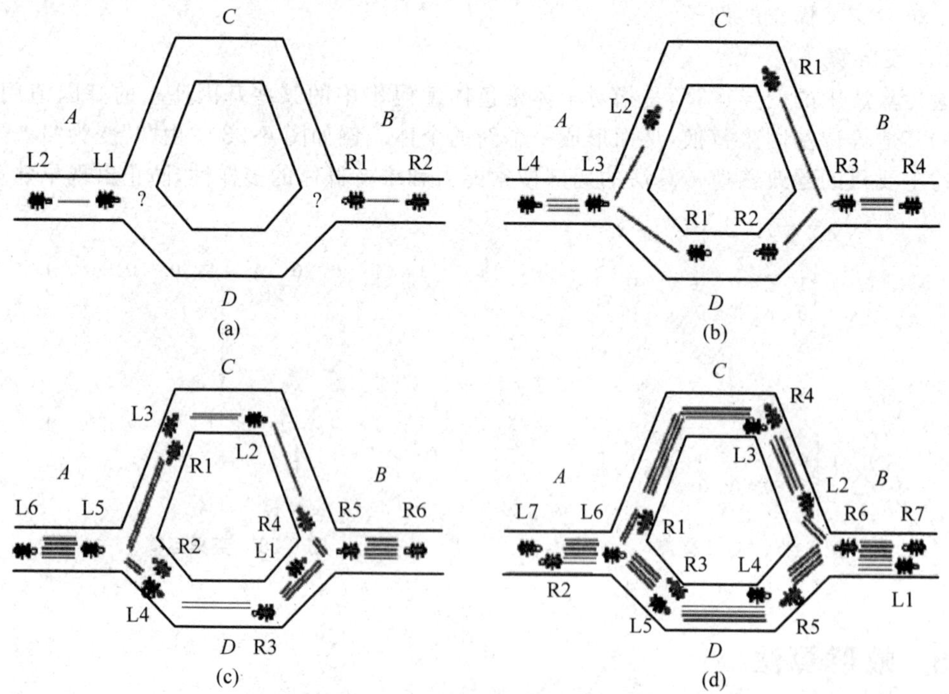

图6-29 蚂蚁搜索最短路径示意图

只蚂蚁爬行的速度相同的情况下，接下来的情况必定如图 6-29(b)和图 6-29(c)所示，每条线路上所画的线段数正比于蚂蚁储存在该路段地面上的信息素，因为 ADB 要比 ACB 短，那么相应地，沿 ADB 爬行的时间会比沿 ACB 爬行的时间短。这样平均起来，走 ADB 的蚂蚁就要比走 ACB 的蚂蚁数量多，从而 ADB 线路的信息素积累的速度就要比 ACB 线路信息素积累的速度快。经过很短一段时间，两条线路上蚂蚁信息素的差异就大到足够影响新的下一只进入这个系统的蚂蚁选择路径的决策，如图 6-29(d)所示 L6 和 R6。从这时起，蚂蚁在决策路岔口就会以较大的概率选择 ADB，因为其察觉到 ADB 上的信息素比 ACB 上的要强。这种趋向会越来越明显，形成一种正反馈，很快所有的蚂蚁将选择这条短距离的路径。

图 6-30 所示是试验二，图 6-30(a)是已经形成的一条从巢穴到食物源的最短距离直线，从试验一可知这条路线也是一条信息素路线，也是蚂蚁初始搜寻出来的一条最优路径。如图 6-30(b)和图 6-30(c)所示，在蚂蚁原有的信息素路线上加上一个障碍物，切断原有信息素线路，蚂蚁在遇到障碍物时就要选择是从下面绕过去还是从上面走。刚开始这两个方向的选择概率是一样的，但是两者的距离不一样。接下来的道理与试验一样，蚂蚁最终会在新的形势下找到新的最优路径，如图 6-30(d)所示。

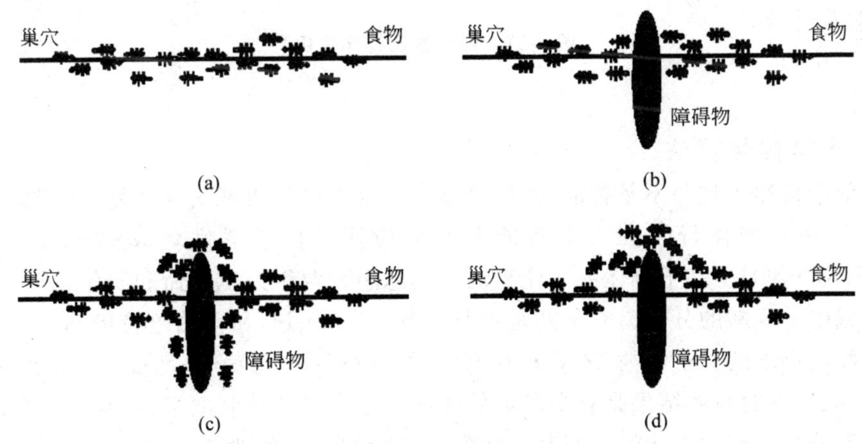

图 6-30　蚂蚁搜索新的最短路径示意图

蚂蚁算法的优点是对目标函数无特殊要求，易于实现分布式并行计算，且具有灵活性和开放性的特点，易于通过移植、杂交等方法与其他方法相结合，以改善算法的性能或形成新的算法。

6.4.9　其他搜索方法

除了上面介绍的一些方法外，在安全系数和临界滑动面搜索中还用到以下一些方法。

1. 动态规划法

动态规划是 20 世纪 50 年代由贝尔曼(R. Bellman)丹齐克(G . B. Dantzig)发展起来的多阶段决策的优化理论。多阶段决策问题可定义如下：如果一类活动过程可以分为若干个相互联系的各个阶段，在每一个阶段都需做出决策(采取措施)，一个阶段的决策确定以后，常常影响到下一个阶段的决策,从而就完全确定了一个过程的活动路线,则称它为多阶段决策问题。多阶段决策问题形成数学问题后是一个数学规划问题。

动态规划的基础是最优性原理。它的意思是:如果给定从 A 到 C 的最优轨迹,如图 6-31 所示,那么从最优轨线上任意一点 B 到 C 的轨线Ⅱ必然是由 B 到 C 的最优轨线。利用最优性原理可以导出动态规划的递推公式。

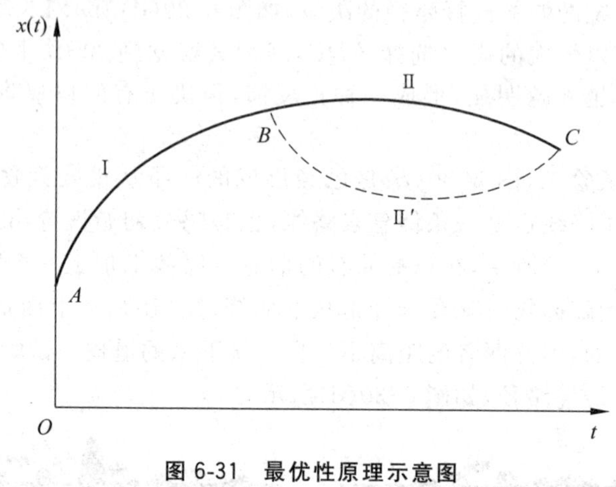

图 6-31　最优性原理示意图

2. 粒子群优化算法

通常单个自然生物并不是智能的,但是整个生物群体却表现出处理复杂问题的能力,群体智能就是这些团体行为在人工智能方面的应用。粒子群优化算法(particle swarm optimization, PSO)是基于群体的演化算法。其思想来源于人工生命和演化计算理论,是演化计算领域中一个新的分支。它最初是由甘乃迪(Kennedy)和埃伯哈特(Eberhart)模拟鸟群觅食过程而提出的。雷诺兹(Reynolds)对鸟群飞行的研究发现,鸟仅仅是追踪它有限数量的邻鸟,但最终的整体结果是整个鸟群好像在一个中心的控制之下,即复杂的全局行为是由简单规则的相互作用引起的。与基于达尔文"适者生存,优胜劣汰"进化思想的遗传算法不同的是,粒子群优化算法是通过个体之间的协作来解决优化问题的:一群鸟在随机搜寻食物,如果这个区域里只有一块食物,那么,找到食物的最简单有效的策略,就是搜寻目前离食物最近的鸟的周围区域。粒子群优化算法就是从这种模型中得到启示而产生的,并用于解决优化问题。另外,人们通常也是以他们自己及他人的经验来作为决策的依据,这就构成了粒子群优化算法的一个基本概念。

粒子群优化算法求解优化问题时,问题的解对应于搜索空间中一只鸟的位置,称这些鸟为"粒子"(particle)或"主体"(agent)。每个粒子都有自己的位置和速度(决定飞行的方向和距离),还有一个由优化函数决定的适应值。粒子通过跟踪两个当前最优解来更新自己,一个是粒子自身所经历过的最优解,称为个体最优解(pbest);另一个是整个群体当前经历过的最优解(gbest),称为全局最优解。另外,粒子还在一定程度上延续上一迭代步的移动方向。每次迭代的过程不是完全随机的。如果找到较好解,将会以此为依据来寻找下一个解。每个粒子利用下列信息改变自己的位置:当前位置,当前速度,当前位置与自己最好位置的距离,当前位置与群体最好位置之间的距离。优化搜索正是在由这样一群随机初始化粒子形成的群体中以迭代方式进行的。

其他的优化方法如禁忌算法，蜂群算法（模拟蜜蜂寻找蜜源行为的算法）等也都可以用来搜索最小安全系数。

6.5 关于边坡稳定极限平衡法分析的一些问题

极限平衡法是边坡稳定分析中最常用的方法，在具体工程应用中存在的问题有：应对何种工况进行稳定性分析，针对具体问题选择何种计算方法，选择什么强度指标计算和孔隙水的处理等。这几个方面的问题之间又往往是相关的。

6.5.1 计算工况

对于人工边坡和天然边坡，首先需要判断稳定分析的必要性，需要对哪些工况和条件进行分析；其次是对于不同的条件采用什么计算方法和选择什么强度指标；在有水的条件下还应考虑如何反映孔隙水压力的影响；最后才是使用前两节介绍的各种搜索方法和计算方法进行分析计算。

以土石坝为例，首先要对各种工况下的稳定分析的必要性进行讨论，见图 6-32。

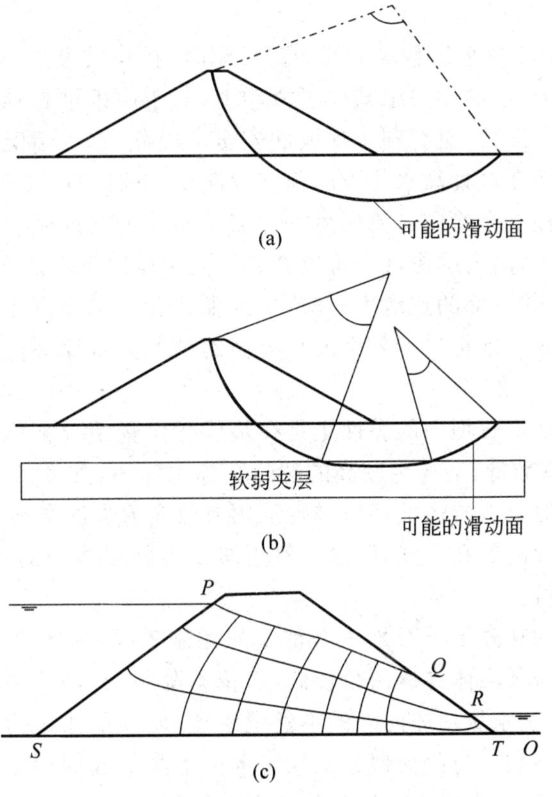

图 6-32 土石坝不同工况的稳定分析

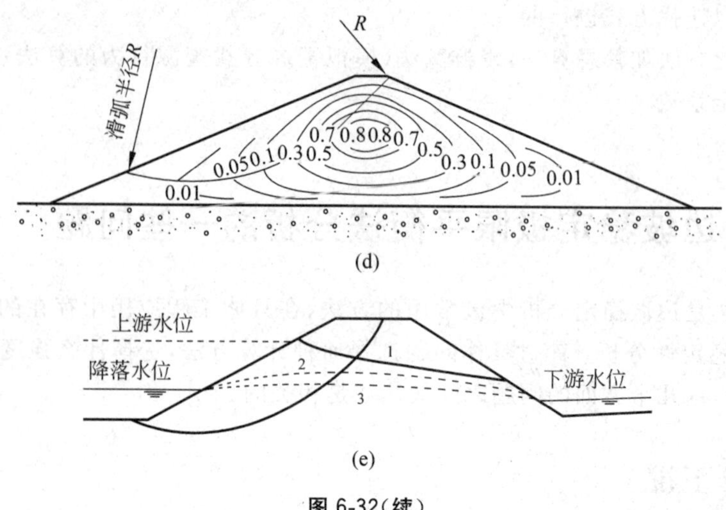

图6-32(续)

对于位于土基上的均质土坝、厚心墙堆石坝，穿过坝体和土基的圆弧滑动面是可能的滑动面，需要进行分析，如图6-32(a)所示。与此相似，在饱和软黏土地基上的填方路堤和堤防，也需要进行类似的分析。最危险的工况大都发生在施工期或者竣工时，这一时期坝体和地基中可能由于填方加载与碾压过程中产生较高的超静孔隙水压力，计算中应采用不排水强度指标。当土质地基中存在软弱夹层时，滑动面可能是复合滑动面，由通过夹层的平面和两段圆弧组成，见图6-32(b)。

在图6-32(c)所示的高水位蓄水下的稳定渗流时，在均质土坝中，上游坡上垂直于坡面的渗透力增加了抗滑力，水的浮力也减少了滑动力；对于面板堆石坝，作用于面板上的水压力相当于压在坡面上的面力，更有利于坝坡的安全。因此，这种情况下，任何土石堤坝的上游坡都是较安全的。而在这种高水位下的稳定渗流期，下游的坝坡则比无水情况下更危险，应验算下游坡的稳定性。在稳定渗流期另一种需要验算的情况是上游水位较低的情况，这时上下游水位相差不大，向内的渗透力可以忽略。但水位以下坝体土的自重为浮重度，而上部土体为天然重度，会使下部的抗滑力矩减少，反而比无水的情况更危险。对于均质土坝，上游水位为坝高的1/3常常是最不安全的。类似的情况是水库库区初次蓄水，有时会造成库区滑坡。

均质土坝或厚心墙堆石坝中的黏性土是在最优含水量情况下压实的，碾压后土中的饱和度大于80%，渗透系数低，会产生较高的超静孔隙水压力，如图6-32(d)所示的等孔隙水压力线的情况。这时对上下游边坡都应进行采用有效应力强度指标的稳定分析。由于不易准确地绘制出如图所示的等孔压线，所以一般用竣工后的坝体中的土样的不排水抗剪强度指标进行总应力法分析。

库水位从高水位的骤降是土石坝一个重要的控制工况，如图6-32(e)所示。这时主要是上游坡面最危险。如果坝体渗透系数较低，水位下降很快，坝体中的浸润线下降很慢，随着浸润线逐渐下降，发生水从坝体向外的不稳定渗流，向外的渗透力几乎与滑动方向一致，对上游坡的稳定十分不利。与此类似的是江河水位下降引起的崩岸；洪水消退时引起的堤防上游的塌坡；海边退潮时海岸的侵蚀与防波堤失稳等。

地震对于任何形式和工况的边坡都是一种控制工况。地震会增加一个引起滑动的惯性力；在临水情况下还会引起土中产生超静孔隙水压力，甚至引起土的液化；正常运行的土石坝遇到地震时上下游坝坡都需要验算，这时坡外水体产生的动水压力和涌浪对坝坡安全也是不利的。

如上所述，降雨对于边坡的稳定是有很大影响的。降雨会使土中水增加，土的重度增加，使土的强度指标下降，降雨对坡面的冲蚀和沿坡渗流对边坡的稳定也是不利的。

6.5.2　稳定分析方法的选择

在 6.3 节介绍了各种极限平衡分析方法，主要有基于圆弧滑动面的条分法和任意形状滑动面的条分法，后者也称通用条分法。对于均质的土坡、均匀的软岩边坡和具有较大规模碎裂结构的岩质边坡，可以采用圆弧滑动面的分析方法；对于均质土坝、厚心墙和厚斜墙堆石坝也可以采用基于圆弧滑动面的条分法。而对于地基中有软弱夹层，薄心墙、薄斜墙堆石坝应使用任意滑动面的通用条分法或者折线滑动面的楔体平衡方法。

在圆弧条分法中，瑞典条分法由于不计条间力，计算的安全系数偏低，所以在一些规范中，用不同的方法计算的安全系数规定的最小值也是不同的。表 6-8 是人们总结的对于不同的坝型，采用用不同计算方法得到的安全系数与瑞典条分法计算的安全系数的提高值。

表 6-8　对不同土石坝不同计算方法的结果与瑞典条分法比较的提高值　%

坝型	简化毕肖甫法	美国陆军工程师团法	罗厄法	简布法	摩根斯坦-普莱斯法	斯宾塞法	总平均
心墙坝	5.82	5.58	5.75	—	4.90	—	5.51
面板堆石坝	8.20	7.70	8.00	—	12.00	—	8.98
其他坝型	5.88	4.52	4.33	8.35	9.18	7.78	6.67

表 6-8 的计算工况是 11 座土石坝的施工期上、下游边坡，稳定渗流时的正常运用期，7、8 级地震时，可以发现六种计算方法计算得到的安全系数比瑞典条分法计算的安全系数均有不同程度的提高，对于心墙坝平均提高了 5.5% ；对于混凝土面板堆石坝平均提高 9%；对于其他坝型提高了近 7%。其中摩根斯坦-普莱斯法平均提高得最明显。可见考虑了条间力的通用条分法给出了较大的，也是较为合理的安全系数，尤其是坝型复杂的情况。

我国的《碾压式土石坝设计规范》(DL/T 5395—2007)规定："坝坡抗滑稳定计算应采用刚体极限平衡法。对于均质坝、厚斜墙坝和厚心墙坝宜采用计及条块间作用力的简化毕肖甫法；对于有软弱夹层、薄斜墙、薄心墙坝及任何坝型的坝坡稳定分析，可采用满足力和力矩平衡的摩根斯坦-普莱斯法等方法。"

6.5.3　孔隙水压力的考虑

在 4.6.2 节中讨论了在稳定渗流土体中，取骨架作隔离体与取整个土体作隔离体时，对于某一土条的静力平衡是完全等效的。如果以土条的骨架作隔离体，在渗流场中用浮重度计算自重，同时加上与渗流方向相同的渗透力；而取整个土体作隔离体时，则用饱和重度计算自重，并在土体四周加上孔隙水压力的作用力。但是不管各种计算方法的土条之间土的条间力如何考虑,孔隙水压力作为条间力都是应考虑的,包括方向、大小和作用点,这样才能保证两种隔离体下的静力平衡是等效的。所有考虑条间力的边坡稳定计算方法都同时正确考虑了孔隙水压力的作用,因而用两种隔离体的计算结果是一致的。

在瑞典条分法的计算中,如果土体为饱和的,则一般的安全系数计算公式为

$$F_s = \frac{\sum (W_i \cos\alpha_i - u_i l_i)\tan\varphi + c_i l_i}{\sum W_i \sin\alpha_i} \tag{6-78}$$

式中,u_i 为第 i 土条底部滑动面处作用的孔隙水压力。此式并没有考虑土条两侧的孔隙水压力作用。

由于瑞典条分法不计土体的条间力,如果也不计土条间的孔隙水压力,就不能正确反映孔隙水压力作用的影响。在图6-33的静水以下的土坡情况下,如果以土骨架作为隔离体,以浮重度计算有效自重应力,第 i 土条在滑动面上的有效法向力和切向力分别为

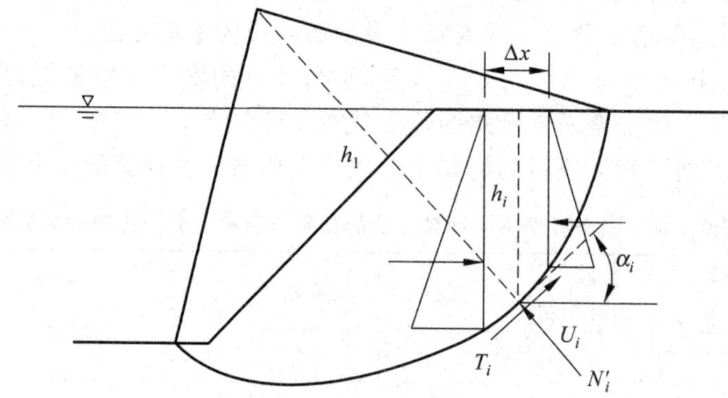

图6-33 静水以下的土坡

$$\left.\begin{aligned} N'_i &= (\gamma_{sat} - \gamma_w) h_i \Delta x \cos\alpha_i \\ T_i &= (\gamma_{sat} - \gamma_w) h_i \Delta x \sin\alpha_i \end{aligned}\right\} \tag{6-79}$$

如果以饱和土体作为隔离体,由于滑动面上的有效法向力 $N'_i = N_i - U_i$,其中

$$U_i = \gamma_w h_i \Delta x / \cos\alpha_i \tag{6-80}$$

则第 i 土条在滑动面上的有效法向力和总切向力分别为

$$\left.\begin{aligned} N'_i &= (\gamma_{sat} - \gamma_w / \cos^2\alpha_i) h_i \Delta x \cos\alpha_i \\ T_i &= \gamma_{sat} h_i \Delta x \sin\alpha_i \end{aligned}\right\} \tag{6-81}$$

可见由于瑞典条分法忽略了所有条间力,也不计土体两侧的不相等的水压力,使以饱和土体作为隔离体的计算严重脱离实际情况,可能造成较大误差,使计算的 N'_i 偏小,T_i 偏大。在式(6-81)中,如果 α_i 足够大,则 N'_i 可能小于零。所以邓肯说:"传统瑞典条分法对平缓边坡在高孔隙水压情况下进行有效应力法分析是非常不准确的。"

6.5.4 边坡外有水的情况

对于图6-34(a)这种坡外有静水的情况,人们有不同的处理方法,其结果也不尽相同。下列的方法是较为常用的。

在图6-34(a)中,圆弧 $ABCP$ 为滑动面,它穿过上部的非饱和土体、静水位线上下的饱

和土体和水体。与外轮廓线间所围的土体自重为 W，在滑动面上受到的总水压力为 U，下部土（骨架）提供的总支撑力为 G'，三者是平衡的。以 $\boldsymbol{U}, \boldsymbol{W}, \boldsymbol{G}'$ 表示向量，即

$$\boldsymbol{W} + \boldsymbol{U} + \boldsymbol{G}' = 0 \tag{6-82}$$

$$W = W_1 + W_2 + W_3 \tag{6-83}$$

式中，W_1 为水位以上的非饱和土自重；W_2 为浸润线以下，下游静水位以上部分的饱和土体的自重；W_3 为静水位以下的饱和土体加上水体的重量。

将静水位 PEG 以下的水体（包括土中孔隙水）V_w 作为隔离体，见图 6-34(b)，这部分水的自重加上土颗粒浮力的反作用力之和为 $W_w = V_w \gamma_w$。而这部分水体受到下部水体的水扬压力就是它的浮力，$U_s = V_w \gamma_w$，所以 $W_w = U_s$，方向相反，亦即 $\boldsymbol{W}_w + \boldsymbol{U}_s = 0$。

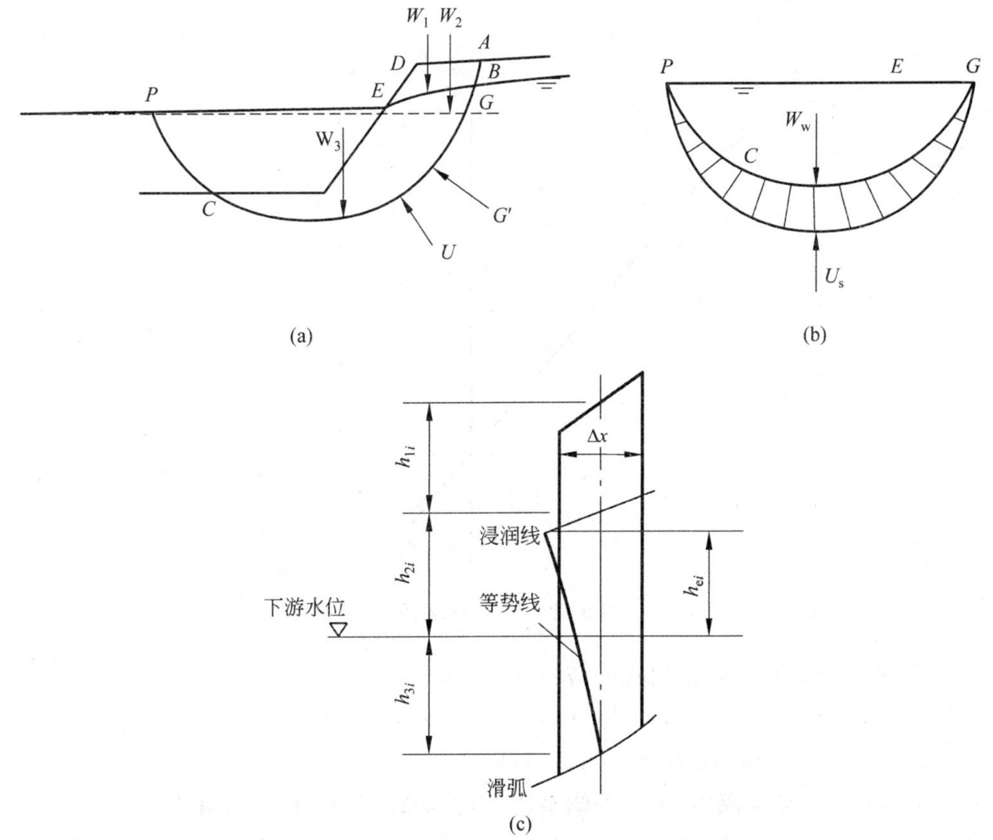

图 6-34　坡外有水情况的考虑

如果从图 6-34(a)中减去图 6-34(b)，剩下的部分也是平衡的，亦即

$$\boldsymbol{W} + \boldsymbol{U} + \boldsymbol{G}' - \boldsymbol{W}_w - \boldsymbol{U}_s = \boldsymbol{W}_1 + \boldsymbol{W}_2 + (\boldsymbol{W}_3 - \boldsymbol{W}_w) + (\boldsymbol{U} - \boldsymbol{U}_s) + \boldsymbol{G}' = 0 \tag{6-84}$$

其中，$W_3 - W_w = W_3'$，W_3' 表示静水位从下土体按浮重度计算的重量，$\boldsymbol{U} - \boldsymbol{U}_s = \boldsymbol{U}_e$。$\boldsymbol{U}_e$ 为静水位以上、浸润线以下渗流水体在滑动面上的水压力。这样就变成了滑动体不包括坡外水体，静水位线以下按浮重度计算，只计算静水位线与浸润线之间部分的孔隙水压力的问题。用瑞典条分法计算时其计算公式为

$$F_s = \frac{\sum\{c'_i l_i + [(\gamma h_{i1} + \gamma_{sat} h_{i2} + \gamma' h_{i3}) b\cos\alpha_i - u_{ei} l_i]\tan\varphi'_i\}}{\sum(\gamma h_{i1} + \gamma_{sat} h_{i2} + \gamma' h_{i3}) b\sin\alpha_i} \tag{6-85}$$

可见只要将静水位以下部分的土体按浮重度计算,浸润线与静水位之间的土体按饱和重度计算,同时在法向力中扣除孔隙水压力 u_{ei},其中,$u_{ei}=\gamma_w h_{ei}$,h_{ei}的意义见图6-34(c),h_{3i}是下游静水位以下土条的高度。

【例题 6-3】 在图6-35中,静水位下第 i 土条的数据如下:$\varphi'=30°$,$c'=0$,$\gamma_{sat}=20\text{kN/m}^3$,$\alpha_i=41°$,$R=18.3\text{m}$,条宽 $\Delta x=3\text{m}$。(1)用土骨架作隔离体;(2)用饱和土体作隔离体,不计条侧水压力;(3)用饱和土体作隔离体,考虑条侧水压力。分别计算其该土条滑动面上的径向力 N_i 和切向力 T_i。

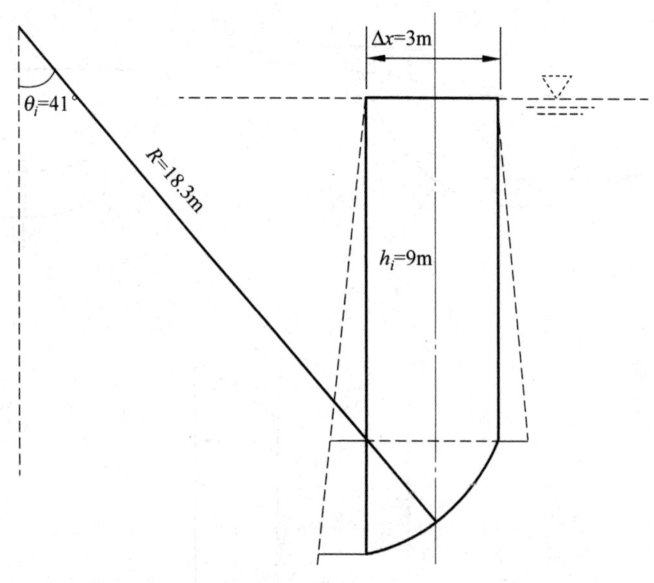

图 6-35 例题 6-3 的图

(1) 用土骨架作隔离体,根据式(6-79)计算:

$$N'_i = \gamma' h_i \Delta x\cos\alpha_i = 10\times 9\times 3\times\cos 41° = 203.8(\text{kN})$$

$$T_i = r' h_i \Delta x\sin\alpha_i = 177.1(\text{kN})$$

(2) 用饱和土体作隔离体,不计条侧水压力,根据式(6-81)的上式计算:

$$N'_i = (\gamma_{sat} - \gamma_w/\cos^2\alpha_i) h_i \Delta x\cos\alpha_i = (20 - 10/\cos^2 41°)\times 9\times 3\times\cos 41° = 50(\text{kN})$$

$$T_i = r_{sat} h_i \Delta x\sin\alpha_i = 354.3(\text{kN})$$

(3) 用饱和土体作隔离体,考虑条侧水压力,计算土条两侧的水压力差,有

$$h_{i1} = 9 - 1.5\tan 41° = 7.7(\text{m}),\quad h_{i2} = 9 + 1.5\tan 41° = 10.3(\text{m})$$

$$\Delta E_w = \frac{1}{2}\gamma_w(h_{i2}^2 - h_{i1}^2) = 234\text{kN},\quad \Delta N'_i = \Delta E_w\sin 41° = 153.5\text{kN}$$

$$N'_i = 153.5 + 50 = 203.5(\text{kN}),\quad T_i = 354.3 - \Delta E_w\cos\alpha_i = 177.6(\text{kN})$$

与(1)用土骨架作隔离体计算结果基本相同。

6.5.5 强度指标的选用

在边坡稳定分析的极限平衡法中，正确选用强度指标是一个关键问题。6.3 节所介绍的各种分析方法之间的差别一般不超过 12%，而不同的强度指标可能造成百分之几十甚至几倍的误差。

1. 总应力与有效应力强度指标

在 3.5.3 节已经讨论了排水、固结不排水和（不固结）不排水强度指标在工程设计中的应用。在边坡稳定分析中，原则也是一致的。

根据有效应力原理，土的抗剪强度是由有效应力决定的，与孔隙水压力无关。所以在边坡稳定分析中，只要能够确定土中的孔隙水压力，就应当用有效应力指标计算。对于堆石、碎石和砂土，在静载条件下一般不会产生超静孔隙水压力，应选用有效应力强度指标；对于黏性土坡，如果在荷载作用下产生的孔隙水压力可完全消散或者可以较准确地确定，也可采用土的有效应力强度指标。

由于很多土坡稳定问题都与土中水有关，并且土中的孔隙水压力是不易准确确定的，因而总应力强度指标也经常被用于边坡稳定分析中。具体采用什么指标及测试方法，应根据土的渗透性和排水边界件，荷载施加速度等条件确定。目前有关规范对指标的选用有所规定，但很多情况下还要根据具体工程条件由工程技术人员来判断。

图 6-32(d)是均质土坝刚竣工时的情况。由于土坝是在黏性土的最优含水量下碾压施工的，其饱和度可达 80%以上，其中土中的气体主要以气泡形式存在于孔隙水中，可按可压缩流体的饱和土分析。在施工过程中，坝体被施加 $\Delta\sigma_1$ 和 $\Delta\sigma_3$，产生的超静孔隙水压力为

$$\Delta u = B[\Delta\sigma_3 + A(\Delta\sigma_1 - \Delta\sigma_3)] = B\left[A + (1-A)\frac{\Delta\sigma_3}{\Delta\sigma_1}\right]\Delta\sigma_1 = \bar{B}\Delta\sigma_1 \qquad (6\text{-}86)$$

式中，$\bar{B}=B\left[A+(1-A)\dfrac{\Delta\sigma_3}{\Delta\sigma_1}\right]$。土石坝在加载过程中的$\dfrac{\Delta\sigma_3}{\Delta\sigma_1}$近似为常数，其中 $\Delta\sigma_1$ 近似为上部土体所施加的自重应力 rh。

如果土料的渗透系数 $k<10^{-7}$ cm/s，则可以认为施工期产生的超静孔隙水压力不消散；当 $k>10^{-5}$ cm/s 时，孔压较小，只有在填土的体积很大时，才需要计算孔压。当 10^{-7} cm/s$<k<10^{-5}$ cm/s 时，产生的超静孔隙水压力部分消散，可结合现场观测得到孔隙水压力的分布情况，绘出如图 6-32(d)所示的等孔压线，用有效应力强度指标进行计算。在条分法中，第 i 条的有效法向力为

$$N_i' = N_i - u_i l_i \qquad (6\text{-}87)$$

式中，u_i 为该条底部中心处的超静孔隙水压力。但是在土坝的施工期孔压的生成和消散并不容易准确地确定，所以一般还是通过对坝体土样的不排水试验强度指标进行坝坡稳定分析。在饱和软黏土地基上修建填方路堤、快速开挖等边坡稳定分析中，对地基土通常采用不排水强度指标。

图 6-32(c)为土坝正常运行期中的稳定渗流情况，通过绘制流网可以准确地确定各点的孔隙水压力，因而也可以通过式(6-87)使用有效应力强度指标进行有效应力稳定分析。

图 6-32(e)是水库水位骤降的情况，这时由于坝体已经在自重下完成了固结，水位骤降等于很快施加了 $\Delta(\sigma_1-\sigma_3)$，这时产生的孔隙水压力不能消散，所以应当用固结不排水的强度指标。当然如果能够通过渗流数值计算和现场监测等方法，确定水位骤降情况下不稳定渗流的孔隙水压力，也可以用有效应力强度指标来计算分析。

在土坝的抗震稳定分析中，通常用拟静力法。对于在地震发生时的瞬时荷载产生的超静孔隙水压力，在黏性土和某些砂土中不会很快消散，所以通常采用固结不排水的试验指标进行抗震稳定分析。当然，如果进行动力反应分析，计算出超静孔隙水压力，也可进行有效应力分析。

各种强度指标都需要通过试验确定。有效应力强度指标可以通过排水的三轴试验，也可用慢剪的直剪试验确定；对于黏性土，通过固结不排水三轴试验加上量测孔隙水压力也可得到有效应力的强度指标；在土坝施工期，黏性土的饱和度一般在 80%左右，孔压系数 $B<1.0$。

固结不排水强度指标通常用固结不排水的三轴试验测定，当土料的渗透系数小于 10^{-7} cm/s 时，也可用固结快剪试验测定。黏性土的不固结不排水强度指标可用不固结不排水三轴试验或者无侧限单轴压缩试验测定，当土料的渗透系数小于 10^{-7} cm/s 时，也可用快剪试验测定。对黏性土不排水强度的现场测试手段是特别值得提倡的，如现场剪切试验、十字板剪切试验、静力触探试验、旁压试验等。也可通过对发生滑动的边坡进行反分析估算土的强度指标。

《碾压式土石坝设计规范》(DL/T 5395—2007)对于土石坝各种工况的分析方法和强度指标的规定见表 6-9。

2. 峰值强度与残余强度

密实的粗粒土、超固结黏性土和结构性土都具有峰值强度和残余强度，在图 2-36(b)中，比临界状态更干的黏土为强超固结黏土，在排水试验中会发生剪胀和应变软化现象。

表 6-9　不同工况下强度指标的应用和测定

<table>
<tr><th>控制稳定的时期</th><th>强度计算方法</th><th colspan="2">土　类</th><th>强度测定仪器</th><th>试验方法</th><th>强度指标</th><th>试样起始状态</th></tr>
<tr><td rowspan="8">施工期</td><td rowspan="6">有效应力法</td><td colspan="2" rowspan="2">无黏性土</td><td>直剪仪</td><td>慢剪(S)</td><td rowspan="2">φ',φ'_0,$\Delta\varphi'$</td><td rowspan="8">填土试验用指定填筑含水量和填筑重度的土，坝基试验用原状土</td></tr>
<tr><td>三轴仪</td><td>固结排水(CU)</td></tr>
<tr><td rowspan="4">黏性土</td><td rowspan="2">饱和度小于 80%</td><td>直剪仪</td><td>慢剪(S)</td><td rowspan="4">c',φ'</td></tr>
<tr><td>三轴仪</td><td>不排水(UU)＋测孔压</td></tr>
<tr><td rowspan="2">饱和度大于 80%</td><td>直剪仪</td><td>慢剪(S)</td></tr>
<tr><td>三轴仪</td><td>固结不排水(CU)＋测孔压</td></tr>
<tr><td rowspan="2">总应力法</td><td rowspan="2">黏性土</td><td>$k<10^{-7}$ cm/s</td><td>直剪仪</td><td>快剪(Q)</td><td rowspan="2">c_u,φ_u</td></tr>
<tr><td>任何渗透系数</td><td>三轴仪</td><td>不排水(UU)</td></tr>
</table>

续表

<table>
<tr><th>控制稳定的时期</th><th>强度计算方法</th><th colspan="2">土　类</th><th>强度测定仪器</th><th>试验方法</th><th>强度指标</th><th>试样起始状态</th></tr>
<tr><td rowspan="4">稳定渗流期和水库水位降落期</td><td rowspan="4">有效应力法</td><td colspan="2" rowspan="2">无黏性土</td><td>直剪仪</td><td>慢剪(S)</td><td rowspan="2">$\varphi',\varphi_0',\Delta\varphi'$</td><td rowspan="4">填土试验用指定填筑含水量和填筑重度的土，坝基试验用原状土。浸润线以下要预先饱和</td></tr>
<tr><td>三轴仪</td><td>排水(CD)</td></tr>
<tr><td colspan="2" rowspan="2">黏性土</td><td>直剪仪</td><td>慢剪(S)</td><td rowspan="2">c',φ'</td></tr>
<tr><td>三轴仪</td><td>固结不排水(CU)+测孔压，或排水(CD)</td></tr>
<tr><td rowspan="2">水库水位降落期</td><td rowspan="2">总应力法</td><td rowspan="2">黏性土</td><td>$k<10^{-7}$ cm/s</td><td>直剪仪</td><td>固结快剪(CQ)</td><td rowspan="2">c_{cu},φ_{cu}</td><td rowspan="2">填土试验用指定填筑含水量和填筑重度的土，坝基试验用原状土。浸润线以下要预先饱和</td></tr>
<tr><td>任何渗透系数</td><td>三轴仪</td><td>固结不排水(CU)</td></tr>
</table>

古滑坡由于历史上可能已经发生过很大的位移，一般应当用残余强度进行分析，除非确认该滑坡的土已经产生了很强的胶结作用。对于岩体边坡，存在着沿软弱夹层或者结构层面的滑动时，也应使用残余强度进行分析。

对于上述的强超固结黏性土边坡，由于土体中可能存在着一些不连续裂缝，又因为土的应变软化性质，裂缝的尖端发生应力扩散和重分布，促使裂缝不断扩展，形成渐进破坏的现象，所以对于超固结黏土土坡的长期稳定问题，也应使用残余强度。类似的情况也发生在“老黏土”、非饱和的特殊土和易受干湿、冻融循环影响土的边坡，它们也经常存在着拉裂缝，引起渐进破坏，其长期稳定分析也要使用残余强度。

密砂、碎石和堆石的边坡稳定分析可用其峰值强度；经碾压填筑，施工质量可靠，内部无裂缝和缺陷的填方边坡，也可用峰值强度进行稳定分析。

土的残余强度可用扰动土样，通过直剪仪的反复剪切试验测定；也可用环剪仪(见图 1-3)测定。对于现场滑动面和软弱夹层也可用现场的剪切试验取得土的残余强度。

3. 非线性抗剪强度及指标

堆石、碎石等粗粒土在较高的围压下会发生颗粒的破碎，尤其是颗粒接触点会发生破损，从而使其抗剪强度下降。在 3.4.1 节中介绍了粗粒土的抗剪强度包线非线性的情况，一般而言内摩擦角是随着围压或者正应力的增加而减小，即

$$\varphi = \varphi_0 - \Delta\varphi \lg \frac{\sigma_3}{p_a}$$

$$\tau_f = A\sigma_n^b$$

在高堆石坝的稳定分析中，必须考虑堆石的非线性抗剪强度，否则会计算出很浅的滑动面，这不符合实际的情况。

4. 非饱和土的强度指标

如上所述，对于均质土坝和厚心墙、斜墙坝，在施工期和竣工时，黏性土是非饱和的，但

是由于饱和度较高,在总应力法稳定分析中可以采用土的不排水抗剪强度,在用有效应力分析时,也只出现正的超静孔隙水压力 u,不出现基质吸力。

非饱和土边坡的稳定分析关键在于土的含水量或者饱和度的确定。受降雨影响的天然边坡,含水量随深度变化,吸力的分布也随之变化。含水量增加会使吸力降低,对于某些特殊土还会破坏其结构性,使强度进一步降低。

一般情况下的非饱和土边坡可以用总应力法计算,土的强度指标可以用结构性和含水量相同的原状土样进行室内强度试验测定。也可在现场进行剪切试验测定强度。由于含水量相同,所以在总应力强度指标中含有吸力的影响。

如果需要考虑单独吸力的影响,则有单应力体系和双应力体系两种理论和方法,分别见式(3-51)和式(3-52)。当采用以上的各种极限平衡计算时,可以采用"假黏聚力"c'',即

$$c'' = c' + (u_a - u_w)\tan\varphi''$$

6.6 极限分析原理

土体稳定分析的基本提法和求解固体力学问题是一致的,即在一个确定的荷载条件下,寻找一个应力场 σ_{ij}、相应的位移场 u_i 以及应变场 ε_{ij},它们同时满足下列条件(以张量形式表达)。

(1) 静力平衡

$$\sigma_{ij,j} = W_i \tag{6-88}$$

其力学边界条件是

$$\sigma_{ij}n_j = T_i \tag{6-89}$$

式中,W_i 为作用于单位体积 $\mathrm{d}v$ 上的体积力;T_i 为作用于表面 s 上的边界力;n_j 为 s 面法线的方向导数。

静力平衡的另一个表达形式是虚功原理,即相应任一协调的位移场增量 $\dot{u}$,有

$$\int_v \sigma_{ij} \cdot \dot{u}_{i,j}\mathrm{d}v = \int_v W_i \cdot \dot{u}_i\mathrm{d}v + \int_s T_i\dot{u}_i\mathrm{d}s \tag{6-90}$$

右侧为外静力场所做的外功率;左侧为内能耗散率。

(2) 变形协调

$$\varepsilon_{ij} = \frac{u_{i,j} + u_{j,i}}{2} \tag{6-91}$$

(3) 本构关系

$$\sigma_{ij} = C_{ijkl}\varepsilon_{kl} \tag{6-92}$$

式中,C_{ijkl} 为反映弹性或弹塑性的本构关系刚度矩阵的张量表达式。

(4) 强度或屈服准则,通常采用莫尔-库仑准则,即

$$\tau - (\sigma_n\tan\varphi + c) \leqslant 0 \tag{6-93}$$

式(6-92)和式(6-93)分别反映了材料必须遵守的应力应变关系和强度准则。

在一般的岩土材料中,还需有不容许出现拉应力的限制条件,如式(6-94)所示。

$$\sigma_3 \geqslant 0 \tag{6-94}$$

式中,σ_3 为土体内任一点的小主应力,定义压应力为正。

6.6.1　塑性力学的上、下限定理

全面满足上述条件的解答，即为反映实际情况的理论解。但是，岩土材料的不连续性、不均匀性、各向异性和非线性的本构关系以及结构在破坏时呈现的剪胀和软化、大变形、应力引起的各向异性等特性，使求解岩土材料应力和变形的问题变得十分困难和复杂。

下限定理从构筑一个静力许可的应力场入手，认定凡是满足式(6-88)、式(6-89)和式(6-93)、式(6-94)的应力场(亦称为静力许可应力场)所对应的外荷载 T_i^* 一定比真实的极限荷载小。上限定理从构筑一个处于塑性区 Ω^* 内和滑裂面 Γ^* 上的协调的塑性位移场 u_{ij}^*(亦称运动许可速度场)出发，认定凡是满足式(6-90)和式(6-93)的等式所对应的外荷载一定比相应的塑性区 Ω 的真实极限荷载大。弹性变形比塑性变形小得多，所以在应用上限定理通过式(6-90)确定外荷载时，还可以将其中的 u 仅理解为塑性变形。式(6-90)左端的内能耗散率包括两项，即塑性区域 Ω 内和沿滑面 Γ 上的内能耗散率。

塑性力学上、下限定理分析稳定问题，就是绕开材料的本构关系进行直接求解。下限解的最大值和上限解的最小值对应真实的解。这里的有关分析主要在位移增量和应变增量的基础上进行，所以通常采用速度和应变率这样的术语，显然这里对应的“时间”是虚拟的，读者可以将速度、应变率和功率分别理解为位移增量、应变增量和功的增量。

建立下限解所要求的条件是：(1)在域内应力场满足平衡条件；(2)在边界上应力场满足力的边界条件；(3)应力场处处不违背屈服(强度)条件。建立上限解所要求的条件是：(1)在区域内满足几何条件，即应变率场能够由某一速度场导出；(2)在速度边界上满足边界条件；(3)满足外力功率大于零的要求。

所以上下限定理也可表述为：静力许可应力场对应的荷载是极限荷载的下限；上限定理表述为：运动许可的速度场对应的荷载是极限荷载的上限。

塑性力学上下限定理在很多文献中都有介绍，这里用一个简单的例子予以类比说明。对于图 6-36 中的条形桌子，如果在其中心处放上重量为 g_1 的重物而没有破坏，则意味着桌子至少可以承受 g_1 的重量，g_1 就是它的一个下限解；如果放上重量为 $g_2(g_2>g_1)$ 的重物也没有破坏，则意味着桌子至少可以承受 g_2 的重量，g_2 也是它的一个下限解。以此类推，逐渐增大重物的重量，直到濒于破坏，下限解 g_n 就逐渐逼近真实解。反过来，如果放上重量为 G_1 的重物导致桌子破坏，则意味着桌子不能承受超过 G_1 的荷载，G_1 可以作为它的一个上限解；如果放上重量为 $G_2(G_2<G_1)$ 的重物也发生破坏，G_2 就是一个更接近真实解的上限解。以此类推，逐渐减小导致破坏的重物的重量，上限解就逐渐逼近真实解。可见下限解和上限解从小于和大于的两个方向逼近真实解。

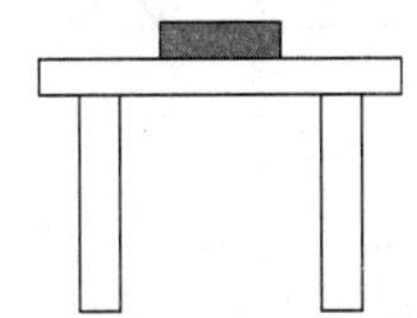
图 6-36　上下限定理示意图

利用上下限定理可以计算按 $c_e=c/F_s$，$\tan\varphi_e=\tan\varphi/F_s$ 定义的安全系数，也可以计算加载系数。加载系数有以下两种定义方式。

(1) 方案 1

如果边坡表面作用有荷载 T^0，那么，可以将这个荷载增加到直至边坡破坏，此时的荷载为 T，定义加载系数为

$$\eta_t = \frac{T - T^0}{T} \tag{6-95}$$

式中,η_t 为加载系数。这一定义可广泛应用于地基承载能力问题的分析中。

(2) 方案2

极限状态是通过施加一个假想的水平体积力 $\eta_b W$(如水平地震惯性力)实现的,W 为滑坡体的自重。1979年,沙玛(Sarma)首先提出这一思路,并称 η_b 为临界加速度系数。这一方案在边坡问题中较适用,因为大多数的边坡问题中不存在表面荷载。

采用上述两种处理方案,η_t 或 η_b 通常可以直接通过一个公式求得,不需迭代。同时,这两种处理方案的思路与塑性力学极限分析中的加载概念一致。

6.6.2 上下限定理的应用

这里用直立边坡的临界高度计算来介绍上下限定理的应用。这是一个经典的算例,在很多文献中都有介绍。

1) 用上限定理进行求解

如图6-37(a)所示,土的重度为 γ,强度指标为 c 和 φ,假设滑动面与水平面夹角为 $\theta(\theta>\varphi)$。

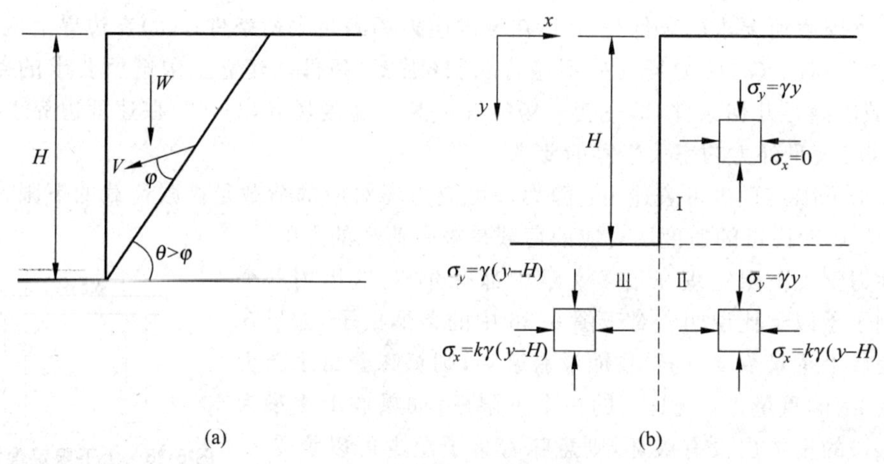

图6-37 直立边坡的临界高度

重力所做功率为

$$W_e = \overline{W} \cdot \overline{v} = W \cdot V\sin(\theta - \varphi) = \frac{1}{2}\gamma H^2 \cot\theta \cdot v\sin(\theta - \varphi) \tag{6-96}$$

在滑动面上一点的内能耗散率为

$$\tau \cdot V\cos\varphi - \sigma_n \cdot V\sin\varphi = (c + \sigma_n \tan\varphi) \cdot V\cos\varphi - \sigma_n \cdot V\sin\varphi = c \cdot V\cos\varphi \tag{6-97}$$

沿滑动面的全部内能耗散率为

$$W_i = c \cdot V\cos\varphi \cdot L = c \cdot V\cos\varphi \cdot \frac{H}{\sin\theta} \tag{6-98}$$

使外力功率与内能耗散率相等,即 $W_e = W_i$,可以得到

$$H - \frac{2c}{\gamma} \cdot \frac{\cos\varphi}{\cos\theta\sin(\theta-\varphi)} \tag{6-99}$$

求式(6-99)H 的最小值，可以得到：$\theta_{cr}=45°+\frac{\varphi}{2}$

$$H_{cr} = \frac{4c}{\gamma} \cdot \frac{1}{\tan\left(45°-\frac{\varphi}{2}\right)} = \frac{4c}{\gamma\sqrt{K_a}} \tag{6-100}$$

式(6-100)就是直立边坡临界高度的一个上限解。

在上述推导中，利用了滑动面上速度 V 与滑动面夹角等于土的内摩擦角 φ 的关系。这一相等关系可以根据莫尔-库仑屈服准则和相关联流动法则予以证明。

显然，临界高度上限解的计算与所假定的滑动面的形式有关，如果假定为过坡脚的对数螺旋面，可以得到一个更好的结果，即

$$H_{cr} = \frac{3.83c}{\gamma\sqrt{K_a}} \tag{6-101}$$

2）用下限定理进行求解

用下限定理求解需要给出一个静力许可的应力场，可以构造如图 6-37(b)所示的应力场。为了保证该应力场满足平衡条件，显然Ⅰ区的底部应当满足极限平衡条件：

$$\sigma_1 = \sigma_3\tan^2\left(45°+\frac{\varphi}{2}\right)+2c\cdot\tan(45°+\frac{\varphi}{2}) \tag{6-102}$$

在该位置上，有

$$\sigma_1 = \sigma_y = \gamma H,\quad \sigma_3 = \sigma_x = 0 \tag{6-103}$$

将式(6-103)代入式(6-102)不难得到直立边坡的一个下限解：

$$H_{cr} = \frac{2c}{\gamma\sqrt{K_a}} \tag{6-104}$$

这里由于土体内不得出现拉应力，即 $\sigma_3=\sigma_x=0$，所以其临界高度与式(6-100)不同。

有限单元法适应复杂边界条件的能力很强，因此将有限单元法用于求解极限载荷的上限和下限将一种非常有效的方法。澳大利亚学者斯隆(S. W. Sloan)于 1988 年将土力学下限分析法与有限元法相结合，考虑单元之间相邻边上应力间断条件，将理想塑性土体的平面应变下限分析归结为求解一个大规模线性规划问题，并成功地应用于地基承载力计算。1989 年，Sloan 又提出有限元塑性极限分析上限法的一整套算法。从而建立了基于线性规划的塑性极限分析下限、上限解有限元方法理论体系，这为极限分析的发展开辟了新的道路。推动了塑性极限分析法在岩土工程领域的应用。国内外众多学者沿用 Sloan 这一模式，做了很多有意义的研究工作。

对于一个处于极限状态的边坡(见图 6-38(a))，假定在土体内存在一个塑性区 Ω^*，塑性区内各点达到屈服，在这一塑性区和边界上如果由于某一外荷载增量导致一个塑性应变增量 ε_{ij}^*，那么可以通过类似式(6-90)的虚功原理的表达式求解相应于这一塑性变形模式的外荷载 T^*。

$$\int_{\Omega^*}\sigma_{ij}^*\cdot\varepsilon_{ij}^*\,\mathrm{d}v+\int_{\Gamma^*}\mathrm{d}D_s^* = WV^*+T^*V^* \tag{6-105}$$

式中，左边两项分别为产生于破坏体 Ω^* 内和沿滑动面 Γ^* 的内部耗散能。V^* 为外荷载增量引起的相应塑性位移增量，这个位移通常被称为塑性速度；W 为塑性区的体积力。

上限定理指出,相应真实塑性区 Ω 的外荷载 T 一定小于或等于 T^*。因此,极限分析上限解就是在许多可能的滑动机构 Ω 中寻找一个使 T^* 最小的临界滑动机构。

作为由图 6-38(a)所代表的上限解命题的一种简化,斜条分法将滑动土体分成若干具有倾斜侧面的土条(见图 6-38(b)),假定沿条块底面和侧面土体均达到了极限平衡。而每一条块本身则视为一个刚体。在某一外力增量的作用下,破坏土体将产生一个塑性速度 V_i^*。此时,式(6-90)可简化为

$$\sum_{k=1}^{n-1} D_{ek}^{j} + \sum_{i=1}^{n} \Delta D_{ei}^{s} = WV^* + T^* V^* \tag{6-106}$$

式中,D_e 为作用在土条底面或侧面的内能耗散,分别用上标 s 和 j 表达;土体被划分为 n 个土条,包括 $n-1$ 个侧面。

如果材料遵守莫尔-库仑破坏准则和相关联的流动法则,则可确认沿滑面的速度 V 与

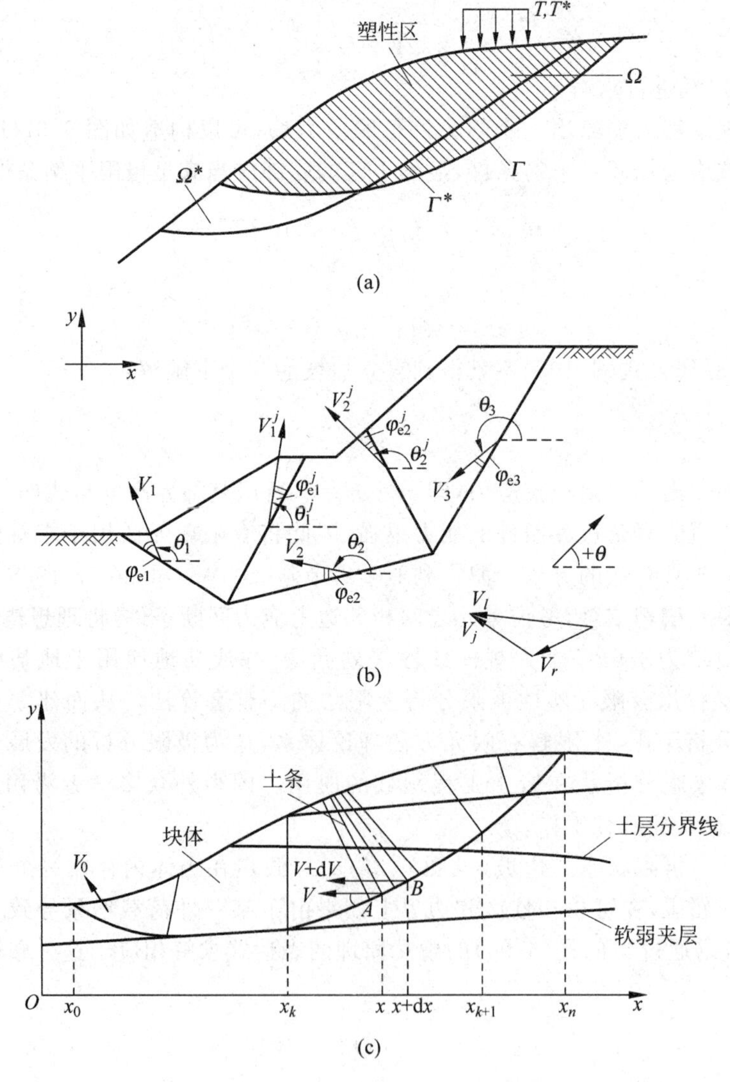

图 6-38　边坡稳定塑性力学上限解

(a)连续介质破坏模式;(b)多楔体破坏模式;(c)分段连续多块体破坏模式

滑动面夹角为φ'_e，由此形成了下面两个重要结论。

(1) 由于速度V与滑动界面的夹角必须为φ'_e，滑动面上的反力在速度方向做的功，即单位面积内能耗散，可表示为

$$dD = (c'_e\cos\varphi'_e - u\sin\varphi'_e)V \tag{6-107}$$

式中，u为孔压，c'_e，φ'_e为被安全系数缩小后的c'与φ'。式(6-107)说明，在根据式(6-105)或式(6-106)计算F_s时，不需要知道滑动面上的法向应力和切向应力。

(2) 由于速度V与滑动界面的夹角必须为φ'_e，知道第一个条块的速度V_1后，即可求得第二个条块的速度V_2和第一个条块相对于第二个条块的速度V^j_1。依此类推，任意一条块的V和V^j都可表示成第一个条块的速度V_1的线性函数。这样，V不再是未知数，可通过式(6-106)求解一个F_s值。6.4.1节将详细介绍计算步骤。很显然，上述步骤实际上就是在实现由陈惠发等学者(W. F. Chen，1976)详细叙述的土的塑性力学上限解法。只是采用了一个简单实用的斜条分法来代替这些学者提出的纯解析法，为其在工程实践中广泛应用创造了条件。

应用斜条分法求解土体稳定问题上限解一般按如下步骤进行：

(1) 确定多块体的滑动模式

将滑动土体划分为一个如图6-38(b)所示的一个多块体的系统。

(2) 计算多块体破坏模式协调的速度场

如前所述，每个条块的速度V与滑面夹角为φ'_e，与右边相邻块体的相对速度为V^j，与该两块体的交界面的夹角为φ'_{ej}。内能耗散发生于该楔块的底面和楔块间的界面，在刚体内为零。位移协调条件要求相邻条块的移动不至于导致它们重叠或分离。也就是说，速度多边形要闭合。根据这个条件，右侧条块的速度V^R和左、右条块间的界面的相对速度V^j可以通过左侧条块的速度确定，参见图6-38(b)右下侧的速度多边形。

$$V^R = V_l\frac{\sin(\theta^L - \theta^j)}{\sin(\theta^R - \theta^j)} \tag{6-108}$$

$$V^j = V^L\frac{\sin(\theta^R - \theta^L)}{\sin(\theta^L - \theta^j)} \tag{6-109}$$

式中，θ为速度与x轴正方向的夹角。

知道第一个条块的速度V_1后，借助式(6-108)和式(6-109)，即可求得V_2。以此类推，编号为k的V_k和V_j可表达成第一个条块的速度V_1的线性函数。

$$V_k = \kappa V_1 \tag{6-110}$$

其中

$$\kappa = \prod_{i=1}^{k}\frac{\sin(\alpha_i^L - \varphi_{ei}^L - \theta_i^j)}{\sin(\alpha_i^R - \varphi_{ei}^R - \theta_i^j)} \tag{6-111}$$

式中，α为土条底的倾角。

为了保证按式(6-108)和式(6-109)解得的速度值为正值，还需注意相邻条块间滑动方向存在的两种可能性。

如果采用图6-38(b)的模式，势必需要将土体分成很多个楔体才能保证计算精度。而这将增加数值分析的自由度，从而增加用最优化方法计算临界滑动模式的难度。1997年，

唐纳德(Donald)和陈祖煜提出了将图6-38(b)多楔体模式优化为图6-38(c)这样一种分段连续多块体模式，即滑裂面仅用若干个控制点来构筑，相邻控制点之间的滑面可以用曲线也可以用直线相连。各分段块体，如图6-38(c)中 x_k，x_{k+1} 段，可按线性内插原则进一步细分为若干条块。当条块宽度 Δx 很小时，分别用 V 和 $V+\mathrm{d}V$ 代替式(6-108)中的 V^{L} 和 V^{R}，可得到计算任一条块的 V 的微分方程。

$$-\frac{\mathrm{d}V}{V}=\cot(\alpha-\varphi_{\mathrm{e}}'-\theta^{\mathrm{j}})\frac{\mathrm{d}\alpha}{\mathrm{d}x}\mathrm{d}x \tag{6-112}$$

积分后可得

$$V=E(x)V_0 \tag{6-113}$$

其中

$$E(x)=\kappa\exp\left[-\int_{x0}^{x}\cot(\alpha-\varphi_{\mathrm{e}}'-\theta^{\mathrm{j}})\frac{\mathrm{d}\alpha}{\mathrm{d}\zeta}\mathrm{d}\zeta\right] \tag{6-114}$$

式中，V_0 为左端点的速度。

滑动面上有若干个不连续点，α 或 φ_{e}' 在这些点发生突变。式(6-113)中，上标 l 和 r 代表不连续点左和右的物理量。计算从第一个界面开始，到分隔第 k 和第 $k+1$ 个块体的第 k 个界面终止。式(6-115)说明，滑动面上某一 φ_{e}' 或 α 不连续点右侧的任一点的速度可以直接通过在(x_0,x)区间的积分求得，表达成左端点($x=x_0$ 处)的速度 V_0 的函数。κ 为考虑滑动面上 α 和 φ_0' 突变影响的系数。

各条块侧面的相对速度在 α 或 φ' 发生突变处仍按式(6-109)计算，在滑面连续处则可用下式计算：

$$V^{\mathrm{j}}=-\csc(\alpha-\varphi_{\mathrm{e}}'-\theta^{\mathrm{j}})E(x)V_0\mathrm{d}\alpha \tag{6-115}$$

(3) 计算加载系数或安全系数

对某一多块体破坏模式，将式(6-113)和式(6-115)计算所得的速度场代入式(6-107)，再代入式(6-105)，最终获得计算安全系数或加载系数的公式。注意此时，由于式中左、右两边都为 V_0 的线性表达式，故 V_0 被消去。

首先定义出如下几个符号：

$$\begin{aligned}G=&\int_{x_0}^{x_n}\left[(c_{\mathrm{e}}'\cos\varphi_{\mathrm{e}}'-u\sin\varphi_{\mathrm{e}}')\sec\alpha-\left(\frac{\mathrm{d}W}{\mathrm{d}x}+\frac{\mathrm{d}T_y}{\mathrm{d}x}\right)\sin(\alpha-\varphi_{\mathrm{e}}')\right.\\&\left.-\left(\eta'\frac{\mathrm{d}W}{\mathrm{d}x}+\frac{\mathrm{d}T_x}{\mathrm{d}x}\right)\cos(\alpha-\varphi_{\mathrm{e}}')\right]E(x)\mathrm{d}x\\&-\int_{x_0}^{x_n}(c_{\mathrm{e}}^{\mathrm{j}}\cos\varphi_{\mathrm{e}}^{\mathrm{j}}-u^{\mathrm{j}}\sin\varphi_{\mathrm{e}}^{\mathrm{j}})L\csc(\alpha-\varphi_{\mathrm{e}}'-\theta^{\mathrm{j}})\frac{\mathrm{d}\alpha}{\mathrm{d}x}E(x)\mathrm{d}x\\&-\sum_{k=1}^{n-1}(c_{\mathrm{e}}^{\mathrm{j}}\cos\varphi_{\mathrm{e}}^{\mathrm{j}}-u^{\mathrm{j}}\sin\varphi_{\mathrm{e}}^{\mathrm{j}})_kL_k\csc(\alpha'-\varphi_{\mathrm{e}}'-\theta_{\mathrm{j}})_k^{\mathrm{L}}\sin(\Delta\alpha-\Delta\varphi_{\mathrm{e}}')_kE^{\mathrm{L}}(x_k)\end{aligned} \tag{6-116}$$

$$G_{\mathrm{t}}=\int_{x_0}^{x_n}\left[\frac{\mathrm{d}T_y}{\mathrm{d}x}\sin(\alpha-\varphi_{\mathrm{e}}')+\frac{\mathrm{d}T_x}{\mathrm{d}x}\cos(\alpha-\varphi_{\mathrm{e}}')\right]E(x)\mathrm{d}x \tag{6-117}$$

$$G_{\mathrm{b}}=\int_{x_0}^{x_n}\frac{\mathrm{d}W}{\mathrm{d}x}\cos(\alpha-\varphi_{\mathrm{e}}')E(x)\mathrm{d}x \tag{6-118}$$

式中，T_x，T_y 为外荷载 T_0 在 x，y 方向的分量；η' 为水平地震加速度系数；L 为土条侧面的长度；求和项 $\sum$ 为滑面上 α 或 φ_{e}' 发生突变点的附加增值；上标 L 代表突变点左侧的数值；

Δ 代表参数右侧和左侧的差值。

对方案 1 表面荷载的加载系数 η_t 可通过下式计算：

$$\eta = \eta_t = \frac{G}{G_t} \tag{6-119}$$

对方案 2，水平地震的加载系数 η_b 通过下式计算：

$$\eta = \eta_b = \frac{G}{G_b} \tag{6-120}$$

对于 $c_e = c/F_s$，$\tan\varphi_e = \tan\varphi/F_s$ 定义的安全系数隐含于 c_e' 和 φ_e' 中，它使下式成立：

$$G = 0 \tag{6-121}$$

注意计算加载系数时对 c_e 和 φ_e 应理解为相应 $F_s=1$。在计算安全系数时，通常做法是假定一系列 F_s 值计算出 c_e 和 φ_e，然后，按式(6-120)算得一系列 η_b，用迭代或内插的方法求得相应于 η_b 为零的 F_s 值。

图 6-39 为一均质边坡，如果使用的参数 $c=98\text{kPa}$，$\varphi=30°$，$\psi=35°$，极限荷载 T 的闭合解为 111.44kPa，采用斜条分法，相应这个荷载的计算步骤如下，作为稳定分析的第一步，我们假设一个图 6-39(a)所示的 4 条块破坏机构。左边第一个条块的速度 V_1 置为 1，利用式(6-108)和式(6-109)，计算第二个条块的速度 V_2 以及第二个条块相对于第一个条块的速度 V_j。再通过式(6-110)可确定每个条块的 V 和 V^j。利用式(6-121)，可得到安全系数等于 1.047。利用斜条分法编写的程序可自动搜索到图 6-39(b)所示的一个临界破坏模式，得到最小安全系数 $F_s=1.013$。

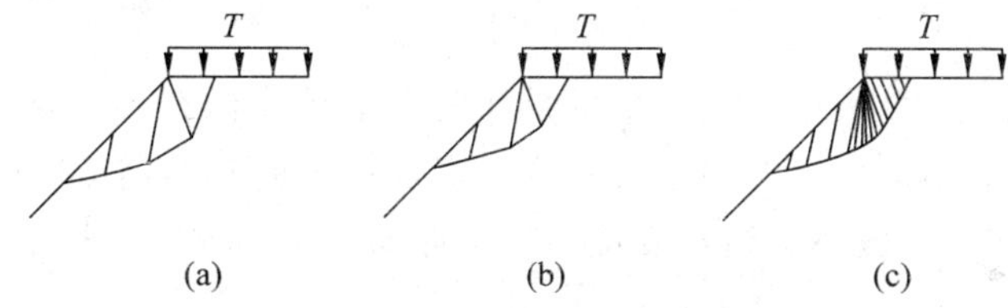

图 6-39　数值解说明上限解的一个二维示例

(a)初始假设的破坏模式，$F_s=1.047$；(b)搜索临界模式，$F_{sm}=1.013$；
(c)16 个条块的临界破坏模式，$F_{sm}=1.006$

如果破坏体离散为 16 个条块，可获得图 6-39(c)所示的一个临界破坏模式，这个模式几乎和滑移线理论的结果完全一致，相应地，$F_{sm}=1.006$，也十分接近理论值 $F_s=1.0$。

图 6-40 为一非均质坡，本书将使用遗传算法计算它的上限解安全系数。与极限平衡法相比，上限解法增加了条块侧面倾角 δ 这一自变量。由于自变量增加，搜索临界滑动模式的困难也相应地增加。

首先输入如图 6-40(a)所示的初始滑动模式，滑动面由点 A、B、C、D 构成。A 点在优化的过程中保持不动，即自由度为 0，而 B、C、D 均沿水平方向左右移动，另外每点的界面倾角均可变化，故本例中自由度总数为 6 个。在优化计算的过程中，每个变量均采用 15 位长度的二进制串进行编码，各变量的取值范围如下：

(1) B 点的水平坐标(即 x)取值范围为[35m,55m]；

(2) C 点的水平坐标(即 x)取值范围为[45m,65m]；

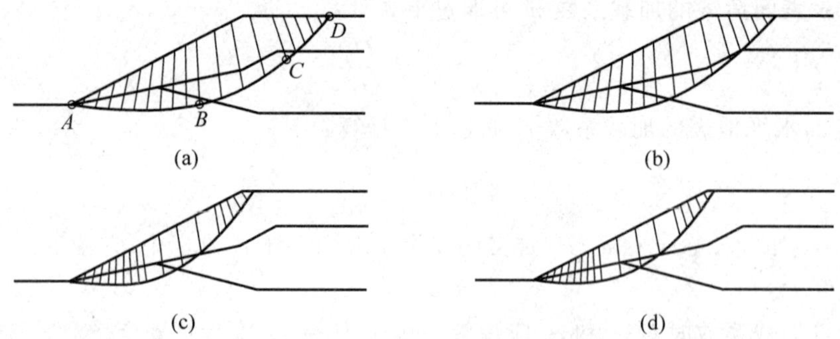

图 6-40 算例 1 计算成果

(a)初始解;(b)单纯形法;(c)遗传算法(1000 代);(d)遗传算法(200 代)+单纯形法

(3) D 点的水平坐标(即 x)取值范围为[50m,70m];

(4) 每点界面倾角的取值范围均为[$-45°$,$80°$]。

B、C、D 三点的水平坐标 x 的二进制编码精度均为

$$\xi=\frac{U_{\max}-U_{\min}}{2^{l}-1}=\frac{20}{2^{15}-1}=0.0006103702(\mathrm{m})$$

每点界面倾角的二进制编码精度均为

$$\xi=\frac{U_{\max}-U_{\min}}{2^{l}-1}=\frac{125}{2^{15}-1}=0.0038148137^{\circ}=0.0000665811(\text{弧度})$$

本算例在计算的过程中,第一代自变量系列完全由计算机在各变量的取值范围内随机生成,各自变量的二进制编码字符串中每一位究竟是 0 还是 1,各有 50%的概率。

下面为计算机随机生成的一组自变量初始个体的二进制编码字符串:

(1) B 点的水平坐标 x_B:100011111101010

(2) B 点的界面倾角 δ_B:001001000001101

(3) C 点的水平坐标 x_C:000110010010001

(4) C 点的界面倾角 δ_C:101001110011100

(5) D 点的水平坐标 x_D:110010101011001

(6) D 点的界面倾角 δ_D:110110101011010

则相应的解码后的十进制参数分别为

(1) B 点的水平坐标

$$x_B=x_{\min}+\left(\sum_{i=1}^{l}b_i\cdot 2^{i-1}\right)\cdot\xi=35+\left(\sum_{i=1}^{15}b_i\cdot 2^{i-1}\right)\cdot\frac{20}{2^{15}-1}=46.2369151891(\mathrm{m})$$

下面各参数的解码过程同 x_B。

(2) B 点的界面倾角 $\delta_B=-0.4777271024$ 弧度$=-27.37175°$

(3) C 点的水平坐标 $x_C=46.9635608997\mathrm{m}$

(4) C 点的界面倾角 $\delta_C=0.6397028443$ 弧度$=36.65227°$

(5) D 点的水平坐标 $x_D=65.8360545671\mathrm{m}$

(6) D 点的界面倾角 $\delta_D=1.0784720363$ 弧度$=61.79190°$

图6-40(a)所示为按照以第一代自变量系列计算所得的初始滑动模式，根据本组变量的数值，计算的相应安全系数为1.663。图6-40(b)、(c)分别为单形法和遗传算法(1000代)的计算成果，图6-40(d)则为在遗传算法基础上再进行单形法计算的成果。表6-10汇总了全部计算成果。由此可见单形法所得的安全系数为1.506，使用遗传算法后再用单形法，安全系数可降至1.401，与极限平衡法的成果1.364相比，二者十分接近。

表6-10 算例1计算结果汇总

	初始解	单纯形法	遗传算法				遗传算法(200代)+单纯形法
			100(代)	200(代)	500(代)	1000(代)	
安全系数 F_s	1.630	1.506	1.406	1.406	1.406	1.404	1.401
优化时间/s	—	3	5	10	24	46	13

注：优化时间相应奔腾PⅢ733MHz计算机。

因此，上限解采用斜条分法，更适宜在岩质边坡中应用，此时，条块界面将代表岩体中的一组节理或某些不连续面(层面、断层等)。这种方法与沙尔玛所提出的斜条分法(与6.3.8节的垂直条分方法有所不同，具体可参考相关文献)是等效的。

极限平衡法、极限分析方法和滑移线场法是求解土力学中稳定问题的经典方法，都可以用于边坡稳定分析。它们试图回避材料的本构关系，利用其他条件直接得到所关心问题的解答。它们的求解结果都是在一定假定条件下对客观世界的反映，因此对同一问题采用不同方法应该能够得到相近的结果。但由于简化和假定条件不同，这些结果也会有所差别。另外，表面上看这些方法只利用了土的强度指标，与土的变形无关，但实际上还是与变形有一定关系的。这种关系体现在强度指标的取值方法上。比如，三轴试验中取轴向应变为15%对应的偏差应力计算强度指标，就体现了强度指标与变形的关系。强度与变形不能完全割裂。在土与其他材料相互作用中，比如加筋土中土与筋材的相互作用，就需要适当考虑两者在变形方面的协调性。

6.7 基于有限元的边坡稳定分析

在应力应变分析中通常所说的有限元法指的是位移法有限元，它以位移为未知量求解方程，根据求得的位移再进一步计算应变和应力。与极限分析有限元法不同，它需要利用材料的本构关系以构造刚度矩阵，以及进行应力计算。对于边坡稳定分析的有限元法，一种直观的办法是根据得到的应力场计算潜在滑动面上的安全系数。另外一种方法就是将土的强度指标按 $c_e=c/F_s$，$\tan\varphi_e=\tan\varphi/F_s$ 进行折减，有限元迭代计算不收敛或符合某一判据时认为边坡破坏，对应的 F_s 即为最小安全系数。这种方法称为强度折减法。

有限元计算可以不受边坡几何形状的不规则和材料的不均匀性的限制，理论基础严密。计算结果能够全面满足静力许可、应变协调和应力-应变本构关系，是一种理论体系更为严格的方法。因而也将会有较大的发展前景。在三维稳定分析中，有限元法更有优势。在实际工程中对安全性的判断主要通过对位移的观测进行，如果能够建立安全系数与位移的关系无疑具有重要的理论和实际意义。

6.7.1 利用应力场计算安全系数

利用有限元可以得到边坡内的应力场分布，为了与常规极限平衡法计算结果有可比性，且能够直接利用有限元分析成果，需要选择合适的安全系数定义。

常见的一些安全系数的定义主要有以下几种。

定义1：

$$F_s = \frac{\int_0^L \tau_f \mathrm{d}l}{\int_0^L \tau \mathrm{d}l} \tag{6-122}$$

式中，τ 和 τ_f 分别为沿潜在滑动面的土的剪应力和抗剪强度；L 为滑动面的长度。

定义2：

$$F_s = \frac{\int_0^L F_{sl} \mathrm{d}l}{\int_0^l \mathrm{d}l} \tag{6-123}$$

式中，$F_{sl}=\tau_f/\tau$，为潜在滑动面上一点的局部安全系数。

定义3：

$$F_s = \left(\frac{\int_0^L S_l \mathrm{d}l}{\int_0^L \mathrm{d}l}\right)^{-1} = \frac{\int_0^L \mathrm{d}l}{\int_0^L S_l \mathrm{d}l} \tag{6-124}$$

式中，S_l 为应力水平，可以根据潜在滑动面上的剪应力和抗剪强度定义为 $S_l=\tau/\tau_f$，或者根据土中一点的极限平衡条件定义为 $S_l=(\sigma_1-\sigma_3)/(\sigma_1-\sigma_3)_f$。

定义2把安全系数定义为局部安全系数沿滑动面上的平均值，物理意义比较明确，但是在边坡有些地方的剪应力 τ 接近0，而抗剪强度 τ_f 不为0，相除之后导致 F_{sl} 数值接近无限大，从而导致计算值异常。定义3与定义2的方法很相似，它的优点是利用应力水平进行计算一般不会遇到数值困难。但是以最大、最小主应力确定应力水平时，土中一点的破坏面的方向与潜在滑动面的方向往往不能一致，在抗滑概念上不够合理。相对而言，定义1将安全系数定义为沿滑动面抗剪强度之和与实际剪应力之和的比值，物理意义较明确，所用到的抗剪强度 τ_f 及剪应力 τ 可以直接从有限元分析中得到，并且接近极限平衡法对安全系数的定义，在基于有限元的稳定分析中比较有优势，也是一种常用的安全系数定义方法。

将潜在滑动面分段离散，式(6-122)可以写为

$$F_s = \frac{\sum_{i=1}^{n} \tau_{fi} \Delta l_i}{\sum_{i=1}^{n} \tau_i \Delta l_i} = \frac{\sum_{i=1}^{n} (c_i + \sigma_i \tan\varphi_i) \Delta l_i}{\sum_{i=1}^{n} \tau_i \Delta l_i} \tag{6-125}$$

葛修润认为这种以代数和描述的安全系数计算公式不尽合理，建议用“矢量和”的方法来计算安全系数。把滑动面上滑动力矢量和抗滑力矢量沿某一计算方向 θ 投影，将其比值

作为安全系数。

$$F_s(\theta)=\frac{\sum R(\theta)}{\sum T(\theta)} \tag{6-126}$$

计算方向 θ 为可以取为潜在滑动面上各段剪力 $\tau_i\Delta l_i$ 的矢量和的方向，也就是滑动力合力的方向。这样，安全系数定义为：沿计算方向 θ，滑动面上提供抗滑力的各力沿此方向投影的代数和与提供滑动力的各力沿此方向投影的代数和之比值。

同极限平衡法一样，利用上述方法计算得到的只是某一指定的潜在滑动面对应的安全系数。我们仍然需要在所有可能的滑动面中找出最小安全系数和临界滑动面，可以用 6.4 节介绍的搜索方法进行搜索。

图 6-41 是通过有限元计算的土坡内的应力水平，将应力水平较高的区域勾画出近似的滑动面，根据此滑动面通过的各单元的应力水平可以推算出全线的加权平均应力水平，利用式(6-126)计算稳定的安全系数。

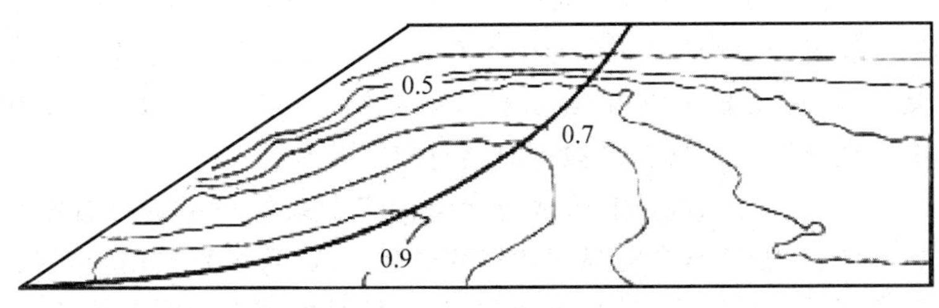

图 6-41　应力水平法计算的土坡内的应力水平

6.7.2　强度折减法

辛克维奇(Zienkiewicz)于 1975 年将强度折减法应用于边坡稳定的有限元分析当中。但当时由于计算条件的限制，这种方法应用较少。此后随着计算技术的发展，这种方法逐渐流行起来，成为边坡稳定分析重要的计算手段之一。目前一些常用的商业软件也提供了这种功能。

强度折减法的基本原理是将强度指标 c 和 $\tan\varphi$ 按式(6-4)进行折减，采用折减的强度指标 c_e、φ_e 进行弹塑性有限元计算。在式(6-4)中，F_s 从一个较小的值逐渐增大，使边坡处于临界破坏状态时对应的 F_s 值就是边坡的最小安全系数。

由于破坏状态对应于结构的失稳，此时有限元计算失效。直观的判断方法就是将有限元计算迭代不收敛作为判断标准。另外的方法是将塑性区贯通作为边坡失稳的判断标准，或者某一计算点位移突变作为破坏标准。

强度折减法常用的模型是理想弹塑性模型。直接的方法是把莫尔-库仑强度准则作为屈服准则，并作为塑性势函数。即塑性势函数取为式(3-69)或式(3-70)等式的左边项，故

$$g=\frac{I_1}{3}\sin\varphi-\sqrt{J_2}\left(\frac{1}{\sqrt{3}}\sin\theta\sin\varphi+\cos\theta\right)+c\cos\varphi \tag{6-127a}$$

或

$$g = p\sin\varphi - \frac{1}{\sqrt{3}}q\left(\frac{1}{\sqrt{3}}\sin\theta\sin\varphi + \cos\theta\right) + c\cos\varphi \tag{6-127b}$$

式中，φ 为内摩擦角。如果考虑不相适应的流动法则，可以将 φ 代之以 ψ，即把式(6-127)改写为

$$g = \frac{I_1}{3}\sin\psi - \sqrt{J_2}\left(\frac{1}{\sqrt{3}}\sin\theta\sin\psi + \cos\theta\right) + c\cos\psi \tag{6-128a}$$

或

$$g = p\sin\psi - \frac{1}{\sqrt{3}}q\left(\frac{1}{\sqrt{3}}\sin\theta\sin\psi + \cos\theta\right) + c\cos\psi \tag{6-128b}$$

式中，ψ 为剪胀角。由于在不发生剪胀情况下土也存在内摩擦角，所以一般有 $\psi<\varphi$。

采用莫尔-库仑强度准则会导致在某些情况下求导计算中分母为0，从几何上看就是在 π 平面上破坏轨迹的角点处外法线方向无法求解，需要在计算中进行处理。替代的方案是采用德鲁克-普拉格准则(式(3-66)或式(3-67))和相应的流动法则。德鲁克-普拉格准则在 π 平面上的破坏轨迹为一个圆，在求导中不存在分母为0的情况，计算公式也比较简单。为了和常用的莫尔-库仑强度准则相匹配，就有外接圆、内接圆、内切圆、折中圆、等面积圆等不同选择。不同选择得到的安全系数有时会有较大差别。

强度折减法的优点是可以利用有限元直接求出安全系数和相应的临界滑动面，无须假定滑动面的形状和位置，能够直观地显现边坡的破坏方式，且可直接用于三维分析。它的缺点是失稳判据包含有较多的人为因素，主观性较强，且对程序本身要求较高。由于强度指标的折减是针对整个计算域进行的，可能会导致在不应该出现塑性区的部位出现这些区域。另外，当潜在滑动面切割性质不同的介质时，采用相同的折减系数就比较勉强。

习题与思考题

1. 对于黏性填土的边坡，下面哪些情况会减少其边坡稳定安全系数？解释其原因。

(1) 坡脚施加堆载反压；

(2) 在坡的上部堆载；

(3) 在坡脚处挖土；

(4) 坡脚被流水冲刷；

(5) 由于积水，坡下部被静水所浸泡；

(6) 产生了与土坡方向一致的渗流；

(7) 地震或爆破引起震动；

(8) 坡高增加；

(9) 坡上有车辆通过；

(10) 由于降雨使土坡上部含水量增加(尚未发生渗流)，下部含水量基本不变。

2. 天然岩土边坡的滑坡大多在雨季发生，解释其主要原因。

3. 在港口的规范中，土质防波堤(它的两侧水位基本相同，主要为了削减港湾内的波浪)的边坡稳定设计的控制条件是最低海潮潮位，解释这是为什么。

4. 在天然条件下发生的滑坡大多数是三维形式的局部滑坡，即使是土体均质，很长的

堤坝也是如此，解释这是什么原因？在土坡极限平衡计算中，是否三维计算的安全系数比二维的小？

5. 长江有一段黏质粉土的堤防，上下游坡度相等，干坡的安全系数均为 $F_s=2.0$，江水位在堤脚处。一次洪水过程大约 20d，过程曲线如图 6-42 所示。分别定性绘制上下游堤坡的安全系数随时间的变化过程。

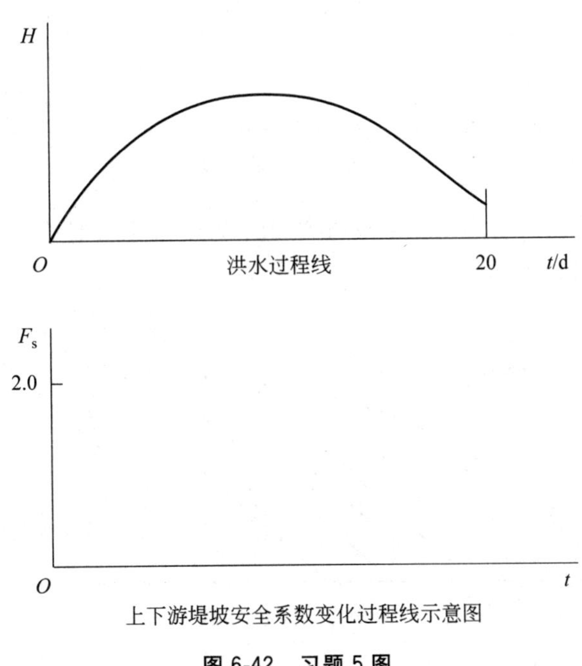

图 6-42　习题 5 图

6. 有一个砂质土坡，已知其抗滑稳定安全系数为 2.0，在大雨中砂土完全饱和并产生了沿坡的渗流，其饱和重度为 $2.04\mathrm{kN/m^3}$。如强度指标不变，其抗滑稳定的安全系数为多少？

7. 画出图 6-43 有沿坡渗流的无限土层渗流的流网，以饱和土体为隔离体，底部处的 $c=0$，内摩擦角为 φ，推导其抗滑稳定安全系数。

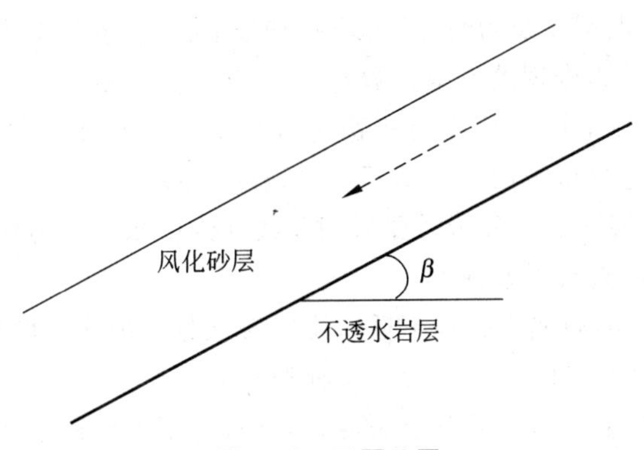

图 6-43　习题 7 图

8. 说明简单圆弧条分法（瑞典条分法）进行水下土体边坡稳定分析，用土骨架作隔离体，用土条自重和渗透力的极限平衡计算，与用土体整体做隔离体用饱和自重与条底面的孔隙水压力进行极限平衡计算有什么不同？分析各有什么优缺点。

9. 图 6-44 所示的均质黏性土土坝中，对于上游坝坡的滑动面，在下面两种工况中，其安全系数是增加还是减小？简要说明原因。

(1) 上游水位从 0m 上升到 30m，下游水位同时从 0m 上升到 25m，渗流达到稳定时。

(2) 上游水位从正常高水位 100m 很快下降到 30m 时。

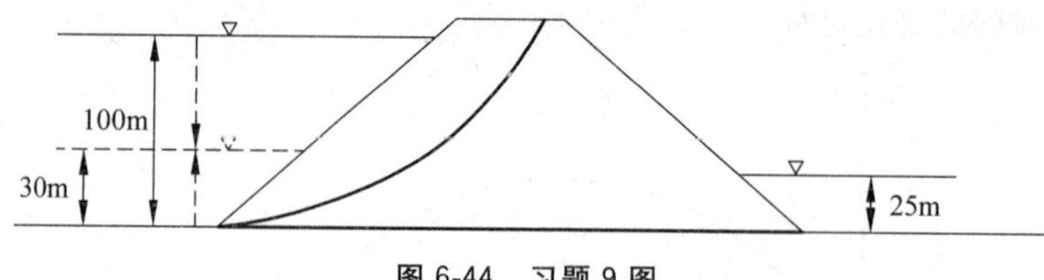

图 6-44　习题 9 图

10. 图 6-45 为中国某水库库区某段边坡的断面图，说明为什么在水库初次蓄水同时连续降雨时，发生了大规模的滑坡？

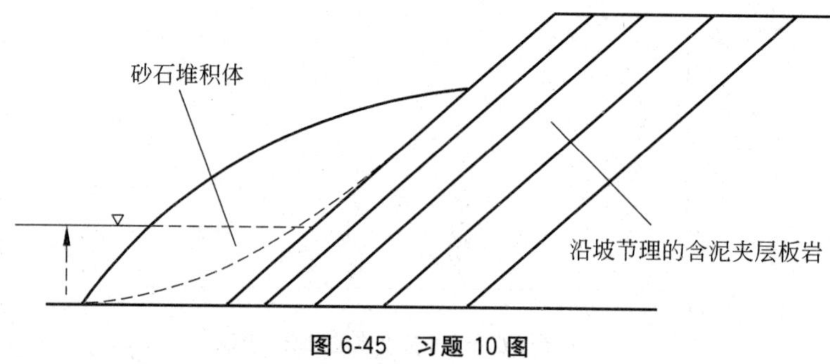

图 6-45　习题 10 图

11. 下面一些常用的极限平衡条分法，各满足土条的什么平衡条件？对于条间力各做了什么假设：瑞典条分法、简化毕肖甫法、不平衡推力法、简布法、斯宾塞法、摩根斯坦-普莱斯法。

12. 为什么邓肯认为："传统瑞典条分法对平缓边坡在高孔隙水压情况下进行有效应力法分析是非常不准确的。"

13. 为什么说对于坝型复杂的情况，与瑞典条分法相比，各种考虑了条间力的通用条分法给出了较大的，也是较为合理的安全系数？

14. 为什么土坝在竣工期的总应力法稳定分析使用不排水三轴试验或者快剪强度指标；而在水位骤降的稳定分析中使用固结不排水强度指标？

15. 为什么高堆石坝的稳定分析需要采用非线性强度指标？为什么高堆石坝一般也采用曲线滑动面，而不采用直线滑动面？

16. 为什么薄心墙、薄斜墙堆石坝不适宜用圆弧条分法进行边坡稳定分析？

17. 对于土质复杂的土坡，为什么常用多种搜索方法？

18. 图 6-23 中的两个自由度的单形法搜索方法，适用于何种土坡？

19. 何谓塑性力学中的上、下限定理？通常的垂直条分法符合哪种原理？

20. 有限元强度折减法边坡稳定分析法一般采用什么本构模型？如何判别失稳？

21. 有一高 3m 的非饱和土的砂土坡，坡角 $\beta=34°$，基质吸力 $s=15\text{kPa}$，$\varphi'=33°$，$\varphi''=15°$，$\gamma=19\text{kN/m}^3$，$\gamma_{sat}=20\text{kN/m}^3$，如果假设倾角为 $\theta=30°$ 的直线滑动面，其抗滑稳定安全系

数为多少？如果变化 θ，最小安全系数为多少？如果该土坡完全被水淹没，其休止角(即安全系数为 1.0 时的坡角)为多少？如果由于突然降水，使砂土坡产生沿坡渗流时，其天然休止角为多少？

22. 水位在坡面以下的无限土坡如图 6-46 所示，对于图中 $z=5\text{m}$ 的指定滑动面，$h=2.5\text{m}$，$\beta=25°$，砂土 $\varphi=33°$，水上 $\gamma=18\text{kN/m}^3$，水下 $\gamma_{sat}=20\text{kN/m}^3$。水位以下产生沿坡渗流，计算其安全系数。随着 z 的增加，安全系数将如何变化？

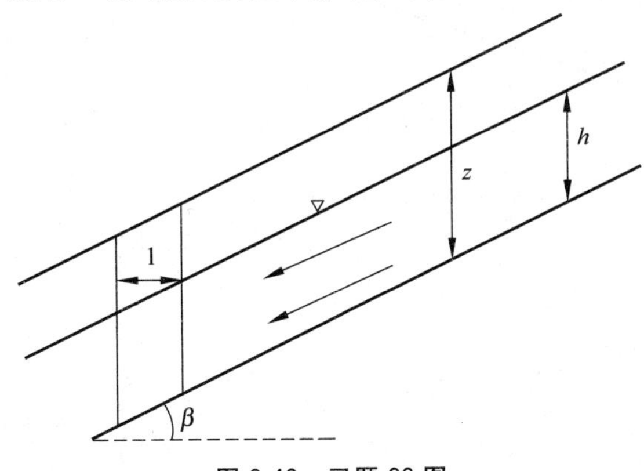

图 6-46 习题 22 图

23. 在图 6-47 中，水位在 2—2 以下为沿坡渗流。毛细饱和高度为 $h_s=2.5\text{m}$，砂土坡厚度为 $z=5\text{m}$，$\beta=25°$，$c=0$，$\varphi=33°$，土的重度在非饱和区：$\gamma=18\text{kN/m}^3$；饱和区：$\gamma_{sat}=20\text{kN/m}^3$。计算沿图示的滑动面 1—1 与 2—2 滑动时的安全系数。

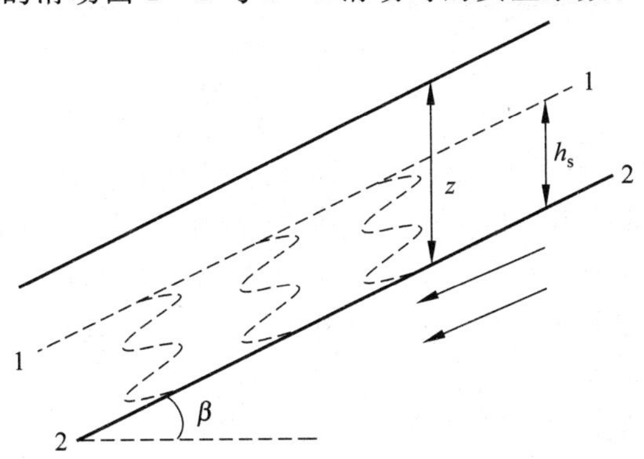

图 6-47 习题 23 图

24. 在图 6-48 所示的无限黏性土坡，$c=30\text{kPa}$，$\varphi=25°$，土坡倾角 $\beta=20°$，重度 $\gamma=17.5\text{kN/m}^3$，有一很薄的软弱土夹层，$c_r=10\text{kPa}$，$\varphi_r=15°$。设滑动面为沿夹层的平面，计算软弱土层的埋深 z 为多少时可能会滑动？

25. 有一部分浸没的土坡，数值如图 6-49 所示，水上 $\gamma=18\text{kN/m}^3$，水下 $\gamma_{sat}=20\text{kN/m}^3$，$\varphi=15°$，$c=20\text{kPa}$，$\theta_i=30°$。$h_1=2\text{m}$，$h_2=3\text{m}$，分别用浮重度和饱和重度(式(1)与式(2))计算第 i 土条的稳定安全系数 F_s。

$$F_s=\frac{cl+(\gamma h_1+\gamma' h_2)b\cos\theta_i\tan\varphi}{(\gamma h_1+\gamma' h_2)b\sin\theta_i} \tag{1}$$

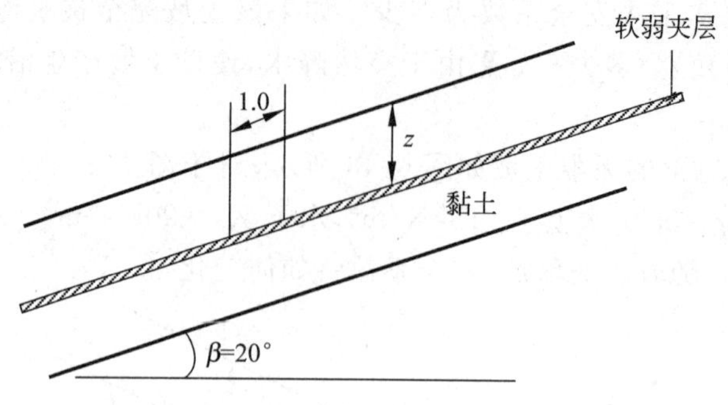

图 6-48　习题 24 图

$$F_s = \frac{cl + [(\gamma h_1 + \gamma_{sat} h_2) b\cos\theta_i - ul]\tan\varphi}{(\gamma h_1 + \gamma_{sat} h_2) b\sin\theta_i} \tag{2}$$

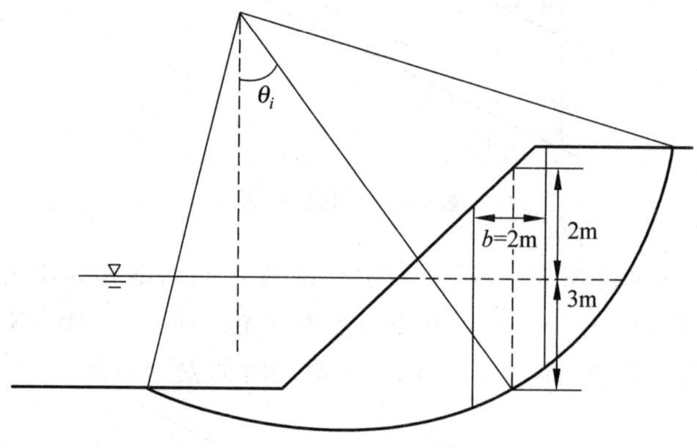

图 6-49　习题 25 图

26. 图 6-50 表示了位于不透水地基上的某均质土坝下游断面。坝高 25m，上下游坝坡坡度都是 1：2，处于正常运用的稳定渗流条件，流网如图所示。土坝的压实土料重度 γ=20kN/m^3，饱和重度 γ_{sat}=20.7kN/m^3，φ'=26.6°，c'=10kPa，设圆弧滑动面的圆心坐标为 x=12.5m，y=47.5m，半径 R=47.5m。试用瑞典条分法和简化毕肖甫法的有效应力法分别分析该坝下游坡的稳定性。

27. 某滑坡需作支挡设计。根据勘察资料，该滑坡体可分为 3 个条块，各条块的重量 G、滑动面长度 l 见表 6-11，滑动面倾角 β 见图 6-51。已知滑动面的黏聚力 c=10 kPa，内摩擦角 φ=10°，安全系数超载系数取 1.15。求第三块下部边界处每米宽墙背光滑的挡土墙应提供多大的水平支持力 E_a？

表 6-11　习题 27 表

条块编号	G/(kN/m)	l/m
1	500	11.03
2	900	10.15
3	700	10.79

28. 根据勘察资料，某滑坡体正好处于极限平衡状态(F_s=1.0)，且可分为两个条块，条

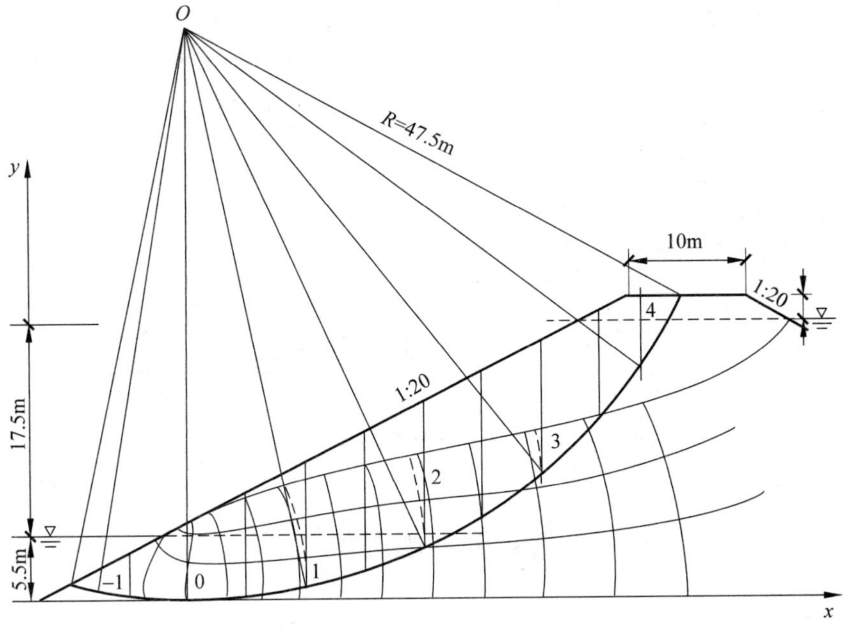

图 6-50　习题 26 图

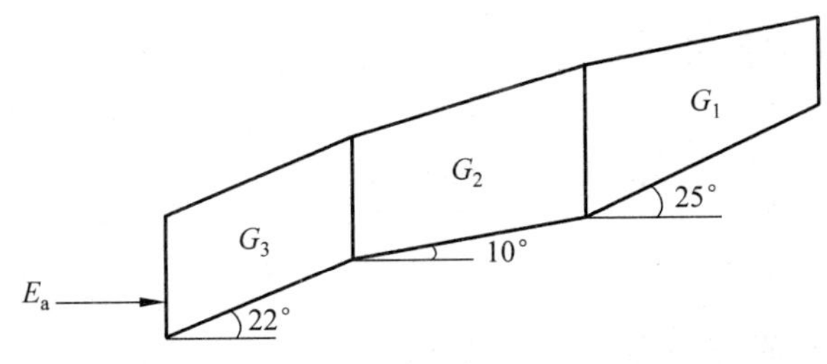

图 6-51　习题 27 图

块的重量 G、滑动面长度 l 见表 6-12，滑动面倾角 β_i 见图 6-52。现设定滑动面内摩擦角 $\varphi=10°$，稳定系数取 1.0。用反分析法求滑动面黏聚力 c 值。

表 6-12　习题 28 表

条块编号	G_i/(kN/m)	l_i/m
1	600	11.55
2	1000	10.15

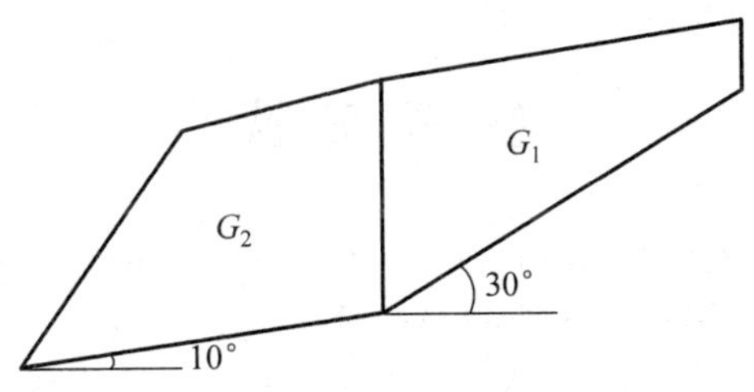

图 6-52　习题 28 图

29. 有一岩坡,滑动面的形式如图 6-53 所示。已知岩石的重度为 24kN/m^3,自上而下三个楔体的体积分别为 2046m^3、14880m^3 和 9540m^3。在滑动面间岩块的摩擦角 $\varphi=20°$,$c=0$。分别用显式与隐式的不平衡推力传递法计算其稳定安全系数。

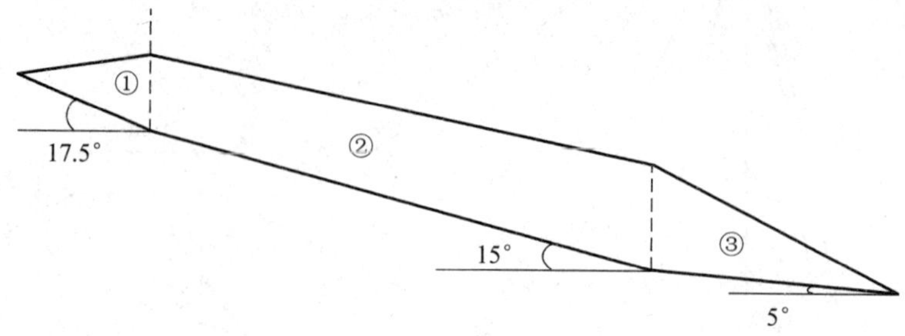

图 6-53 习题 29 图

部分习题答案

6 $F_s=1.04$

7 $F_s=\dfrac{\tan\varphi\,\gamma'}{\tan\beta\,\gamma_{sat}}$

21 (1) $\theta=30°$时,$F_s=3.38$

(2) $F_{smin}=2.59$

(3) $\beta=33°$

(4) $\beta=18°$

22 $F_s=1.03$

23 (1) 1—1 滑动面:$F_s=2.17$

(2) 2—2 滑动面:$F_s=1.39$

24 $z=6.74\text{m}$

25 (1) 浮重度:$F_s=1.16$

(2) 饱和重度:$F_s=0.81$

26 瑞典条分法:$F_s=0.950$

简化毕肖甫法的有效应力法:$F_s=1.051$

27 $F_3=80\text{kN}$

28 $c=9.0\text{kPa}$

29 显式:$F_s=2.96$;隐式:$F_s=2.94$

参考文献

1. DUNCAN J M. State of the art: Limit equilibrium and finite element analysis of slopes[J]. Journal of Geotechnical Engineering, ASCE, 1996, 122(7): 577-596.

2. 陈祖煜. 土质边坡稳定分析——原理·方法·程序[M]. 北京:中国水利水电出版社,2003.

3. 殷宗泽. 土工原理[M]. 北京:中国水利水电出版社,2007.

4. 陈惠发.极限分析与土体塑性[M]. 詹世斌,译.北京：人民交通出版社,1995.
5. 郑颖人,陈祖煜,王恭先,等.边坡与滑坡工程治理[M].北京：人民交通出版社,2007.
6. 王成华.基于非线性流固耦合数值分析的堤防稳定性评价方法[D].北京：清华大学,2006.
7. DONALD IB, GIAM P. The ACADS slope stability analysis program review//Proc. of the 6th International Symposium on landslides[C],1992, 3：1665-1670.
8. GRECO V R. Efficient Monte Carlo technique for locating critical slip surface [J]. Journal of Geotechnical Engineering, ASCE, 1996, 122(7)：517-525.
9. HOLLAND J H. Adaptation in natural and artificial systems[M]. London：The MIT Press, 1975.
10. KIRKPATRICK S, GELATT C D, VECCHI M P. Optimization by simulated annealing[J]. Science, 1983, 220(4598):671-680.
11. Z. 米凯利维茨. 演化程序——遗传算法和数据编码的结合[M].周家驹,何险峰,译. 北京：科学出版社,2000.
12. GOLDBERG D E. Genetic algorithms in search, optimization and machine learning[M]. London：Addison-Wesley Longman Publishing Company, 1989.
13. 康立山,谢云,尤矢勇，等.非数值并行算法(第一册)：模拟退火算法[M].北京：科学出版社,1994.
14. 刘勇,康立山,陈毓屏.非数值并行算法(第二册)：遗传算法[M].北京：科学出版社,1995.
15. 傅鹤林,彭思甜,韩汝才,等.岩土工程数值分析新方法[M]. 长沙：中南大学出版社,2006.
16. DORIGO M, MANIEZZO V, COLORNI A. Ant system：optimization by a colony of cooperating agents, IEEE Transactions on Systems, Man, and Cybernetics, Part B[J]. Cybernetics,1996,26(1)：29-41.
17. 李亮.智能优化算法在土坡稳定分析中的应用[D].大连：大连理工大学,2005.
18. 罗伯特 E L, 约翰 L C.动态规划原理——基本分析及计算方法[M].陈伟其,译. 北京：清华大学出版社,1984.
19. KENNEDY J, EBERHART R. Particle swarm optimization[C]. Proceedings of IEEE International Conference on Neural Networks, Perth, Australia, 1995：1942-1948.
20. EBERHART R, KENNEDY J. A new optimizer using particle swarm theory[C]. Proceedings of the 6th International Symposium on Micro Machine and Human Science, Nagoya, Japan, 1995：39-43 .
21. 张慧,李立增,王成华. 粒子群算法在确定边坡最小安全系数中的应用[J].石家庄铁道学院学报,2004,17(2)：1-10.
22. GEEM Z W, KIM J H, LOGANATHAN G V. Harmony search[J]. Simulation, 2001,76(2):60-68.
23. 李亮,迟世春,林皋. 引入和声策略的遗传算法在土坡非圆临界滑动面求解中的应用[J],水利学报,2005,36(8)：913-924.
24. SLOAN S W. Lower bound limit analysis using finite elements and linear programming [J]. International Journal for Numerical and Analytical Methods in Geomechanics, 1988, 12：61-67.
25. SLOAN S W. Upper bound limit analysis using finite elements and linear programming [J]. International journal for Numerical and Analytical Methods in Geomechanics,1989,13:263-282.
26. SLOAN S W. A steepest edge active set algorithm for solving sparse linear programming problems[J]. International Journal for Numerical Methods in Engineering,1988,26:2671-2685.
27. KIM J,SALGADO R,LEE J. Stability analysis of complex soil slopes using limit analysis[J]. Journal of Geotechnical and Geoenvironmental Engineering,2002,128(7)：546-557.
28. KRABBENHOFT K, LYAMIN A V, HJIAJ M, Sloan S W. A new discontinuous upper bound limit analysis formulation [J]. International Journal for Numerical Methods in Engineering, 2005, 63：1069-1088.

29. DONALD I, CHEN Z Y. Slope stability analysis by the upper bound approach: fundamentals and methods[J]. Canadian Geotechnical Journal, 1997, 34: 853-862.

30. 刘艳章. 边坡与坝基抗滑稳定的矢量和分析法研究[D]. 北京:中国科学院,2007.

31. 葛修润,岩石疲劳破坏的变形控制律、岩土力学试验的实时X射线CT扫描和边坡坝基抗滑稳定分析的新方法[J]. 岩土工程学报,2008,30(1):1-20.

32. ZIENKIEWICZ O C, HUMPHESON C, LEWIS R W. Associated and non-associated visco-plasticity and plasticity in soil mechanics[J]. Geotechnique, 1975, 25 (4): 671-689.

33. GRIFFITHS D V, LANE P A. Slope stability analysis by finite elements[J]. Geotechnique, 1999, 49 (3): 387-403.

34. WHITLOW R. Basic soil mechanics. [M]. Third edition. London: Malaysia: Long Man, 1995.

35. FANG H Y, DANIELS J L. Introduction geotechnical engineering[M]. New York: Tarlor & Francis, 2006.

36. 中国水电顾问集团西北勘测涉及研究院. DL/T 5395—2007 碾压式土石坝设计规范[S]. 北京:中国水利水电出版社,2007.

37. 谢定义,姚仰平,党发宁. 高等土力学[M]. 北京:高等教育出版社, 2008.

38. 重庆市城乡建设委员会. GB 50330—2013 建筑边坡工程技术规范[S]. 北京:中国建筑工业出版社, 2013.